高效办公

Excel 高效办公

数据处理与分析（案例版）

神龙工作室 编著

人 民 邮 电 出 版 社
北 京

图书在版编目（CIP）数据

Excel 高效办公 : 数据处理与分析 : 案例版 / 神龙工作室编著. -- 北京 : 人民邮电出版社, 2022.9
ISBN 978-7-115-58893-7

Ⅰ. ①E… Ⅱ. ①神… Ⅲ. ①表处理软件 Ⅳ. ①TP391.13

中国版本图书馆CIP数据核字(2022)第044113号

内容提要

本书根据现代企业决策和管理工作的主要特点，从实际应用出发，以不同行业或岗位为主线，以解决问题为导向，介绍Excel数据处理与分析常用方法和技能。全书共10章，包括数据分析引言、人力资源数据分析、生产数据分析、销售数据分析、财务数据分析、投资决策分析、电商数据分析、在线教育数据分析、短视频运营数据分析、利用 Power BI 进行数据分析等内容。本书不仅通过实例讲解数据分析技能，还将良好的 Excel 使用习惯、严谨的数据分析思维、清晰的视觉设计思路等贯穿于讲解之中。

本书实例丰富、可操作性强，既适合从事数据分析、经营管理的人员阅读，也可以作为职业院校或者相关企业的培训教材。

◆ 编　著　神龙工作室
责任编辑　马雪伶
责任印制　胡　南

◆ 人民邮电出版社出版发行　　北京市丰台区成寿寺路11号
邮编　100164　　电子邮件　315@ptpress.com.cn
网址　https://www.ptpress.com.cn
北京九州迅驰传媒文化有限公司印刷

◆ 开本：787×1092　1/16
印张：22　　2022年9月第1版
字数：577千字　　2024年11月北京第5次印刷

定价：89.90元

读者服务热线：(010)81055410　印装质量热线：(010)81055316
反盗版热线：(010)81055315
广告经营许可证：京东市监广登字20170147号

前言

“数据分析”早就不是什么新鲜的词汇，在大数据时代，基于数据做出科学的预测与决策已经是职场人士的共识。

数据分析是为了把隐藏在看似杂乱无序的数据背后的有价值的信息提炼出来，找出内在规律，以指导决策。数据分析涉及的知识既包含统计学、计算机、人工智能等大大小小的学科知识，又包含行业知识——这听起来挺复杂，但对多数职场人士来说，只需要具备本岗位所需的业务知识，会用 Excel 对相关数据进行处理，找出一些简单的规律或特征即可。

从另一个角度来说，使用某种分析工具对数据进行处理、分析，是一个将大脑中的分析思路具象化的过程。想要熟练地实现这个过程，需要进行大量的练习，也需要在实际工作中多多实践，才能逐渐在工作中轻松应对各种数据的分析需求，也就能很自然地做出正确的“条件反射”，就像专业运动员在场上随时能够凭借“肌肉记忆”做出正确的动作一样。这对多数职场人士来说并不算是一件难事——通过案例进行一段时间的学习后，早晚可以达成。

2020 年春季，我们编写了《Excel 高效办公——数据处理与分析（第 3 版）》（简称为“第 3 版”），得到了广大读者的认可——该书至今已经印刷了 13 次。“第 3 版”注重对 Excel 知识点的讲解，案例（尤其是相对完整的案例）则较少涉及，这也是我们收到的很多读者反馈中提到的问题。为了满足读者的需求，也为了弥补“第 3 版”的遗憾，我们编写了本书。

本书以不同行业或岗位为主线，以实际需求为出发点，介绍了在面对问题时应该如何从不同维度进行数据分析，并将分析结果可视化。读者学完本书内容就可以直接将相关技能应用于实际工作中，真正做到学以致用。

本书特色

学会方法，掌握思路。 本书的案例均来源于实际工作，读者在学习过程中，不仅可以学会数据分析方法，而且可以掌握数据分析思路。

一步一图，图文并茂。本书在介绍具体操作的过程中，操作步骤配有对应的插图，以便读者在学习过程中直观、清晰地看到操作的过程及效果，使学习更轻松。

扫码学习，方便高效。 本书的配套教学视频与书中内容紧密结合，读者可以扫描书中的二维码在手机上观看，随时随地学习。

教学资源

教学资源中包含 10 小时与本书内容同步的视频、本书实例的原始文件和最终效果文件，同时赠送 3 小时 Excel 数据处理与分析基本技能视频、2 小时函数 / 数据透视表 / 图表应用视频、3 小时 PPT 设计与制作视频。

教学资源获取方法

关注微信公众号“职场研究社”，回复“58893”，获取本书配套教学资源下载方式。

本书由神龙工作室策划编写，参与资料收集和整理工作的有孙冬梅、尹美英、张学等。虽然编者尽心尽力，但书中难免有疏漏和不足之处，恳请广大读者批评指正。

本书责任编辑的联系邮箱：maxueling@ptpress.com.cn。

编者

目录

第 3 章 生产数据分析

第 4 章 销售数据分析

第 5 章 财务数据分析

第 6 章 投资决策分析

第 7 章 电商数据分析

第 8 章 在线教育数据分析

第 9 章 短视频运营数据分析

第 10 章 利用Power BI进行数据分析

第1章

数据分析引言

虽然现在可以用来处理与分析数据的工具有很多，但Excel依旧是日常工作中较为常用的工具，因为Excel不但可以应对绝大部分的分析工作，而且简单易学。

要 点 导 航

- 数据分析的目的
- 数据分析的方法
- 数据分析的流程
- 数据分析结果可视化

1.1　数据分析的目的

无论做什么事情都应该有明确的目的，做数据分析也一样。在进行数据分析前，我们需要先明确数据分析的目的，然后再根据数据分析的目的进行数据收集、处理和分析。

通常情况下，数据分析的目的分为 3 类：分析现状、分析原因和预测未来。

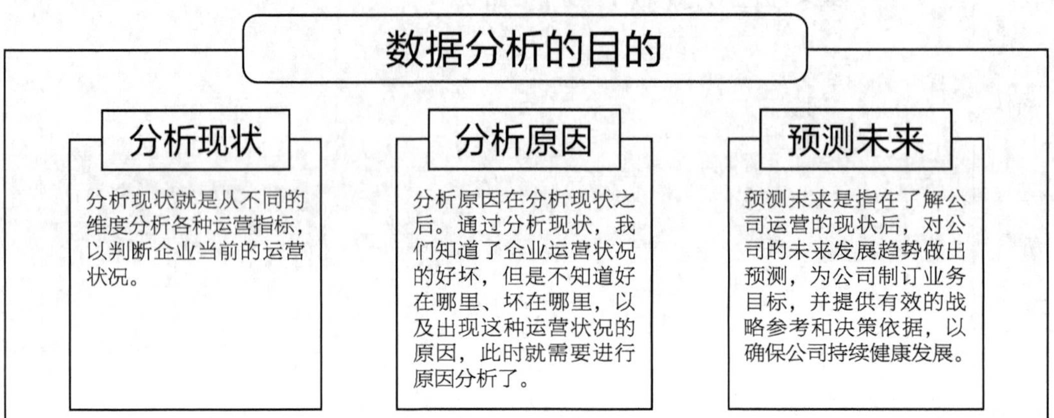

1.2　数据分析的流程

使用 Excel 进行数据分析就是在确定了数据分析的目的后，通过某种统计方法对收集来的大量原始数据按照一定的指标进行处理和统计，然后将处理后的数据通过图表进行可视化，分析人员再通过可视化数据呈现出的规律、趋势等信息，概括总结出数据间的因果关系，进而得出结论的过程。

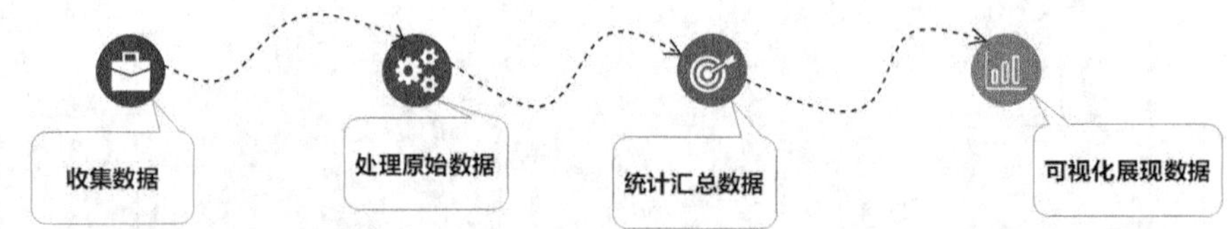

1.3　数据分析的方法

在实际工作中，很多人虽然清楚数据分析的流程，但是在做数据分析的过程中依然感觉无从下手，这是因为我们还不懂得数据分析的具体方法。

在进行数据分析时，我们需要先将拿到的复杂问题拆解为多个容易分析的子问题。拆解问题时常用的方法包括逻辑树拆解法和多维度拆解法，这两种方法差不多，都是将已知的要进行数据分析的问题拆解为多个与之相关的子问题，然后再进一步对子问题进行拆解，直到不可拆解为止。

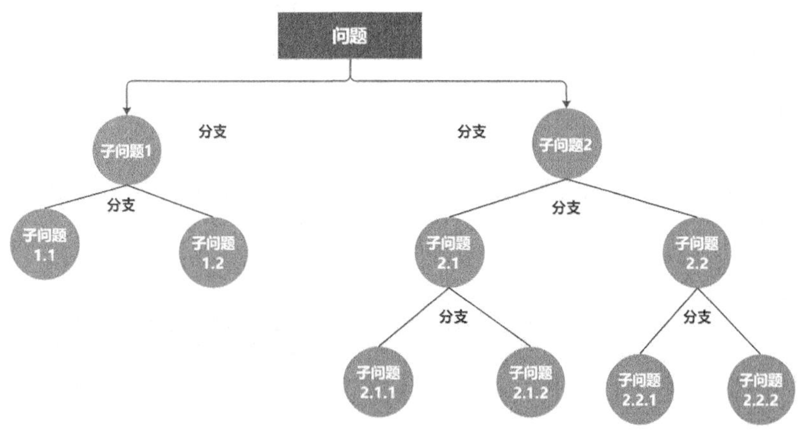

将已知问题拆解为多个容易理解的子问题后，就可以为各个子问题选择合适的分析方法，然后逐个击破。

1.3.1 描述分析

描述分析也称为指标分析，是一种应用十分广泛的分析方法。它是一种通过数据统计，对问题的基本情况进行刻画的分析方法。它可以帮助我们对数据源建立起初步认识，是其他分析的基础。描述分析有一些常见的指标。

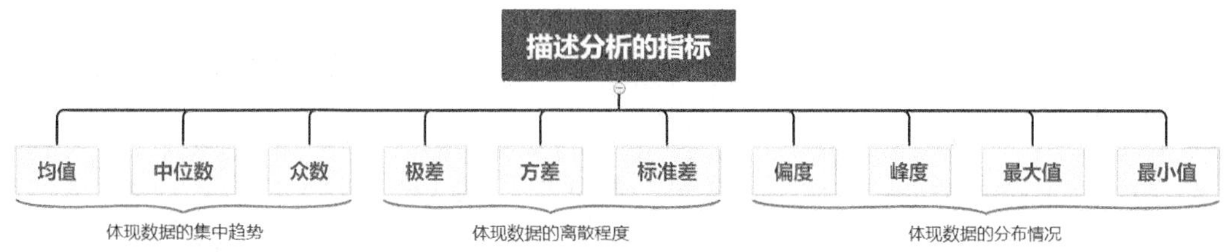

例如，在对销售情况进行分析时，对一年中销售额的平均值、最大值、最小值（可以以月、周、日为单位）的分析都属于描述分析。

1.3.2 对比分析

对比分析是数据分析中最常用的分析方法之一，它是对数据进行比较，分析数据之间的差异，从而揭示这些数据代表的问题实质及变化规律的一种分析方法。

运用对比分析的时候，最重要的是找到合适的对比维度。找到合适的对比维度后，再将数据按指定维度进行对比，就能得出结果了。在实际工作中，常用的对比维度可以分为 3 类：时间、空间、特定标准。

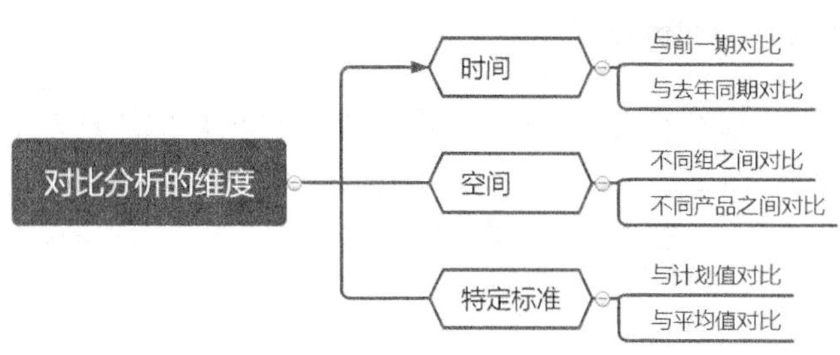

例如，在对销售情况进行分析时，我们可以对比不同月份之间的销售情况，也可以对比不同产品之间的销售情况，还可以对比实际销售额与计划销售额的差异。

1.3.3 趋势分析

趋势分析是对某项指标数据进行长期跟踪，从而得出其变化规律的一种分析方法，趋势分析的最终目的是找出数据变化的原因或预测数据的变化趋势。

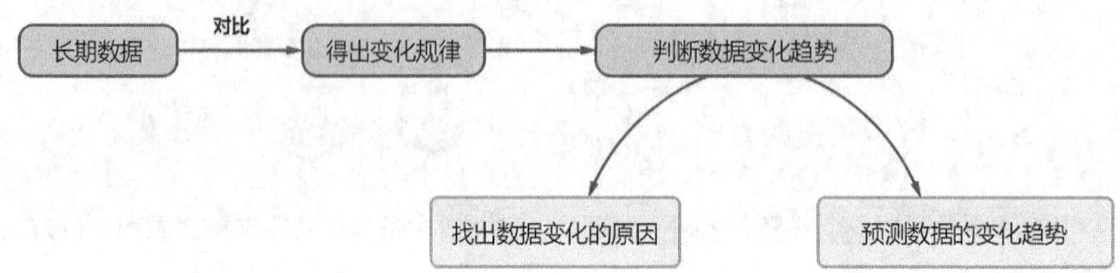

例如，对过去几年的销售情况进行趋势分析，可以预测今年的销量是上升还是下降；也可以根据销量变化规律预测明年的销量。

1.3.4 相关分析

相关分析是对不同数据进行对比，找出影响数据变化的关键因素及这些因素对数据变化影响程度的一种分析方法。

在进行相关分析的过程中，为了更准确地判断关键因素对数据变化的影响程度，需要使用协方差和相关系数。

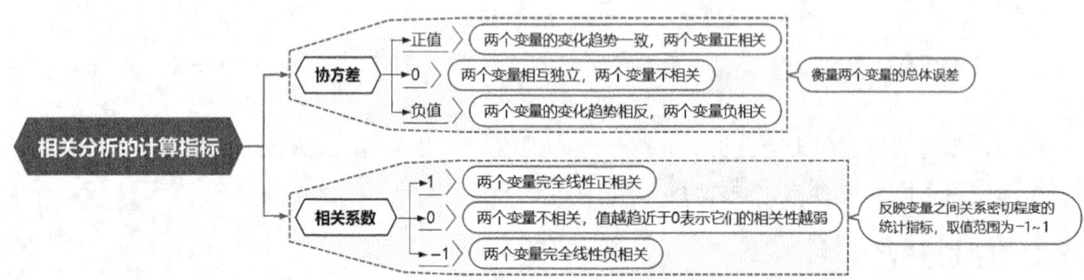

例如，在对销售情况进行分析时，发现当月的销量大幅增加，要想找到影响销量变化的因素，我们就可以使用相关分析法。

1.3.5 预测分析

预测分析是对历史数据进行统计分析，推测其未来发展趋势的一种分析方法，它与趋势分析紧密相关，常被用在销售、市场、生产等场景的数据分析中。

例如，预测分析能够帮助销售部预测下个月的销量，进而帮助公司规划生产，促进公司发展。

1.3.6 转化分析

转化分析是对转化率进行统计分析的一种分析方法。转化率指在一个统计周期内，完成转化行为的次数占行为总次数的比率。

在日常工作中，我们可以从各环节转化率、一段时间内的转化率变化、不同渠道的转化率、转化周期等方面对转化率进行分析。

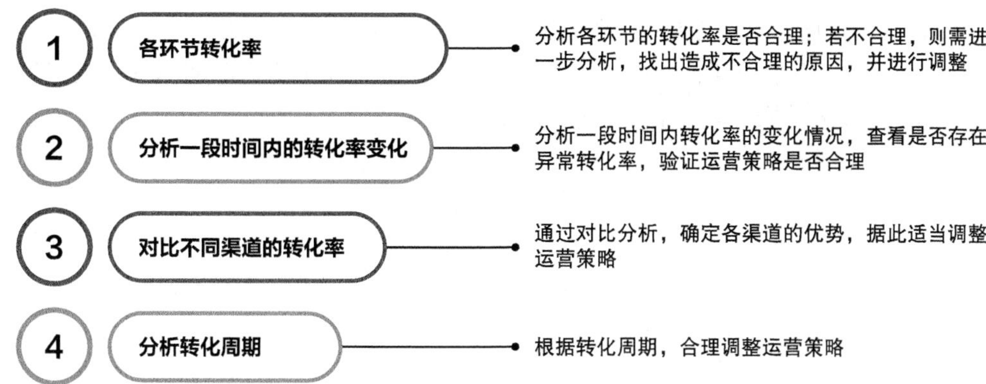

1.3.7 分布分析

分布分析就是将收集到的数据进行分组整理，然后分析各组的分布是否合理的一种分析方法。

分布分析中分组的类别包括按属性分组和按数值分组。

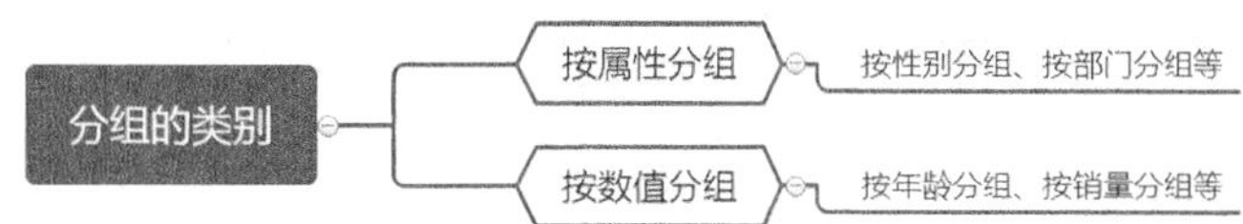

1.3.8 结构分析

结构分析是计算部分占整体的百分比，从而对整体的构成进行研判的一种分析方法。

例如分析“市场份额”就可以使用结构分析。

1.3.9 达成分析

达成分析是一种计算达成率的分析方法。达成率是实际完成值与目标值的比值，常用百分比表示，达成率越高，代表完成度越好。

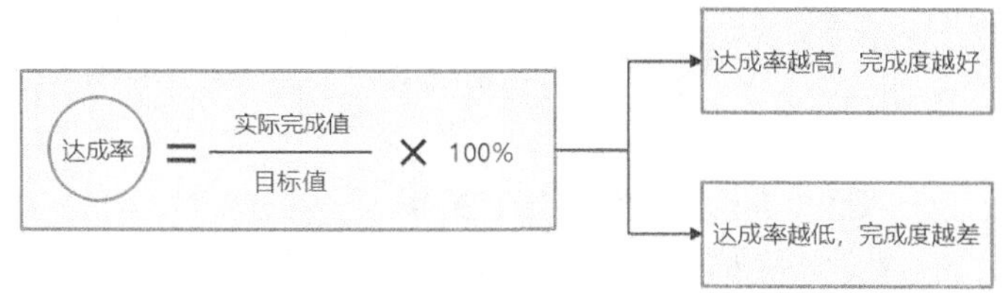

1.4 数据分析结果可视化

数据分析结果可视化的实质是借助图表清晰、有效地传达信息，使分析结果更容易被理解。这是因为图表更能体现数据特征和数据间的逻辑关系，可以帮助用户分析数据规律并得出结论。

Excel 中常用的图表有 17 个大类，每一个大类中又有若干个小类。这么多的图表类型，我们应该如何进行选择呢？

这里需要明确的是，选择图表的目的是通过图表展现数据特征。因此，我们在选择图表时，要清楚数据分析的目的，选用什么样的分析方法，以及需要通过图表展现什么样的数据关系。在实际工作中，可根据要达成的目标进行图表类型的选择。

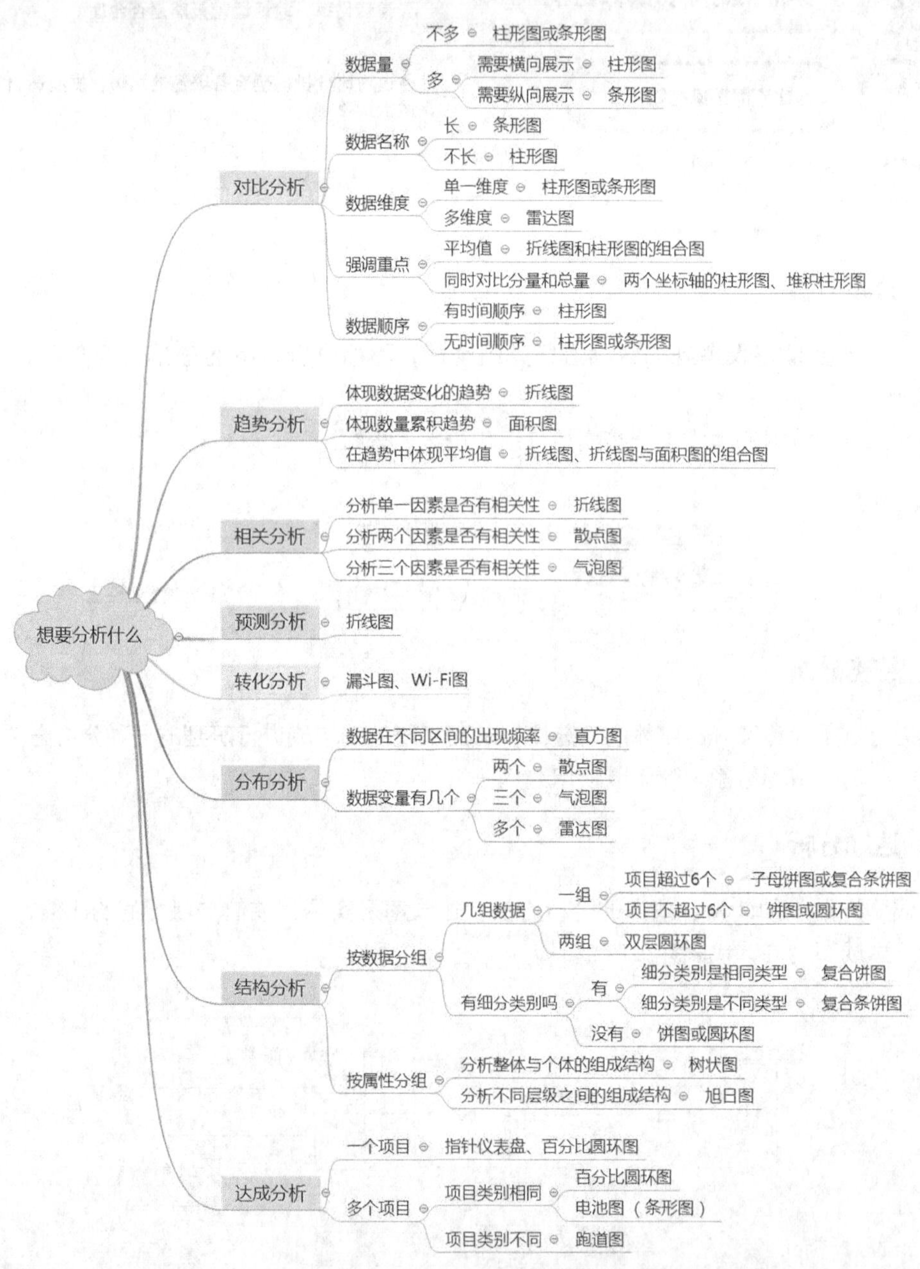

第2章 人力资源数据分析

在这个信息化时代，随着大数据的发展，人力资源工作也越来越重视数据化管理。将人力资源信息量化，并进行分析，得出结果，进而根据结果做出决策，可以大大提高人力资源部门的工作效率。

要 点 导 航

- 在职员工结构分析
- 招聘情况分析
- 离职情况分析
- 薪酬结构分析

对人力资源数据进行分析的目的是将企业的人力资源工作进行量化，进而帮助人力资源部门做出更加精准的决策，这对企业总体发展战略和目标的实现具有重要的作用。

那么应该从什么角度切入，使用什么方法来分析人力资源的相关数据呢？根据人力资源部门的工作模块，从 HR 的职责出发，可以对人员结构、招聘情况、培训效果、薪酬结构及人均效率等进行分析。

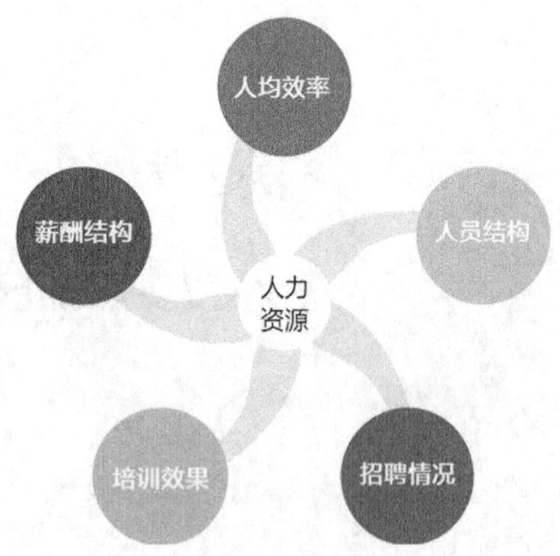

2.1 在职员工结构分析

在职员工结构分析是指通过数据对在职员工的数量与部门、年龄、工龄、性别等进行分析，这种分析可以帮助企业对人员架构进行优化，进而优化企业管理。

在职员工结构分析通常可以从部门、学历、职级、年龄、工龄和性别等方面进行分析。

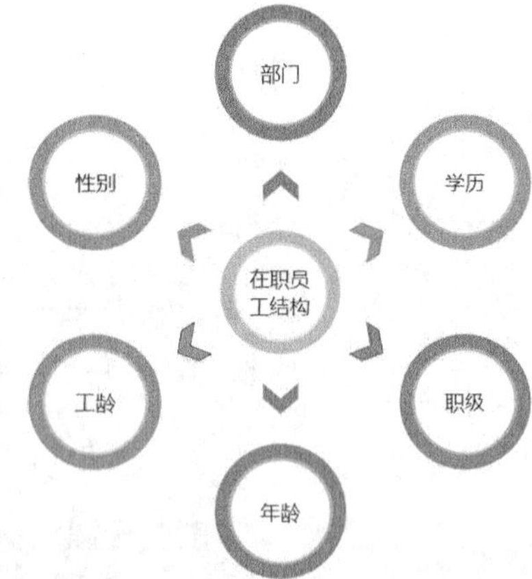

2.1.1 收集并备份数据

确定了分析目标后，接下来就该收集原始数据了。对在职人员结构进行分析，其原始数据自然来源于“员工信息表”。这里需要特别注意，在操作前要先备份原始数据，避免误操作破坏原始数据。将重要数据做好备份，这是一个好的工作习惯。

备份数据的方法很简单，先新建一个文件夹，将其命名为“原始数据备份”，然后将原始数据表复制到该文件夹中即可。

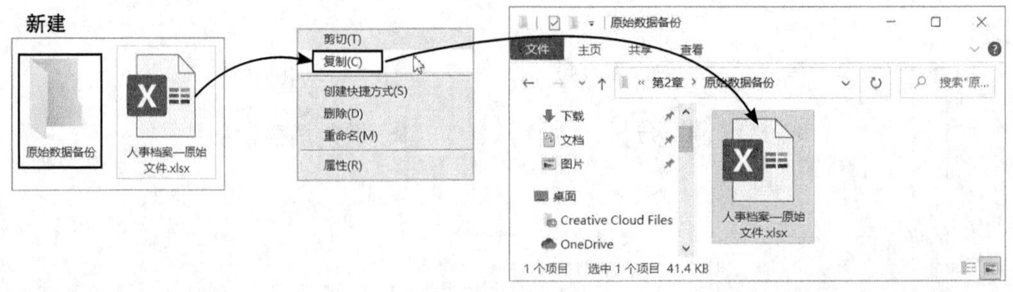

2.1.2 清洗数据

“员工信息表”中的数据很多，因此可能会存在几种易错数据。

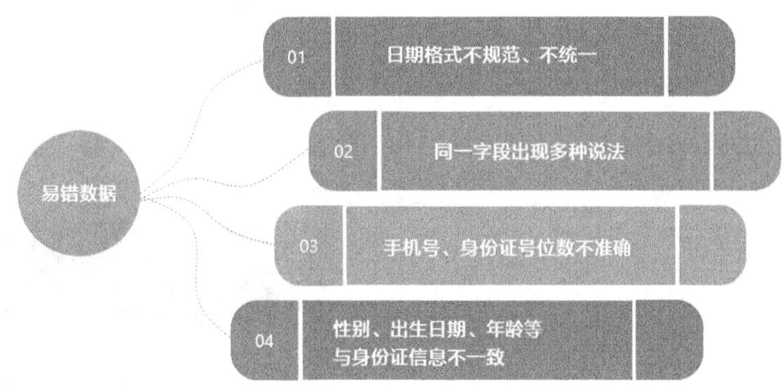

下面我们就对“员工信息表”中的不规范数据进行清洗。

1. 日期格式不规范、不统一

在原始数据表中，由于习惯不同，不同人录入的日期格式可能不尽相同，如右图所示。

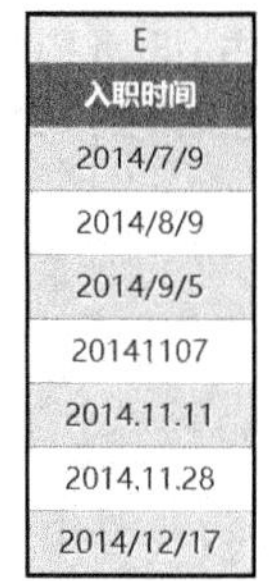

E
入职时间
2014/7/9
2014/8/9
2014/9/5
20141107
2014.11.11
2014.11.28
2014/12/17

这些日期格式有的是 Excel 可以识别的，如 2014/7/9；有的是 Excel 不能识别的，如 20141107、2014.11.11 等。如何将这些日期快速统一成规范的格式呢？

如果存在多种不同格式的日期，可以使用 Excel 中的分列功能快速进行统一。具体操作步骤如下。

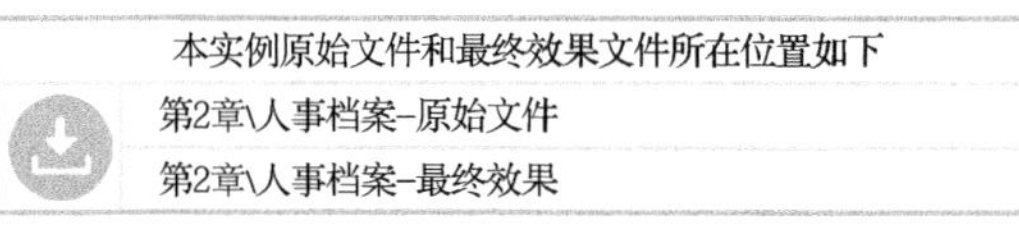

本实例原始文件和最终效果文件所在位置如下

第2章\人事档案–原始文件

第2章\人事档案–最终效果

扫码看视频

❶ 打开本实例的原始文件“人事档案－原始文件”，选中不规范日期所在的数据区域，此处选择“入职时间”列，切换到【数据】选项卡，在【数据工具】组中单击【分列】按钮。

	D	E	F	G	H
1	岗位	入职时间	工龄	是否在职	离职时间
2	出纳	2014/7/9	6	在职	
3	销售专员	2014/8/9	6	在职	
4	销售专员	2014/9/5	6	离职	2020/11/13
5	视频剪辑	20141107	6	在职	
6	培训专员	2014.11.11	6	在职	

❷ 弹出【文本分列向导－第 1 步，共 3 步】对话框，选中【分隔符号】单选钮，单击【下一步】按钮。

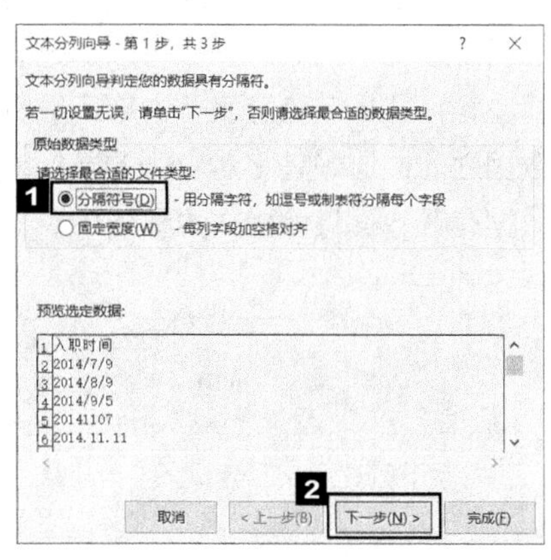

❸ 弹出【文本分列向导 - 第 2 步，共 3 步】对话框，勾选【Tab 键】复选框，单击【下一步】按钮。

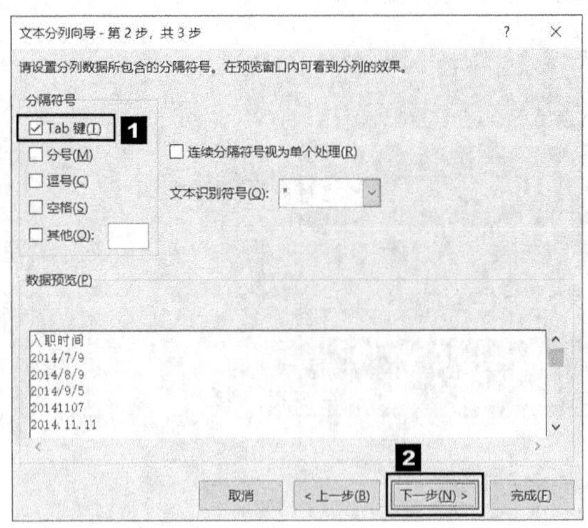

❹ 弹出【文本分列向导 - 第 3 步，共 3 步】对话框，选中【日期】单选钮，并在其右侧的下拉列表中选择合适的日期格式，单击【完成】按钮。

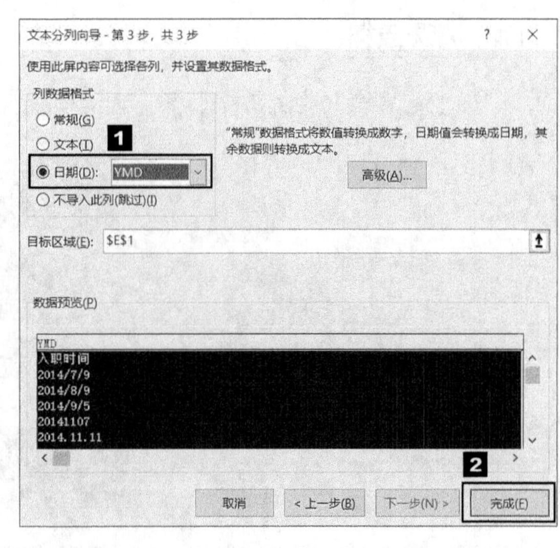

❺ 返回工作表，即可看到“入职时间”列的日期已经转换为规范的日期格式了。

	D	E	F	G	H
1	岗位	入职时间	工龄	是否在职	离职时间
2	出纳	2014/7/9	6	在职	
3	销售专员	2014/8/9	6	在职	
4	销售专员	2014/9/5	6	离职	2020/11/13
5	视频剪辑	2014/11/7	6	在职	
6	培训专员	2014/11/11	6	在职	
7	平面设计	2014/11/28	6	在职	
8	经理	2014/12/17	5	在职	

2. 同一字段出现多种说法

在原始数据表中，如果在录入数据的时候，没有对数据的输入进行限制，那么同一个字段可能会出现多种说法，例如“部门”列中的“人事部”和“人力资源部”实际上是同一个部门，却出现了两种说法，如右图所示。

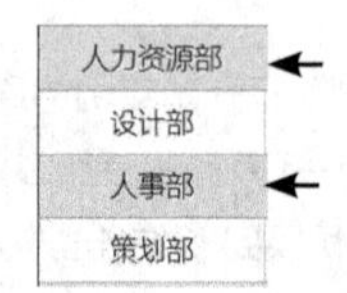

在遇到这种情况时，我们可以通过查找、替换的方式，将各字段统一。这里需要注意：“员工信息表”中部门数据是比较多的，为避免遗漏，在查找、替换数据之前，最好先将对应列的数据中的不重复数据提取出来，确定需要替换的数据有哪些。具体操作步骤如下。

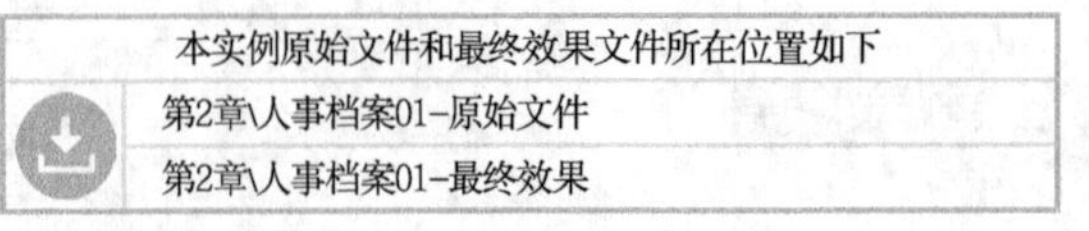

本实例原始文件和最终效果文件所在位置如下
第2章\人事档案01-原始文件
第2章\人事档案01-最终效果

❶ 打开本实例的原始文件“人事档案 01- 原始文件”，新建一个工作表，将“部门”列的数据复制到新表中，然后切换到【数据】选项卡，在【数据工具】组中单击【删除重复值】按钮，即可得到“部门”列中出现的所有部门。

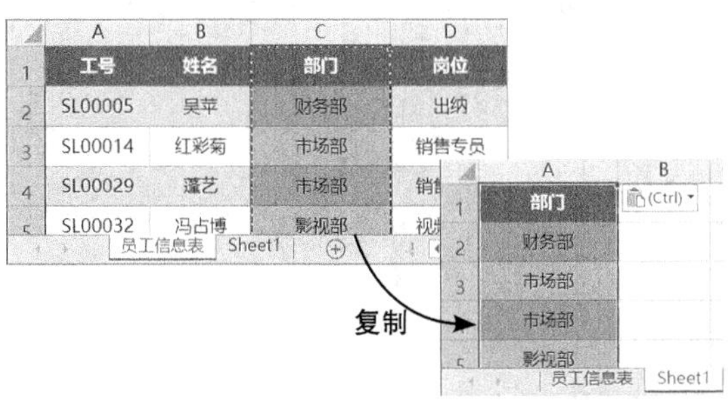

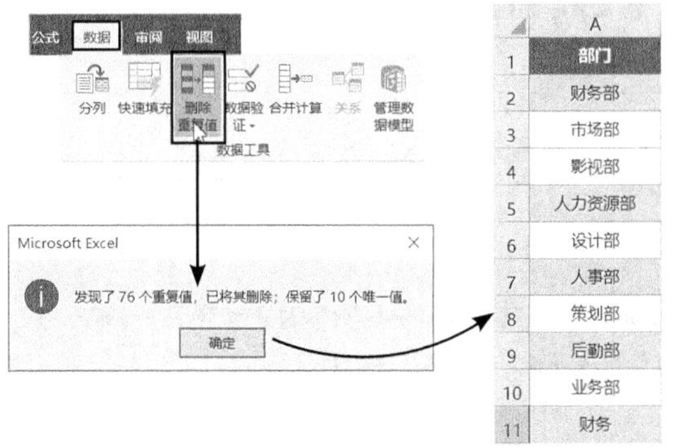

从得到的“部门”列的不重复数据可以看出，部门名称中“人力资源部”和“人事部”实际上是同一个部门，“财务部”和“财务”也是同一个部门，其他部门不存在同一部门两种说法的情况。因此，我们只需要将“员工信息表”中的“人事部”替换为“人力资源部”，“财务”替换为“财务部”即可。

❷ 在“员工信息表”中选中“部门”列，按【Ctrl】+【H】组合键，打开【查找和替换】对话框，系统自动切换到【替换】选项卡。在【查找内容】文本框中输入“人事部”，在【替换为】文本框中输入“人力资源部”，单击【全部替换】按钮。

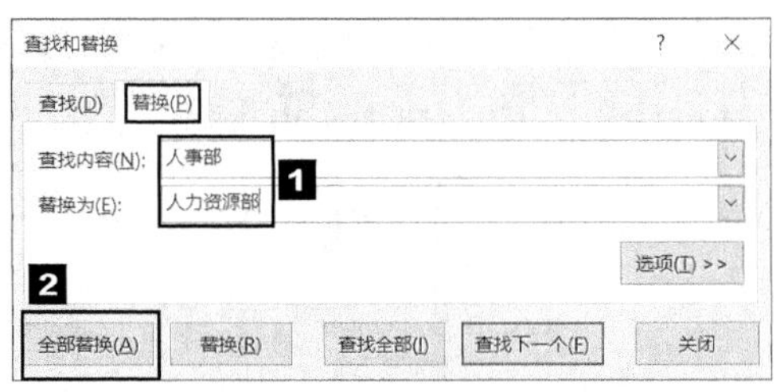

❸ 弹出提示框，提示完成替换，单击【确定】按钮，即可将“部门”列的所有“人事部”替换为“人力资源部”。

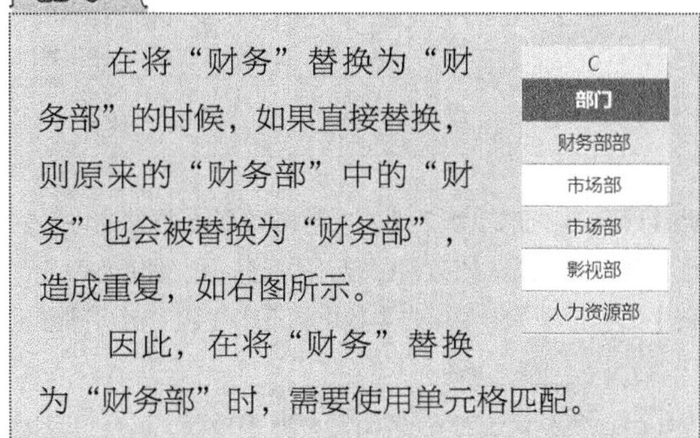

在将“财务”替换为“财务部”的时候，如果直接替换，则原来的“财务部”中的“财务”也会被替换为“财务部”，造成重复，如右图所示。

因此，在将“财务”替换为“财务部”时，需要使用单元格匹配。

❹ 打开【查找和替换】对话框，在【查找内容】文本框中输入“财务”，在【替换为】文本框中输入“财务部”，然后单击【选项】按钮，在展开的选项中勾选【单元格匹配】复选框。

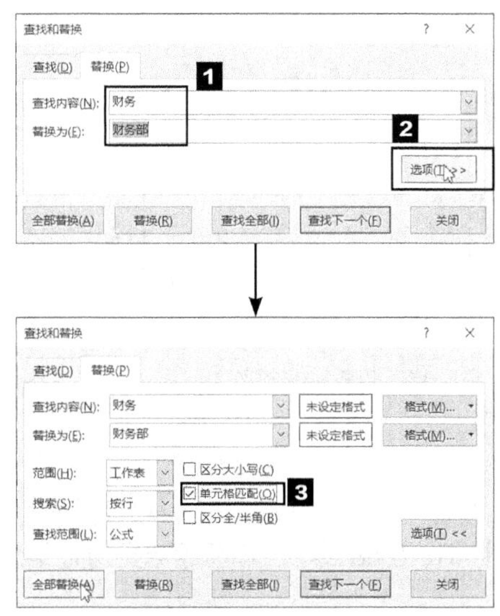

❺ 单击【全部替换】按钮，弹出提示框，提示完成替换，单击【确定】按钮，即可将“部门”列的所有“财务”替换为“财务部”。

3. 手机号、身份证号位数不准确

在“员工信息表”中录入手机号和身份证号这种长数字的时候，经常会出现错误。手机号与在职员工结构分析无关，但是身份证号可以帮助我们提取员工年龄、性别等数据，因此必须保证身份证号的准确性。那么应该怎样核查身份证号的位数是否准确呢？可以通过 Excel 的数据验证功能来核查，具体操作步骤如下。

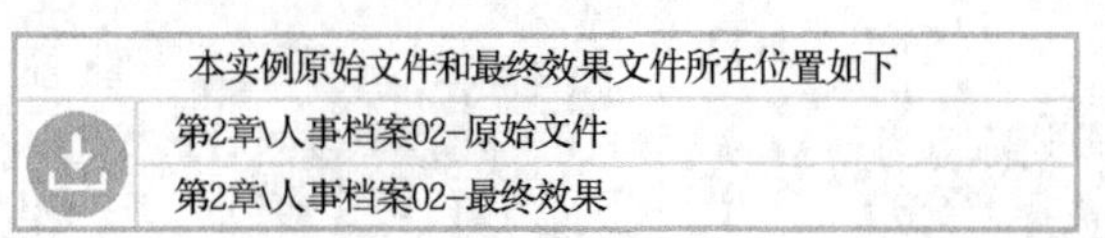

本实例原始文件和最终效果文件所在位置如下
第2章\人事档案02-原始文件
第2章\人事档案02-最终效果

扫码看视频

❶ 打开本实例的原始文件“人事档案 02- 原始文件”，选中身份证号所在的数据区域，切换到【数据】选项卡，在【数据工具】组中单击【数据验证】按钮的上半部分。

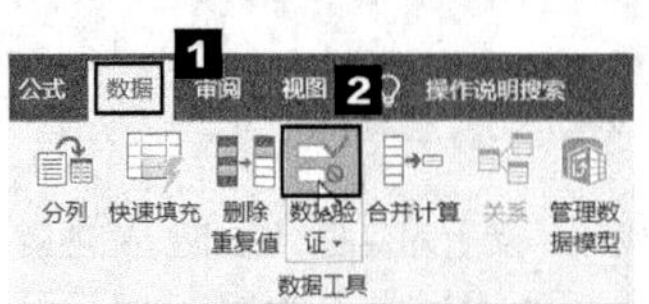

❷ 弹出【数据验证】对话框，将验证条件设置为“文本长度等于 18”，单击【确定】按钮。

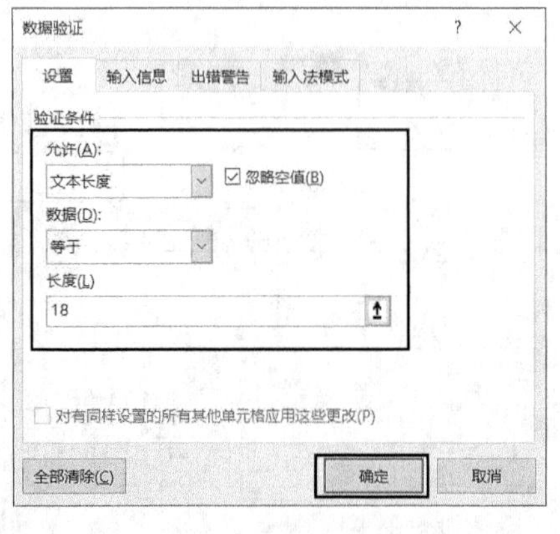

❸ 单击【数据验证】按钮的下半部分，在弹出的下拉列表中选择【圈释无效数据】选项。

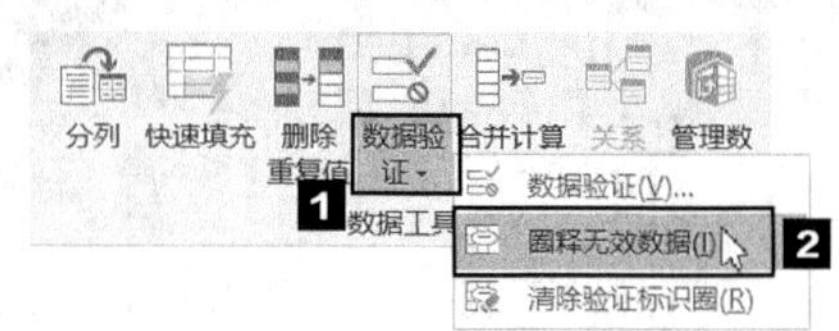

❹ 此时，系统就会自动将位数不对的身份证号圈释出来，重新输入正确的身份证号即可。

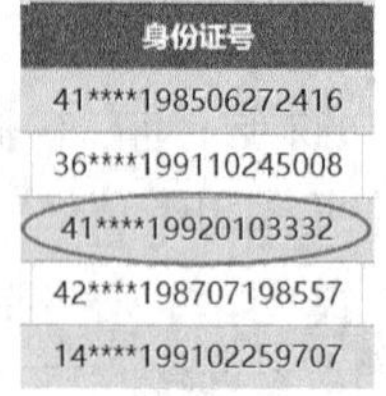

身份证号
41****198506272416
36****199110245008
41****19920103332
42****198707198557
14****199102259707

4. 性别、出生日期、年龄等与身份证信息不一致

在“员工信息表”中，性别、出生日期、年龄等都应该与身份证号反映出的信息一致，但是在录入数据的过程中，难免会出现录入错误的情况。为了确保数据分析结果的准确性，在做数据分析之前，我们还应核查性别、出生日期、年龄等是否与身份证号反映出的信息一致。

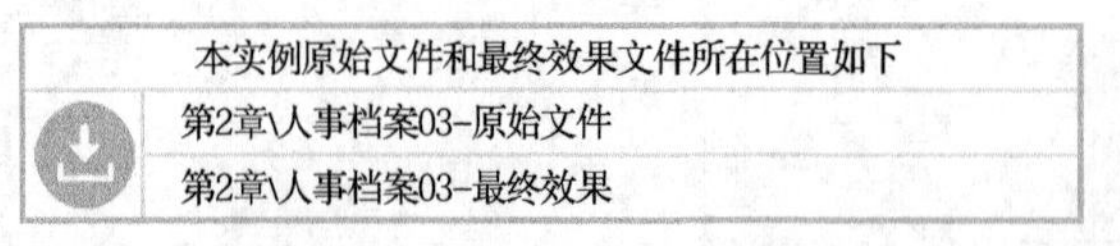

本实例原始文件和最终效果文件所在位置如下
第2章\人事档案03-原始文件
第2章\人事档案03-最终效果

扫码看视频

- **从身份证号中提取性别**

身份证号中代表性别的是第 17 位数字，奇数代表男性，偶数代表女性。我们可以先使用 MID 函数提取第 17 位数字。

MID 函数将从指定位置开始，提取指定数量的字符。其语法格式如下。

MID(文本 , 起始位置 , 字符数)

在本实例中，对应的公式应该是“=MID(身份证号所在的单元格 ,17,1)”。

Q2 =MID(L2,17,1)

	L	M	N
1	身份证号	性别	出生日期
2	41****198506272416	男	1985-06-27

接下来判断 MID 函数返回的数字是奇数还是偶数。

奇数的特点是不能被 2 整除，而偶数可以被 2 整除。因此，判断数的奇偶实际上就是判断其被 2 整除后的余数是 0 还是 1。若为 0，则是偶数，代表女性；否则为奇数，代表男性。

Excel 中有一个专门求余的函数：MOD 函数。其主要功能是返回两数相除后的余数。其语法格式如下。

MOD(被除数 , 除数)

在本实例中，身份证号的第 17 位就是被除数，2 是除数。

Q2 =MOD(MID(L2,17,1),2)

	L	M	N	O
1	身份证号	性别	出生日期	年龄
2	41****198506272416	男	1985-06-27	29

最后，就可以根据 MOD 函数得到的结果判断员工性别。要在 Excel 中进行判断，首先想到的是使用 IF 函数。

IF 函数的基本用法：根据指定的条件进行判断，得到满足条件的结果 1 或者不满足条件的结果 2。其语法格式如下。

IF(判断条件 , 结果 1, 结果 2)

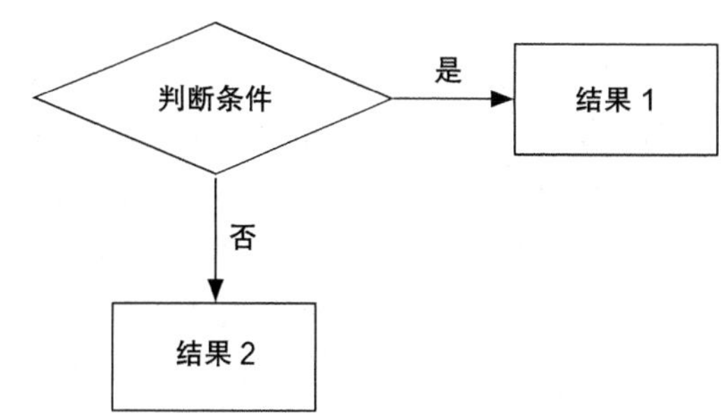

那么，在本实例中，对应的公式应该是“=IF(余数 =0," 女 "," 男 ")”。

Q2 =IF(MOD(MID(L2,17,1),2)=0,"女","男")

	L	M	N	O	P	Q
1	身份证号	性别	出生日期	年龄	婚姻状况	
2	41****198506272416	男	1985-06-27	29	已婚已育	男
3	36****199110245008	女	1991-10-24	22	未婚未育	女

- **从身份证号中提取出生日期**

身份证号中代表出生日期的是第 7~14 位数字，显然也应该使用 MID 函数来提取出生日期。

=MID(L2,7,8)

L	Q	R
身份证号		
41****198506272416	男	19850627

但是，通过 MID 函数提取出来的日期是一个没有日期分隔符的非法日期，不能直接参与日期的计算。因此，还要用 TEXT 函数对其进行转换。

TEXT 函数的主要功能是将数值转换为指定显示格式的文本。其语法格式如下。

TEXT(数值 , 指定显示格式)

本实例中对应公式如下图所示。

=TEXT(MID(L2,7,8),"0000-00-00")

P	Q	R
婚姻状况		
已婚已育	男	1985-06-27

提示

TEXT 函数的功能与 Excel 中的数字格式功能相似，区别在于：数字格式只能改变数字的显示形式却不会改变数字本身，而 TEXT 函数都能改变。因此，此处提取出的出生日期可以直接用于计算年龄。而且当身份证号中的出生日期发生变动时，提取的出生日期也会随之变动。

● **计算年龄**

年龄显然与出生日期和当前日期有关，出生日期前面已经计算出来了，我们只需要再计算出当前的日期就可以了。

Excel 提供了一个返回当前日期的函数：TODAY 函数。TODAY 函数是一个实时函数，无论什么时候打开 Excel，它都可以提供实时日期。其语法格式如下。

TODAY()

例如，假设今天是 2020 年 12 月 4 日，那么在 Excel 中输入 “=TODAY()” 后，返回的结果就是 “2020/12/4”，如右图所示。

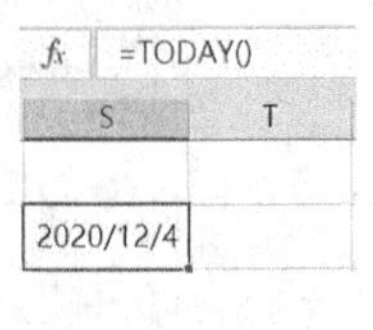

出生日期和当前日期都有了之后，接下来就可以计算年龄了，在 Excel 中通常使用 DATEDIF 函数计算年龄。

DATEDIF 函数的主要功能是返回两个日期之间的年、月或日间隔数。其语法格式如下。

DATEDIF(起始日期 , 结束日期 , 返回的数据格式)

这里需要注意：第 3 个参数可以选择 D、M、Y、YD、YM、MD 这几种，代表的数据格式如下所示。

"Y" 返回起始日期与结束日期之间的整年数。

"M" 返回起始日期与结束日期之间的整月数。

"D" 返回起始日期与结束日期之间的天数。

"MD" 返回起始日期与结束日期的同月间隔天数，忽略日期中的月份和年份。

"YD" 返回起始日期与结束日期的同年间隔天数，忽略日期中的年份。

"YM" 返回起始日期与结束日期的同年间隔月数，忽略日期中的年份。

此处，我们需要计算年龄，就是要函数返回两个日期之间的整年数，因此第 3 个参数应使用 "Y"。

fx =DATEDIF(R2,TODAY(),"Y")

R	S	T
1985-06-27	35	

● **核查数据是否一致**

根据身份证号将员工的性别、出生日期和年龄计算出来后，接下来就应将计算出的数据与“员工信息表”中原有的员工性别、出生日期和年龄进行核对。此处可以通过设置条件格式将不同的数据标记出来，具体操作步骤如下。

❶ 打开本实例的原始文件“人事档案 03- 原始文件”，选中“员工信息表”中代表员工性别、出生日期和年龄的数据区域，切换到【开始】选项卡，在【样式】组中单击【条件格式】按钮，在弹出的下拉列表中选择【新建规则】选项。

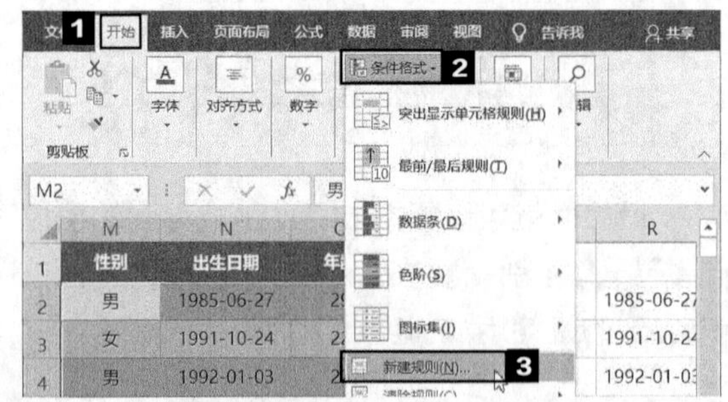

❷ 弹出【新建格式规则】对话框，选择【使用公式确定要设置格式的单元格】选项，在【为符合此公式的值设置格式】文本框中输入公式“=M2<>Q2”，单击【格式】按钮。

❸ 弹出【设置单元格格式】对话框，切换到【填充】选项卡，选择一种合适的填充颜色，然后单击【确定】按钮。

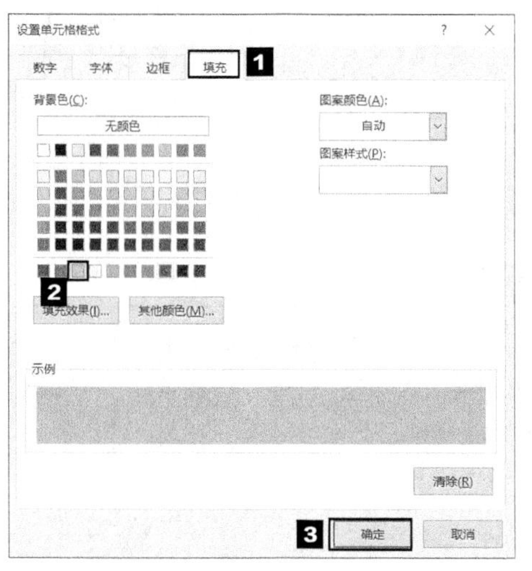

❹ 返回【新建格式规则】对话框，单击【确定】按钮，返回工作表，即可看到“员工信息表”中有差异的数据已经都被标识出来了。

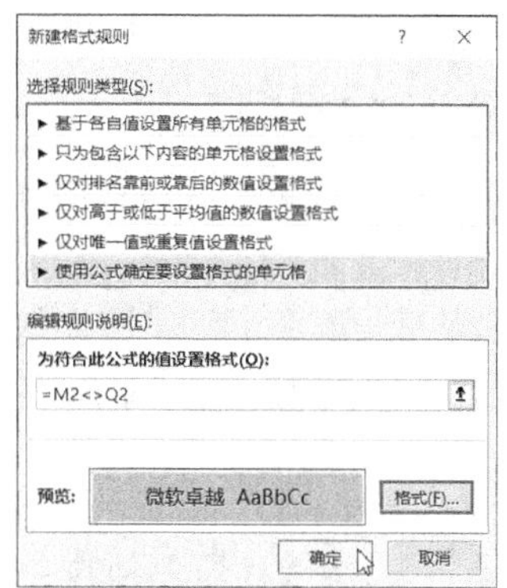

M	N	O	P	Q	R	S
性别	出生日期	年龄	婚姻状况			
男	1985-06-27	29	已婚已育	男	1985-06-27	35
女	1991-10-24	22	未婚未育	女	1991-10-24	29
男	1992-01-03	22	未婚未育	女	1992-01-03	28
男	1987-07-19	27	已婚已育	男	1987-07-19	33
女	1991-02-25	23	已婚已育	女	1991-02-25	29
男	1995/11/5	19	未婚未育	女	1995-10-05	25

通过核查结果可以看出，出生日期和性别与身份证信息不同的很少，但是年龄却有很多不同的，这是因为 HR 录入的年龄都是员工入职时的年龄。这种情况下，我们可以先核对性别和出生日期，并对有差异的数据进行更正，更正完成后将从身份证号中提取的年龄复制粘贴到“年龄”列中，然后将多余列删除。

数据清洗完成后，接下来就可以按照数据分析目标对数据进行分类汇总与统计了。

提示

在 Excel 中对数据进行分类统计通常有 3 种方法：分类汇总，使用函数或数据透视表进行汇总。

这 3 种方法各有千秋：分类汇总一般适用于同时查看汇总数据和明细数据；使用函数汇总相对比较灵活，可以根据不同条件灵活汇总，而且在原始数据变动时，汇总结果也会变动；使用数据透视表汇总也是一种比较灵活的汇总方式，它相对于使用函数来说更简单，只需要单击几个按钮就可以完成汇总。

2.1.3 不同部门的在职员工分布情况

要分析不同部门的在职员工分布情况，先要根据“员工信息表”统计出各部门的在职员工人数，然后通过图表将其展现出来，再通过对比分析，确定目前的在职员工分布情况是否合理。

1. 统计各部门的在职员工人数

对原始明细表中的数据按照特定条件进行汇总统计时，通常使用的工具就是函数和数据透视表。从操作的难易程度上来说，数据透视表更为简单，所以在汇总统计的时候，对于能使用数据透视表的数据，我们通常选择数据透视表进行汇总统计。

下面我们就使用数据透视表对各部门的在职员工人数进行汇总统计，具体操作步骤如下。

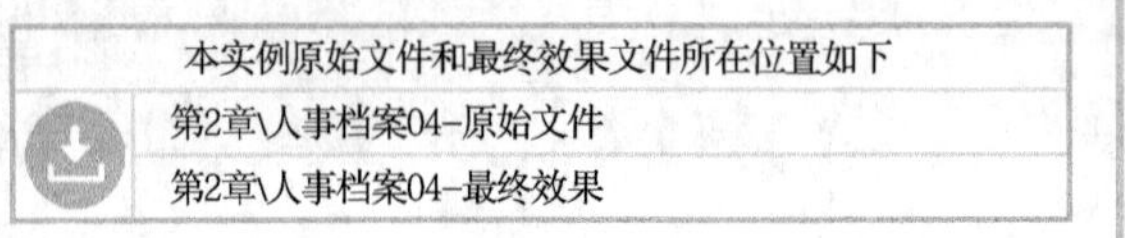

扫码看视频

● 创建数据透视表

❶ 打开本实例的原始文件“人事档案 04- 原始文件”，选中“员工信息表”数据区域中的任意一个单元格，切换到【插入】选项卡，在【表格】组中单击【数据透视表】按钮。

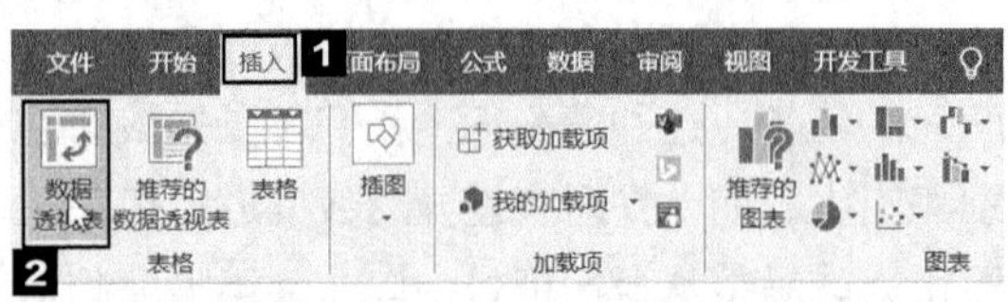

❷ 弹出【创建数据透视表】对话框，系统默认将“员工信息表”中的所有数据作为要分析的数据，选择【新工作表】为放置数据透视表的位置，这里无须更改位置。

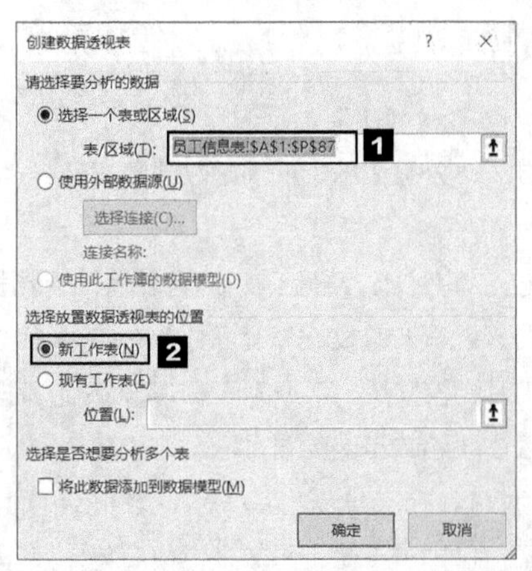

❸ 单击【确定】按钮，即可在工作簿中创建一个新的工作表，并在该新工作表中创建一个数据透视表的基本框架，同时打开【数据透视表字段】任务窗格。将【是否在职】拖曳到【筛选】列表框中，将【部门】拖曳到【行】列表框中，将【工号】拖曳到【值】列表框中。

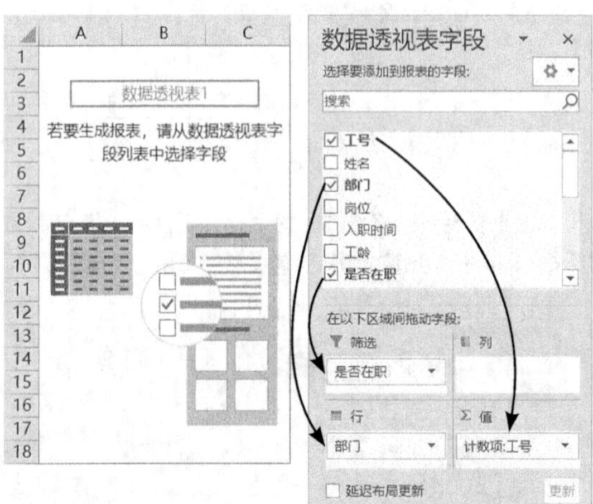

提示

在当前的原始表中，每个工号代表一个员工，因此在计算人数时，只需要对工号进行计数即可。

❹ 此时可得到一个数据透视表。

	A	B
1	是否在职	(全部)
2		
3	行标签	计数项:工号
4	财务部	7
5	策划部	11
6	后勤部	10
7	人力资源部	8
8	设计部	14
9	市场部	16
10	业务部	7
11	影视部	13
12	总计	86

数据透视表默认统计的是所有部门的员工人数，而我们需要的是目前在职的不同部门的员工人数，因此我们需要对【是否在职】筛选项进行筛选。

❺ 在数据透视表中单击【是否在职】右侧的筛选按钮，在弹出的下拉列表中勾选【在职】复选框，取消勾选【离职】复选框，然后单击【确定】按钮，就可以对数据透视表中的数据进行筛选了。

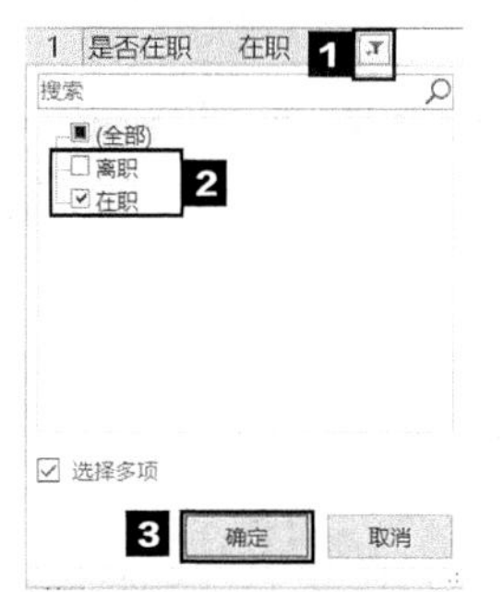

	A	B
1	是否在职	在职
2		
3	行标签	计数项:工号
4	财务部	7
5	策划部	9
6	后勤部	6
7	人力资源部	6
8	设计部	12
9	市场部	12
10	业务部	6
11	影视部	10
12	总计	68

● 美化数据透视表

默认创建的数据透视表的外观样式和内部结构都不是特别美观，不利于我们查看汇总数据，因此我们需要对其进行适当的美化。

（1）设计数据透视表的布局。

从刚创建的数据透视表中，我们可以看到报表的行标题显示的是“行标签”字样，这是因为数据透视表默认的报表布局是【以压缩形式显示】。如果想要让其正常显示，需要将报表布局设置为【以表格形式显示】。

❶ 选中数据透视表中的任意一个单元格，切换到【数据透视表工具】栏的【设计】选项卡，在【布局】组中单击【报表布局】按钮，在弹出的下拉列表中选择【以表格形式显示】选项。

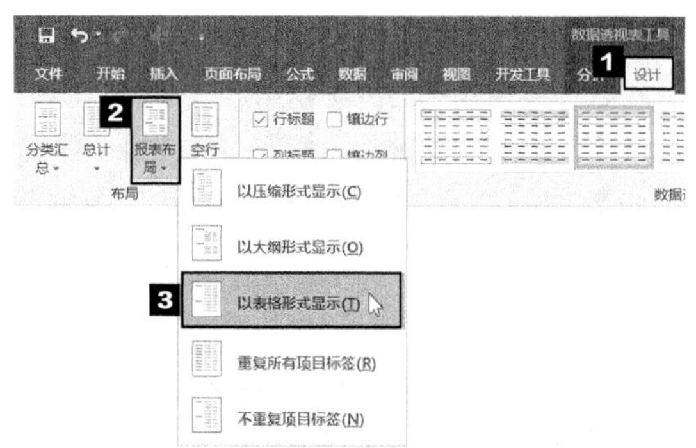

❷ 数据透视表中的行标签即可显示为正常的行标题。

	A	B
1	是否在职	在职
2		
3	部门	计数项:工号
4	财务部	7
5	策划部	9
6	后勤部	6
7	人力资源部	6
8	设计部	12
9	市场部	12
10	业务部	6
11	影视部	10
12	总计	68

（2）修改值字段标题。

在数据透视表中，默认值字段标题以“汇总方式：源字段名称”的方式显示，而不是直接显示表示值字段内容的标题，为了方便理解，通常我们需要将其修改为能够表示值字段内容的标题。例如此处值字段表示的是在职人数，那么就可以将值字段标题修改为“在职人数”。修改值字段标题的方法很简单：只需要选中值字段标题所在的单元格，然后在编辑栏中直接进行修改即可。

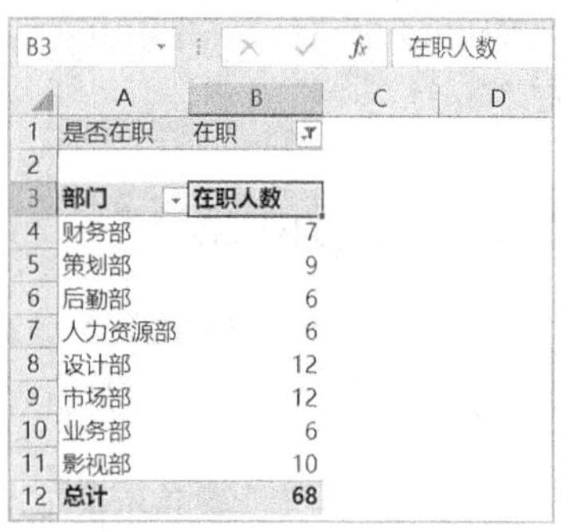

	A	B	C	D
1	是否在职	在职		
2				
3	部门	在职人数		
4	财务部	7		
5	策划部	9		
6	后勤部	6		
7	人力资源部	6		
8	设计部	12		
9	市场部	12		
10	业务部	6		
11	影视部	10		
12	总计	68		

（3）设置数据透视表中数据的排序方式。

数据透视表中的数据默认是按照行字段进行升序排列的。而此处我们要对比分析的是值字段数据。为了方便对比分析，需要将数据透视表中的数据按照值字段进行升序或降序排列。

❶ **单击行标签所在单元格右侧的下拉按钮，在弹出的下拉列表中选择【其他排序选项】选项。**

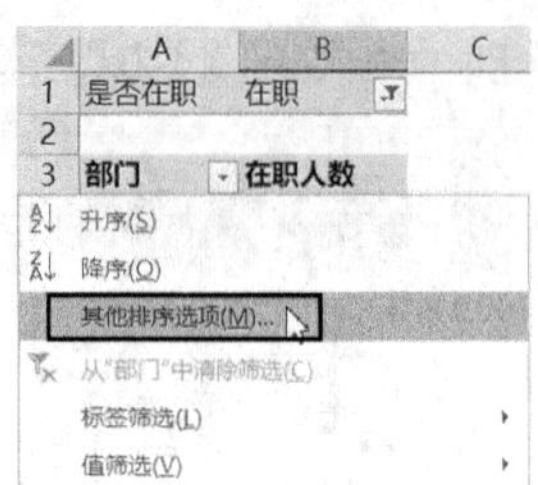

❷ **弹出【排序（部门）】对话框，选中【升序排序（A 到 Z）依据】单选钮，然后在下方的下拉列表中选择【在职人数】选项。**

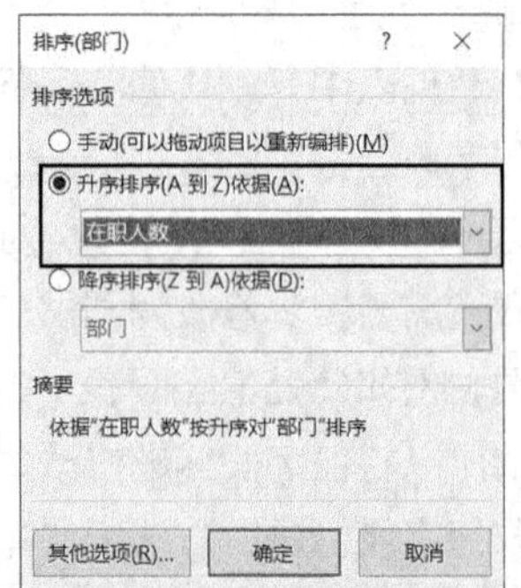

❸ **单击【确定】按钮，返回数据透视表，即可看到数据透视表中的数据已经按照在职人数升序排列了。这样我们不仅可以一眼看出在职总人数，而且可以看出在职人数最多和最少的部门。**

	A	B
1	是否在职	在职
2		
3	部门	在职人数
4	人力资源部	6
5	业务部	6
6	后勤部	6
7	财务部	7
8	策划部	9
9	影视部	10
10	设计部	12
11	市场部	12
12	总计	68

（4）修改数据透视表样式。

数据透视表其实就是一个表格，所以设置数据透视表样式的方法与设置表格样式的方法基本一致。一种方法是直接从数据透视表的样式中选择一种合适的样式。

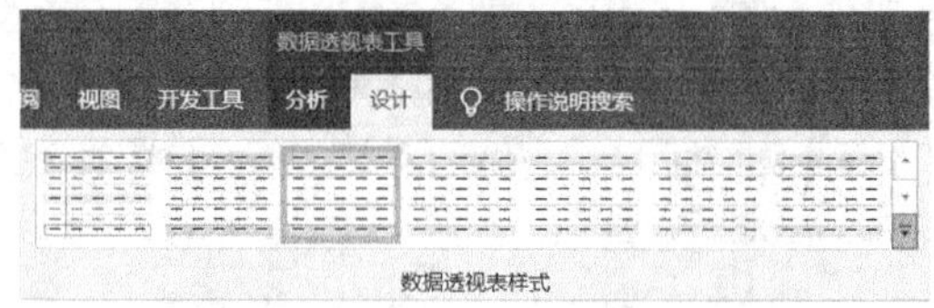

另一种方法是手动设置数据透视表中的字体、字号、对齐方式、边框、底纹、行高和列宽等格式。

	A	B
1	是否在职	在职
2		
3	部门	在职人数
4	人力资源部	6
5	业务部	6
6	后勤部	6
7	财务部	7
8	策划部	9
9	影视部	10
10	设计部	12
11	市场部	12
12	总计	68

2. 可视化不同部门的在职人数

汇总统计出不同部门的在职人数后，就可以用图表将这些数据展现出来，然后对比分析不同部门的在职人数差异。在进行对比分析时首选柱形图和条形图，此处选择柱形图。

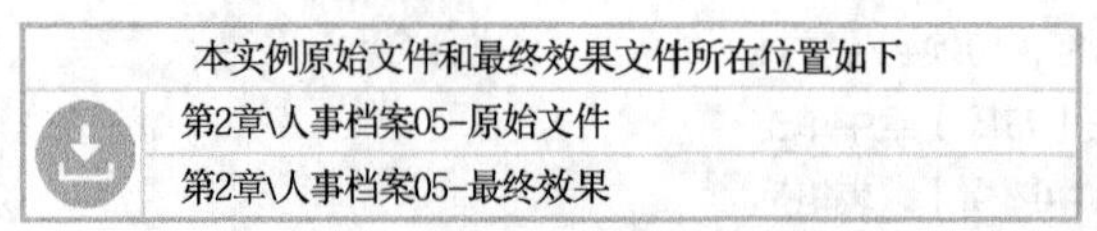

● 创建数据透视图

❶ 打开本实例的原始文件“人事档案 05- 原始文件”，选中数据透视表中的任意一个单元格，切换到【插入】选项卡，在【图表】组中单击【插入柱形图或条形图】按钮 ，在弹出的下拉列表中选择【簇状柱形图】选项。

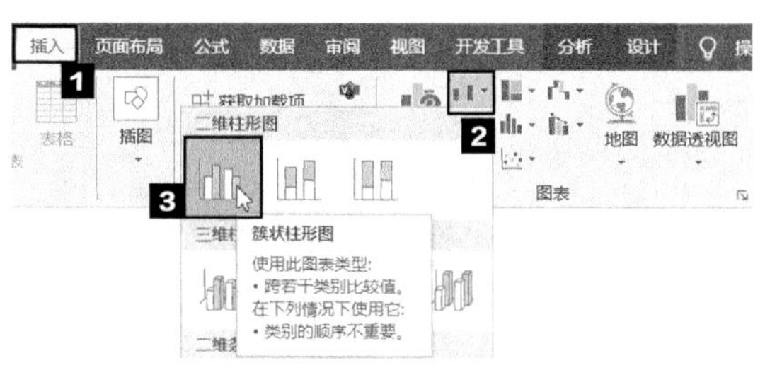

❷ 此时可在当前工作表中插入一个数据透视图。

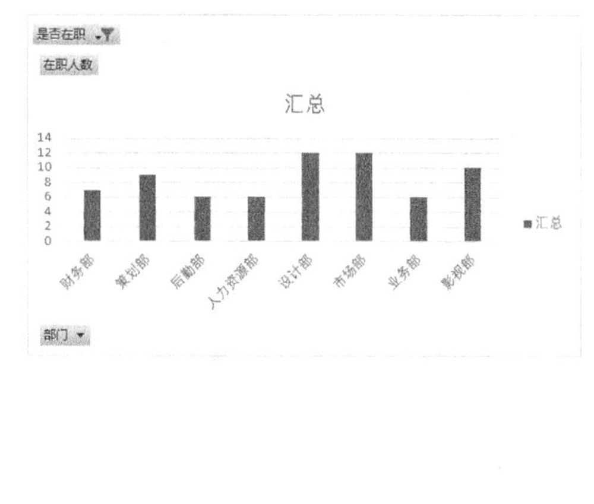

● 美化数据透视图

美化数据透视图主要是美化图表元素，下面介绍数据透视图中的图表元素。

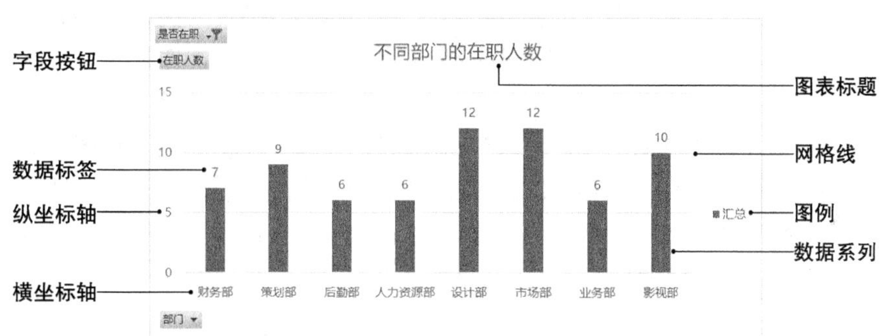

（1）数据标签。

数据标签的作用是明确标注数据系列的具体内容。在图表中，如果需要查看每个数据点的值，那么就需要给数据点添加数据标签。为图表添加数据标签的方法很简单：只需要选中图表，单击图表右上角的【图表元素】按钮，在弹出的下拉列表中勾选【数据标签】复选框即可。数据标签的字体格式可以在【开始】选项卡的【字体】组中进行设置。

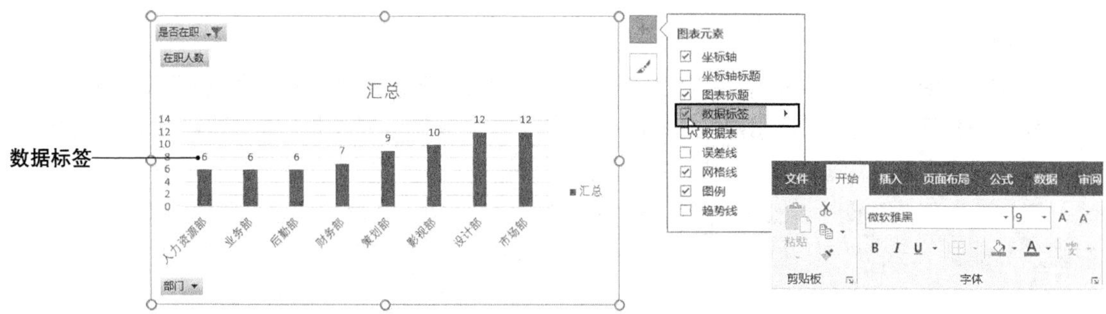

（2）图例。

图例在图表中的作用是通过颜色、符号等标注图表中数据系列所代表的内容，从而帮助读者读懂图表。当前实例中只有一个数据系列，该数据系列代表的内容可以直接通过图表标题来描述，因此可以删除图例。

在图表中删除图例的方法也很简单：选中图例，然后按【Delete】键即可删除。

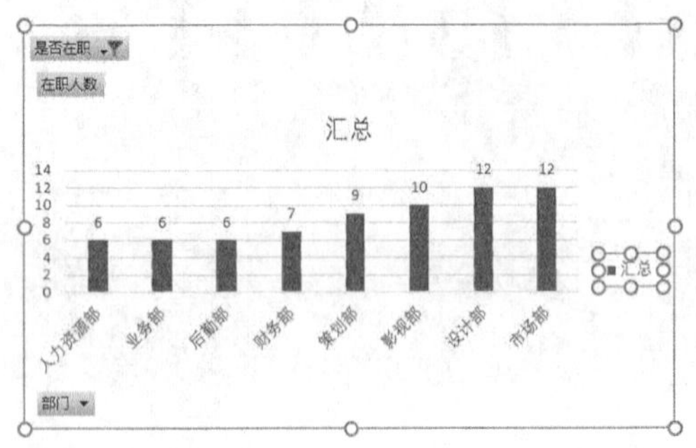

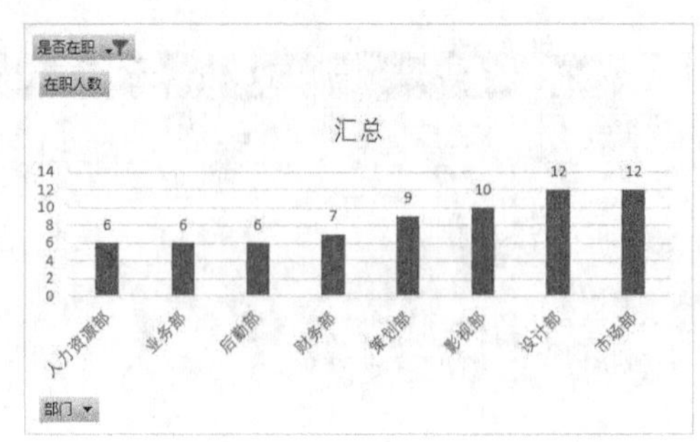

（3）坐标轴、网格线。

坐标轴和网格线是紧密相关的，坐标轴的刻度决定了网格线的疏密程度。在图表中，读者可以通过坐标轴和网格线的引导来判断数据的大小。这里需要注意的是，通过数据标签，读者可以直接知道数据的大小。如果图表需要直接向读者展示具体数据，则应选用数据标签。因此，图表中如果使用了数据标签，就可以将纵坐标轴和横网格线删除，其删除方法与图例的删除方法一致。

在当前图表中，可以看到横坐标轴上的数据是倾斜显示的，这是因为默认图表的宽度较窄。可以选中图表，将鼠标指针移动到图表右侧中间的控制点上并向右拖曳，当横坐标轴上的数据正常显示后，释放鼠标左键，然后选中横坐标轴，在【开始】选项卡的【字体】组中对横坐标轴上的数据的字体进行适当设置。

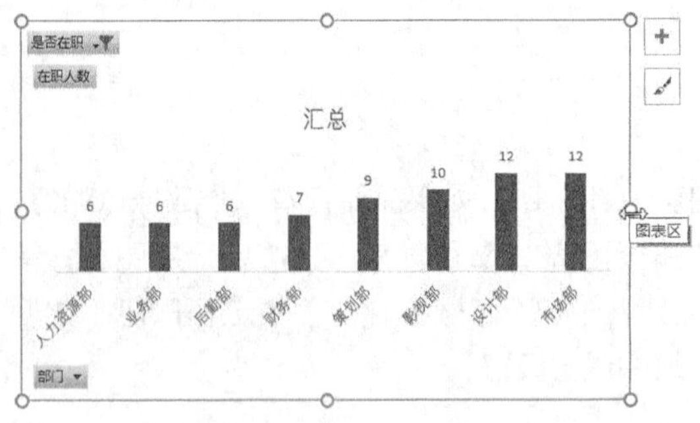

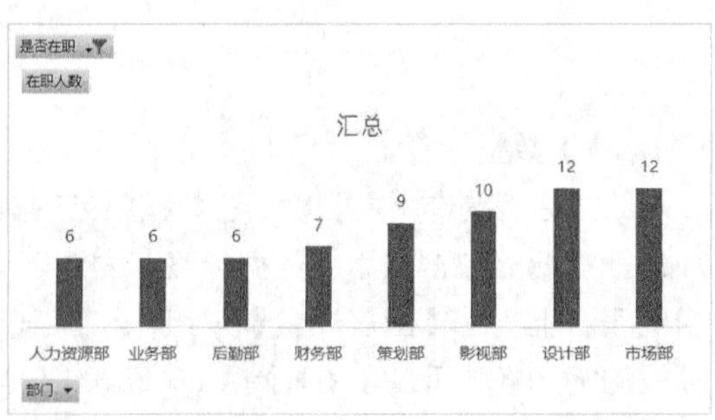

（4）图表标题。

图表标题通常放在图表的最上方，它的作用是描述图表的主题，帮助读者了解图表要表现的内容。一般情况下，默认创建的图表都是带有图表标题的，只是其内容可能并不是很准确，我们只需要选中图表标题文本框，对其内容进行编辑即可。

例如，在当前实例中，图表的默认标题是“汇总”，而图表所要表述的内容是不同部门的在职人数，因此我们需要将图表的标题更改为“不同部门的在职人数”，并对其进行适当设置。

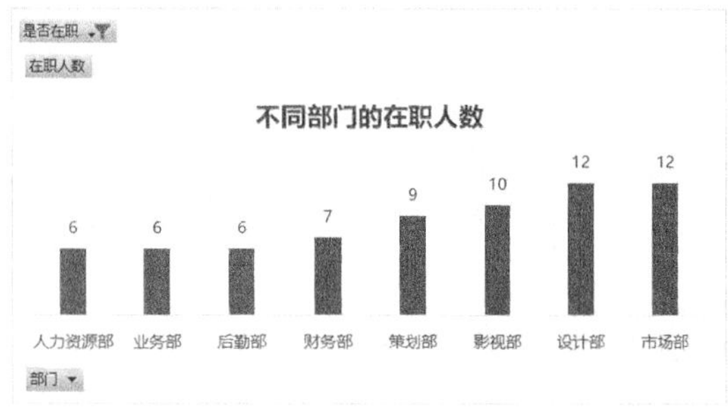

（5）字段按钮。

数据透视图中默认显示各种字段按钮，这些字段按钮会影响图表的整体布局，因此可以将数据透视图中的字段按钮隐藏。

在任意一个字段按钮上单击鼠标右键，在弹出的快捷菜单中选择【隐藏图表上的所有字段按钮】选项，即可将图表中的所有字段按钮隐藏。

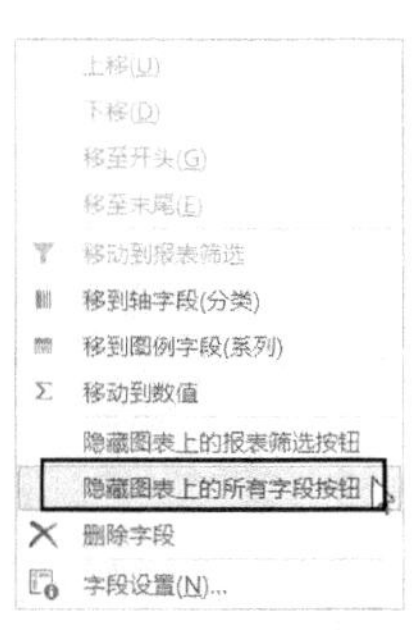

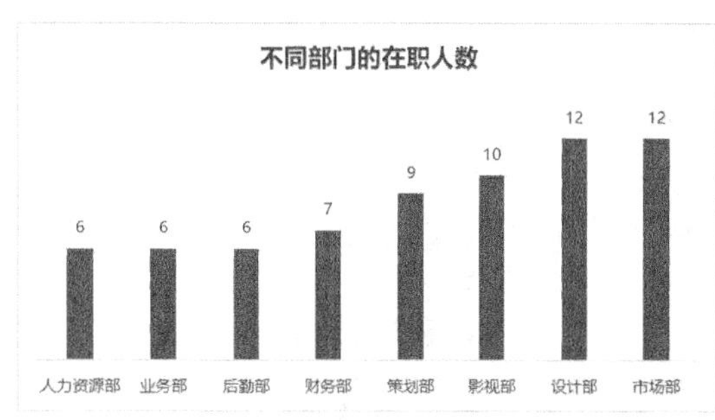

（6）数据系列。

数据系列是图表的主体，它的布局直接影响整个图表的布局。通常默认插入的柱形图，其柱形与柱形之间的间隙宽度是比较宽的，会让人觉得图表整体比较零散，因此通常需要将间隙宽度适当调窄，例如调整为柱形宽度的 80%~120%。另外，柱形的颜色等也是需要调整的，具体操作步骤如下。

❶ 在数据系列上单击鼠标右键，在弹出的快捷菜单中选择【设置数据系列格式】选项。

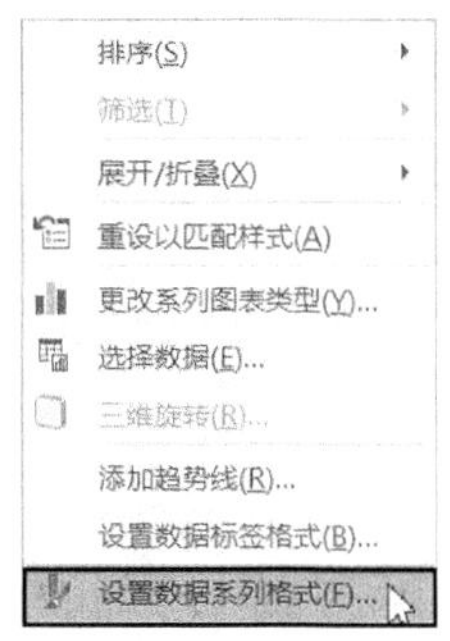

❷ 打开【设置数据系列格式】任务窗格，单击【系列选项】按钮，在【系列选项】组中可以看到默认的【间隙宽度】为【219%】，此处将其调整为【100%】。

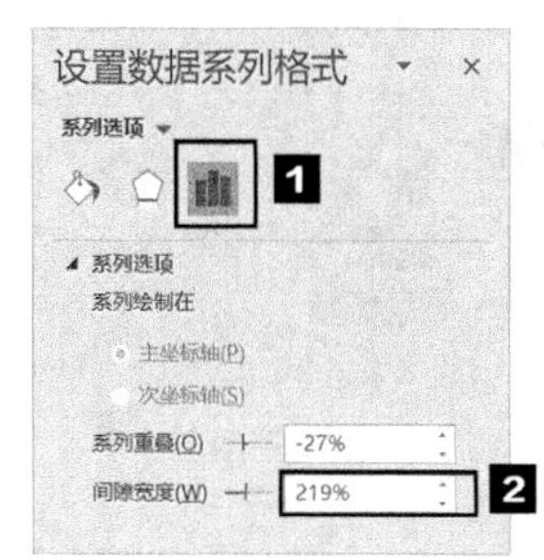

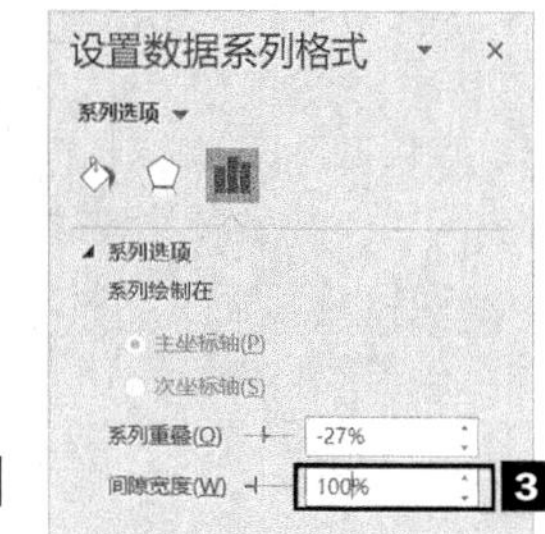

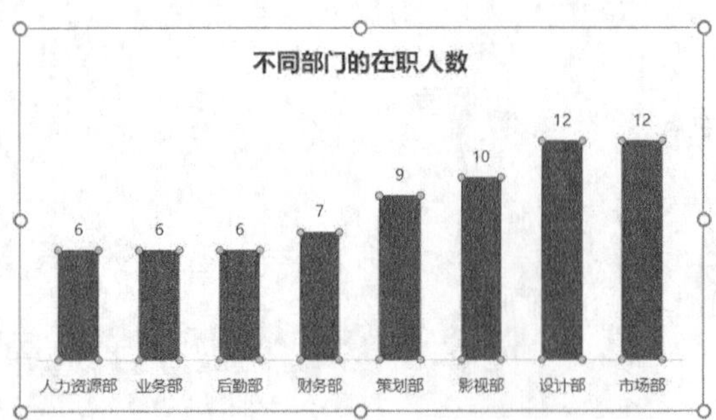

❸ 设置数据系列的填充颜色。单击【填充与线条】按钮，在【填充】组中单击【填充颜色】按钮，在弹出的颜色面板中选择一种合适的颜色，如果没有合适的颜色，可以选择【其他颜色】选项。

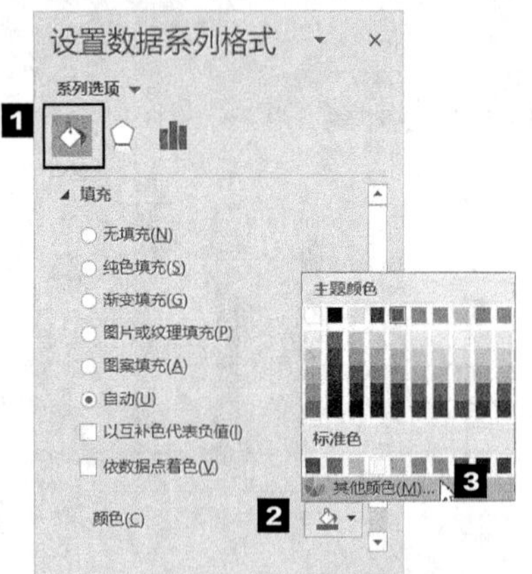

❹ 打开【颜色】对话框，切换到【自定义】选项卡，通过调整【红色】、【绿色】和【蓝色】的值来选择合适的颜色，设置完毕后单击【确定】按钮。

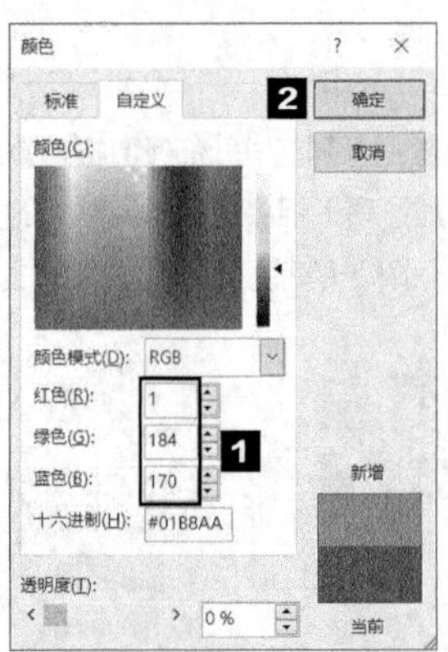

❺ 数据系列边框颜色的设置与填充颜色的设置基本一致，在【边框】组中选中【无线条】单选钮。

❻ 柱形图的最终效果如下图所示。

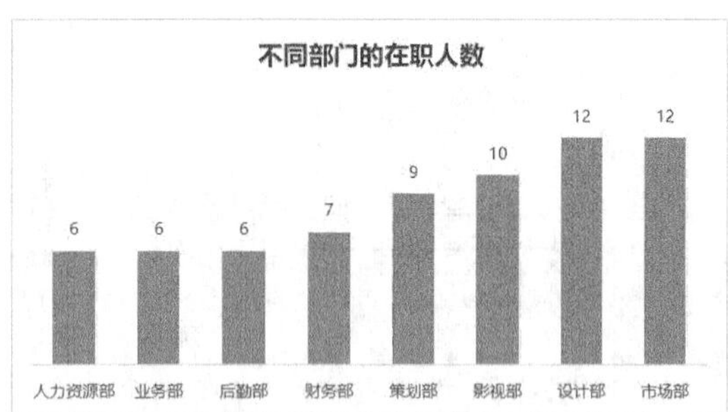

通过图表，可以直观地看出公司人力资源部、业务部、后勤部和财务部的在职人数是差不多的，策划部、影视部、设计部和市场部的在职人数相对多一些。这与公司的运营性质有关，作为新媒体运营公司，策划部、影视部、设计部和市场部的员工人数相对较多属于正常现象。

2.1.4 在职员工的学历分布情况分析

分析员工学历分布情况的目的是判断企业现有的员工的学历分布情况是否有利于公司的经济效益最大化。可以使用数据透视表来汇总数据，使用数据透视图来辅助分析数据。由于创建数据透视图时，系统会同时创建数据透视表，因此可以直接创建数据透视图。具体操作步骤如下。

❶ 打开本实例的原始文件“人事档案 06- 原始文件”，选中“员工信息表”数据区域中的任意一个单元格，切换到【插入】选项卡，在【图表】组中单击【数据透视图】按钮的上半部分。

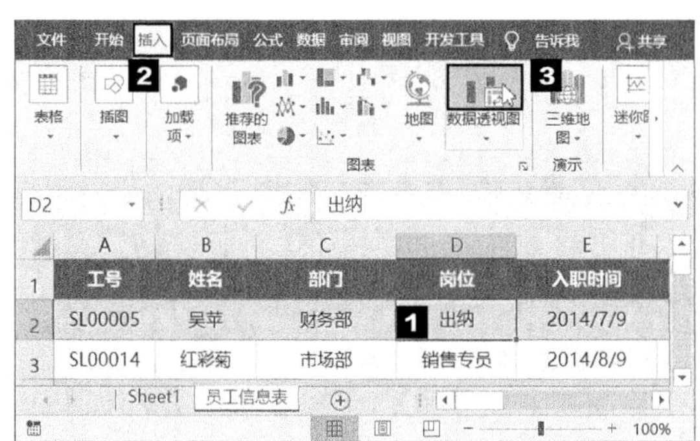

❷ 弹出【创建数据透视图】对话框，系统默认将“员工信息表”中的所有数据作为要分析的数据，选择现有工作表“Sheet1”中的单元格 A16 作为放置数据透视图的位置。

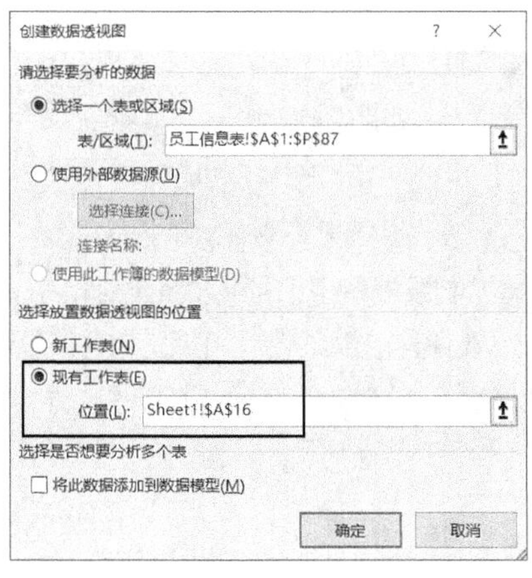

❸ 单击【确定】按钮，系统即可在工作表中创建一个数据透视表和一个数据透视图的基本框架，同时打开【数据透视表字段】任务窗格。

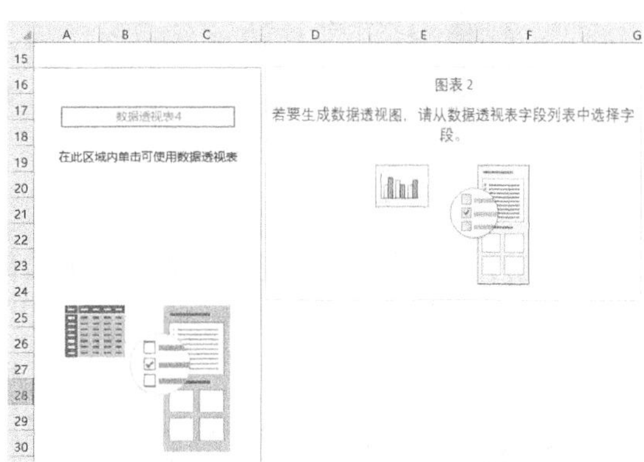

❹ 在【数据透视表字段】任务窗格中，将【是否在职】拖曳到【筛选】列表框中，将【学历】拖曳到【轴（类别）】列表框中，将【工号】拖曳到【值】列表框中。

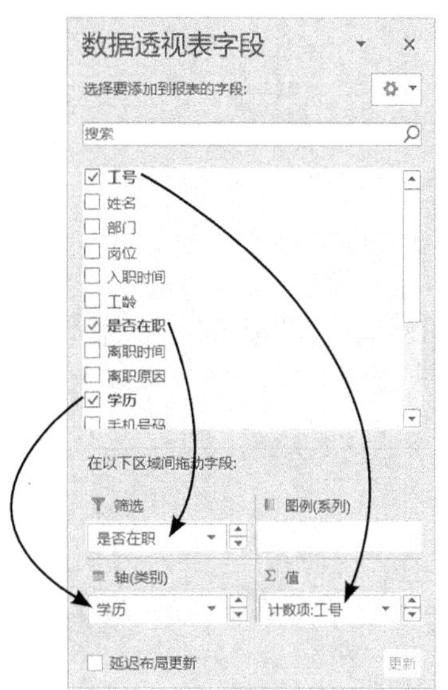

❺ 此时可生成数据透视表和数据透视图，如下图所示。

	A	B
14	是否在职	(全部)
15		
16	行标签	计数项:工号
17	初中及以下	1
18	本科	67
19	专科	7
20	高中	2
21	硕士研究生	8
22	中专	1
23	总计	86

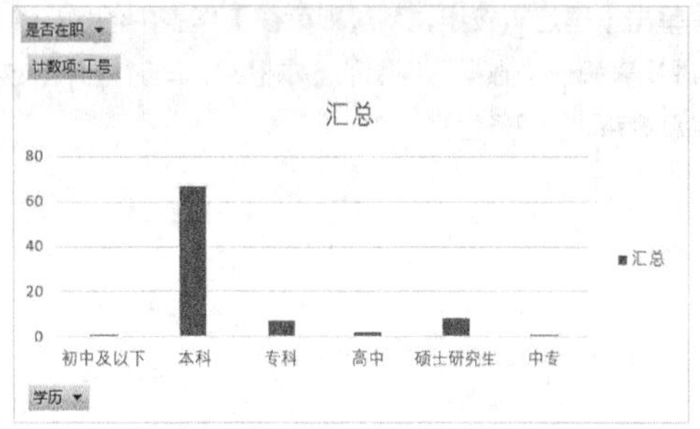

❻ 通过数据透视表的筛选项筛选出在职员工的数据，并对数据透视表中的数据按照在职人数降序排列。

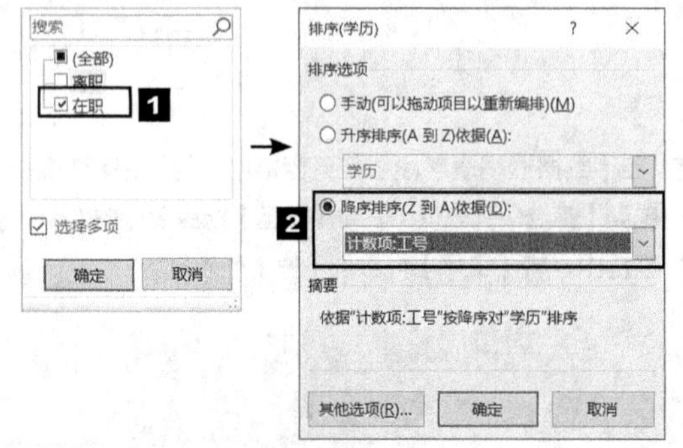

❼ 按照前面的方法对数据透视表进行美化，最终效果如下图所示。

	A	B
14	是否在职	在职
15		
16	学历	在职人数
17	本科	53
18	硕士研究生	7
19	专科	5
20	高中	2
21	初中及以下	1
22	总计	68

❽ 数据透视图默认创建的是柱形图，而我们此处要分析的是不同学历的在职员工的占比，使用饼图更合适。在图表上单击鼠标右键，在弹出的快捷菜单中选择【更改图表类型】选项。

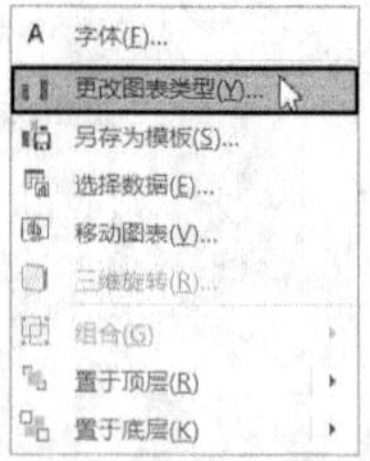

❾ 弹出【更改图表类型】对话框，切换到【饼图】选项卡，选择【子母饼图】选项。

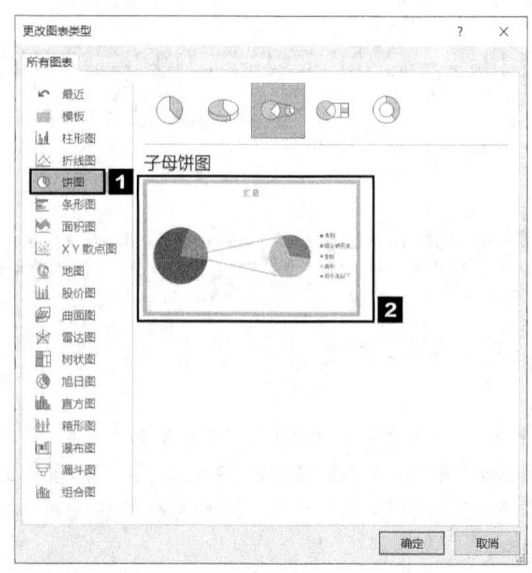

提示

制作饼图时应遵循以下几项原则。

① 饼图的项目数量尽量不多于 6 个。

② 饼图中尽量不要有太小的数据。

③ 如果饼图中的项目数量较多，且有多个较小数据，可以将较小的数据归为一类，使用子母饼图来表示。

⑩ 单击【确定】按钮，即可将柱形图更改为子母饼图。

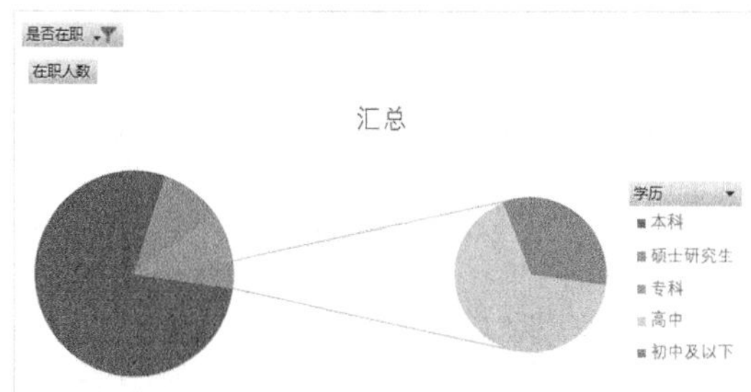

提示

子母饼图的图表元素比柱形图的少，只有图表标题、图例和数据标签，其图表标题的设置与柱形图一致。需要注意的是，在子母饼图中，类别名称通常也是通过数据标签显示的，因此它不需要图例。

⑪ 将图表标题更改为“不同学历的在职人数”，并将其字体设置为微软雅黑并加粗。删除图例，并添加数据标签。

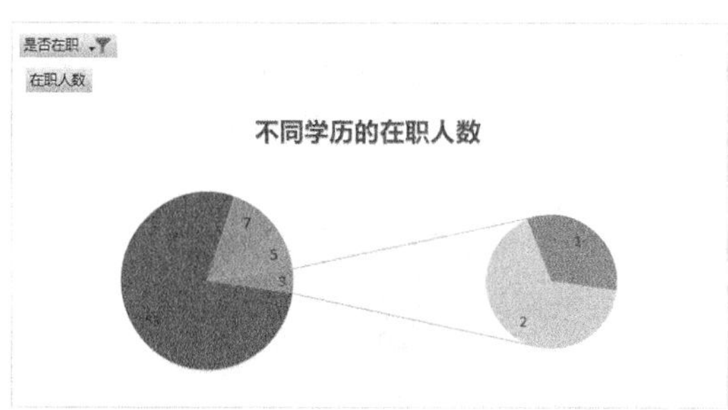

⑫ 默认添加的数据标签只显示值，如果想要同时显示类别名称和百分比，可以在数据标签上单击鼠标右键，在弹出的快捷菜单中选择【设置数据标签格式】选项。

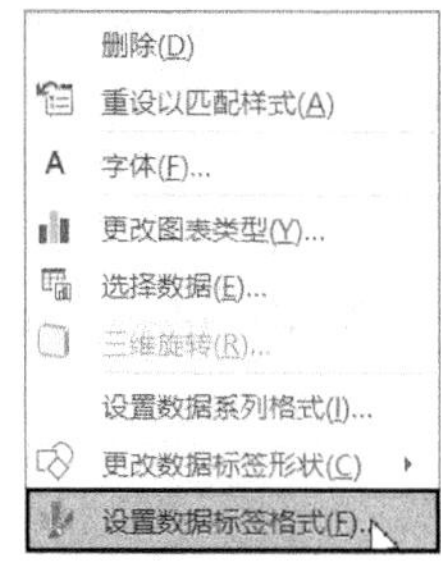

⑬ 打开【设置数据标签格式】任务窗格，单击【标签选项】按钮，在【标签选项】组中勾选【类别名称】、【百分比】和【显示引导线】复选框，取消勾选【值】复选框，然后选择一种合适的分隔符，例如选择【，（逗号）】选项。

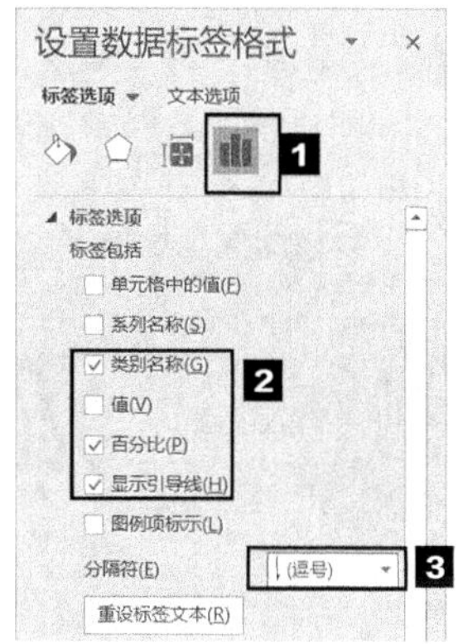

⑭ 图表的数据标签将同时显示类别名称和百分比，然后适当调整数据标签的字体格式，此处将字体设置为微软雅黑。

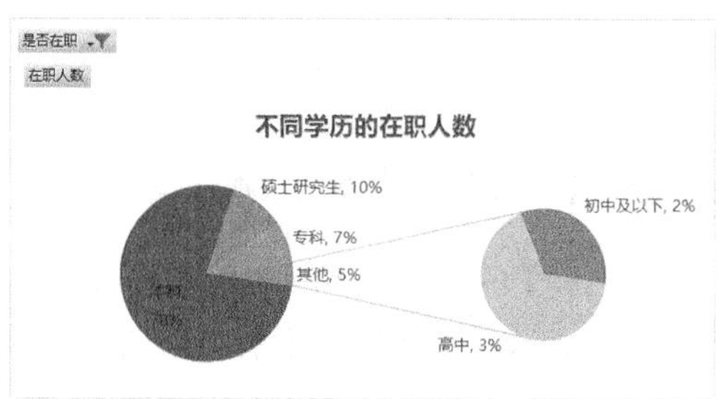

⑮ 设置数据系列。子母饼图数据系列的美化主要在于数据系列的间隙宽度和填充颜色的设置。在数据系列上单击，【设置数据标签格式】任务窗格即可自动转换为【设置数据系列格式】任务窗格，单击【系列选项】按钮，在【系列选项】组中适当调整【间隙宽度】，此处将其调整为【150%】。

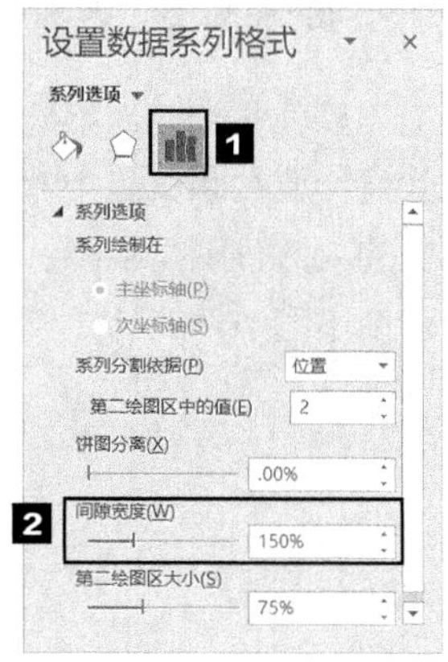

⑯ 设置数据系列的颜色。子母饼图数据系列中各数据点的颜色通常是不同的，需要依次进行设置。例如选中“本科”数据点，【设置数据系列格式】任务窗格自动转换为【设置数据点格式】任务窗格，单击【填充与线条】按钮，即可设置“本科”数据点的填充颜色。按照相同的方法设置其他数据点的颜色即可。

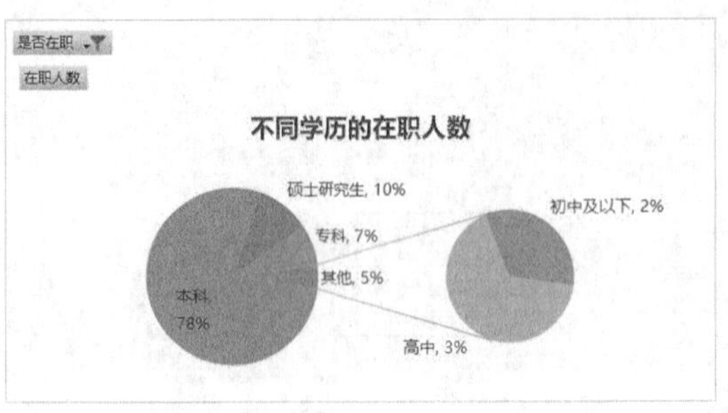

⑰ 在当前图表中，我们不需要进行筛选操作，因此字段按钮是多余的，切换到【数据透视图工具】栏的【分析】选项卡，在【显示 / 隐藏】组中单击【字段按钮】的上半部分，即可将图表中的所有字段按钮隐藏。

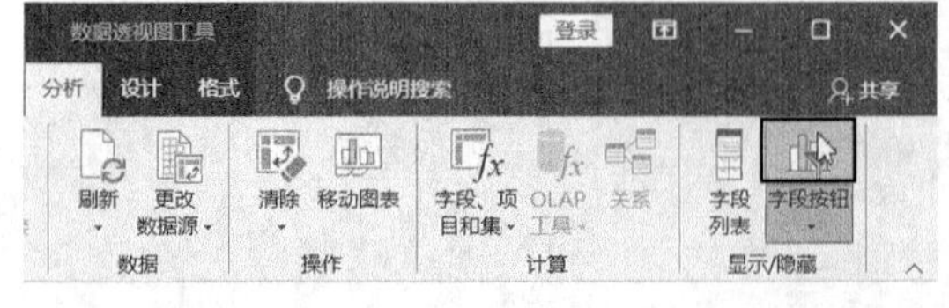

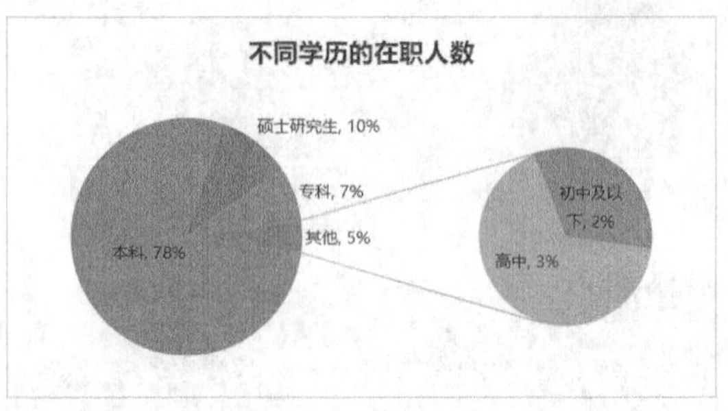

通过图表，可以看出公司在职员工中，本科学历的人数占比是最大的，其次是硕士研究生和专科。由此可知，目前公司的整体学历水平是比较高的，对公司的发展是有利的。

2.1.5 在职员工的性别比例分布分析

在职员工的性别比例分布可以反映公司人员的性别结构。对指定数据按指定条件进行汇总计算时，除了可以使用数据透视表外，还可以使用函数进行汇总计算。

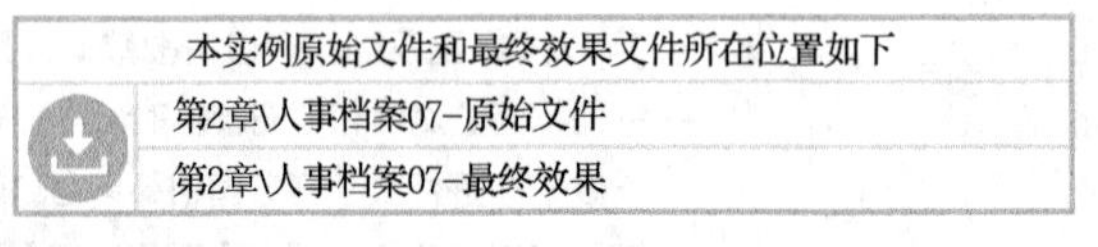

本实例原始文件和最终效果文件所在位置如下
第2章\人事档案07–原始文件
第2章\人事档案07–最终效果

扫码看视频

1. 统计不同性别的在职员工人数

在“员工信息表”中统计不同性别的在职员工人数，就是计算在职员工中性别为男的人数和性别为女的人数分别是多少。这实际上就是一个满足两个不同条件的计数问题，如右图所示。

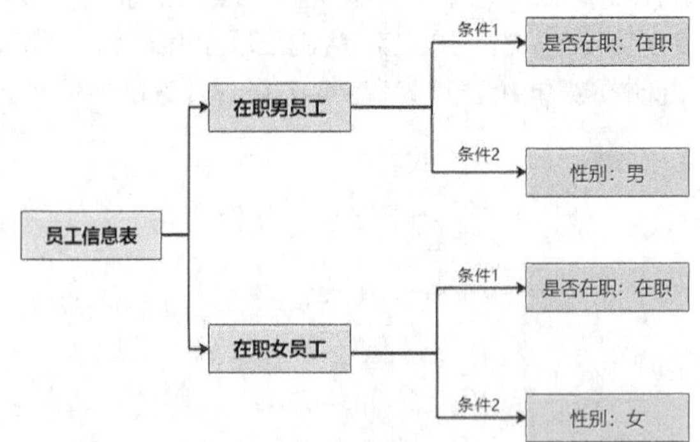

- COUNTIFS

在 Excel 中进行多条件计数，可以使用 COUNTIFS 函数。

COUNTIFS 函数用于统计多个区域中满足给定条件的单元格的个数。其语法格式如下。

COUNTIFS(条件区域 1, 条件 , 条件区域 2, 条件 2,…)

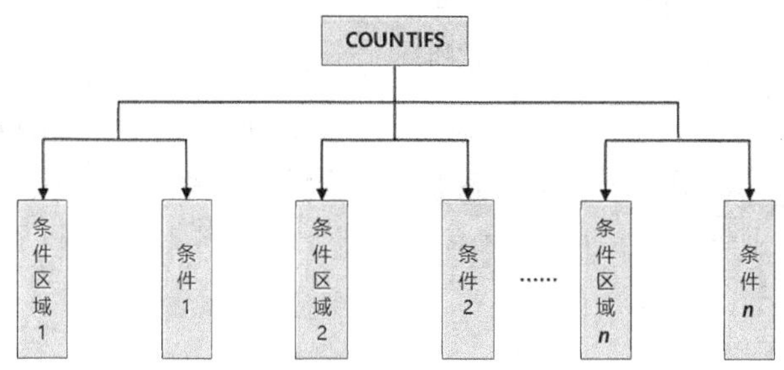

❶ 打开本实例的原始文件“人事档案 07- 原始文件”，选择一个 3 行 2 列的空白数据区域，设置表格格式，并输入标题，如下图所示。

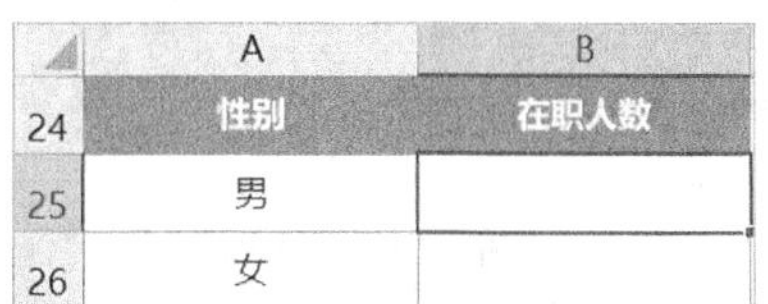

❷ 选中单元格 B25，切换到【公式】选项卡，在【函数库】组中单击【其他函数】按钮，在弹出的下拉列表中选择【统计】选项，然后在其子列表中选择【COUNTIFS】选项。

❸ 弹出【函数参数】对话框，先将光标定位到第 1 个参数文本框中，选中“员工信息表”的 G 列；然后将光标定位到第 2 个参数文本框中，输入文本“在职”（输入文本后，Excel 会自动为文本添加引号）；再将光标定位到第 3 个参数文本框中，选中“员工信息表”的 M 列；最后将光标定位到第 4 个参数文本框中，选中当前工作表中的单元格 A25，设置完毕，单击【确定】按钮。

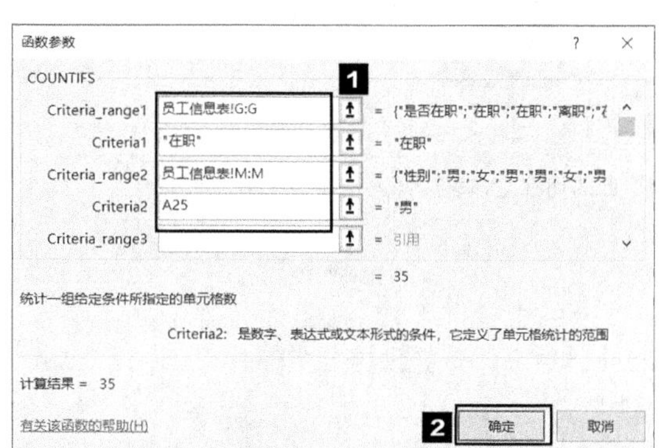

❹ 返回工作表，即可看到已经计算出在职男员工的人数。将鼠标指针移动到单元格 B25 的右下角，当鼠标指针变成十字形状时，按住鼠标左键不放并向下拖曳至单元格 B26 中，释放鼠标左键，即可将单元格 B25 中的公式复制到单元格 B26 中，计算出在职女员工的人数。

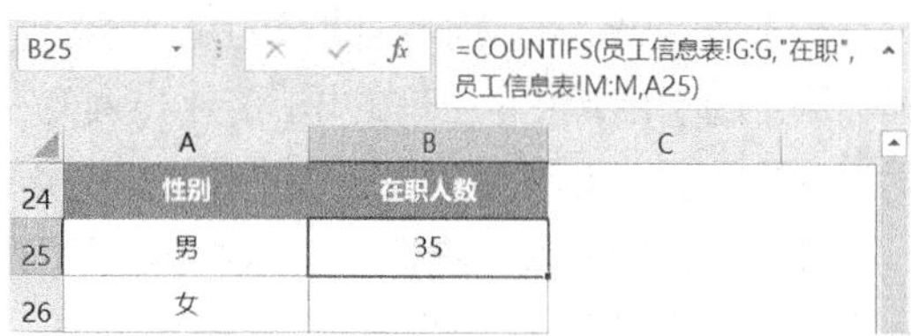

2. 使用圆环图展现在职员工的性别比例

通过员工信息表计算出不同性别的在职员工的人数后，不需要手动计算男、女员工的占比情况，可以直接通过圆环图展现，具体操作步骤如下。

❶ 选中单元格区域 A24:B26，切换到【插入】选项卡，在【图表】组中单击【插入饼图或圆环图】按钮，在弹出的下拉列表中选择【圆环图】选项。

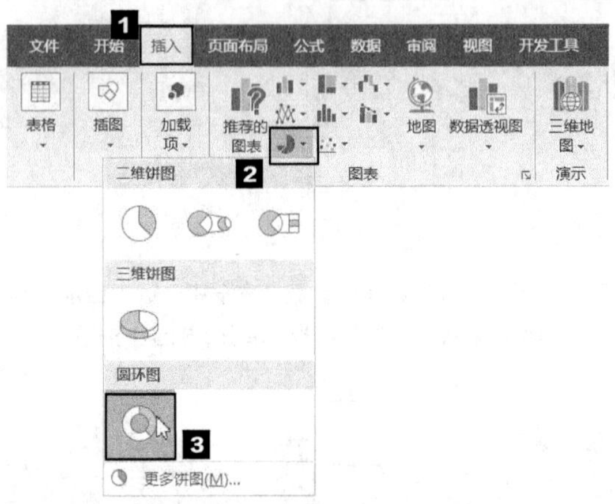

❷ 此时可在工作表中插入一个圆环图。

❸ 美化圆环图需要设置的元素有图表标题、图例、数据标签及数据系列的颜色，这些设置方法，前面已经介绍过了，此处不赘述。美化后的圆环图如右图所示。

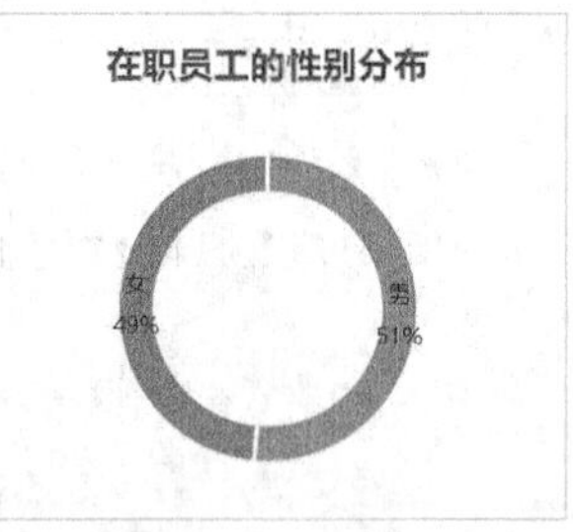

❹ 圆环图默认的圆环大小有点大，显得比较薄弱，可以让圆环变粗。打开【设置数据系列格式】任务窗格，单击【系列选项】按钮，在【系列选项】组中将【圆环图圆环大小】由【75%】调整为【60%】。

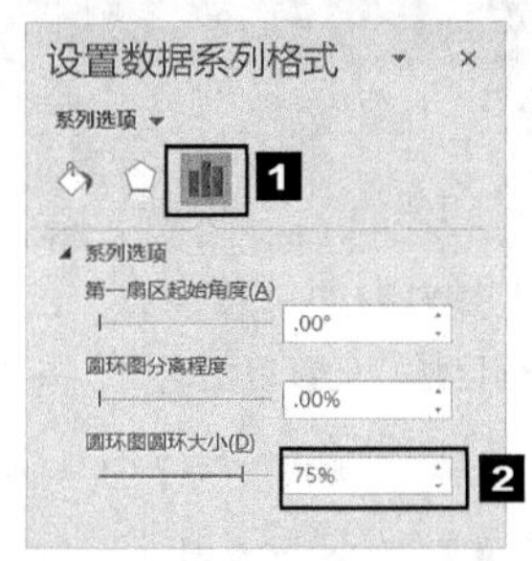

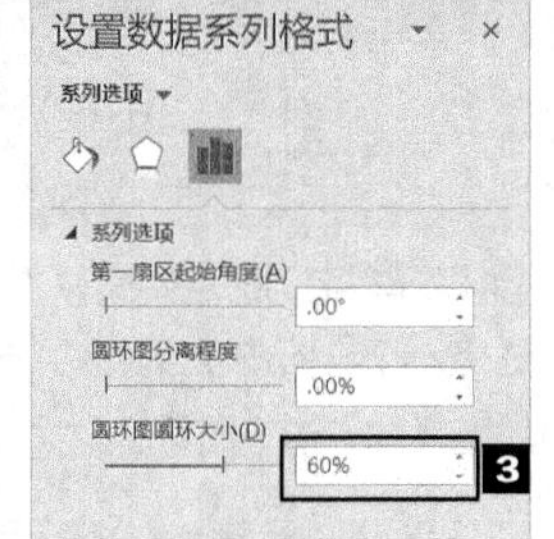

❺ 圆环图的最终效果如下图所示。

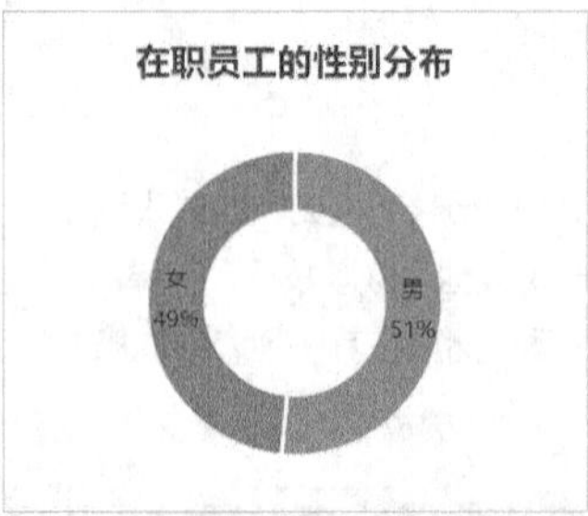

通过图表，可以看出公司在职员工男女数量基本是持平的，是有利公司发展的。

2.1.6 不同年龄段的在职员工人数分布情况

分析员工年龄分布情况的目的是了解公司员工的年龄结构，确定公司员工年龄层次是否合理，是否趋于老龄化。合理的年龄结构，能够有效地提升工作效率，营造良好的工作氛围。例如，通过对在职员工年龄结构的分析，HR 就可以有针对性地招聘某年龄段的员工。

计算不同年龄段的在职员工人数，既可以使用 COUNTIFS 函数，也可以使用数据透视表，本小节以数据透视表为例进行汇总统计。

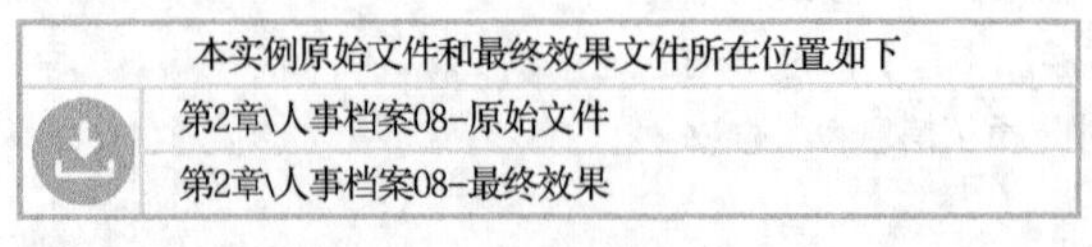

本实例原始文件和最终效果文件所在位置如下

第2章\人事档案08-原始文件

第2章\人事档案08-最终效果

- **新建数据透视表样式**

系统默认创建的数据透视表的字体、边框及填充颜色等不一定符合我们的要求，因此需要在数据透视表创建完成后，对其字体、边框及填充颜色等进行设置。如果需要创建多个数据透视表，就需要反复进行相同的设置，那么有没有可以一劳永逸的方法呢？答案是肯定的，可以新建数据透视表的样式，并将其应用为工作簿默认的数据透视表样式。

❶ 打开本实例的原始文件“人事档案 08- 原始文件”，选中数据透视表中的任意一个单元格，切换到【数据透视表工具】栏的【设计】选项卡，在【数据透视表样式】组中单击【其他】按钮。

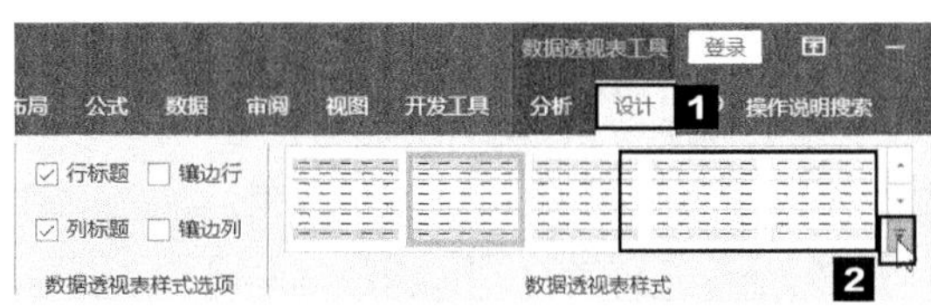

❷ 在弹出的下拉列表中选择【新建数据透视表样式】选项。

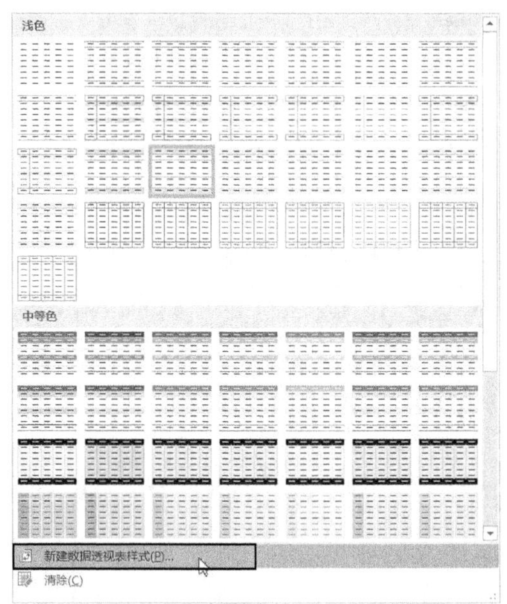

❸ 弹出【新建数据透视表样式】对话框，我们可以对【表元素】列表框中的所有元素进行格式设置。例如，如果需要将整个表的边框设置为青色，可以选中【整个表】选项，单击【格式】按钮。

❹ 弹出【设置单元格格式】对话框，切换到【边框】选项卡，单击【颜色】右侧的下拉按钮，在弹出的下拉列表中选择【其他颜色】选项。

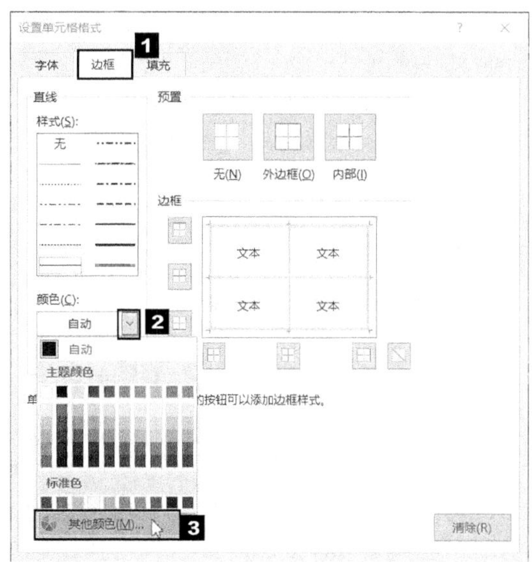

❺ 弹出【颜色】对话框，切换到【自定义】选项卡，用户可以通过设置RGB的数值，来选择颜色，单击【确定】按钮。

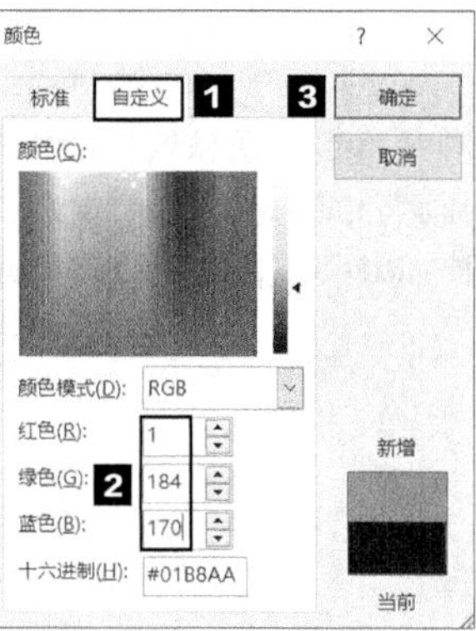

❻ 返回【设置单元格格式】对话框，依次单击【外边框】和【内部】按钮，即可将数据透视表样式中整个数据透视表的边框设置为青色。

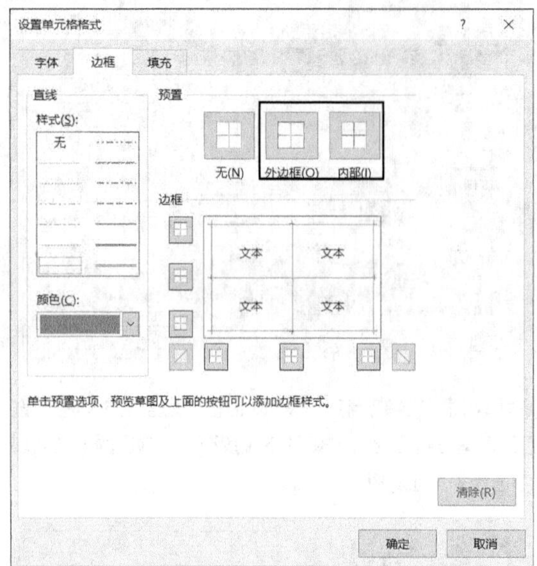

❼ 单击【确定】按钮，返回【新建数据透视表样式】对话框，即可预览设置的效果。

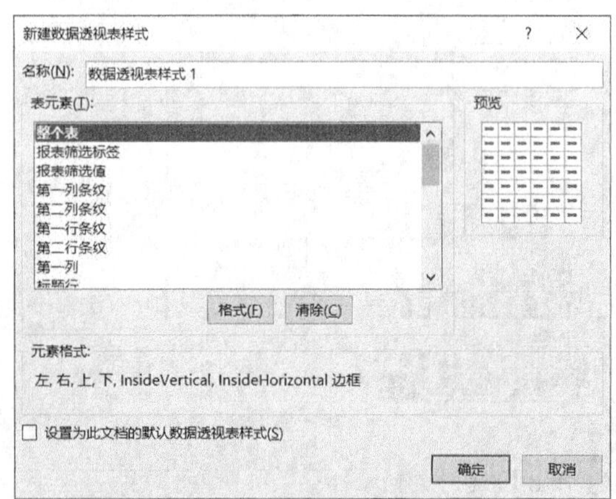

❽ 按照相同的方法依次设置报表筛选标签、报表筛选值、标题行和汇总行的字体、边框和底纹，勾选【设置为此文档的默认数据透视表样式】复选框，单击【确定】按钮。

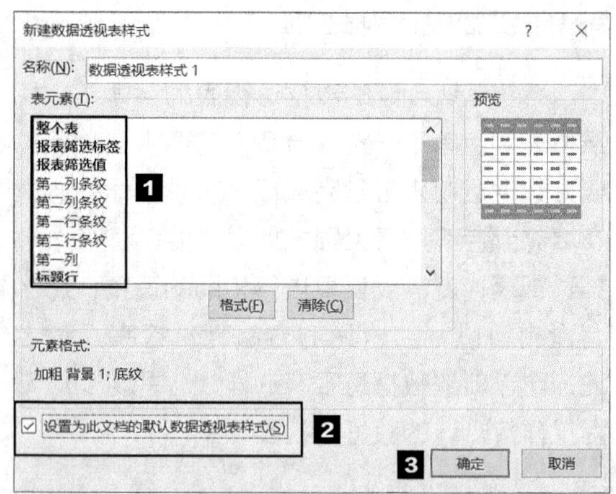

❾ 返回工作表，再次打开数据透视表样式库，即可看到新建的数据透视表样式，单击该样式即可将其应用到当前数据透视表中，在其他数据透视表中也可以应用该样式。

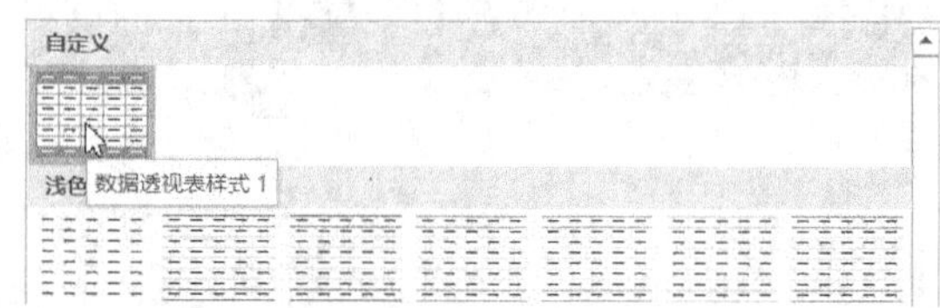

● 创建数据透视表

❶ 根据“员工信息表”创建一个数据透视表，将【是否在职】拖曳到【筛选】列表框中，将【年龄】拖曳到【行】列表框中，将【工号】拖曳到【值】列表框中。可以看到数据透视表会默认应用前面创建的数据透视表样式。

❷ 对年龄进行分析时，应该分析不同年龄段的在职员工的人数占比，因此需要按照年龄段进行分组。选中数据透视表中“年龄”列中的任意一个单元格，单击鼠标右键，在弹出的快捷菜单中选择【组合】选项。

❸ 弹出【组合】对话框，系统默认将数据透视表中的最小值和最大值作为组合的起始数值和终止数值，步长默认为1。我们可以根据分组的需要适当调整组合的起始数值、终止数值和步长，例如，将起始数值设置为26，终止数值设置为45，步长设置为10。

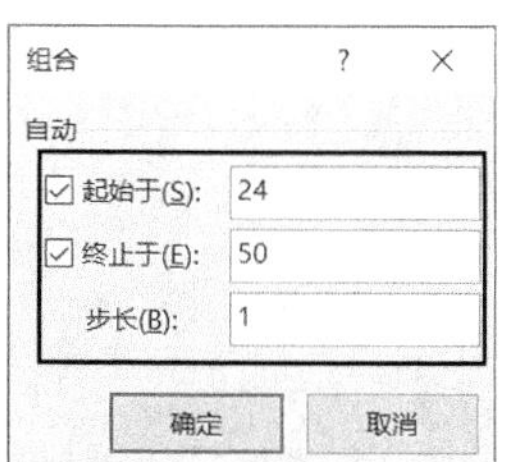

❹ 设置完毕，单击【确定】按钮，返回工作表，即可看到数据透视表已按年龄自动分组。

H	I
是否在职	(全部)
行标签	计数项:工号
<26	6
26-35	55
36-45	21
>46	4
总计	86

自动分组的行标题是直接根据数字进行命名的，为了更方便读取、理解，可以对其进行适当的更改。

❺ 行标题的更改方法与值字段名称的更改方法一致，选中单元格，在编辑栏中进行更改即可。

fx 26岁以下

H	I
是否在职	(全部)
行标签	计数项:工号
26岁以下	6
26-35岁	55
36-45岁	21
46岁以上	4
总计	86

❻ 按照前面的方法调整报表中数据的对齐方式、报表布局、筛选值、值字段及排序方式等，最终效果如右图所示。

H	I
是否在职	在职
年龄	在职人数
26-35岁	46
36-45岁	15
26岁以下	4
46岁以上	3
总计	68

● 创建图表

不同年龄段的在职员工人数汇总统计完成后，接下来就可以用图表对其进行可视化展现。进行年龄分析的目的是判断目前各年龄段的在职员工人数分布是否合理。理论上理想的在职员工各年龄段人数，应呈金字塔分布。因此使用金字塔图表展现数据较为合理，如下图所示。

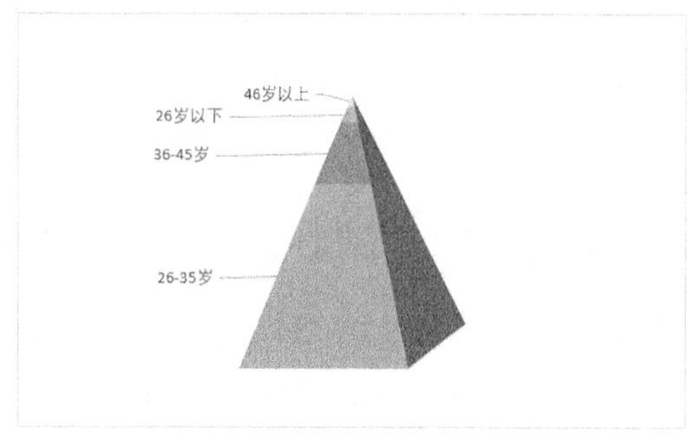

但是Excel中是没有金字塔图表的，我们需要通过三维堆积柱形图的变形来创建新图表。而在根据数据透视表直接创建的三维堆积柱形图中，各年龄段是横坐标轴数据，如下页图所示。

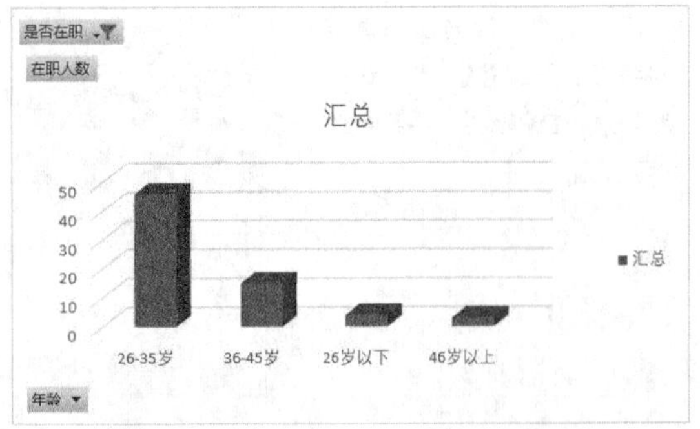

这样的三维堆积柱形图与金字塔图相差较远，因此我们需要将行和列互换，使图表中的各年龄段的数据堆积显示，这样更接近金字塔图，如下图所示。

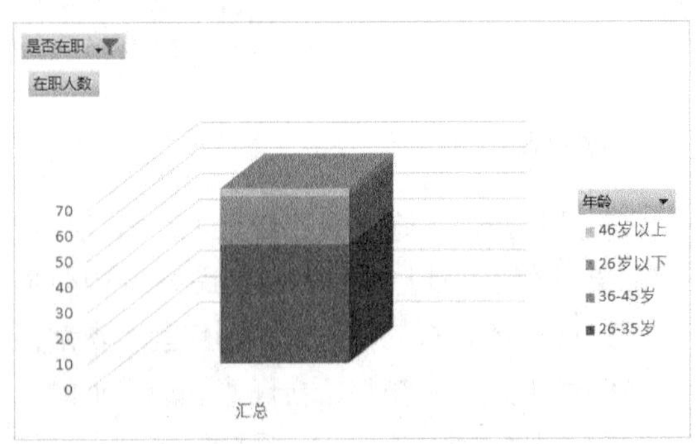

但是，由于当前图表中的数据来自数据透视表，两者是联动的，图表的行和列互换后，数据透视表的行和列也互换了，如下图所示。

H	I	J	K	L	M
是否在职	在职				
	年龄				
	26-35岁	36-45岁	26岁以下	46岁以上	总计
在职人数	46	15	4	3	68

这样的表格布局不太符合我们的阅读习惯。为了在创建图表的时候不影响数据透视表的数据结构，可以将数据透视表中的数据复制到其他单元格区域，然后根据新的数据区域创建图表，具体操作步骤如下。

❶ 选中数据透视表中的单元格区域 H3:I7，将其复制到单元格区域 K3:L7 中。

	H	I	J	K	L
1	是否在职	在职			
2					
3	年龄	在职人数		年龄	在职人数
4	26-35岁	46		26-35岁	46
5	36-45岁	15		36-45岁	15
6	26岁以下	4		26岁以下	4
7	46岁以上	3		46岁以上	3
8	总计	68			

❷ 选中单元格区域 K3:L7 中的任意一个单元格，切换到【插入】选项卡，在【图表】组中单击【插入柱形图或条形图】按钮，在弹出的下拉列表中选择【三维堆积柱形图】选项。

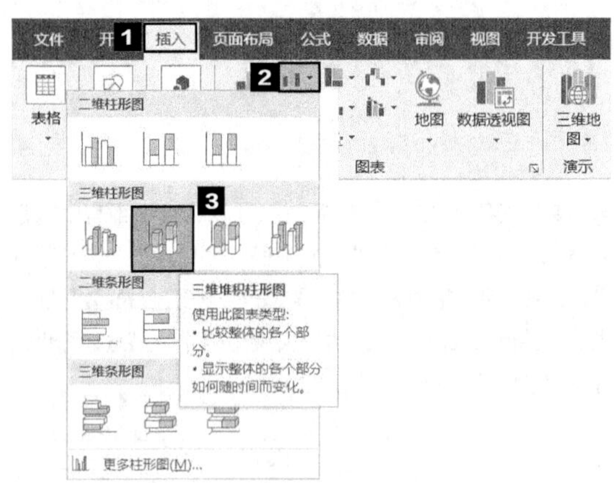

❸ 此时可创建一个三维堆积柱形图，如下图所示。

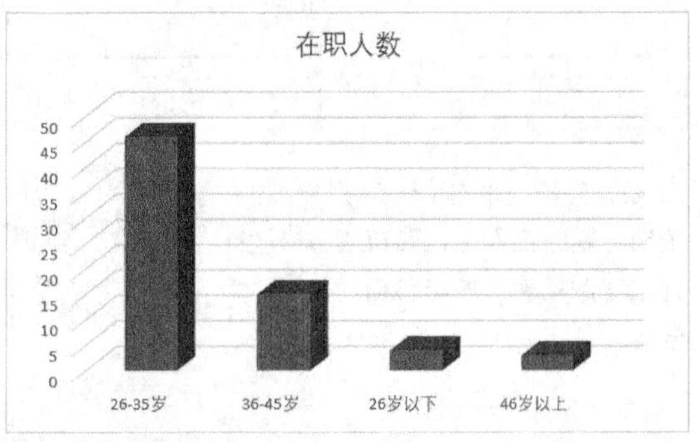

❹ 切换到【图表工具】栏的【设计】选项卡，在【数据】组中单击【切换行 / 列】按钮。

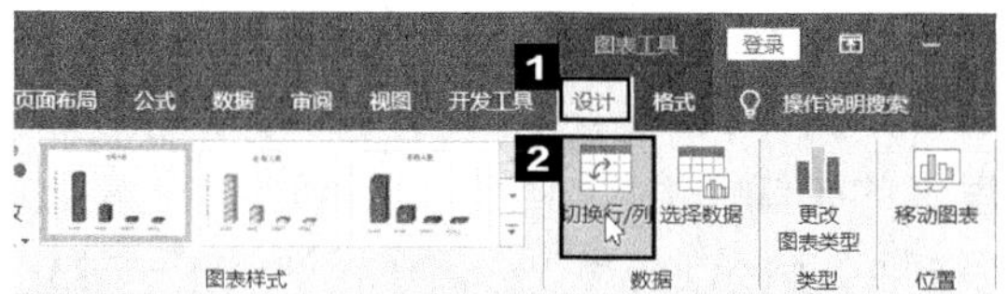

⑤ 图表的行和列就互换了，在数据系列上单击鼠标右键，在弹出的快捷菜单中选择【设置数据系列格式】选项。

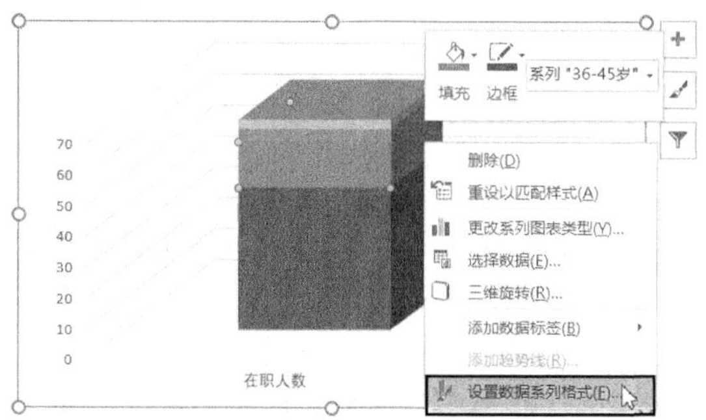

⑥ 弹出【设置数据系列格式】任务窗格，在【系列选项】组中选中【完整棱锥】单选钮。

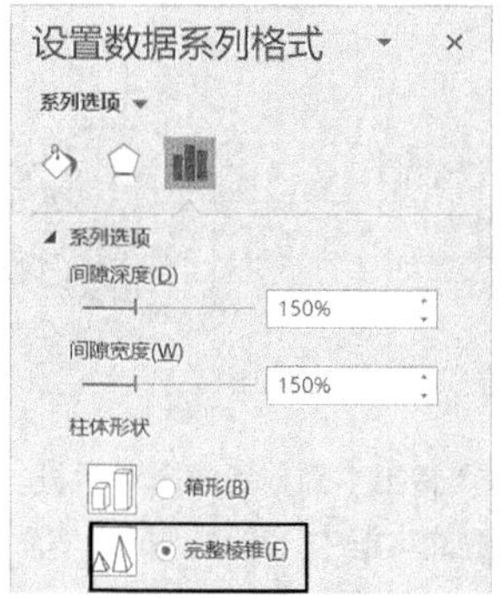

⑦ 将柱形图变成金字塔形状，如下图所示，三维堆积柱形图中默认添加的图表元素有坐标轴和网格线。

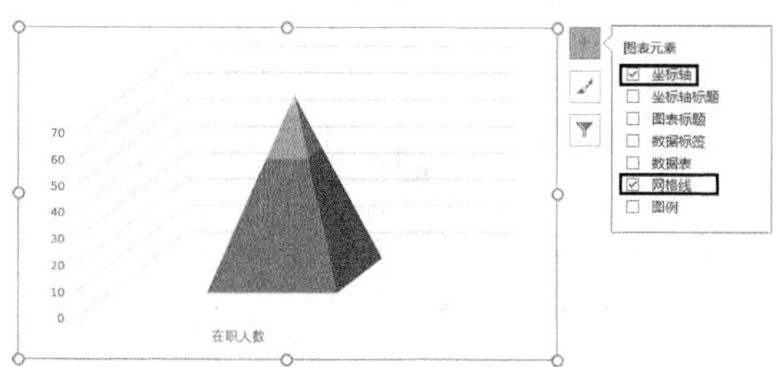

⑧ 此处只需要展现年龄结构，所以只显示图表标题和数据标签即可。

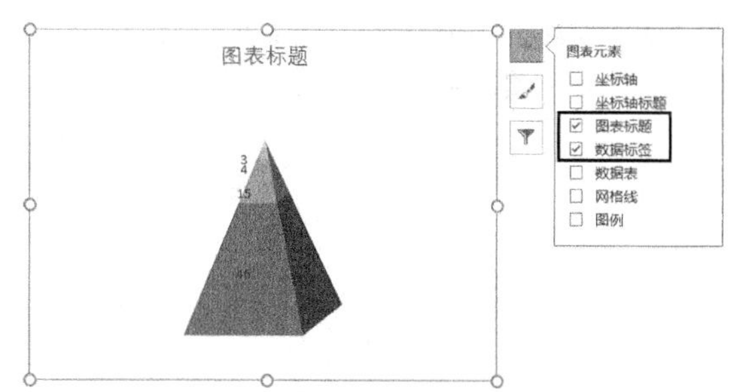

⑨ 数据标签默认显示的是各个数据系列的值，而此处关注的是数据系列名称，因此需要将各数据系列的数据标签更改为数据系列名称，勾选【系列名称】复选框。

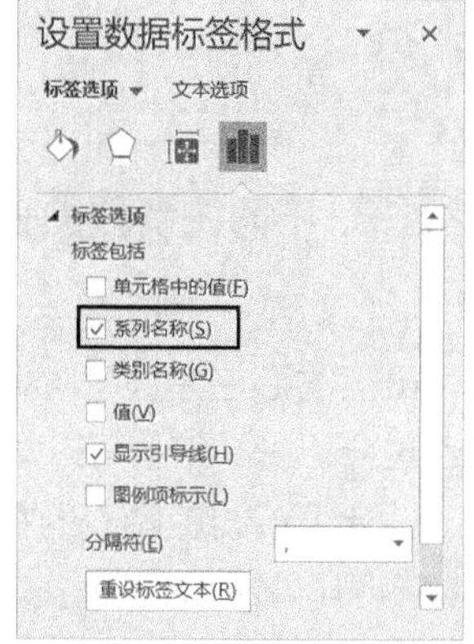

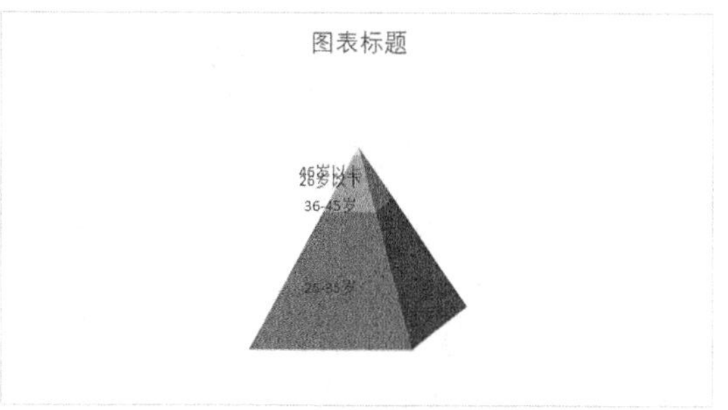

⑩ 从上图可以看到，金字塔图的数据标签都是密集地显示在金字塔上的，可以通过拖曳的方式将其排列在金字塔的两侧。

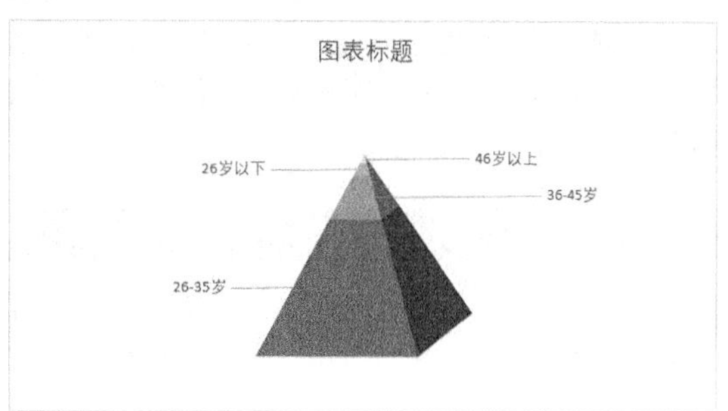

⑪ 设置数据标签的字体格式、图表标题及各数据系列的填充颜色等，最终效果如下图所示。

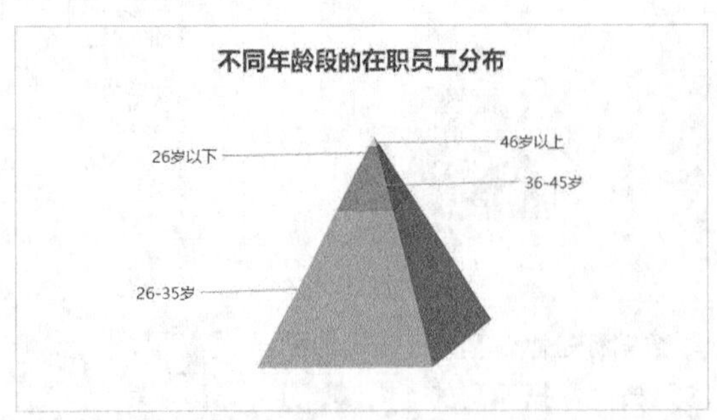

由金字塔图可以看出，最上面两层人数最少，分别代表 46 岁以上的高龄员工和 26 岁以下的超低龄员工；底部人数最多，代表 26 岁到 35 岁的低龄员工，属于企业员工年龄分布的理想结构。

2.1.7 不同工龄段的在职员工人数分布情况

工龄是一个反映企业人员流动性的重要指标。通过分析员工工龄结构可以很明显地看出公司员工的稳定性状况，从而有利于分析人员流动情况，为企业招聘提供重要依据。在培训方面，通过分析工龄结构可以对不同工龄段的员工有进行针对性的培训，从而使培训效果更理想。

计算不同工龄段的在职员工人数与计算不同年龄段的在职员工人数的方法是一样的。在计算不同年龄段的在职员工人数的时候，我们使用的是数据透视表，这里使用 COUNTIFS 函数计算不同工龄段的在职员工人数。

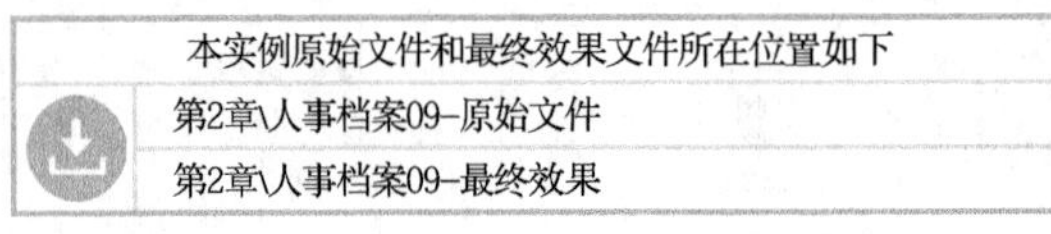

本实例原始文件和最终效果文件所在位置如下
第2章\人事档案09-原始文件
第2章\人事档案09-最终效果

❶ 打开本实例的原始文件“人事档案 09- 原始文件”，选择一个 5 行 2 列的空白数据区域，设置表格格式，并输入标题，如右图所示。

	H	I
20	工龄	在职人数
21	1年以下	
22	1~3年	
23	3~5年	
24	5年以上	

❷ 选中单元格 I21，切换到【公式】选项卡，在【函数库】组中单击【其他函数】按钮，在弹出的下拉列表中选择【统计】选项，然后在其子列表中选择【COUNTIFS】选项。

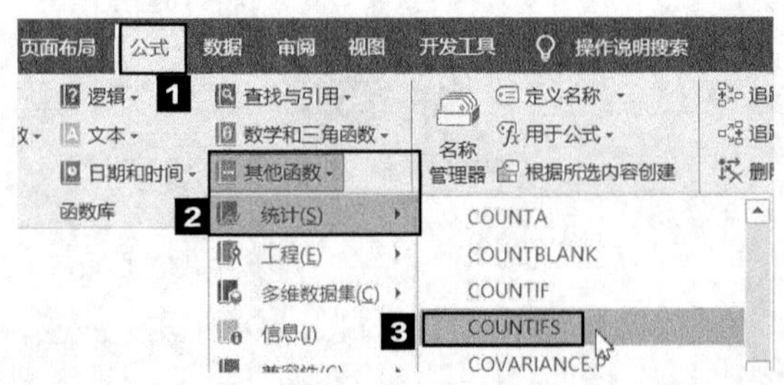

❸ 弹出【函数参数】对话框，先将光标定位到第 1 个参数文本框中，选中“员工信息表”的 G 列；然后将光标定位到第 2 个参数文本框中，输入文本“在职”；再将光标定位到第 3 个参数文本框中，选中“员工信息表”的 F 列；最后将光标定位到第 4 个参数文本框中，输入“<1”，设置完毕，单击【确定】按钮。

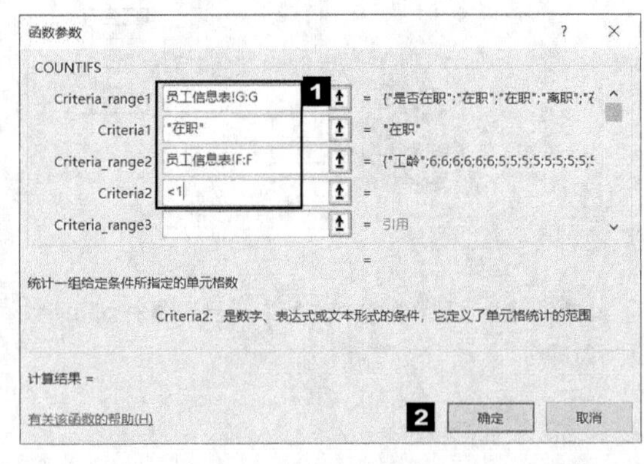

❹ 返回工作表，即可看到已经计算出工龄在 1 年以下的在职员工的人数。

fx =COUNTIFS(员工信息表!G:G,"在职",员工信息表!F:F,"<1")

工龄	在职人数
1年以下	13
1~3年	
3~5年	
5年以上	

❺ 按照相同的方法计算其他工龄段的在职员工人数。

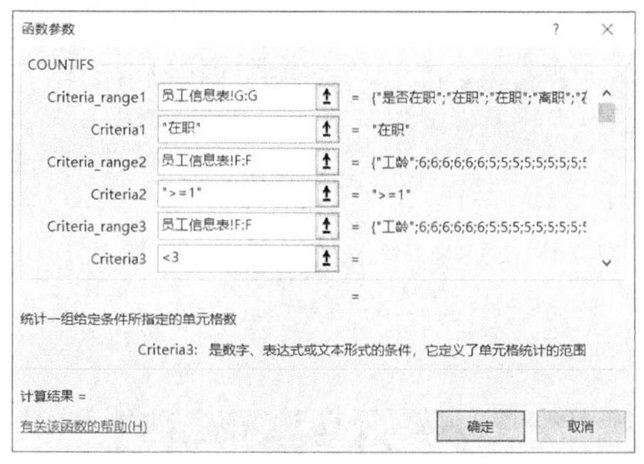

函数参数
COUNTIFS
Criteria_range1 员工信息表!G:G
Criteria1 "在职"
Criteria_range2 员工信息表!F:F
Criteria2 ">=3"
Criteria_range3 员工信息表!F:F
Criteria3 <5
统计一组给定条件所指定的单元格数
Criteria3: 是数字、表达式或文本形式的条件，它定义了单元格统计的范围
计算结果 =
有关该函数的帮助(H)
确定　取消

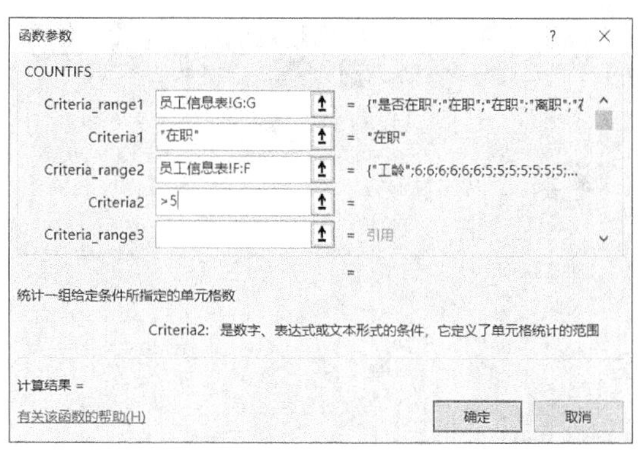

工龄	在职人数
1年以下	13
1~3年	18
3~5年	17
5年以上	5

❻ 根据汇总的数据，按照前面的方法创建一个饼图，并对其进行适当美化。

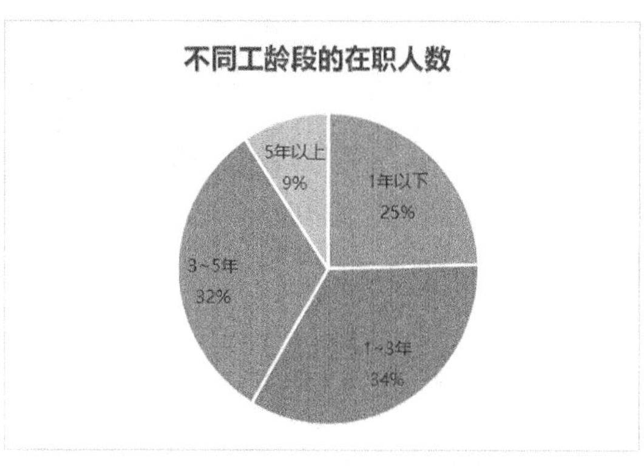

一般来说，生产型企业，员工进入公司的第 1 年需要进行的培训、学习比较多，为公司带来的效益往往不明显；员工在进入公司的第 1 年到第 5 年间可以为公司带来明显的效益，其中第 1 年到第 3 年，离职率的增长速度通常是逐年递增的，从第 4 年开始，离职率的增长速度可能会下降，但是工作效率较之前还是提高的；进入公司 6 年后，员工的工作激情开始下降，工作效率开始降低。综合以上分析，本案例中工龄为 1~5 年的员工占公司总人数的绝大部分，这个结构是比较合理的。

2.1.8 构建在职员工结构数据看板

在职员工结构分析的图表制作完成后，就可以构建数据看板了。构建数据看板就是将前面的各项分析指标合理地排列组合在一个版面中。

首先我们需要创建一个基础版面，该基础版面中包含背景、标题等，然后对要分析的指标数据按主要指标数据、次要指标数据、辅助指标数据进行分类，并确定它们的逻辑关系，最后将这些指标数据按从主到次的顺序排列在数据看板的版面中。

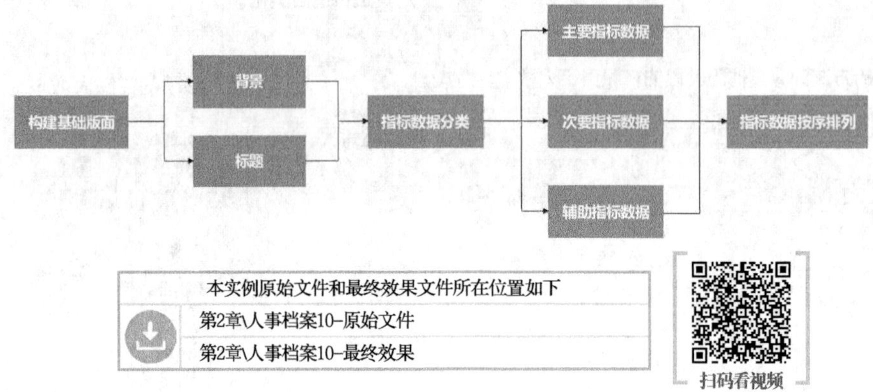

1. 构建基础版面

在构建数据看板的基础版面之前，我们先要设计好数据看板的框架，如右图所示。

基础版面的背景既可以是一部分单元格区域，也可以是绘制的形状、图片等。此处我们用矩形作为背景。

- **设置数据看板的背景**

❶ 打开本实例的原始文件“人事档案 10- 原始文件”，创建一个新的工作表，并将其重命名为“数据看板”，然后切换到【视图】选项卡，在【显示】组中取消勾选【网格线】复选框。

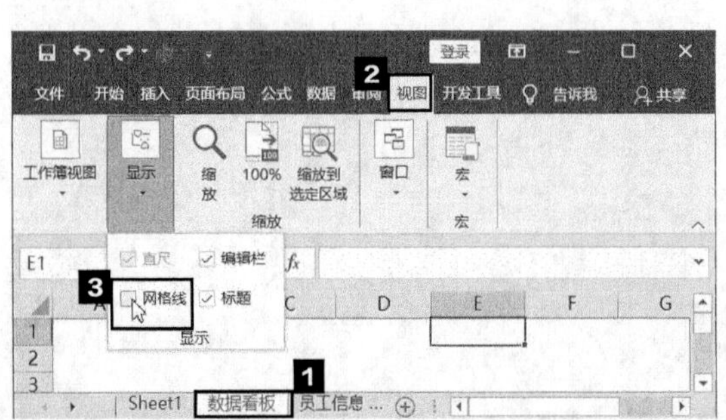

❷ 切换到【插入】选项卡，在【插图】组中单击【形状】按钮，在弹出的下拉列表中选择【矩形】选项。

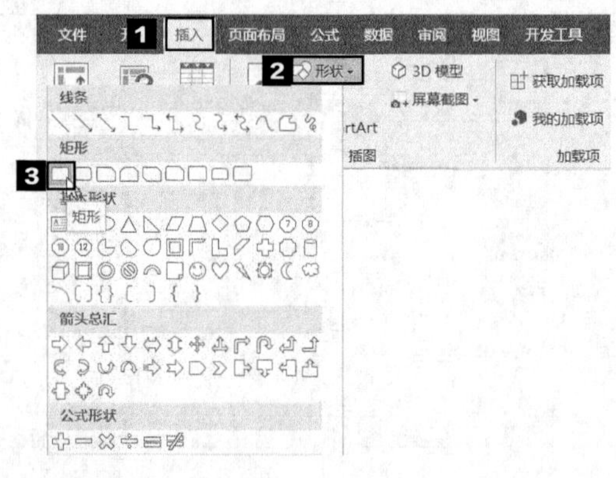

③ 鼠标指针变成十字形状，按住鼠标左键不放并拖曳，绘制一个矩形。选中绘制的矩形，切换到【绘图工具】栏的【格式】选项卡，在【形状样式】组中单击【形状填充】按钮的右半部分，在弹出的颜色面板中选择一种合适的颜色，例如选择【蓝色，个性色 5，淡色 80%】选项。

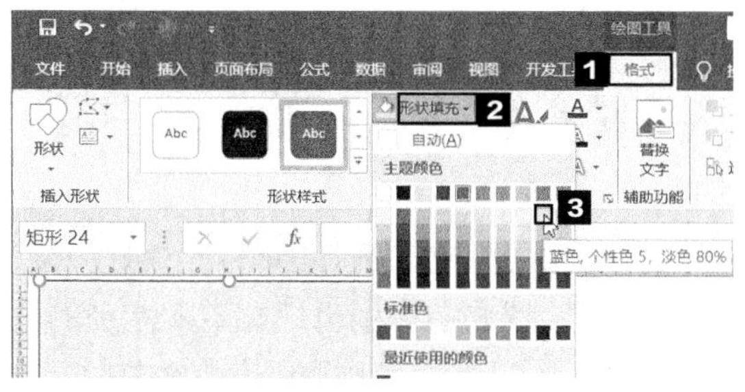

④ 在【形状样式】组中单击【形状轮廓】按钮的右半部分，在弹出的下拉列表中选择【无轮廓】选项。

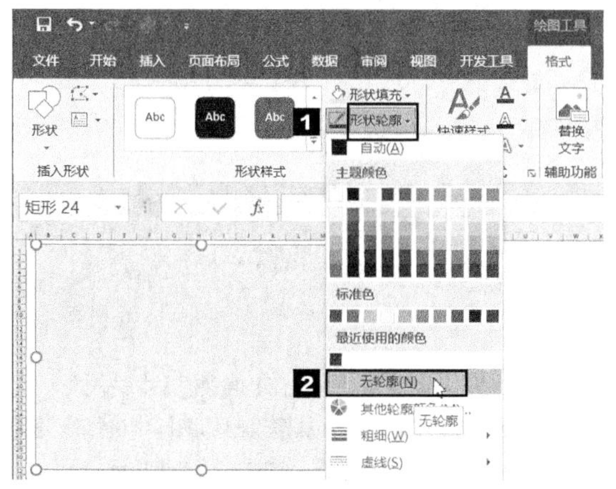

至此，数据看板的背景就设置完成了，这里要注意的是，背景的大小可以灵活设置，可以根据指标数据的排版变化随时调整背景的大小。

- **设置数据看板的标题**

数据看板的标题一般直接通过文本框输入，如果觉得单调，可以为其添加一些形状。例如在当前数据看板中，对标题的构想如下图所示。

在职员工结构数据看板
XXX文化传媒有限公司

① 可以先在数据看板的背景中添加一个矩形和一个梯形。

② 默认添加的梯形是上底小于下底的，而此处需要的是上底大于下底的梯形，因此需要将梯形垂直翻转。选中梯形，切换到【绘图工具】栏的【格式】选项卡，在【排列】组中单击【旋转对象】按钮，在弹出的下拉列表中选择【垂直翻转】选项，即可将绘制的梯形垂直翻转。

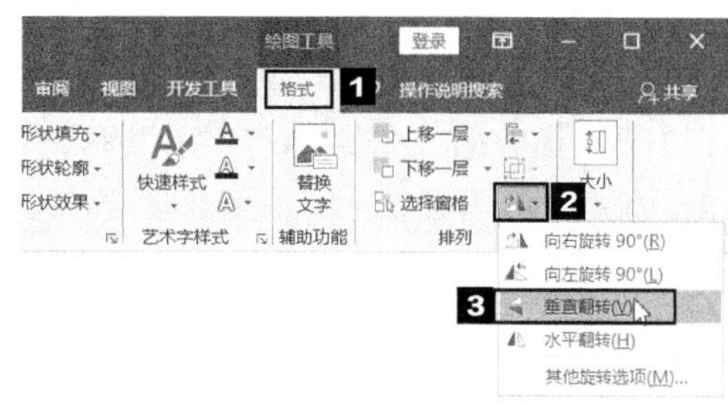

③ 现在上底与下底的宽度差距比较小，可以通过拖曳下底上的橙色控制点来减小下底的宽度。

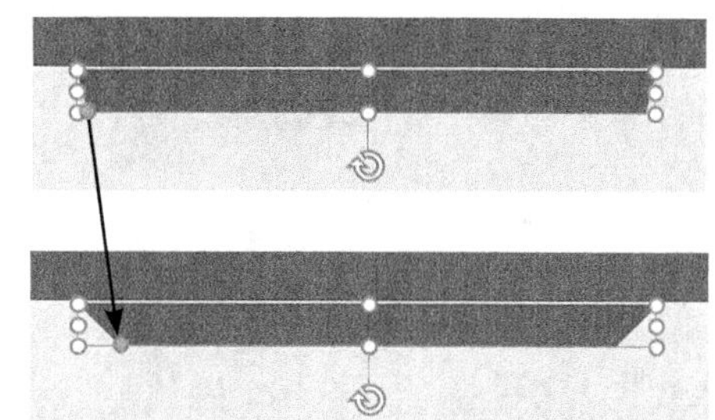

④ 将矩形和梯形垂直居中。选中矩形和梯形，在【排列】组中单击【对齐对象】按钮，在弹出的下拉列表中选择【水平居中】选项。

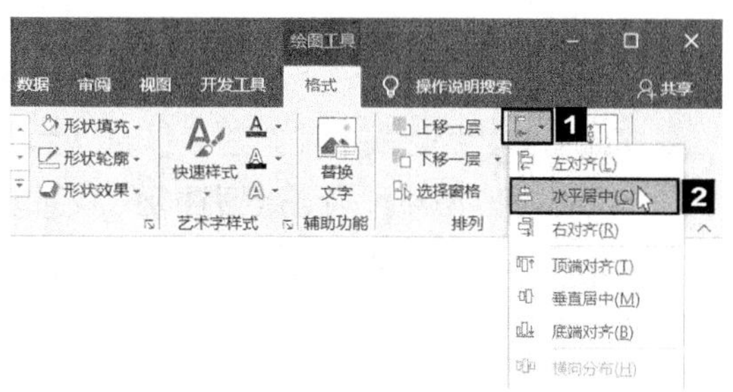

❺ 选中矩形和梯形，单击鼠标右键，在弹出的快捷菜单中选择【组合】下的【组合】选项，然后插入一个文本框，输入数据看板的标题。

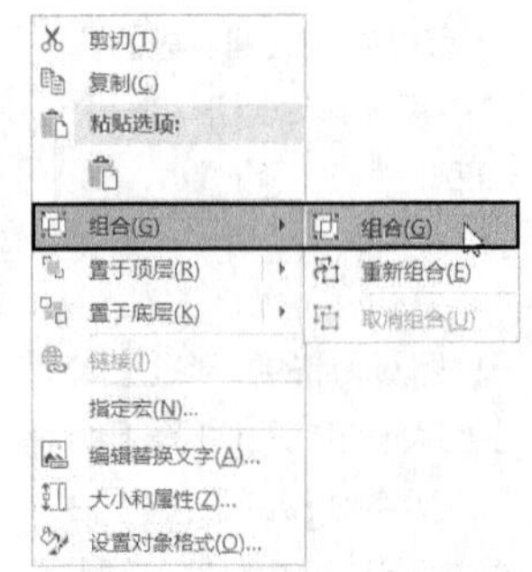

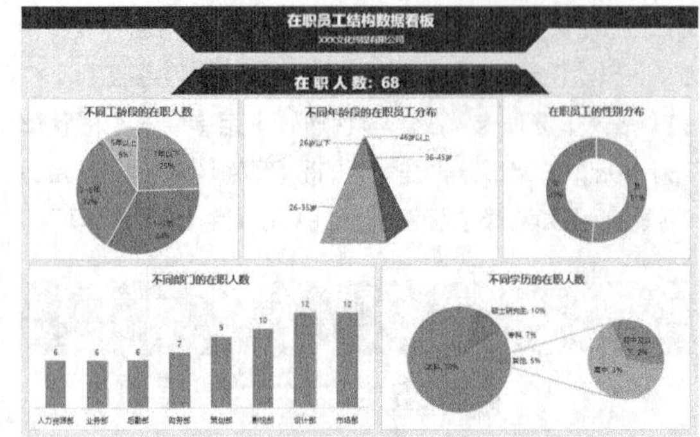

看板中的总指标数据只有一个，略显单调，而下面的性别分指标中也只有不同性别的占比，没有具体人数，这时可以考虑在总指标数据的两侧添加不同性别的人数。

为了与下面的图表呼应，可以为男性、女性分别添加不同的图标。

❶ 切换到【插入】选项卡，在【插图】组中单击【图标】按钮。

❷ 弹出【插入图标】对话框，在【搜索框】中输入“人”，按【Enter】键开始搜索，从搜索出的图标中选择需要的代表男性、女性的两个图标，单击【插入】按钮。

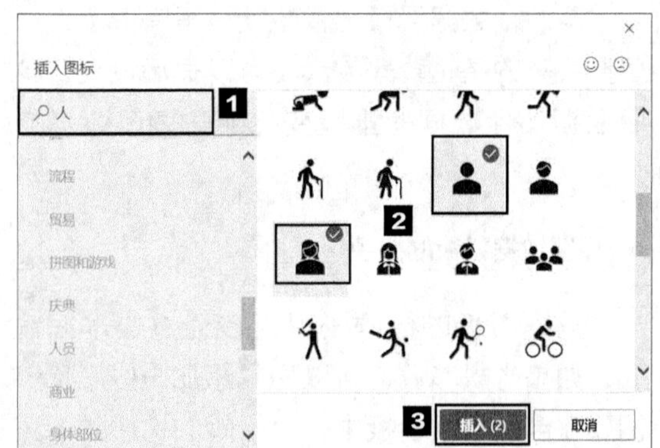

2. 指标数据分类

数据看板中的指标数据一般可以分为 3 类：主要指标数据、次要指标数据和辅助指标数据。但是一个看板中并不一定都有这 3 类数据，可能只有主要指标数据。例如当前数据看板中就只有主要指标数据。

在职员工结构分析的指标包括：在职人数（总指标）、工龄、年龄、性别、部门和学历。它们之间包含总分和并列两种关系，如下图所示。

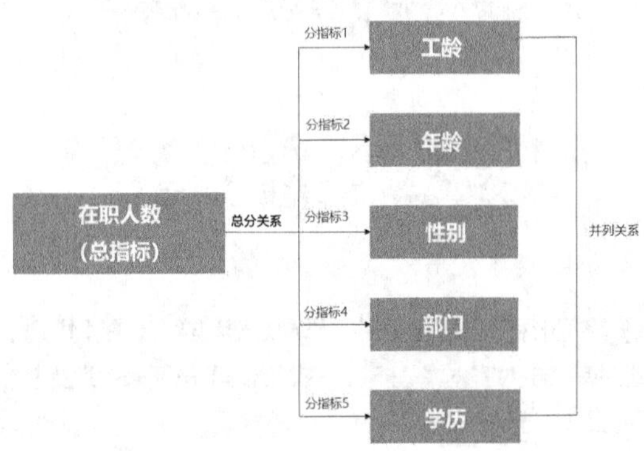

3. 将指标数据按序排列

厘清指标数据之间的关系之后，就可以将代表指标数据的图表排列到数据看板的版面中了。总指标（在职人数）可以直接使用文字表示，效果如右上图所示。

❸ 将选中的两个图标添加到工作表中，默认插入的图标都是黑色的，我们可以根据需要调整其颜色。选中代表男性的图标，切换到【图形工具】栏的【格式】选项卡，在【图形样式】组中单击【图形填充】按钮的右半部分，在弹出的下拉列表中选择【其他填充颜色】选项。

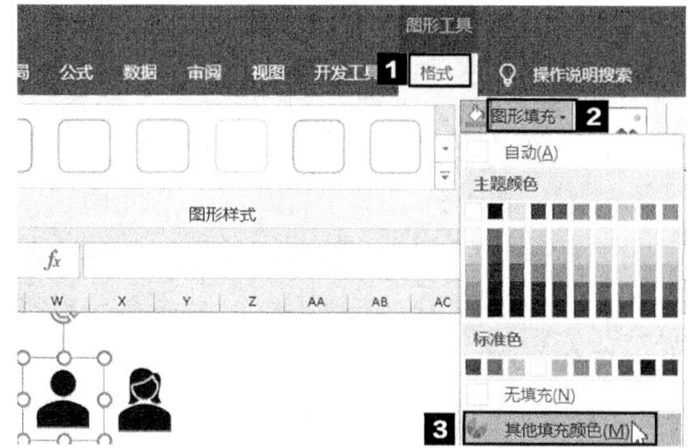

❹ 弹出【颜色】对话框，切换到【自定义】选项卡，设置各颜色的数值，如右图所示。

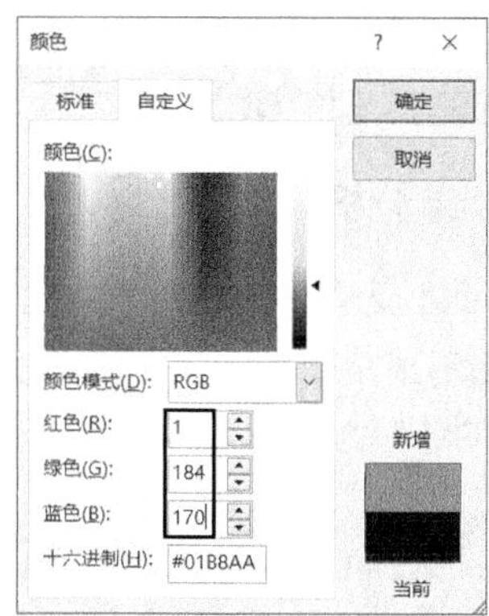

❺ 设置完毕，单击【确定】按钮，即可看到选中的图标已经设置为指定的颜色。按照相同的方法，设置另一个图标的颜色，然后将两个图标移动到合适的位置并适当调整它们的大小，最后分别输入对应性别的在职人数即可，效果如下图所示。

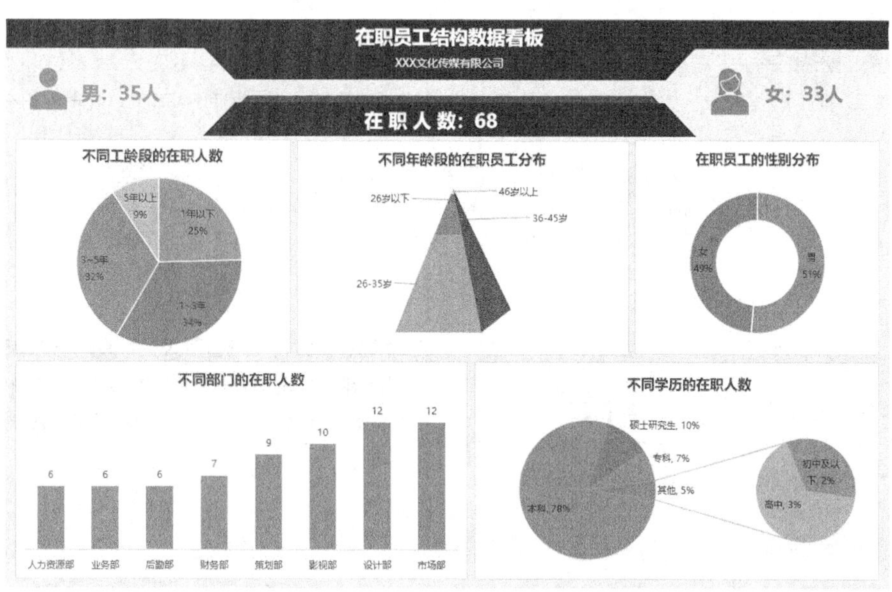

2.2 离职情况分析

员工离职是公司需要关注的重要问题，因为它会给公司带来一系列的连锁反应。

员工离职对公司有利有弊：一方面可以使公司员工保持一定的流动性，减少冗员，激发公司内部竞争，提高工作效率，并且还能引入新鲜血液，增强企业活力；另一方面，员工离职率一旦过高，超过了一定的限度，特别是主动离职的情况增加时，不仅会对公司目前工作的开展造成不便，同时也可能影响到整个公司的工作氛围，产生诸多消极影响。因此，及时对员工离职情况进行分析，对公司的发展是至关重要的。

通过对公司员工离职率及离职原因进行分析，可以及时掌握公司发展过程中人才的流动情况。通过对各层面的离职率进行分析，总结员工离职的主要原因，便于发现公司目前存在的管理问题，并提出合理的建议。

2.2.1 离职率分析

为更全面地反映员工的离职情况，在进行离职率分析时，我们可以从年度离职率、各月离职率、不同部门的离职率、不同年龄段的离职率、不同工龄段的离职率等维度进行分析。

离职率的计算方法有多种，其中最常用的方法如下。

离职率 =[当期离职总人数 ÷（期初在职人数 + 当期入职总人数）] × 100%

1. 年度离职率

根据离职率的计算公式可知，在计算 2020 年的年度离职率时，需要的数据就是 2020 年离职总人数、2020 年期初人数和 2020 年入职总人数。

原始数据表中有“离职统计表”和“花名册人数”表，2020 年期初人数可以直接从“花名册人数”表中获取，而 2020 年离职总人数和 2020 年入职总人数则需要通过计算得到。

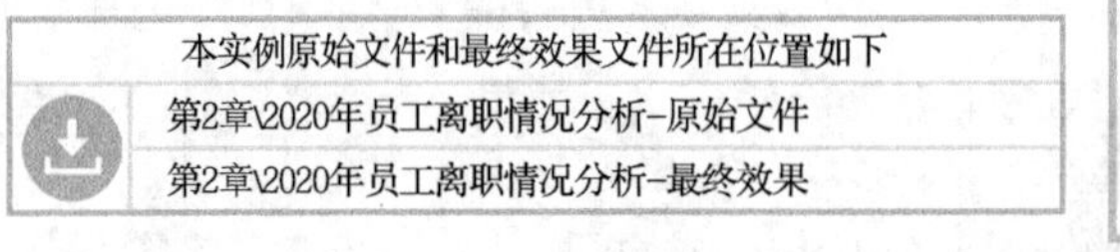
本实例原始文件和最终效果文件所在位置如下
第2章\2020年员工离职情况分析-原始文件
第2章\2020年员工离职情况分析-最终效果

扫码看视频

- 获取 2020 年期初人数

❶ 打开本实例的原始文件“2020 年员工离职情况分析－原始文件”，新建一个工作表并将其重命名为“离职率分析”，然后输入需要统计的数据的列标题。

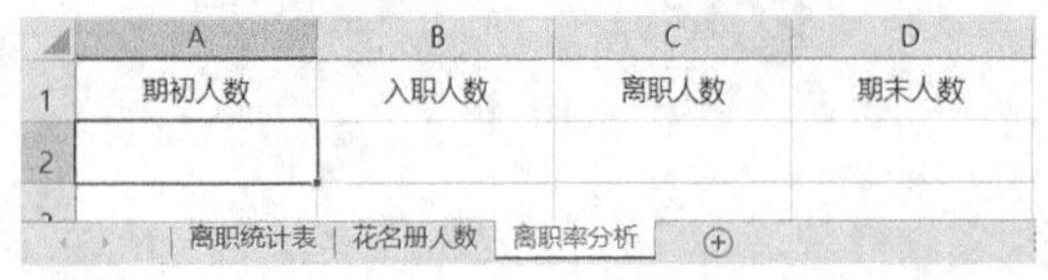

❷ 通过公式将“花名册人数”表的 B2 单元格中的数据引用到“离职率分析”表的 A2 单元格中。2019 年 12 月的期末人数就等于 2020 年的期初人数。

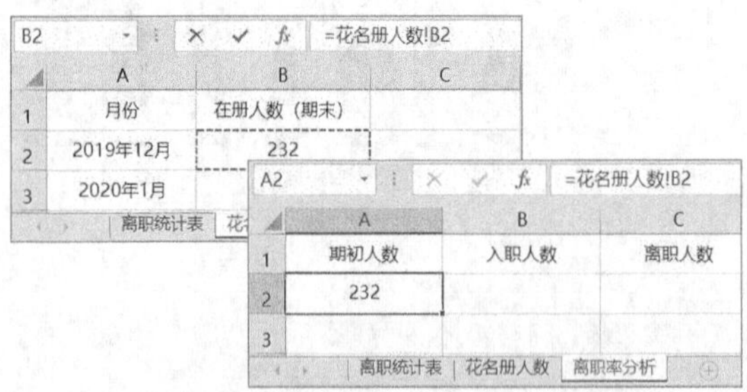

- **计算 2020 年离职总人数**

2020 年离职总人数就是“离职统计表”中的总人数，可以用 COUNTA 函数计算员工编号的个数得到。

COUNTA 函数的功能是返回参数列表中非空的单元格个数，其语法格式如下。

COUNTA(value1, value2, …)

参数 value1 表示 COUNTA 函数要统计的一组单元格。

参数 value1、value2 等可以是任何类型的数据，包括错误值和空格。

❶ 在“离职率分析”工作表中选中单元格 C2，切换到【公式】选项卡，在【函数库】组中单击【插入函数】按钮。

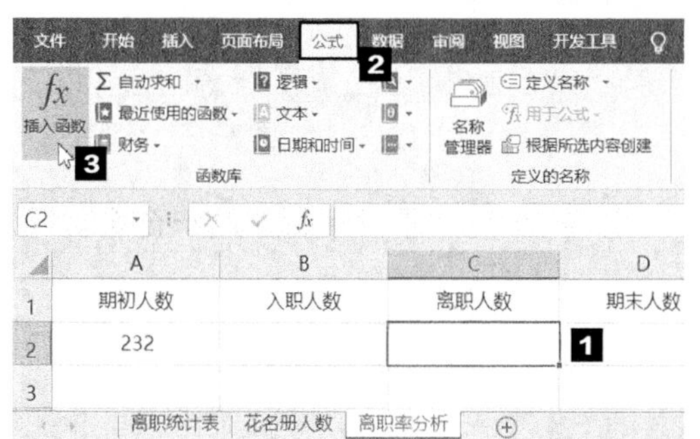

	A	B	C	D
1	期初人数	入职人数	离职人数	期末人数
2	232			
3				

离职统计表 | 花名册人数 | 离职率分析

❷ 弹出【插入函数】对话框，在【或选择类别】下拉列表中选择【统计】选项，然后选择【COUNTA】函数。

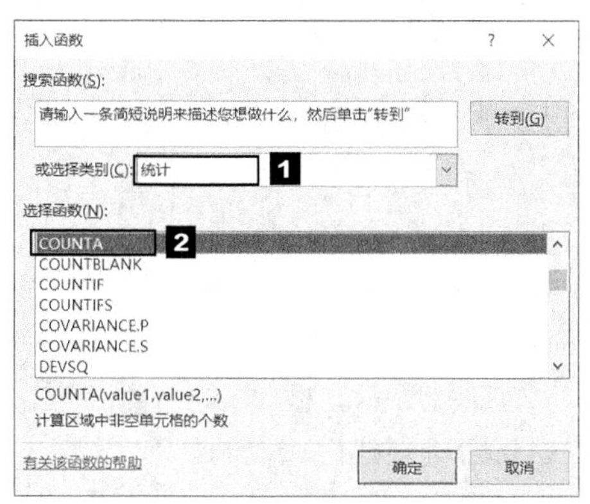

❸ 单击【确定】按钮，打开【函数参数】对话框，将光标定位到【Value1】文本框中，然后选中“离职统计表”中的 A 列。

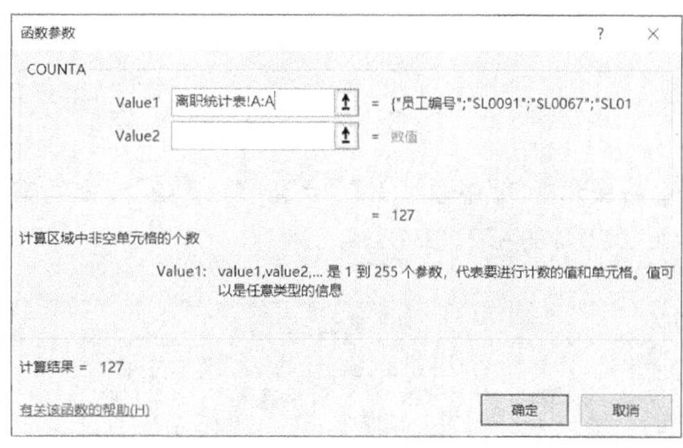

❹ 单击【确定】按钮，返回工作表，即可得到“离职统计表”中 A 列的非空单元格的数量。

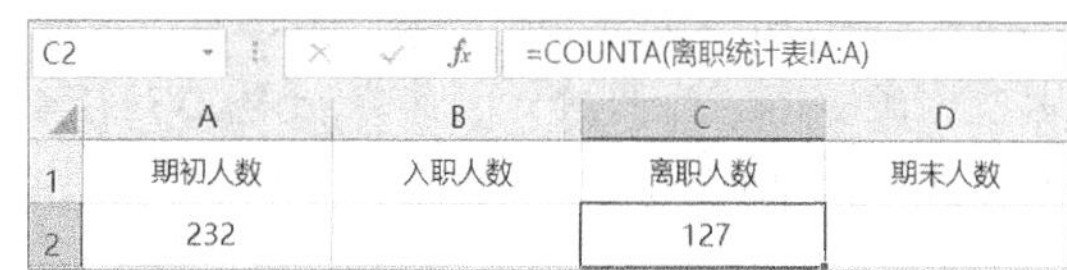

C2 =COUNTA(离职统计表!A:A)

	A	B	C	D
1	期初人数	入职人数	离职人数	期末人数
2	232		127	

❺ 由于 A 列是含有标题的，因此将非空单元格的数量减一的结果才是离职人数。

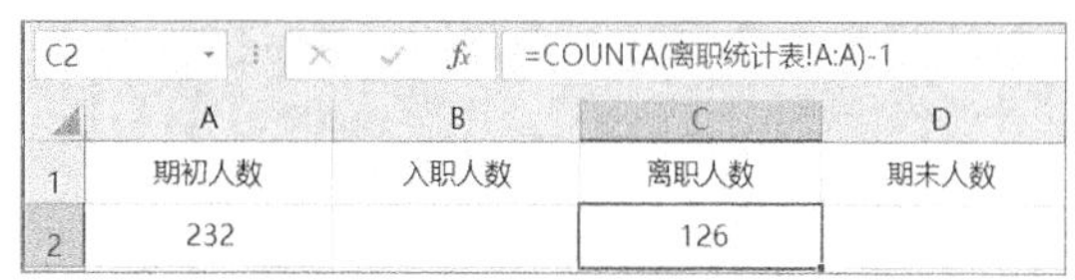

C2 =COUNTA(离职统计表!A:A)-1

	A	B	C	D
1	期初人数	入职人数	离职人数	期末人数
2	232		126	

- **计算 2020 年入职总人数**

由于我们没有关于入职人数的原始数据，因此入职人数不能通过直接计算得到。但是入职人数、离职人数、期初人数和期末人数之间存在如下关系。

期初人数 + 入职人数 – 离职人数 = 期末人数

期初人数和离职人数已经计算出来了，期末人数就是 2020 年 12 月的期末人数，也可以直接从“花名册人数”表中得到。

❶ **通过公式将"花名册人数"表中的 2020 年 12 月的期末人数引用为 2020 年期末人数。**

D2　=花名册人数!B14

	A	B	C	D
1	期初人数	入职人数	离职人数	期末人数
2	232		126	234

❷ **在单元格 B2 中输入公式"=D2+C2-A2"，即可得到 2020 年的入职人数。**

B2　=D2+C2-A2

	A	B	C	D
1	期初人数	入职人数	离职人数	期末人数
2	232	128	126	234

● **计算 2020 年离职率**

在单元格 A3 中输入文本"离职率"，然后根据离职率的计算公式，在单元格 B3 中输入公式"=C2/(B2+A2)"，即可得到离职率。

B3　=C2/(B2+A2)

	A	B	C	D
1	期初人数	入职人数	离职人数	期末人数
2	232	128	126	234
3	离职率	0.35		

默认得到的离职率是以数值形式显示的，可以切换到【开始】选项卡，在【数字】组中将【数字格式】设置为【百分比】，使离职率以百分比形式显示。

1 开始　插入　页面布局　公式　数据　审阅　视图　开发工具　操作说
剪贴板　字体　对齐方式　数字　样式
2 百分比

B3　=C2/(B2+A2)

	A	B	C	D
1	期初人数	入职人数	离职人数	期末人数
2	232	128	126	234
3	离职率	35.00%		

3

● **可视化 2020 年离职率**

计算出离职率后，接下来我们绘制一个图表将其更好地展现出来。

离职率是一个百分比数值，通过图表展现时，最常用的展现形式就是仪表盘。

仪表盘通常可以分为 3 个部分：表盘、刻度盘和指针，如下图所示。

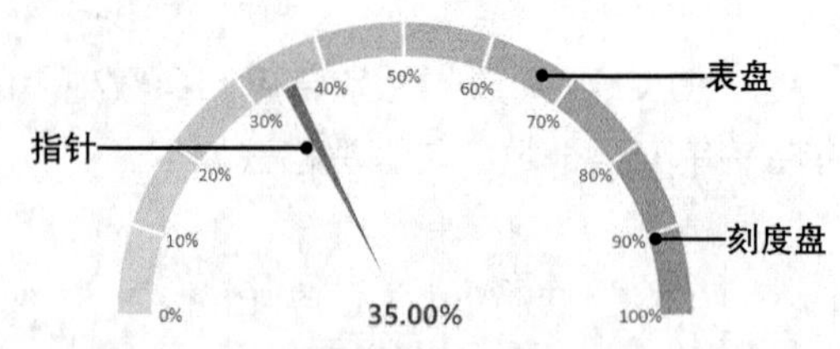

仪表盘的制作方法并不复杂，它其实是由一个饼图和两个圆环图组成的组合图表。

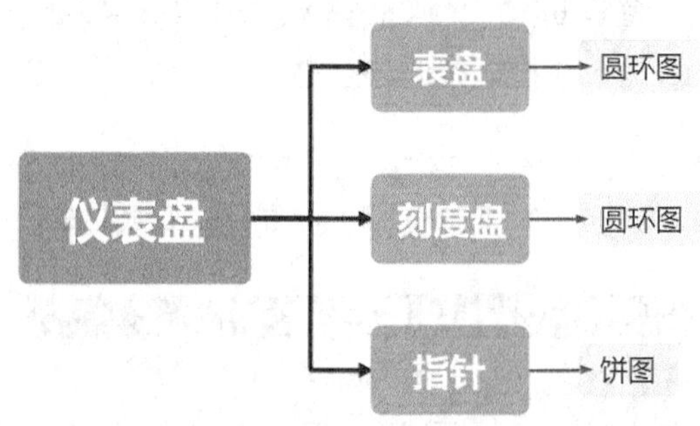

为方便理解，我们可以先将组合图表拆分开来进行分析，如下图所示。

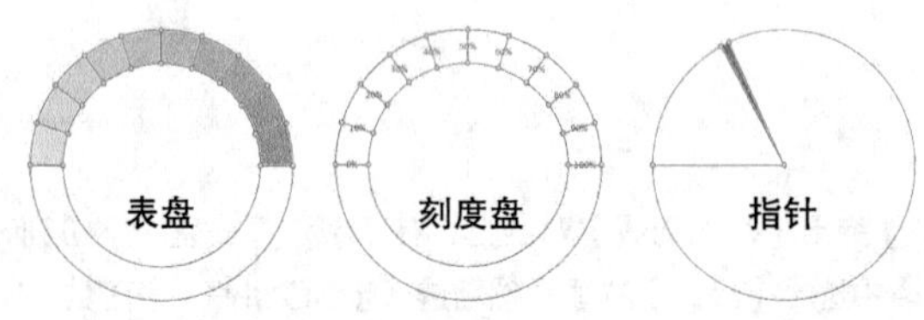

（1）表盘。表盘实际上是一个被分成了 11 个部分的圆环图，其中前 10 个部分各占圆环的 1/20，最后 1 个部分占圆环的 1/2。一个完整的圆环是 360°，那么表盘的数据源就应该是 10 个 18，1 个 180，如右图所示。根据这个数据源即可创建出表盘圆环图。

	A
5	表盘
6	18
7	18
8	18
9	18
10	18
11	18
12	18
13	18
14	18
15	18
16	180

（2）刻度盘。刻度盘与表盘是一一对应的，因此刻度盘也应该被分为 11 个部分，即 10 个 18，1 个 180，对应的刻度是 0%~100%，刻度盘和刻度显示对应的数据源如下图所示。

	A	B	C
5	表盘	刻度盘	刻度显示
6	18	18	0%
7	18	18	10%
8	18	18	20%
9	18	18	30%
10	18	18	40%
11	18	18	50%
12	18	18	60%
13	18	18	70%
14	18	18	80%
15	18	18	90%
16	180	180	100%

但是如果这样设置刻度盘和刻度显示的数字，会使最终得到的仪表盘中刻度显示的数字显示在刻度盘各部分的中间位置，如下图所示。

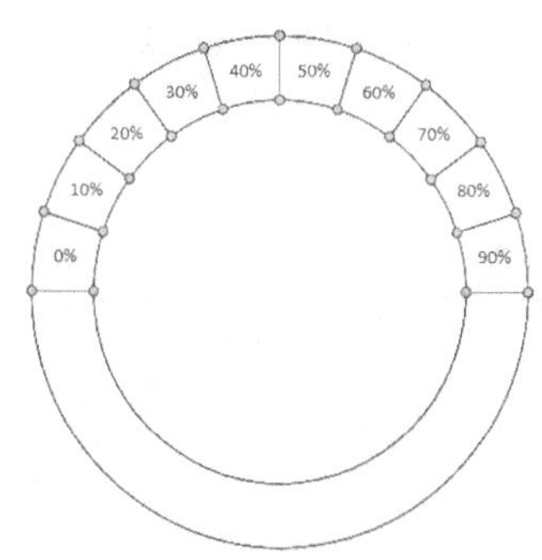

而实际上，仪表盘中的刻度显示的数字应该显示在刻度盘各部分的起始位置，因此，我们需要在刻度盘数据源中的每个数字前面增加一个 0 来占位，使刻度显示的数字都与占位的 0 相对应。

	A	B	C
5	表盘	刻度盘	刻度显示
6	18	0	0%
7	18	18	
8	18	0	10%
9	18	18	
10	18	0	20%
11	18	18	
12	18	0	30%
13	18	18	
14	18	0	40%
15	18	18	
16	180	0	50%
17		18	
18		0	60%
19		18	
20		0	70%
21		18	
22		0	80%
23		18	
24		0	90%
25		18	
26		0	100%
27		180	

根据带有占位的 0 的数据源就可以创建出理想的刻度盘。

（3）指针。指针实际上就是饼图中的一个极小的扇区。此处离职率为第 1 扇区，指针为第 2 扇区，其余区域为第 3 扇区，如下图所示。

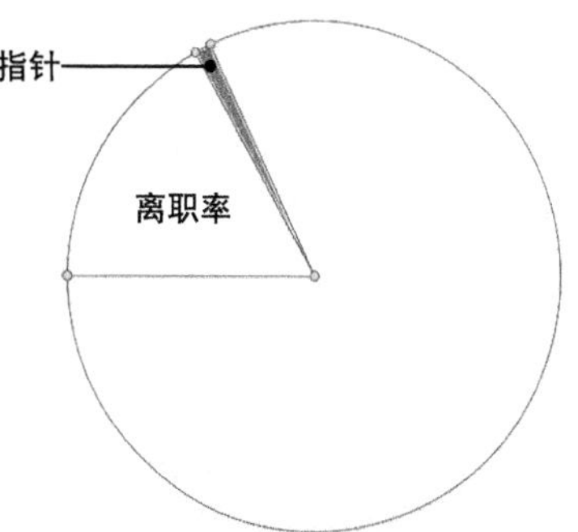

下面我们来确定饼图中 3 个扇区的角度，首先确定指针所占角度。

这里需要注意：在设置指针大小，即设置第 2 扇区的角度时，数值不宜太大，若太大，指针太粗，会导致读数不准；但也不能太小，若太小，指针太细，会导致显示不清。具体数值根据图表的大小进行调整即可。此处指定指针所占角度为 4°。

接下来计算第 1 扇区的角度，第 1 扇区的角度应该对离职率进行换算得到。

由于仪表盘的表盘是一个半圆，角度为 180°，因此第 1 扇区的角度应该是“离职率 × 180”。

最后计算第 3 扇区的角度，一个完整饼图是 360°，那么第 3 扇区的角度为“360° − 第 1 扇区角度 − 第 2 扇区角度”。

假设离职率为 30%，那么第 1 扇区的角度为“30% × 180° =54°”，第 2 扇区的角度为 4°，第 3 扇区的角度为“360° − 54° − 4° =302°”。制作出的仪表盘的指针偏右，如下图所示。

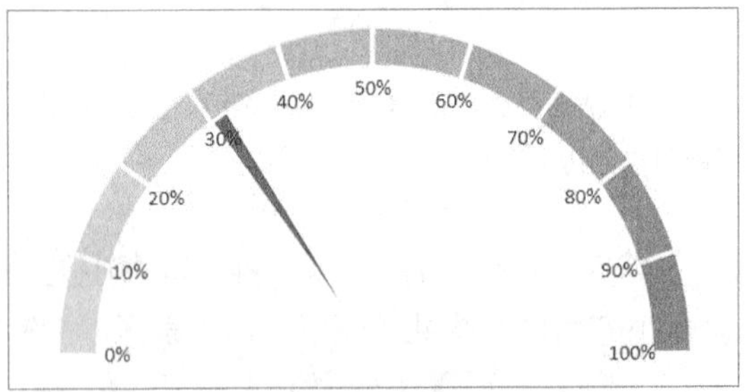

为了使指针的中间位置指向离职率，在计算第 1 扇区的角度时，需要减去指针角度的一半，即第 1 扇区的角度为“离职率 ×180° − 2°”。

这样就可以计算出指针饼图的数据源了，如下图所示。

	A	B	C	D
3	离职率	35.00%		
4				
5	表盘	刻度盘	刻度显示	指针
6	18	0	0%	61
7	18	18		4
8	18	0	10%	295

数据源确定好之后，接下来就可以创建仪表盘图了，具体操作步骤如下。

❶ 依次选中刻度盘、表盘和指针的数据源，即 B5:B27，A5:A16，D5:D8 单元格区域，切换到【插入】选项卡，在【图表】组中单击【插入饼图或圆环图】按钮，在弹出的下拉列表中选择【圆环图】选项。

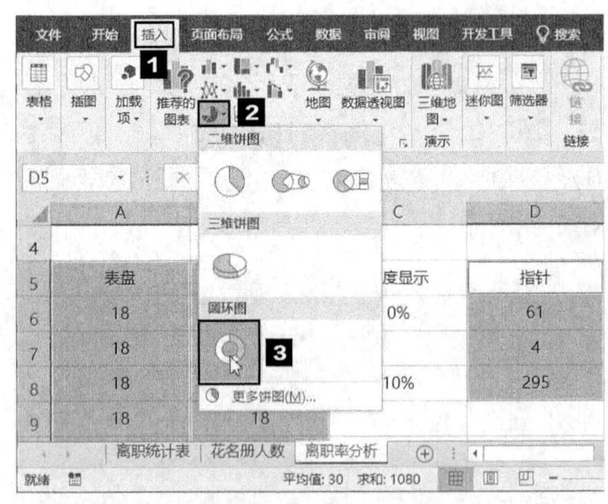

❷ 此时可创建一个有 3 个圆环图的组合图，如下图所示。

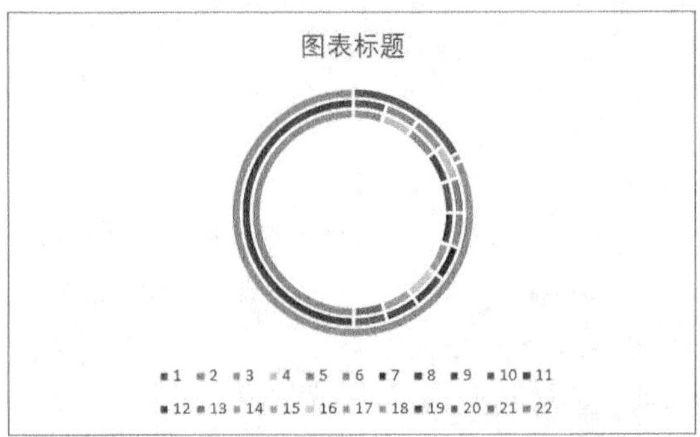

❸ 选中图表的一个数据系列，切换到【图表工具】栏的【设计】选项卡，在【类型】组中单击【更改图表类型】按钮。

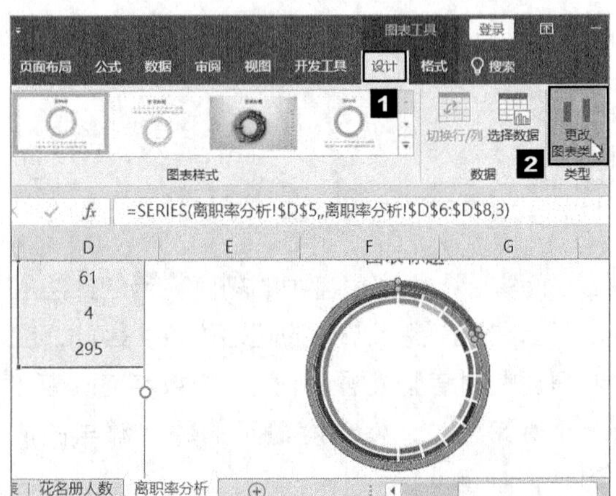

❹ 弹出【更改图表类型】对话框，将“指针”的【图表类型】设置为【饼图】，勾选“表盘”和“刻度盘”右侧的【次坐标轴】复选框。

❺ 单击【确定】按钮，即可将图表转换为有两个圆环图和一个饼图的组合图表。

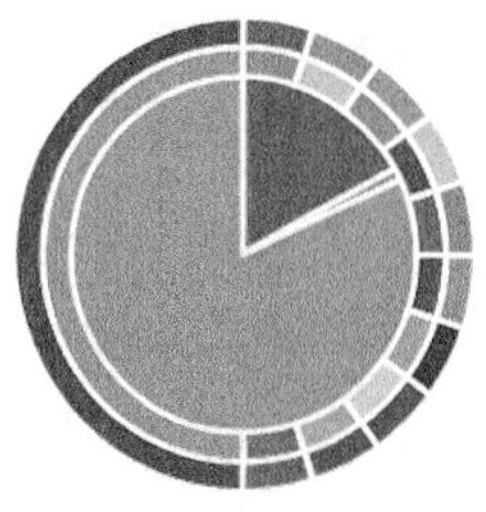

可以看到，现在圆环图和饼图的起始位置都不对。这是因为在制作圆环图和饼图时，默认数据都是从钟表的 12 点位置开始排列的。

此处需要圆环图的起始位置在 9 点的位置，因此，我们需要将圆环图第 1 扇区的起始角度设置为 270°。

❻ 选中其中一个圆环图，单击鼠标右键，在弹出的快捷菜单中选择【设置数据系列格式】选项。

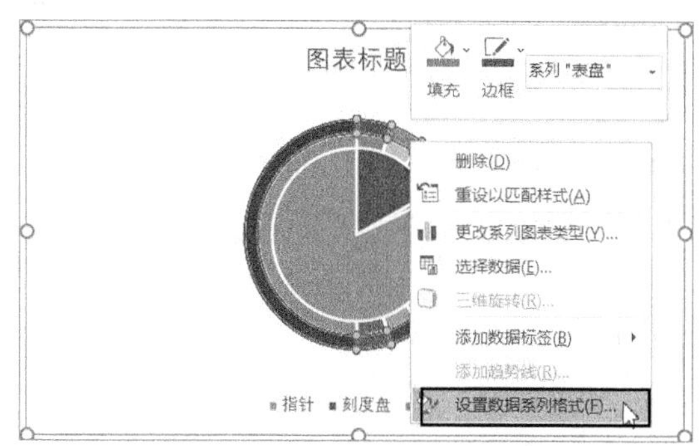

❼ 弹出【设置数据系列格式】任务窗格，单击【系列选项】按钮，在【系列选项】组中将【第一扇区起始角度】设置为【270°】，即可将两个圆环图的第 1 扇区的起始位置设置在 270° 处。

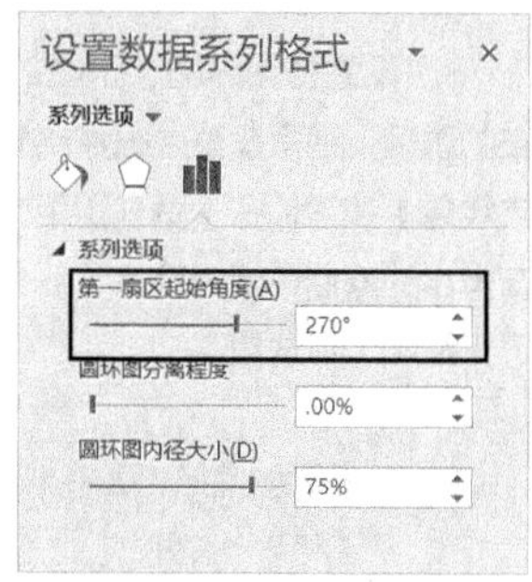

❽ 选中饼图，在【设置数据系列格式】任务窗格中，将饼图的【第一扇区起始角度】设置为【270°】。

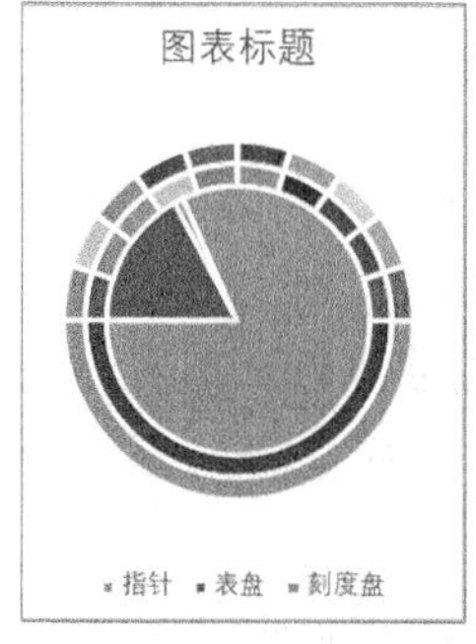

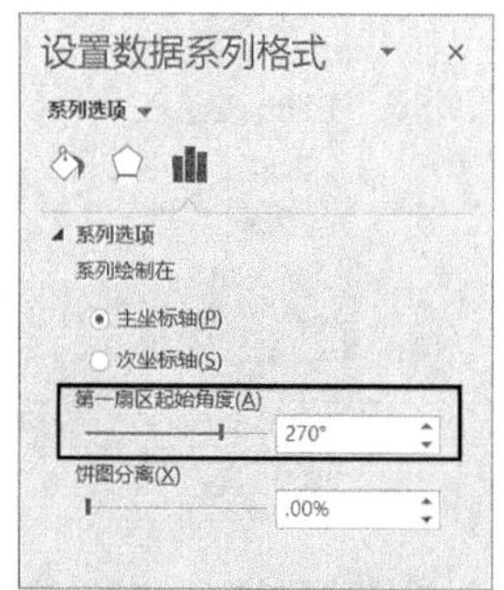

❾ 设置仪表盘的颜色，先设置主色调。切换到【图表工具】栏的【设计】选项卡，在【图表样式】组中单击【更改颜色】按钮，在弹出的下拉列表中选择一种调色板，例如选择【单色调色板 8】，图表的颜色就可以调整为对应的颜色。

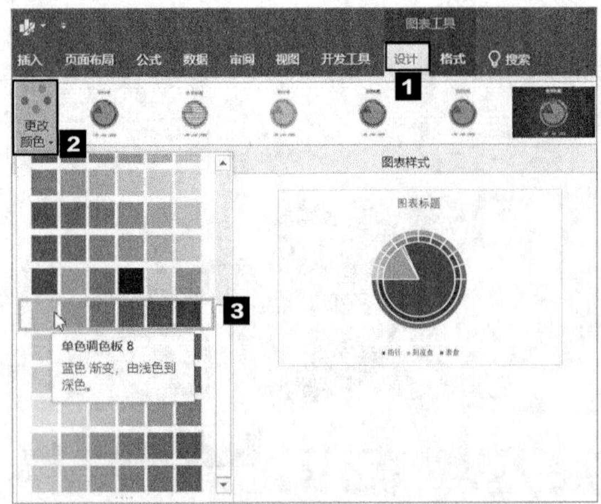

⑩ 依次设置各圆环图和饼图的颜色。选中饼图中指针所在的扇区，在【设置数据点格式】任务窗格中单击【填充与线条】按钮，在【填充】组中单击【填充颜色】按钮，在弹出的颜色面板中选择【红色】，在【边框】组中选中【无线条】单选钮。

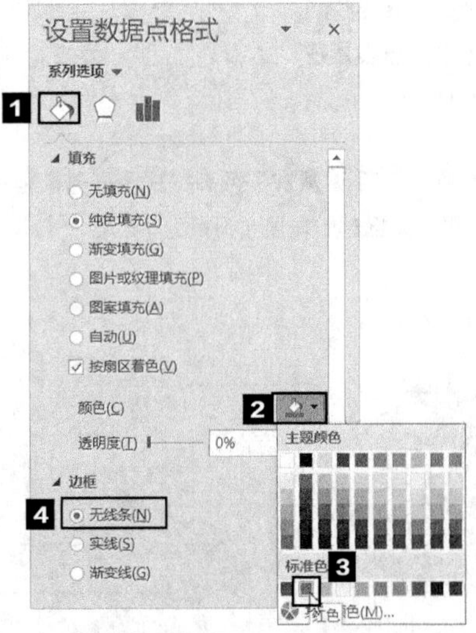

⑪ 按照相同的方法将饼图的其他两个扇区设置为无填充、无线条。

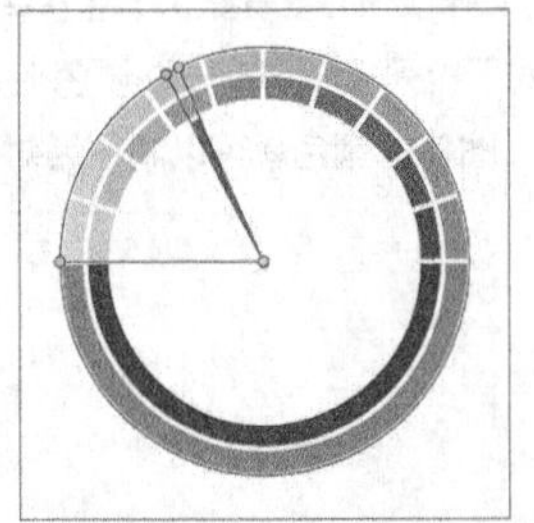

⑫ 按照相同的方法将表盘圆环中最大的数据点和整个刻度盘圆环设置为无填充、无线条。然后选中刻度盘圆环，为其添加数据标签。

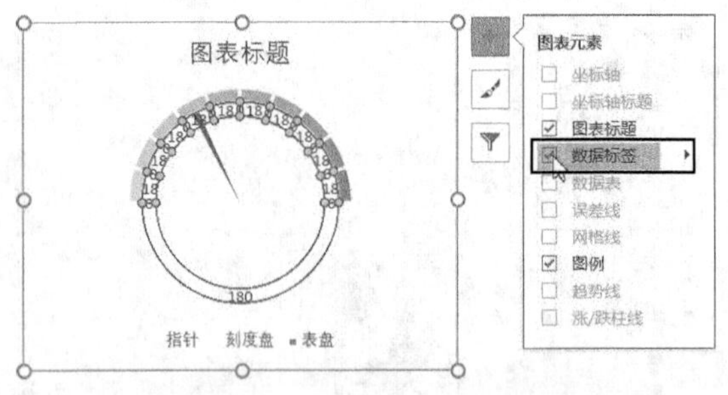

⑬ 选中添加的数据标签，在【设置数据标签格式】任务窗格中单击【标签选项】按钮，在【标签选项】组中取消勾选【值】复选框，勾选【单元格中的值】复选框。

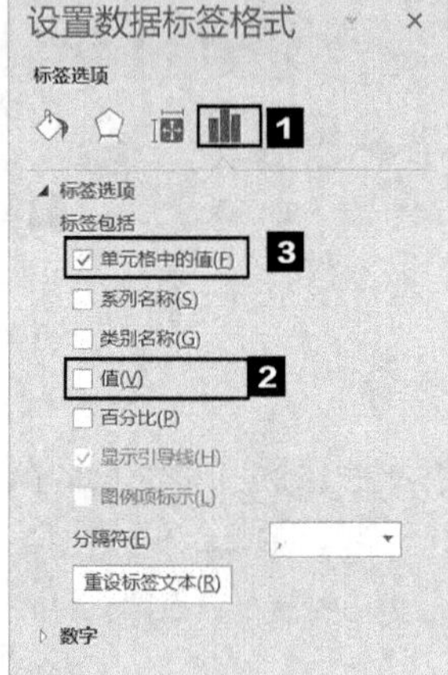

⑭ 弹出【数据标签区域】对话框，选中刻度显示的单元格区域 C6:C26，系统默认显示为绝对引用形式，单击【确定】按钮，即可为刻度盘添加刻度。

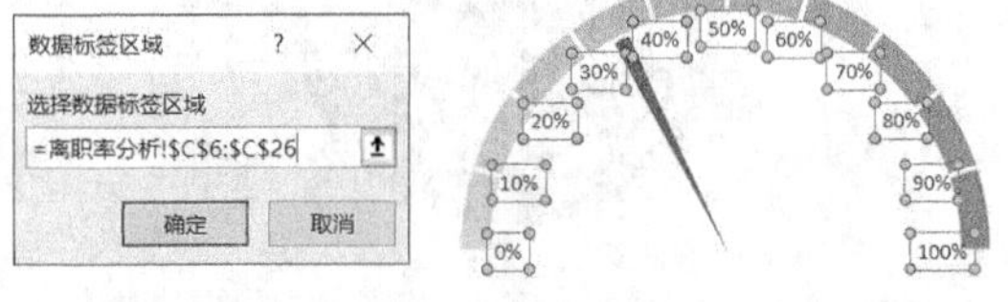

⑮ 设置图表标题、适当调整图表的大小、删除图表中的多余元素，并在图表中插入一个文本框，在编辑栏中输入“=”，然后单击单元格 B3，表示显示单元格 B3 中的离职率，当单元格 B3 中的数值发生变化时，图表中的指针会跟着变化，这样该仪表盘就制作完成了，最终效果如右图所示。

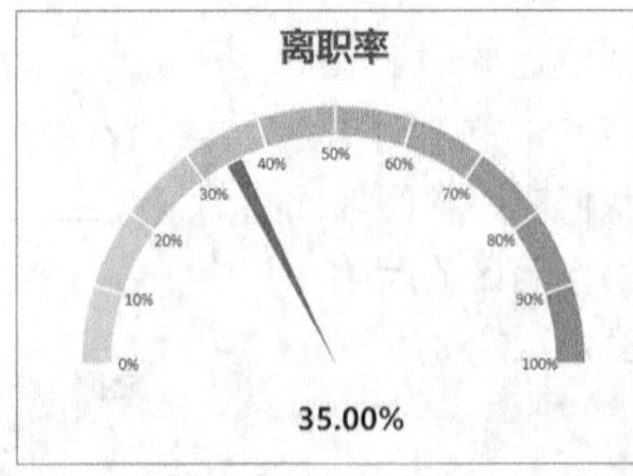

根据经验，公司往年的离职率通常在 25% 以内，而今年却高达 35%，这是什么原因造成的呢？下面我们从月份、部门、年龄和工龄几个方面分别进行分析。

2. 各月离职率

2020 年离职率与 2020 年各月的离职率是息息相关的，要分析 2020 年离职率异常的原因，可以先对 2020 年各月的离职率进行分析，查看离职率异常主要出现在哪几个月。

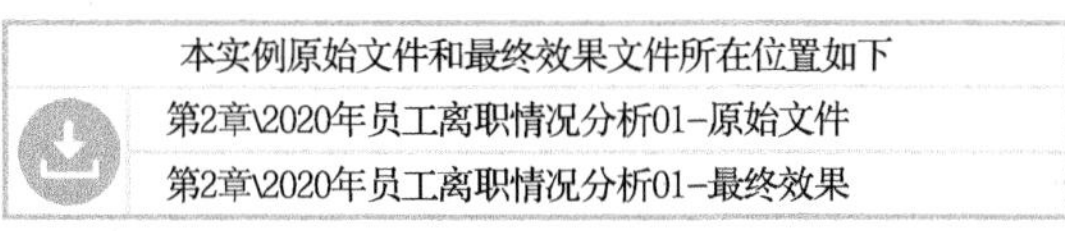
本实例原始文件和最终效果文件所在位置如下
第2章\2020年员工离职情况分析01-原始文件
第2章\2020年员工离职情况分析01-最终效果

扫码看视频

- 计算各月离职率

❶ 打开本实例的原始文件“2020 年员工离职情况分析 01- 原始文件”，将“离职统计表”中的数据作为数据源，选择“离职率分析”表中数据区域外的任意一个空白单元格作为放置数据透视表的位置。

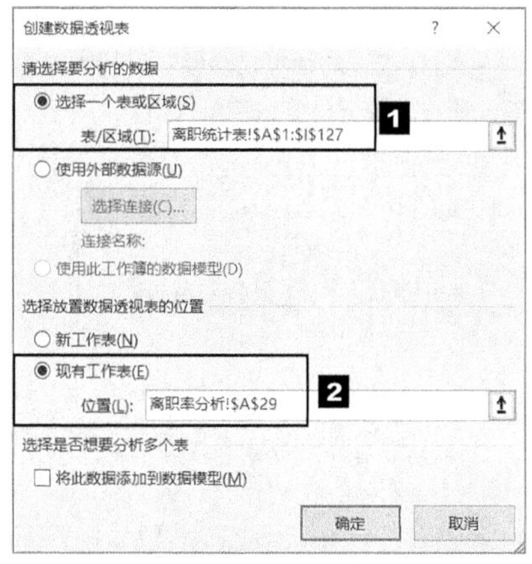

❷ 将【离职日期】拖曳到【行】列表框中，【员工编号】拖曳到【值】列表框中，可以看到将【离职日期】拖曳到【行】列表框中后，会自动增加一个新的字段【月】。

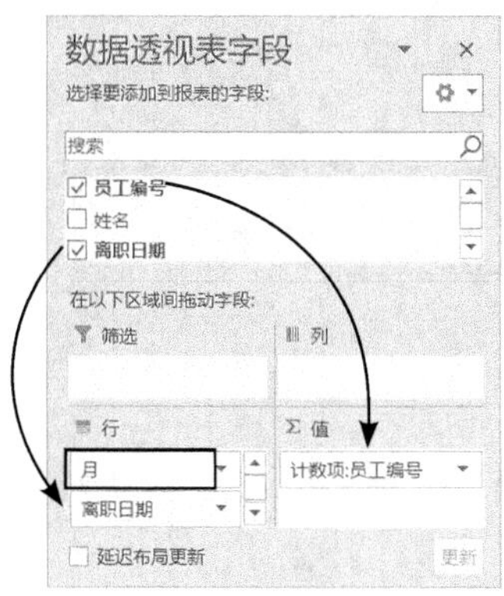

❸ 创建一个下图所示的数据透视表，默认创建的数据透视表统计的是各月的离职人数，而此处我们需要的是离职率，因此需要对值字段进行设置，在值字段上单击鼠标右键，在弹出的快捷菜单中选择【值字段设置】选项。

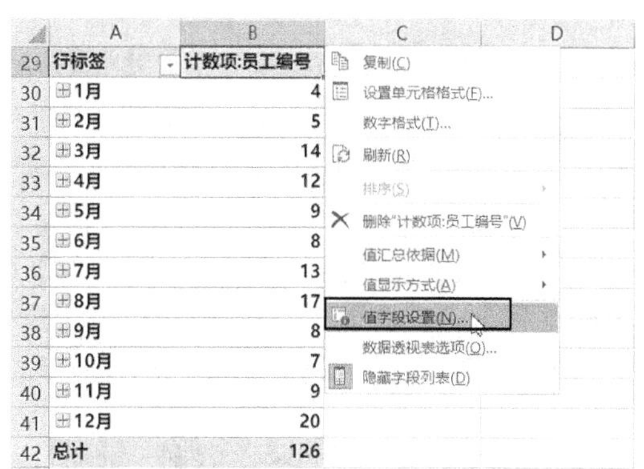

❹ 弹出【值字段设置】对话框，将【自定义名称】更改为“离职率”，将【值显示方式】设置为【列汇总的百分比】。

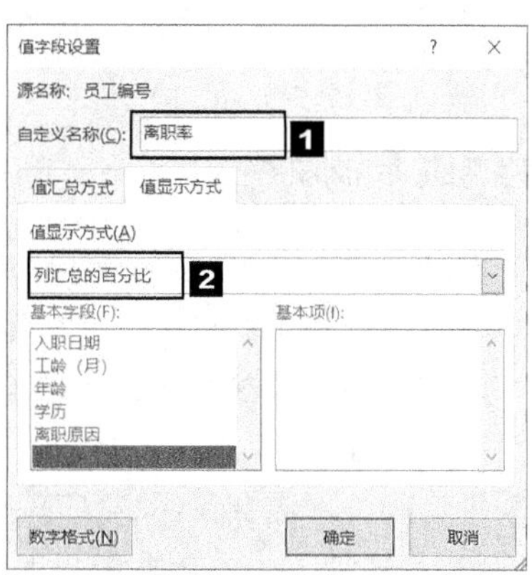

❺ 单击【确定】按钮，返回数据透视表，将数据透视表的布局修改为【以表格形式显示】。

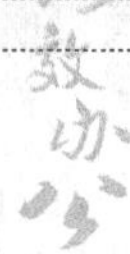

	A	B	C
29	月	离职日期	离职率
30	⊞1月		3.17%
31	⊞2月		3.97%
32	⊞3月		11.11%
33	⊞4月		9.52%
34	⊞5月		7.14%
35	⊞6月		6.35%
36	⊞7月		10.32%
37	⊞8月		13.49%
38	⊞9月		6.35%
39	⊞10月		5.56%
40	⊞11月		7.14%
41	⊞12月		15.87%
42	总计		100.00%

❻ 数据透视表以表格形式显示之后，会增加一个空列，即“离职日期”列，这个空列是无法直接删除的，需要在【数据透视表字段】任务窗格的【行】列表框中删除。

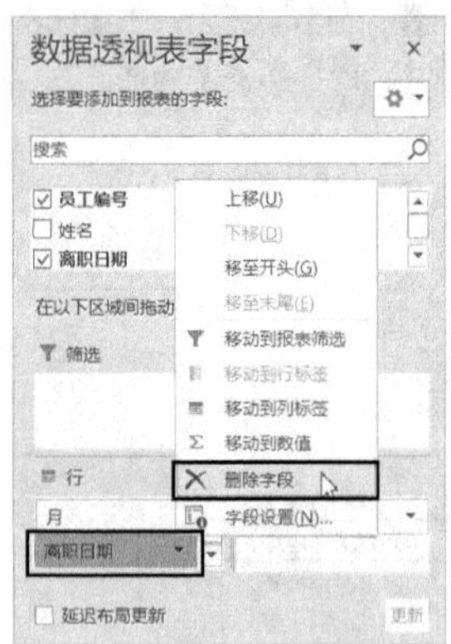

	A	B
29	月	离职率
30	1月	3.17%
31	2月	3.97%
32	3月	11.11%
33	4月	9.52%
34	5月	7.14%
35	6月	6.35%
36	7月	10.32%
37	8月	13.49%
38	9月	6.35%
39	10月	5.56%
40	11月	7.14%
41	12月	15.87%
42	总计	100.00%

通常用于进行对比分析的数据，都需要升序或降序排列，但是，此处我们不仅需要对各月的离职率进行对比，还要同步查看 1~12 月的离职率是否存在某种变化趋势，因此不需要排序。

- **计算各月的平均离职率**

为了使分析结果更加准确、严谨，对各月离职率进行分析时除了要对 1~12 月的离职率进行环比分析，还应该将各月的离职率与平均离职率进行对比分析。

计算平均离职率需要使用 AVERAGE 函数，AVERAGE 函数的主要功能是返回参数的算术平均值，其语法格式如下。

AVERAGE(number1,number2,…)

参数 number1、number2 等表示要计算平均值的 1~255 个参数。

❶ 选中一个空白单元格，切换到【公式】选项卡，在【函数库】组中单击【其他函数】按钮，在弹出的下拉列表中选择【统计】选项，在其子列表中选择【AVERAGE】选项。

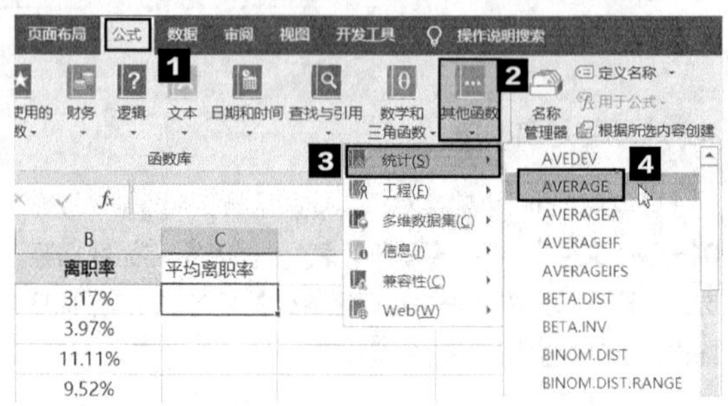

❷ 弹出【函数参数】对话框，将参数设置为数据透视表中的离职率所在的单元格区域 B30:B41。

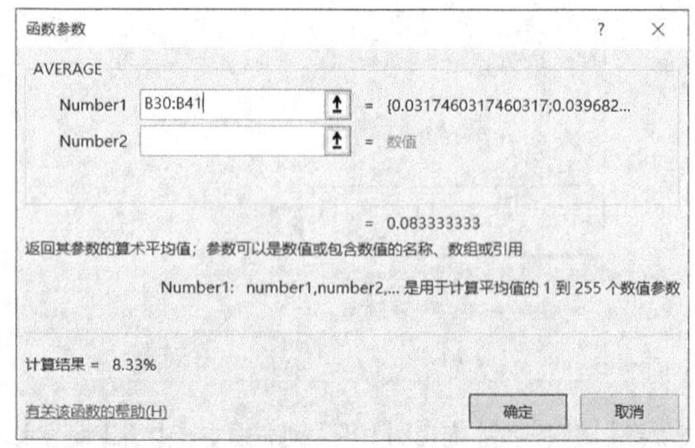

❸ 设置完毕，单击【确定】按钮，即可计算出 2020 年的平均离职率。

C30 =AVERAGE(B30:B41)

	A	B	C	D
29	月	离职率	平均离职率	
30	1月	3.17%	8.33%	
31	2月	3.97%		
32	3月	11.11%		

- **可视化各月离职率和平均离职率**

计算出各月离职率和平均离职率后，接下来就可以借助图表将数据可视化并进行分析了。

此处我们要对各月的离职率进行对比分析，因此首选柱形图。

各月的离职率又要与平均离职率进行对比，如果平均离职率也选用柱形图展现，数据系列就会比较多，显得比较凌乱，不便于进行对比分析，如下图所示。

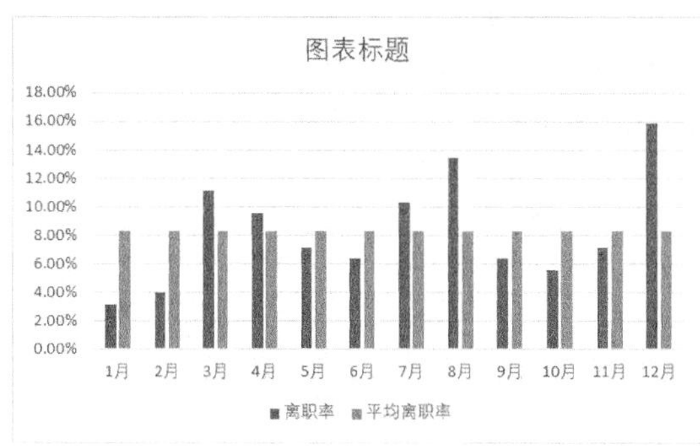

如果平均离职率选用折线图展现，则既方便与柱形图进行对比，整体也不会显得凌乱，如下图所示。

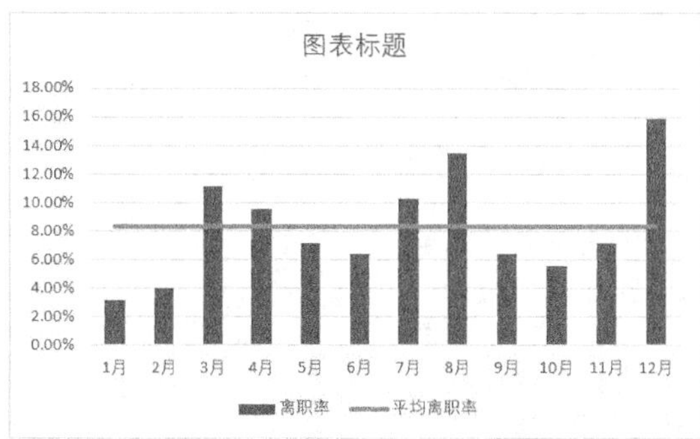

此处直接创建一个柱形图和折线图的组合图表即可。但是这里需要注意的是，各月的离职率是通过数据透视表创建的，而平均离职率不是数据透视表的一部分，无法根据这两个数据区域直接创建组合图表，因此我们需要先根据各月离职率和平均离职率创建一个新的数据区域。具体操作步骤如下。

❶ 将数据透视表中各月的离职率复制到一个新的空白区域，然后在“离职率”列右侧添加一列“平均离职率”。

	E	F	G
29	月	离职率	平均离职率
30	1月	3.17%	8.33%
31	2月	3.97%	8.33%
32	3月	11.11%	8.33%
33	4月	9.52%	8.33%
34	5月	7.14%	8.33%
35	6月	6.35%	8.33%
36	7月	10.32%	8.33%
37	8月	13.49%	8.33%
38	9月	6.35%	8.33%
39	10月	5.56%	8.33%
40	11月	7.14%	8.33%
41	12月	15.87%	8.33%

❷ 选中新创建的单元格区域 E29:G41，切换到【插入】选项卡，在【图表】组中单击【插入组合图】按钮，在弹出的下拉列表中选择【簇状柱形图－折线图】选项。

❸ 创建了一个由簇状柱形图和折线图组成的组合图表，通过创建的图表可以看到离职率是不断波动的，但仅通过柱形图不容易看出其整体的变动趋势，下面为其添加一条趋势线。单击图表右侧的【图表元素】按钮，在弹出的下拉列表中勾选【趋势线】复选框，打开【添加趋势线】对话框，选择【离职率】选项。

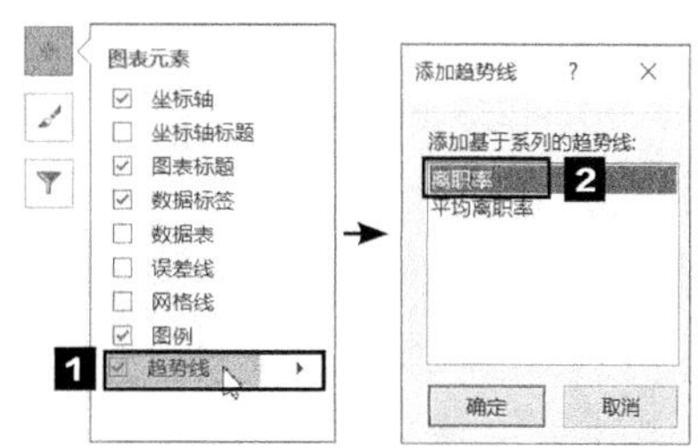

❹ 单击【确定】按钮，即可为离职率添加一条趋势线。

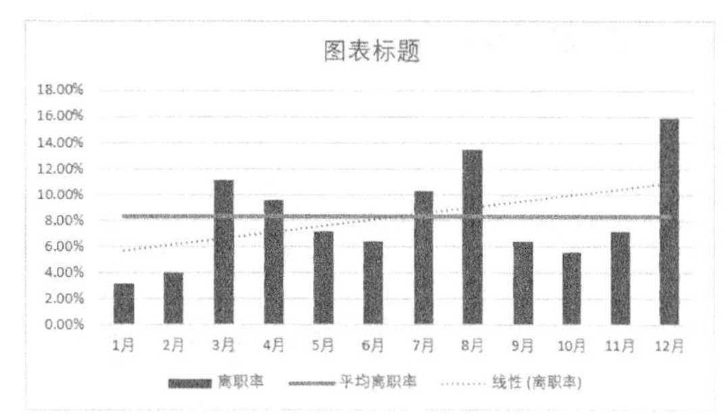

❺ 通过图表可以看到，平均离职率折线和趋势线相对于图表都比较短，为了将它们往左右都延长一点，可以在数据源的前后各添加一个辅助行。

	E	F	G
29	月	离职率	平均离职率
30		0%	8.33%
31	1月	3.17%	8.33%
32	2月	3.97%	8.33%
33	3月	11.11%	8.33%
34	4月	9.52%	8.33%
35	5月	7.14%	8.33%
36	6月	6.35%	8.33%
37	7月	10.32%	8.33%
38	8月	13.49%	8.33%
39	9月	6.35%	8.33%
40	10月	5.56%	8.33%
41	11月	7.14%	8.33%
42	12月	15.87%	8.33%
43		0%	8.33%

单元格内容为空

❻ 更改图表的数据源。切换到【图表工具】栏的【设计】选项卡，在【数据】组中单击【选择数据】按钮。打开【选择数据源】对话框，将【图表数据区域】更改为新的数据区域。

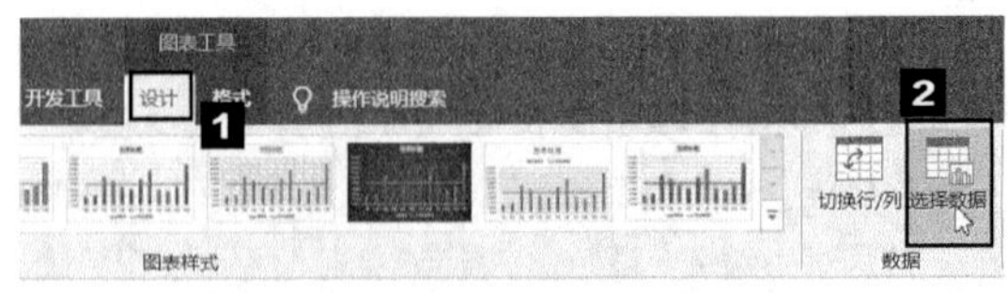

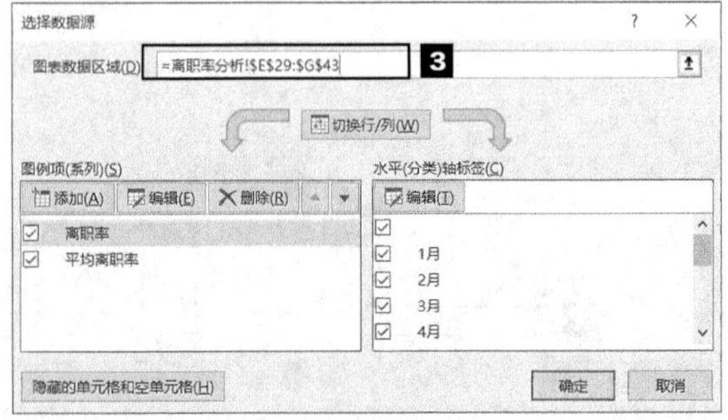

❼ 单击【确定】按钮，即可看到图表中的平均离职率折线和趋势线都已经延长了。

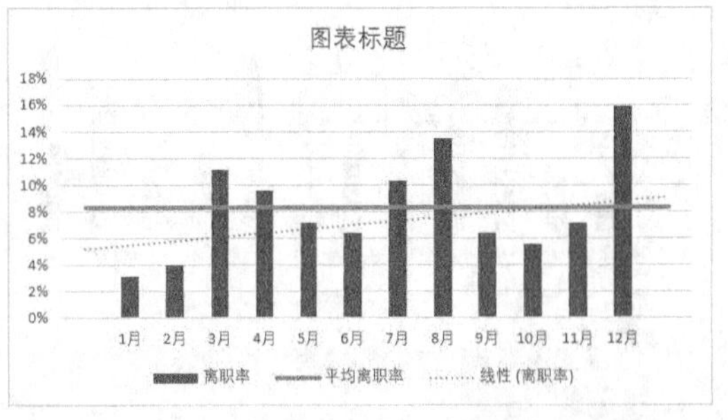

❽ 设置纵坐标轴。默认创建的图表的纵坐标轴的刻度比较密集，可以对其进行适当调整，在纵坐标轴上单击鼠标右键，在弹出的快捷菜单中选择【设置坐标轴格式】选项。

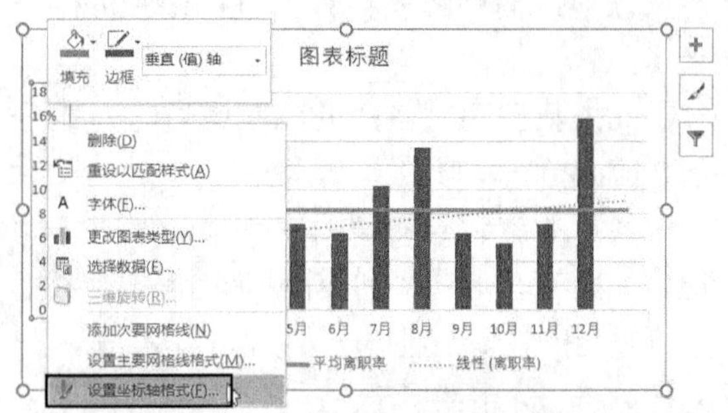

❾ 弹出【设置坐标轴格式】任务窗格，将主要网格线的间隔设置为0.03，即将【坐标轴选项】组中【单位】下的【大】设置为【0.03】。

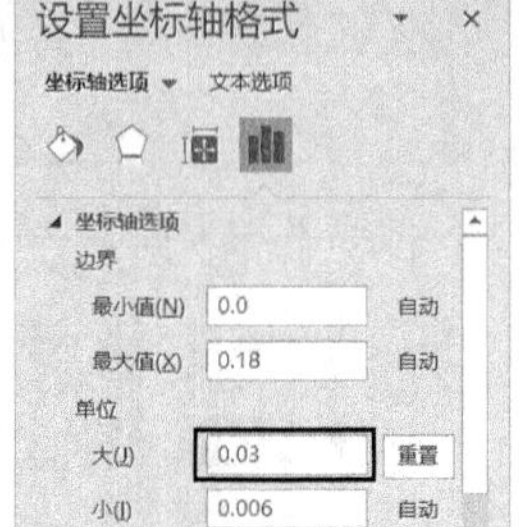

提示

在【设置坐标轴格式】任务窗格中，【坐标轴选项】组中的【边界】下的【最大值】和【最小值】对应的是坐标轴的最大值和最小值，而【单位】下的【大】和【小】对应的则是主要网格线的间隔距离和次要网格线的间隔距离。

❿ 将纵坐标轴的间隔距离调整为【0.03】后，选中图例，在【设置图例格式】任务窗格中，设置【图例位置】为【靠上】。

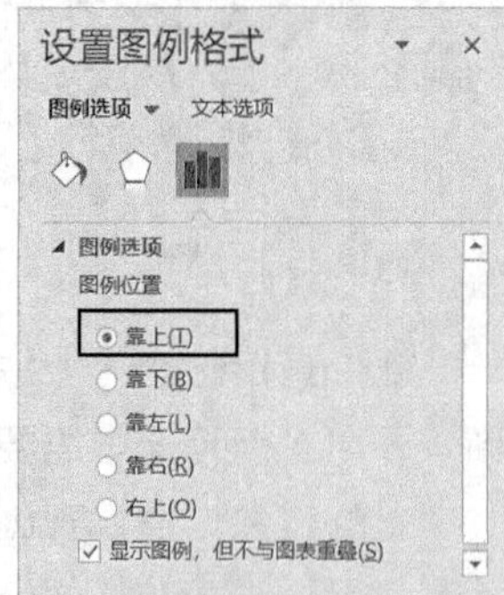

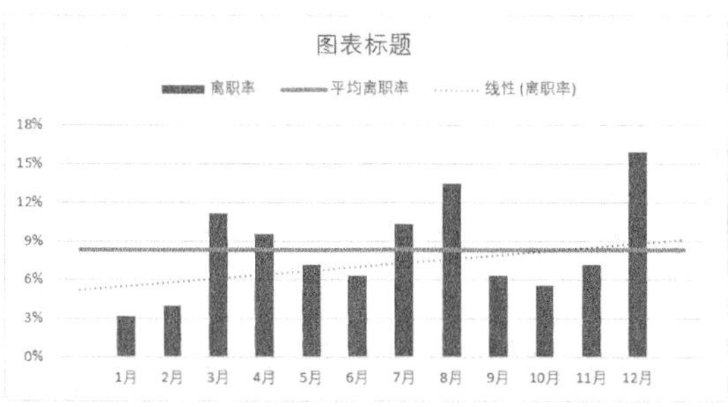

⑪ 设置柱形图的格式。将柱形图的填充颜色设置为【蓝色，个性色5，淡色40%】，无边框，将数据系列的【间隙宽度】设置为【120%】。

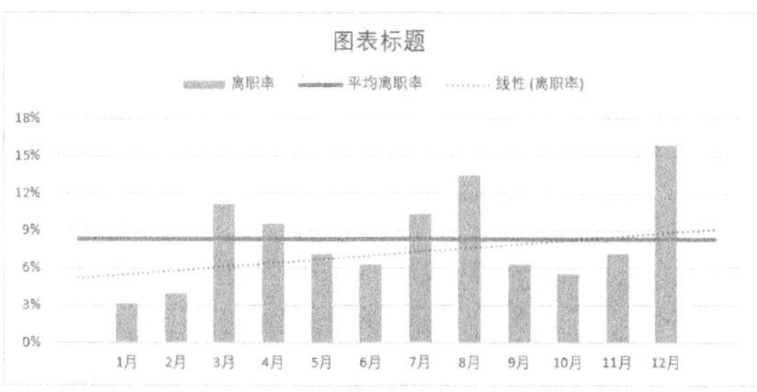

⑫ 设置平均离职率折线的格式。将平均离职率的折线的短划线类型设置为虚线，线条颜色设置为【金色，个性色4，淡色40%】，线条宽度设置为【1.75磅】。

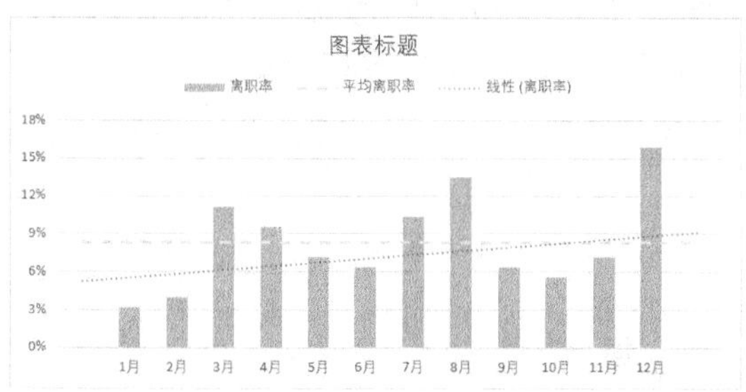

如果直接为平均离职率的折线添加数据标签，由于平均离职率的折线上有14个数据点，就会添加14个数据标签，如下图所示。

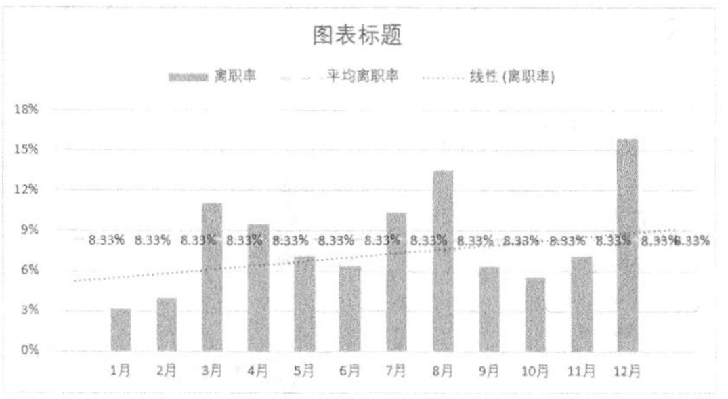

此处我们只需要在平均离职率折线的右侧添加一个数据标签即可，因此只需要给最右侧的一个数据点添加数据标签。

⑬ 设置完毕，关闭【设置数据系列格式】任务窗格，返回图表，效果如下图所示。

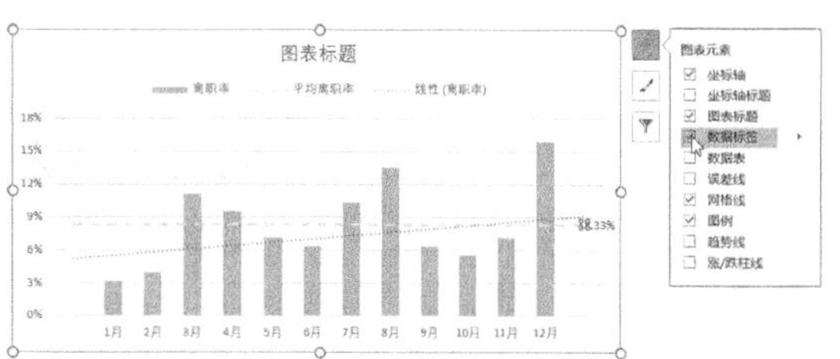

⑭ 设置趋势线。打开【设置趋势线格式】任务窗格，单击【趋势线选项】按钮，在【趋势线名称】组中选中【自定义】单选钮，在右侧的文本框中输入趋势线的名称，例如输入“离职率趋势”，然后再将趋势线的宽度设置为【1.75磅】，颜色设置为【橙色，个性色2】。

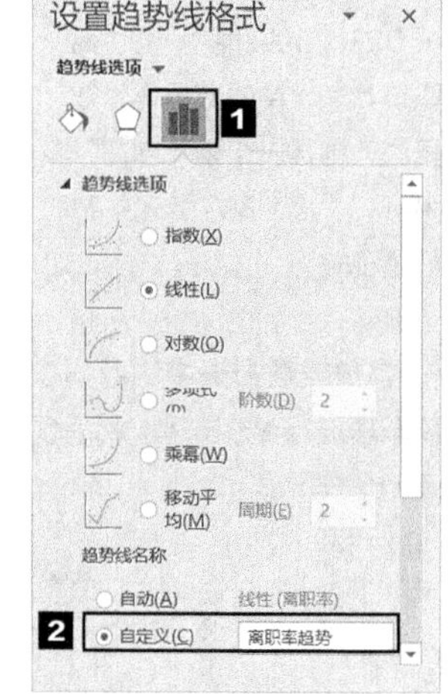

⑮ 输入合适的图表标题，并设置图表中所有文本的字体为微软雅黑。

通过图表可以看出，2020 年整体的离职率呈增长趋势，其中 3 月、4 月、7 月、8 月和 12 月这 5 个月的离职率明显高于月平均离职率。正常情况下，3 月、4 月、7 月和 8 月的离职率会偏高，但是 12 月的离职率应该是比较低的。因此，在分析离职原因的时候，应该着重分析 12 月的离职原因。

3. 不同部门的离职率

离职率高是因为整个公司的离职率都偏高还是个别部门的离职率偏高？这也是需要我们分析的一个问题。

本实例原始文件和最终效果文件所在位置如下
第2章\2020年员工离职情况分析02–原始文件
第2章\2020年员工离职情况分析02–最终效果

扫码看视频

❶ 打开本实例的原始文件“2020 年员工离职情况分析 02– 原始文件”，将“离职统计表”中的数据作为数据源，创建一个以“部门”为行，“离职率”为值的数据透视表。

	A	B
45	部门	离职率
46	财务部	11.90%
47	策划部	15.87%
48	后勤部	10.32%
49	人力资源部	15.08%
50	设计部	10.32%
51	市场部	20.63%
52	业务部	8.73%
53	影视部	7.14%
54	总计	100.00%

❷ 将数据透视表中的数据按离职率进行降序排列，然后创建一个柱形图。

	A	B
45	部门	离职率
46	市场部	20.63%
47	策划部	15.87%
48	人力资源部	15.08%
49	财务部	11.90%
50	设计部	10.32%
51	后勤部	10.32%
52	业务部	8.73%
53	影视部	7.14%
54	总计	100.00%

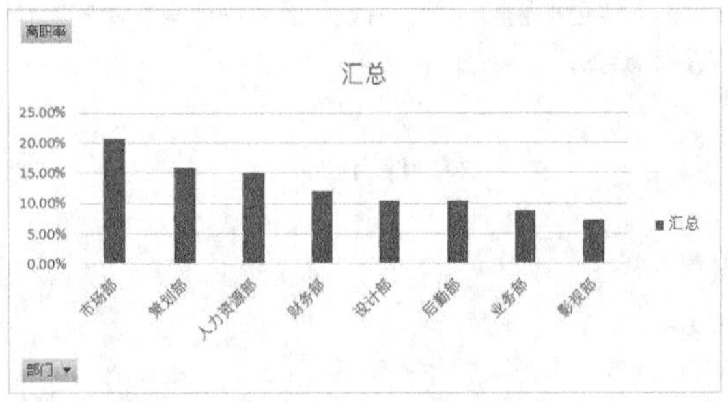

❸ 设置图表标题，隐藏图表中的所有字段按钮，为图表添加数据标签，并适当调整数据系列的填充颜色、间隙宽度等，效果如右上图所示。

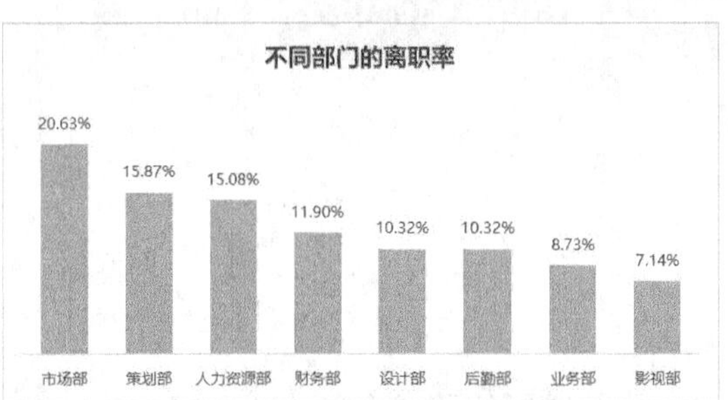

❹ 切换到【插入】选项卡，在【插图】组中单击【形状】按钮，在弹出的下拉列表中选择【等腰三角形】选项，鼠标指针将变成十字形状，按住鼠标左键不放，拖曳鼠标，在工作表的空白处绘制一个等腰三角形。

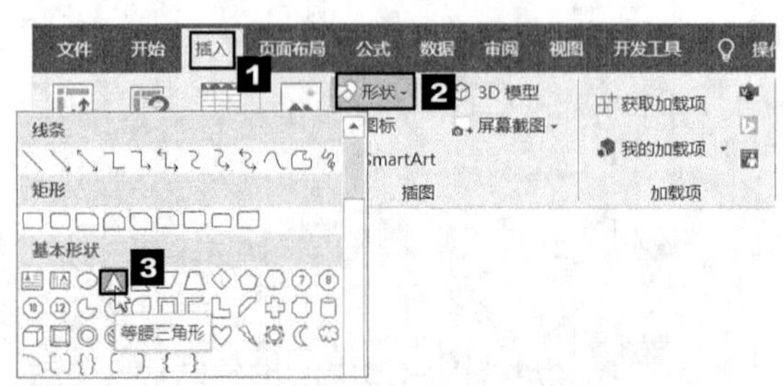

❺ 在三角形上单击鼠标右键，在弹出的快捷菜单中选择【编辑顶点】选项，依次在三角形的腰上单击鼠标右键，在弹出的快捷菜单中选择【曲线段】选项，使等腰三角形的腰变成曲线。

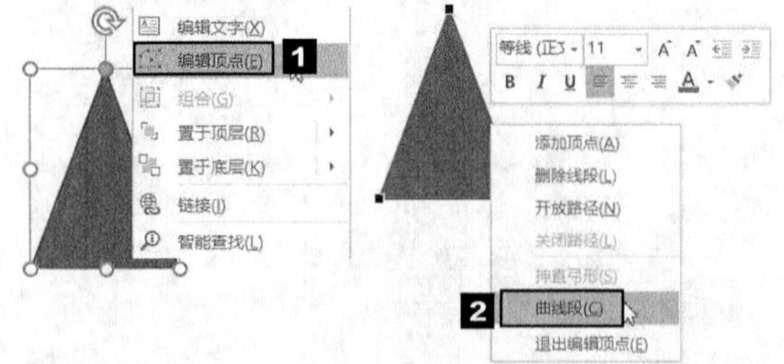

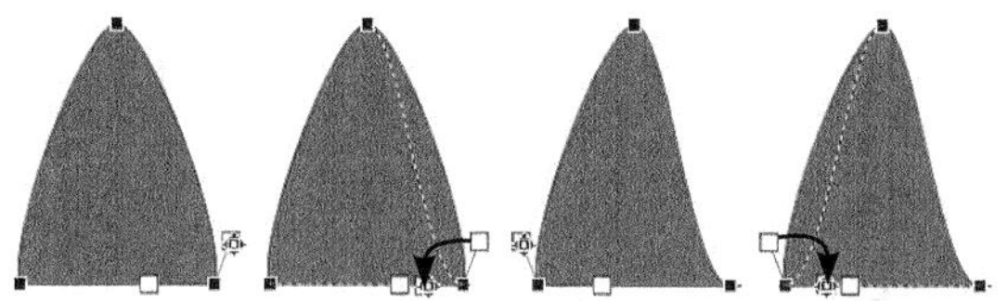

❻ 将三角形调整为山峰形状之后，为其设置合适的颜色，按【 Ctrl 】+【 C 】组合键复制，然后在图表中选中数据系列，按【 Ctrl 】+【 V 】组合键粘贴，效果如下图所示。

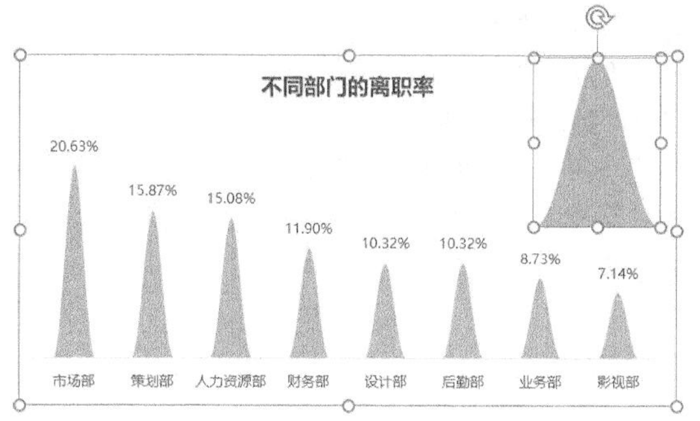

❼ 各个山峰图通常是连接在一起的，因此需要将数据系列的【 间隙宽度 】调整为【 0% 】。

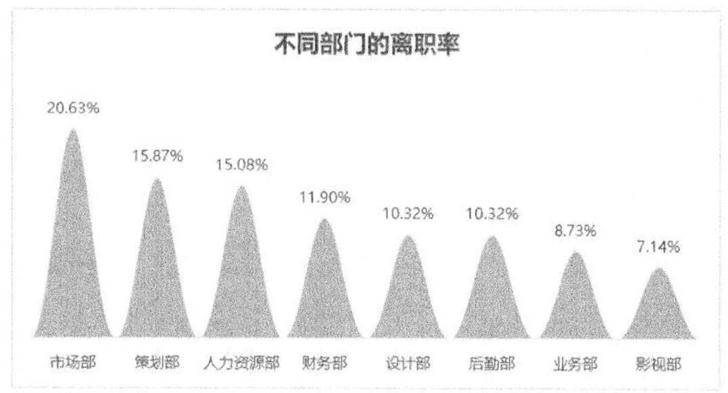

通过图表可以看出，市场部的离职率是最高的，高达 20.63%，其次是策划部和人力资源部，其离职率也超过 15%。在分析离职原因的时候，需要对这 3 个部门着重进行分析。

4. 不同年龄段的离职率

不同年龄的人对待工作的心态是不同的，不同年龄段的人的离职率也有差异，因此不同年龄段的人的离职率也是需要我们分析的一个问题。

分析不同年龄段的人的离职率时，同样需要从两个方面进行分析：一方面是不同年龄段的离职人数占离职总人数的百分比，另一方面是不同年龄段离职率之间的对比。在选择图表的时候，要兼顾这两个方面，可以选用柱形图，然后在其中添加辅助系列来体现百分比。具体操作步骤如下。

本实例原始文件和最终效果文件所在位置如下

第2章\2020年员工离职情况分析03–原始文件

第2章\2020年员工离职情况分析03–最终效果

扫码看视频

❶ 打开本实例的原始文件“2020 年员工离职情况分析 03- 原始文件”，将“离职统计表”中的数据作为数据源，创建一个以“年龄”为行，以“员工编号”为值的数据透视表。

	A	B
58	年龄	计数项:员工编号
59	21	6
60	22	7
61	23	8
62	24	9
63	25	7
64	26	11
65	27	15

❷ 将数据透视表中的数据按年龄进行分组。

	A	B
58	年龄	离职率
59	21-30	72.22%
60	31-40	19.05%
61	41-50	7.14%
62	51-60	1.59%
63	总计	100.00%

❸ 根据数据透视表中的汇总结果，创建一个新的数据源表，并添加一个“辅助列”。

	A	B	C	D	E	F
58	年龄	离职率		年龄	离职率	辅助列
59	21-30	72.22%		21-30	72.22%	100%
60	31-40	19.05%		31-40	19.05%	100%
61	41-50	7.14%		41-50	7.14%	100%
62	51-60	1.59%		51-60	1.59%	100%
63	总计	100.00%				

❹ 根据新的数据源（即单元格区域 D58:F62），创建一个簇状柱形图。

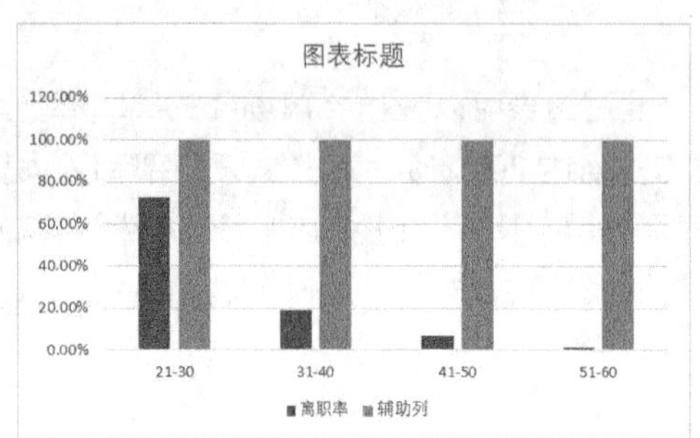

❺ 分别设置两个数据系列的填充颜色和边框。设置“离职率”数据系列的填充颜色为【蓝色，个性色 5，淡色 60%】，边框为【无线条】；设置“辅助列”数据系列的填充为【无填充】，边框为【实线】、宽度为【1.5 磅】、颜色为【蓝色，个性色 5，深色 25%】。

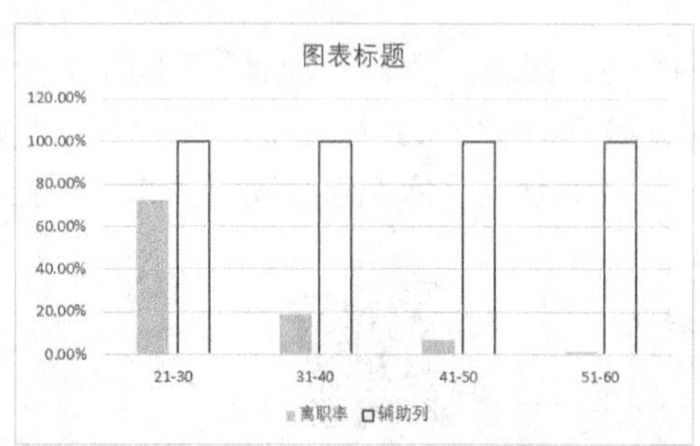

❻ 调整纵坐标轴。纵坐标轴的默认间隔为 0.2，最大值为 1.2。如果将【最大值】设置为【1.2】就有点太大了（【最大值】为【1.2】，相应的纵坐标轴的最大值即为 120%）；而如果将【最大值】设置为【1】，坐标轴的刻度间隔就会自动调整为 0.1，会显得过于密集。综合考虑，将坐标轴刻度间隔调整为 0.15（即将【大】设置为【0.15】），那么【最大值】就会自动调整为【1.05】，这样坐标轴刻度既不会过于密集，刻度最大值与实际最大值也比较接近。

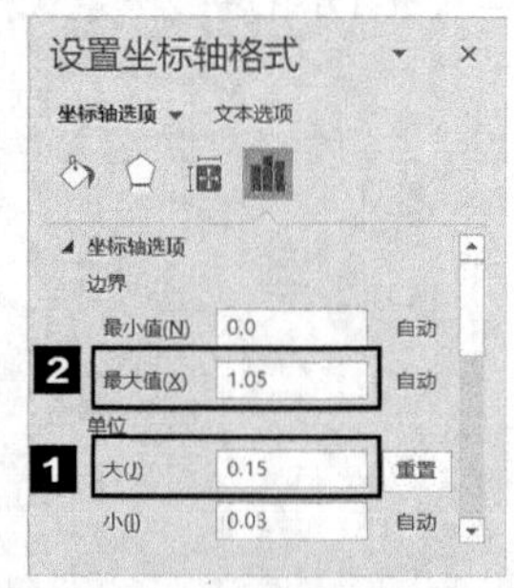

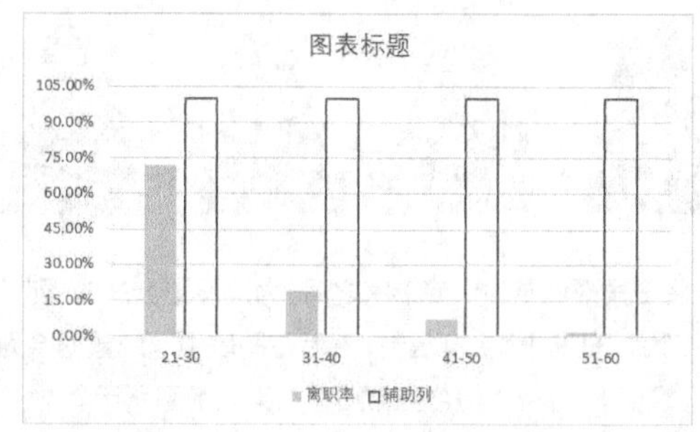

❼ 将【系列重叠】的值修改为【100%】，使两个数据系列重叠，达到使用柱形图表现百分比的效果，并微调间隙宽度。

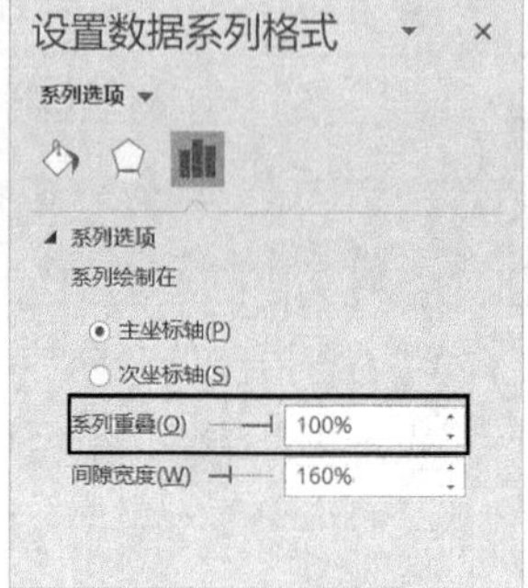

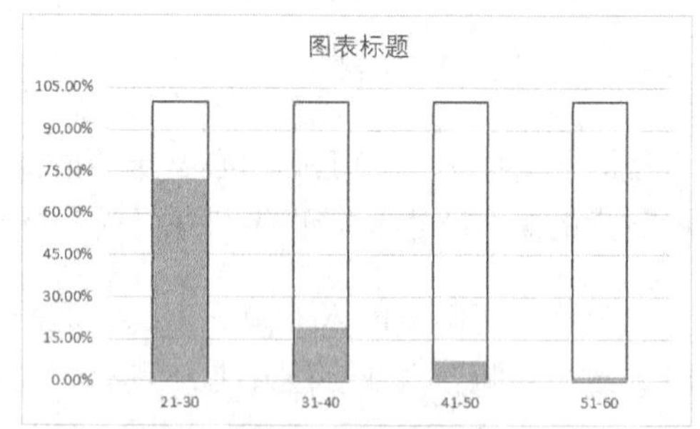

❽ 为“离职率”数据系列添加数据标签，添加合适的图表标题，并隐藏网格线、图例等图表元素。

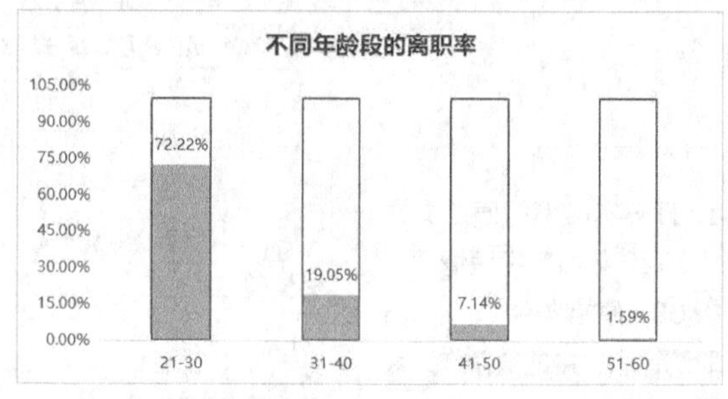

通过图表可以看出，随着年龄的增长，离职率在逐渐降低。

5. 不同工龄段的离职率

本实例原始文件和最终效果文件所在位置如下
第2章\2020年员工离职情况分析04-原始文件
第2章\2020年员工离职情况分析04-最终效果

扫码看视频

❶ 打开本实例的原始文件“2020 年员工离职情况分析 04- 原始文件”，将“离职统计表”中的数据作为数据源，创建一个以“工龄（月）”为行，以“员工编号”为值的数据透视表。

	A	B
71	行标签	计数项:员工编号
72	0	38
73	1	9
74	2	4
75	3	9
76	4	7
77	5	8

❷ 将数据透视表的【报表布局】更改为【以表格形式显示】，将【值显示方式】设置为【列汇总的百分比】，然后分别更改标题为“工龄（月）”和“离职率”，并将数据透视表的对齐方式设置为居中对齐。

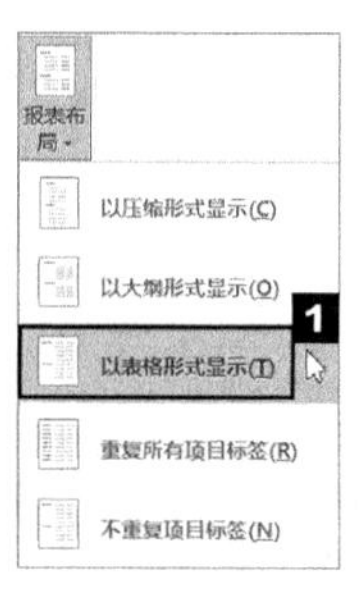

	A	B
71	工龄（月）	3 离职率
72	0	30.16%
73	1	7.14%
74	2	3.17%
75	3	7.14%
76	4	5.56%
77	5	6.35%
78	6	1.59%
79	7	5.56%

❸ 将工龄分成若干工龄段。工龄段的划分与年龄段的划分略有不同，年龄段划分的步长一般是相同的，而工龄段划分的步长一般是不同的，因此通常需要手动逐个分组。例如将工龄在 3 个月以下的划分为一组，选中工龄小于 3 的单元格，单击鼠标右键，在弹出的快捷菜单中选择【组合】选项。

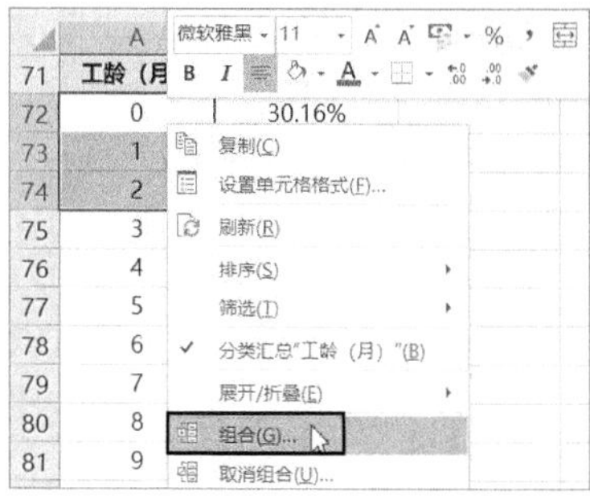

❹ 此时可将选中的工龄划分为一个数据组，并自动命名为“数据组 1”，可以将其更改成更易识别的名称，此处更改为“3 个月以下”。剩余工龄也默认各自成组，且每组下面都有一个汇总行。

	A	B	C
71	工龄（月）2	工龄（月）	离职率
72	数据组1	0	30.16%
73		1	
74		2	
75	数据组1 汇总		
76	3	3	
77	3 汇总		

	A	B	C
71	工龄（月）2	工龄（月）	离职率
72	3个月以下	0	30.16%
73		1	7.14%
74		2	3.17%
75	3个月以下 汇总		40.48%
76	3	3	7.14%
77	3 汇总		7.14%

❺ 汇总行会增加数据透视表的总行数，影响后面的分组，因此可以切换到【数据透视表工具】栏的【设计】选项卡，在【布局】组中单击【分类汇总】按钮，在弹出的下拉列表中选择【不显示分类汇总】选项。

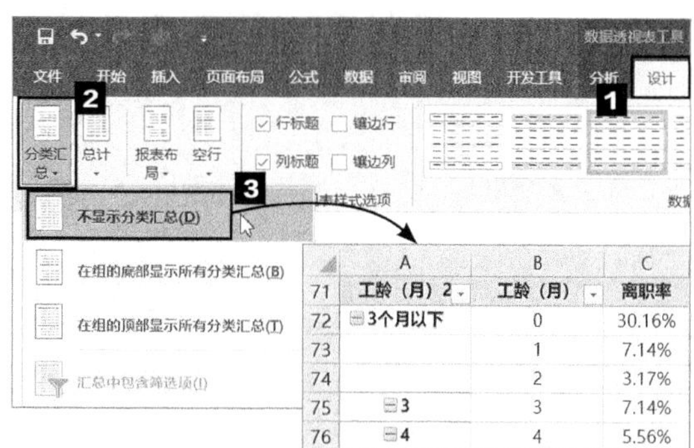

	A	B	C
71	工龄（月）2	工龄（月）	离职率
72	3个月以下	0	30.16%
73		1	7.14%
74		2	3.17%
75	3	3	7.14%
76	4	4	5.56%

❻ 按照步骤③的方法将工龄小于 12 个月的分为一组，工龄小于 36 个月的分为一组，最后将剩余的分为一组。默认各组数据都是展开显示的，用户可以单击组名左侧的折叠按钮，将明细数据隐藏。

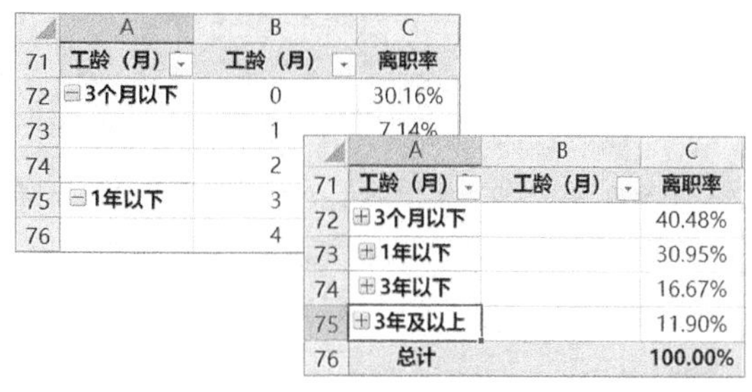

	A	B	C
71	工龄（月）	工龄（月）	离职率
72	3个月以下	0	30.16%
73		1	7.14%
74		2	
75	1年以下	3	
76		4	

	A	B	C
71	工龄（月）	工龄（月）	离职率
72	3个月以下		40.48%
73	1年以下		30.95%
74	3年以下		16.67%
75	3年及以上		11.90%
76	总计		100.00%

接下来创建一个饼图或圆环图，将不同工龄段的离职率更直观地展示出来，如下图所示。

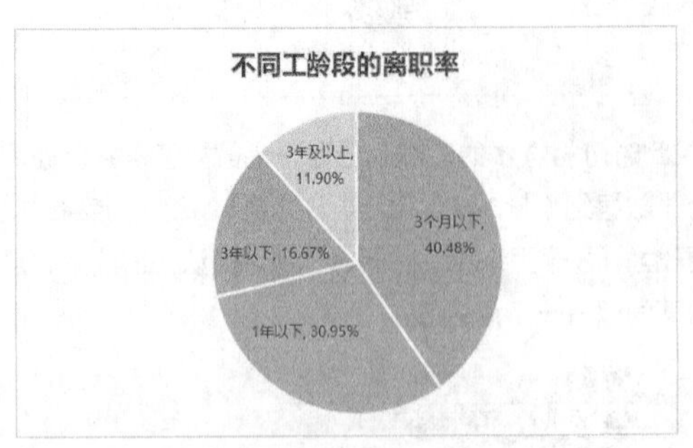

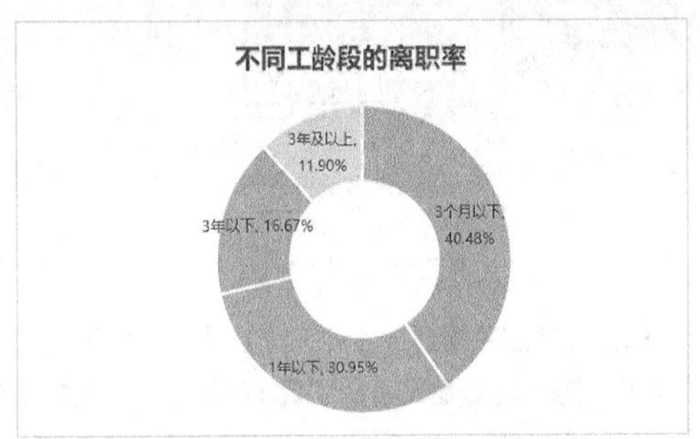

如果想要强调单个工龄段离职人数的占比情况，可以将其绘制成 4 个圆环图，效果如下图所示。

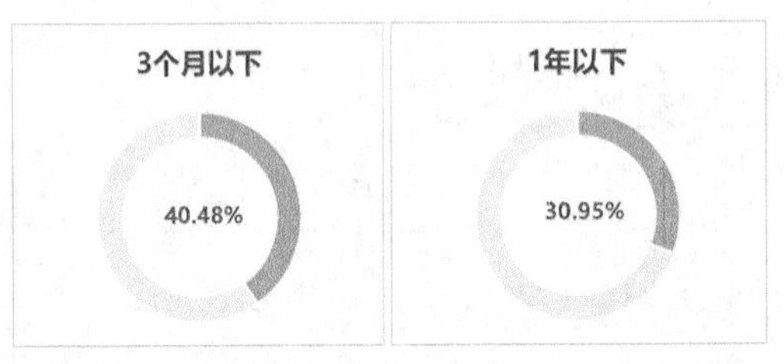

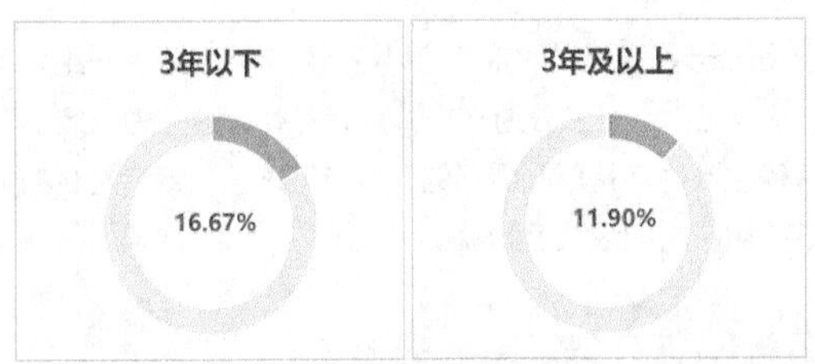

绘制上述圆环图的方法很简单，只需要为源数据添加一个"辅助列"即可。但是源数据为数据透视表，不能直接添加"辅助列"，因此需要重新创建一个数据区域，然后再添加"辅助列"。

❼ 将数据透视表中的"工龄（月）"列和"离职率"列分别复制到空白单元格区域中，并增加一个"辅助列"，"辅助列"中的公式为"=1- 离职率"。在单元格 G72 中输入公式"=1-F72"，然后将公式向下复制。

	E	F	G
71	工龄（月）	离职率	辅助列
72	3个月以下	40.48%	59.52%
73	1年以下	30.95%	69.05%
74	3年以下	16.67%	83.33%
75	3年及以上	11.90%	88.10%

❽ 绘制圆环图。以单元格区域 E72:G72 为数据源，绘制一个圆环图。

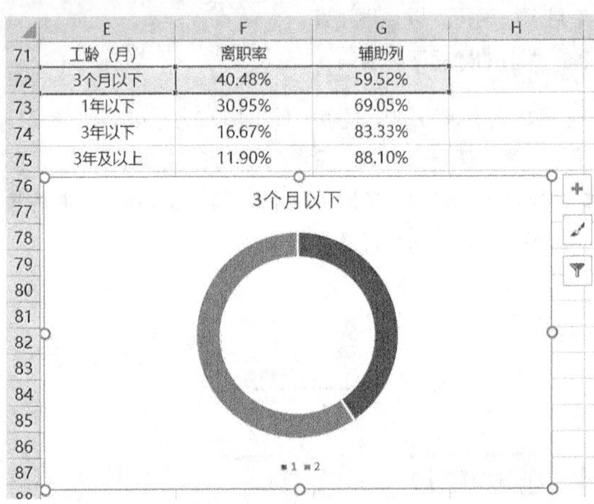

❾ 美化图表。删除图例，将图表标题格式设置为【微软雅黑、14 号、加粗】，然后设置两个数据系列的颜色，最后在图表中插入文本框，通过文本框引用对应的离职率。

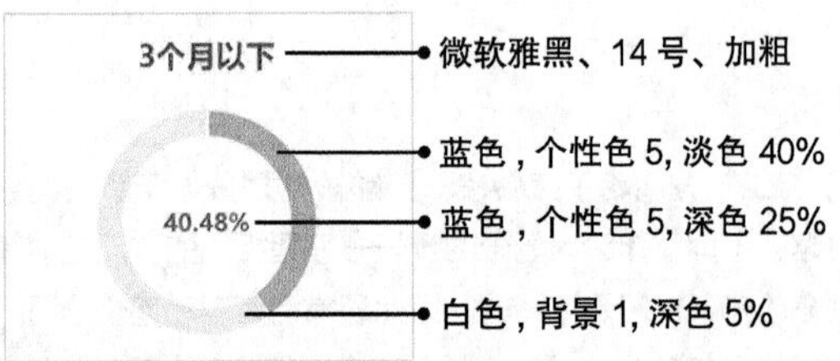

❿ 按照相同的方法绘制其他 3 个圆环图。

通过图表可以看出，随着工龄的增长，离职率在逐渐降低。

6. 联动分析离职率

前面我们分别从月度、部门、年龄和工龄 4 个维度对离职率进行了分析，其中在对部门、年龄和工龄 3 个维度的离职率进行分析时，时间跨度都是一年，时间相对较长。我们可以进一步对部门、年龄和工龄 3 个维度在不同月度的离职率进行分析。

怎样才能实现部门、年龄和工龄 3 个分析图表之间的联动呢？由于在对不同部门、年龄和工龄的员工的离职率进行汇总计算时，我们都是通过数据透视表进行汇总计算的，图表的数据源都直接或间接地来自数据透视表，而要实现数据透视表之间的联动，可以使用日程表。因此，我们可以借助日程表实现 3 个数据透视表之间的联动，然后再通过函数实现图表的数据源与数据透视表之间的联动。

本实例原始文件和最终效果文件所在位置如下

第2章\2020年员工离职情况分析05-原始文件

第2章\2020年员工离职情况分析05-最终效果

扫码看视频

- 创建日程表

❶ 打开本实例的原始文件“2020 年员工离职情况分析 05- 原始文件”，在“离职率分析”表中，将光标定位到不同部门、年龄和工龄离职率中的任意一个数据透视表中。例如将光标定位到不同部门离职率的数据透视表中，切换到【数据透视表工具】栏的【分析】选项卡，在【筛选】组中单击【插入日程表】按钮。

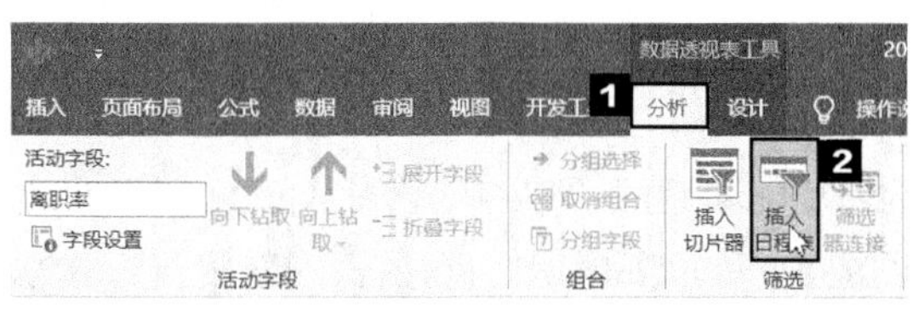

❷ 弹出【插入日程表】对话框，勾选【离职日期】复选框，单击【确定】按钮。

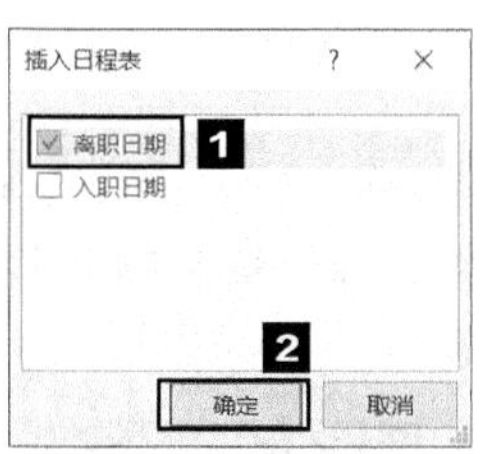

❸ 这样就创建了一个离职日期的日程表。在日程表中，单击相应月份的滑块，可以快速切换月份；拖动滑块，可以快速选择多个相邻月份区间。与此同时，不同部门离职率的数据透视表和图表将发生对应变化。

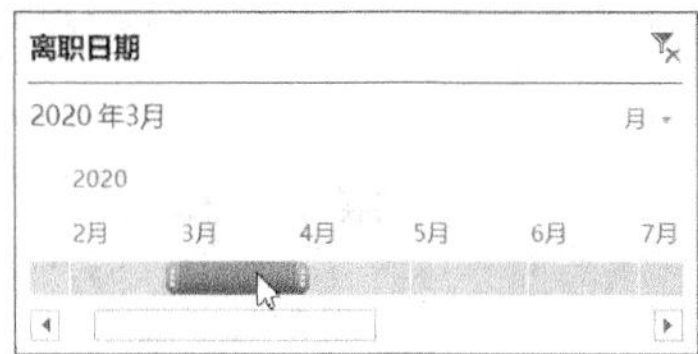

❹ 创建日程表与其他数据透视表的链接。在日程表上单击鼠标右键，在弹出的快捷菜单中选择【报表连接】选项。

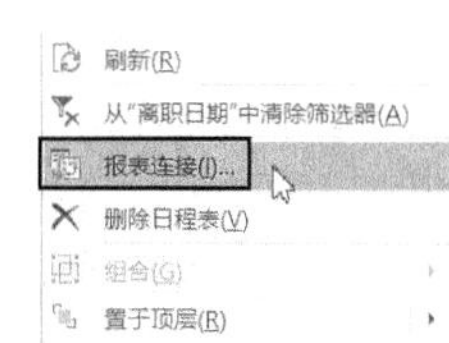

❺ 弹出【数据透视表连接（离职日期）】对话框，其中显示了该工作表中的所有数据透视表，只需要勾选需要联动的数据透视表左侧的复选框即可。此处勾选【数据透视表3】和【数据透视表 5】左侧的复选框，单击【确定】按钮。

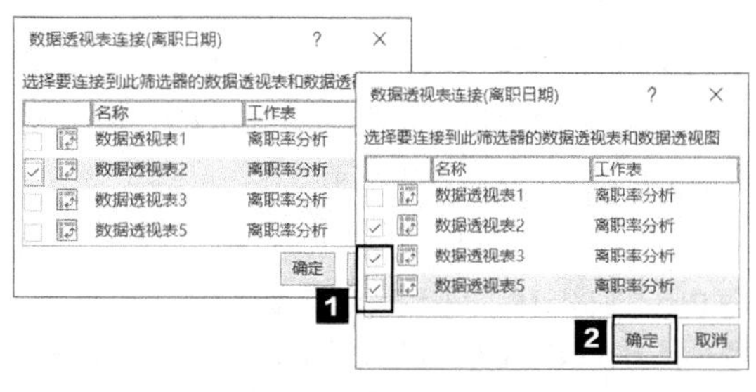

❻ 此时可将日程表与选中的数据透视表链接，形成联动。

将光标定位到数据透视表中，切换到【数据透视表工具】栏的【分析】选项卡，在【数据透视表】组中即可查看到数据透视表的名称。

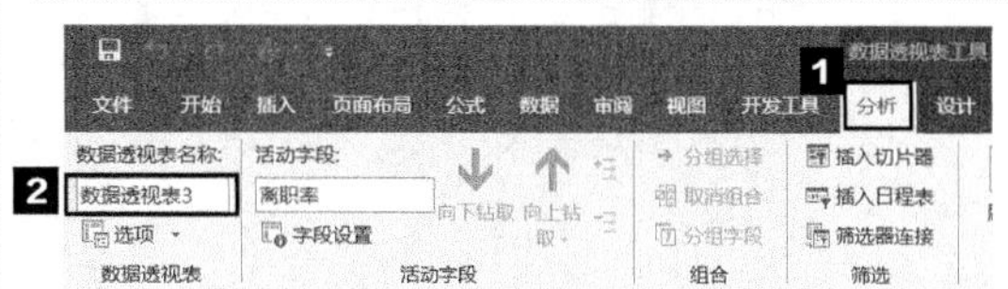

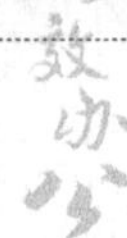

- **实现图表的数据源与数据透视表之间的联动**

插入日程表之后，可以发现，通过日程表切换月份后，不同部门、年龄和工龄的离职率数据透视表中的数据都会随之变化，不同部门的离职率图表等也会随之变化，但是不同年龄和工龄的离职率图表是不变的。这是因为不同年龄和工龄的离职率图表的直接数据源不是数据透视表，我们需要通过函数建立其直接数据源与数据透视表之间的联系。

（1） VLOOKUP 函数。VLOOKUP 函数的功能是根据一个指定的匹配条件，在指定的数据区域内，从数据区域的第 1 列匹配哪个项目满足指定的条件，然后从后面的某列取出该项目对应的数据。其语法格式如下。

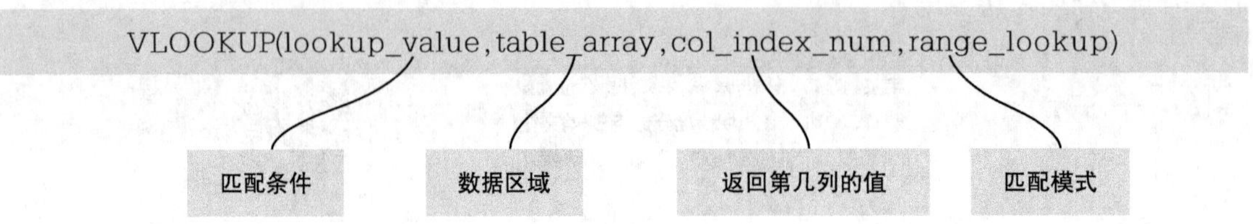

① 匹配条件：指定的查找条件。

② 数据区域：一个至少包含一行数据的列表或单元格区域，并且该区域的第 1 列必须含有要匹配的条件，也就是说，谁是匹配条件，就把谁作为区域的第 1 列。

③ 返回第几列的值：指定从数据区域的哪列取数，这个列数是从匹配条件所在列开始向右计算的。

④ 匹配模式：指定做精确定位单元格查找还是模糊定位单元格查找。当该值为 TRUE、1 或者忽略时，进行模糊定位单元格查找，也就是说，当匹配条件不存在时，就匹配最接近条件的数据；当该值为 FALSE 或者 0 时，做精确定位单元格查找，也就是说，条件值必须存在，要么是完全匹配的名称，要么是包含关键词的名称。

只看参数和语法，我们很难掌握一个函数的具体功能和用法，只有结合实例，才更好地理解函数。下面我们就使用 VLOOKUP 函数将数据透视表中的离职率引用到图表的直接引用数据区域中。

❶ 由于在使用日程表进行筛选时，数据透视表中的不符合筛选条件的数据会被隐藏，为了方便函数的编辑，需要先清除日程表的筛选。单击日程表右上角的【清除筛选器】按钮，清除日程表的筛选。

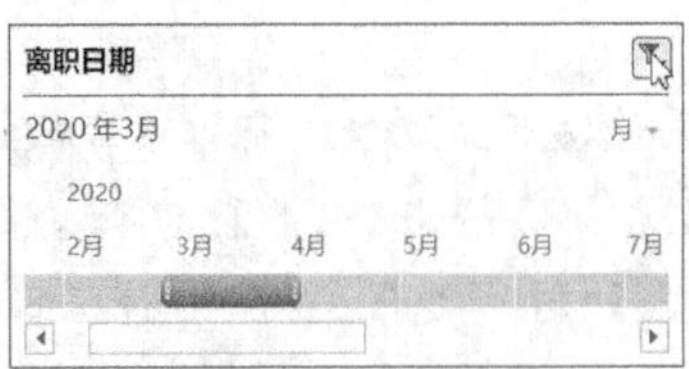

❷ 选中单元格 E59，切换到【公式】选项卡，在【函数库】组中单击【查找与引用】按钮，在弹出的下拉列表中选择【VLOOKUP】选项。

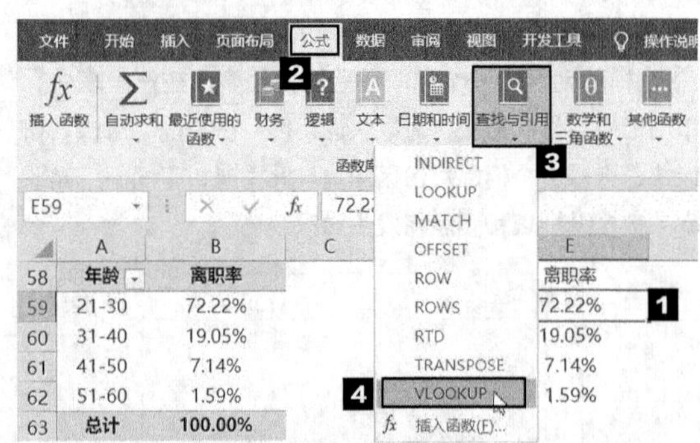

❸ 弹出【函数参数】对话框，依次设置 VLOOKUP 函数的 4 个参数，如下图所示。

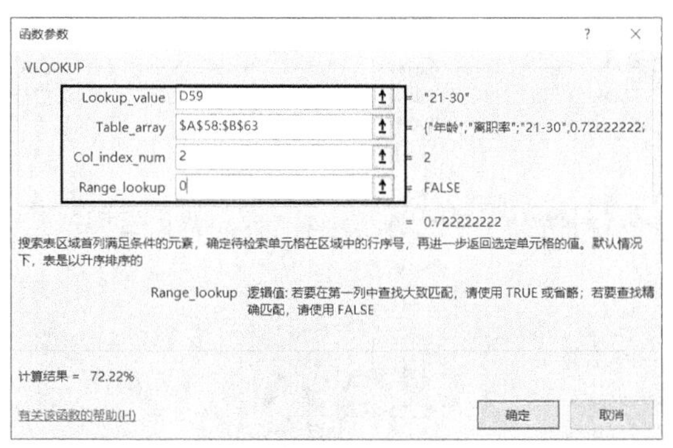

提示

上图中的公式含义：根据单元格 D59 的值（21~30），在数据透视表（$A$58:$B$63）中查找匹配单元格 D59 的数据，找到一模一样的数据（年龄段）之后，返回查找区域内第 2 列中同一行的数据，也就是离职率。

❹ 单击【确定】按钮，返回工作表，即可得到该年龄段对应的离职率，然后将单元格 E59 中的公式向下填充到其他单元格，得到所有年龄段对应的离职率。

E59　=VLOOKUP(D59,$A$58:$B$63,2,0)

	A	B	C	D	E
58	年龄	离职率		年龄	离职率
59	21-30	72.22%		21-30	72.22%
60	31-40	19.05%		31-40	19.05%
61	41-50	7.14%		41-50	7.14%
62	51-60	1.59%		51-60	1.59%
63	总计	100.00%			

❺ 此时在日程表中选择不同月份，不同年龄段离职率对应的数据透视表和图表都会发生相应的变化。

离职日期
2020 年4月　月
2020
2月　3月　4月　5月　6月　7月

	A	B	C	D	E	F
58	年龄	离职率		年龄	离职率	辅助列
59	21-30	66.67%		21-30	66.67%	100%
60	31-40	33.33%		31-40	33.33%	100%
61	总计	100.00%		41-50	#N/A	100%
62				51-60	#N/A	100%

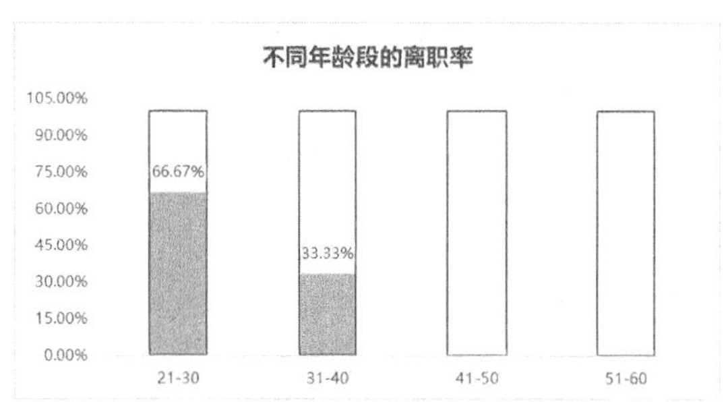

（2）IFERROR 函数。由于某些月份中可能存在某个年龄段的员工中没有人离职，这样就会出现在数据透视表中查找对应的离职率时，查找不到的情况，这些值以错误值“#N/A”的形式显示。

结果显示为错误值“#N/A”时，一方面会影响视觉效果，另一方面会影响图表标签的显示。因此我们需要将“#N/A”处理为 0。这就需要用到 IFERROR 函数。

IFERROR 函数的主要功能：如果公式的计算结果为错误值，则返回指定的值；否则将返回公式的计算结果。其语法格式如下。

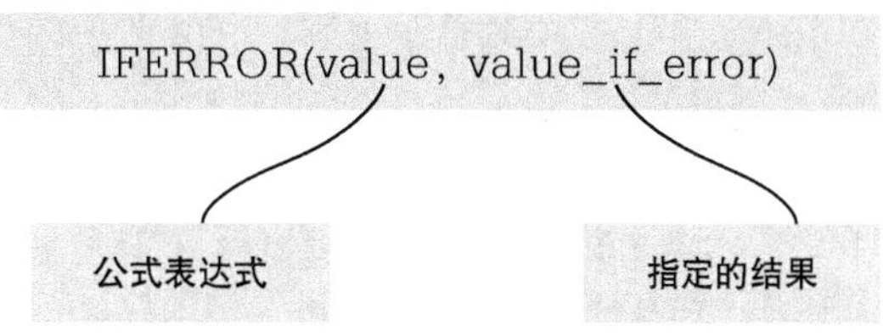

可以看出，IFERROR 函数的语法结构非常简单，我们只需要在 VLOOKUP 函数外嵌套一层 IFERROR 函数即可将错误值指定为 0。

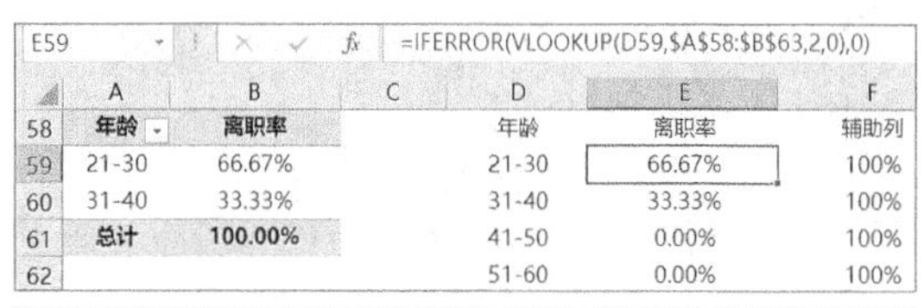
E59　=IFERROR(VLOOKUP(D59,$A$58:$B$63,2,0),0)

	A	B	C	D	E	F
58	年龄	离职率		年龄	离职率	辅助列
59	21-30	66.67%		21-30	66.67%	100%
60	31-40	33.33%		31-40	33.33%	100%
61	总计	100.00%		41-50	0.00%	100%
62				51-60	0.00%	100%

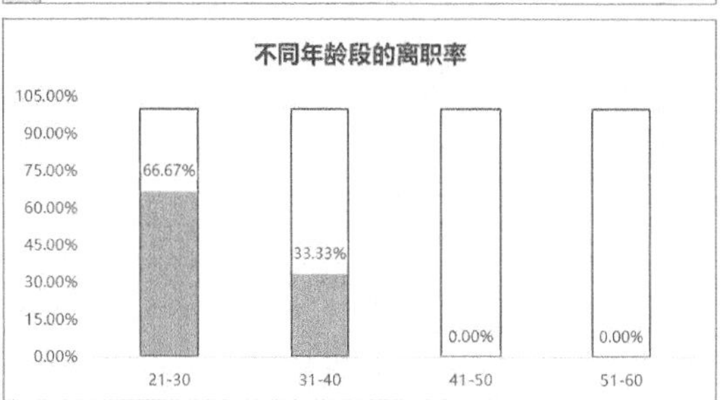

按照相同的方法，将不同工龄段的离职率图表的直接数据源与不同工龄段的离职率的数据透视表关联，如右图所示。

F72 =IFERROR(VLOOKUP(E72,$A$71:$C$76,3,0),0)

	A	B	C	D	E	F
71	工龄（月）	工龄（月）	离职率		工龄（月）	离职率
72	⊞3个月以下		40.48%		3个月以下	40.48%
73	⊞1年以下		30.95%		1年以下	30.95%
74	⊞3年以下		16.67%		3年以下	16.67%
75	⊞3年及以上		11.90%		3年及以上	11.90%
76	总计		100.00%			

2.2.2 离职原因分析

通过分析员工的离职原因，可以及时了解人力资源管理中存在的问题，以便及时采取相应措施，避免员工过度流失。

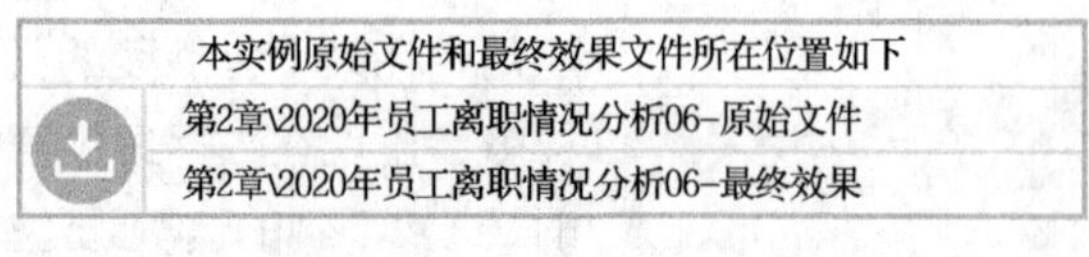

扫码看视频

❶ 打开本实例的原始文件“2020 年员工离职情况分析 06- 原始文件”，根据“离职统计表”中的数据，在新工作表中创建一个数据透视表，并将新工作表命名为“离职原因分析”。

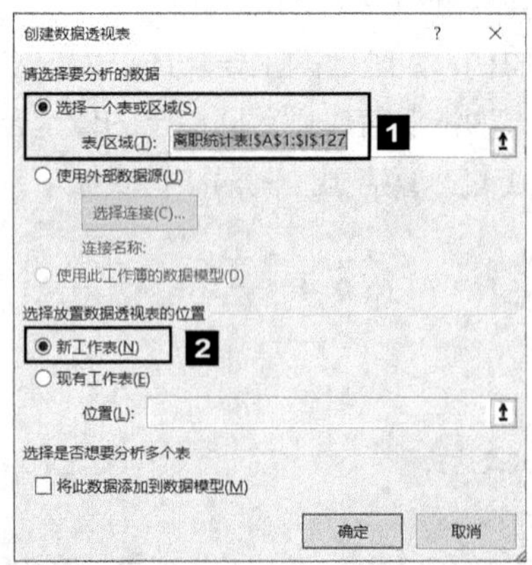

❷ 将【离职原因】拖曳到【行】列表框中，将【员工编号】拖曳到【值】列表框中。

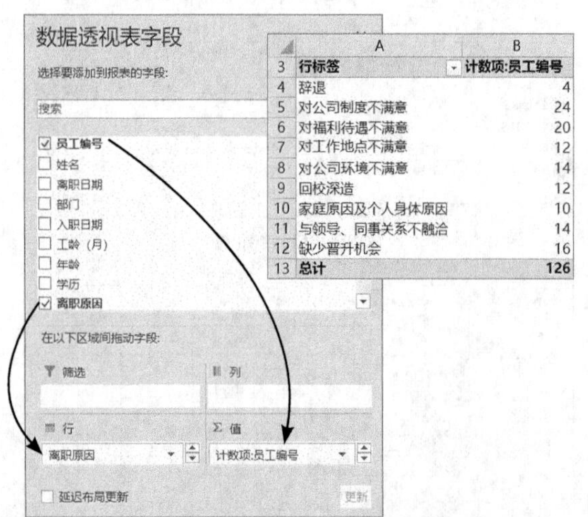

❸ 将数据透视表的【报表布局】更改为【以表格形式显示】，并将值标题更改为离职人数，然后将数据透视表中的数据按照离职人数进行升序排列。

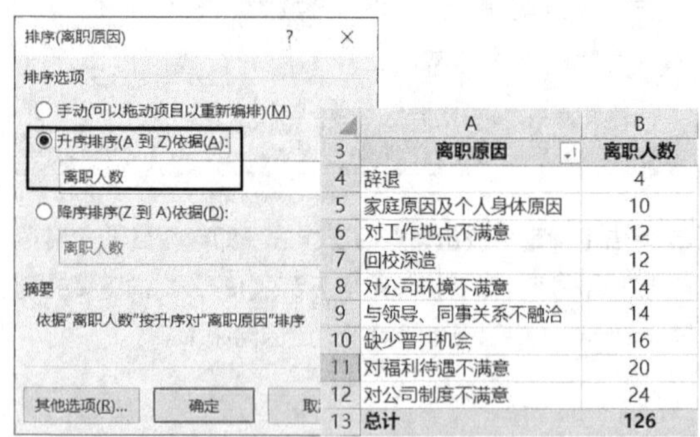

通过数据透视表可以看出，在 2020 这一年中，因“对公司制度不满意”离职的人数是最多的，因“对福利待遇不满意”和“缺少晋升机会”离职的人数也较多。

下面我们可以进一步分析一下各种离职原因在不同月份对离职人数有什么影响。

在【数据透视表字段】任务窗格中，将【月】拖曳到【列】列表框中，即可得到每个月因不同离职原因而离职的人数汇总表，如下页图所示。

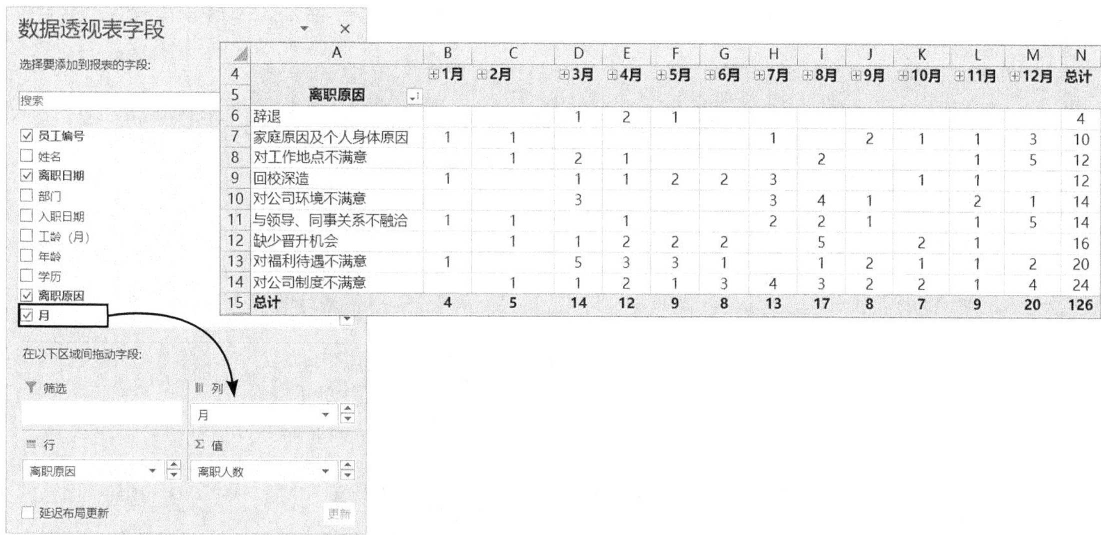

离职原因	⊞1月	⊞2月	⊞3月	⊞4月	⊞5月	⊞6月	⊞7月	⊞8月	⊞9月	⊞10月	⊞11月	⊞12月	总计
辞退			1	2	1								4
家庭原因及个人身体原因	1	1					1		2	1	1	3	10
对工作地点不满意		1	2	1				2			1	5	12
回校深造	1		1	1	2	2	3			1	1		12
对公司环境不满意			3				3	4	1		2	1	14
与领导、同事关系不融洽	1	1		1			2	2	1		1	5	14
缺少晋升机会		1	1	2	2	2		5		2	1		16
对福利待遇不满意	1		5	3	3	1		1	2	1	1	2	20
对公司制度不满意		1	1	2	1	3	4	3	2	2	1	4	24
总计	4	5	14	12	9	8	13	17	8	7	9	20	126

下面通过图表将这些数据直观地展现出来。这么多数据只通过一个图表不能完全展现出来，因此可以将这些数据通过多个图表进行展现。例如将 2020 年因不同原因离职的人数通过一个条形图进行展现，然后再将因不同原因在不同月份的离职的人数通过多个折线图逐一展现出来。

提示

通过数据透视表制作图表时，不能自定义选择数据区域，因此我们需要将数据透视表中的数据先复制一份。

离职原因	1月	2月	3月	4月	5月	6月	7月	8月	9月	10月	11月	12月	总计
辞退			1	2	1								4
家庭原因及个人身体原因	1	1					1		2	1	1	3	10
对工作地点不满意		1	2	1				2			1	5	12
回校深造	1		1	1	2	2	3			1	1		12
对公司环境不满意			3				3	4	1		2	1	14
与领导、同事关系不融洽	1	1		1			2	2	1		1	5	14
缺少晋升机会		1	1	2	2	2		5		2	1		16
对福利待遇不满意	1		5	3	3	1		1	2	1	1	2	20
对公司制度不满意		1	1	2	1	3	4	3	2	2	1	4	24

但是，在数据透视表的汇总数据中，数据为 0 的会显示为空值，而空值会影响图表的制作。因此需要将空单元格填充为 0。

❹ 选中单元格区域 A18:N27，按组合键【Ctrl】+【G】，打开【定位】对话框。单击【定位条件】按钮，打开【定位条件】对话框，选中【空值】单选钮。

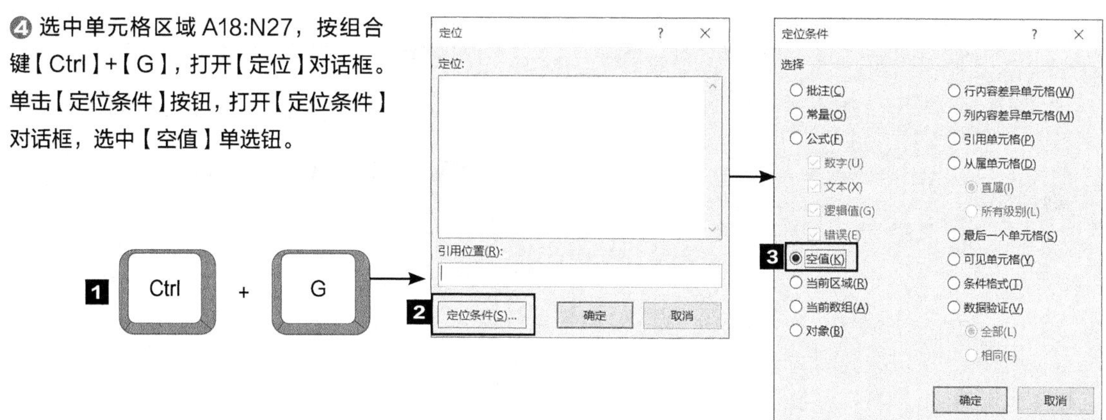

❺ 单击【确定】按钮，即可选中所选区域中的所有空值所在的单元格。输入数字 0，然后按【Ctrl】+【Enter】组合键，在所有空单元格中输入“0”。

	A	B	C	D	E	F	G	H	I	J	K	L	M	N
18	离职原因	1月	2月	3月	4月	5月	6月	7月	8月	9月	10月	11月	12月	总计
19	辞退	0		1	2	1								4
20	家庭原因及个人身体原因	1	1					1		2	1	1	3	10
21	对工作地点不满意		1	2	1				2			1	5	12
22	回校深造	1		1	1	2	2	3			1	1		12
23	对公司环境不满意			3				3	4	1		2	1	14
24	与领导、同事关系不融洽	1	1		1			2	2	1		1	5	14
25	缺少晋升机会		1	1	2	2	2		5		2	1		16
26	对福利待遇不满意	1		5	3	3	1		1	2	1	1	2	20
27	对公司制度不满意		1	1	2	1	3	4	3	2	2	1	4	24

Ctrl + Enter

	A	B	C	D	E	F	G	H	I	J	K	L	M	N
18	离职原因	1月	2月	3月	4月	5月	6月	7月	8月	9月	10月	11月	12月	总计
19	辞退	0	0	1	2	1	0	0	0	0	0	0	0	4
20	家庭原因及个人身体原因	1	1	0	0	0	0	1	0	2	1	1	3	10
21	对工作地点不满意	0	1	2	1	0	0	0	2	0	0	1	5	12
22	回校深造	1	0	1	1	2	2	3	0	0	1	1	0	12
23	对公司环境不满意	0	0	3	0	0	0	3	4	1	0	2	1	14
24	与领导、同事关系不融洽	1	1	0	1	0	0	2	2	1	0	1	5	14
25	缺少晋升机会	0	1	1	2	2	2	0	5	0	2	1	0	16
26	对福利待遇不满意	1	0	5	3	3	1	0	1	2	1	1	2	20
27	对公司制度不满意	0	1	1	2	1	3	4	3	2	2	1	4	24

数据源整理好之后，就可以创建图表了。

❻ 创建 2020 年因不同原因离职的人数的图表。选中单元格区域 A18:A27 和 N18:N27，然后插入一个条形图。

	A	B	C	D	E	F	G	H	I	J	K	L	M	N
18	离职原因	1月	2月	3月	4月	5月	6月	7月	8月	9月	10月	11月	12月	总计
19	辞退	0	0	1	2	1	0	0	0	0	0	0	0	4
20	家庭原因及个人身体原因	1	1	0	0	0	0	1	0	2	1	1	3	10
21	对工作地点不满意	0	1	2	1	0	0	0	2	0	0	1	5	12
22	回校深造	1	0	1	1	2	2	3	0	0	1	1	0	12
23	对公司环境不满意	0	0	3	0	0	0	3	4	1	0	2	1	14
24	与领导、同事关系不融洽	1	1	0	1	0	0	2	2	1	0	1	5	14
25	缺少晋升机会	0	1	1	2	2	2	0	5	0	2	1	0	16
26	对福利待遇不满意	1	0	5	3	3	1	0	1	2	1	1	2	20
27	对公司制度不满意	0	1	1	2	1	3	4	3	2	2	1	4	24

❼ 将图表的标题修改为“2020 年度 离职原因分析”，并将其字体设置为微软雅黑、加粗；将数据系列的颜色设置为【蓝色，个性色 5，淡色 40%】，【间隙宽度】设置为【120%】，然后为数据系列添加数据标签。

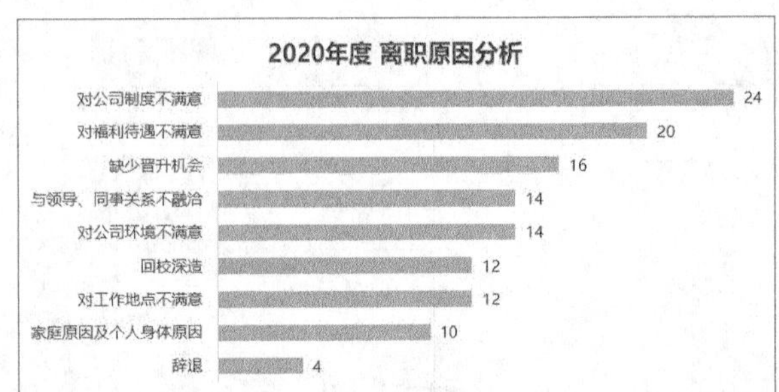

字体格式：微软雅黑、加粗

数据系列颜色：蓝色，个性色 5，淡色 40%

数据系列的间隙宽度为 120%

❽ 创建不同月份因“对公司制度不满意”而离职的人数的图表。选中单元格区域 A18:M18 和 A27:M27，然后插入一个带数据标记的折线图。

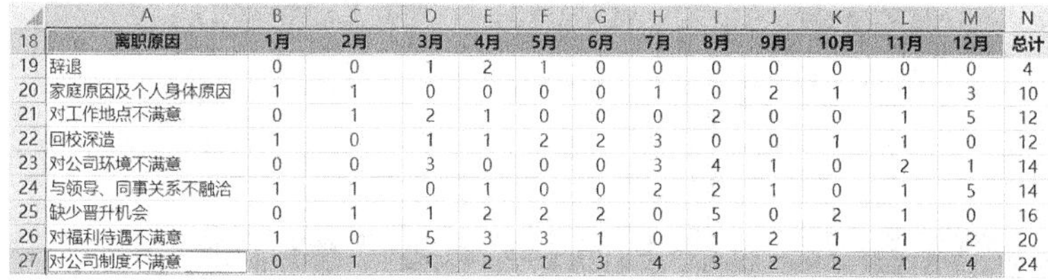

	A	B	C	D	E	F	G	H	I	J	K	L	M	N
18	离职原因	1月	2月	3月	4月	5月	6月	7月	8月	9月	10月	11月	12月	总计
19	辞退	0	0	1	2	1	0	0	0	0	0	0	0	4
20	家庭原因及个人身体原因	1	1	0	0	0	0	1	0	2	1	1	3	10
21	对工作地点不满意	0	1	2	1	0	0	0	2	0	0	1	5	12
22	回校深造	1	0	1	1	2	2	3	0	0	1	1	0	12
23	对公司环境不满意	0	0	3	0	0	0	3	4	1	0	2	1	14
24	与领导、同事关系不融洽	1	1	0	1	0	0	2	2	1	0	1	5	14
25	缺少晋升机会	0	1	1	2	2	2	0	5	0	2	1	0	16
26	对福利待遇不满意	1	0	5	3	3	1	0	1	2	1	1	2	20
27	对公司制度不满意	0	1	1	2	1	3	4	3	2	2	1	4	24

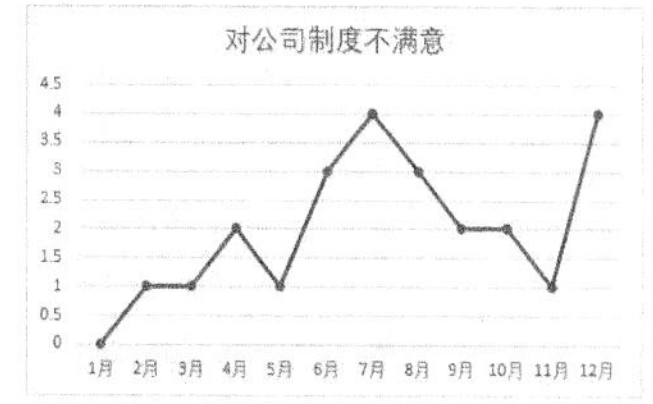

❾ 将图表标题的字体设置为微软雅黑，然后分别设置数据系列线条的颜色和线条的粗细、数据系列标记的填充颜色和轮廓颜色。

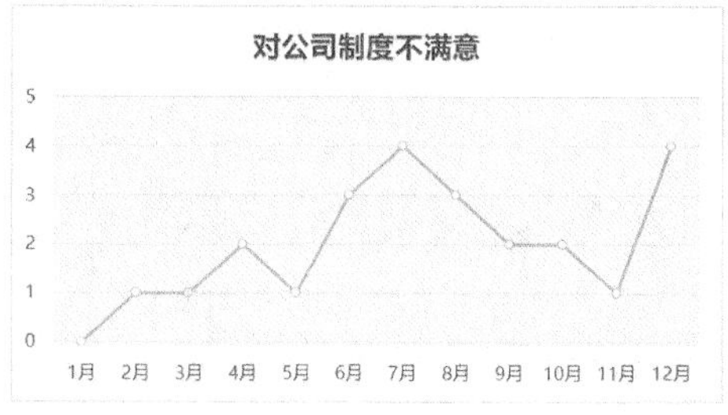

字体：微软雅黑
数据系列线条：蓝色，个性色 5，淡色 40%；2 磅
数据系列标记：填充颜色为白色，背景 1；
轮廓颜色为蓝色，个性色 5，淡色 40%

❿ 按照相同的方法，绘制因其他原因在不同月份离职的人数的图表，最终效果如下图所示。

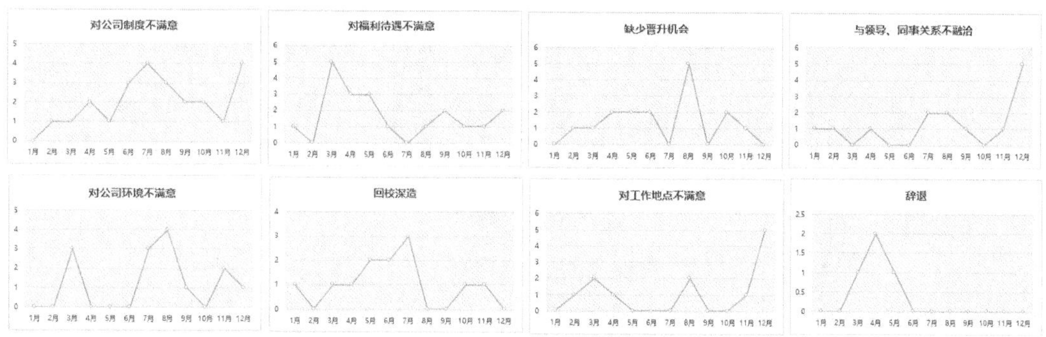

2.2.3 构建离职情况分析看板

在进行离职情况分析时，我们从两个方面进行了分析，一是离职率，二是离职原因。因此在构建离职情况分析看板时，可以先介绍 2020 年员工的基本情况，然后从离职率和离职原因两个维度进行分析。在从这两个维度进行分析时，都是先概括分析，然后再进行多角度详细分析。根据以上分析原则，建立一个数据看板的基本框架，如右图所示。

XX文化传媒有限公司离职情况分析　2021年01月
人员统计情况
离职率分析
概括分析
多角度分析
离职原因分析
概括分析
多角度分析

将前面制作好的图表，按照预设的看板框架进行排版，效果如下图所示。

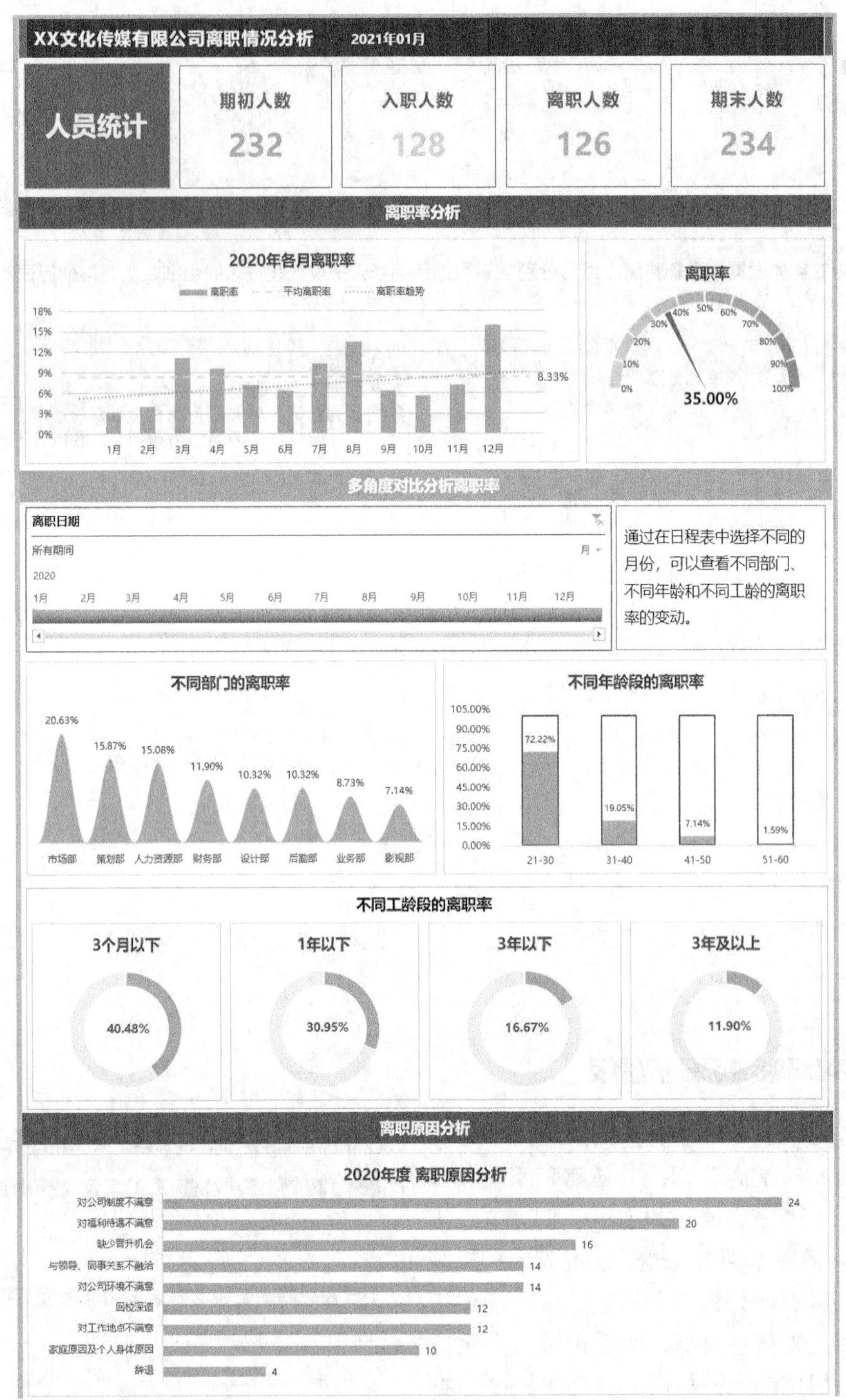

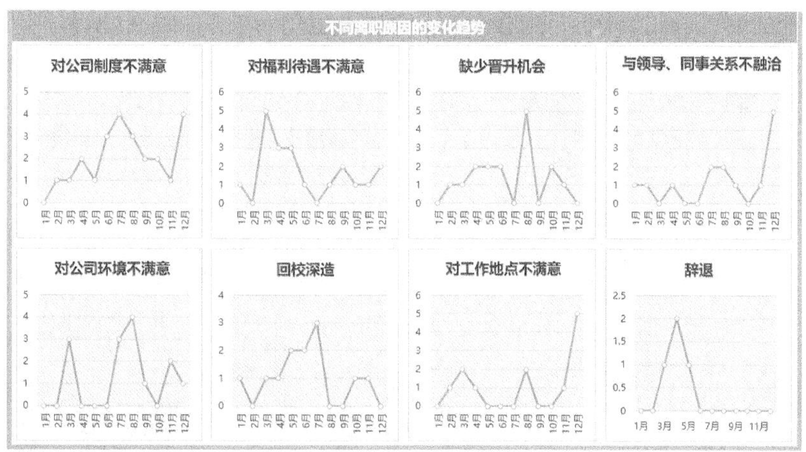

2.3 招聘情况分析

招聘也是人力资源管理中的一项重要工作。招聘到合适的人员，才能为公司创造更大的效益。因此，招聘工作也需要进行量化分析。对招聘工作进行量化分析时，需要先对招聘的人员进行一个概括分析，然后分别从招聘过程、招聘结果、招聘渠道及招聘成本等方面进行具体分析。

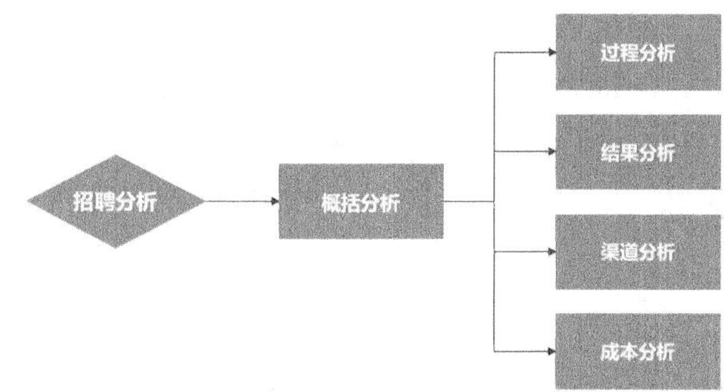

2.3.1 招聘概况分析

一个招聘周期结束后，需要对这个招聘周期的招聘数据进行一个概括性的描述，包括不同部门的招聘人数、不同学历的招聘人数、不同年龄段的招聘人数及不同性别的招聘人数等。

计算这些指标数据，需要用到的原始数据来源于招聘周期内产生的“入职员工登记汇总”表。

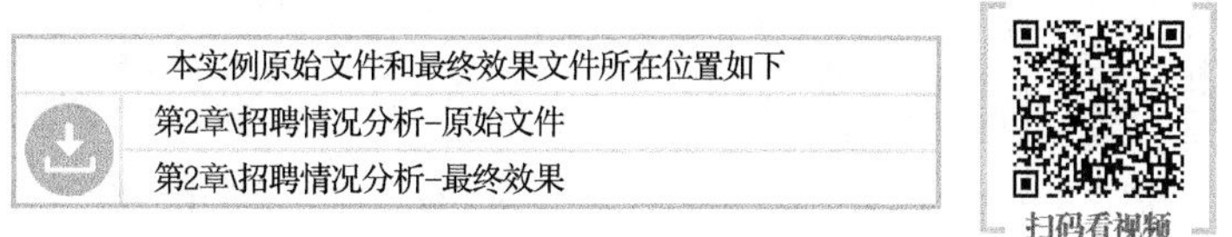

1. 不同部门的招聘人数

不同部门的招聘人数就是招聘周期内不同部门的入职员工人数，该数据可以通过数据透视表对“入职员工登记汇总”表进行统计汇总。

❶ 打开本实例的原始文件“招聘情况分析 – 原始文件”，根据“入职员工登记汇总”表中的数据，在“招聘数据分析”表中创建一个以“部门”为行，以“招聘编号”为值的数据透视表。

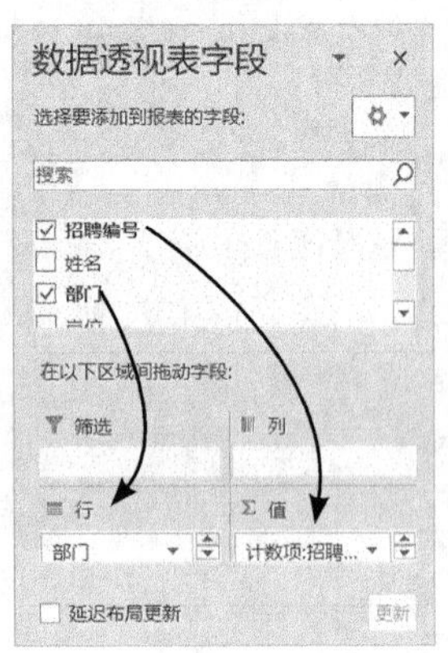

	A	B
1	行标签	计数项:招聘编号
2	财务部	4
3	策划部	6
4	后勤部	2
5	人力资源部	4
6	设计部	4
7	市场部	5
8	业务部	2
9	影视部	3
10	总计	30

❷ 为了使数据透视表中的数据更便于阅读，将【报表布局】调整为【以表格形式显示】，将值标签“计数项：招聘编号”更改为“招聘人数”，并将报表中数据的对齐方式设置为居中对齐。

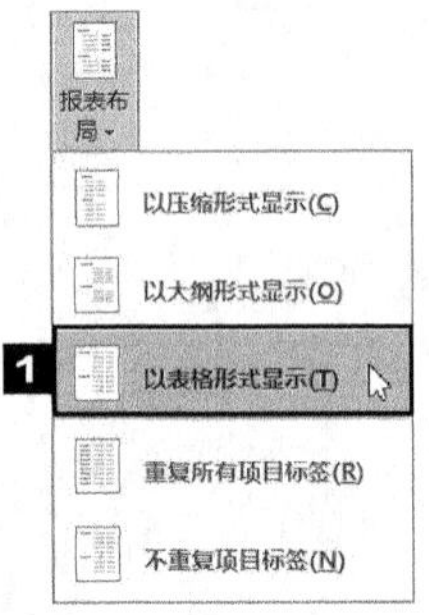

	A	B
1	部门	招聘人数
2	财务部	4
3	策划部	6
4	后勤部	2
5	人力资源部	4
6	设计部	4
7	市场部	5
8	业务部	2
9	影视部	3
10	总计	30

❸ 根据数据透视表创建一个柱形图。

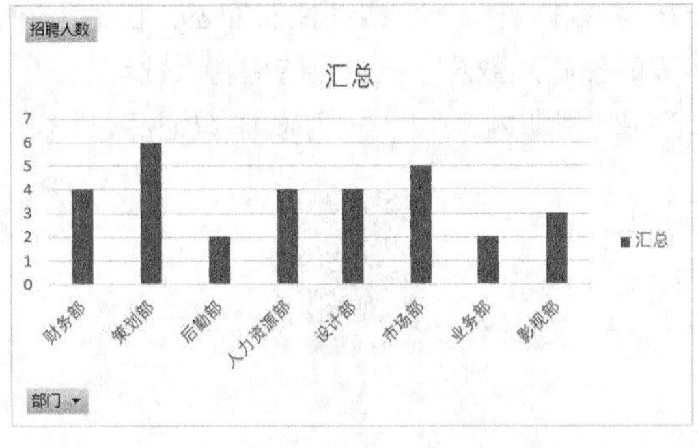

❹ 将标题字体格式设置为微软雅黑、14 号、加粗，将图表区的填充颜色设置为“RGB:24/32/45”、无轮廓，将数据系列的填充颜色设置为“RGB:11/211/192”。为图表添加数据标签，将数据标签和横坐标轴的字体格式设置为微软雅黑、9 号，删除纵坐标轴、图例，并隐藏图表中的所有字段按钮。

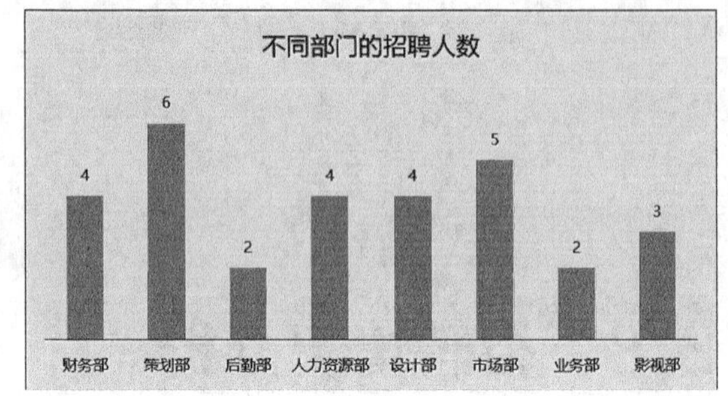

2. 不同学历的招聘人数

不同学历的招聘人数就是招聘周期内不同学历的入职员工人数，该数据可以通过数据透视表对“入职员工登记汇总”表进行统计汇总得到。

❶ 根据“入职员工登记汇总”表中的数据，在“招聘数据分析”表中创建一个以“学历”为行，以“招聘编号”为值的数据透视表。

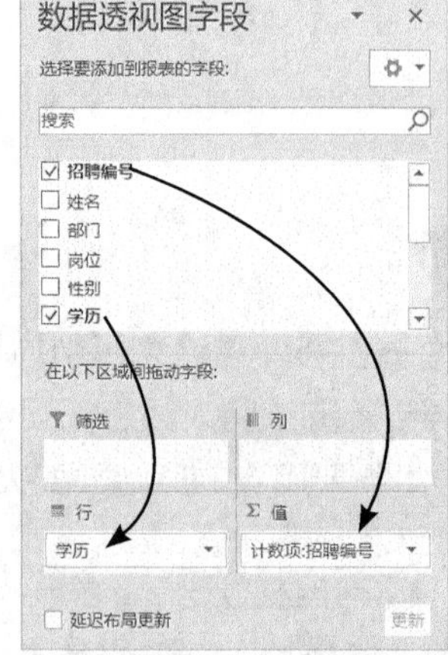

	A	B
12	行标签	计数项:招聘编号
13	本科	23
14	专科	3
15	硕士研究生	3
16	中专	1
17	总计	30

❷ 为了使数据透视表中的数据更便于阅读，将数据透视表按招聘人数进行降序排列；将【报表布局】调整为【以表格形式显示】，将值标签“计数项：招聘编号”更改为“招聘人数”，并将报表中数据的对齐方式设置为居中对齐。

	A	B
12	学历	招聘人数
13	本科	23
14	专科	3
15	硕士研究生	3
16	中专	1
17	总计	30

❸ 根据数据透视表创建一个条形图。

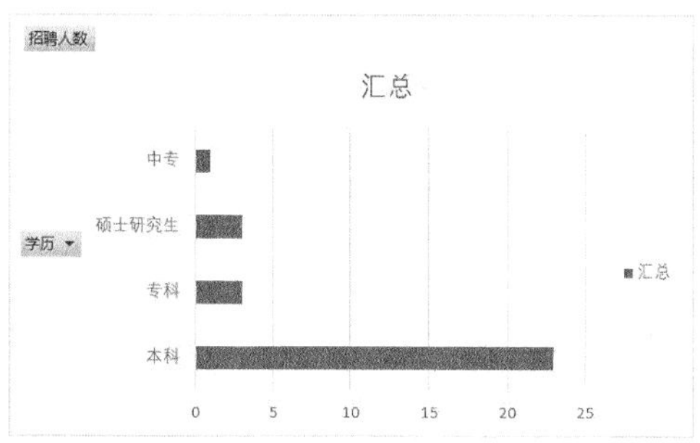

❹ 将标题字体格式设置为微软雅黑、14 号、加粗，将图表区的填充颜色设置为“RGB:24/32/45”、无轮廓，将数据系列的填充颜色设置为“RGB:246/166/69”。为图表添加数据标签，将数据标签和纵坐标轴的字体格式设置为微软雅黑、9 号，删除横坐标轴、图例，并隐藏图表中的所有字段按钮。

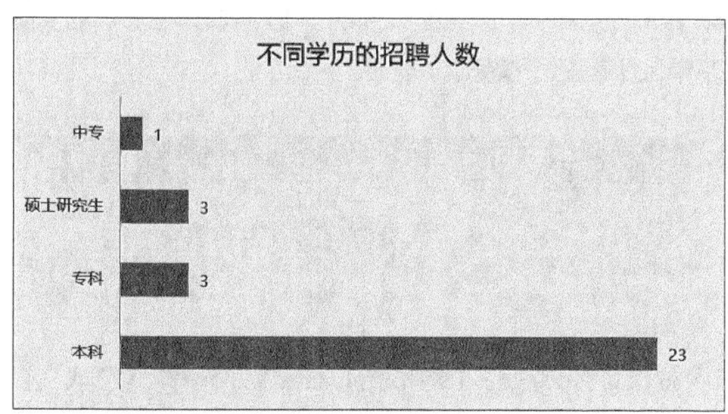

3. 不同年龄段的招聘人数

不同年龄段的招聘人数就是招聘周期内不同年龄段的入职员工人数，该数据也可以通过数据透视表对“入职员工登记汇总”表进行统计汇总得到。

❶ 根据“入职员工登记汇总”表中的数据，在“招聘数据分析”表中创建一个以“年龄”为行，以“招聘编号”为值的数据透视表。

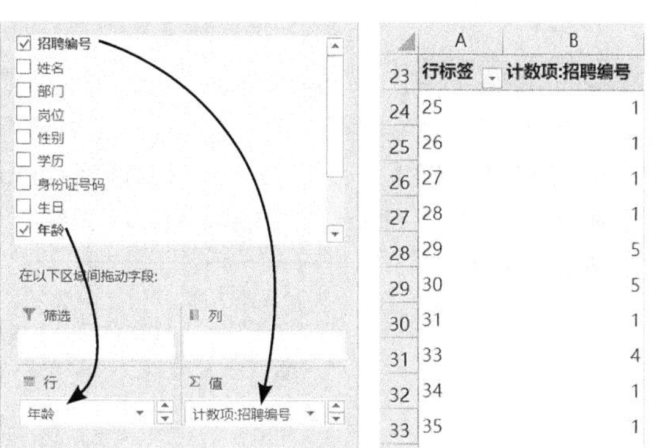

	A	B
23	行标签	计数项:招聘编号
24	25	1
25	26	1
26	27	1
27	28	1
28	29	5
29	30	5
30	31	1
31	33	4
32	34	1
33	35	1

❷ 默认创建的年龄数据透视表是直接按年龄逐一进行汇总的，而不是按年龄段进行汇总的。在数据透视表的任一年龄上单击鼠标右键，在弹出的快捷菜单中选择【组合】选项。

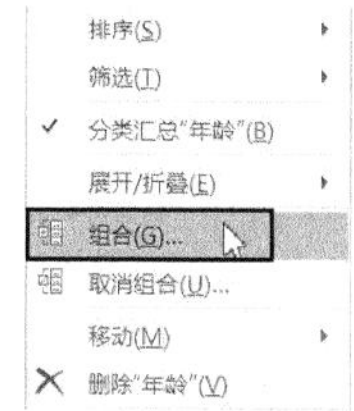

❸ 打开【组合】对话框，系统默认将数据透视表中的最小值和最大值设置为组合的起始年龄和终止年龄，步长为 1。此处保持起始年龄不变，将【步长】设置为【5】。

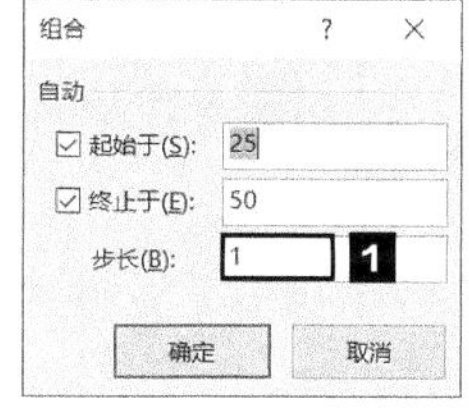

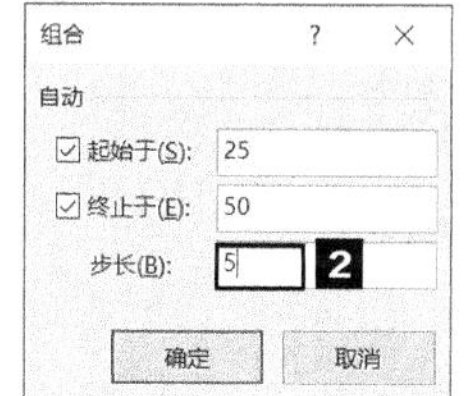

❹ 单击【确定】按钮，即可将数据透视表中的行标签设置为步长为 5 的年龄段。

	A	B
23	行标签	计数项:招聘编号
24	25-29	9
25	30-34	11
26	35-39	8
27	40-44	1
28	45-50	1
29	总计	30

❺ 将【报表布局】调整为【以表格形式显示】，将值标签“计数项：招聘编号”更改为“招聘人数”，并将报表中数据的对齐方式设置为居中对齐。

	A	B
23	年龄	招聘人数
24	25-29	9
25	30-34	11
26	35-39	8
27	40-44	1
28	45-50	1
29	总计	30

❻ 按照前面的方法，根据数据透视表创建一个柱形图，并对其进行适当美化。

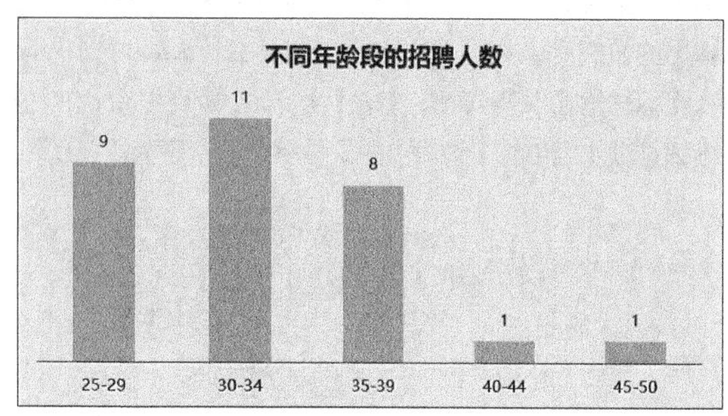

4. 不同性别的招聘人数

不同性别的招聘人数就是招聘周期内不同性别的入职员工人数，该数据可以通过数据透视表对“入职员工登记汇总”表进行统计汇总得到。

❶ 根据“入职员工登记汇总”表中的数据，在“招聘数据分析”表中创建一个以“性别”为行，以“招聘编号”为值的数据透视表，并对数据透视表的布局格式进行适当调整。

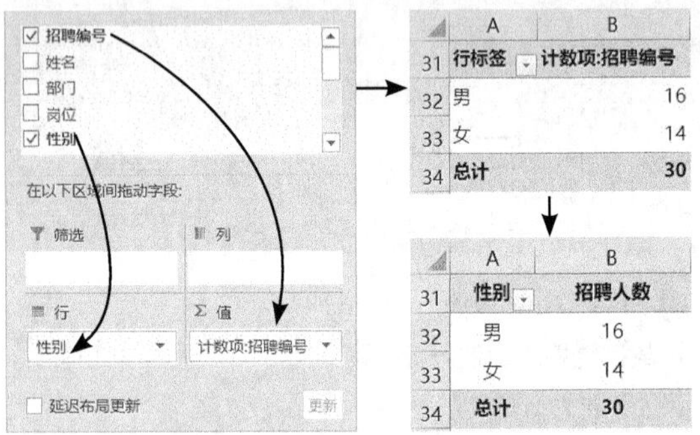

❷ 按照前面的方法，根据数据透视表创建一个条形图。

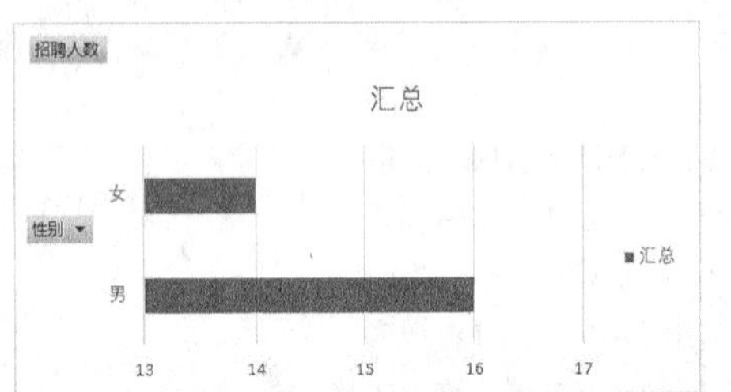

❸ 由步骤①中的数据透视表可以知道，男、女招聘的人数分别为 16 和 14，差异不大，但是从创建的图表来看却感觉它们差别很大。这是因为图表横坐标轴的起始值为 13，而非 0。为了避免出现这种视觉误差，需要将横坐标轴的起始值更改为 0。在横坐标轴上单击鼠标右键，在弹出的快捷菜单中选择【设置坐标轴格式】选项，打开【设置坐标轴格式】任务窗格，单击【坐标轴选项】按钮，在【坐标轴选项】组中将【边界】的【最小值】设置为【0.0】。

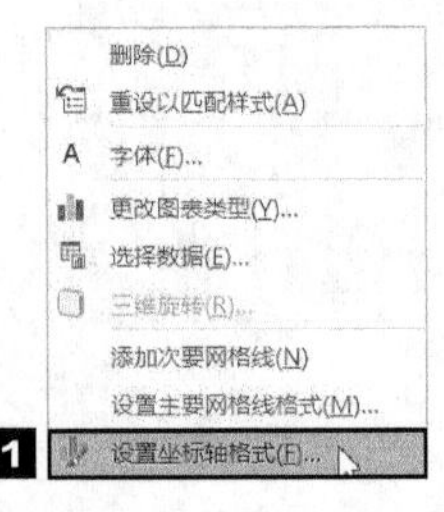

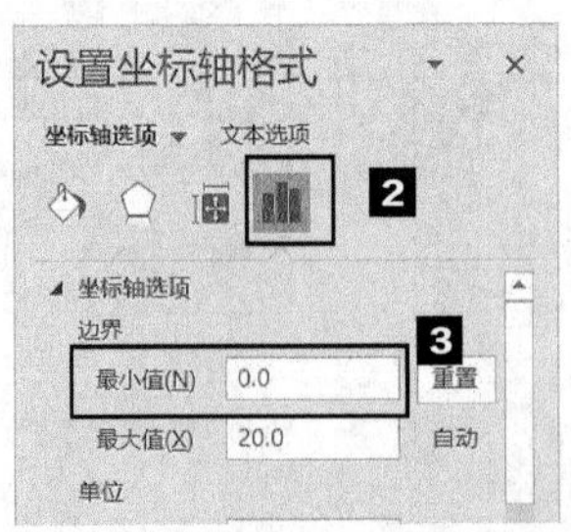

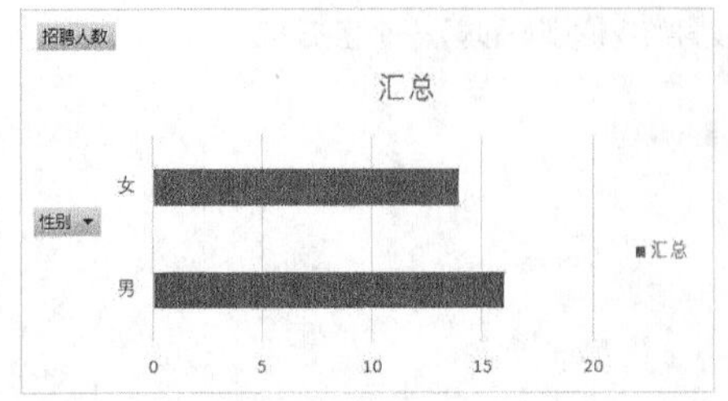

❹ 按照前面的方法，对条形图进行适当美化。

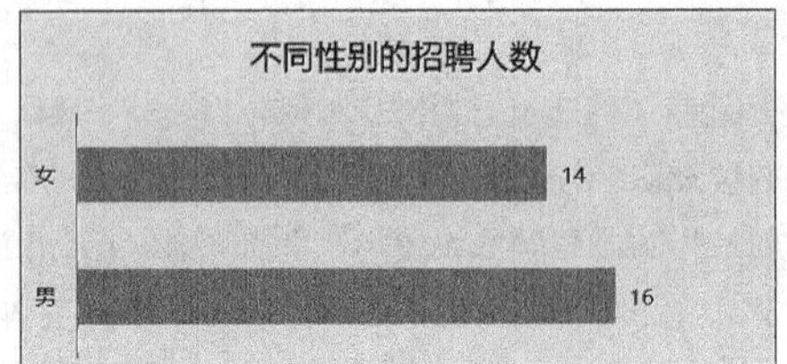

❺ 为了使条形图更生动，可以使用代表不同性别的图标来填充数据系列。切换到【插入】选项卡，在【插图】组中单击【图标】按钮。

❻ 弹出【插入图标】对话框，在搜索框中输入“人”，即可搜索出人的相关图标，从中选择一个代表性别男的图表和一个代表性别女的图标。

❼ 单击【插入】按钮，即可在工作表中插入选中的两个图标。默认图标的颜色为黑色，可以选中图标，切换到【图表工具】栏的【格式】选项卡，在【图形样式】组中单击【图形填充】按钮，在弹出的下拉列表中选择相应选项，改变图标的颜色。

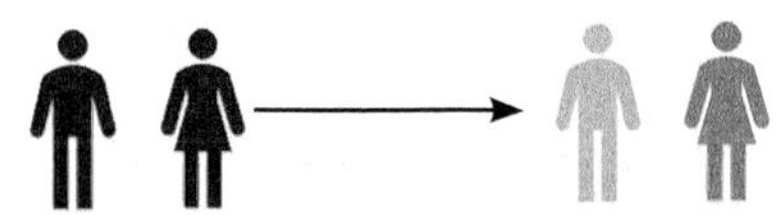

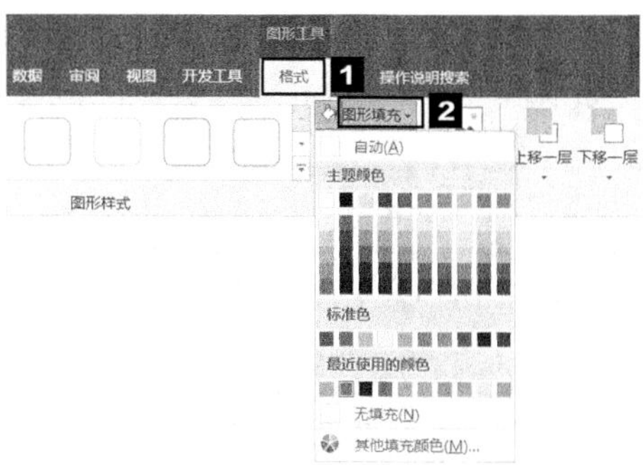

❽ 选中代表性别女的图标，按【Ctrl】+【C】组合键复制图标，选中条形图中的数据点“女”，按【Ctrl】+【V】组合键将代表性别女的图标粘贴到数据点“女”中。

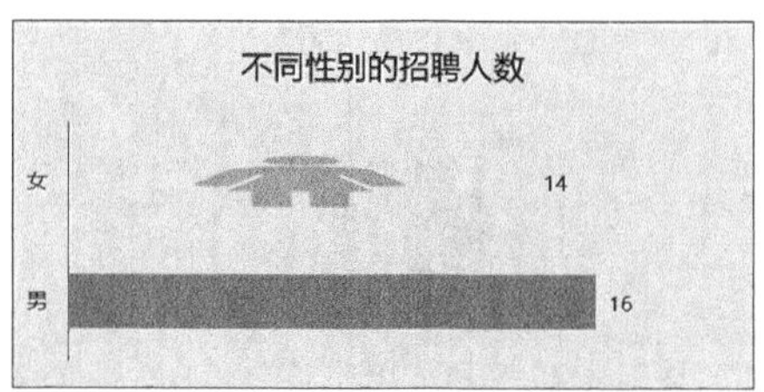

❾ 可以看到，默认插入的图标是伸展填充的，需要将其更改为层叠填充。打开【设置数据点格式】任务窗格，单击【填充与线条】按钮，在【填充】组中选中【层叠】单选钮。

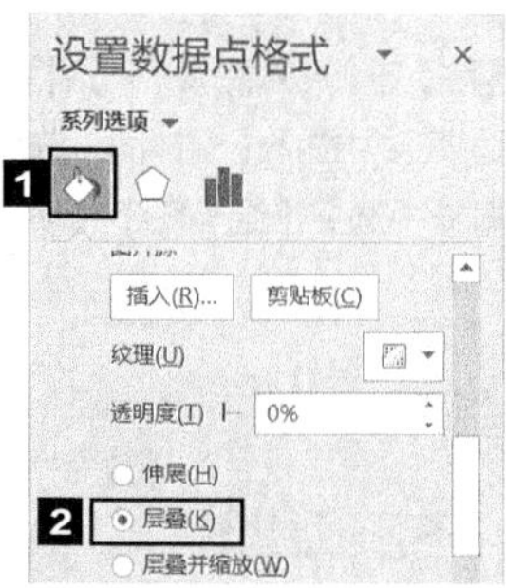

❿ 按照相同的方法，将数据点“男”填充为代表性别男的图标。

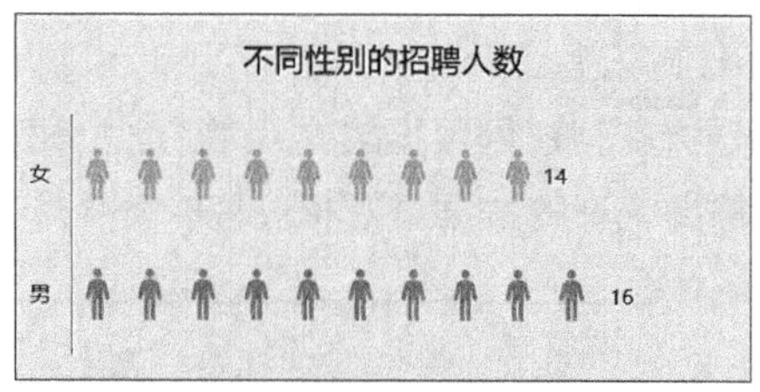

⓫ 直接将图标填充到数据点中后，图标分布得比较稀疏，因此可以对图标进行适当裁切后再将其填充到数据点中。选中一个图标，切换到【图形工具】栏的【格式】选项卡，在【大小】组中单击【裁剪】按钮的上半部分。

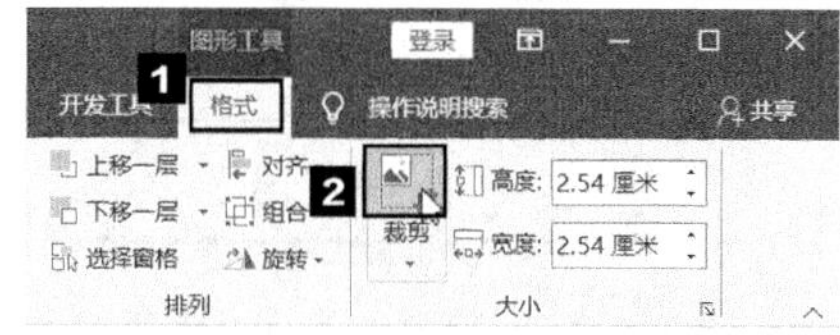

⓬ 选中图标周边以显示裁切线，将左右两侧的裁切线依次向图标内侧移动到合适的位置，在空白处单击，即可完成裁切，此时再将裁切好的图标填充到对应的数据点即可。

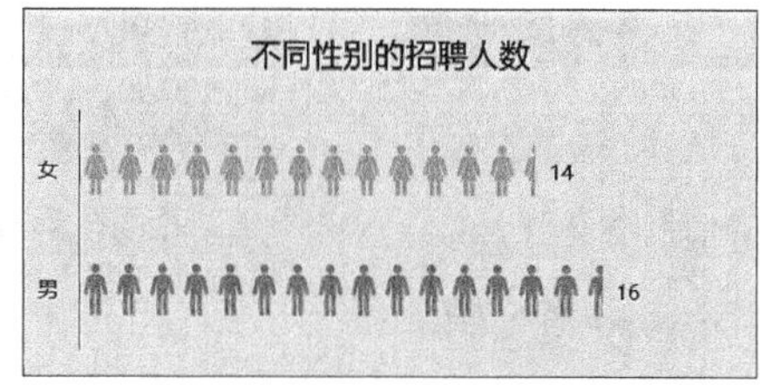

至此，有关当前周期内招聘情况的数据就都通过图表展现出来了。

2.3.2 招聘过程分析

招聘过程分析就是将招聘过程数据化，然后对这些数据进行分析，以便后期对招聘过程进行优化和改进。

分析招聘过程数据最常用的方法就是通过招聘漏斗分析招聘过程中的数据。进行招聘漏斗分析需要统计的数据是招聘过程中各个环节的转化率，如下表所示。

指标	转化率
简历筛选通过率	初选合格简历数 / 收到的简历总数
初试通过率	初试通过人数 / 初试总人数
复试通过率	复试通过人数 / 复试总人数
录用率	录用 / 复试总人数
到岗率	到岗人数 / 复试通过人数

接下来计算各个环节的转化率。

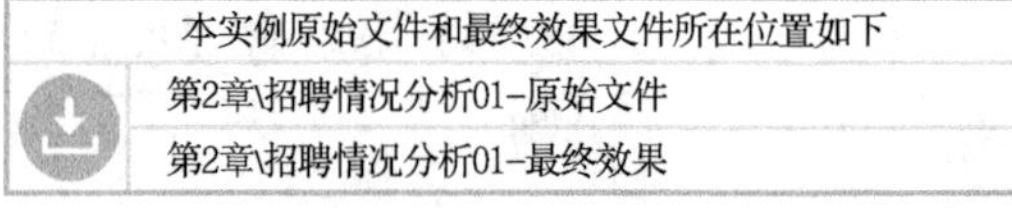

❶ 打开本实例的原始文件“招聘情况分析 01– 原始文件”，根据各环节的指标数据计算各环节的转化率。

	K	L	M	N	O
1	过程指标	数量		转化指标	转化率
2	简历数量	286		简历筛选通过率	47.6%
3	简历筛选	136		初试通过率	70.6%
4	初试人数	96		复试通过率	57.3%
5	复试人数	55		录用率	58.2%
6	录用人数	32		到岗率	93.8%
7	到岗人数	30			

❷ 选中单元格区域 K1:L7，切换到【插入】选项卡，单击【图表】组右下角的【对话框启动器】按钮。

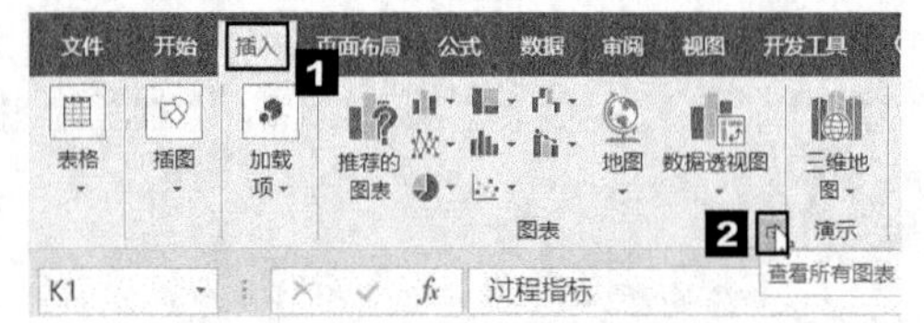

❸ 打开【插入图表】对话框，用户可以在【推荐的图表】选项卡中选择【漏斗图】选项，也可以从【所有图表】选项卡中选择【漏斗图】选项。

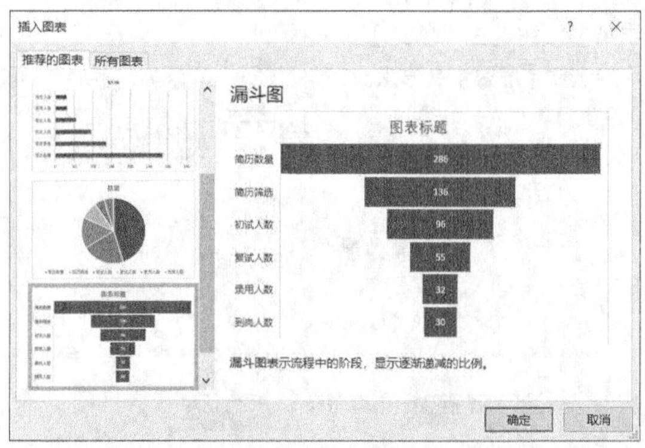

❹ 此时可在工作表中创建一个与预览图一致的漏斗图。默认漏斗图的间隙宽度比较小，各数据点几乎是紧靠在一起的，可以打开【设置数据系列格式】任务窗格，单击【系列选项】按钮，将【间隙宽度】调整为合适的值，例如调整为【100%】。

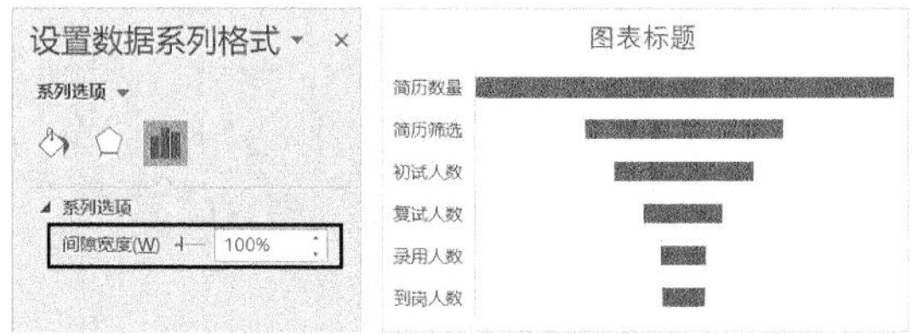

❺ 将数据系列的填充颜色设置为“RGB:11/211/192”，将图表区的填充颜色设置为“RGB:24/32/45”。为图表添加数据标签，将图表标题更改为“招聘过程数据分析”，并加粗显示；然后将图表中所有文字的格式更改为微软雅黑、白色。

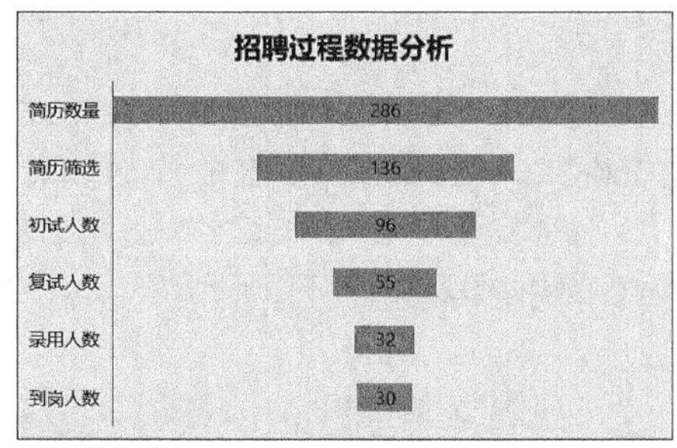

❻ 从上图中可以看出，招聘过程中从前往后各环节的人数是逐渐减少的，也就是说整体的转化率是逐渐降低的，但是看不出各环节的具体转化率，我们可以在各环节之间插入箭头和文本框，表明各环节的顺序及转化率。单击【插入】选项卡【插图】组中的【形状】按钮，在弹出的下拉列表中选择合适的选项，插入向下箭头。

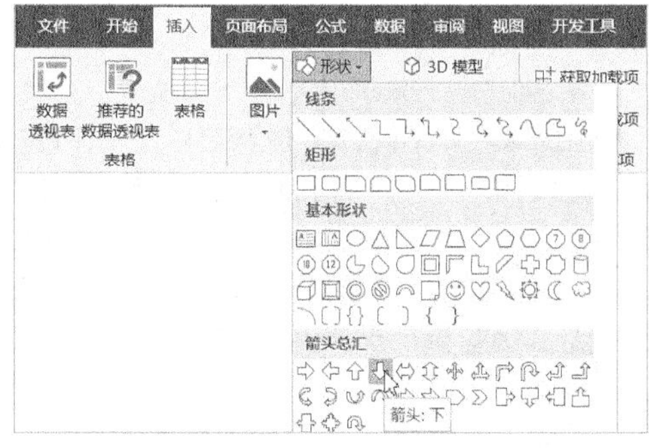

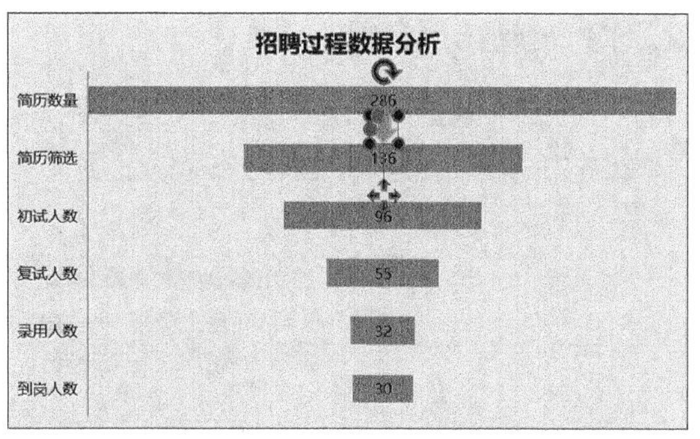

❼ 将箭头样式设置为“RGB:246/166/69”、无轮廓。然后在箭头右侧插入一个文本框，在文本框中引用转化率的值，将文本框格式设置为无填充、无轮廓，将文本框中的文字格式设置为微软雅黑、白色、9号。

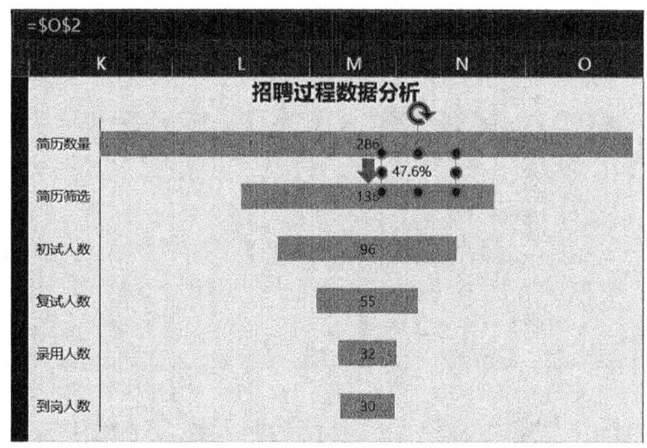

❽ 按照相同的方法为其他环节添加箭头和对应的转化率，并将所有的箭头、转化率和图表组合为一个整体，最终效果如下图所示。

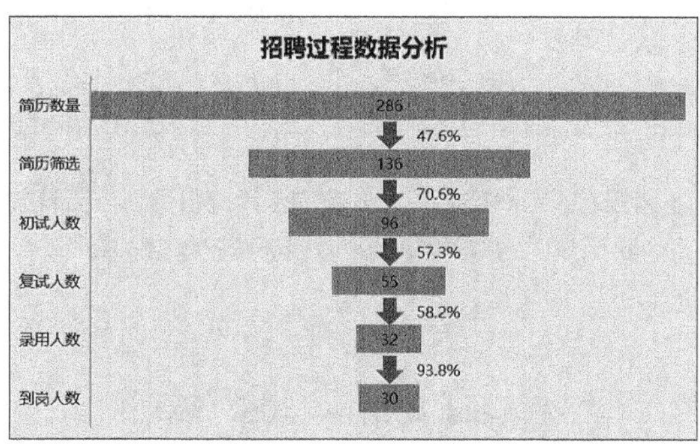

2.3.3 招聘结果分析

招聘结果数据可以直接反映人力资源部门招聘工作的成果。对招聘结果数据进行分析有利于及时改进招聘工作，以适应公司的发展。可以直接反映招聘结果的数据就是招聘完成率。

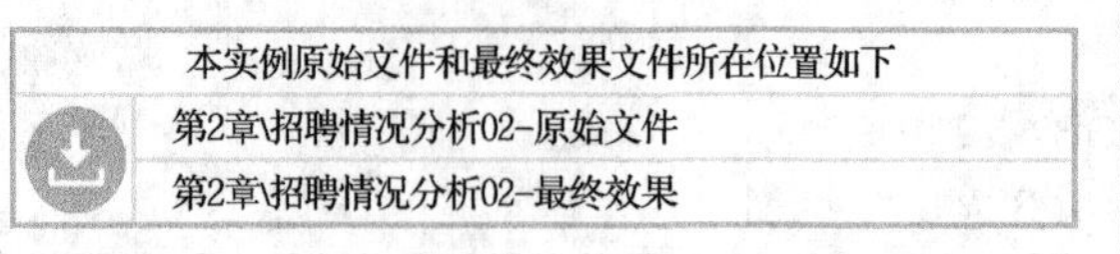
本实例原始文件和最终效果文件所在位置如下
第2章\招聘情况分析02-原始文件
第2章\招聘情况分析02-最终效果

扫码看视频

❶ 打开本实例的原始文件“招聘情况分析 02- 原始文件”，在“招聘需求表”中添加“实际招聘人数”列，然后通过 COUNTIFS 函数计算出不同部门不同岗位的实际招聘人数。

D2 =COUNTIFS(入职员工登记汇总!C:C,招聘需求表!A2,入职员工登记汇总!D:D,招聘需求表!B2)

	A	B	C	D
1	部门	岗位	需求人数	实际招聘人数
2	财务部	出纳	1	1
3	财务部	应付会计	2	1
4	财务部	应收会计	3	1
5	财务部	总账会计	1	1
6	策划部	包装策划	2	2

招聘数据分析　招聘需求表

❷ 选中“需求人数”和“实际招聘人数”列中的空白单元格，按【Alt】+【=】组合键，分别求出需求人数和实际招聘人数的合计值。

C24 =SUM(C2:C23)

	A	B	C	D
22	影视部	配音员	1	1
23	影视部	视频剪辑	4	2
24			48	30

❸ 将需求人数和实际招聘人数的合计值引用到“招聘数据分析”表中，并根据这两个数值计算招聘完成率。

M22 =L22/K22

	K	L	M
21	招聘需求人数	实际招聘人数	完成率
22	48	30	63%

入职员工登记汇总　招聘数据分析

在 Excel 中通过图表展现单个完成率时，通常使用仪表盘或者轨道圆环图，此处使用轨道圆环图。

轨道圆环图是圆环图的一种变形，我们需要先根据完成率添加一个“辅助列”，然后创建圆环图。

❹ 添加“辅助列”，插入圆环图。添加“辅助列”后，选中单元格区域 M21:N22，插入圆环；删除图例，输入标题内容“招聘完成率”，设置标题字体格式和图表区的背景颜色，具体参数及效果如下图所示。

N22 =1-M22

	K	L	M	N
21	招聘需求人数	实际招聘人数	完成率	辅助列
22	48	30	63%	38%

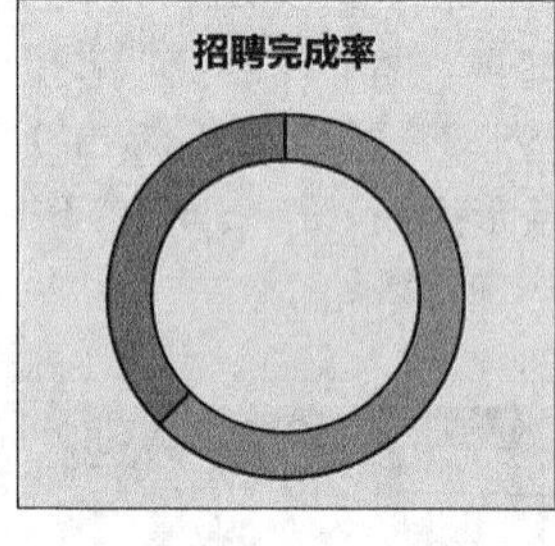

字体格式：微软雅黑、14号、加粗、白色
背景颜色为“RGB:24/32/45”

❺ 设置圆环大小并复制圆环。选中圆环，打开【设置数据系列格式】任务窗格，将【圆环图圆环大小】设置为【86%】（圆环大小可根据具体需求设置）；选中圆环，按【Ctrl】+【C】组合键复制，再直接按【Ctrl】+【V】组合键粘贴，即可得到两个圆环，如下图所示。

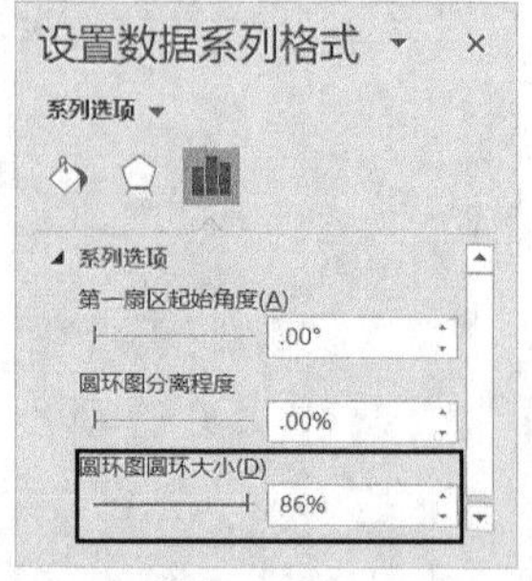

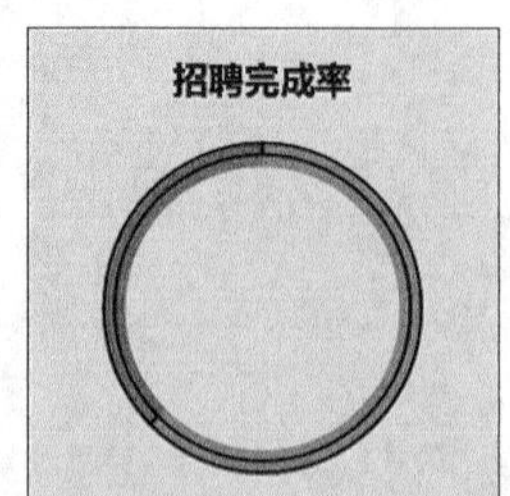

⑥ 设置外层圆环格式。选中外层圆环，将其设置为无填充，将边框宽度和颜色设置为“1.5 磅”“RGB:253/238/219”，效果如右图所示。

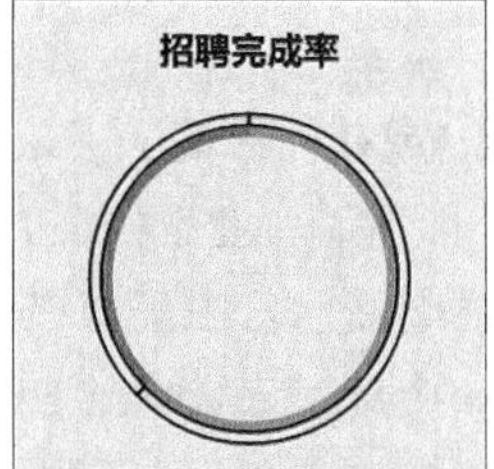

⑦ 设置内层圆环格式。选中内层圆环，将辅助部分圆环设置为无填充、无轮廓，将“完成率”对应的圆环的边框宽度和颜色设置为“8 磅”“RGB:246/166/69”，填充颜色与边框颜色一致，效果如右图所示。

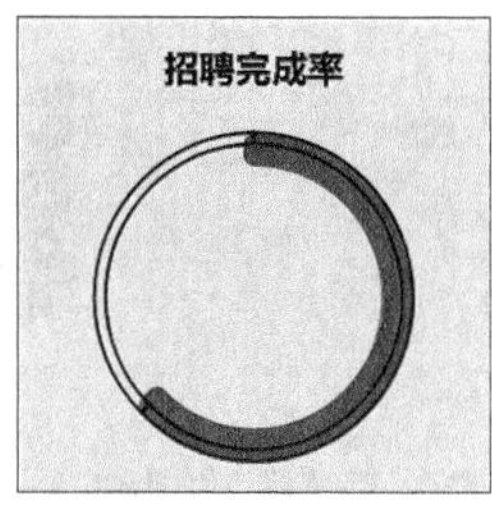

⑧ 将内外环调整为上下两层，也就是设置一个次坐标轴。要想将内层圆环显示在上方，只需将其设置在次坐标轴上即可。选中内层圆环，单击鼠标右键，在弹出的快捷菜单中选择【更改图表类型】选项，打开【更改图表类型】对话框。本实例内层圆环的系列名称是“系列 2”，因此勾选【系列 2】的【次坐标轴】复选框，单击【确定】按钮即可。

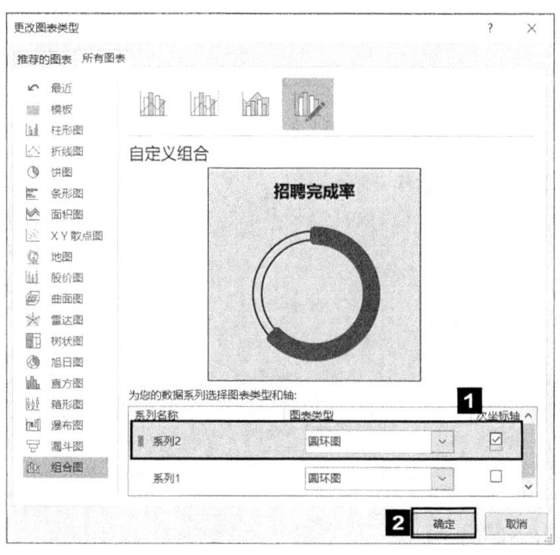

⑨ 添加数据标签，选中“完成率”数据系列，为其添加数据标签。

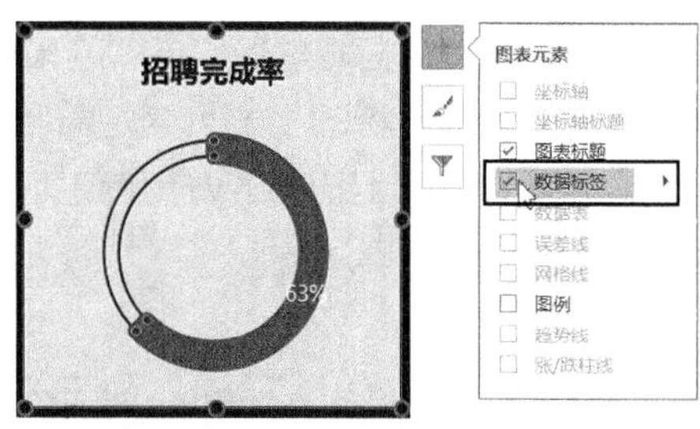

⑩ 在【设置数据标签格式】任务窗格中取消勾选【显示引导线】复选框，将数据标签的数字格式设置为微软雅黑、10 号，颜色设置为【白色，背景 1】，然后将其移动到轨道圆环图的中心位置。

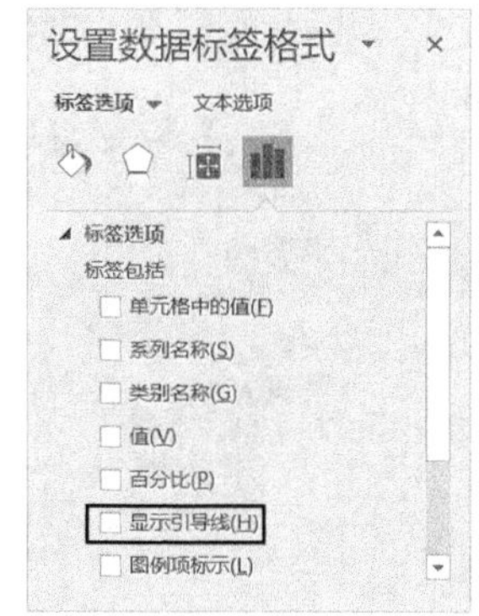

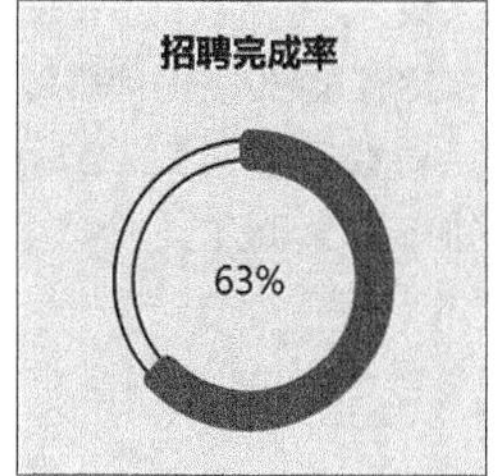

2.3.4 招聘渠道分析

招聘渠道分析主要是分析各个招聘渠道的优劣，或在什么情况下采用哪个招聘渠道最有效，以及不同招聘渠道对招聘过程和招聘结果的影响，以帮助企业选择最有效的招聘渠道。

进行招聘渠道分析的主要数据是招聘人数和招聘费用。由于现在多数公司采用的招聘渠道都是网上招聘，而网上招聘的费用都是以一年为一个周期来计算的，因此，在进行月度招聘分析时，通常只分析招聘人数。

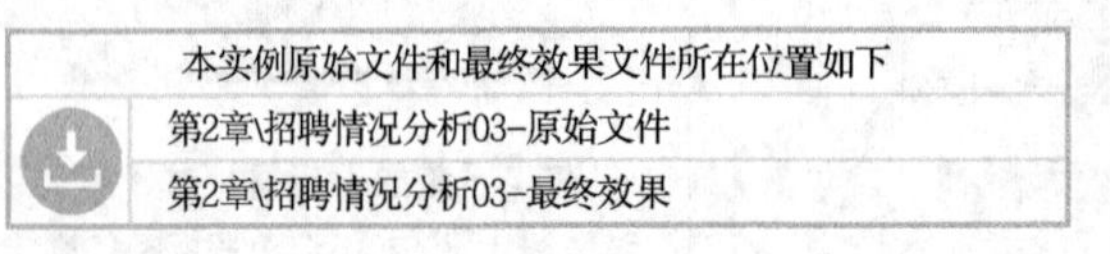

❶ 打开本实例的原始文件“招聘情况分析 03- 原始文件”，根据“入职员工登记汇总”表中的数据，在“招聘数据分析”表中创建一个以“招聘来源”为行，以“招聘人数”为值的数据透视表，并按招聘人数进行升序排列，然后对数据透视表的布局格式进行适当调整。

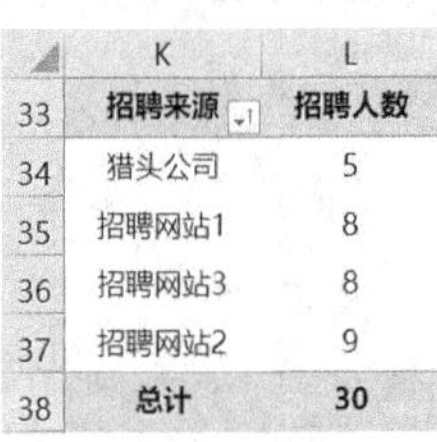

	K	L
33	招聘来源	招聘人数
34	猎头公司	5
35	招聘网站1	8
36	招聘网站3	8
37	招聘网站2	9
38	总计	30

❷ 根据数据透视表创建一个饼图，并对饼图中各元素的格式进行调整。

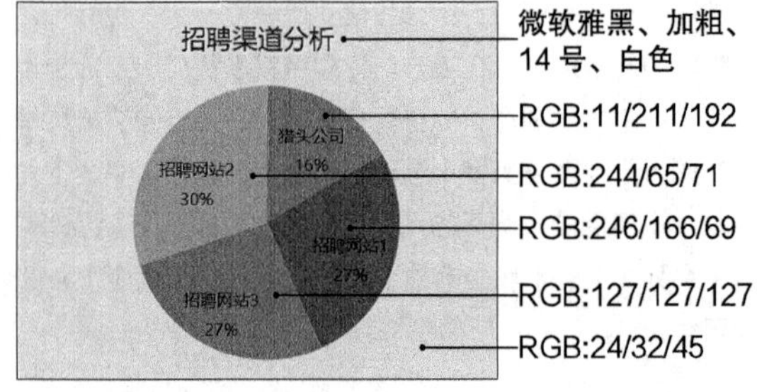

2.3.5 构建招聘情况分析看板

构建招聘情况分析看板：先根据分析维度、指标构建一个看板的基本框架，如右图所示；然后将不同维度、不同指标的数据进行合理排布。

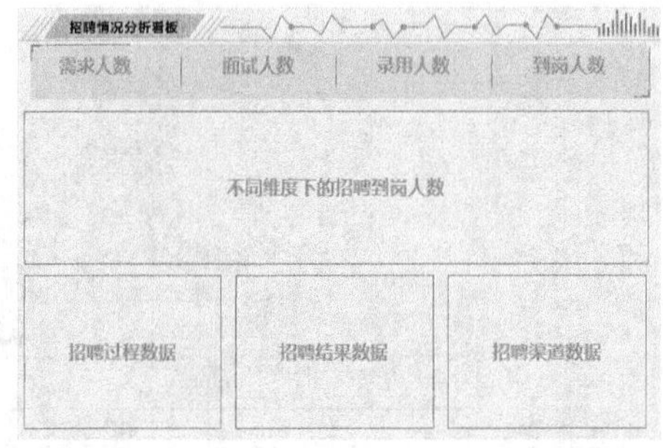

将前面制作好的图表，按照预设的看板框架进行排版。

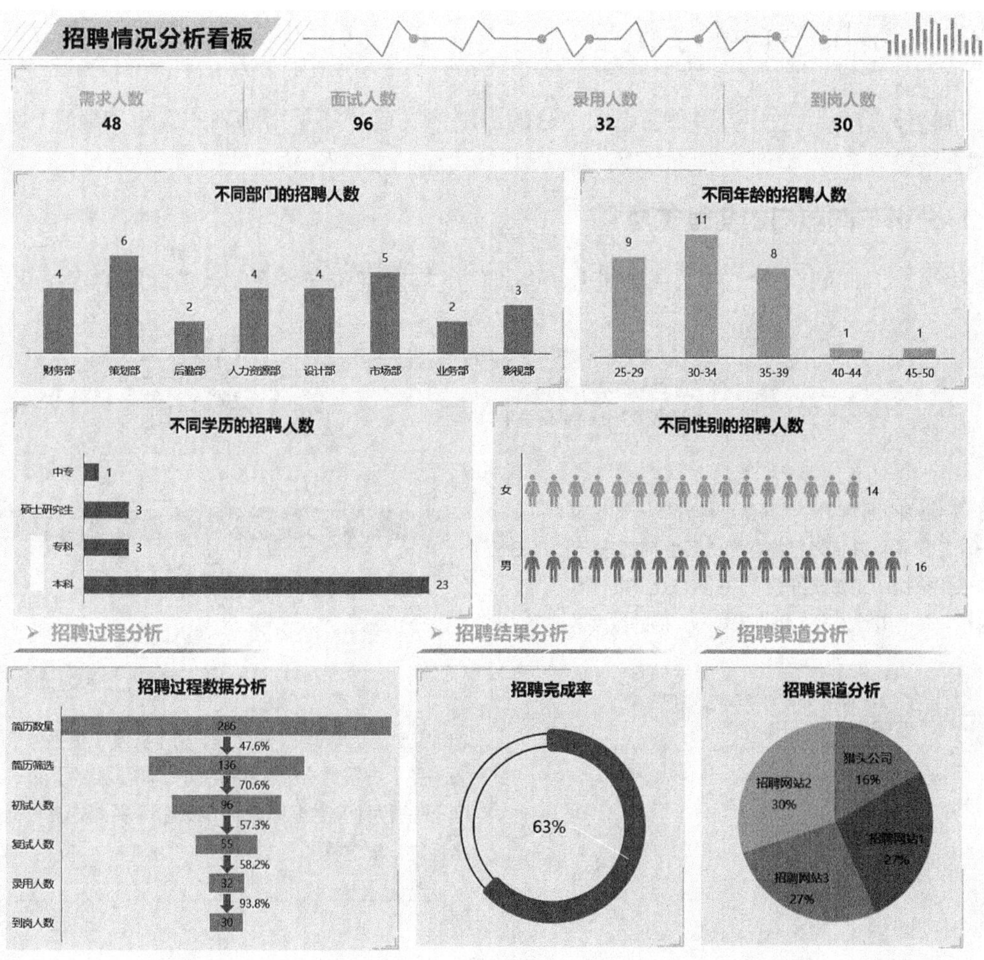
招聘情况分析看板
需求人数 48
面试人数 96
录用人数 32
到岗人数 30
不同部门的招聘人数
财务部 4
策划部 6
后勤部 2
人力资源部 4
设计部 4
市场部 5
业务部 2
影视部 3
不同年龄的招聘人数
25-29 9
30-34 11
35-39 8
40-44 1
45-50 1
不同学历的招聘人数
中专 1
硕士研究生 3
专科 3
本科 23
不同性别的招聘人数
女 14
男 16
招聘过程分析
招聘结果分析
招聘渠道分析
招聘过程数据分析
简历数量 286
47.6%
简历筛选 136
70.6%
初试人数 96
57.3%
复试人数 55
58.2%
录用人数 32
93.8%
到岗人数 30
招聘完成率
63%
招聘渠道分析
猎头公司 16%
招聘网站1 27%
招聘网站3 27%
招聘网站2 30%

2.4 薪酬结构分析

薪酬结构分析就是分析薪酬各组成部分的占比，其目的是平衡薪酬的保障和激励功能。通常用来比较不同工资类型、不同岗位、不同部门等之间的薪酬结构。

2.4.1 分析不同部门的实发工资

分析不同部门的实发工资，主要是分析各部门的实发工资与各部门人数之间的相关性。

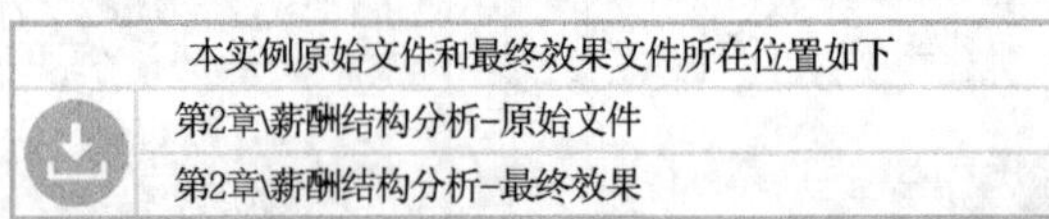

❶ 打开本实例的原始文件“薪酬结构分析－原始文件”，新建一个工作表，并将其重命名为“薪酬结构分析”，在新工作表中根据“工资明细表”中的数据创建一个以“部门”为行，以“实发工资”和“工号”为值的数据透视表。

	A	B	C
1	行标签	求和项:实发工资	计数项:工号
2	财务部	47044.37804	7
3	策划部	52302.58905	9
4	后勤部	20913.6231	6
5	人力资源部	34117.32872	6
6	设计部	73623.31965	12
7	市场部	83416.07912	12
8	业务部	31363.00997	6
9	影视部	62203.41819	10
10	总计	404983.7458	68

❷ 为方便阅读数据，适当调整数据透视表的布局、样式及值字段标题。

	A	B	C
1	部门	实发工资金额	人数
2	财务部	47,044.38	7
3	策划部	52,302.59	9
4	后勤部	20,913.62	6
5	人力资源部	34,117.33	6
6	设计部	73,623.32	12
7	市场部	83,416.08	12
8	业务部	31,363.01	6
9	影视部	62,203.42	10
10	总计	404,983.75	68

通过数据透视表可以看出，实发工资金额和人数在数值上的差异比较大，因此需要创建有两个坐标轴的组合图表。

❸ 将光标定位到数据透视表中，切换到【插入】选项卡，在【图表】组中单击【插入组合图】按钮，在弹出的下拉列表中选择【创建自定义组合图】选项。

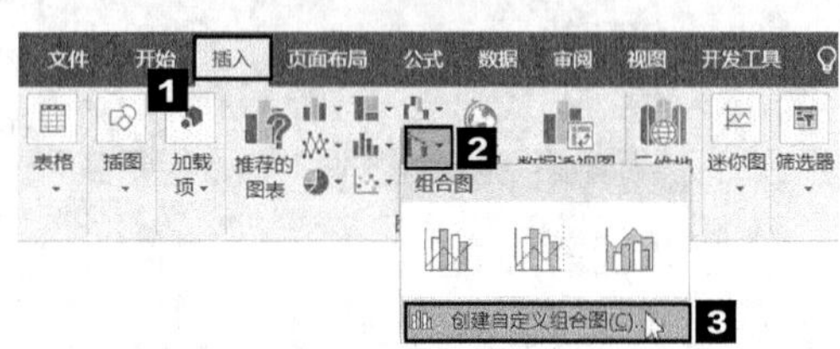

❹ 弹出【插入图表】对话框，将【实发工资金额】的【图表类型】设置为【簇状柱形图】，将【人数】的【图表类型】设置为【带数据标记的折线图】，并勾选其右侧的【次坐标轴】复选框。

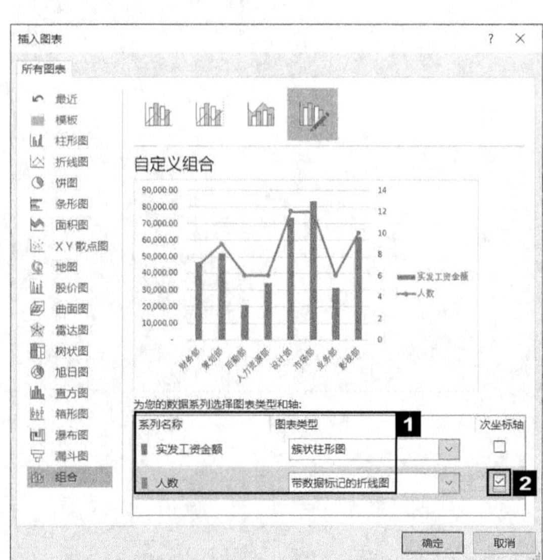

❺ 单击【确定】按钮，即可创建一个有簇状柱形图和带数据标记折线图的双轴图表，效果如下页图所示。

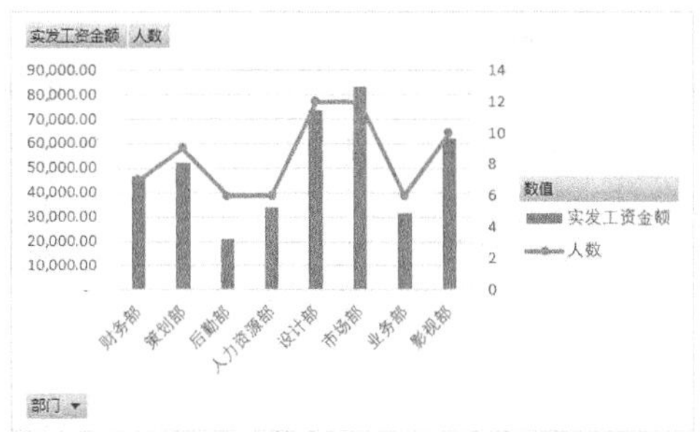

❻ 隐藏图表中的所有字段按钮，删除网格线，为图表添加标题“各部门实发工资金额及人数情况”，将标题的字体格式设置为微软雅黑、11 号。将其颜色设置为“RGB:67/169/249”，然后通过拖曳的方式将标题移动到图表的左上方。

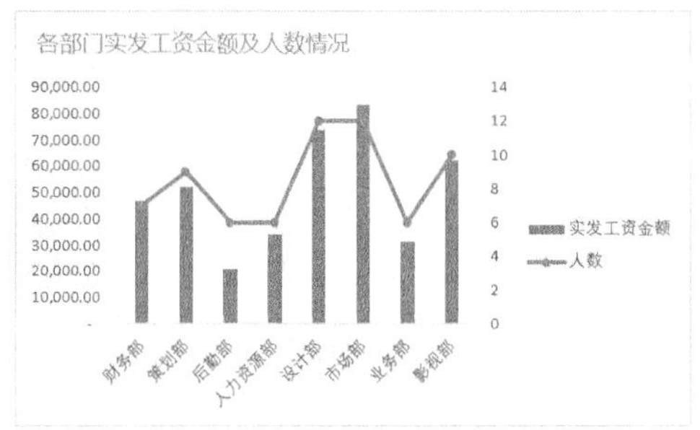

❼ 默认插入的图表的图例在图表右侧，如果想将其调整到图表的上方，可以在图例上单击鼠标右键，在弹出的快捷菜单中选择【设置图例格式】选项，打开【设置图例格式】任务窗格，设置【图例位置】为【靠上】，图例将显示在图表中靠上的位置。

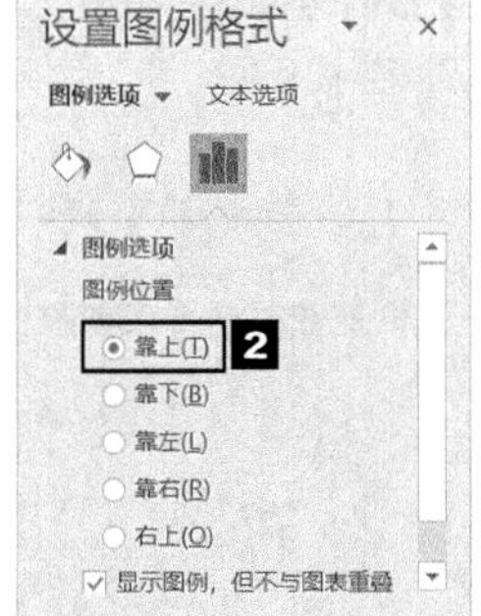

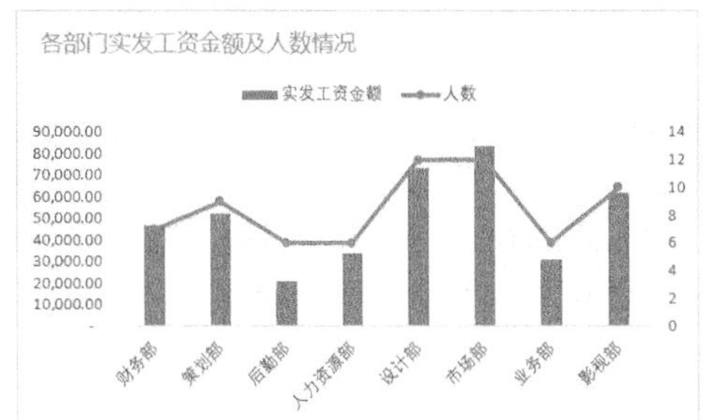

❽ 将图例拖曳到标题下方，再将图表中所有文字的字体设置为微软雅黑，颜色设置为“RGB:67/169/249”，并适当调整图表的大小，使横坐标轴上的标签横向正常显示。

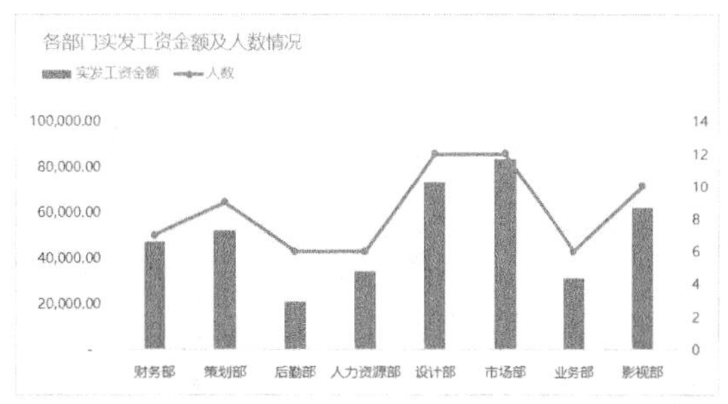

❾ 绘制一个山峰图，并将其设置为渐变填充，将两个渐变光圈的【颜色】均设置为“RGB:77/252/252”，二者只是【透明度】不同：一个为【0%】，另一个为【85%】。

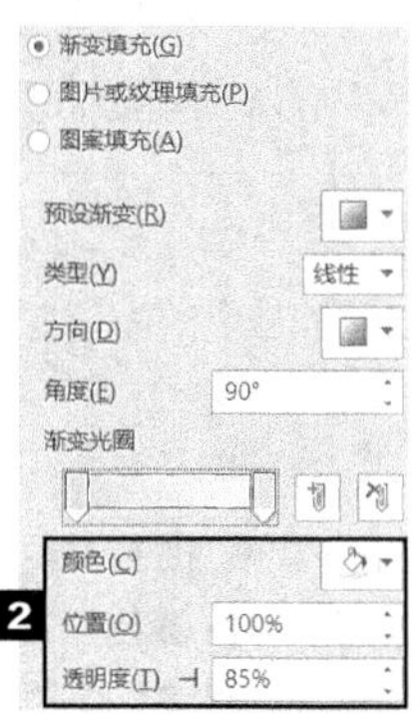

❿ 将绘制的山峰图填充到柱形图的数据系列中，然后将数据系列的【系列重叠】和【间隙宽度】均设置为【0%】。

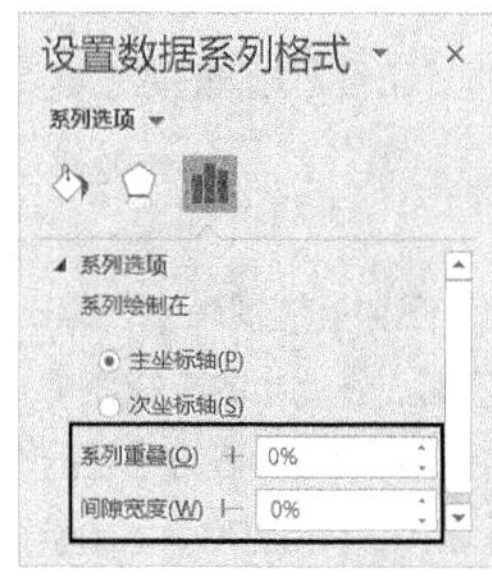

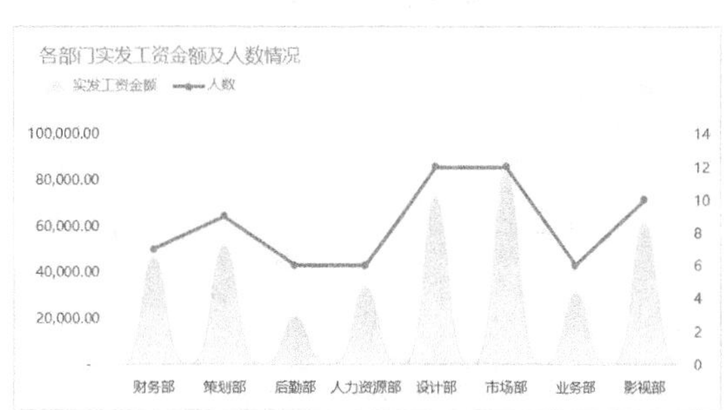

⑪ 将折线图的线条颜色设置为“RGB:221/72/61”，【宽度】设置为【1 磅】，【短划线类型】设置为【方点】，选择圆点为数据标记，将数据标记的【大小】设置为【8】，将其填充颜色和轮廓颜色均设置为“RGB:2221/72/61”。

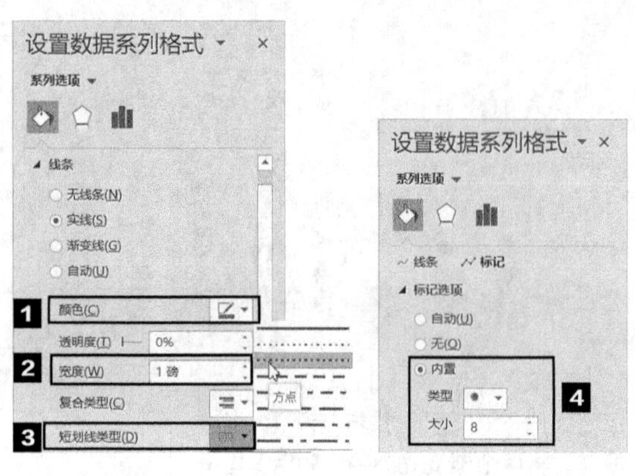

⑫ 设置图表的填充颜色为“RGB:5/12/56”；轮廓宽度为“1 磅”，颜色为“RGB:67/169/249”，并适当添加形状作为点缀，效果如下图所示。

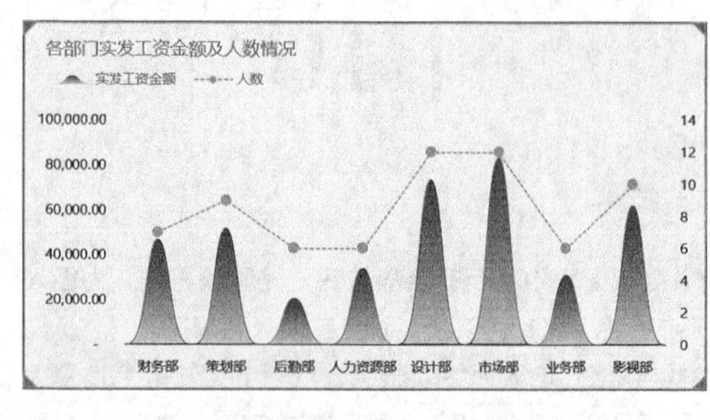

2.4.2 分析实发工资和绩效工资的分布情况

根据职场的黄金定律，企业员工通常应该符合“721”法则，即优秀：普通：可淘汰=2：7：1。一般情况下，薪酬也符合这个法则，从经济学角度来讲，薪酬应该是符合正态分布的。

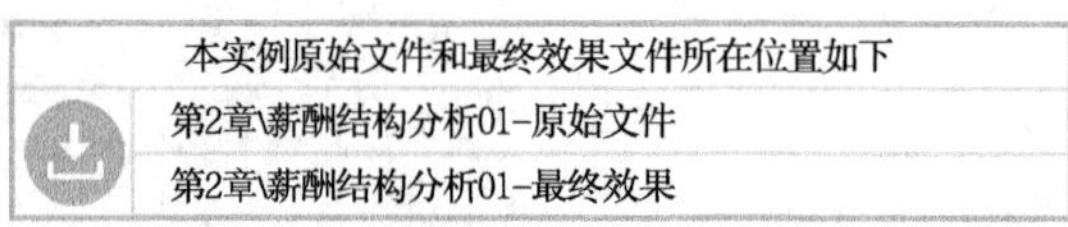

本实例原始文件和最终效果文件所在位置如下

第2章\薪酬结构分析01–原始文件

第2章\薪酬结构分析01–最终效果

扫码看视频

❶ 打开本实例的原始文件“薪酬结构分析 01– 原始文件”，根据“工资明细表”中的数据创建一个以“实发工资”为行，以“工号”为值的数据透视表。

	A	B
16	行标签	计数项:工号
17	1,933.58	1
18	2,482.78	1
19	2,652.18	1
20	2,701.46	1
21	2,711.74	1
22	3,097.73	1
23	3,262.54	1
24	3,440.02	1
25	3,705.35	1

❷ 在数据透视表中任意一个实发工资单元格中单击鼠标右键，在弹出的快捷菜单中选择【组合】选项，打开【组合】对话框，设置组合的【起始于】和【终止于】分别为【0】和【15000】，【步长】为【3000】，单击【确定】按钮，即可将数据透视表按实发工资分组。

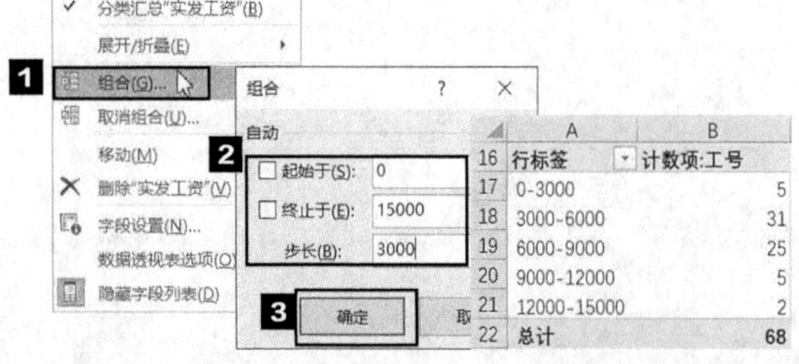

❸ 为方便阅读数据，适当调整数据透视表的布局、样式及值字段标题。

	A	B
16	实发工资	人数
17	0-3000	5
18	3000-6000	31
19	6000-9000	25
20	9000-12000	5
21	12000-15000	2
22	总计	68

❹ 根据数据透视表创建一个折线图。

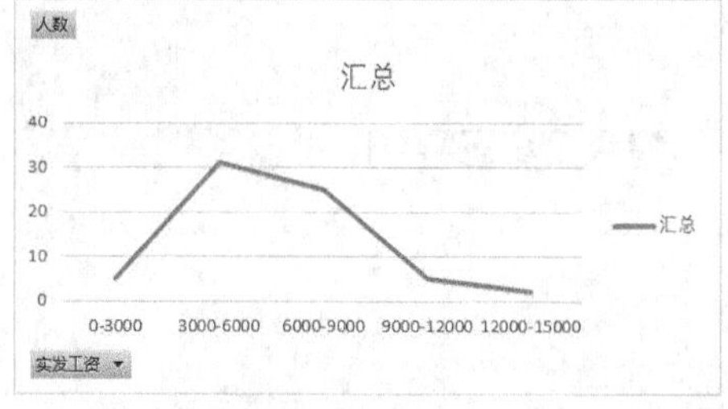

❺ 按照前面的方法，为图表设置标题，隐藏图表中的所有字段按钮，设置折线的颜色和图表的填充颜色等。

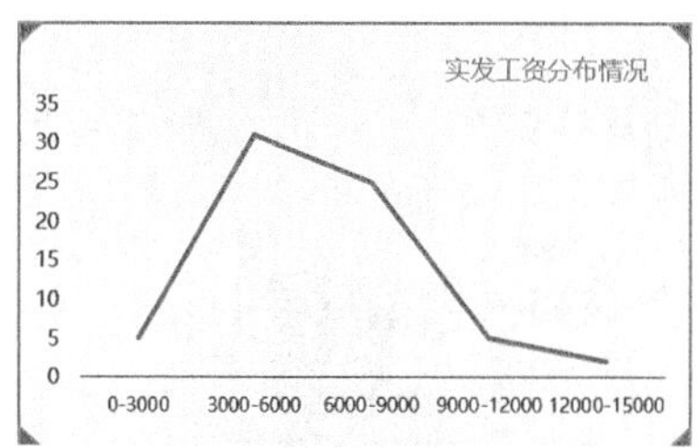

❻ 美化完成后，我们可以看到，现在的折线是有折点的，而我们平时看到的正态分布图中的曲线通常是平滑的。打开【设置数据系列格式】任务窗格，单击【填充与线条】按钮，在【线条】组的最下方勾选【平滑线】复选框。

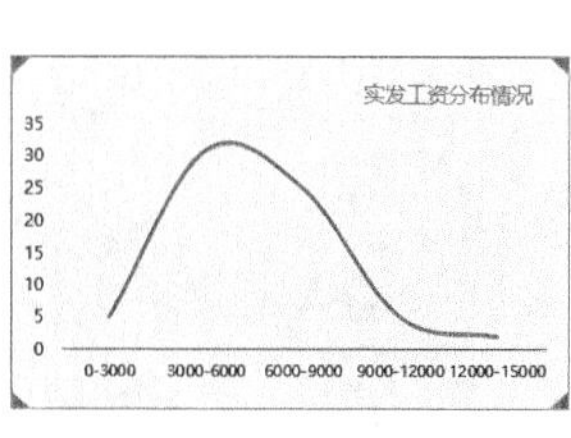

❼ 为了使图表内容看起来更丰富，可以为折线图添加垂直线。切换到【数据透视图工具】栏的【设计】选项卡，在【图表布局】组中单击【添加图表元素】按钮，在弹出的下拉列表中选择【线条】下的【垂直线】选项。

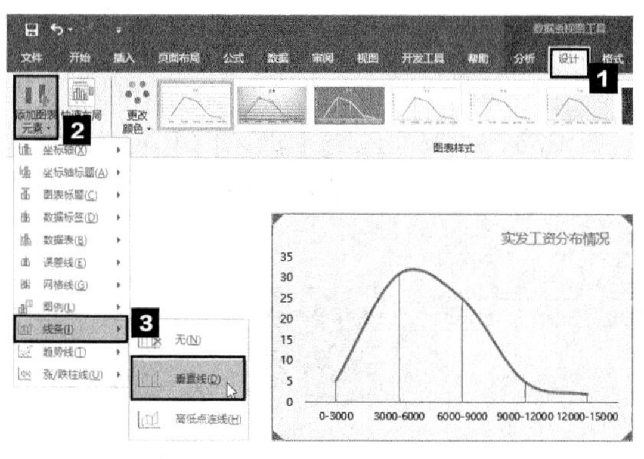

❽ 添加纵坐标轴刻度线。选中纵坐标轴，打开【设置坐标轴格式】任务窗格，单击【坐标轴选项】按钮，在【刻度线】组中设置【主刻度线类型】为【内部】；单击【填充与线条】按钮，在【线条】组中将【颜色】设置为【白色，背景 1】。

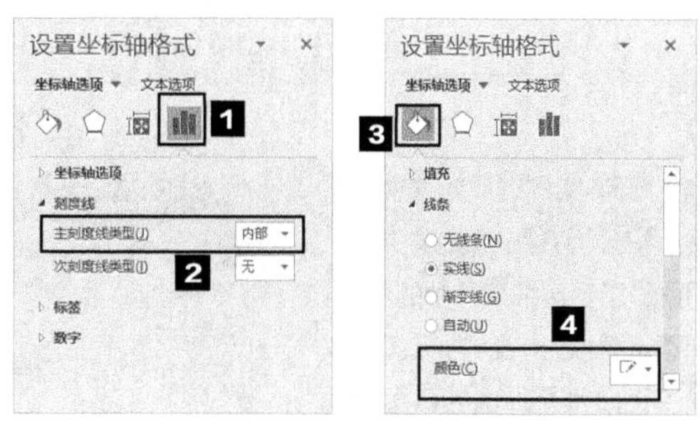

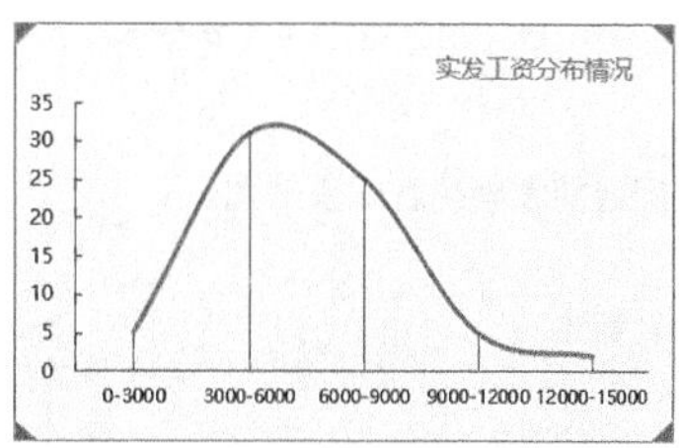

❾ 按照相同的方法，汇总绩效工资的分布情况。

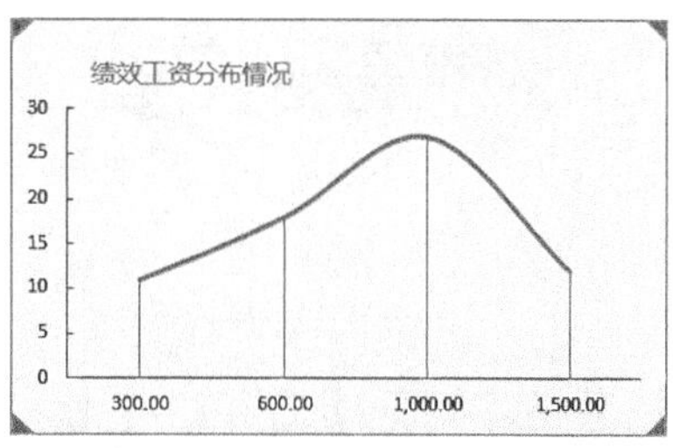

由上图可以看出，员工的实发工资和绩效工资基本都是符合正态分布的。

2.4.3 分析不同岗位的工资情况

不同岗位的人员对公司的贡献是不同的，理论上应该满足岗位工资与贡献值成正比，因此分析不同岗位的工资情况也是非常重要的。

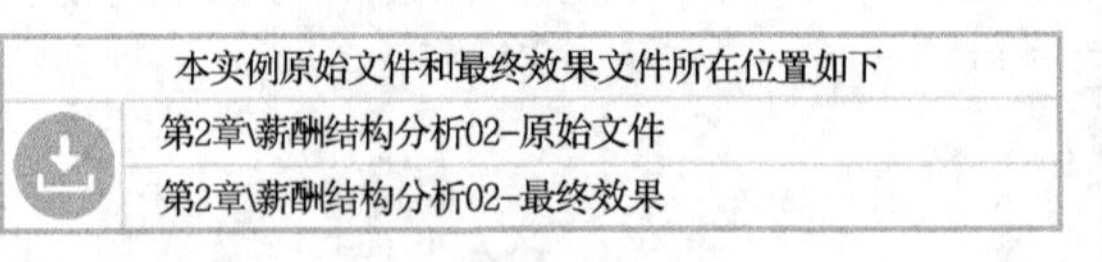

扫码看视频

❶ 打开本实例的原始文件“薪酬结构分析 02- 原始文件”，根据“工资明细表”中的数据，创建一个以“岗位”为行，以“实发工资总额”为值的数据透视表，并对数据透视表进行适当的设置。

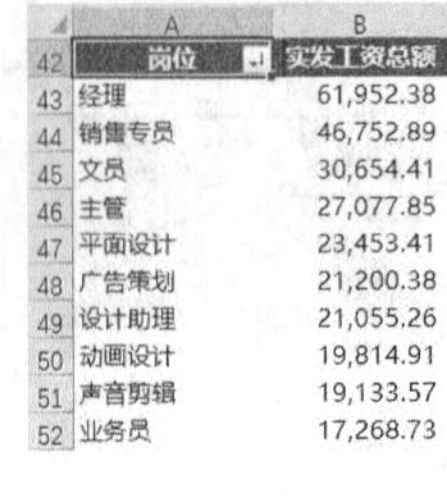

	A	B
42	岗位	实发工资总额
43	经理	61,952.38
44	销售专员	46,752.89
45	文员	30,654.41
46	主管	27,077.85
47	平面设计	23,453.41
48	广告策划	21,200.38
49	设计助理	21,055.26
50	动画设计	19,814.91
51	声音剪辑	19,133.57
52	业务员	17,268.73

❷ 根据数据透视表创建簇状条形图。

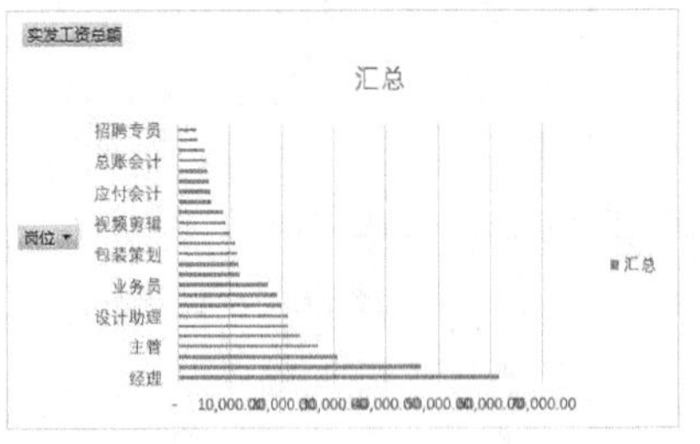

❸ 由于数据透视表中的数据比较多，可以看到默认创建的条形图的两个坐标轴的显示都是不全的，纵坐标轴可以通过调整图表的高度来调整；而横坐标轴则需要调整坐标轴的单位，例如将【单位】下的【大】调整为【25000.0】，然后再适当调整数据系列的间隙宽度、填充颜色等。

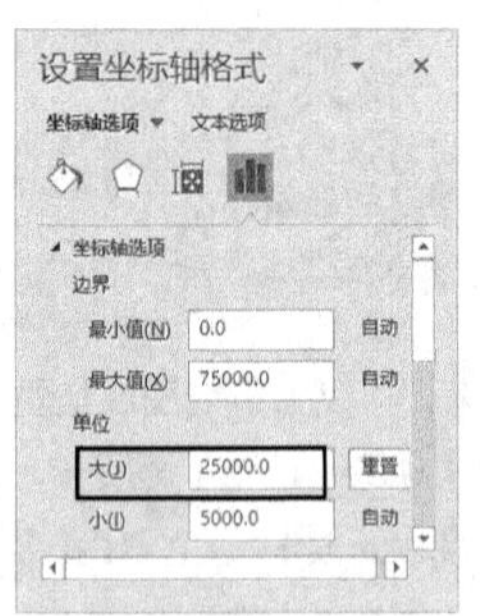

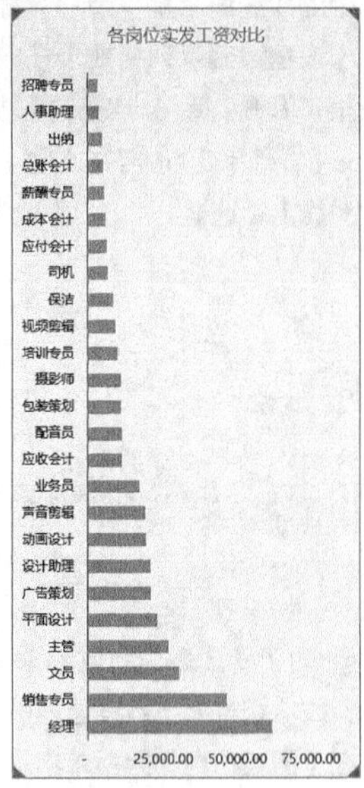

2.4.4 分析不同分项工资的占比

实发工资是由“税前应发工资 - 个人所得税”得到的，而税前应发工资又是由基本工资、岗位工资、绩效工资、提成工资等多个部分组成的。下面来分析基本工资、岗位工资、绩效工资和提成工资这 4 个分项工资在税前应发工资中的占比。

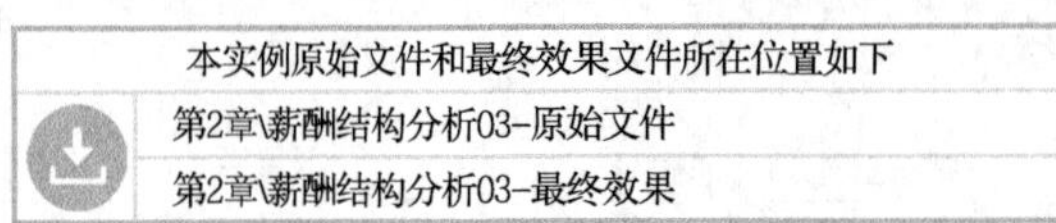

扫码看视频

❶ 打开本实例的原始文件“薪酬结构分析 03- 原始文件”，根据“工资明细表”中的数据创建一个数据透视表，将【基本工资】【岗位工资】【绩效工资】【提成工资】【税前应发工资】【个人所得税】【实发工资】拖曳到【值】列表框中。

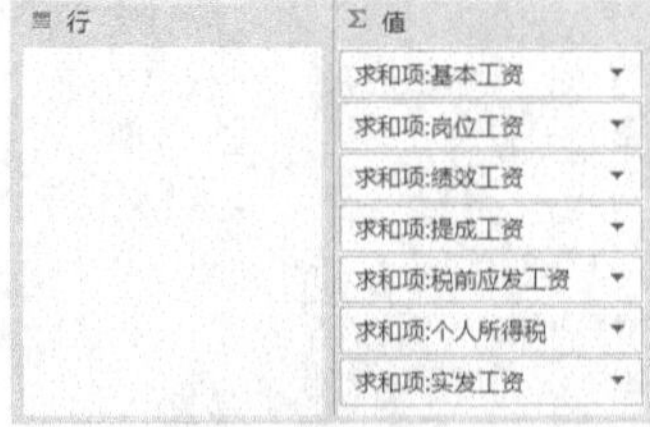

	A	B	C	D	E	F	G
74	基本工资金额	岗位工资金额	绩效工资金额	提成工资金额	税前应发工资金额	个人所得税金额	实发工资金额
75	268700.00	127000.00	59100.00	16516.00	409457.29	4473.54	404983.75

❷ 根据数据透视表中的数值计算出 4 个分项工资在税前应发工资中的占比。

工资分项	基本工资	岗位工资	绩效工资	提成工资
占比	66%	31%	14%	4%

❸ 根据分项工资在税前应发工资中的占比分别绘制 4 个圆环图，如右图所示。

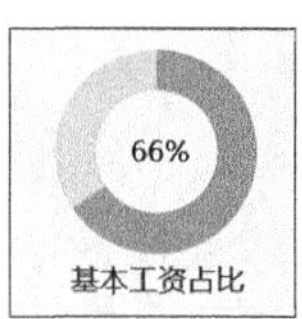

2.4.5 构建薪酬结构分析看板

数据分析完成后，按照前面的方法构建一个看板框架，然后将所有分析图表排列组合为一个方便查看、阅读的整体，效果如下图所示。

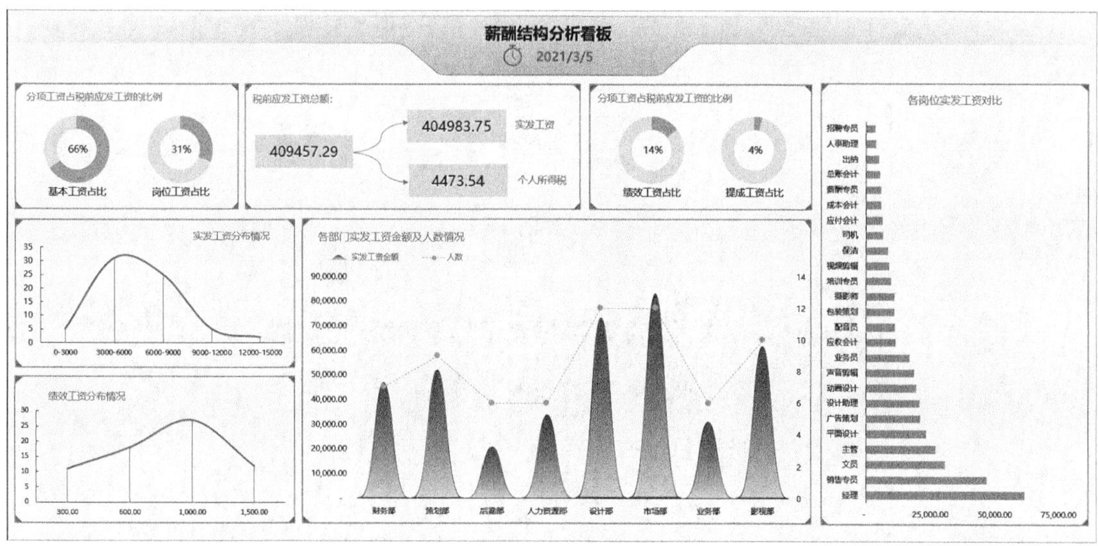

第3章

生产数据分析

对制造企业来说，生产数据属于第一手资料。因为只有了解了生产过程中的详细产能数据，才能在接单的时候按照月度产能确定交付时间，并且在接下来的生产排程中制订精细的排产计划。

要 点 导 航

- ▶ 需求预测与生产计划分析
- ▶ 生产过程的监督与分析
- ▶ 量本利预测分析

3.1　需求预测与生产计划分析

制订生产计划是生产管理中的核心工作。合理的生产计划既可以保证客户的订单顺利完成，按时出货，兑现企业对客户的承诺；又可以合理地调用公司的各项资源，降低损耗，节约成本，实现企业利润最大化。

需求预测是指预测在未来一段时间内，所有产品或特定产品的需求量和需求金额。需求预测直接影响着企业的生产计划与决策。

由于计划产量 = 市场需求量 – 库存量，因此在制订生产计划前，需要先对产品的市场需求进行预测分析。常用的需求预测方法如下图所示。

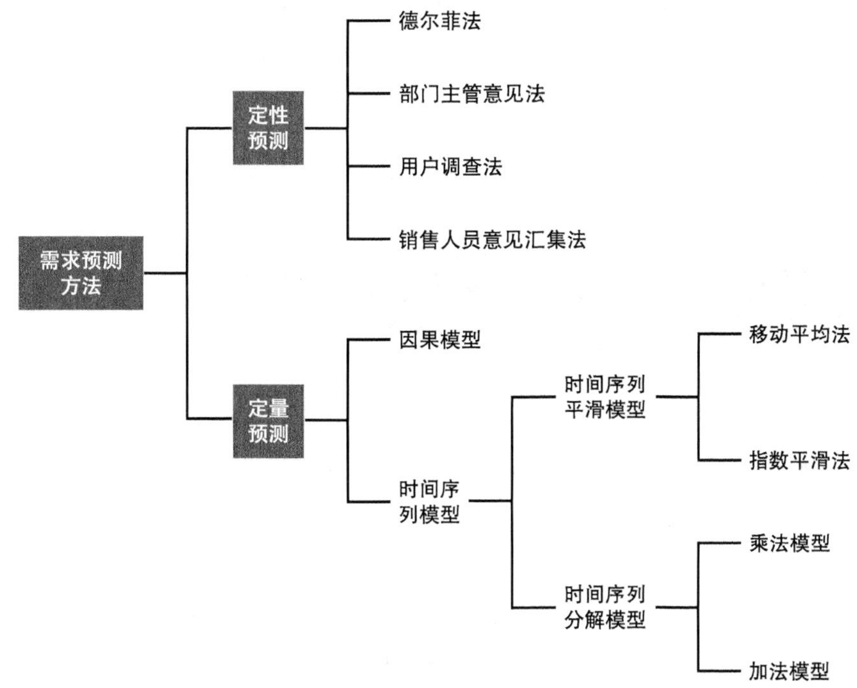

在进行产品需求分析时，较常用的是移动平均法和指数平滑法。下面分别使用移动平均法和指数平滑法来对企业的产品需求进行预测分析。

3.1.1 使用移动平均法进行月度需求预测分析

移动平均法是基于过去某段特定的时间中变量的平均值对未来值进行预测，以反映长期趋势的一种预测方法。使用此方法可以预测销量、库存或者其他指标的趋势。使用移动平均法计算未来值的基本流程如下页图所示。

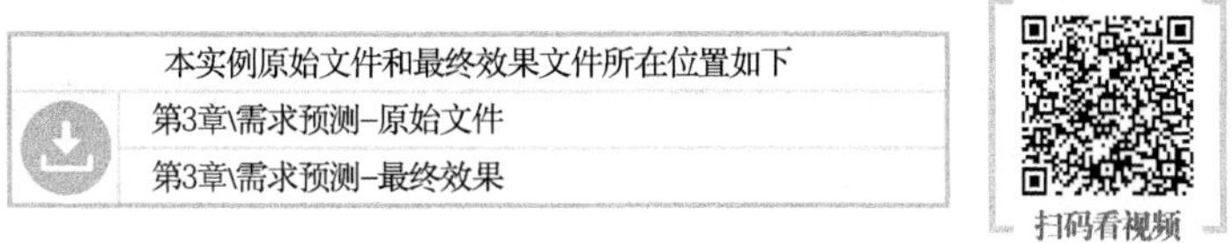

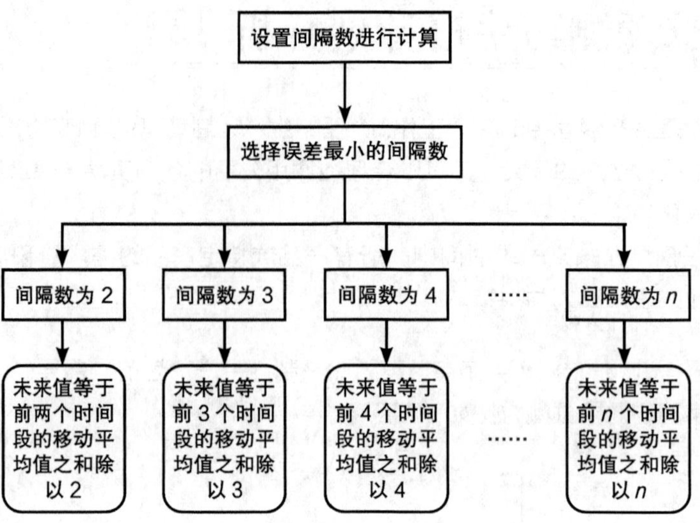

1. 安装分析工具库

在 Excel 中使用移动平均法进行需求预测分析时，可以直接使用其内置的分析工具库。但是 Excel 默认是不显示分析工具库的，如下图所示。

这是因为 Excel 中的分析工具库是以插件的形式加载的，所以在使用分析工具库之前必须先安装该插件。安装分析工具库插件的具体操作步骤如下。

❶ 打开任意一个工作簿，单击【文件】按钮，在弹出的界面中选择【选项】选项。

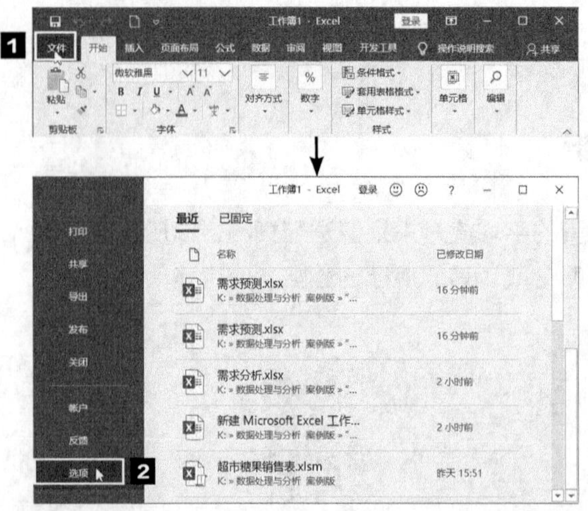

❷ 弹出【Excel 选项】对话框，切换到【加载项】选项卡，单击【转到】按钮。

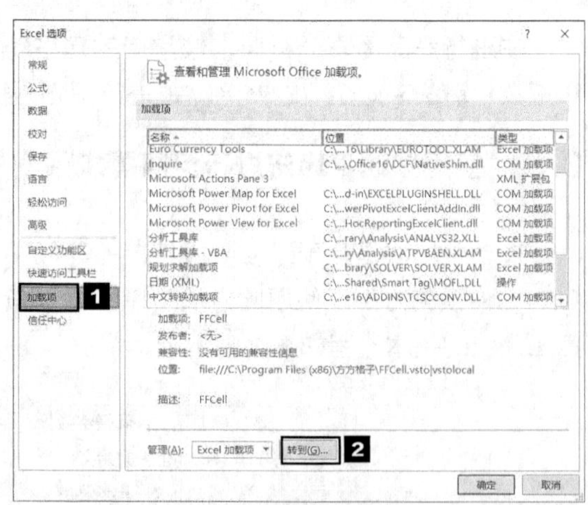

❸ 弹出【加载项】对话框，勾选【分析工具库】复选框，然后单击【确定】按钮，完成【分析工具库】插件的安装。

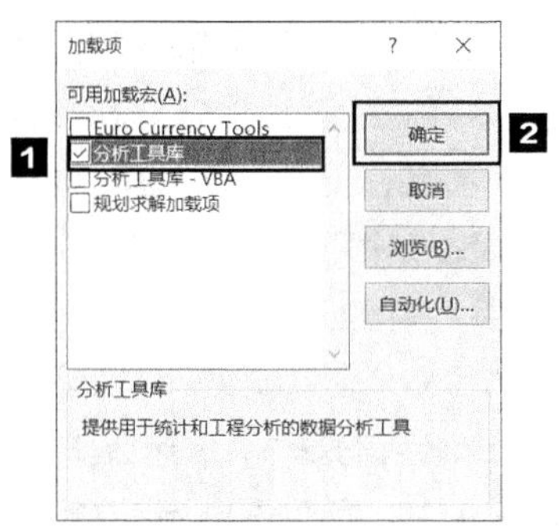

❹ 在工作簿中切换到【数据】选项卡，即可看到该选项卡中添加了一个新组【分析】，【分析】组中有一个【数据分析】按钮，单击该按钮即可打开分析工具库。

2．使用移动平均法预测未来一个月的销量

使用移动平均法进行预测时，需要选取合适的间隔数 n。间隔数 n 的取值应该根据实际情况来决定，例如根据数据的变化周期决定。但是在实际工作中，通常会选取多个间隔数进行计算，然后对比分析不同间隔数的标准误差，从中选择预测误差最小的间隔数，作为移动平均法使用的间隔数。此处可以选取 3 个不同的间隔数来进行对比分析。

- 计算不同间隔数的标准误差

❶ 打开本实例的原始文件“需求预测 - 原始文件”，切换到【数据】选项卡，在【分析】组中单击【数据分析】按钮。

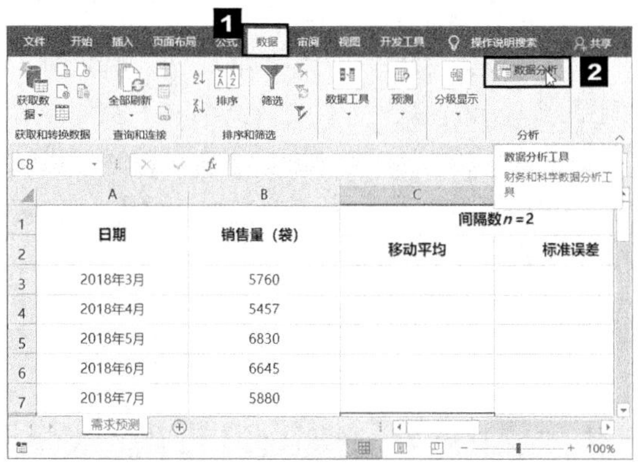

❷ 弹出【数据分析】对话框，选择【移动平均】选项。

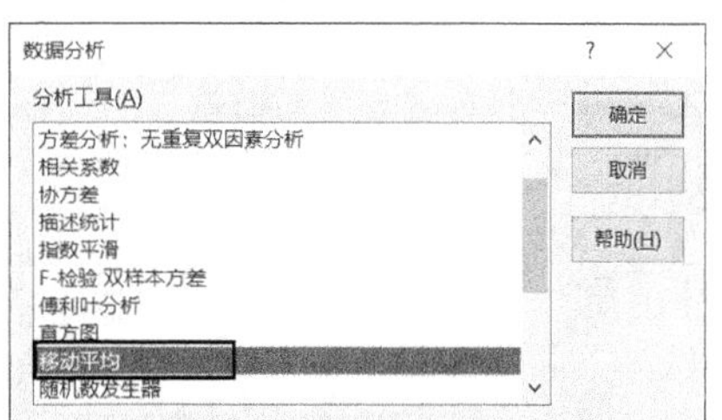

❸ 单击【确定】按钮，弹出【移动平均】对话框。将光标定位到【输入区域】文本框中，选中单元格区域 B3:B28，在【间隔】文本框中输入“2”；将光标定位到【输出区域】文本框中，在工作表中选中单元格 C3，勾选【标准误差】复选框。

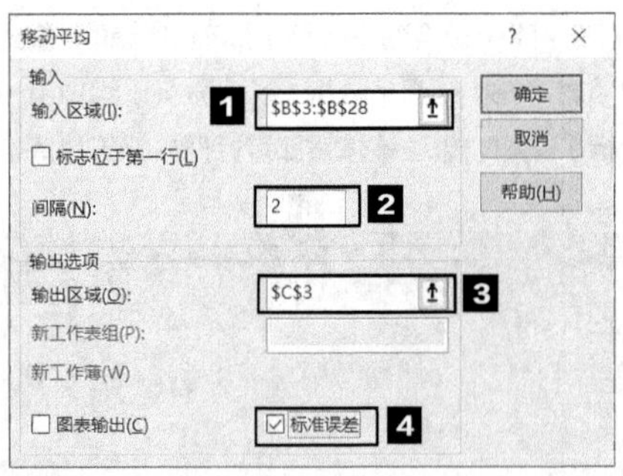

❹ 单击【确定】按钮，即可得到间隔数为 2 时的移动平均数及标准误差。

日期	销售量（袋）	间隔数 n=2	
		移动平均	标准误差
2018年3月	5760	#N/A	#N/A
2018年4月	5457	5608.5	#N/A
2018年5月	6830	6143.5	497.10889
2018年6月	6645	6737.5	489.81552
2018年7月	5880	6262.5	278.26471
2018年8月	6495	6187.5	347.0320
2018年9月	7702	7098.5	478.94075
2018年10月	6512	7107	599.26507

❺ 按照相同的方法，计算间隔数为 4 和 6 时的移动平均数和标准误差。

间隔数 n=4		间隔数 n=6	
移动平均	标准误差	移动平均	标准误差
#N/A	#N/A	#N/A	#N/A
#N/A	#N/A	#N/A	#N/A
#N/A	#N/A	#N/A	#N/A
6173	#N/A	#N/A	#N/A
6203	#N/A	#N/A	#N/A
6462.5	#N/A	6177.833333	#N/A
6680.5	585.583363	6501.5	#N/A
6647.25	540.1712836	6677.333333	#N/A
7136.25	622.9889897	6845	#N/A
7220	652.5919236	6875.833333	#N/A
7541.25	829.1917281	7393.666667	921.23312
7927.25	828.933002	7653.833333	926.74755
7825.75	777.0919649	7608.5	789.91858
8007.25	785.3365919	7782.5	792.44298

- **计算不同间隔数的平均标准误差**

分别计算出 3 个不同间隔数的标准误差后，就可以对比分析不同间隔数的标准误差了。但是由于表中的数据比较多，标准误差也没有明显的大小关系，此时，用户可以通过平均标准误差来对比 3 个不同间隔数的标准误差。

计算平均标准误差需要用到计算平均值的 AVERAGE 函数，下面先来了解一下 AVERAGE 函数的基本功能和结构。

AVERAGE 函数是 Excel 中计算平均值的函数，其参数可以是数字，也可以是相关数字的名称、数组或单元格引用。如果数组或单元格引用参数中有文字、逻辑值或空单元格，则忽略其值。但是，如果单元格包含 0，则将其计算在内。该函数语法格式如下。

AVERAGE(number1,number2,…)

下面以具体的数据为例，介绍 AVERAGE 函数的用法。

B7 =AVERAGE(B1:B6)

	A	B	C	D
1		3	3	3
2		5	5	5
3		8	8	8
4		0		空值
5		11	11	11
6		12	12	12
7	平均值	6.5	7.8	7.8

从上图可以看出，当单元格中包含“0”时，“0”也将参与求平均值（如 B 列）的计算；但是当单元格包含空值或者文字时，空值或者文字不参与求平均值（如 C 列和 D 列）的计算。

使用 AVERAGE 函数计算平均标准误差的具体操作步骤如下。

❶ 选中单元格 D29，切换到【公式】选项卡，在【函数库】组中单击【插入函数】按钮。

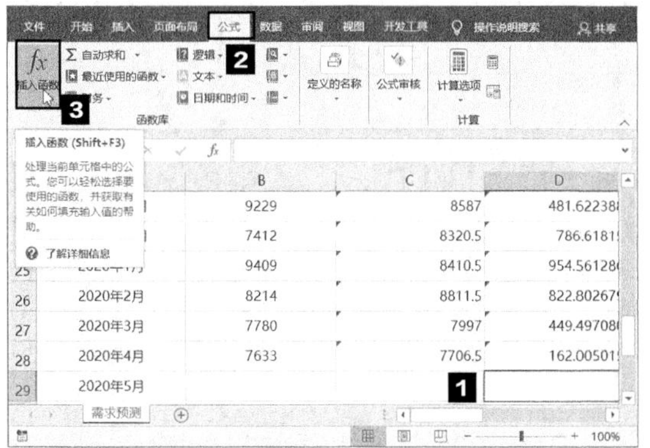

❷ 弹出【插入函数】对话框，在【搜索函数】文本框中输入函数的主要关键字“平均”。

❸ 单击【转到】按钮，系统即可根据关键字在下方列表框中给出相关函数，此处选择【AVERAGE】选项。

❹ 单击【确定】按钮，弹出【函数参数】对话框，在第 1 个参数文本框中输入“D7:D28”。

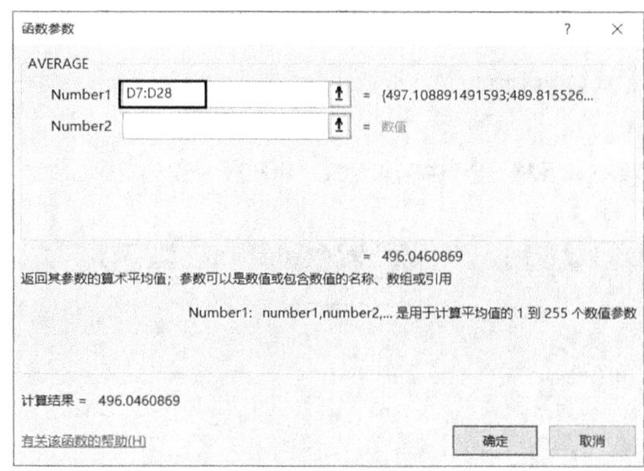

❺ 单击【确定】按钮，即可得到间隔数为 2 时的平均标准误差。

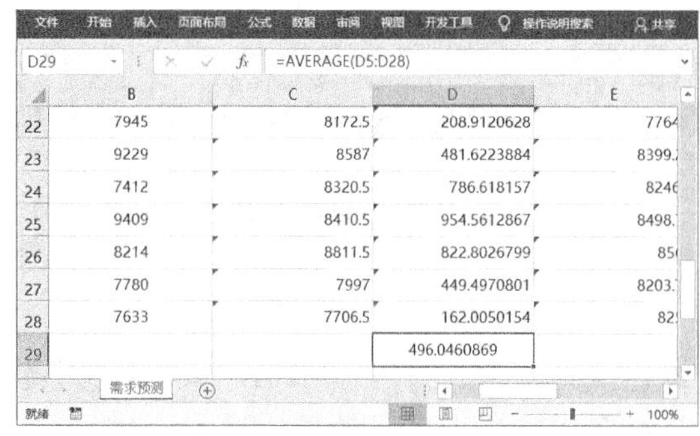

❻ 按照相同的方法，计算间隔数为 4 和 6 时的平均标准误差。

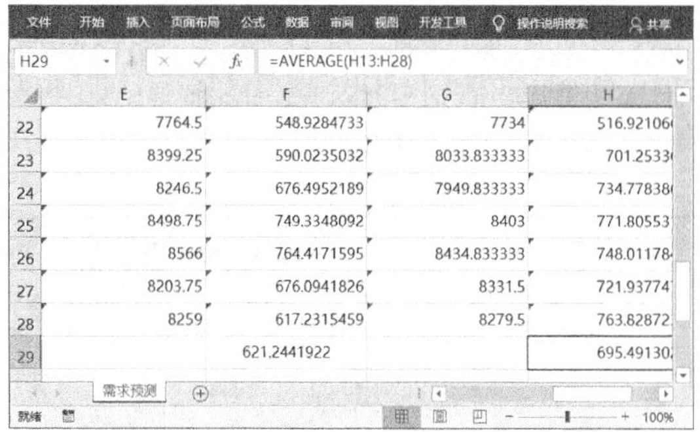

由计算结果可知，当间隔数为 2 时，平均标准误差是最小的，因此应该选择间隔数为 2 并使用移动平均法计算预测值。

● **计算预测值**

❶ **在单元格 B29 中输入公式“=(B27+B28)/2”。**

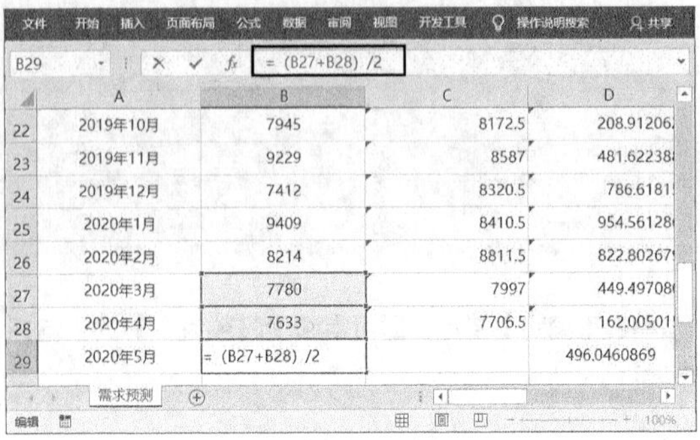

B29　=(B27+B28)/2

	A	B	C	D
22	2019年10月	7945	8172.5	208.91206
23	2019年11月	9229	8587	481.62238
24	2019年12月	7412	8320.5	786.6181
25	2020年1月	9409	8410.5	954.5612
26	2020年2月	8214	8811.5	822.80267
27	2020年3月	7780	7997	449.49708
28	2020年4月	7633	7706.5	162.00501
29	2020年5月	=(B27+B28)/2		496.0460869

❷ **按【Enter】键完成输入，得到 2020 年 5 月的预测销量。**

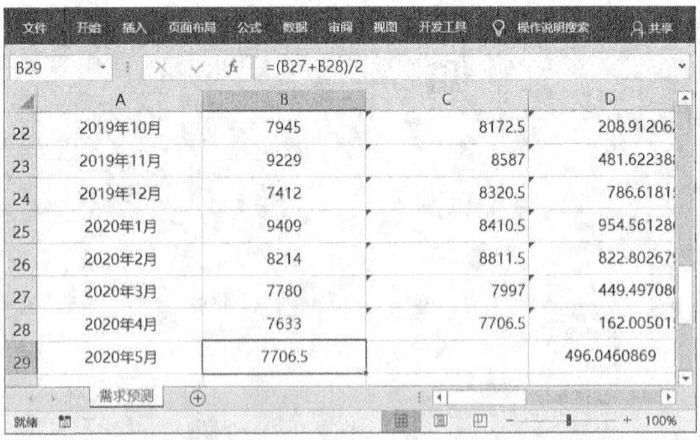

B29　=(B27+B28)/2

	A	B	C	D
22	2019年10月	7945	8172.5	208.91206
23	2019年11月	9229	8587	481.62238
24	2019年12月	7412	8320.5	786.6181
25	2020年1月	9409	8410.5	954.5612
26	2020年2月	8214	8811.5	822.80267
27	2020年3月	7780	7997	449.49708
28	2020年4月	7633	7706.5	162.00501
29	2020年5月	7706.5		496.0460869

已知 2020 年 4 月原味奶糖的库存量为 386 袋，那么 2020 年 5 月的计划产量应该是预测需求量减去库存量，即 7706.5−386=7320.5，取整值后为 7321 袋。

3.1.2 使用指数平滑法进行月度需求预测分析

指数平滑法是通过计算指数平滑值，配合一定的时间序列预测模型，对未来数据进行预测的一种方法。它常用于中短期经济发展趋势预测。

根据平滑次数的不同，可以将指数平滑法分为一次指数平滑法、二次指数平滑法和三次指数平滑法。二次指数平滑法是在一次指数平滑的基础上再次进行指数平滑的方法，三次指数平滑法是在二次指数平滑的基础上再次进行指数平滑的方法。

指数平滑的基本原理：预测值等于以前观测值的加权和，并对不同的数值赋予不同的加权，为近期数据赋予较大加权，远期数据赋予较小加权。加权在指数平滑法中体现为平滑系数。

在指数平滑法的计算中，关键是平滑系数 α 的取值，但 α 的取值容易受主观影响，因此合理确定 α 值的方法十分重要。一般来说，如果数据波动较大，则 α 的值应取大一些，这样可以增强近期数据对预测结果的影响；如果数据波动较小，则 α 的值应取小一些。可以参考下表对平滑系数 α 进行取值。

时间序列的发展趋势	平滑系数 α
时间序列呈现较稳定的水平趋势	0.05~0.20
时间序列有波动，但长期趋势变化不大	0.1~0.4
时间序列的波动很大，长期趋势变化幅度较大，呈现明显且迅速的上升或下降趋势	0.5~0.8
时间序列呈上升（或下降）的发展趋势	0.6~1

可以根据时间序列的具体情况，通过经验判断法来大致确定 α 的取值范围；然后取几个 α 值进行试算，比较取不同 α 值时的预测标准误差，选取预测标准误差最小的 α 值。

在实际应用中，预测者在选取 α 值时，应结合预测对象的变化规律做出定性判断且计算预测误差，并要考虑到预测灵敏度和预测精度是相互矛盾的。

确定 α 值后，就可以使用指数平滑法预测未来值了。预测未来值时需要根据数列的趋势线条来选择平滑次数。无规律的数据曲线要使用一次指数平滑法，直线型的数据曲线要使用二次指数平滑法，二次曲线数据要使用三次指数平滑法，如下图所示。

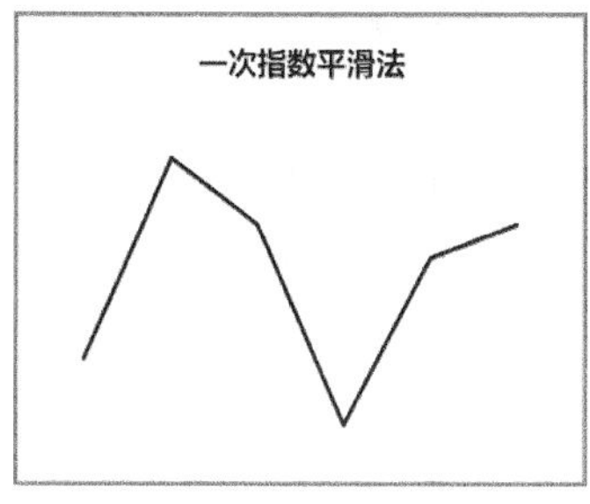

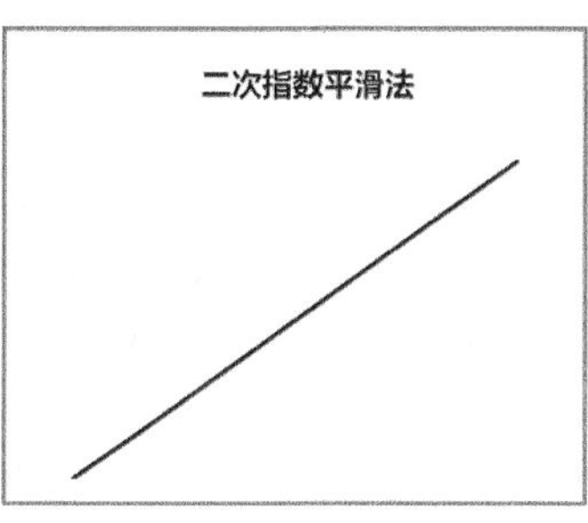

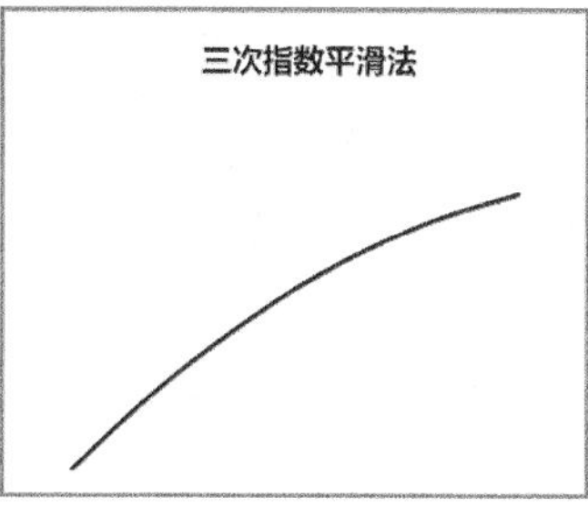

在确定平滑次数，并使用平滑工具进行计算后，就可以使用公式计算未来某一时间段的值了。具体公式如下。

一次指数平滑：$S_t=\alpha X_{t-1}+(1-\alpha)S_{t-1}$

二次指数平滑：$S_t^{\,2}=\alpha S_t+(1-\alpha)S^2_{\;t-1}$

三次指数平滑：$S_t^{\,3}=\alpha S_t^{\,2}+(1-\alpha)S^3_{\;t-1}$

S_t 为本期(t 期)的平滑(预测)值；X_{t-1} 为 $t-1$ 期的实际值；S_{t-1} 为 $t-1$ 期的平滑(预测)值。

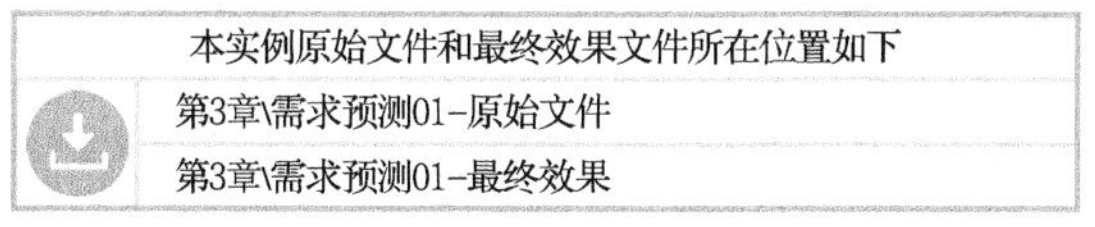

本实例原始文件和最终效果文件所在位置如下
第3章\需求预测01–原始文件
第3章\需求预测01–最终效果

1. 判断数据变化趋势

要查看数据变化趋势，较常用的是折线图，根据已知数据创建折线图的具体操作步骤如下。

● 计算不同平滑系数的标准误差

❶ 打开本实例的原始文件“需求预测 01– 原始文件”，选中单元格区域 A3:B28，切换到【插入】选项卡，在【插入】组中单击【插入折线图或面积图】按钮。

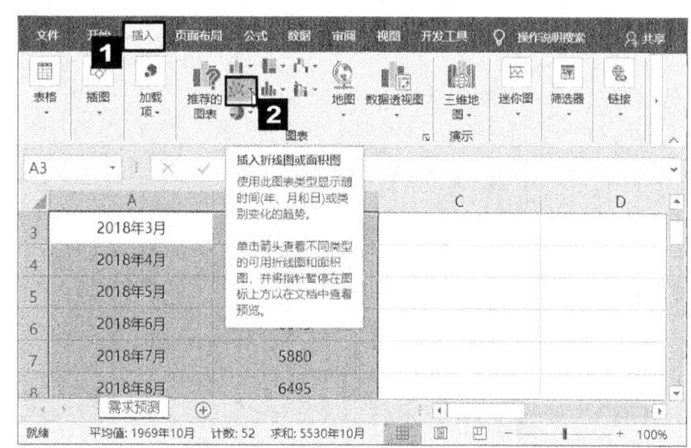

❷ 在弹出的下拉列表中选择【折线图】选项。

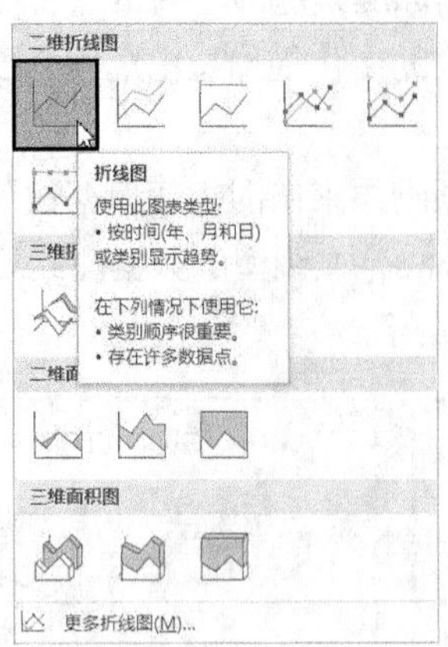

❸ 此时可在工作表中插入一个折线图。

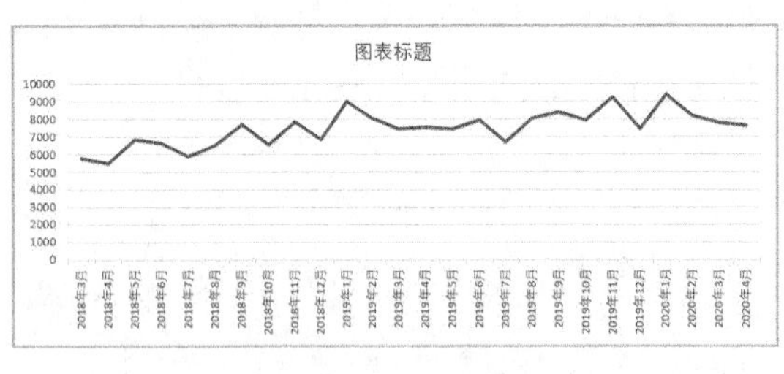

❹ 为图表输入能够清楚表达图表内容的图表标题，并对图表中文字的字体格式进行适当的设置。

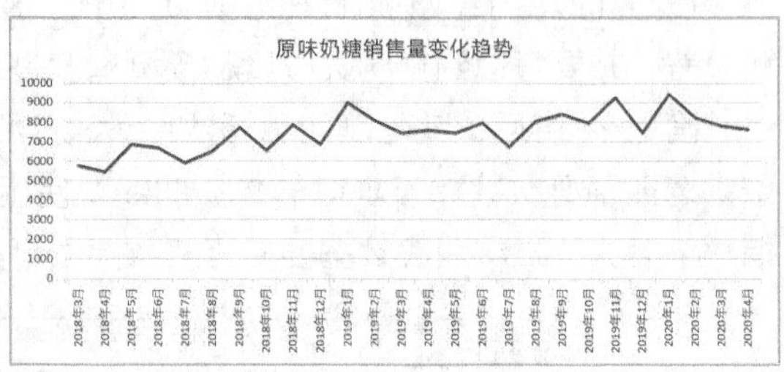

由折线图可以看出，数据波动相对比较大，因此应该选取一个较大的平滑系数 α ，再使用一次指数平滑法进行计算。

2. 用一次指数平滑法预测未来一个月的销量

虽然从折线图中可以看出时间序列对应的数据波动较大，但长期变化趋势呈上升趋势，但并不是很明显，在进行指数平滑运算时，可以选择一个值为 0.1~0.4 的平滑系数，再选择一个值为 0.5~0.8 的平滑系数，然后进行指数平滑运算结果的对比分析，最终确定预测销量值。此处平滑系数值选择为 0.3 和 0.7。

	A	B	C	D	E	F
1	日期	销售量（袋）	平滑系数 α=0.7		平滑系数 α=0.3	
2			指数平滑数	标准误差	指数平滑数	标准误差
3	2018年3月	5760				(Ctrl)
4	2018年4月	5457				
5	2018年5月	6830				
6	2018年6月	6645				
7	2018年7月	5880				
8	2018年8月	6495				
9	2018年9月	7702				
10	2018年10月	6512				
11	2018年11月	7836				
12	2018年12月	6830				

❶ 切换到【数据】选项卡，在【分析】组中单击【数据分析】按钮。

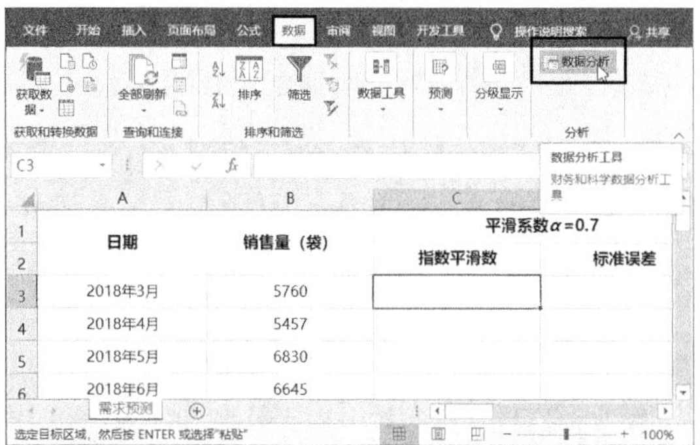

❷ 弹出【数据分析】对话框，选择【指数平滑】选项，单击【确定】按钮。

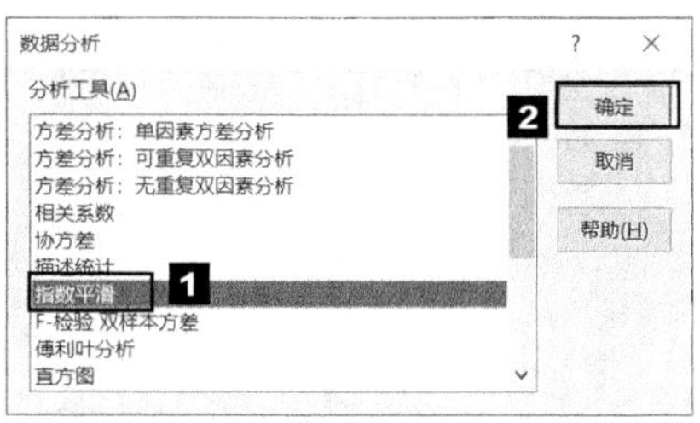

❸ 弹出【指数平滑】对话框。将光标定位到【输入区域】文本框中，选中单元格区域 B3:B28，根据公式“阻尼系数 =1- 平滑系数”，在【阻尼系数】文本框中输入“0.3”；将光标定位到【输出区域】文本框中，在工作表中选中单元格 C3，勾选【标准误差】复选框。

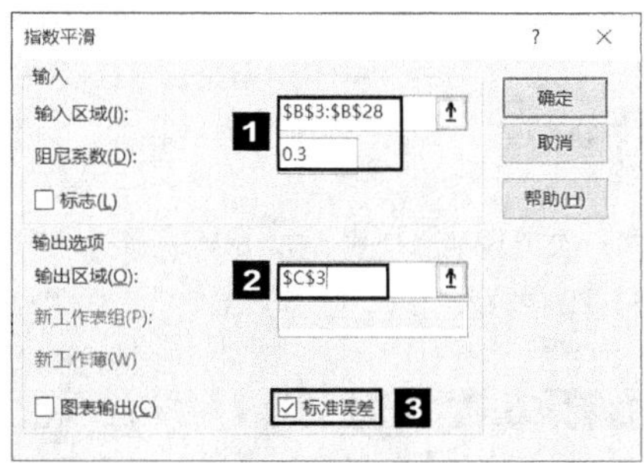

提示

在设置【输入区域】时，选中单元格区域后，文本框中的参数自动转换为绝对引用形式。【输出区域】同理。

❹ 单击【确定】按钮，即可得到平滑系数为 0.7 时的指数平滑数及标准误差。

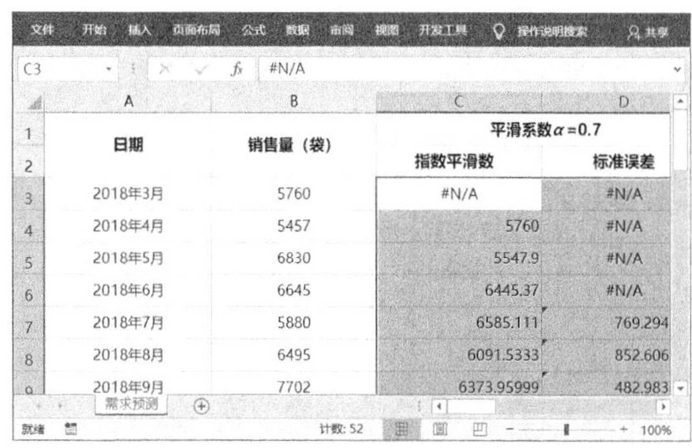

❺ 按照相同的方法，计算平滑系数值为 0.3 时的指数平滑数及标准误差。

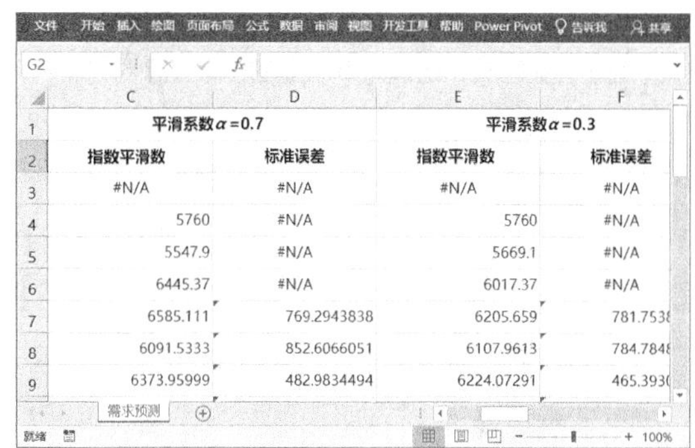

- 计算不同平滑系数的平均标准误差

❶ 选中单元格 D29，切换到【公式】选项卡，在【函数库】组中单击【插入函数】按钮。

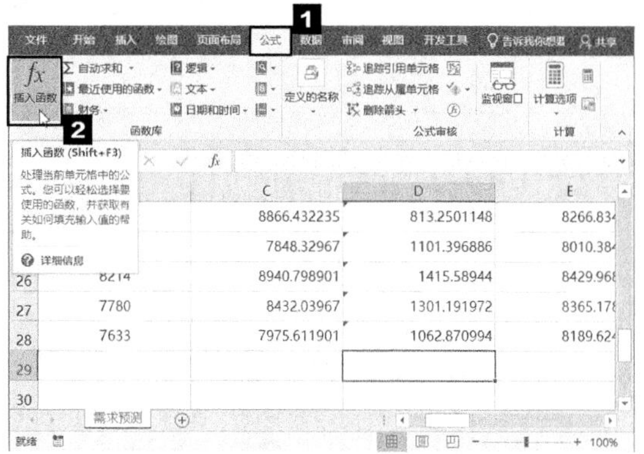

❷ 弹出【插入函数】对话框，在【搜索函数】文本框中输入函数的主要关键字“平均”。

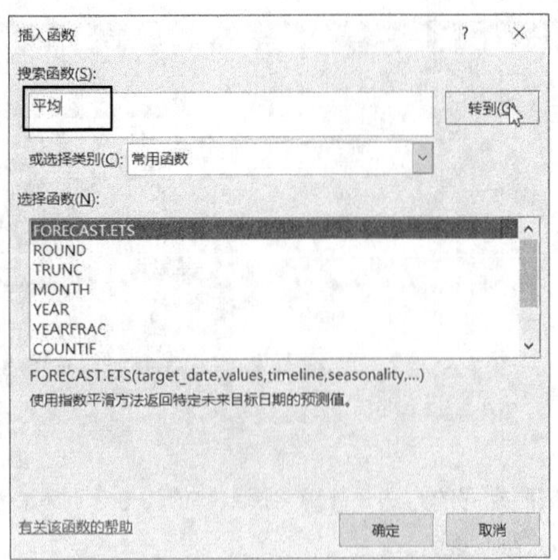

❸ 单击【转到】按钮，系统即可根据关键字在下方列表框中给出相关函数，此处选择【AVERAGE】选项。

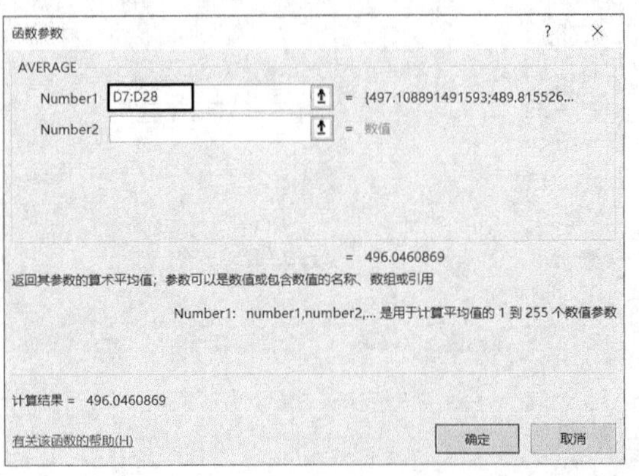

❹ 单击【确定】按钮，弹出【函数参数】对话框，在第1个参数文本框中输入“D7:D28”。

❺ 单击【确定】按钮，即可得到平滑系数值为0.7时的平均标准误差。

❻ 按照相同的方法，计算平滑系数值为0.3时的平均标准误差。

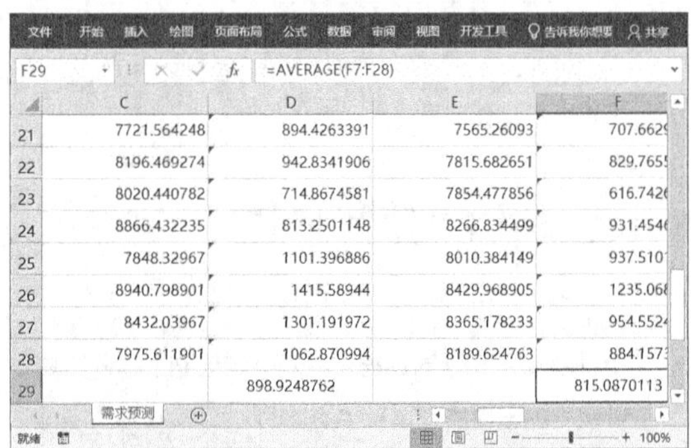

由计算结果可知，当平滑系数值为0.3时，标准误差较小，因此在进行指数平滑运算时，平滑系数值应该选择0.3。

- **计算预测值**

❶ 根据一次指数平滑公式“$S_t=\alpha X_{t-1}+(1-\alpha)S_{t-1}$”，在单元格B29中输入公式“=(0.3)*B28+(1-0.3)*E28”。

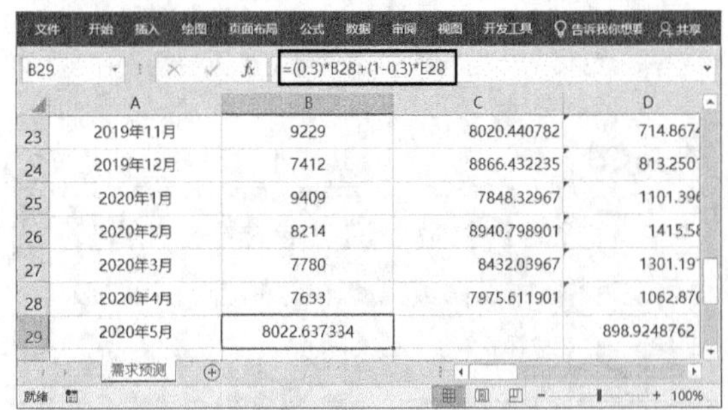

❷ 按【Enter】键，得到 2020 年 5 月的预测销量。

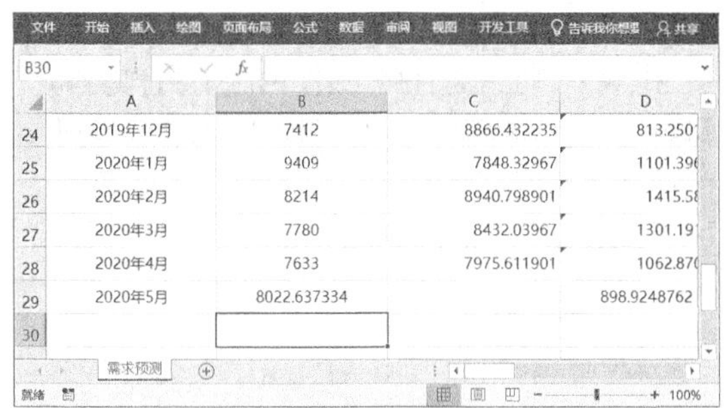

	A	B	C	D
24	2019年12月	7412	8866.432235	813.250
25	2020年1月	9409	7848.32967	1101.39
26	2020年2月	8214	8940.798901	1415.5
27	2020年3月	7780	8432.03967	1301.19
28	2020年4月	7633	7975.611901	1062.87
29	2020年5月	8022.637334		898.9248762
30				

已知 2020 年 4 月原味奶糖的库存量为 386 袋，那么 2020 年 5 月的计划产量应该是预测需求量减去库存量，即 8022.637334−386=7636.637334，取整值后为 7637 袋。

可以发现，使用指数平滑法计算出的预测销量与使用移动平均法计算出的预测销量是不同的，一般选择标准误差较小的方法计算出的结果，本实例中显然使用移动平均法的标准误差较小，因此 2020 年 5 月的计划产量应该是 7321 袋。

3.2 生产过程的监督与分析

作为生产型企业，生产能力是评定企业能力的重要指标，而必要的监督与分析是将生产能力最大化的一项重要保障。

生产过程中的监督与分析主要包括生产合格率的监督与分析。

3.2.1 生产合格率分析

生产合格率是指实际筛选出的合格产品的数量与投入的所有材料预估生产出的产品数量的比值。

产品的生产合格率直接影响产品的平均成本。生产合格率高会使产品的平均单位成本低，生产合格率低会使产品的平均单位成本高。为了使企业的利润最大化，应该尽可能地提高产品的生产合格率。

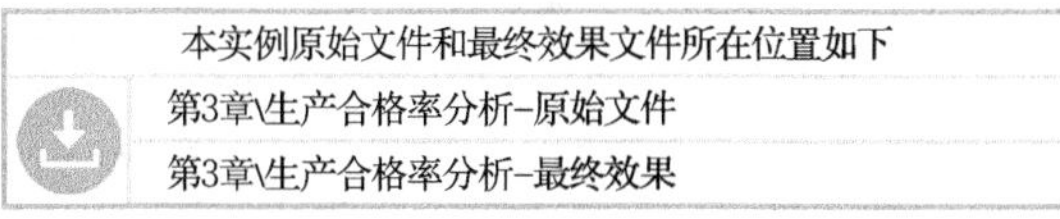
本实例原始文件和最终效果文件所在位置如下
第3章\生产合格率分析-原始文件
第3章\生产合格率分析-最终效果

扫码看视频

1. 计算生产合格率

要监控生产合格率的变化趋势，先要计算出每个批次的生产合格率。具体操作步骤如下。

❶ 打开本实例的原始文件“生产合格率分析－原始文件”，在单元格 D2 中输入公式“=C2/B2*100%”。

	B	C	D
1	预计出糖量（kg）	实际出糖量（kg）	生产合格率
2	30	29.69	=C2/B2*100%
3	30	29.54	
4	30	29.47	
5	30	29.65	
6	30	29.44	
7	30	29.52	

❷ 按【Enter】键完成输入，即可得到当前批次产品的生产合格率。

	B	C	D
1	预计出糖量（kg）	实际出糖量（kg）	生产合格率
2	30	29.69	0.989666667
3	30	29.54	
4	30	29.47	
5	30	29.65	
6	30	29.44	
7	30	29.52	
8	30	29.48	
9	30	29.69	

❸ 选中单元格 D2，将单元格 D2 中的公式不带格式地填充到下面的单元格区域中。

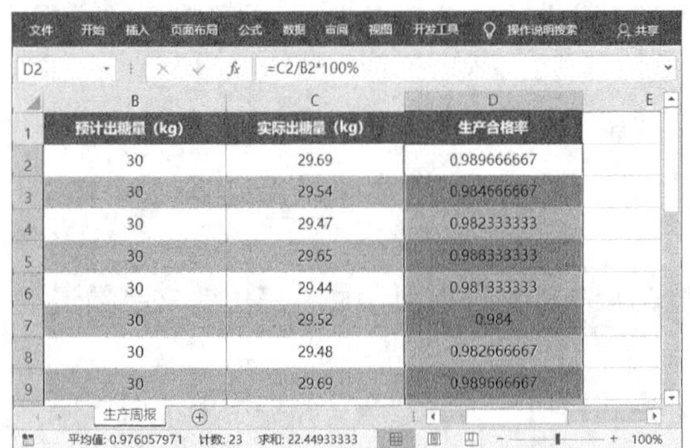

	B	C	D
1	预计出糖量（kg）	实际出糖量（kg）	生产合格率
2	30	29.69	0.989666667
3	30	29.54	0.984666667
4	30	29.47	0.982333333
5	30	29.65	0.988333333
6	30	29.44	0.981333333
7	30	29.52	0.984
8	30	29.48	0.982666667
9	30	29.69	0.989666667

❹ 单元格中的数值默认是以常规形式显示的，而生产合格率通常以百分比形式显示，因此需要设置生产合格率为百分比形式。选中数据区域 D2:D24，按【Ctrl】+【1】组合键打开【设置单元格格式】对话框，切换到【数字】选项卡，选择【百分比】选项，设置【小数位数】为【2】。

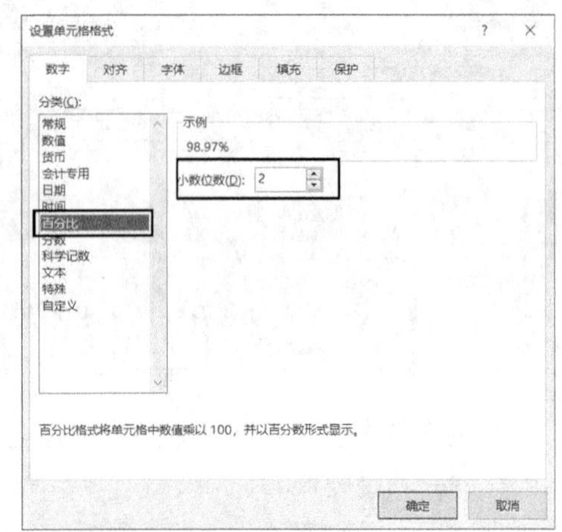

❺ 单击【确定】按钮，返回工作表，即可看到生产合格率已经显示为百分比形式。

	B	C	D
1	预计出糖量（kg）	实际出糖量（kg）	生产合格率
2	30	29.69	98.97%
3	30	29.54	98.47%
4	30	29.47	98.23%
5	30	29.65	98.83%
6	30	29.44	98.13%
7	30	29.52	98.40%
8	30	29.48	98.27%
9	30	29.69	98.97%

2. 分析生产合格率

要想知道生产过程中有无异常，最简单的方法就是分析生产合格率，查看其是否存在异常波动。在分析有关趋势变化的问题时，通常使用图表来辅助分析数据的变化趋势，而最适合用来表现变化趋势的图表之一就是折线图。具体操作步骤如下。

❶ 选中数据区域 A1:A24 和 D1:D24，切换到【插入】选项卡，在【图表】组中单击【插入折线图或面积图】按钮。

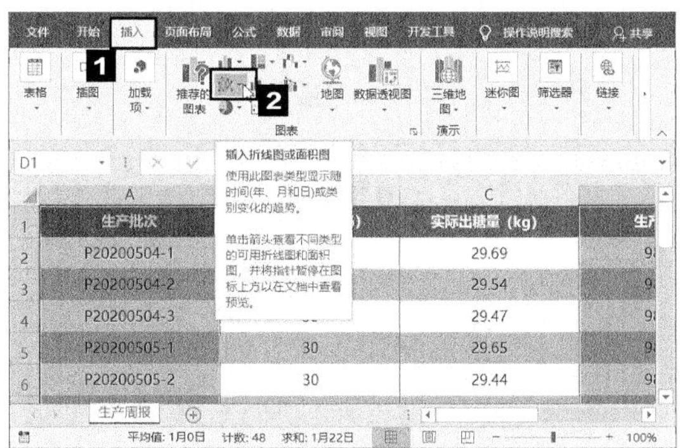

❷ 在弹出的下拉列表中选择【折线图】选项。

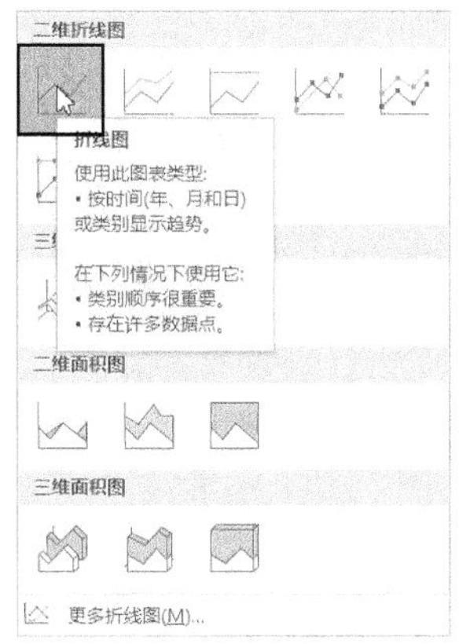

❸ 此时可在工作表中插入一个折线图。

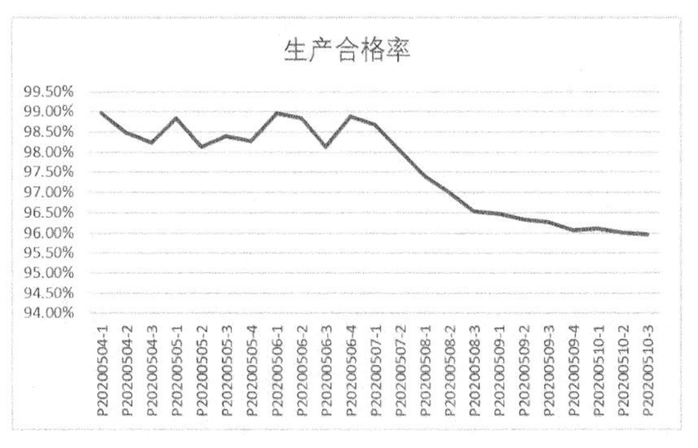

默认插入的图表比较小，用户可以根据需要适当调整图表的大小。在调整图表大小的过程中，可以发现当图表增大时，横坐标轴上的内容就会变成倾斜的。这是因为横坐标轴上的内容应横排显示，当图表宽度较小时，横坐标轴上的内容排列得比较紧密，看起来就是竖排显示的。而将图表的宽度调大时，横坐标轴上的内容就会倾斜显示。为了查看方便，用户可以将横坐标轴上内容的显示方式更改为竖排显示。

❹ 在图表的横坐标轴上单击鼠标右键，在弹出的快捷菜单中选择【设置坐标轴格式】选项。

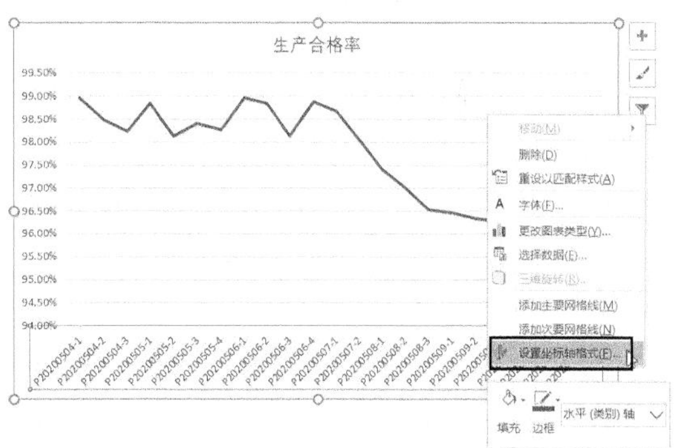

❺ 弹出【设置坐标轴格式】任务窗格，切换到【文本选项】选项卡，单击【文本框】按钮，在【文本框】组中的【文字方向】下拉列表中选择【竖排】选项。

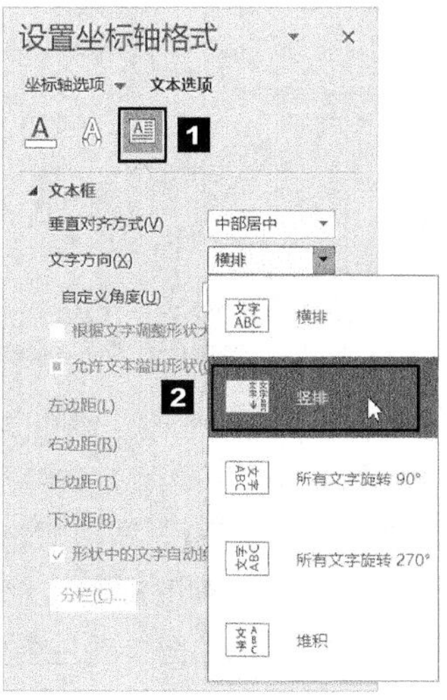

❻ 此时可将图表横坐标轴上的内容更改为竖排显示。

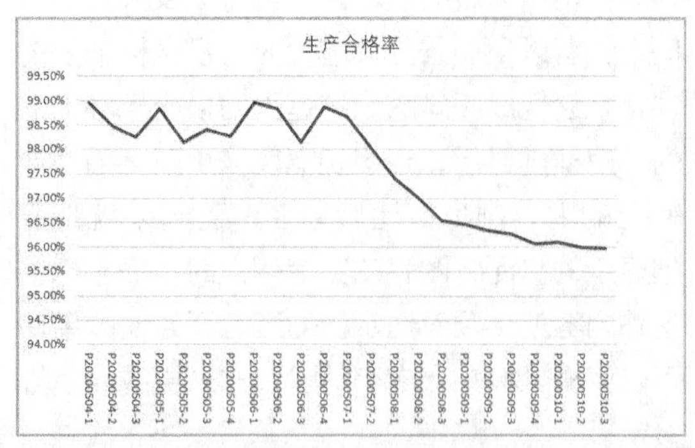

❼ 从规范化的角度出发，通常为图表选用与表格区域相同的字体。因此，用户可以选中图表，切换到【开始】选项卡，在【字体】下拉列表中选择【微软雅黑】选项。

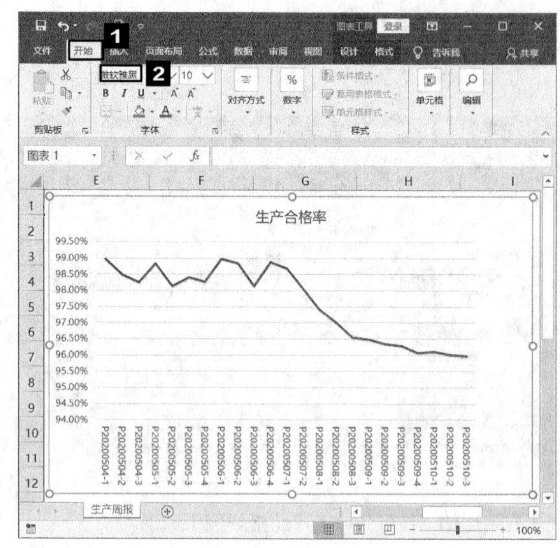

由上图可以看出，在 P20200507-2 批次之前，生产合格率虽然有一定的波动，一般为 98%~99%；而在 P20200507-2 批次之后，生产合格率呈明显的下降趋势，属于异常波动，生产部门应该对其进行进一步的调查分析。

3.2.2 生产合格率异常分析

在进行生产合格率异常分析之前，先来看一下糖果的生产工艺（见下图），以便用户更好地理解废品产生的原因。

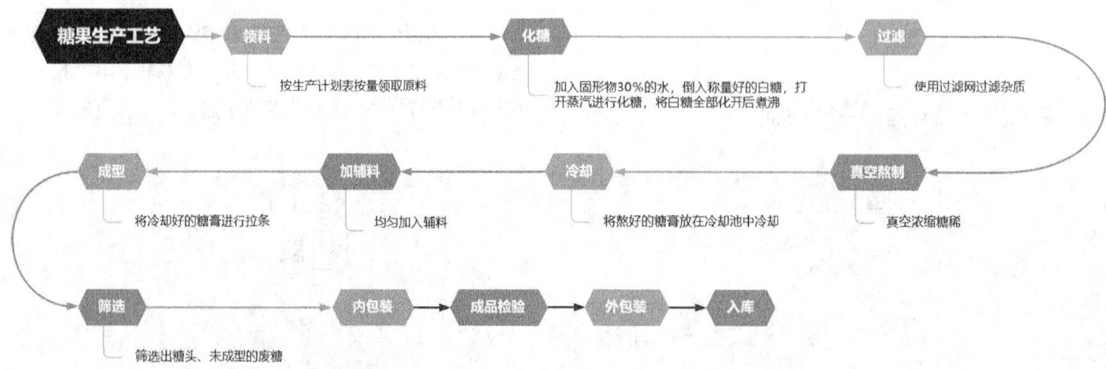

在生产过程中，影响生产合格率的主要因素有原料、温度、过滤网和成型机。各个工序对生产合格率造成影响的因素是不同的。其中领料工序影响生产合格率的因素是原料，化糖、真空熬制、过滤工序影响生产合格率的因素是过滤网，冷却、加辅料这几个工序影响生产合格率的主要因素是温度，成型工序影响生产合格率的因素是成型机。在生产合格率发生异常时，用户可以随机调整不同工序的影响因素，然后进行相关性分析，以确定造成生产合格率异常的因素。

Excel 中进行相关性分析的主要方法是相关系数法。

相关系数是描述两个变量之间的离散程度的指标。使用相关分析工具来检验每对变量，确定两个变量的变化是否相关，即一个变量的较大值是否与另一个变量的较大值相关（正相关）；

或者一个变量的较小值是否与另一个变量的较大值相关（负相关）；或者两个变量中的值互不关联，也就是相关系数近似为 0。

这里需要注意的是，分析的数据区域的数字格式必须是可以计算的数值格式，不能是文本格式，因此对于原料、过滤网及配件，需要将它们更换数字来表示。更换前的原料、过滤网及配件用数字 1 表示，更换后的用数字 2 表示。根据调整的不同因素及对应的生产合格率制作出下图所示的数据表。

批次	合格率	领料	化糖（℃）	过滤	真空熬制（℃）	冷却（℃）	加辅料（℃）	成型
P20200511-1	96.55%	1	110	1	148	110	81	1
P20200511-2	98.23%	2	107	2	143	114	82	2
P20200511-3	96.58%	1	105	1	145	115	88	1
P20200511-4	98.63%	2	106	2	147	111	88	2
P20200512-1	98.66%	1	110	2	146	110	87	2
P20200512-2	96.10%	1	107	1	147	112	80	2
P20200512-3	98.99%	2	105	2	148	110	82	2
P20200512-4	95.96%	2	107	1	144	114	89	2
P20200513-1	98.63%	1	108	2	147	112	89	2
P20200513-2	98.76%	2	109	2	143	114	82	1
P20200513-3	99.01%	1	107	2	143	115	90	1
P20200513-4	96.42%	2	107	1	145	111	88	2

使用相关系数法分析生产合格率与不同因素的相关性的具体操作步骤如下。

本实例原始文件和最终效果文件所在位置如下

第3章\生产合格率异常分析–原始文件

第3章\生产合格率异常分析–最终效果

扫码看视频

❶ 打开本实例的原始文件“生产合格率异常分析 – 原始文件”，切换到【数据】选项卡，在【分析】组中单击【数据分析】按钮。

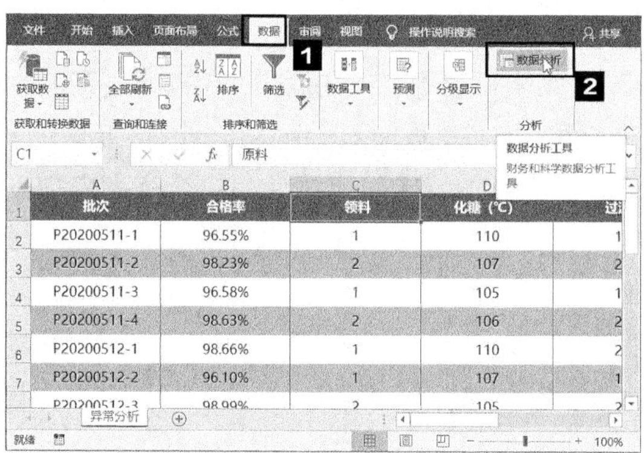

❷ 弹出【数据分析】对话框，选择【相关系数】选项。

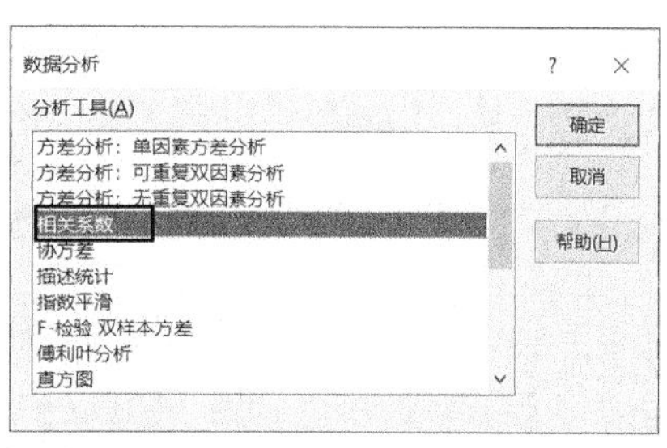

❸ 单击【确定】按钮，弹出【相关系数】对话框，将光标定位到【输入区域】文本框中，选中单元格区域 B1:I13，在【分组方式】组中选中【逐列】单选钮；勾选【标志位于第一行】复选框，这样可以显示列标题；在【输出选项】组中选中【输出区域】单选钮，然后将光标定位到其右侧的文本框中，在工作表中选中非数据区域内的任意空白单元格，例如选中单元格 A15。

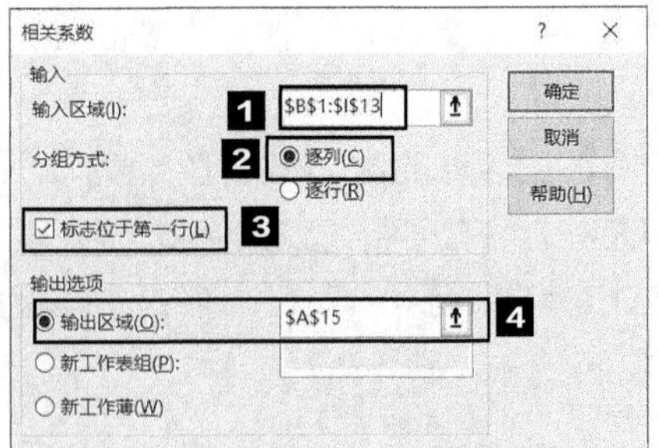

❹ **单击【确定】按钮，返回工作表，即可查看分析结果，如下图所示。**

	A	B	C	D	E	F	G	H	I
14									
15		合格率	领料	化糖（℃）	过滤	真空熬制（℃）	冷却（℃）	加辅料（℃）	成型
16	合格率	1							
17	领料	0.101512919	1						
18	化糖（℃）	0.050887563	-0.312771621	1					
19	过滤	0.978757612	0.169030851	0.070490738	1				
20	真空熬制（℃）	-0.08350647	-0.27050089	0	-0.137168987	1			
21	冷却（℃）	-0.05973512	0	-0.28566879	-0.029880715	-0.812910309	1		
22	加辅料（℃）	0.091908434	-0.093352006	-0.189786078	0.07100716	-0.252518006	0.272290574	1	
23	成型	-0.008849647	0.353553391	-0.184302445	0.119522861	0.286909521	-0.4375	0.049507377	1

❺ **默认生成的相关系数分析表格看起来并不是特别美观，用户可以选中相关系数分析的数据区域对其进行适当的美化。**

	A	B	C	D	E	F	G	H	I
15		合格率	领料	化糖（℃）	过滤	真空熬制（℃）	冷却（℃）	加辅料（℃）	成型
16	合格率	1							
17	领料	0.101512919	1						
18	化糖（℃）	0.050887563	-0.312771621	1					
19	过滤	0.978757612	0.169030851	0.070490738	1				
20	真空熬制（℃）	-0.08350647	-0.27050089	0	-0.137168987	1			
21	冷却（℃）	-0.05973512	0	-0.28566879	-0.029880715	-0.812910309	1		
22	加辅料（℃）	0.091908434	-0.093352006	-0.189786078	0.07100716	-0.252518006	0.272290574	1	
23	成型	-0.008849647	0.353553391	-0.184302445	0.119522861	0.286909521	-0.4375	0.049507377	1

依据上图，就可以根据相关系数分析结果了。例如生产合格率与过滤工序的相关系数为0.978757612，接近于1，属于高度正相关。而生产合格率与其他工序的相关系数都接近于0，说明生产合格率与其他工序的相关性不大。因此只需要更换过滤网就可以使生产合格率恢复到正常范围内。

3.2.3 设备生产能力优化决策分析

作为生产型企业，要想实现利益最大化，必须保证产销平衡。如果企业具备足够强的设备生产能力，就应尽可能地提高产量，以提高企业的经济效益。但前提是产量不能超越企业产品在竞争条件下有望达到的最大销售量，否则将会造成产品积压。如果企业目前的设备生产能力不足，产品的最大产量小于最大销售量，那就需要创建一个盈亏分析的基本模型，运用公式分析出生产计划中的最优产量。

在进行分析时，通常会涉及以下几个知识点。

1. 盈亏平衡点

盈亏平衡点通常是指全部销售收入等于全部成本时的产量，盈亏平衡点的计算公式如下。

盈亏平衡点 = 固定费用 ÷ (产品单价 – 变动成本)

2. IF 函数

IF 函数作为一个条件判断的逻辑函数，可以帮助决策者根据条件轻松做出选择或决策。

IF 函数的基本用法：根据指定的条件进行判断，得到满足条件的结果 1 或者不满足条件的结果 2。其语法格式如下。

IF(判断条件 , 满足条件的结果 1, 不满足条件的结果 2)

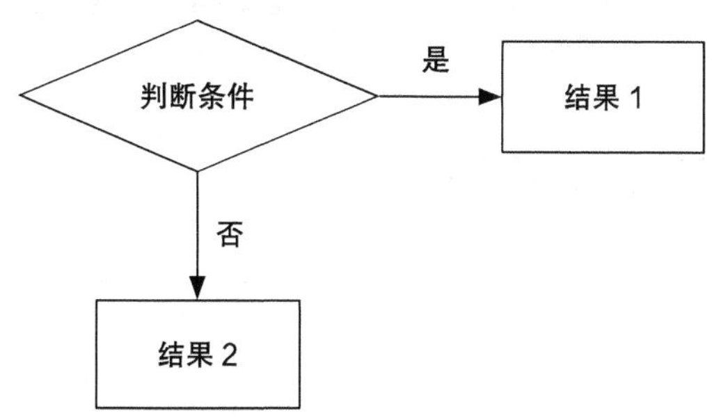

3. OR 函数

OR 函数的功能是连接多个条件并进行判断，这些条件中只要有一个为真，其结果就为真。其语法格式如下。

OR(条件 1, 条件 2,…)

OR 函数的特点：在众多条件中，只要有一个条件为真，其逻辑值就为真；只有全部条件为假，其逻辑值才为假。

OR 函数的逻辑关系值如下页表所示。

条件 1	条件 2	逻辑值
真	真	真
真	假	真
假	真	真
假	假	假

由于 OR 函数的返回结果就是一个逻辑值 TRUE 或 FALSE，不能直接参与数据的计算和处理，因此一般需要与其他函数嵌套使用。

了解了基本知识点后，接下来就可以进行具体分析了。

乳酸菌面包的单位售价为 56 元，单位变动成本为 18 元，公司的月固定成本为 15 万元，市场最大月销售量预计为 2 万箱，但是目前该产品每月的最大产量为 1 万箱，若要提高产量到 1.5 万箱，月固定成本将增加 5 万元。在这种情况下，公司是否可以通过扩大生产来进一步提高经济效益呢？具体的分析步骤如下。

本实例原始文件和最终效果文件所在位置如下

第3章\设备生产能力优化决策分析–原始文件

第3章\设备生产能力优化决策分析–最终效果

扫码看视频

❶ 打开文件“设备生产能力优化决策分析 – 原始文件”，即可看到根据已知数据与盈亏分析理论构建的一个生产决策模型表，如下图所示。

	B	C	D
1		目前的产品生产模型	
2	市场最大销量	目前最大产量	固定成本
3	20000	10000	150000
4	市场单价	单位变动成本	总利润
5	56	18	
6		扩大生产后的产品生产模型	
7	增加产量	增加固定成本	保本产量的盈亏平衡点
8	5000	50000	
9	总产量	总固定成本	总利润
10			
11		决策结果	
12			

❷ 计算原生产模式下的总利润。总利润 =（市场单价 – 单位变动成本）× 目前最大产量 – 固定成本。在单元格 D5 中输入公式“=(B5–C5)*C3–D3”。

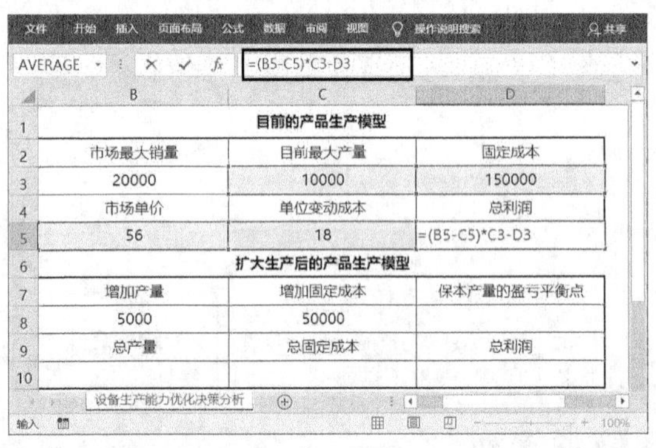

=(B5-C5)*C3-D3

	B	C	D
1		目前的产品生产模型	
2	市场最大销量	目前最大产量	固定成本
3	20000	10000	150000
4	市场单价	单位变动成本	总利润
5	56	18	=(B5-C5)*C3-D3
6		扩大生产后的产品生产模型	
7	增加产量	增加固定成本	保本产量的盈亏平衡点
8	5000	50000	
9	总产量	总固定成本	总利润
10			

❸ 按【Enter】键完成输入，得到原生产模式下可以获得的总利润为 23 万元。

	B	C	D
1		目前的产品生产模型	
2	市场最大销量	目前最大产量	固定成本
3	20000	10000	150000
4	市场单价	单位变动成本	总利润
5	56	18	230000
6		扩大生产后的产品生产模型	
7	增加产量	增加固定成本	保本产量的盈亏平衡点
8	5000	50000	
9	总产量	总固定成本	总利润
10			

❹ 计算扩大生产后的总产量和总固定成本。总产量 = 目前最大产量 + 增加产量，总固定成本 = 固定成本 + 增加固定成本。在单元格 B10 中输入公式“=C3+B8”，得到总产量为 1.5 万箱；在单元格 C10 输入公式“=D3+C8”，得到总固定成本为 20 万元。

B	C	D
目前的产品生产模型		
市场最大销量	目前最大产量	固定成本
20000	10000	150000
市场单价	单位变动成本	总利润
56	18	230000
扩大生产后的产品生产模型		
增加产量	增加固定成本	保本产量的盈亏平衡点
5000	50000	
总产量	总固定成本	总利润
15000	200000	
决策结果		

❺ 计算扩大生产后保本产量的盈亏平衡点。保本产量的盈亏平衡点 = 总固定成本 ÷（市场单价 − 单位变动成本），在单元格 D8 中输入公式“=C10/(B5−C5)”，得到保本产量的盈亏平衡点约为 5263 箱。

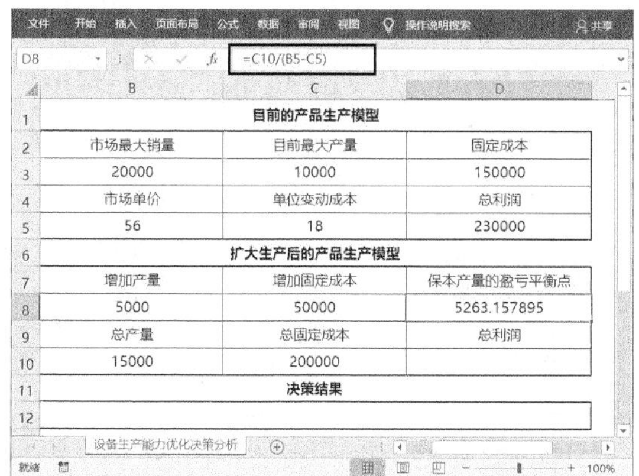

B	C	D
目前的产品生产模型		
市场最大销量	目前最大产量	固定成本
20000	10000	150000
市场单价	单位变动成本	总利润
56	18	230000
扩大生产后的产品生产模型		
增加产量	增加固定成本	保本产量的盈亏平衡点
5000	50000	5263.157895
总产量	总固定成本	总利润
15000	200000	
决策结果		

❻ 计算扩大生产后的总利润。扩大生产后，若总产量仍然小于目前的市场最大销量，则总利润 =（市场单价 − 单位变动成本）× 总产量 − 总固定成本；若总产量大于目前的市场最大销量，则总利润 =（市场单价 − 单位变动成本）× 市场最大产量 − 总固定成本。在单元格 D10 中输入公式“=IF(B10<B3,B10*(B5−C5)−C10,B3*(B5−C5)−C10)”，按【Enter】键得到扩大生产后可以获得的总利润为 37 万元。

B	C	D
目前的产品生产模型		
市场最大销量	目前最大产量	固定成本
20000	10000	150000
市场单价	单位变动成本	总利润
56	18	230000
扩大生产后的产品生产模型		
增加产量	增加固定成本	保本产量的盈亏平衡点
5000	50000	5263.157895
总产量	总固定成本	总利润
15000	200000	370000
决策结果		

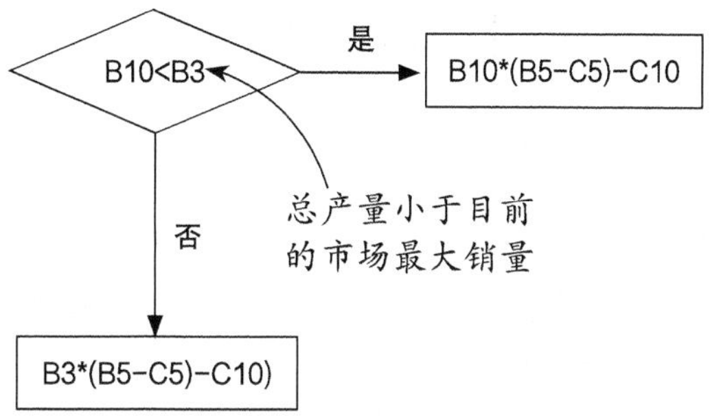

❼ 做出决策。如果扩大生产后的保本产量的盈亏平衡点大于总产量，或者扩大生产后的总利润小于等于扩大生产前的总利润，则不增加产量；反之则增加产量。在单元格 B12 中输入公式“=IF(OR(D8>B10,D10<=D5),"不增加产量","增加产量")”。由此可知在目前的情况下可以增加产量。

B	C	D
目前的产品生产模型		
市场最大销量	目前最大产量	固定成本
20000	10000	150000
市场单价	单位变动成本	总利润
56	18	230000
扩大生产后的产品生产模型		
增加产量	增加固定成本	保本产量的盈亏平衡点
5000	50000	5263.157895
总产量	总固定成本	总利润
15000	200000	370000
决策结果		
增加产量		

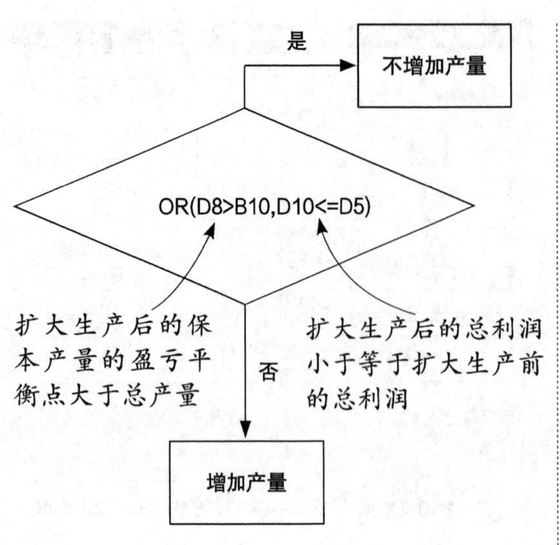

由前面的分析结果可知，扩大生产后的保本产量的盈亏平衡点约为 5263 箱，也就是说只要销量大于 5263 箱，公司就是盈利的。

扩大生产后，企业的总利润明显大于扩大生产前的总利润，因此，企业是可以通过扩大生产来进一步提高经济效益的。

3.2.4 合理配料实现利润最大化

多元化生产是现代企业的一种发展战略，它已经成为企业增强市场竞争力的重要手段。企业进行多元化生产，就必然会面临多种资源的组合使用问题。那么企业在生产过程中如何协调各种资源，使企业利润最大化，就成了多元化生产中需要解决的最关键的问题。

多元化生产面临的是多种要素对目标值的影响，所以在进行多元化生产的过程中，最常用的合理协调各种资源、使企业利润最大化的分析工具就是规划求解。

规划求解常用于实现实际生产中有多个变量和多种条件影响目标值的决策分析。在借助规划求解进行决策分析的过程中，我们可以通过以下步骤进行操作。

创建数学公式

将需要解决的问题具体化。列出数学方程式。

创建约束条件

确定各变量的限制条件。限制条件可以针对单个变量，也可以针对多个变量。

将条件转换为 Excel 公式

将已知数据输入对应单元格中，选定一个单元格定义目标函数，根据约束条件定义约束公式。

使用规划求解

打开规划求解对应的对话框，将目标函数、可变单元格及对应的约束条件输入对话框，单击「求解」按钮，即可对模型求解。

在 Excel 中，规划求解并不是必选的组件，因此在使用前必须先安装该插件。

1. 安装规划求解插件

安装规划求解插件的方法与安装分析工具库的方法一致，具体操作步骤如下。

❶ 打开任意一个工作簿，单击【文件】按钮，在弹出的界面中选择【选项】选项。

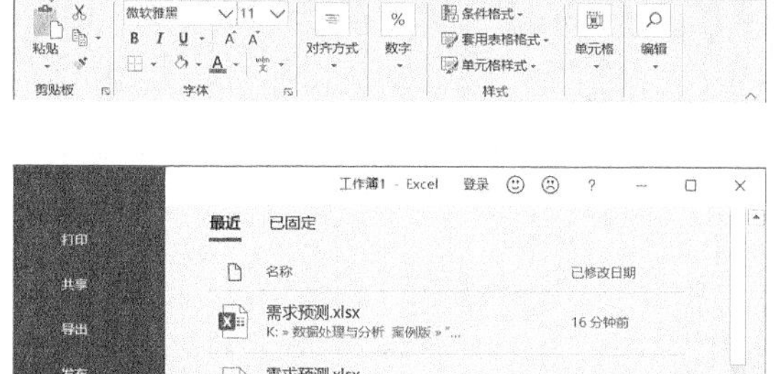

❷ 弹出【Excel 选项】对话框，切换到【加载项】选项卡，单击【转到】按钮。

❸ 弹出【加载项】对话框，勾选【规划求解加载项】复选框，然后单击【确定】按钮，即可完成规划求解插件的安装。

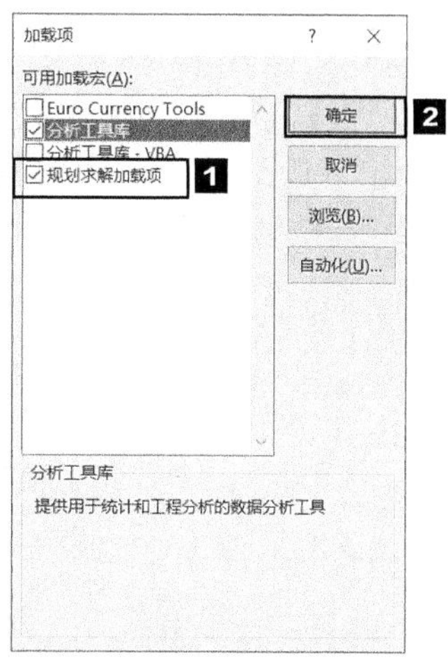

❹ 在工作簿中切换到【数据】选项卡，即可看到该选项卡的【分析】组中添加了一个【规划求解】按钮，单击该按钮即可打开【规划求解参数】对话框。

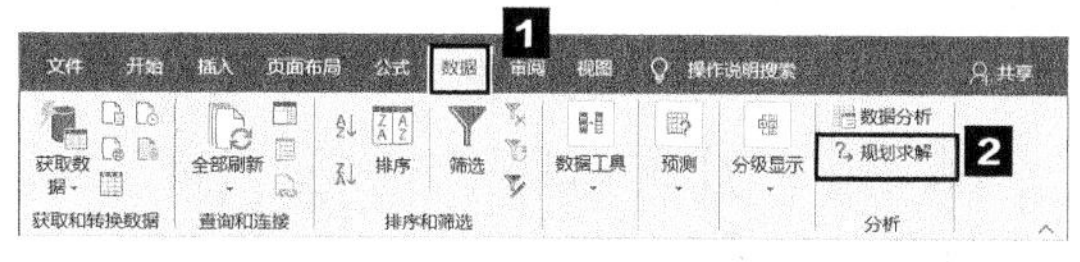

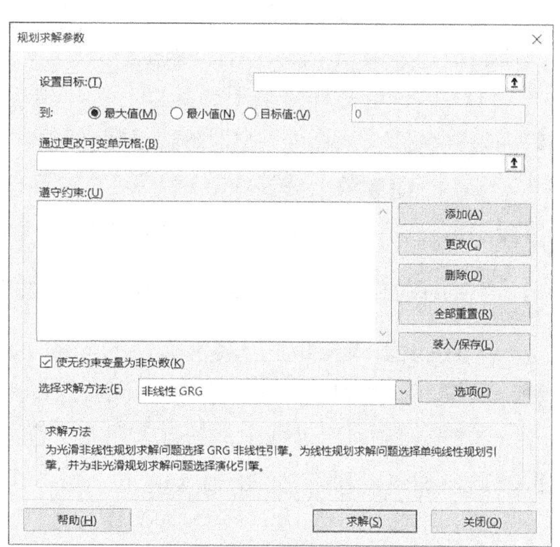

2. 用规划求解法求最佳配料方式

本实例原始文件和最终效果文件所在位置如下
第3章\合理配料实现利润最大化–原始文件
第3章\合理配料实现利润最大化–最终效果

某企业在 2020 年 4 月接了一个生产果仁糖果的订单，该订单的生产需要使用对方提供的原料：杏仁、核桃仁和腰果仁。3 种原料（杏仁、核桃仁和腰果仁）的重量分别为 200kg、300kg 和 300kg，其价格分别为 31.5 元 /kg、38.5 元 /kg、49 元 /kg。对方要求企业按照指定配比生产 4 种果仁糖果，每种糖果的产量不少于 50kg，4 种糖果的出厂价格分别为 66 元 /kg、62 元 /kg、60 元 /kg、58 元 /kg。

4 种果仁糖果的果仁配比情况如下图所示。

	A	B	C	D
1	原料配比			
2		杏仁	核桃仁	腰果仁
3	糖果1	3	2	5
4	糖果2	4	3	3
5	糖果3	2	3	4
6	糖果4	2	4	3

企业应该怎样合理分配原料进行生产，才能实现利润最大化呢？

这个问题其实就是一个经典的“鸡兔同笼”问题，拿到问题，首先想到的就是设置未知数参数，使用方程求解。但是本实例中的未知参数较多，限制条件也较多，使用方程计算会耗费比较长的时间，而使用线性规划求解可以快速得出结果。使用线性规划求解需要先建立线性规划模型，建立线性规划模型一般需要进行以下 4 个步骤。

（1） 根据实际问题设置决策变量。决策变量就是待确定的未知数，也称变量，它是解决某一问题时可变的因素，调整可变因素可得到最优结果。

（2） 确定目标函数。目标函数用于将决策变量用数学公式表达出来，以表示要达到的最大值、最小值或某个既定目标数值。

（3） 分析各种资源限制条件，列出约束条件。约束条件就是实现目标时变量所要满足的各项限制条件，包括变量的非负限制条件。

（4） 建立整个线性规划模型，并对模型求解。先将目标函数与约束条件写在一起，通常目标函数在前，约束条件在后；然后根据设定的函数和条件对模型进行最优求解。

下面根据以上 4 个步骤来分析该订单的配料问题。

（1）设置决策变量。当前实例的问题是确定各种糖果的产量，因此变量就是各种糖果的产量，假设 4 种糖果的产量分别为 x_1、x_2、x_3、x_4。

（2）确定目标函数。当前实例的最终目标是实现利润最大化，假设利润为 P，那么目标函数就是各种糖果利润之和的最大值。

$P_{max}=P_1+P_2+P_3+P_4$

但是各种糖果的利润是未知的，需要先根据已知条件和假设的决策变量计算出各种糖果的利润。

根据公式“利润 = 销售额 − 成本”“销售额 = 销售单价 × 数量”“成本 = 各原料的用量 × 各原料的单价”分析可知，各种糖果的销售单价是已知数据，数量是假设的决策变量，那么销售额是可以计算出来的。各原料的单价已知，但是各原料的用量是未知的，因此成本是无法直接计算出来的。但是因为已知各种糖果的配料比，所以可以根据配料比和假设的决策变量计算出各种原料的用量。

- **各种糖果的用料情况**

糖果 1：杏仁的用量 $=3/10x_1$，核桃仁的用量 $=2/10x_1$，腰果仁的用量 $=5/10x_1$
糖果 2：杏仁的用量 $=4/10x_2$，核桃仁的用量 $=3/10x_2$，腰果仁的用量 $=3/10x_2$
糖果 3：杏仁的用量 $=2/9x_3$，核桃仁的用量 $=3/9x_3$，腰果仁的用量 $=4/9x_3$
糖果 4：杏仁的用量 $=2/9x_4$，核桃仁的用量 $=4/9x_4$，腰果仁的用量 $=3/9x_4$

- **各种糖果的成本**

糖果 1：$31.5\times3/10x_1+38.5\times2/10x_1+49\times5/10x_1$
糖果 2：$31.5\times4/10x_2+38.5\times3/10x_2+49\times3/10x_2$
糖果 3：$31.5\times2/9x_3+38.5\times3/9x_3+49\times4/9x_3$
糖果 4：$31.5\times2/9x_4+38.5\times4/9x_4+49\times3/9x_4$

- **各种糖果的销售额**

糖果 1：$66x_1$
糖果 2：$62x_2$
糖果 3：$60x_3$
糖果 4：$58x_4$

- **各种糖果的利润**

糖果 1：$66x_1-31.5\times3/10x_1+38.5\times2/10x_1+49\times5/10x_1$
糖果 2：$62x_2-31.5\times4/10x_2+38.5\times3/10x_2+49\times3/10x_2$
糖果 3：$60x_3-31.5\times2/9x_3+38.5\times3/9x_3+49\times4/9x_3$
糖果 4：$58x_4-31.5\times2/9x_4+38.5\times4/9x_4+49\times3/9x_4$

- **最终的目标函数**

$P_{\max}=(66x_1-31.5\times3/10x_1+38.5\times2/10x_1+49\times5/10x_1)+(62x_2-31.5\times4/10x_2+38.5\times3/10x_2+49\times3/10x_2)+(60x_3-31.5\times2/9x_3+38.5\times3/9x_3+49\times4/9x_3)+58x_4-31.5\times2/9x_4+38.5\times4/9x_4+49\times3/9x_4$

（3）列出约束条件。根据原料杏仁、核桃仁和腰果仁的重量分别为 200kg、300kg 和 300kg，得到以下约束条件。

$3/10x_1+4/10x_2+2/9x_3+2/9x_4 \leqslant 200$

$2/10x_1+3/10x_2+3/9x_3+4/9x_4 \leqslant 300$

$5/10x_1+3/10x_2+4/9x_3+3/9x_4 \leqslant 300$

根据每种糖果的产量不少于 50kg，得到以下约束条件。

$x_1 \geqslant 50$，$x_2 \geqslant 50$，$x_3 \geqslant 50$

（4）建立整个线性规划模型，并对模型求解。

① 建立模型结构。根据前面的目标函数和约束条件建立如下模型结构。

原料配比			
	杏仁	核桃仁	腰果仁
糖果1	3	2	5
糖果2	4	3	3
糖果3	2	3	4
糖果4	2	4	3

条件区域							
	单价	杏仁	核桃仁	腰果仁	销售额	成本	利润
糖果1							
糖果2							
糖果3							
糖果4							
实际用量							
供应量							
单价							
目标利润							

最优变量	
糖果1	
糖果2	
糖果3	
糖果4	

② 编辑公式。根据已知条件并结合前面的分析，计算出相应的目标函数和约束条件。

- **计算各种糖果的用料情况**

❶ 在条件区域中根据已知条件，输入各种原料的单价和供应量及各种糖果的单价。

	A	B	C	D	E	F	G	H
8	条件区域							
9		单价	杏仁	核桃仁	腰果仁	销售额	成本	利润
10	糖果1	66						
11	糖果2	62						
12	糖果3	60						
13	糖果4	58						
14	实际用量							
15	供应量		200	300	300			
16	单价		31.5	38.5	49			
17	目标利润							

提示

已知各种原料的配比，在计算某种原料的用量时，应该使用以下公式。

某原料用量 = 某原料的比例数 ÷ 各种原料比例数之和 × 糖果的重量

要计算各种原料比例数之和，可以使用 SUM 函数。

❷ 计算糖果 1 中杏仁的用量。在单元格 C10 中输入“=B3/”，然后单击工作表中名称框右侧的下拉按钮，在弹出的下拉列表中选择【其他函数】选项。

❸ 弹出【插入函数】对话框，在【搜索函数】文本框中输入函数的关键字“求和”，单击【转到】按钮。

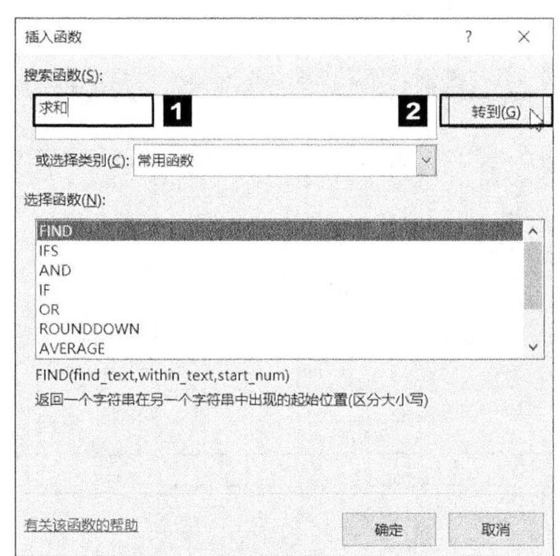

❹ 系统即可搜索出与求和相关的所有函数，此处选择【SUM】选项。

❺ 单击【确定】按钮，弹出【函数参数】对话框，在第 1 个参数文本框中输入“B3:D3”。

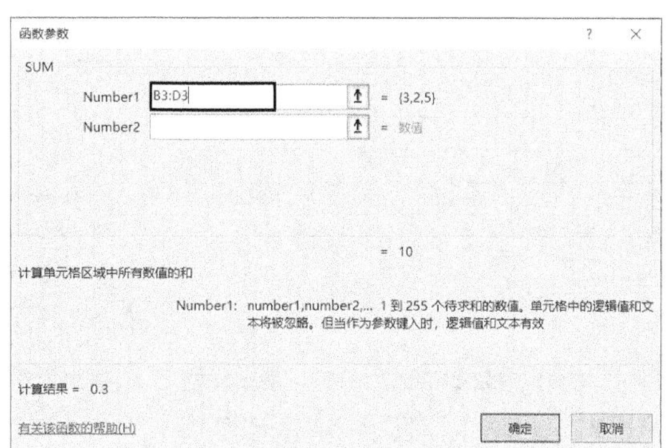

❻ 在参数文本框中选中输入的单元格区域，按 3 次【F4】键，即可将相对引用形式转换为绝对列相对行引用形式。

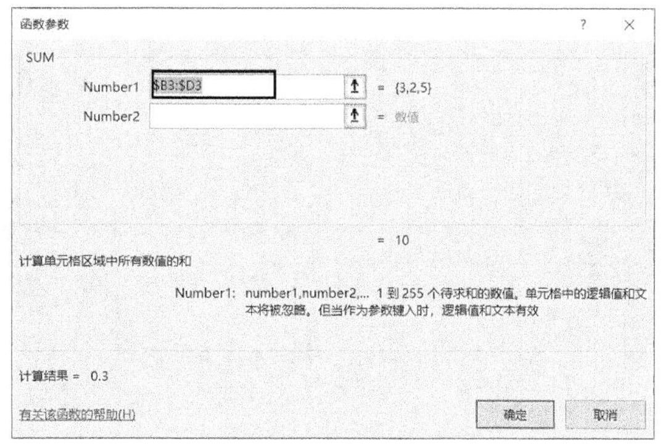

提示

参数文本框中默认输入的单元格区域为相对引用形式，将公式向右拖曳时，公式中的列号会随之变化。但是由于在计算同种糖果的不同原料的用量时，使用的各种原料比例数之和应该是相同的，因此需要对列进行绝对引用。

❼ 单击【确定】按钮，即可得到杏仁的用量占糖果 1 重量的比例。

C10　=B3/SUM($B$3:$D$3)

	A	B	C	D	E	F
1	原料配比					
2		杏仁	核桃仁	腰果仁		
3	糖果1	3	2	5		
4	糖果2	4	3	3		
5	糖果3	2	3	4		
6	糖果4	2	4	3		
7						
8	条件区域					
9		单价	杏仁	核桃仁	腰果仁	销售额
10	糖果1	66	0.3			
11	糖果2	62				

❽ 在编辑栏中公式的最后单击，使单元格 C10 中的公式重新进入编辑状态，然后输入“*$B20”。

SUM　=B3/SUM($B3:$D3)*$B20

	A	B	C	D	E	F
9		单价	杏仁	核桃仁	腰果仁	销售额
10	糖果1	66	=B3/SUM($B3:$D3)*B20			
11	糖果2	62				
12	糖果3	60				
13	糖果4	58				
14	实际用量					
15	供应量		200	300	300	
16	单价		31.5	38.5	49	
17		目标利润				
18						
19	最优变量					
20	糖果1					

❾ 按【Enter】键，即可得到糖果 1 中杏仁的用量。

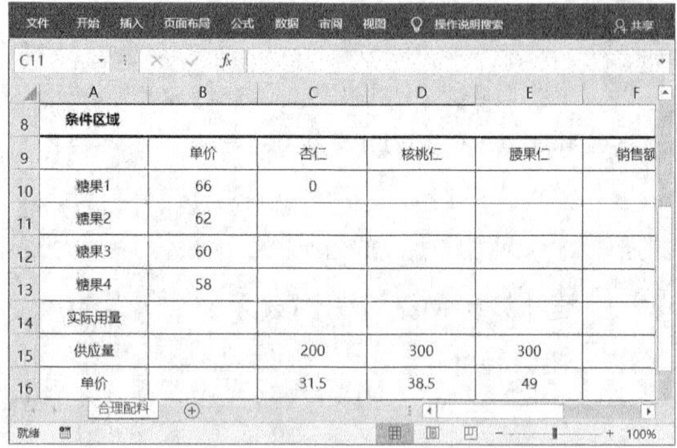

C11

	A	B	C	D	E	F
8	条件区域					
9		单价	杏仁	核桃仁	腰果仁	销售额
10	糖果1	66	0			
11	糖果2	62				
12	糖果3	60				
13	糖果4	58				
14	实际用量					
15	供应量		200	300	300	
16	单价		31.5	38.5	49	

❿ 将单元格 C10 中的公式向右填充到单元格区域 D10:E10，然后选中单元格区域 C10:E10，向下填充到单元格区域 C11:E13。

C10　=B3/SUM($B3:$D3)*$B20

	A	B	C	D	E	F
8	条件区域					
9		单价	杏仁	核桃仁	腰果仁	销售额
10	糖果1	66	0	0	0	
11	糖果2	62	0	0	0	
12	糖果3	60	0	0	0	
13	糖果4	58	0	0	0	
14	实际用量					
15	供应量		200	300	300	
16	单价		31.5	38.5	49	

平均值：0　计数：12　求和：0

● 计算各种糖果的销售额

❶ 根据公式销售额 = 单价 × 数量，在单元格 F10 中输入公式“=B10*B20”。

B20　=B10*B20

	A	B	C	D	E	F
9		单价	杏仁	核桃仁	腰果仁	销售额
10	糖果1	66	0	0	0	=B10*B20
11	糖果2	62	0	0	0	
12	糖果3	60	0	0	0	
13	糖果4	58	0	0	0	
14	实际用量					
15	供应量		200	300	300	
16	单价		31.5	38.5	49	
17			目标利润			
18						
19	最优变量					
20	糖果1					
21	糖果2					

❷ 按【Enter】键，即可得到糖果 1 的销售额，然后将单元格 F10 中的公式向下填充到单元格区域 F11:F13 中。

F10　=B10*B20

	B	C	D	E	F	G
9	单价	杏仁	核桃仁	腰果仁	销售额	成本
10	66	0	0	0	0	
11	62	0	0	0	0	
12	60	0	0	0	0	
13	58	0	0	0	0	
14						
15		200	300	300		

● 计算各种糖果的成本

各种糖果的成本应等于各种原料成本之和，而原料的成本应等于原料的单价与数量的乘积。也就是说，各种糖果的成本应该等于各种原料的单价与数量的乘积之和。在 Excel 中计算乘积之和可以直接使用 SUMPRODUCT 函数。

SUMPRODUCT 函数主要用来求几组数据的乘积之和。其语法格式如下。

SUMPRODUCT(数据 1, 数据 2,…)

如果给 SUMPRODUCT 函数设置两个参数，那么该函数就会先计算两个参数中相同位置的两个数值的乘积，再求这些乘积的和。下面就使用 SUMPRODUCT 函数来计算各种糖果的成本，具体操作步骤如下。

❶ 选中单元格 G10，切换到【公式】选项卡，在【函数库】组中单击【插入函数】按钮。

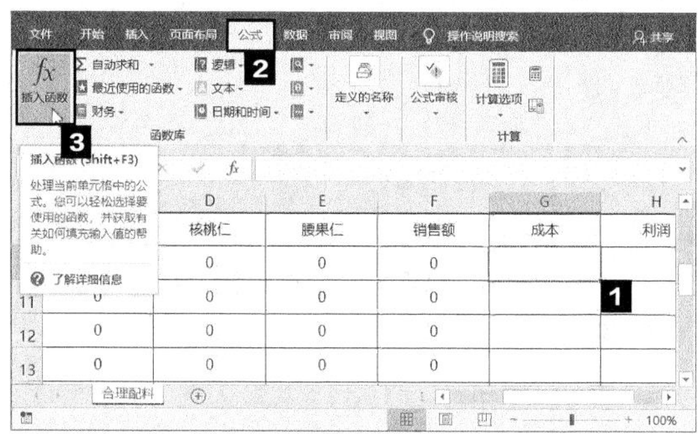

❷ 弹出【插入函数】对话框，在【搜索函数】文本框中输入函数的关键字“乘积”，单击【转到】按钮。

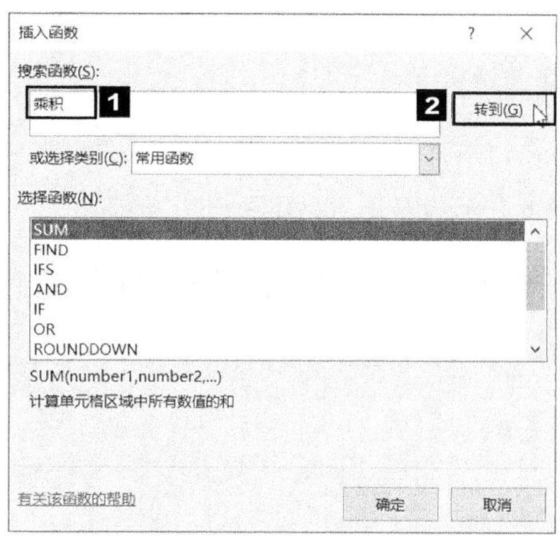

❸ 系统即可搜索出与乘积相关的所有函数，此处选择【SUMPRODUCT】选项。

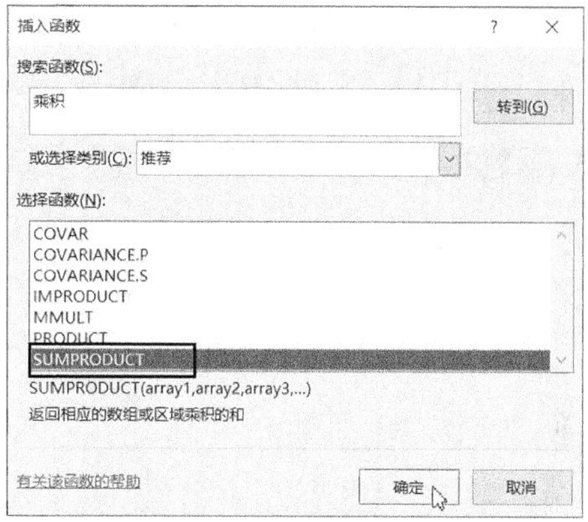

❹ 单击【确定】按钮，弹出【函数参数】对话框，将光标定位在第 1 个参数文本框中，然后选中单元格区域 C16:E16，此时第 1 个参数文本框中输入了“C16:E16”，将其选中，按【F4】键，将其转换为绝对引用形式；在第 2 个参数文本框中输入“C10:E10”。

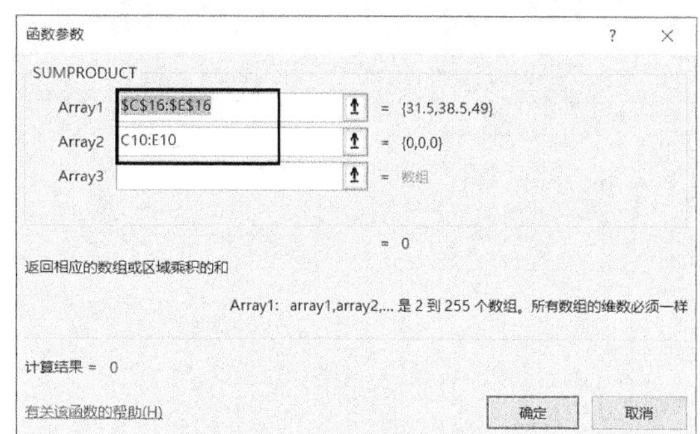

提示

由于各种原料的单价是固定不变的，因此需要将第 1 个参数文本框中的单元格区域转换为绝对引用形式。

❺ 单击【确定】按钮，即可得到糖果 1 的成本。

G10　=SUMPRODUCT($C$16:$E$16,C10:E10)

	C	D	E	F	G	H
9	杏仁	核桃仁	腰果仁	销售额	成本	利润
10	0	0	0	0	0	
11	0	0	0	0		
12	0	0	0	0		
13	0	0	0	0		
14						
15	200	300	300			
16	31.5	38.5	49			

❻ 选中单元格 G10，将单元格 G10 中的公式向下填充到单元格区域 G11:G13，即可得到其他糖果的成本。

G10　=SUMPRODUCT($C$16:$E$16,C10:E10)

	C	D	E	F	G	H
9	杏仁	核桃仁	腰果仁	销售额	成本	利润
10	0	0	0	0	0	
11	0	0	0	0	0	
12	0	0	0	0	0	
13	0	0	0	0	0	
14						
15	200	300	300			
16	31.5	38.5	49			

平均值: 0　计数: 4　求和: 0

● 计算各种糖果的利润

❶ 根据公式“利润 = 销售额 - 成本”，在单元格 H10 中输入公式“=F10-G10”。

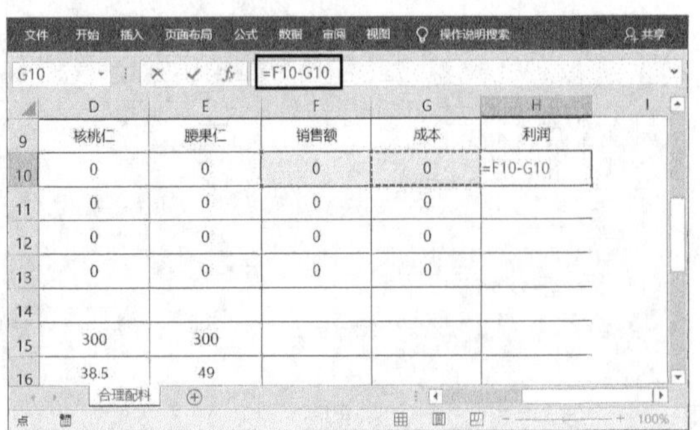

❷ 按【Enter】键完成输入，即可得到糖果 1 的利润，然后将单元格 H10 中的公式向下填充到单元格区域 H11:H13，得到其他糖果的利润。

H10　=F10-G10

	D	E	F	G	H
9	核桃仁	腰果仁	销售额	成本	利润
10	0	0	0	0	0
11	0	0	0	0	0
12	0	0	0	0	0
13	0	0	0	0	0
14					
15	300	300			
16	38.5	49			

平均值: 0　计数: 4　求和: 0

❸ 选中单元格 H14，切换到【公式】选项卡，在【函数库】组中单击【自动求和】按钮的左半部分，系统会自动对单元格 H14 上面的单元格区域进行求和运算。

❹ 按【Enter】键，即可得到所有糖果的总利润。

H14　=SUM(H10:H13)

	D	E	F	G	H
9	核桃仁	腰果仁	销售额	成本	利润
10	0	0	0	0	0
11	0	0	0	0	0
12	0	0	0	0	0
13	0	0	0	0	0
14					0
15	300	300			

❺ 将单元格 H14 中的公式向左填充到单元格区域 C14:F14，即可得到所有糖果的总成本和总销售额，以及各种原料的总用量。

❻ 根据目标利润等于各种糖果的总利润，在单元格 E17 中输入公式“=H14”，按【Enter】键完成输入，即可得到目标利润值。

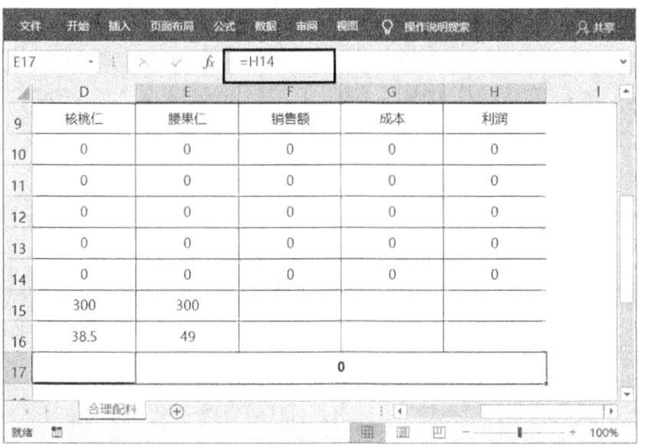

● 规划求解

❶ 切换到【数据】选项卡，在【分析】组中单击【规划求解】按钮。

❷ 弹出【规划求解参数】对话框，将光标定位到【设置目标】文本框中，选中单元格 E17，选中【最大值】单选钮，然后将光标定位到【通过更改可变单元格】文本框中，选中变量所在的单元格区域 B20:B23，单击【添加】按钮。

提示

在规划求解的参数文本框中，引用的数据区域默认为绝对引用形式。

❸ 弹出【添加约束】对话框，根据第 1 个约束条件原材料杏仁的实际用量小于等于供应量，设定第 1 个约束条件。将光标定位到【单元格引用】文本框中，选中单元格 C14；在【关系符号】下拉列表中选择【<=】选项；将光标定位到【约束】文本框中，选中单元格 C15。

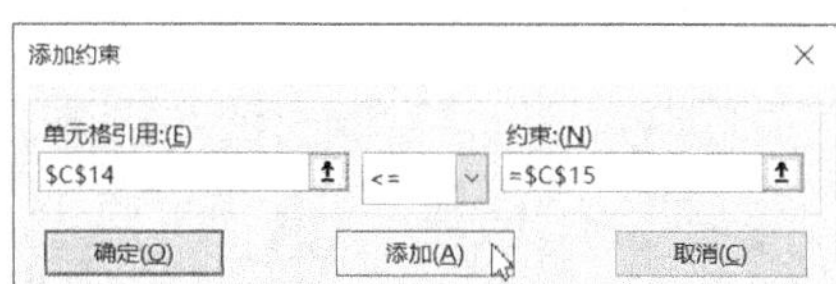

❹ 单击【添加】按钮，弹出一个新的【添加约束】对话框，根据约束条件原材料核桃仁和腰果仁的实际用量小于等于供应量，设定第 2 个和第 3 个约束条件。

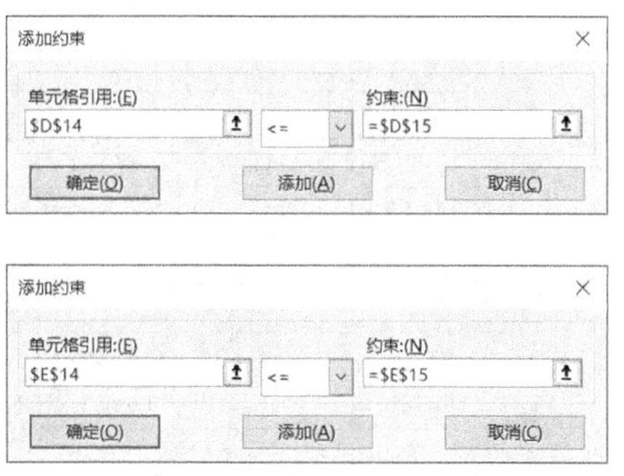

❺ 单击【添加】按钮，弹出一个新的【添加约束】对话框，根据约束条件每种糖果的产量不少于 50kg，设定第 4 个、第 5 个、第 6 个和第 7 个约束条件。

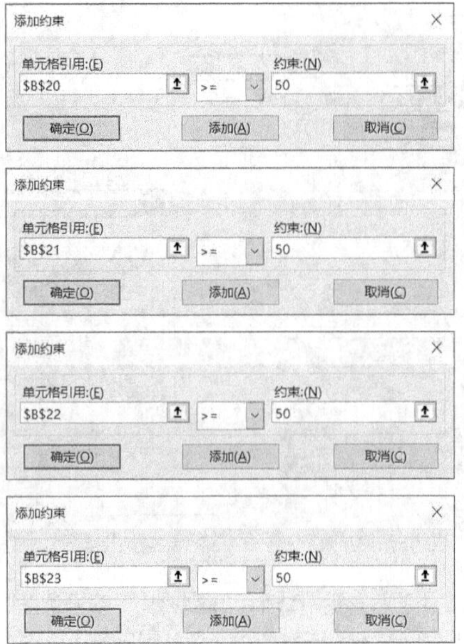

⑥ 添加完最后一个约束条件后，单击【确定】按钮，返回【规划求解参数】对话框，可以看到 7 个约束条件已经添加到【遵守约束】列表框中了。

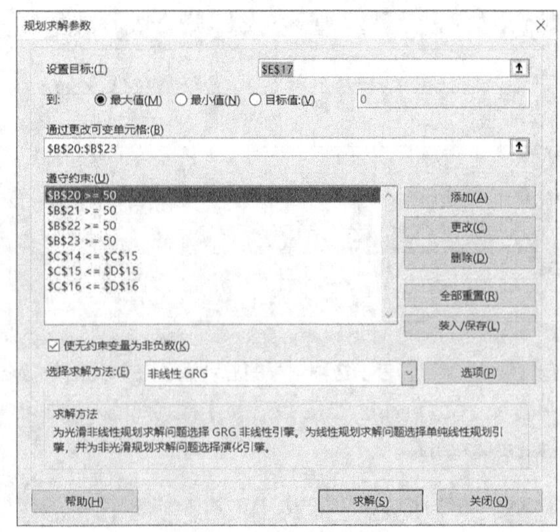

⑦ 单击【求解】按钮，弹出【规划求解结果】对话框，如下图所示。

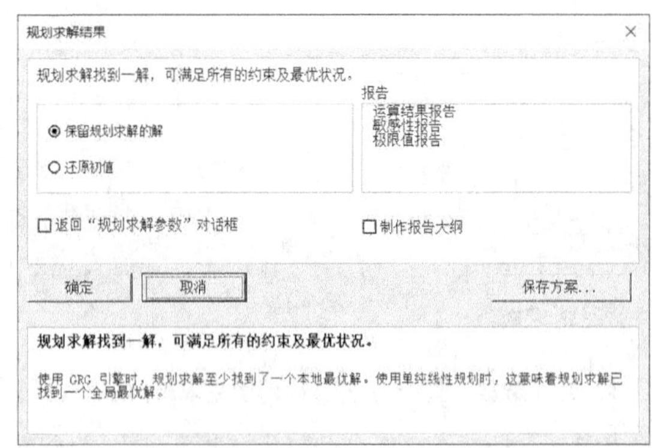

⑧ 单击【确定】按钮，即可看到求解结果，如下图所示。

	A	B	C	D	E	F	G	H
8	条件区域							
9		单价	杏仁	核桃仁	腰果仁	销售额	成本	利润
10	糖果1	66	56.66666667	37.77777778	94.44444444	12466.66667	7867.222222	4599.444444
11	糖果2	62	20	15	15	3100	1942.5	1157.5
12	糖果3	60	11.11111111	16.66666667	22.22222222	3000	2080.555556	919.4444444
13	糖果4	58	112.2222222	224.4444444	168.3333333	29290	20424.44444	8865.555556
14	实际用量		200	293.8888889	300	47856.66667	32314.72222	15541.94444
15	供应量		200	300	300			
16	单价		31.5	38.5	49			
17	目标利润				15541.94444			
18								
19	最优变量							
20	糖果1	188.8888889						
21	糖果2	50						
22	糖果3	50						
23	糖果4	505						

3.3 量本利预测分析

企业的经营活动通常是一个以生产数量为起点，以最终利润为目标的过程。将企业在某个期间的总成本分解成固定成本和变动成本，然后结合收入和利润进行分析，就可以建立一个关于成本、产量、销量和利润的数学模型，该模型就是量本利分析模型。使用此模型可以预测在不同情况下企业的获利情况。

量本利分析是产量成本利润分析的简称，包括盈亏平衡点分析、各因素变动分析和敏感性分析，它们之间的关系可以用下图表示。

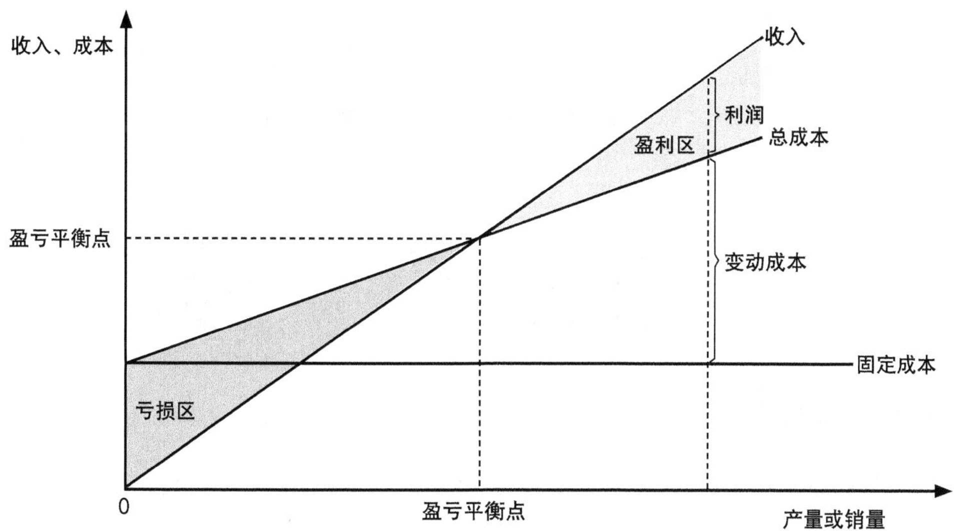

从坐标图中可以看出，利润 = 收入 − 总成本，总成本包括固定成本和变动成本。因此要分析企业的经济效益，确定盈亏平衡点是非常重要的，它是区分企业是亏损还是盈利的关键点。掌握了盈亏变化的规律，就可以指导企业以最小的成本获得最大的利润。

随着经济的不断发展，市场竞争越来越激烈，企业为了能在这种环境中生存，就需要不断地提高自身的技术实力和运营实力。因此，许多企业开始进行多元化经营。企业进行多元化经营的目的是优化资源配置、提高承受风险的能力、创造新的经济增长动力等。

该企业之前的主要产品是糖果，但是由于市场竞争越来越激烈，为了提高效益，该企业计划在 2020 年 4 月开始进行乳酸菌面包的生产。由于企业之前并未生产过这类产品，因此该企业需要先对该产品的盈亏状况进行评估。

已知乳酸菌面包的单位售价为 56 元 / 箱，单位变动成本为 18 元，月固定成本为 15 万元，在固定成本不变的情况下，目前企业的盈亏平衡点是多少呢？

3.3.1 盈亏平衡点分析

盈亏平衡点是指收入等于总成本时的产量。盈亏平衡点的分析通常需要在假设产销平衡的基础上进行。假设产销平衡的意思是假设企业生产的产品可以全部销售出去，实现实际产量与销量的平衡。但是，在实际的生产经营活动中，产量与销量多数时候是不能达到完全平衡的，因此这种分析常用于在正式生产前做盈亏预测分析。

分析盈亏平衡点需要用到的变量的相关公式如下。

利润 = 收入 – 总成本

收入 = 市场单价 × 产量

总成本 = 固定成本 + 变动成本

变动成本 = 单位变动成本 × 产量

在进行盈亏平衡点分析之前，需要先创建一个盈亏平衡点分析的基本模型，然后运用单变量求解工具分析出收入等于总成本时的产量。

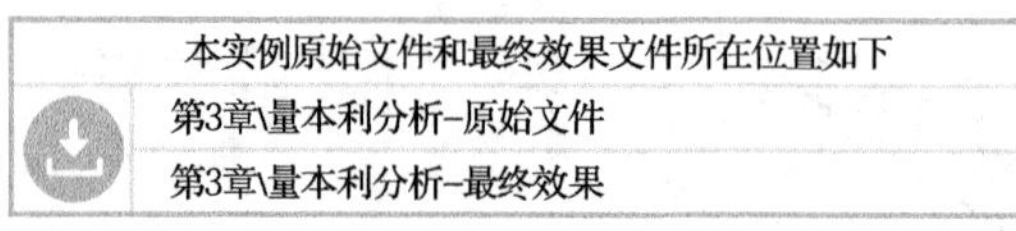
本实例原始文件和最终效果文件所在位置如下
第3章\量本利分析–原始文件
第3章\量本利分析–最终效果

- **建立盈亏平衡点分析模型**

打开本实例的原始文件“量本利分析 – 原始文件”，创建一个盈亏平衡点分析的基本模型，如下图所示。

盈亏平衡点分析模型

市场单价		收入	
固定成本		总成本	
单位变动成本		目标利润	
产量			

- **在模型中输入数据**

在模型中输入的数据一部分是可以根据已知条件直接填写的数据，另一部分是需要根据已知条件进行简单计算才能得出的数据。

❶ 根据已知条件，在盈亏平衡点分析模型中输入市场单价、固定成本和单位变动成本数据。

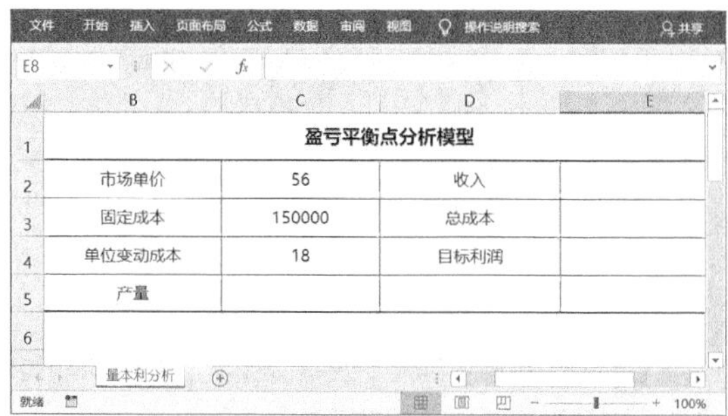

盈亏平衡点分析模型			
市场单价	56	收入	
固定成本	150000	总成本	
单位变动成本	18	目标利润	
产量			

❷ 计算收入。根据公式“收入 = 市场单价 × 产量”，在单元格 E2 中输入公式“=C2*C5”，按【Enter】键完成输入。

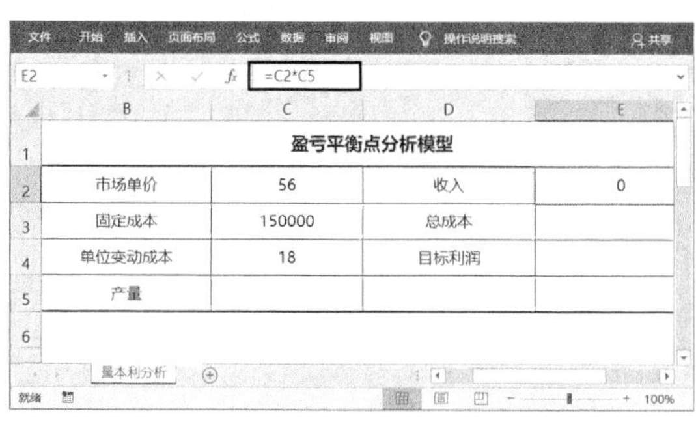

盈亏平衡点分析模型			
市场单价	56	收入	0
固定成本	150000	总成本	
单位变动成本	18	目标利润	
产量			

❸ 计算总成本。根据公式“总成本 = 固定成本 + 变动成本、变动成本 = 单位变动成本 × 产量”，在单元格 E3 中输入公式“=C3+C4*C5”，按【Enter】键完成输入。

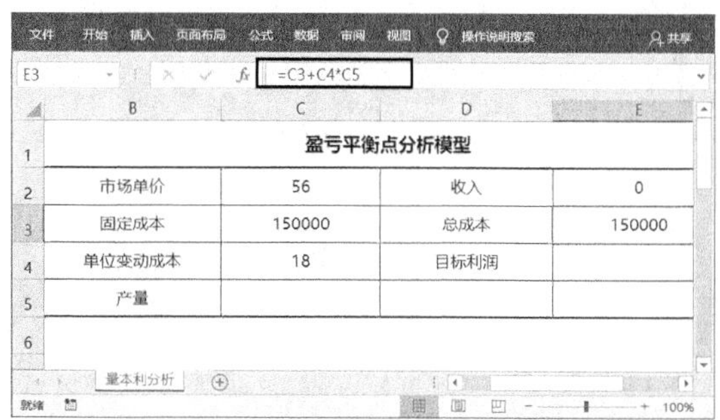

盈亏平衡点分析模型			
市场单价	56	收入	0
固定成本	150000	总成本	150000
单位变动成本	18	目标利润	
产量			

❹ 计算目标利润。根据公式“利润 = 收入 − 总成本”，在单元格 E4 中输入公式“=E2−E3”，按【Enter】键完成输入。

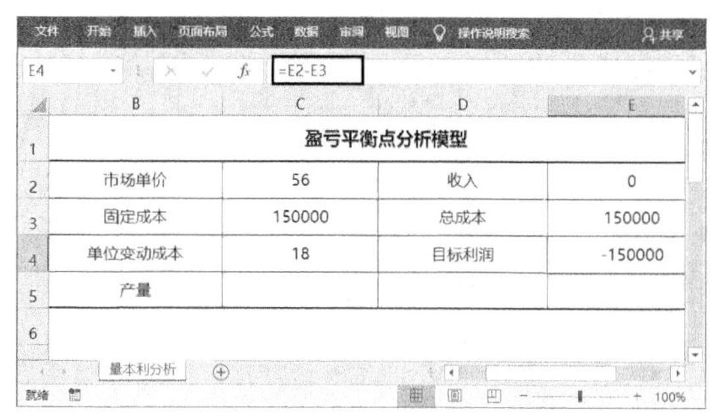

盈亏平衡点分析模型			
市场单价	56	收入	0
固定成本	150000	总成本	150000
单位变动成本	18	目标利润	-150000
产量			

- **用单变量求解工具计算盈亏平衡点的产量**

单变量求解工具将模拟单一因素对目标的影响，它是计划人员、决策人员常用的一种分析工具。在实际生产中，单变量求解工具常用于计算盈亏平衡点和进行量本利分析，例如计算单位变动成本为多少时，才可以达到预期利润。

单变量求解工具解决的是：假设已知一个公式的目标值，当其中的变量为多少时，才可以得到这个目标值。简单来说，单变量求解就是函数公式的逆运算。

❶ 选中单元格 E4，切换到【数据】选项卡，在【预测】组中单击【模拟分析】按钮，在弹出的下拉列表中选择【单变量求解】选项。

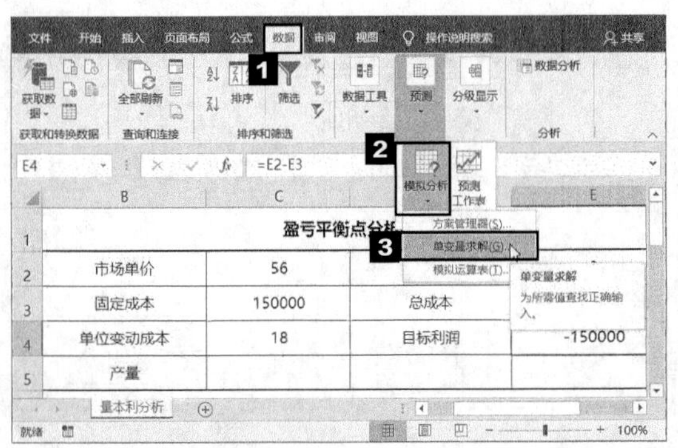

❷ 弹出【单变量求解】对话框，【目标单元格】文本框中的参数自动被设置为单元格 E4，在【目标值】文本框中输入“0”；将光标定位在【可变单元格】文本框中，然后选中单元格 C5，文本框中的参数自动转换为绝对引用。

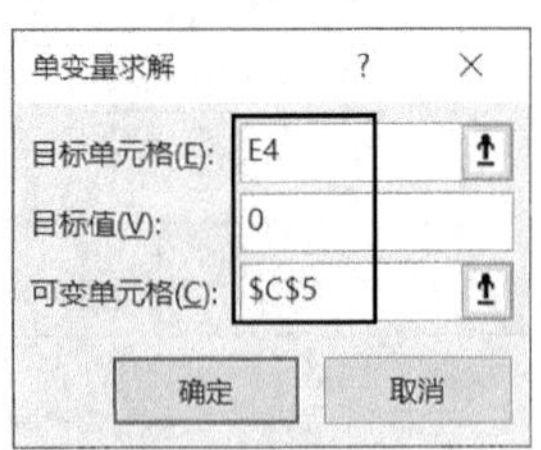

❸ 单击【确定】按钮，打开【单变量求解状态】对话框，其中实时显示了当前的求解状态。

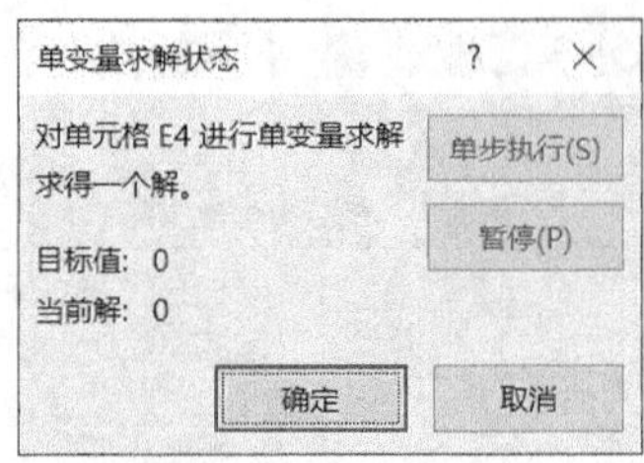

❹ 求解完毕，单击【确定】按钮，返回工作表，即可求得盈亏平衡点的产量约为 3947 箱。

3.3.2 目标利润分析

目标利润分析与盈亏平衡点分析的方法基本一致，都是使用单变量求解工具进行分析，而且它们的模型结构也是一致的。区别是进行盈亏平衡点分析时的目标值为 0，进行目标利润分析时的目标值为目标利润。

已知乳酸菌面包的单位售价为 56 元 / 箱，单位变动成本为 18 元，月固定成本为 15 万元，在固定成本不变的情况下，如果企业要实现 50 万元的利润，应该生产多少箱面包呢？

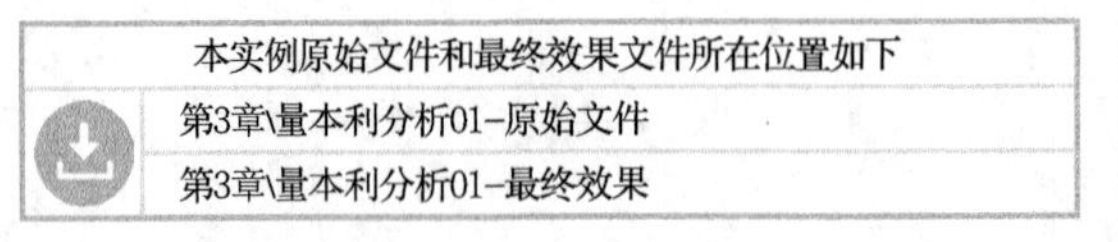

❶ 打开本实例的原始文件“量本利分析 01- 原始文件”，将分析模型的标题更改为“目标利润分析模型”。选中单元格 E4，切换到【数据】选项卡，在【预测】组中单击【模拟分析】按钮，在弹出的下拉列表中选择【单变量求解】选项。

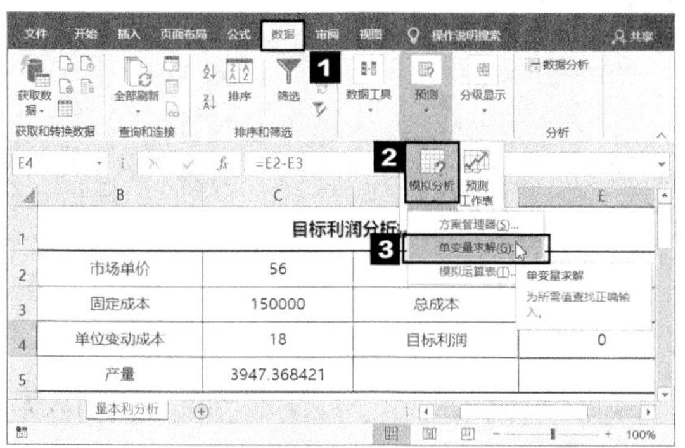

❷ 弹出【单变量求解】对话框，【目标单元格】文本框中的参数自动被设置为单元格 E4，在【目标值】文本框中输入“500000”；将光标定位在【可变单元格】文本框中，然后选中单元格 C5，文本框中的参数自动转换为绝对引用形式。

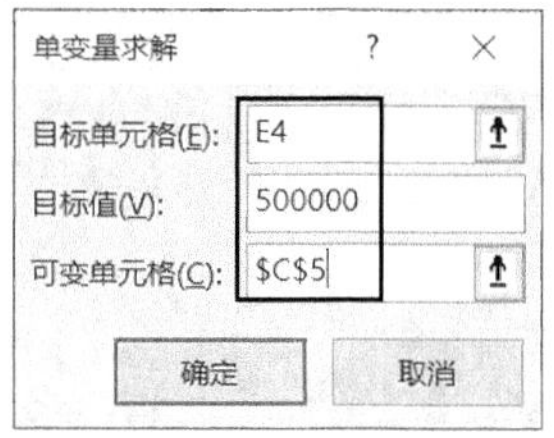

❸ 单击【确定】按钮，打开【单变量求解状态】对话框，其中实时显示了当前的求解状态。

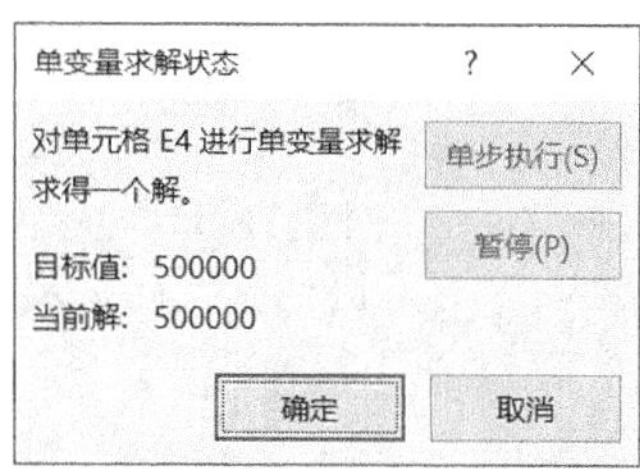

❹ 求解完毕，单击【确定】按钮，返回工作表，即可得出企业要达到 50 万元的利润，应生产约 17105 箱乳酸菌面包。

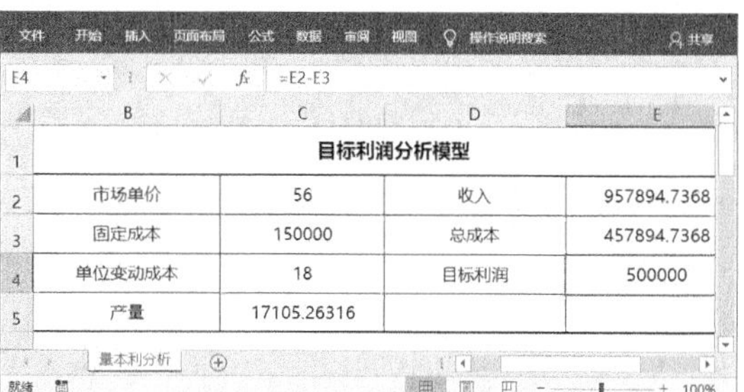

第4章 销售数据分析

对销售数据进行分析，可以帮助公司管理人员及时了解销售计划的完成情况，以便及时发现和解决销售过程中存在的问题。同时，对销售数据进行分析还可以为提高销售业绩提供有效的依据和参考。

要 点 导 航

- 月度销售数据分析
- 销售数据预测分析
- 年度销售数据分析

对销售数据的分析可以从以下几个方面展开。

（1）对一段时间内的销量和销售额进行同比、环比分析，了解其变化情况。

（2）分析不同品类的销量、销售额。

（3）分析不同业务员的销售业绩。

（4）分析销量、销售额变化趋势。

4.1　月度销售数据分析

在月度销售数据中，需要分析的指标通常包括不同品类的销售额、销量，以及不同业务员的销售额等。

4.1.1 不同品类的销售额分析

进行月度销售数据分析时，需要的原始数据都在“销售明细表”中，通过“销售明细表”汇总统计不同品类的销售额，可以直接使用数据透视表。

本实例原始文件和最终效果文件所在位置如下

第4章\2021年3月销售数据分析–原始文件

第4章\2021年3月销售数据分析–最终效果

扫码看视频

❶ 打开本实例的原始文件，新建一个工作表，并将其重命名为“销售数据汇总”。在新工作表中根据“销售明细表”中的数据创建一个以“产品名称”为行，以“金额”为值的数据透视表。

	A	B
1	行标签	求和项:金额
2	冰箱	165630
3	电视	199321
4	空调	113326
5	热水器	163730
6	洗衣机	233504
7	总计	875511

❷ 为方便阅读数据，适当调整数据透视表的布局、样式及值字段标题，并将数据按照销售额升序排列。

	A	B
1	产品名称	销售额
2	空调	113,326.00
3	热水器	163,730.00
4	冰箱	165,630.00
5	电视	199,321.00
6	洗衣机	233,504.00
7	总计	875,511.00

分析不同品类的销售额时，重点是不同品类销售额的对比，首选用柱形图或条形图进行展现，此处选择条形图。需要注意的是，默认插入的条形图的数据标签的位置都是随着数据条的长度变化的，如下图所示。

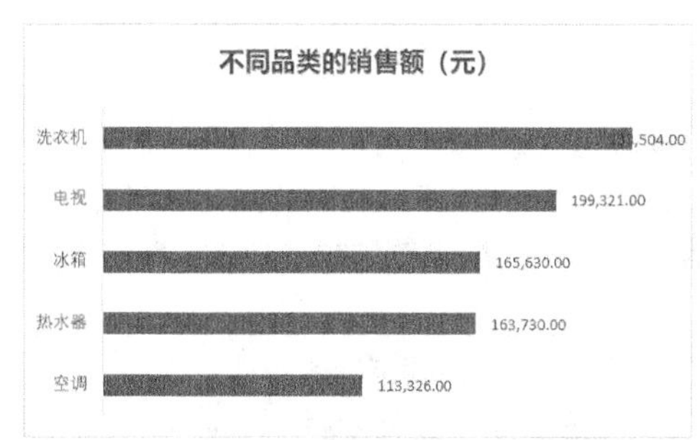

如果想要使数据标签固定显示在图表中对应数据条的右侧且对齐，则需要为其添加一个辅助数据系列，因此需要根据数据透视表重新创建一个数据区域作为图表的数据源区域。

❸ 创建一个新的数据源，并根据新的数据源创建一个条形图。

	D	E	F
1	产品名称	销售额	辅助系列
2	空调	113,326.00	250,000.00
3	热水器	163,730.00	250,000.00
4	冰箱	165,630.00	250,000.00
5	电视	199,321.00	250,000.00
6	洗衣机	233,504.00	250,000.00

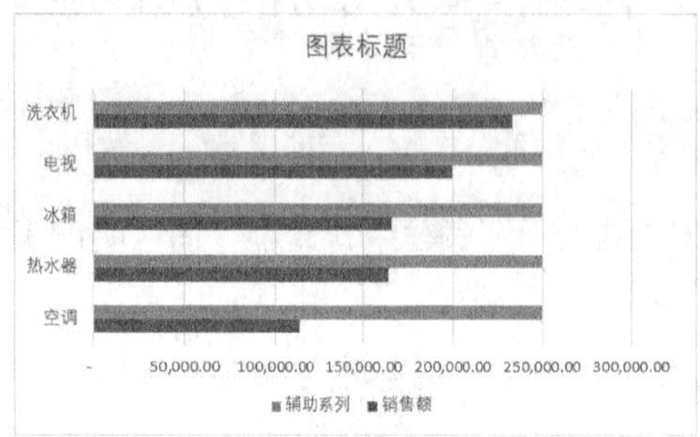

❹ 编辑图表区。将图表区的填充颜色设置为“RGB: 1/5/38”，边框颜色设置为“RGB:2/106/183”。

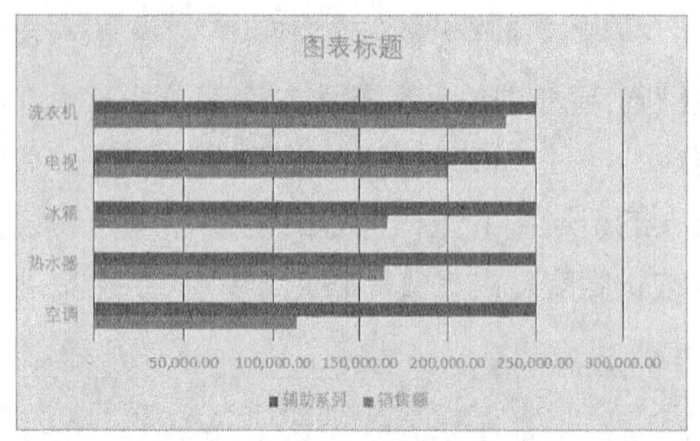

❺ 编辑图表标题。选中图表标题，将图表标题更改为“不同品类的销售额（元）”，然后将其字体格式设置为微软雅黑、14 号、加粗，颜色设置为【白色，背景 1】。

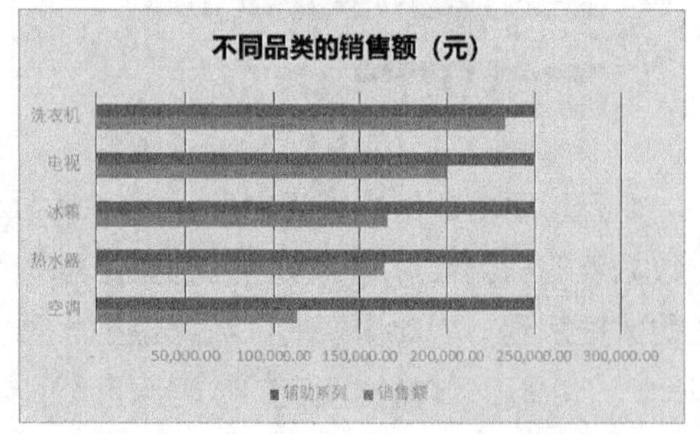

❻ 设置坐标轴。将纵坐标轴的字体设置为微软雅黑，颜色设置为【白色，背景 1】，然后删除横坐标轴、网格线和图例。

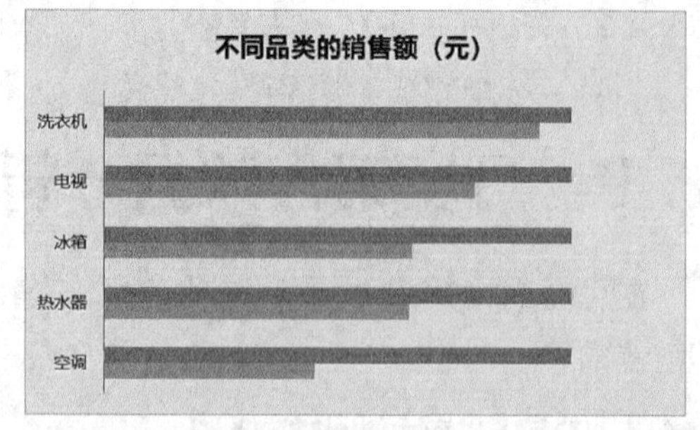

❼ 设置数据系列。选中数据系列“辅助系列”，打开【设置数据系列格式】任务窗格。选中【图案填充】单选钮，设置填充图案为【对角线：深色上对角】；将前景颜色设置为“RGB:8/33/74”，背景颜色设置为“RGB:1/5/38”。选中数据系列“销售金额”，选中【渐变填充】单选钮，将【类型】设置为【线性】，【角度】设置为【0°】；第 1 个渐变光圈的位置为【0%】，颜色为“RGB:2/106/183”，第 2 个渐变光圈的位置为【100%】，颜色为“RGB: 2/212/250”。

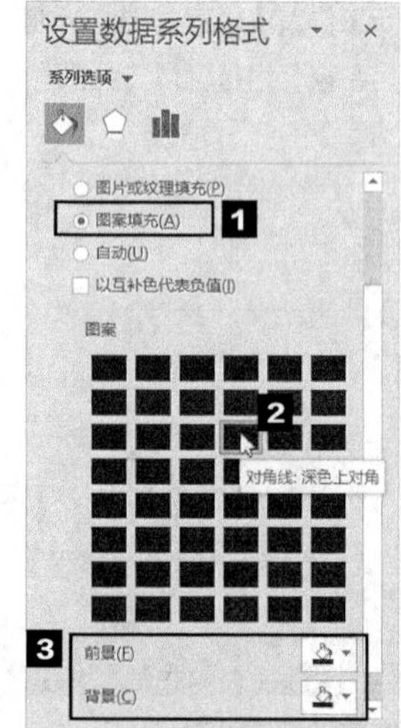

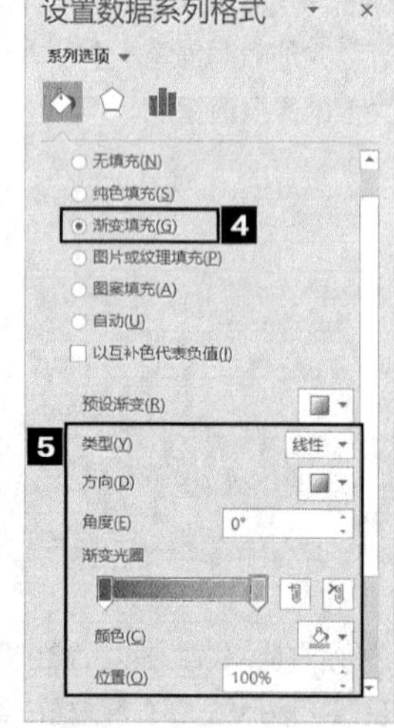

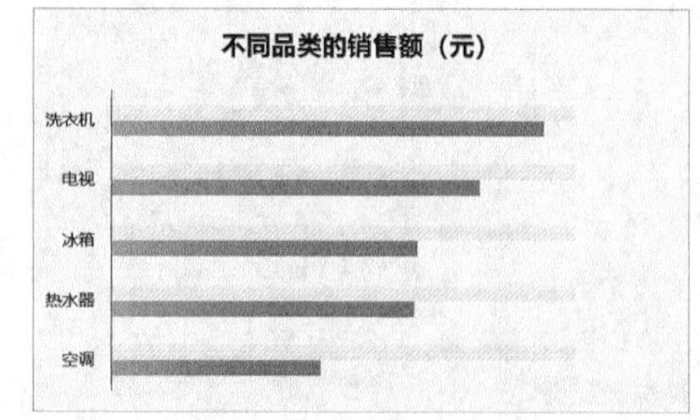

⑧ 将【系列重叠】设置为【100%】，使两个数据系列重合。重合后可以发现，数据系列“销售金额”默认是位于底层的。

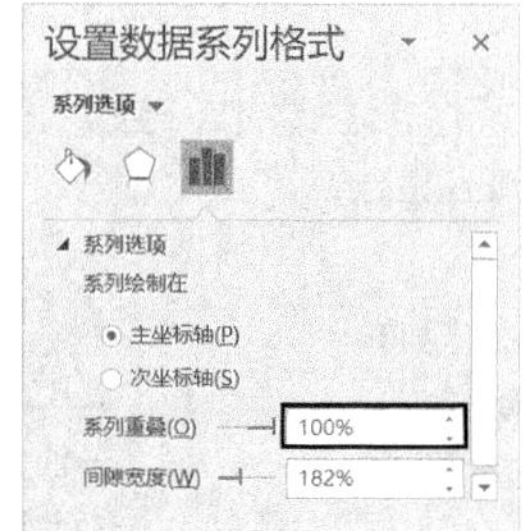

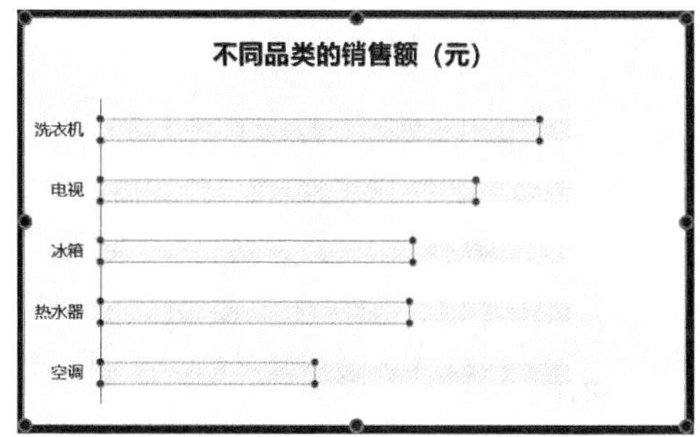

⑨ 切换到【图表工具】栏的【设计】选项卡，在【数据】组中单击【选择数据】按钮。打开【选择数据源】对话框，勾选【销售金额】复选框，单击【下移】按钮。

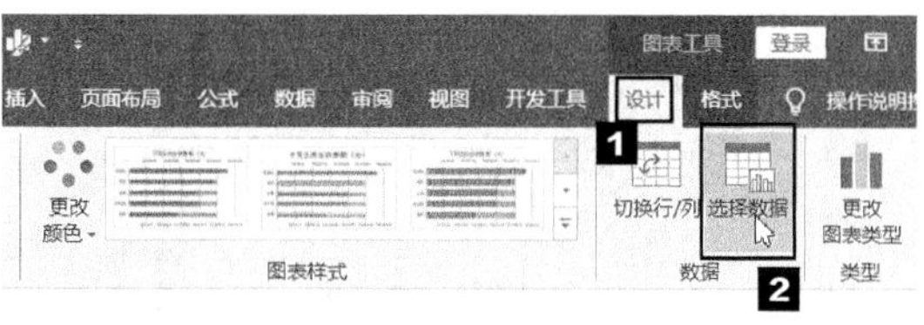

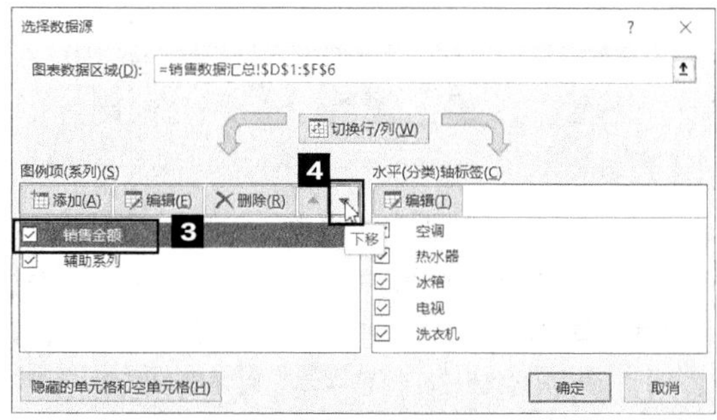

⑩ 此时可将数据系列“销售金额”移动到数据系列“辅助系列”的下方，单击【确定】按钮，返回图表，看到数据系列“销售金额”已经移动到顶层。

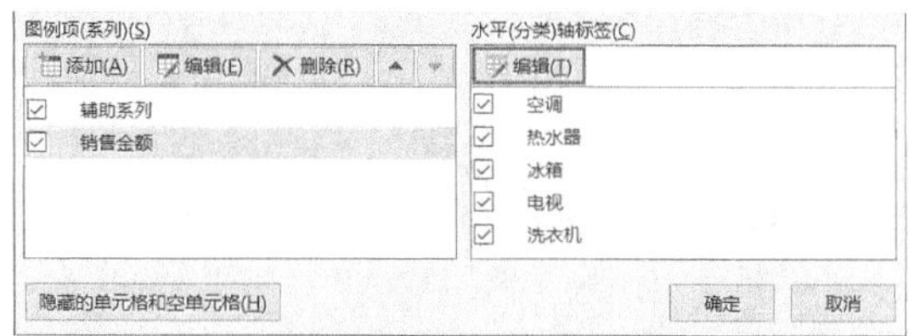

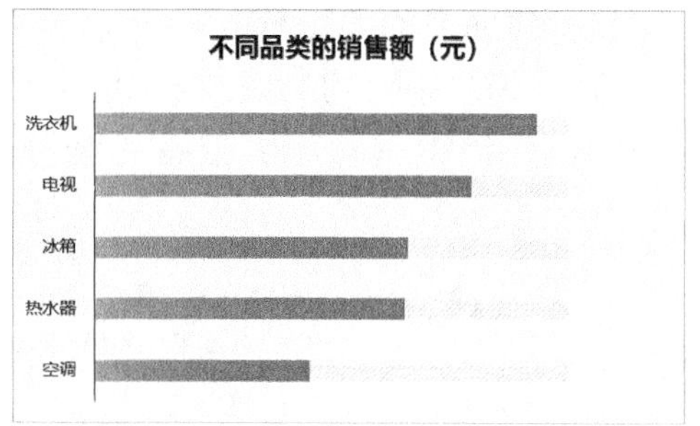

⑪ 选中数据系列“辅助系列”，添加数据标签，然后打开【设置数据标签格式】任务窗格。在【标签选项】组中勾选【单元格中的值】复选框；弹出【数据标签区域】对话框，选中销售金额所在的数据区域，然后单击【确定】按钮。

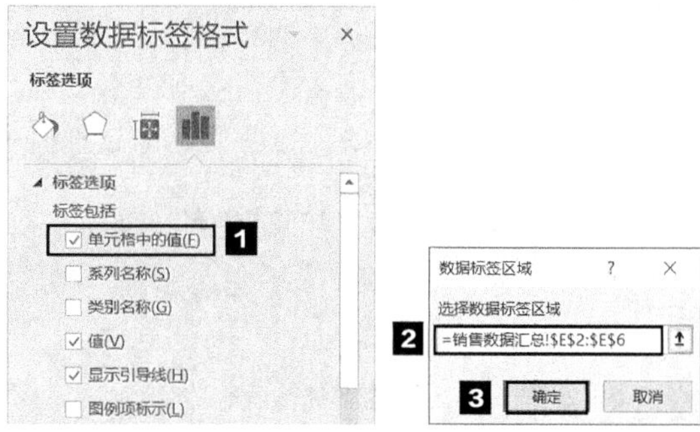

⑫ 取消勾选【标签选项】组中的【值】复选框，返回图表，即可看到数据标签中的数值已经更改为销售金额的值，然后将数据标签的字体设置为微软雅黑，颜色设置为【白色，背景1】。

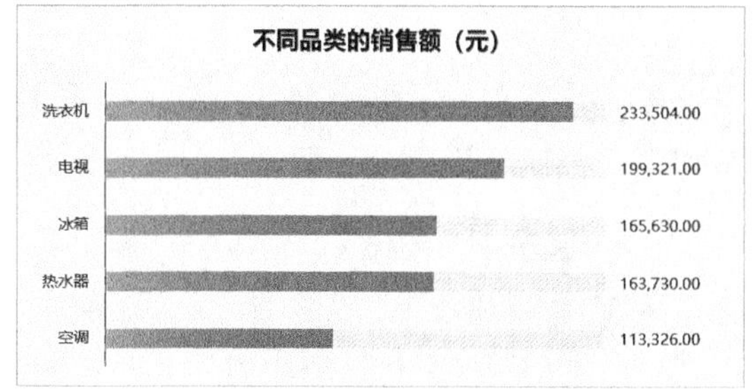

4.1.2 不同品类的销量分析

不同品类的销量分析与不同品类的销售额分析的方法基本一致，即先通过数据透视表来汇总不同品类的销量，然后通过图表来对比分析它们的差异。

本实例原始文件和最终效果文件所在位置如下
第4章\2021年3月销售数据分析01-原始文件
第4章\2021年3月销售数据分析01-最终效果

扫码看视频

❶ 打开本实例的原始文件“2021 年 3 月销售数据分析 01- 原始文件”，在“销售数据汇总”工作表中根据“销售明细表”中的数据创建一个以“产品名称”为行，以“销售数量”为值的数据透视表，并进行适当设置。

产品名称	销售数量
冰箱	58
电视	67
空调	38
热水器	60
洗衣机	81
总计	304

接下来根据汇总数据创建图表，创建一个下图所示的柱形图。

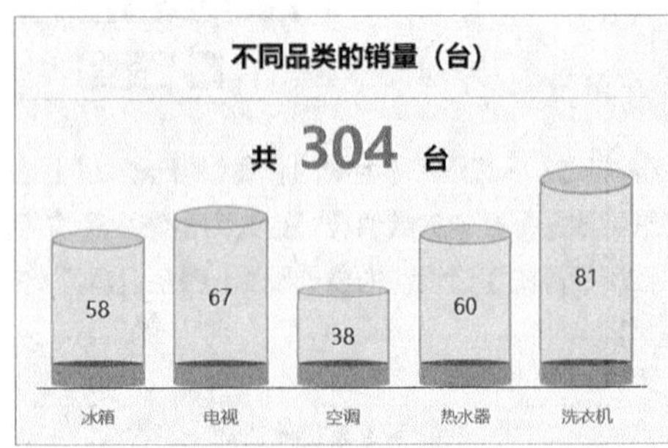

❷ 将数据透视表中的数据复制到另一个数据区域中，然后添加一个“辅助列”。

产品名称	销售数量	辅助列
冰箱	58	10
电视	67	10
空调	38	10
热水器	60	10
洗衣机	81	10

❸ 根据新创建的数据源，创建一个簇状柱形图。

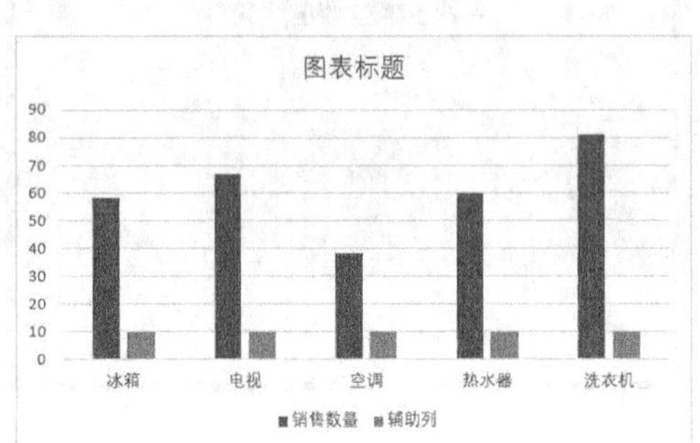

❹ 删除多余元素并编辑图表区。删除图表中的纵坐标轴、网格线和图例，然后将图表区的填充颜色设置为“RGB: 1/5/38”，边框颜色设置为“RGB：2/106/183”。

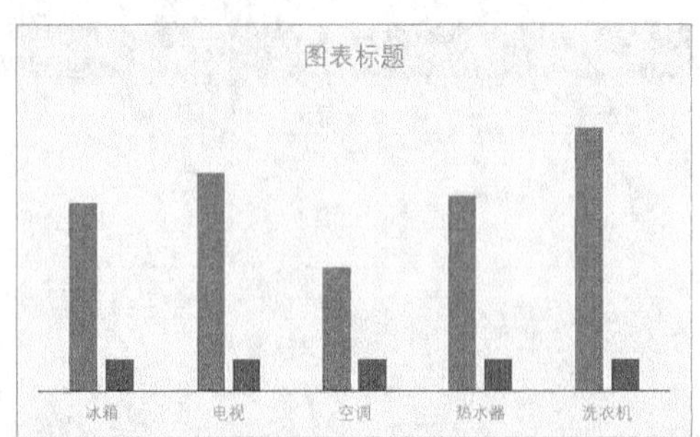

❺ 编辑图表标题和横坐标轴。选中图表标题，将图表标题更改为“不同品类的销量（台）”，然后将其字体格式设置为微软雅黑、14 号、加粗，颜色设置为【白色，背景 1】；选中横坐标轴，将其字体设置为微软雅黑，字体颜色设置为“RGB:2/212/250”。

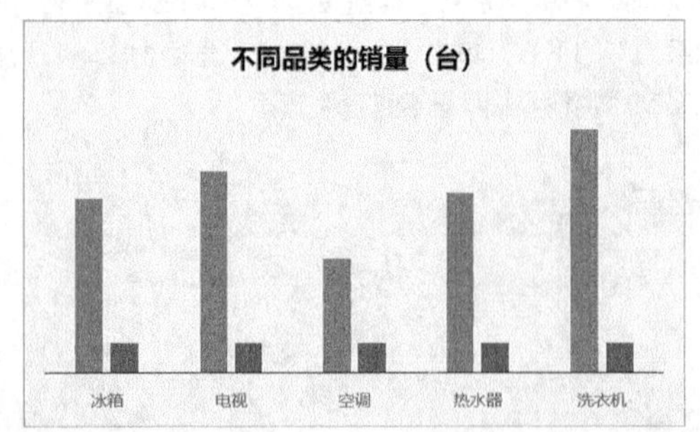

❻ 设置数据系列。绘制填充数据系列的圆柱体。插入两个圆柱体，两个圆柱体的大小及颜色参数如下图所示。

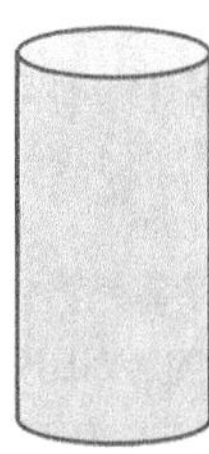

圆柱 1

高度：1.2 厘米
宽度：2.6 厘米
填充颜色 RGB:2/120/231
轮廓颜色 RGB:2/106/183

圆柱 2

高度：5.5 厘米
宽度：2.6 厘米
填充颜色 RGB:2/120/231
透明度：80%
轮廓颜色 RGB:2/106/183

❼ 使用圆柱 1 填充数据系列“辅助列”，圆柱 2 填充数据系列“销售数量”，然后将两个数据系列的【系列重叠】设置为【100%】,【间隙宽度】设置为【30%】。

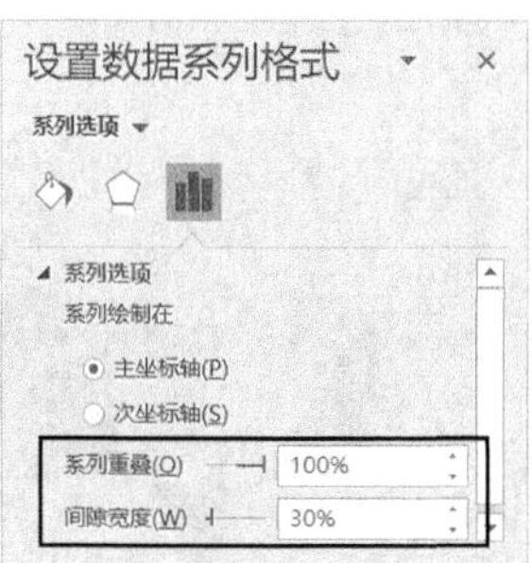

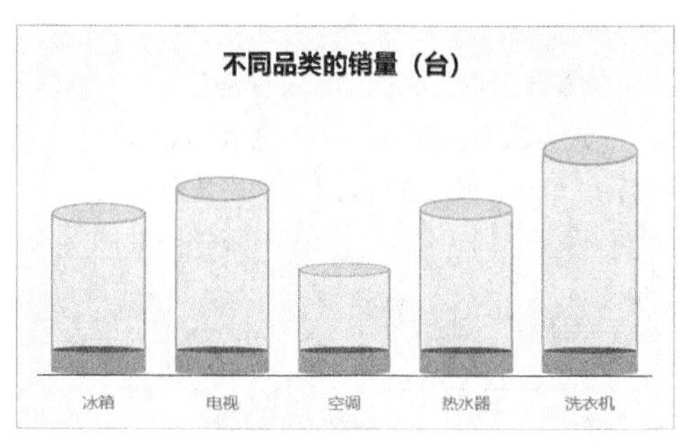

❽ 添加数据标签。为数据系列“销售数量”添加数据标签，然后将数据标签的字体格式设置为微软雅黑、11 号，颜色设置为【白色，背景 1】。

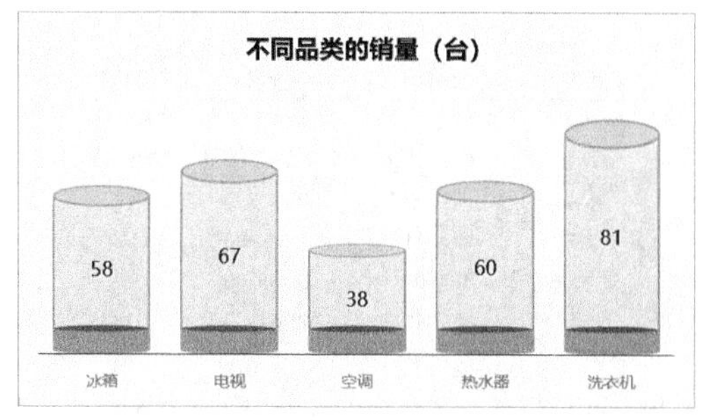

❾ 一般情况下，做到这一步就可以了。当然也可以根据不同的需求在图表中添加其他元素，如下图所示。

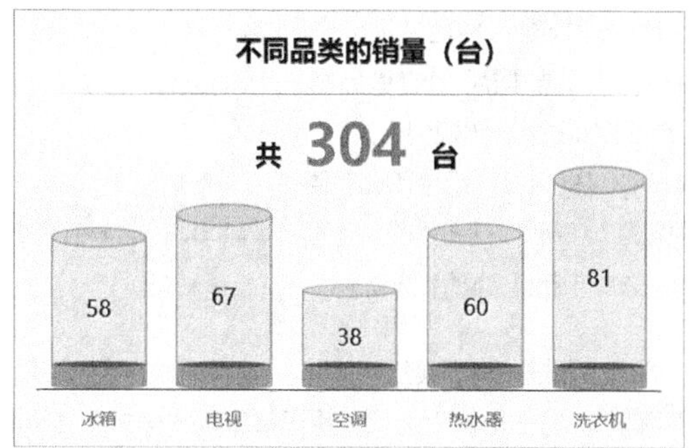

4.1.3 不同品类的销售额的环比分析

进行月度销售数据分析时，不仅要分析当月的销售额，还要将其与相邻月份的销售额进行环比分析，查看当月销售额是增长还是下降。

本实例原始文件和最终效果文件所在位置如下
第4章\2021年3月销售数据分析02–原始文件
第4章\2021年3月销售数据分析02–最终效果

扫码看视频

❶ 打开本实例的原始文件“2021 年 3 月销售数据分析 02- 原始文件”，在“销售数据汇总”工作表的空白区域中创建一个用于进行环比分析的数据区域，并设置数据区域的单元格格式，如边框、底纹、字体格式等。

产品名称	当月销售额	上月销售额	环比变动
空调	113,326.00	100,236.00	13.1%
热水器	163,730.00	176,536.00	-7.3%
冰箱	165,630.00	140,026.00	18.3%
电视	199,321.00	178,692.00	11.5%
洗衣机	233,504.00	253,686.00	-8.0%
合计	875,511.00	849,176.00	3.10%

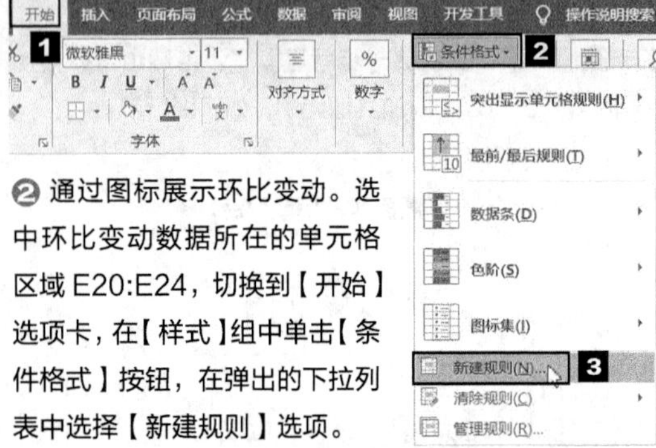

❷ 通过图标展示环比变动。选中环比变动数据所在的单元格区域 E20:E24，切换到【开始】选项卡，在【样式】组中单击【条件格式】按钮，在弹出的下拉列表中选择【新建规则】选项。

❸ 弹出【新建格式规则】对话框，选择【基于各自值设置所有单元格的格式】选项，再设置【格式样式】为【图标集】，【图标样式】为【三向箭头（彩色）】，并勾选【仅显示图标】复选框，然后依次设置 3 个图标的显示规则。

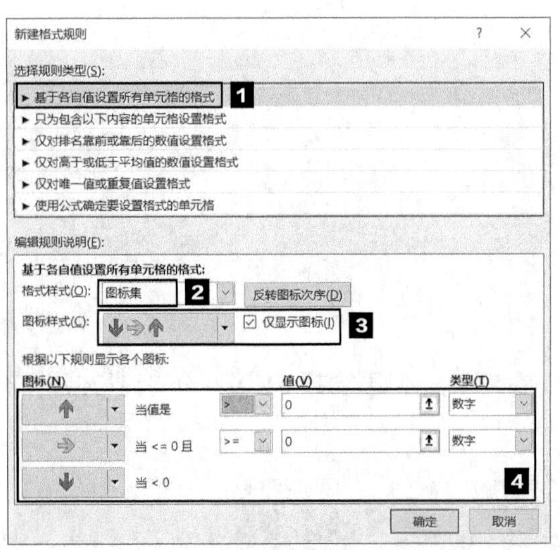

❹ 设置完毕后，单击【确定】按钮，返回工作表，即可看到环比变动数据已经显示为箭头。这样一眼就可以看出当月销售额相对于上月销售额是增长还是下降了。

产品名称	当月销售额	上月销售额	环比变动
空调	113,326.00	100,236.00	↑
热水器	163,730.00	176,536.00	↓
冰箱	165,630.00	140,026.00	↑
电视	199,321.00	178,692.00	↑
洗衣机	233,504.00	253,686.00	↓
合计	875,511.00	849,176.00	3.10%

❺ 图标可以帮助读者一眼看出增长或下降趋势，但是不能展现增长和下降的幅度。接下来创建图表对比分析两个月的销售额的变动幅度，此处选用面积图。根据产品名称和环比变动的单元格区域 B19:B24 和 E19:E24 创建一个面积图，如下图所示。

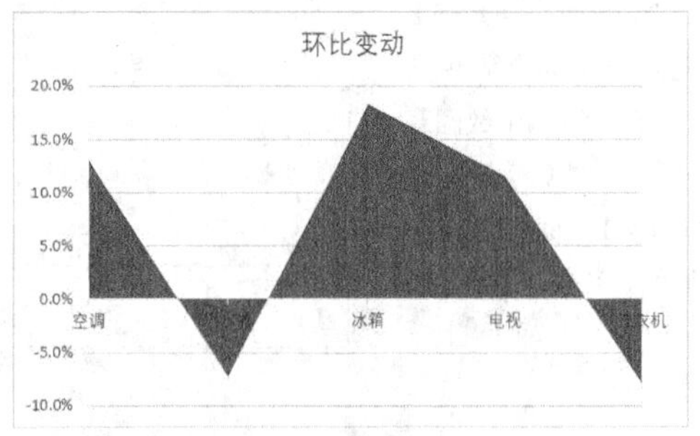

❻ 编辑图表区。将图表区的填充颜色设置为“RGB:1/5/38”，边框颜色设置为“RGB:2/106/183”，将字体设置为微软雅黑，颜色设置为【白色，背景 1】。

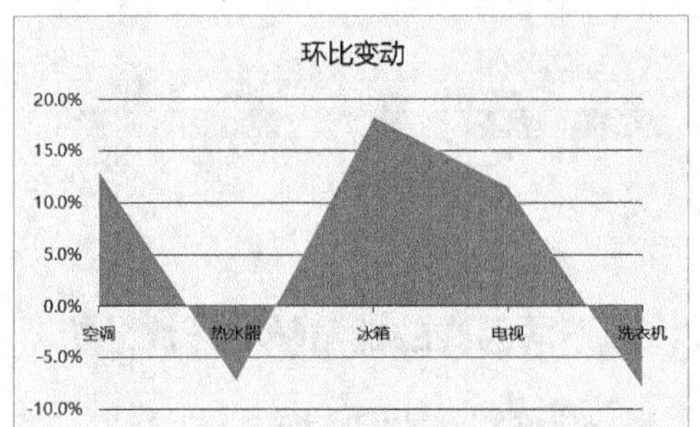

❼ 编辑图表标题。将图表标题更改为“不同品类销售额环比分析”，并加粗显示。

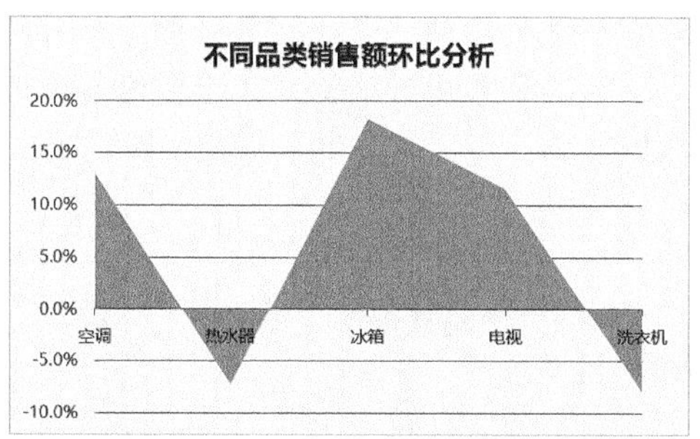

❽ 编辑网格线。由于网格线属于辅助线，所以一般会将其弱化显示，例如，将【短划线类型】设置为【短划线】，将线条宽度调整为【0.5 磅】，线条颜色调整为【黑色，文字 1，淡色 35%】。

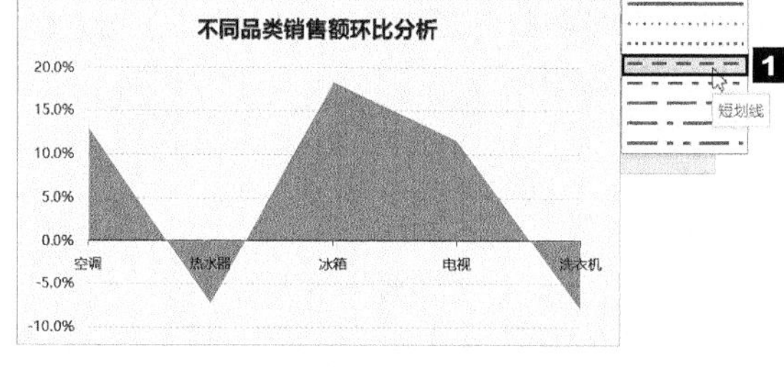

❾ 设置数据系列。在面积图中设置数据系列主要需要设置数据系列的颜色，此处将数据系列的填充颜色设置为“RGB:2/120/231”。

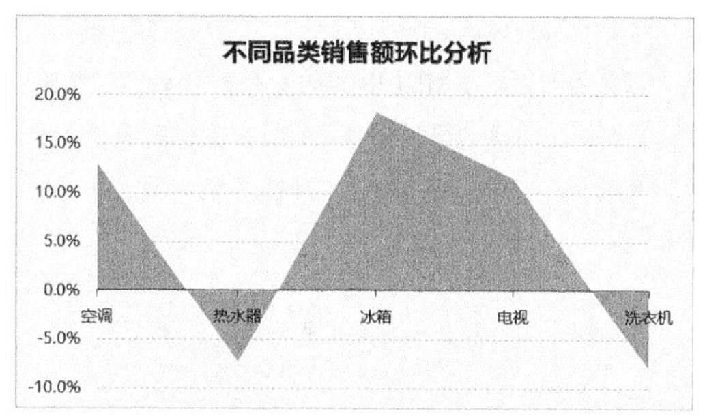

❿ 添加垂直线。为了让图表看起来更直观，可以为图表添加垂直线，具体操作及效果如下图所示。

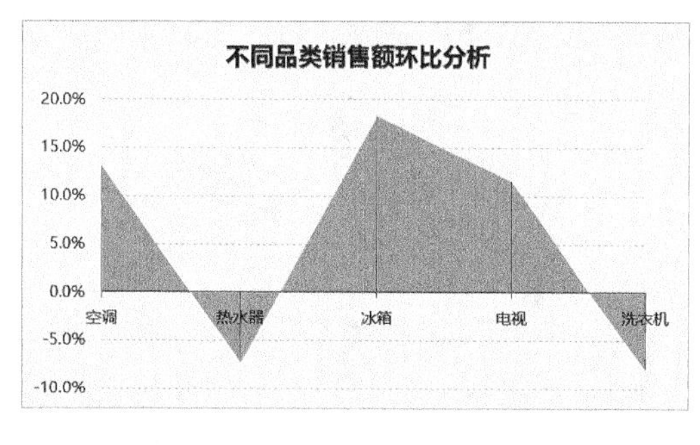

4.1.4 不同品类的销售额的同比分析

进行月度销售数据分析时，不仅要分析当月的销售额，还应将其与去年同期的销售额进行同比分析，查看当月销售额是增长还是下降。

	本实例原始文件和最终效果文件所在位置如下
	第4章\2021年3月销售数据分析03-原始文件
	第4章\2021年3月销售数据分析03-最终效果

扫码看视频

❶ 打开本实例的原始文件“2021 年 3 月销售数据分析 03- 原始文件”，将用于进行环比分析的数据复制到一个新的区域，将“上月销售额”列的数据更改为“去年同期销售额”的数据，将列标题“环比变动”更改为“同比变动”。

产品名称	当月销售额	去年同期销售额	同比变动
空调	113,326.00	111,356.00	↑
热水器	163,730.00	162,543.00	↑
冰箱	165,630.00	167,022.00	↓
电视	199,321.00	196,352.00	↑
洗衣机	233,504.00	232,546.00	↑
合计	875,511.00	869,819.00	0.65%

❷ 根据同比分析的数据区域创建一个不同品类销售额同比变动的对比图表。

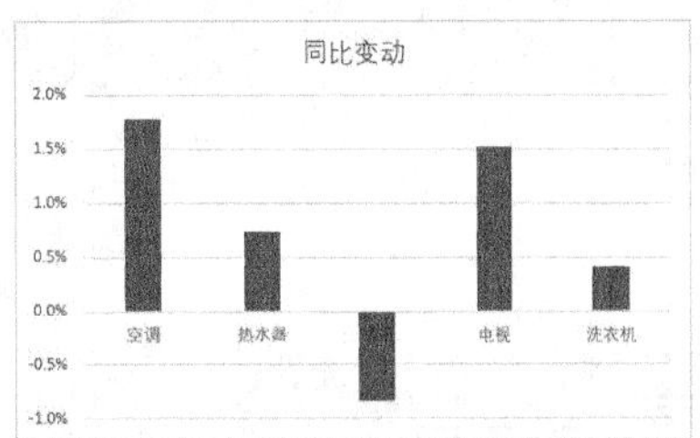

❸ 删除多余的网格线、纵坐标轴，添加数据标签，然后设置图表的填充颜色及标题等。

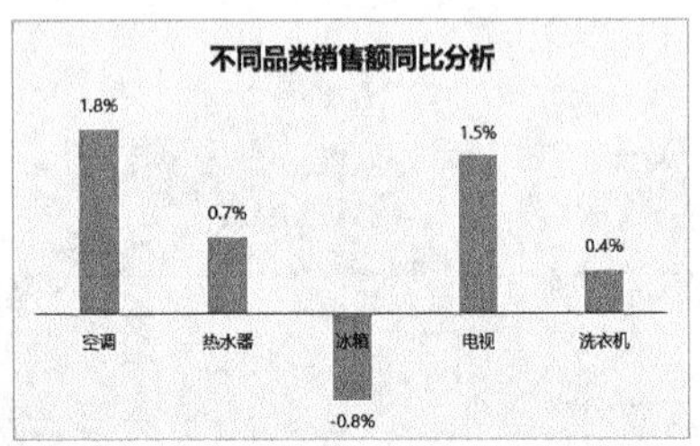

❹ 为了更好地表现销售额是增长还是下降的，可以将柱形更改为箭头。绘制一个箭头，并更改箭头的填充颜色，然后将箭头填充到数据系列中。

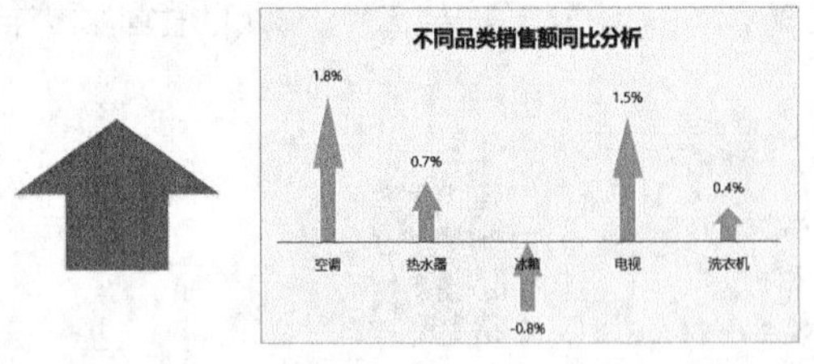

可以看到，箭头方向都是向上的。怎样才能使增长的数据系列显示为向上的箭头，下降的数据系列显示为向下的箭头？可以根据同比变动的数据添加两个辅助列，在图表中形成两个数据系列，再为不同的数据系列选用不同的箭头。

❺ 根据同比变动的数据增加两个辅助列：“辅助列 1”“辅助列 2”。

产品名称	当月销售额	去年同期销售额	同比变动	辅助列1	辅助列2
空调	113,326.00	111,356.00	↑	1.8%	
热水器	163,730.00	162,543.00	↑	0.7%	
冰箱	165,630.00	167,022.00	↓		-0.8%
电视	199,321.00	196,352.00	↑	1.5%	
洗衣机	233,504.00	232,546.00	↑	0.4%	

❻ 在图表上单击鼠标右键，在弹出的快捷菜单中选择【选择数据】选项。

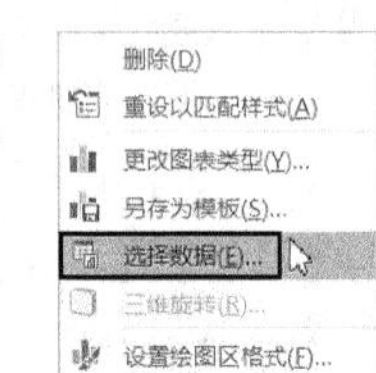

❼ 打开【选择数据源】对话框，勾选【同比变动】复选框，单击【编辑】按钮。

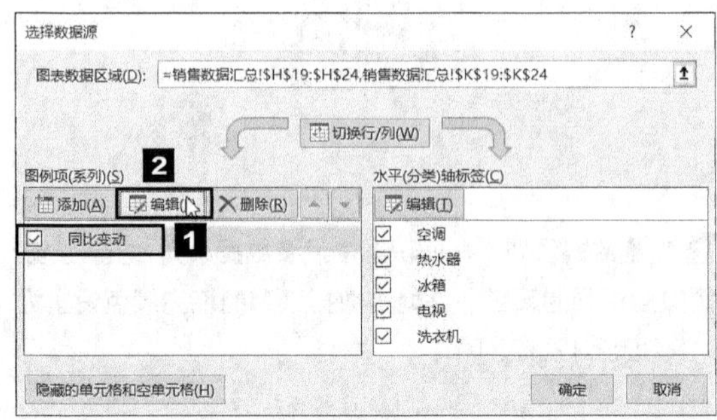

❽ 打开【编辑数据系列】对话框，将【系列名称】和【系列值】分别更改为“辅助列 1”中的标题单元格和对应的数据区域。

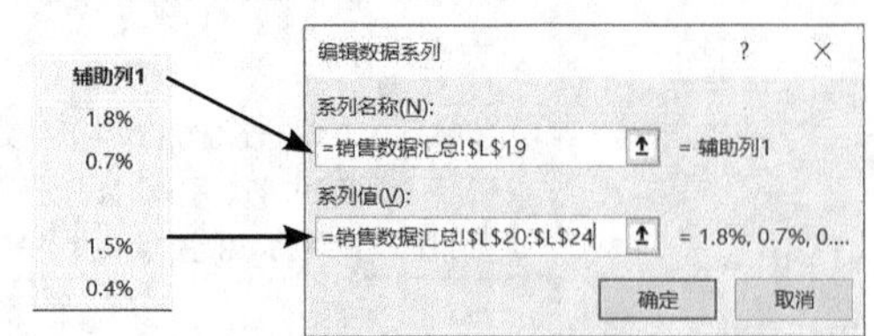

⑨ 单击【确定】按钮，返回【选择数据源】对话框，单击【添加】按钮。

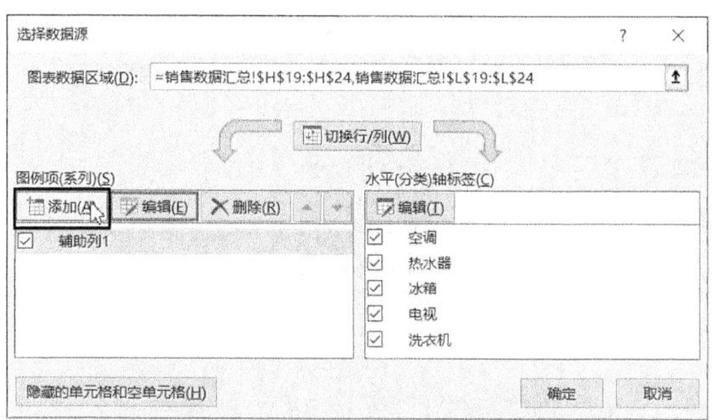

⑩ 打开【编辑数据系列】对话框，将【系列名称】和【系列值】分别设置为“辅助列 2”中的标题单元格和对应的数据区域。

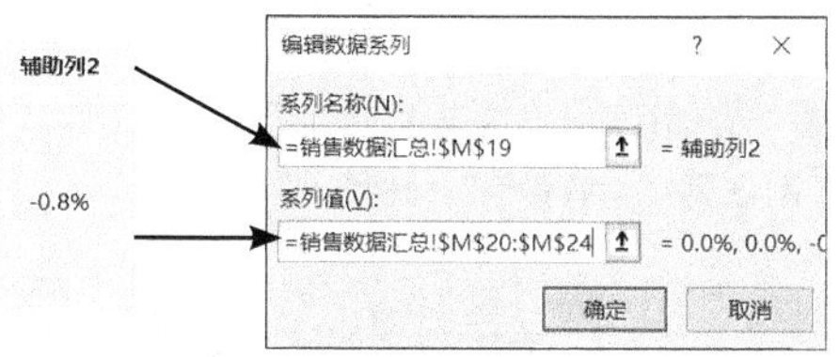

⑪ 单击【确定】按钮，返回【选择数据源】对话框，单击【确定】按钮，返回工作表，图表的效果如下图所示。

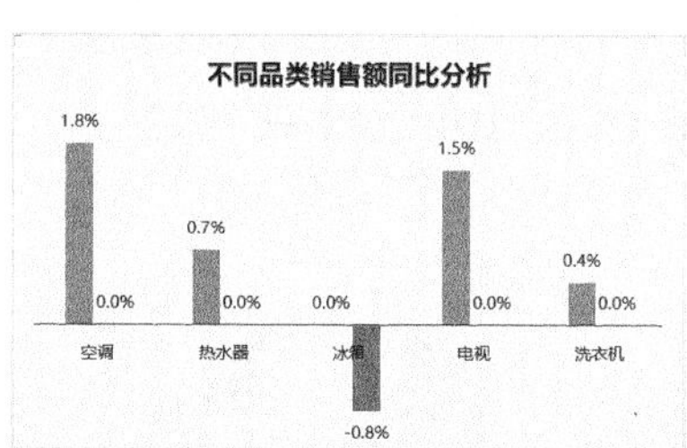

⑫ 使用向上的蓝色箭头填充数据系列“辅助列 1”，然后再绘制一个向下的橙色箭头来填充数据系列“辅助列 2”。

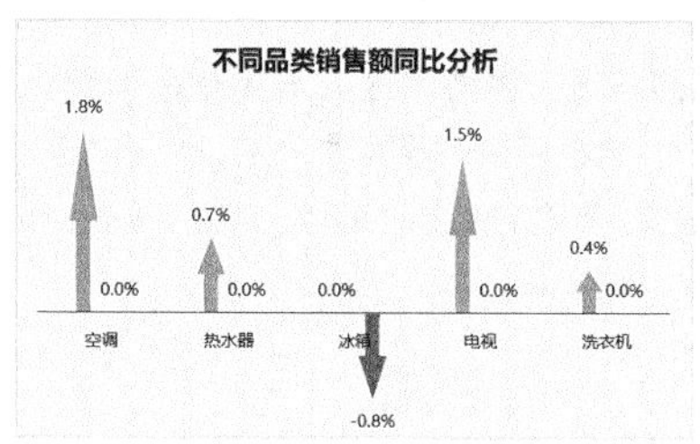

虽然现在已经达到了使用不同箭头展示增长、下降效果的目的，但是从图中可以看出，各箭头的间距是不同的。这是因为该图表实际上是由两个数据系列组成的，只要将这两个数据系列重叠，就可以使箭头的间距相等了。

⑬ 打开【设置数据系列格式】任务窗格，将【系列重叠】设置为【100%】，将【间隙宽度】调整为【30%】。

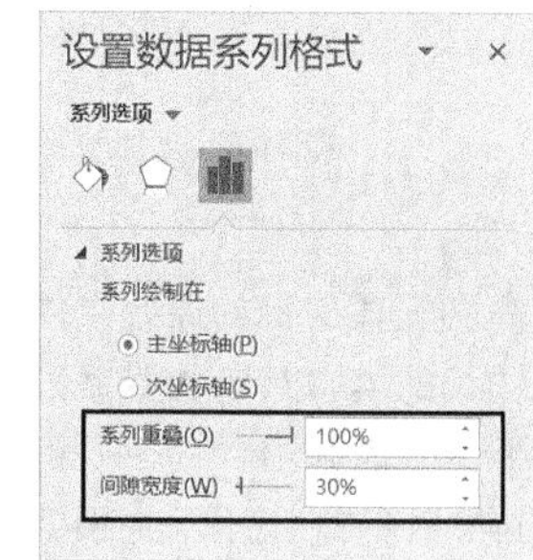

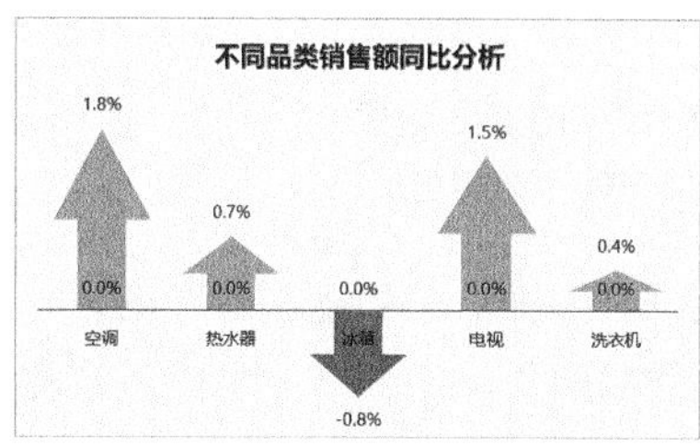

⑭ 默认添加的数据标签是【值】，所以图表中的 0.0% 也会显示出来，这样会影响图表的可读性，可以将数据标签更改为【单元格中的值】。

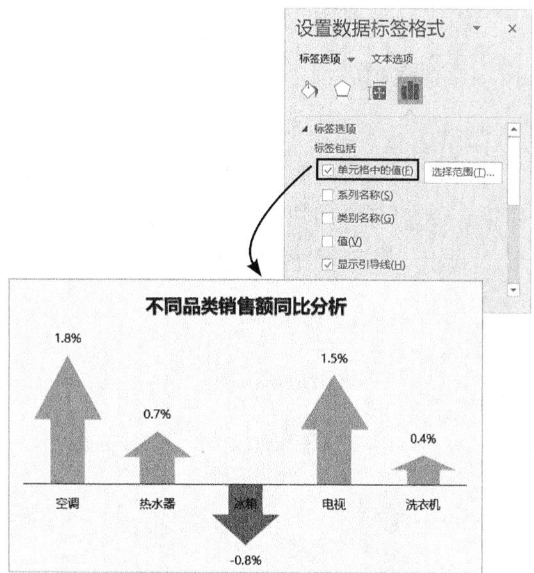

4.1.5 各业务员的销售额占比分析

业务员也是影响销售额的一个重要因素，销售额可以直观地反映出各业务员的销售业绩。在销售数据分析中，我们可以分析一个月的销售额中不同业务员销售额的占比，以对比分析各业务员对销售额的贡献率。

本实例原始文件和最终效果文件所在位置如下
第4章\2021年3月销售数据分析04-原始文件
第4章\2021年3月销售数据分析04-最终效果

扫码看视频

❶ 打开本实例的原始文件"2021 年 3 月销售数据分析 04- 原始文件"，在"销售数据汇总"工作表中根据"销售明细表"中的数据创建一个以"业务员"为行，以"销售额"为值的数据透视表，并进行适当的设置。

	A	B
37	业务员	销售额
38	郭辰	157,079.00
39	刘蕊	184,362.00
40	王磊	195,738.00
41	张盈	178,200.00
42	赵无双	160,132.00
43	总计	875,511.00

接下来根据汇总数据创建图表，分析业务员对销售额的贡献率通常使用饼图或圆环图。

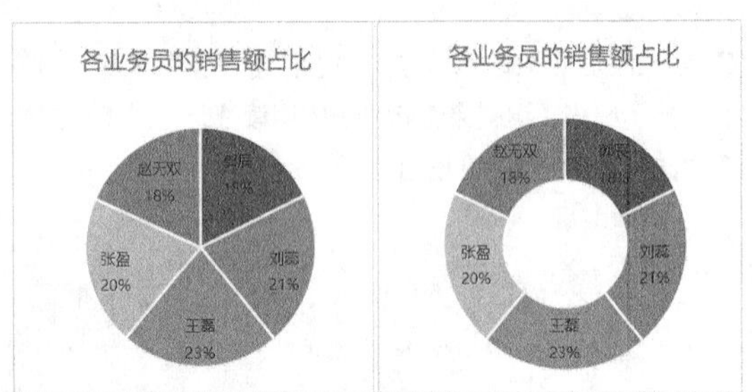

普通的饼图和圆环图看多了，难免会觉得单调，我们可以将饼图和圆环图进行适当变形。例如，将圆环图变形为下图所示的个性圆环图。

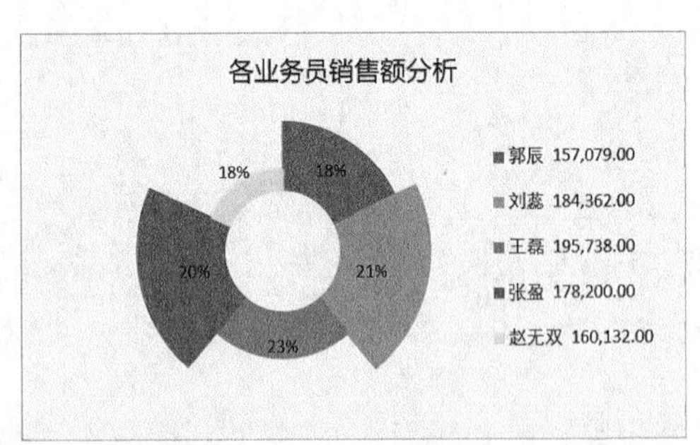

这种圆环图的制作原理其实很简单：一是复制多层相同数据，使圆环图中出现多层比例相同的圆环；二是根据需求将相同数据系列的不同数据点填充为一种颜色或将靠近外层的部分数据点设置为【无填充】。

❷ 将数据透视表中的数据复制到另一个数据区域中，然后复制 3 列"销售额"作为辅助列。

销售员	销售额	销售额	销售额	销售额
郭辰	157,079.00	157,079.00	157,079.00	157,079.00
刘蕊	184,362.00	184,362.00	184,362.00	184,362.00
王磊	195,738.00	195,738.00	195,738.00	195,738.00
张盈	178,200.00	178,200.00	178,200.00	178,200.00
赵无双	160,132.00	160,132.00	160,132.00	160,132.00

❸ 根据新创建的数据源，创建一个圆环图。

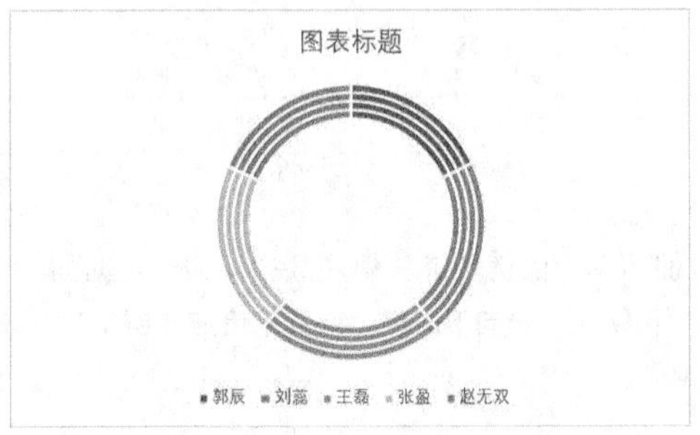

❹ 编辑图表区。将图表区的填充颜色设置为"RGB: 1/5/38"，边框颜色设置为"RGB:2/106/183"，将图表区内的文字颜色设置为【白色，背景 1】。

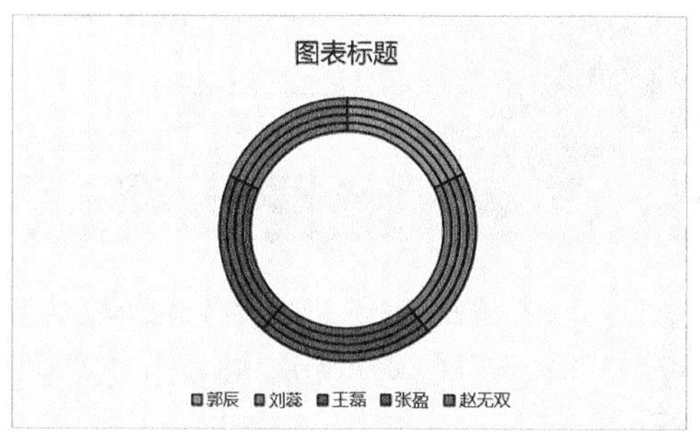

❺ 设置圆环大小。默认圆环图的圆环大小为 75%，这会让 4 个数据系列对应的圆环很细，不易分辨。可以选中圆环图中的任意一个数据系列，打开【设置数据系列格式】任务窗格，将【圆环图圆环大小】调整为【40%】。

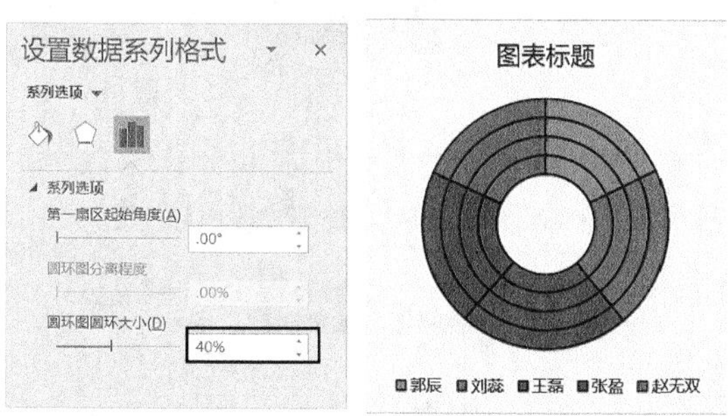

❻ 设置数据系列的颜色。此处设置数据系列的颜色需要对数据点逐一进行设置。例如选中图表最内层的数据点“郭辰”，将其填充颜色和轮廓颜色都设置为“RGB:52/209/96”。然后从内到外依次将第 2 层和第 3 层的填充颜色和轮廓颜色也都设置为“RGB:52/209/96”，将最外层的数据点设置为无填充、无轮廓。

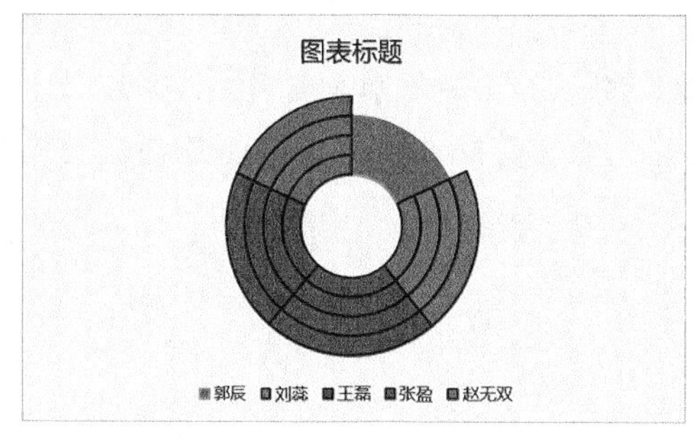

❼ 按照相同的方法设置其他数据点的填充颜色和轮廓。

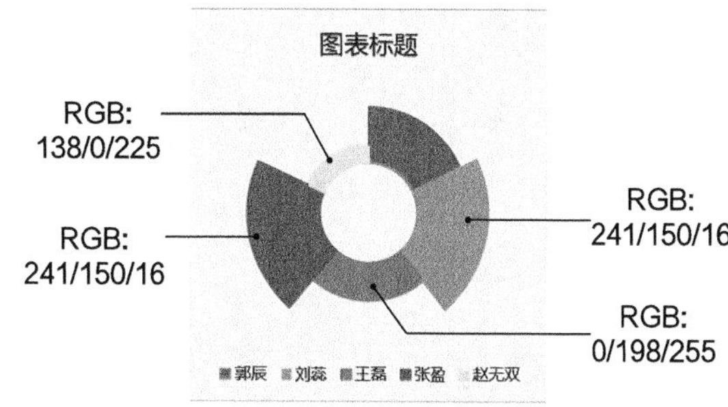

❽ 添加数据标签。当前图表中虽然有 4 个数据系列，但是这 4 个数据系列是完全相同的，只需选中其中一个数据系列，添加数据标签即可。例如，此处为图表内层的第 2 个数据系列添加数据标签。

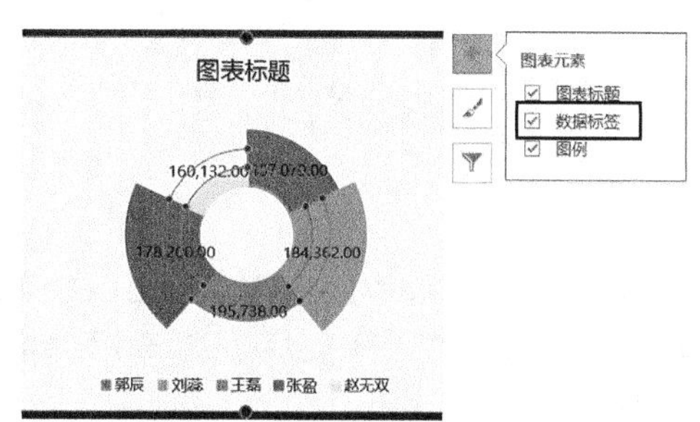

❾ 默认的数据标签显示的是数据点的值，由于本实例中数据点的值都比较大，显示在数据标签中不好看，因此此处可以将数据标签显示为【百分比】形式，值则显示在图例中。打开【设置数据标签格式】任务窗格，将【标签包括】更改为【百分比】。

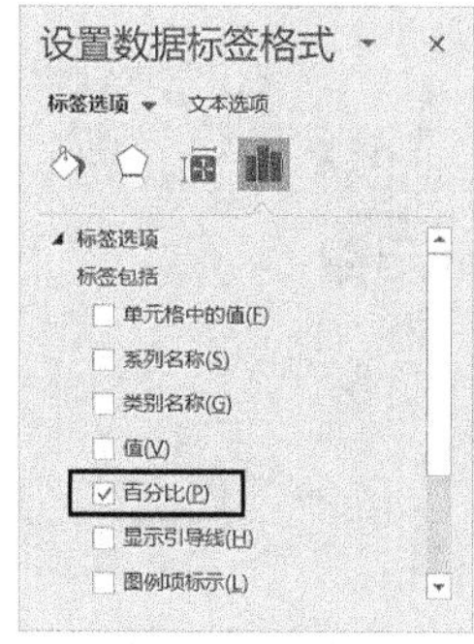

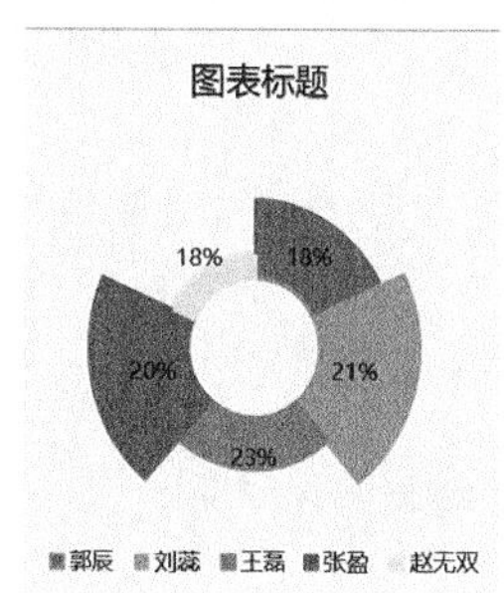

⑩ 设置图例。选中图例，打开【设置图例格式】任务窗格，将【图例位置】更改为【靠右】。

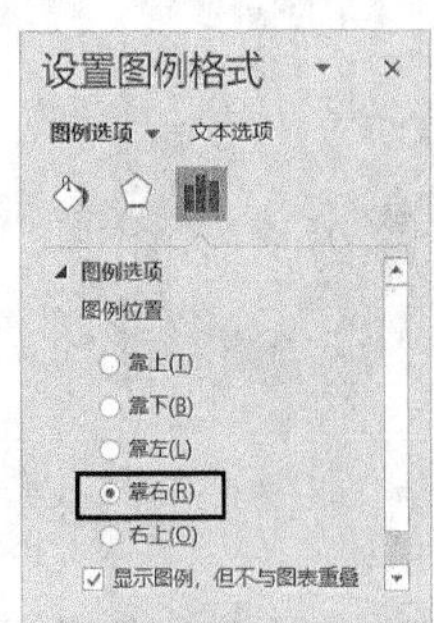

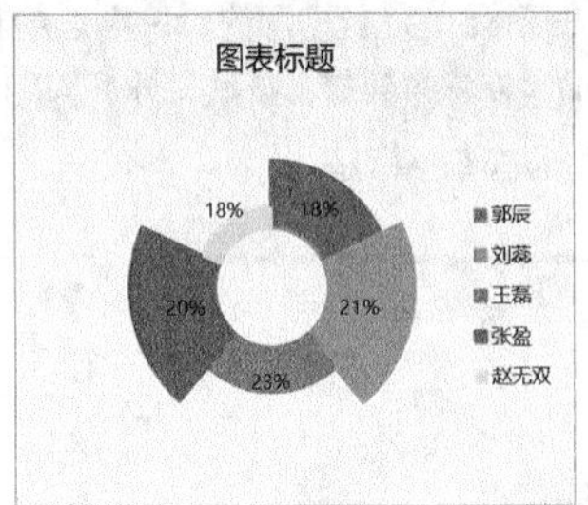

⑪ 在【设计】选项卡中单击【选择数据】按钮，打开【选择数据源】对话框，在【水平（分类）轴标签】列表框中单击【编辑】按钮。

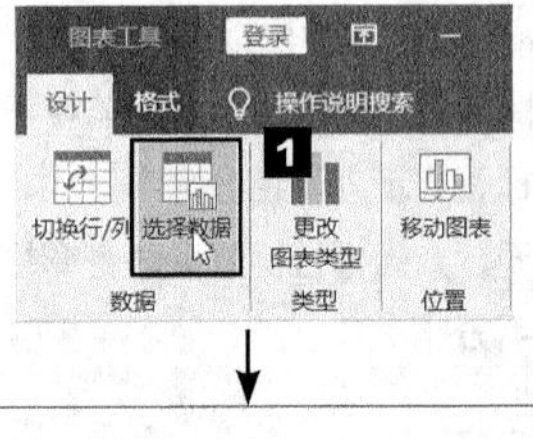

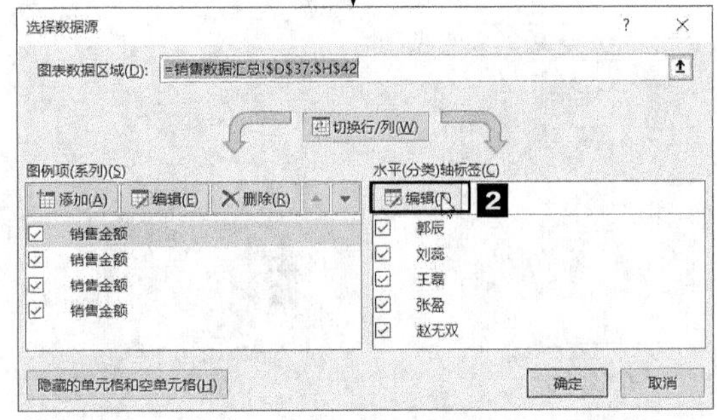

⑫ 打开【轴标签】对话框，将轴标签的数据区域更改为业务员和销售额所在的数据区域。

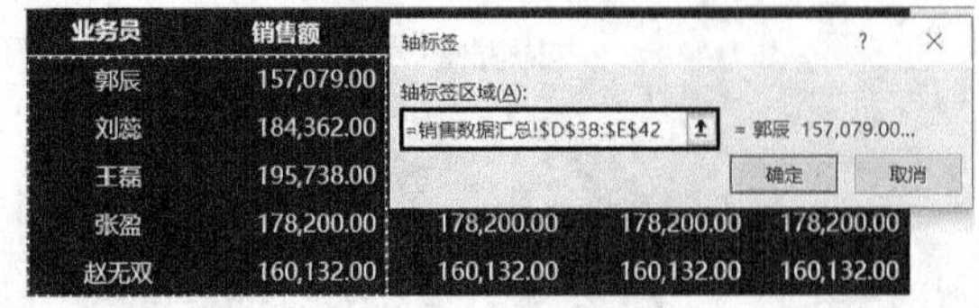

⑬ 单击【确定】按钮，关闭【轴标签】对话框，再单击【确定】按钮，关闭【选择数据源】对话框，返回图表，效果如下图所示。

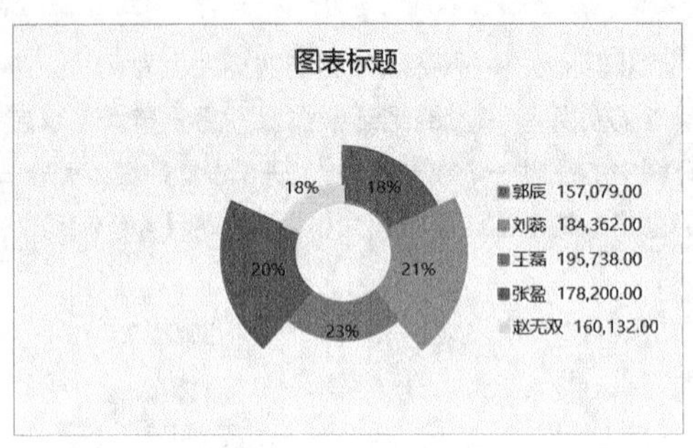

⑭ 修改图表标题并适当调整图表区的大小和位置。

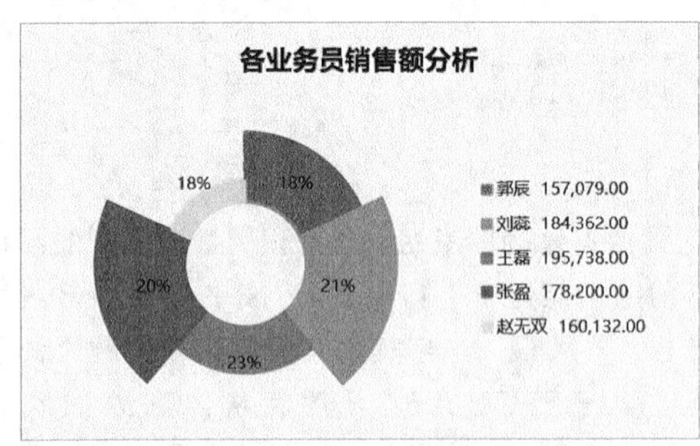

至此，月度销售数据中的各指标数据分析就基本完成了。

指标数据分析完成后，就可以将这些指标数据的分析结果进行组合展现，方便领导了解月度销售数据分析情况。最终数据看板的效果如下页图所示。

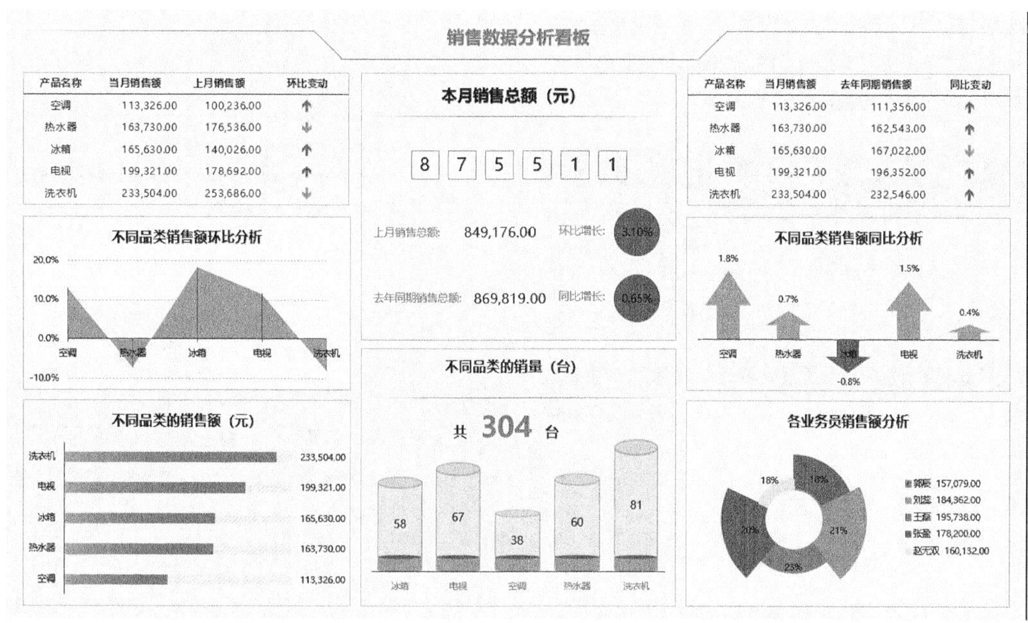

4.2　年度销售数据分析

年度销售数据的分析维度一般与月度销售数据的分析维度一样，都是围绕销售额和销量进行分析，只是前者的时间段相对较长，除了要对普通的、不同品类的销售额和销量进行分析外，往往还要分析不同时间段销售额和销量的变化。

4.2.1 不同品类的年度销售额分析

在年度销售数据分析中，不同品类的销售额和销量的分析与月度销售数据的分析是一致的，都是根据“销售明细表”创建数据透视表，汇总出不同品类的销售额和销量，然后通过图表将其可视化。

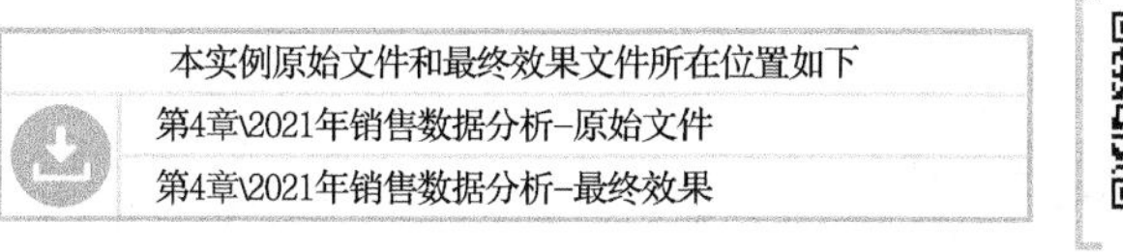
本实例原始文件和最终效果文件所在位置如下
第4章\2021年销售数据分析-原始文件
第4章\2021年销售数据分析-最终效果

扫码看视频

❶ 打开文件“2021年销售数据分析-原始文件”，根据“2021年1~12月销售明细”表，汇总计算出不同产品的销售额。

	A	B
1	产品名称	销售额
2	冰箱	1,871,672.00
3	电视	4,156,367.00
4	空调	2,739,293.00
5	热水器	1,341,758.00
6	洗衣机	2,764,438.00
7	总计	12,873,528.00

❷ 打开“数据看板”工作表，切换到【插入】选项卡，在【图表】组中单击【插入柱形图或条形图】按钮，在弹出的下拉列表中选择【簇状条形图】选项。

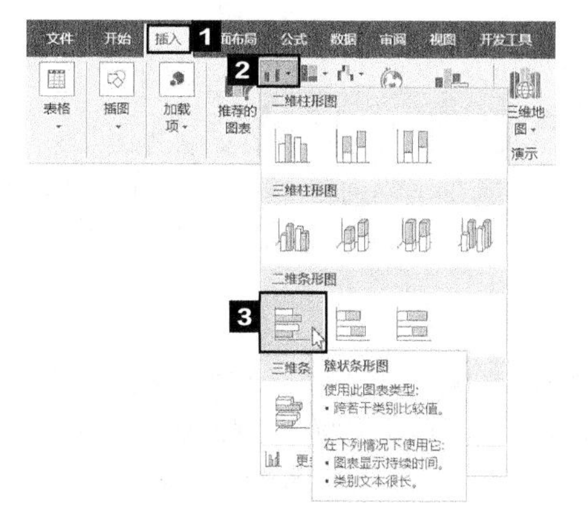

❸ 此时可在“数据看板”工作表中创建一个空白图表，选中空白图表，切换到【图表工具】栏的【设计】选项卡，在【数据】组中单击【选择数据】按钮。

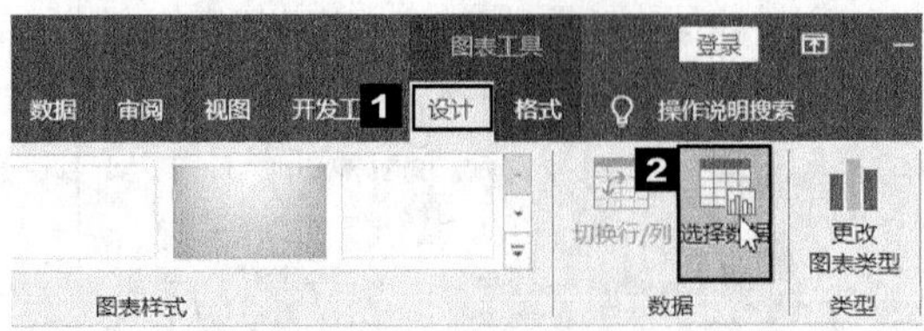

❹ 弹出【选择数据源】对话框，将光标定位到【图表数据区域】文本框中，然后选中“销售数据汇总”工作表中的数据透视表区域。

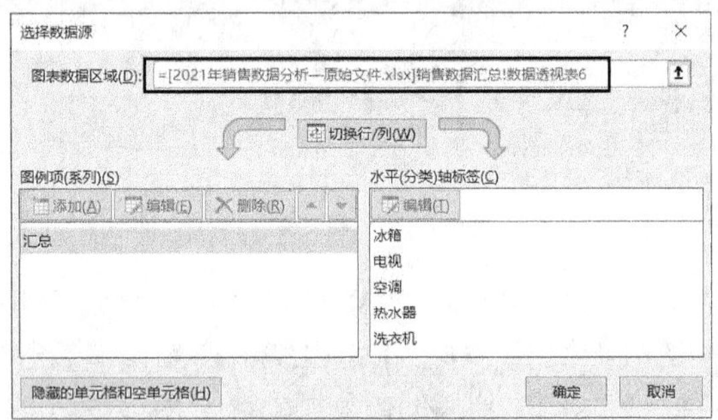

❺ 单击【确定】按钮，即可创建一个数据源为所选数据透视表的条形图，对图表进行适当的美化，最终效果如右上图所示。

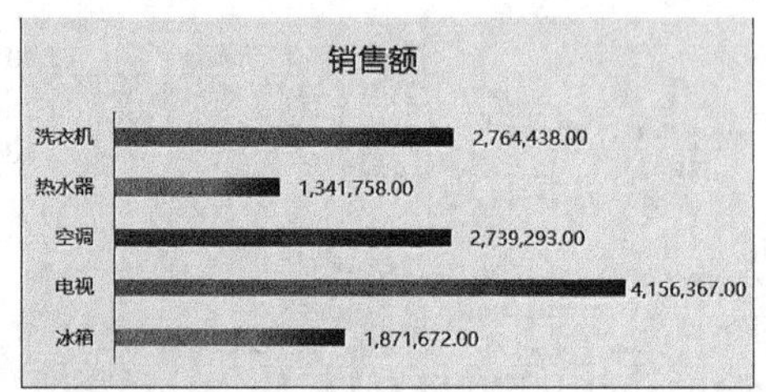

提示

① 图表填充颜色和轮廓颜色均设置为【无填充】。

② 设置数据系列点样式为【渐变填充】，其【类型】为【线性】；【角度】为【180° 】；第 1 个停止点的位置为【0%】，颜色为【白色，背景 1】；第 2 个停止点的位置为【40%】，颜色分别为“RGB:94/200/255”“RGB:255/121/166”“RGB:255/217/102”。

❻ 如果觉得图表比较简单，可以为图表添加一些形状元素，使图表看起来更丰富。

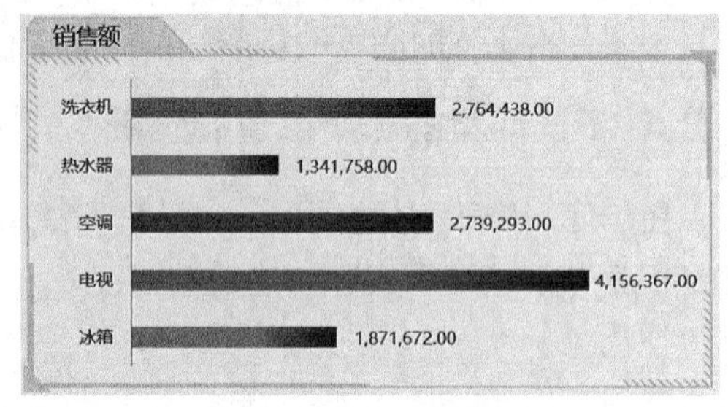

4.2.2 全年销售额的变动趋势分析

通过观察全年销售额的变动趋势，可以分析出销售额是否会受季节影响，是否存在淡季、旺季的差异等。

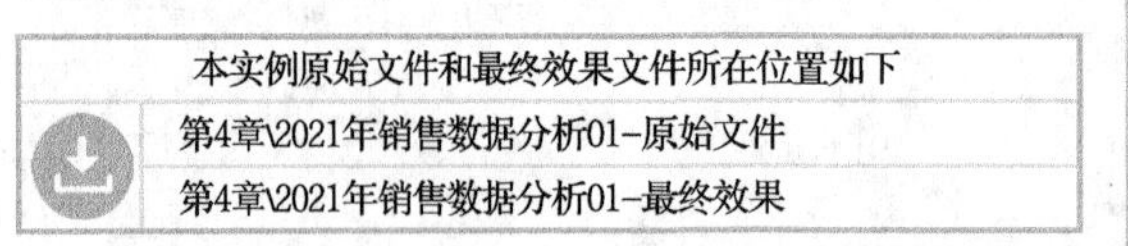

本实例原始文件和最终效果文件所在位置如下
第4章\2021年销售数据分析01-原始文件
第4章\2021年销售数据分析01-最终效果

❶ 打开本实例的原始文件“2021 年销售数据分析 01- 原始文件”，根据“2021 年 1~12 月销售明细”工作表，在“销售数据汇总”工作表中创建一个数据透视表。将【日期】字段拖曳到【行】列表框中，将【金额】字段拖曳到【值】列表框中，即可得到不同月份的销售额汇总数据。

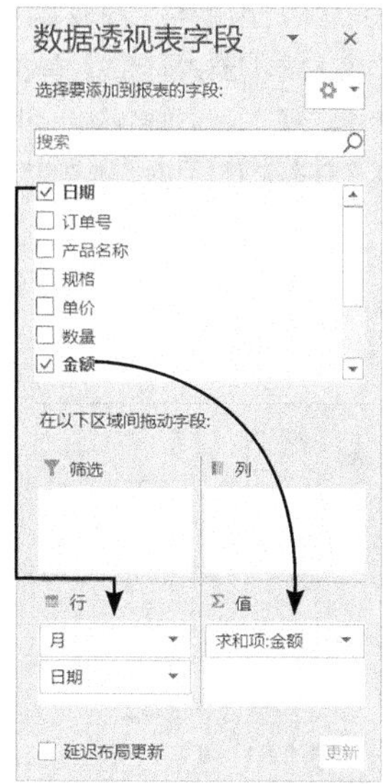

	A	B
9	行标签	求和项:金额
10	⊞1月	1168146
11	⊞2月	928912
12	⊞3月	875511
13	⊞4月	1058977
14	⊞5月	1060945
15	⊞6月	1072259
16	⊞7月	1049056
17	⊞8月	1209719
18	⊞9月	1180627
19	⊞10月	1181837
20	⊞11月	1076282
21	⊞12月	1011257
22	总计	12873528

❷ 进行趋势分析较常用的是折线图和面积图，此处使用面积图。根据数据透视表在“数据看板”工作表中创建一个面积图。

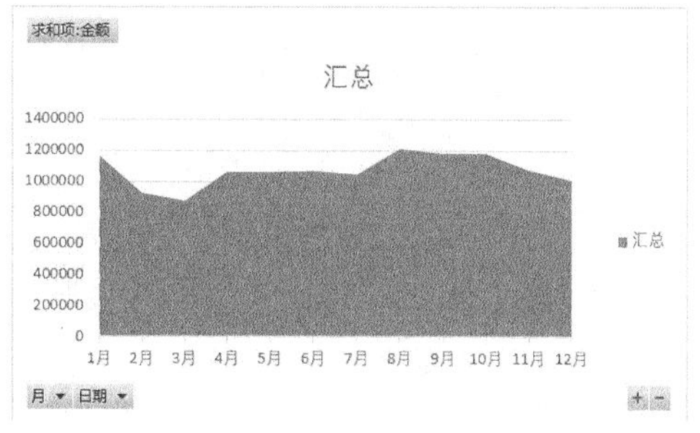

❸ 将面积图中文字的字体设置为微软雅黑，字体颜色设置为【白色，背景 1】；将图表的填充颜色和轮廓颜色设置为无填充、无轮廓；然后将图表上的所有字段按钮隐藏，删除图例。

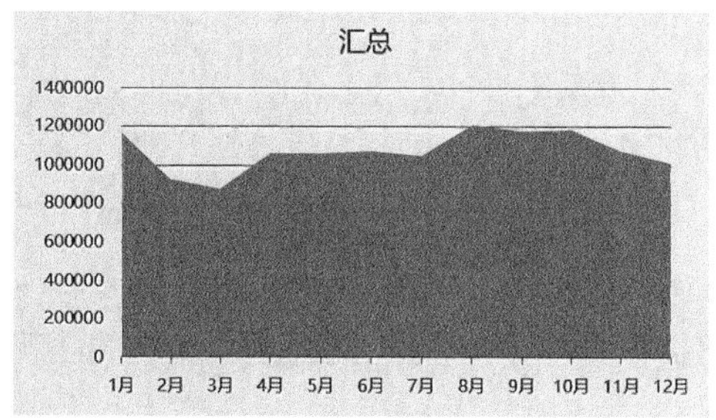

❹ 面积图默认是纯色的，略显单调，可以将其设置为渐变填充效果。打开【设置数据系列格式】任务窗格，将数据系列的填充方式更改为【渐变填充】，将渐变的【类型】设置为【线性】，【角度】设置为【90°】，第 1 个停止点的位置为【20%】，颜色为“RGB:94/200/255”；第 2 个停止点的位置为【100%】，颜色为【白色，背景 1】。

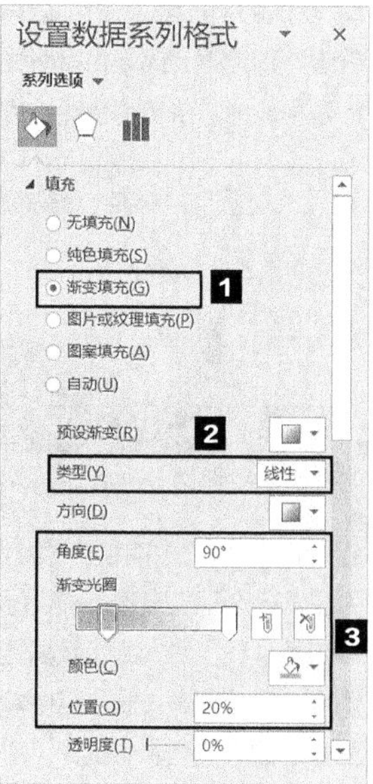

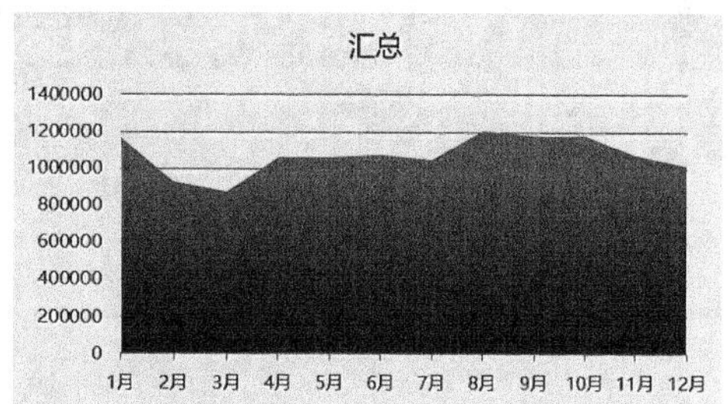

❺ 此处分析的是 2021 年销售额的变动趋势，而不是各月实际销售额，为了使变动趋势看起来更直观，可以将纵坐标轴的最小值调大，如将【最小值】设置为【800000.0】。

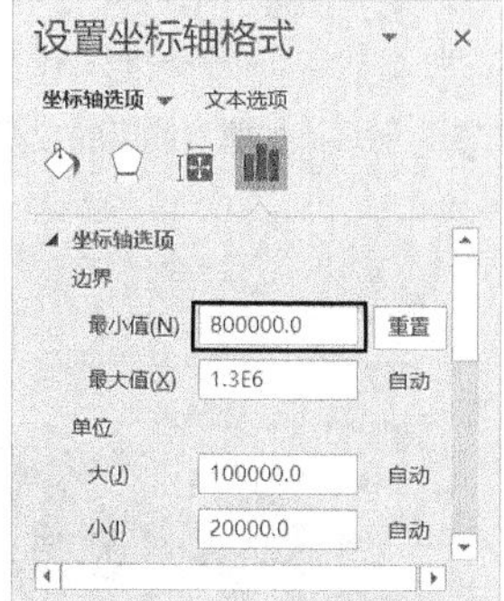

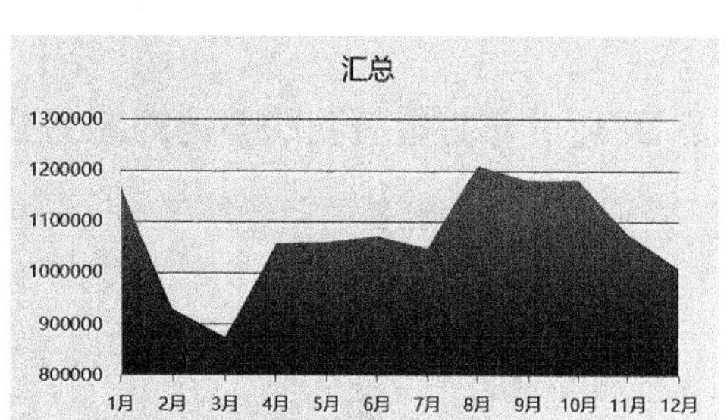

⑥ 默认的网格线是浅色实线，在深色背景的映衬下，它就会特别抢眼。此处将网格线设置为灰色虚线，并将图表标题更改为“全年销售额趋势分析”。

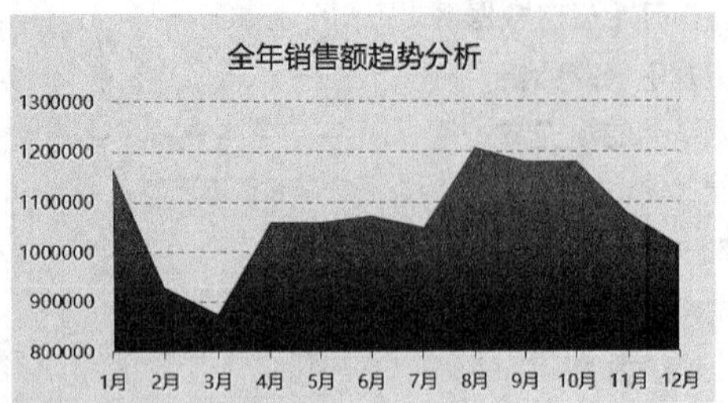

⑦ 由于面积图中的各个顶点与横坐标轴有一定的距离，为了将各个顶点数值与横坐标轴上的值对应，可以为图表添加垂直线。切换到【数据透视图工具】栏的【设计】选项卡，在【图表布局】组中单击【添加图表元素】按钮，在弹出的下拉列表中选择【线条】下的【垂直线】选项。

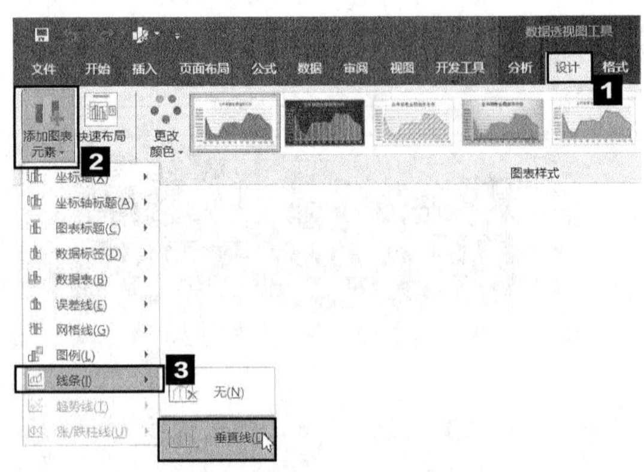

⑧ 为图表添加垂直线后的效果如下图所示。

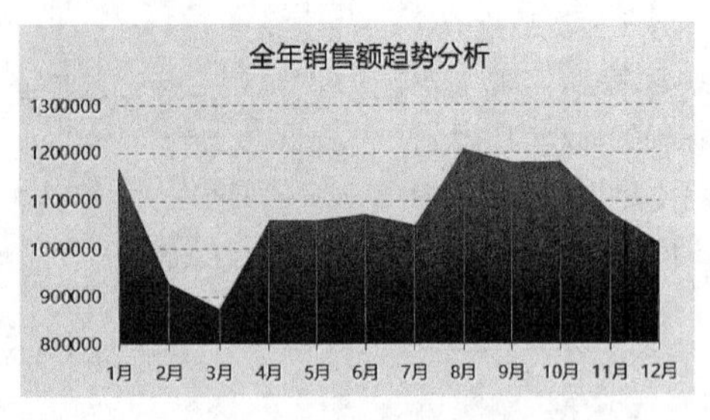

⑨ 默认插入的垂直线为灰色实线，这会使整个图表显得比较暗沉，可以将其设置为白色实线。选中垂直线，单击鼠标右键，在弹出的快捷菜单中选择【设置垂直线格式】选项，打开【设置垂直线格式】任务窗格，将垂直线的颜色设置为【白色，背景 1】。

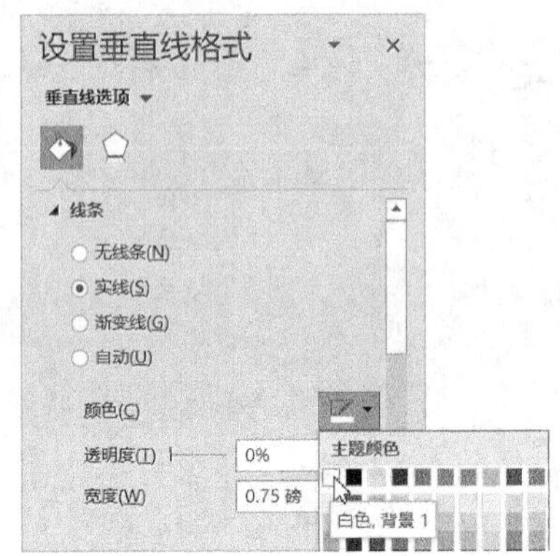

⑩ 为图表添加合适的形状，使其看起来更加美观，最终效果如下图所示。

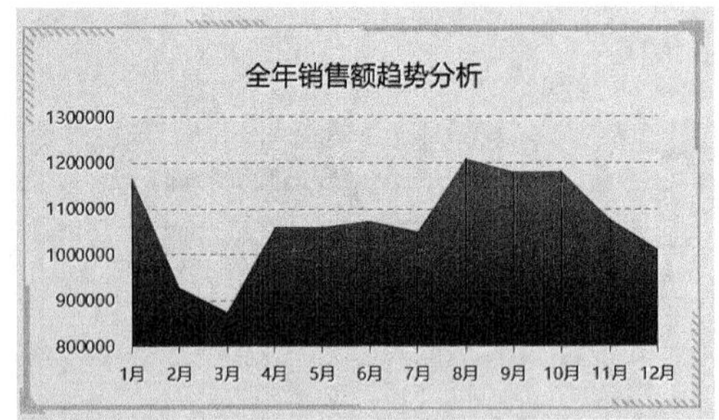

通过上图可以看出，2 月、3 月的销售额相对较少，1 月、8 月、9 月和 10 月的销售额相对较多。

4.2.3 近 3 年销售额变动趋势对比分析

对近 3 年销售额变动趋势进行对比分析，可以判断一年中某个月的销售额变动是偶然现象还是季节规律。

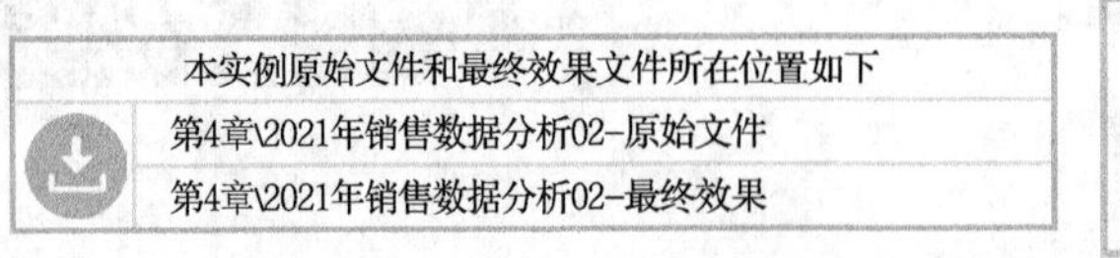

扫码看视频

❶ 打开文件“2021 年销售数据分析 02- 原始文件”，根据近 3 年各月的销售额，创建一个源数据表。

	D	E	F	G
1		2019年	2020年	2021年
2	1月	1,244,806.00	1,368,146.00	1,168,146.00
3	2月	1,124,077.00	328,912.00	928,912.00
4	3月	1,263,204.00	375,511.00	875,511.00
5	4月	1,302,774.00	823,567.00	1,058,977.00
6	5月	1,187,383.00	802,086.00	1,060,945.00
7	6月	1,197,678.00	783,076.00	1,072,259.00
8	7月	1,201,665.00	809,925.00	1,049,056.00
9	8月	1,220,127.00	784,034.00	1,209,719.00
10	9月	1,197,394.00	787,002.00	1,180,627.00
11	10月	1,261,204.00	919,658.00	1,181,837.00
12	11月	1,117,071.00	870,997.00	1,076,282.00
13	12月	1,334,700.00	860,082.00	1,011,257.00

❷ 根据源数据表中的数据，在“数据看板”工作表中创建一个折线图。

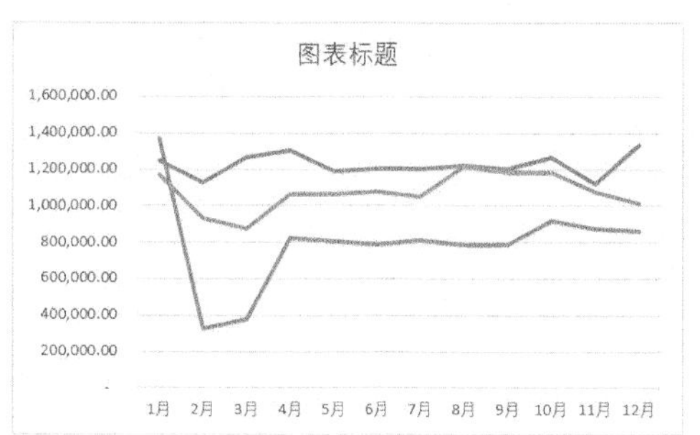

❸ 将折线图中文字的字体设置为微软雅黑，字体颜色设置为【白色，背景 1】；将图表的填充颜色和轮廓颜色设置为无填充、无轮廓。

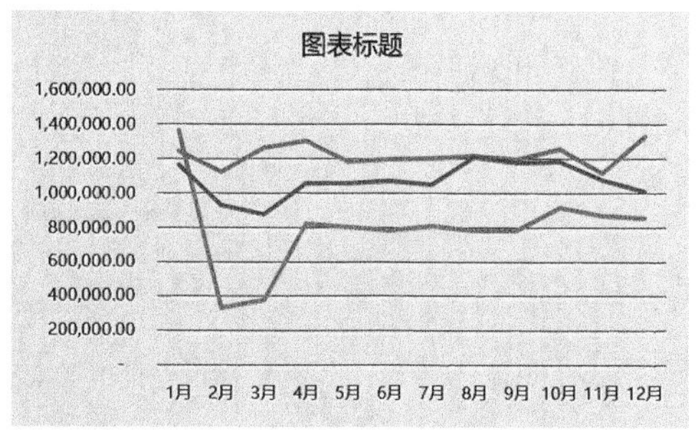

❹ 折线图本身就是线，网格线的存在会对图表内容造成干扰，所以可以将网格线删除；当前图表用于对比近 3 年各月的销售额变动趋势，因此纵坐标轴也可以删除。

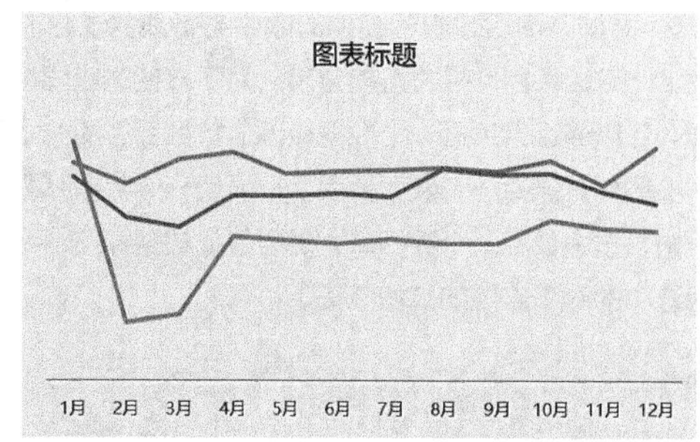

❺ 设置数据系列。将数据系列的线条设置为【实线】，宽度设置为【1.25 磅】，其颜色的设置可参照下图；设置标记类型为【圆形】，【大小】为【5】，在【填充】下选中【纯色填充】单选钮，填充颜色与线条颜色一致，将【边框】设置为【无线条】。

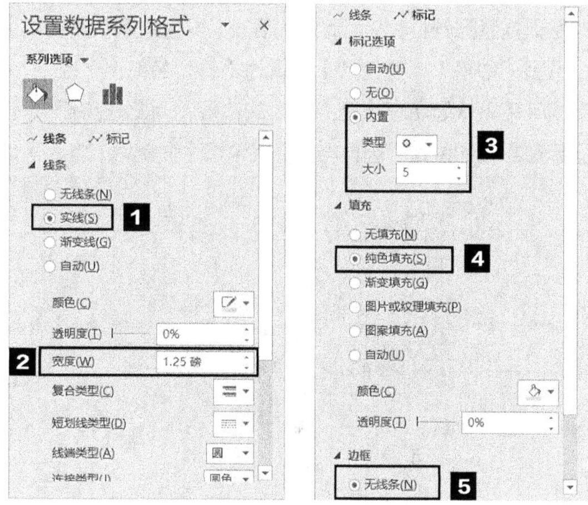

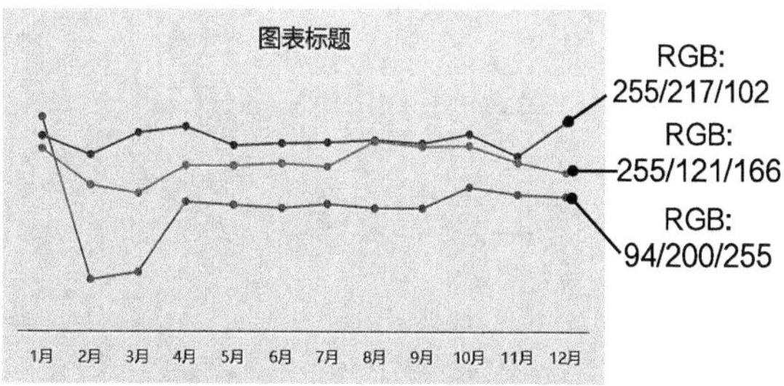

❻ 添加图例。若直接单击【图表元素】按钮添加图例，图例默认添加在图表的右侧，如下图所示。

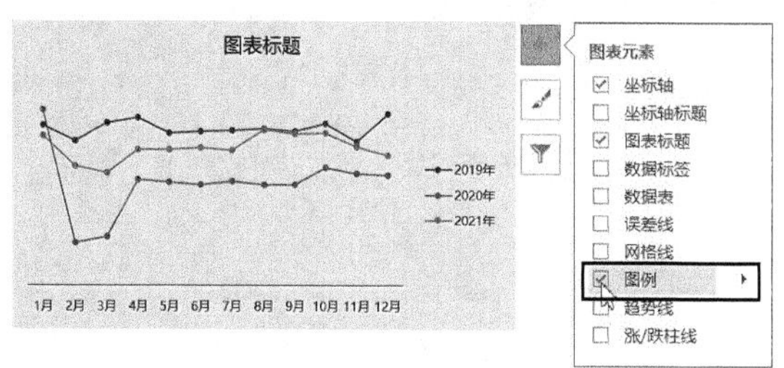

❼ 这样添加图例后，由于图例的顺序与折线的顺序并不是完全一致的，因此极有可能看错。为了方便对应图例和折线，可以通过为最后一个数据点添加数据标签的方式显示对应图例。选择一个数据系列，在最后一个数据系列点上双击，选中最后一个数据点，然后添加数据标签，即可仅为选中的数据点添加数据标签。

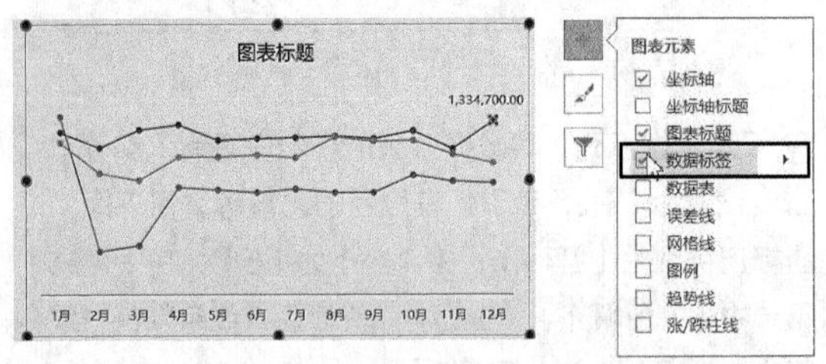

❽ 数据标签默认显示的是数据点的值，而此处需要显示的是数据系列的名称，因此还需要在【设置数据标签格式】任务窗格中将【标签包括】设置为【系列名称】；另外，数据标签默认显示在数据点靠上的位置，而此处需要将其显示在靠右的位置，因此将【标签位置】设置为【靠右】。

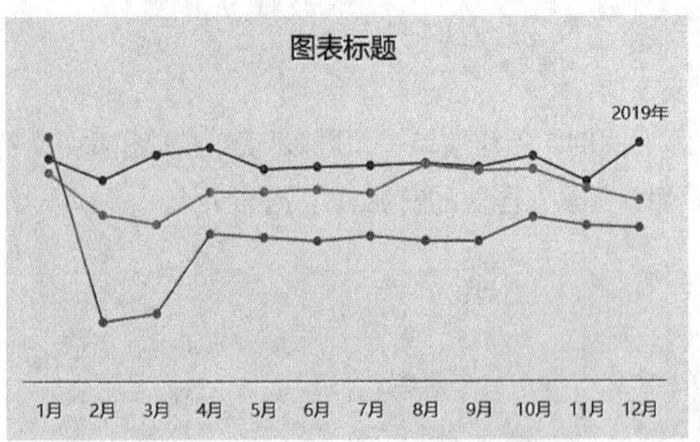

❾ 按照相同的方法为其他两个数据系列的最后一个数据点添加数据标签，并将数据标签的显示内容更改为数据系列的名称，将标签位置更改为靠右。

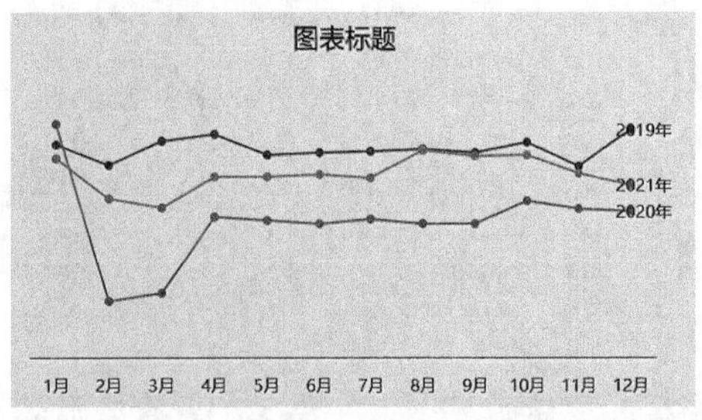

❿ 由于默认图表的绘图区比较宽，所以数据点和数据标签有一部分会重合，可以适当将绘图区的宽度调小，然后为图表更改合适的标题，并为其添加合适的图表元素作为边框。

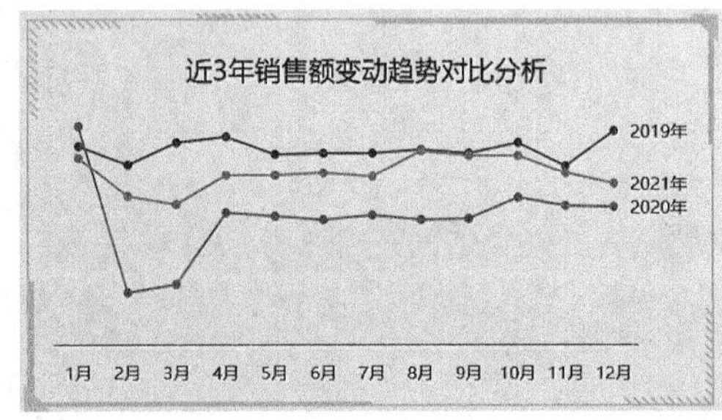

通过上图可以看出，2020 年 2~12 月的销售额相对 2019 年都是下降的，而 2021 年 2~12 月的销售额相对 2020 年都有所提高，逐渐与 2019 年的销售额持平。

4.2.4 热销产品分析

分析热销产品也是年度销售数据分析中的一项重要工作。要分析热销产品，首先需要对各种规格产品的销售数量进行汇总，然后进行排序；最后才能分析出哪几种产品的销售数量排名靠前，是热销产品。

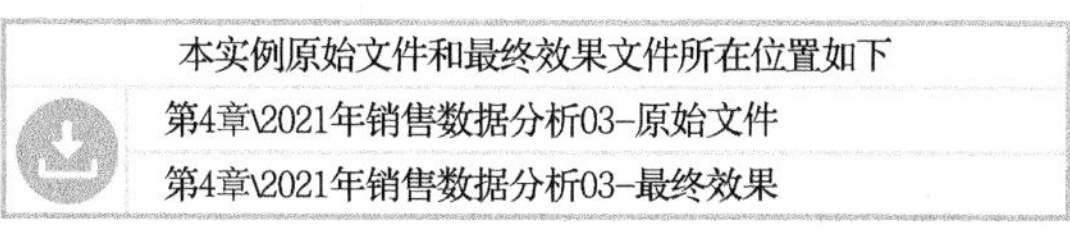

本实例原始文件和最终效果文件所在位置如下

第4章\2021年销售数据分析03-原始文件

第4章\2021年销售数据分析03-最终效果

1. 对不同规格的产品的销售数量进行汇总

对不同规格的产品的销售数量进行汇总时，既可以使用数据透视表，也可以使用函数。此处使用数据透视表，具体操作步骤如下。

❶ 打开本实例的原始文件“2021 年销售数据分析 03-原始文件”，根据“2021 年 1~12 月销售明细”工作表，在“销售数据汇总”工作表中创建一个数据透视表。依次将【产品名称】和【规格】拖曳到【行】列表框中，将【数量】拖曳到【值】列表框中，即可得到不同规格产品的销售数量汇总表格。

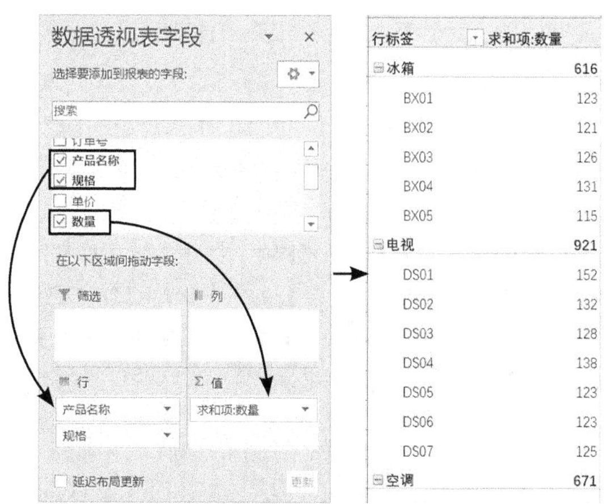

行标签	求和项:数量
⊟冰箱	616
BX01	123
BX02	121
BX03	126
BX04	131
BX05	115
⊟电视	921
DS01	152
DS02	132
DS03	128
DS04	138
DS05	123
DS06	123
DS07	125
⊟空调	671

❷ 调整数据透视表的布局。切换到【数据透视表工具】栏的【设计】选项卡，在【布局】组中单击【报表布局】按钮，在弹出的下拉列表中选择【以表格形式显示】选项，即可将“产品名称”和“规格”显示为两列。

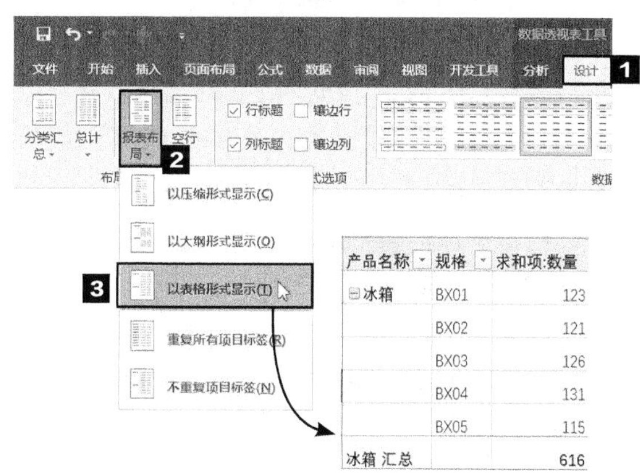

产品名称	规格	求和项:数量
⊟冰箱	BX01	123
	BX02	121
	BX03	126
	BX04	131
	BX05	115
冰箱 汇总		616

❸ 以表格形式显示后，虽然“产品名称”和“规格”显示在了不同的列中，但是在“产品名称”列中同一个产品名称只显示了一次，存在空白单元格。如果不想显示空白单元格，可以再次单击【报表布局】按钮，在弹出的下拉列表中选择【重复所有项目标签】选项。

产品名称	规格	求和项:数量
⊟冰箱	BX01	123
冰箱	BX02	121
冰箱	BX03	126
冰箱	BX04	131
冰箱	BX05	115
冰箱 汇总		616

❹ 数据透视表中默认是包含分类汇总数据的。在【布局】组中单击【分类汇总】按钮，在弹出的下拉列表中选择【不显示分类汇总】选项，则会隐藏分类汇总数据。

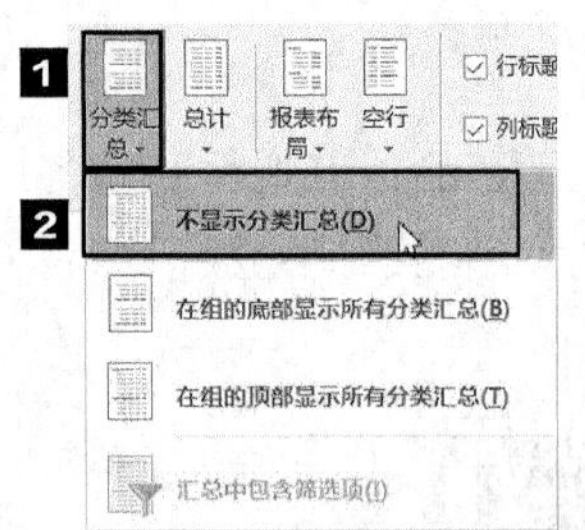

产品名称	规格	求和项:数量
⊟冰箱	BX01	123
冰箱	BX02	121
冰箱	BX03	126
冰箱	BX04	131
冰箱	BX05	115
⊟电视	DS01	152

2. 将不同规格的产品按销售数量进行排序

当前数据透视表中存在两个行字段，其中的数据已按产品名称分类汇总，因此不能直接对“求和项：数量”列中的数据进行排序。我们可以用公式将数据透视表中的数据引用到其他数据区域中，然后再进行排序。

对数据进行排序的目的是找出热销产品，一般对热销产品进行可视化时，需要同时显示产品名称和规格，因此在从数据透视表中引用数据时，可以直接将产品名称和规格合并显示。

❶ **通过公式将数据透视表中的数据引用到 N 列和 O 列，公式如下图所示。**

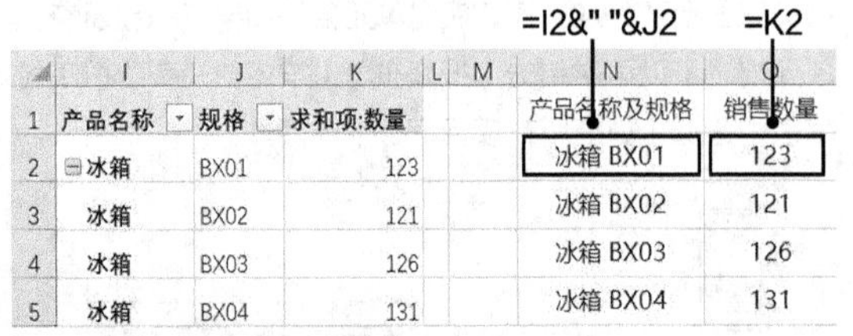

	I	J	K	L	M	N	O
1	产品名称	规格	求和项:数量			产品名称及规格	销售数量
2	⊟冰箱	BX01	123			冰箱 BX01	123
3	冰箱	BX02	121			冰箱 BX02	121
4	冰箱	BX03	126			冰箱 BX03	126
5	冰箱	BX04	131			冰箱 BX04	131

❷ **引用完毕，选中 N 列和 O 列中的数值，将其选择性粘贴成数值。**

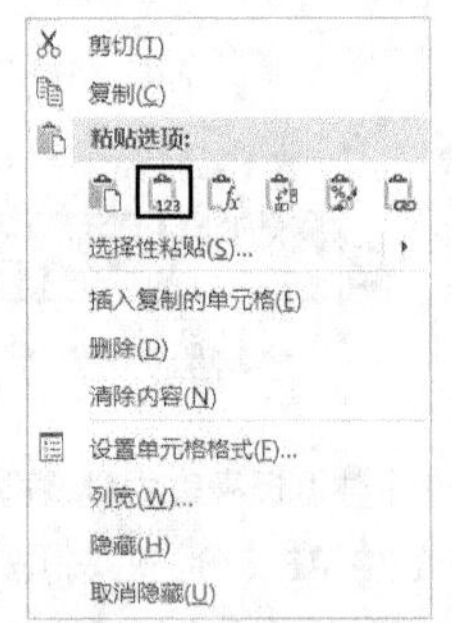

❸ **选中“销售数量”列中的任意一个单元格，切换到【数据】选项卡，在【排序和筛选】组中单击【降序】按钮。**

产品名称	规格	求和项:数量			产品名称及规格	销售数量
⊟冰箱	BX01	123			洗衣机 XYJ05	154
冰箱	BX02	121			电视 DS01	152
冰箱	BX03	126			热水器 RST03	150
冰箱	BX04	131			空调 KT02	148
冰箱	BX05	115			热水器 RST05	146
⊟电视	DS01	152			洗衣机 XYJ04	142

3. 将不同规格的产品按销售数量进行排名

排名需要用到 RANK 函数，RANK 函数是 Excel 中的一个排名函数，用于返回一个数字在数字列表中的排名。其语法格式如下。

```
RANK(number,ref,[order])
```

① number 参数表示参与排名的数值。

② ref 参数表示排名的数值区域。

③ order 参数有 1 和 0 两种取值，0 表示按从大到小的方式排名，1 表示按从小到大的方式排名，当参数为 0 时可以省略此参数，得到的是从大到小的排名结果。

❶ **在数据透视表左侧的单元格中 M1 中输入“排名”，然后在单元格 M2 中输入公式“=RANK(O2,$O$2:$O$32)”，按【Enter】键完成输入，即可得到“洗衣机 XYJ05”的销售数量排名。**

=RANK(O2,$O$2:$O$32)

L	M	N	O
	排名	产品名称及规格	销售数量
	1	洗衣机 XYJ05	154
		电视 DS01	152
		热水器 RST03	150
		空调 KT02	148
		热水器 RST05	146
		洗衣机 XYJ04	142

❷ 将单元格 M2 中的公式向下填充，即可得到其他规格产品的销售数量排名。

M	N	O
排名	产品名称及规格	销售数量
1	洗衣机 XYJ05	154
2	电视 DS01	152
3	热水器 RST03	150
4	空调 KT02	148
5	热水器 RST05	146
6	洗衣机 XYJ04	142
7	空调 KT05	139
7	热水器 RST01	139

4. 可视化销售数量排名前 8 的产品

由排名数据表可以看出：“排名”列中没有 8，但有两个 7，那么在可视化的时候，只需要展现排名为 1~7 的产品即可，如下图所示。

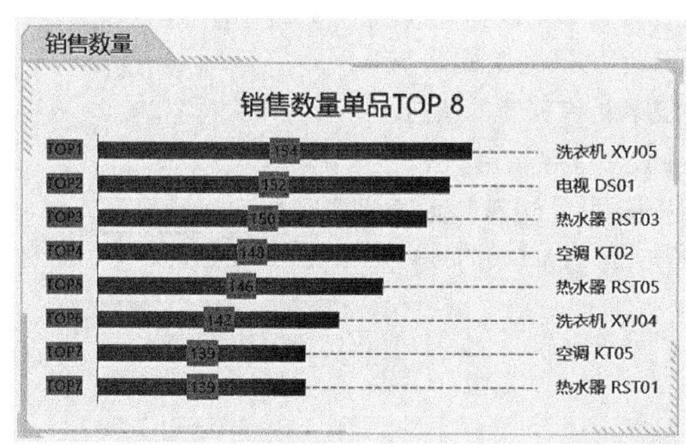

怎样才能做出上图所示的图表呢？先分析图表的结构，准备数据。

上图所示的条形图中存在两个数据系列：一个数据系列是销售数量，另一个数据系列是同等大小的辅助数据。图表左侧的 TOP1~TOP7 是数据系列对应的轴标签；“销售数量”数据系列上的数字是其数据标签，而右侧的“产品名称”及“规格”数据系列则是次坐标轴对应的轴标签。

现有数据中已有产品名称、规格、销售数量和排名，但是没有主坐标轴对应的辅助数据，而且排名显示的是纯数字，而图表中的排名前带有“TOP”。所以，需要先根据需求创建合适的图表数据源。

- **在前 8 个排名序号前添加“TOP”**

在前 8 个排名序号前添加“TOP”，需要使用 IF 函数，其逻辑关系如下图所示。

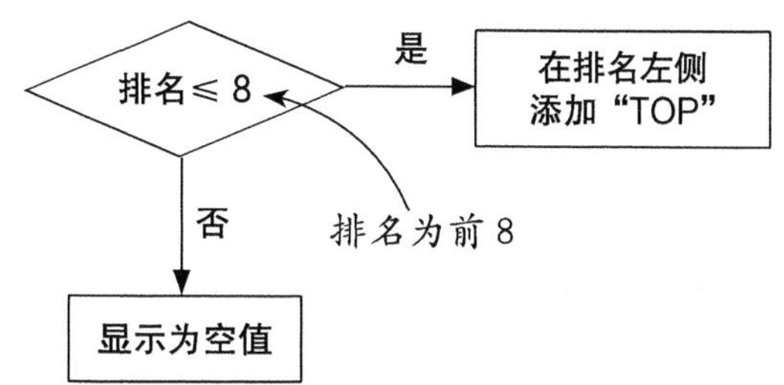

将其转换为函数语言，如下图所示。

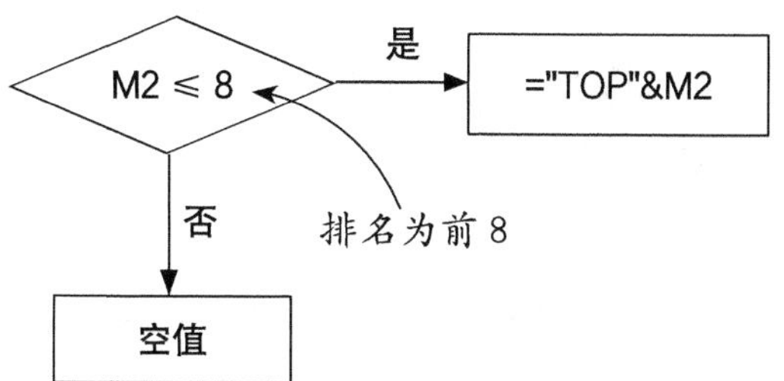

在单元格 P1 中输入列标题“排名榜”，然后在单元格 P2 中输入公式“=IF(M2<=8,"TOP"&M2,"")”，按【Enter】键完成输入，将公式填充到下方的单元格中，效果如下图所示。

fx =IF(M2<=8,"TOP"&M2,"")

M	N	O	P
排名	产品名称及规格	销售数量	排名榜
1	洗衣机 XYJ05	154	TOP1
2	电视 DS01	152	TOP2
3	热水器 RST03	150	TOP3
4	空调 KT02	148	TOP4
5	热水器 RST05	146	TOP5
6	洗衣机 XYJ04	142	TOP6
7	空调 KT05	139	TOP7
7	热水器 RST01	139	TOP7
9	电视 DS04	138	

- **创建主坐标轴对应的辅助数据**

为了使两个数据系列的横坐标轴一致，辅助数据的值应该与销售数量的值相差不大，销售数量的最大值为 154，此处将“辅助系列”列中的数值统一设置为 160 即可。

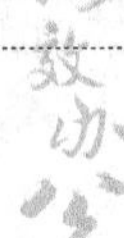

M	N	O	P	Q
排名	产品名称及规格	销售数量	排名榜	辅助系列
1	洗衣机 XYJ05	154	TOP1	160
2	电视 DS01	152	TOP2	160
3	热水器 RST03	150	TOP3	160
4	空调 KT02	148	TOP4	160
5	热水器 RST05	146	TOP5	160
6	洗衣机 XYJ04	142	TOP6	160
7	空调 KT05	139	TOP7	160
7	热水器 RST01	139	TOP7	160
9	电视 DS04	138		

● 创建条形图

❶ 在“销售数据汇总”工作表中，选中单元格区域 N1:O9 和 Q1:Q9，切换到【插入】选项卡，在【图表】组中单击【插入柱形图或条形图】按钮。

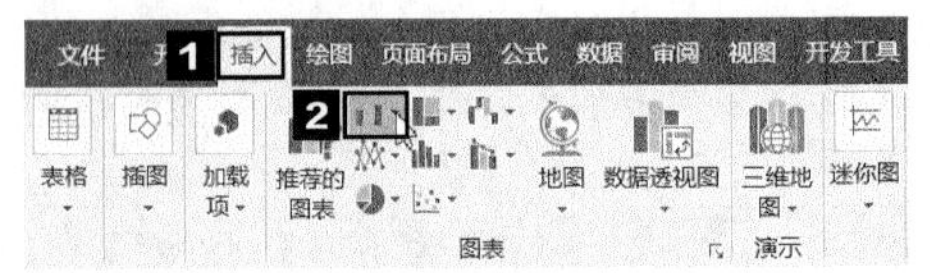

❷ 在弹出的下拉列表中选择【簇状条形图】选项。

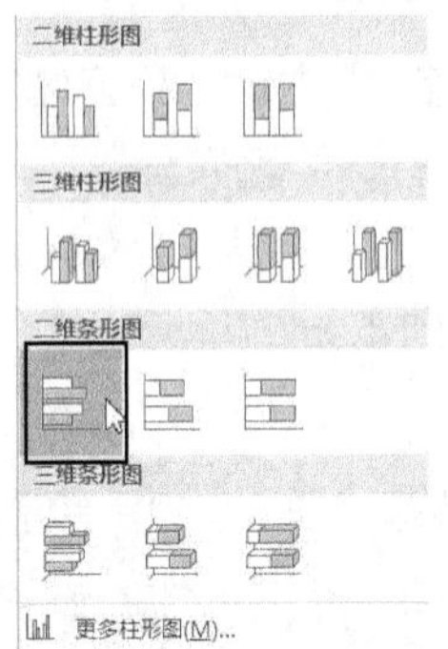

❸ 创建一个簇状条形图。

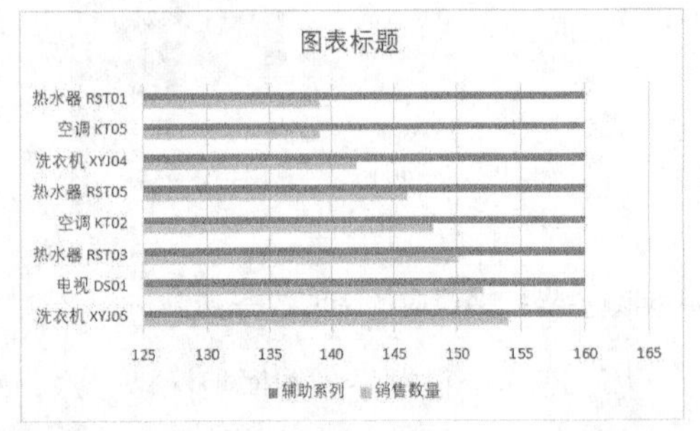

❹ 选中图表，将其剪贴到“数据看板”工作表中。

● 设置条形图的结构

❶ 设置图表区和图表中的文字。将图表区设置为无填充、无轮廓，然后将图表中所有文字的字体设置为微软雅黑，将字体颜色设置为【白色，背景 1】。

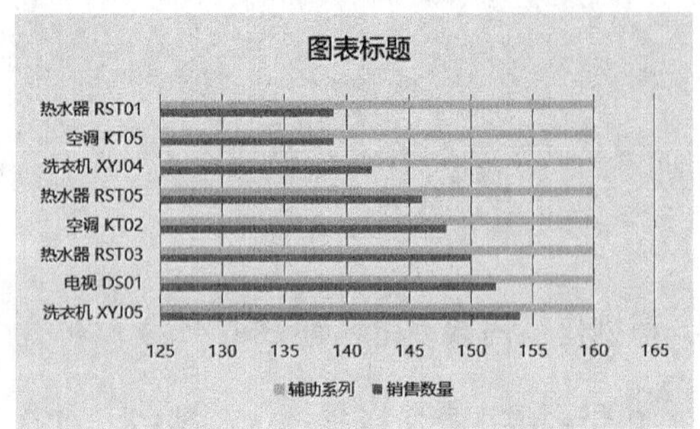

❷ 删除多余元素。删除网格线、图例。这里需要注意的是，横坐标轴上的数值一般都会比实际数值大，所以数据系列绘图区右侧边界处有一定的留白，而此处不需要留白，先将横坐标轴的【边界】的【最大值】设置为【160.0】。

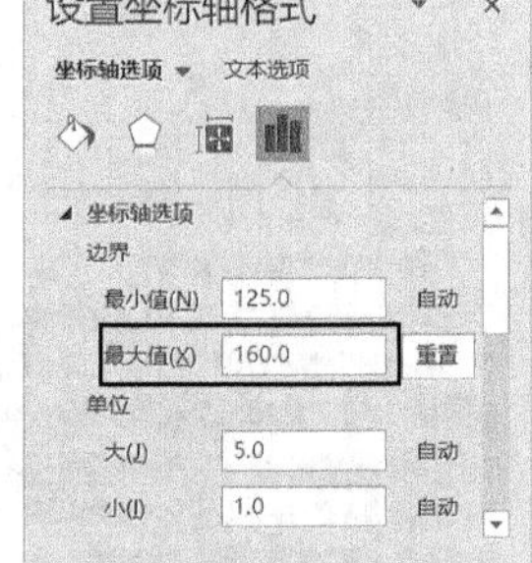

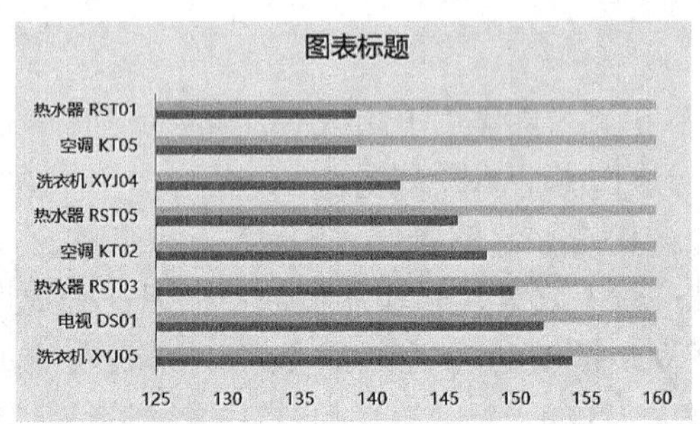

❸ 删除横坐标轴。

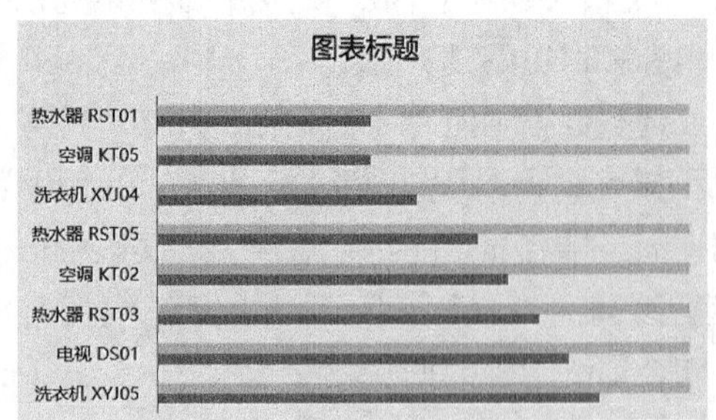

❹ 添加次要纵坐标轴。图表中如果有两个坐标轴，那么次坐标轴的数据系列是位于顶层的，此处应该将数据系列“销售数量”设置为次坐标轴，选中数据系列“销售数量”，打开【设置数据系列格式】任务窗格，选中【次坐标轴】单选钮。

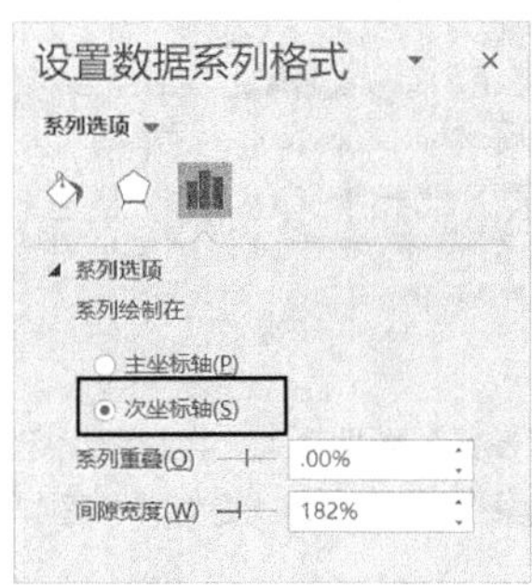

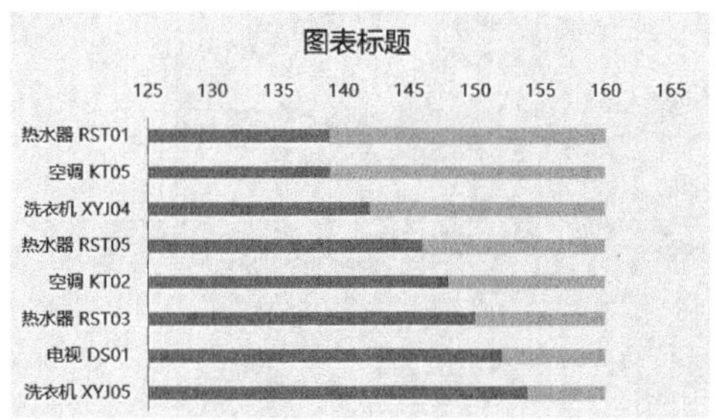

❺ 可以看到，将数据系列“销售数量”设置为次坐标轴后，会自动显示对应的横坐标轴，按照前面的方法，将其【边界】的【最大值】设置为【160.0】，然后将其删除。

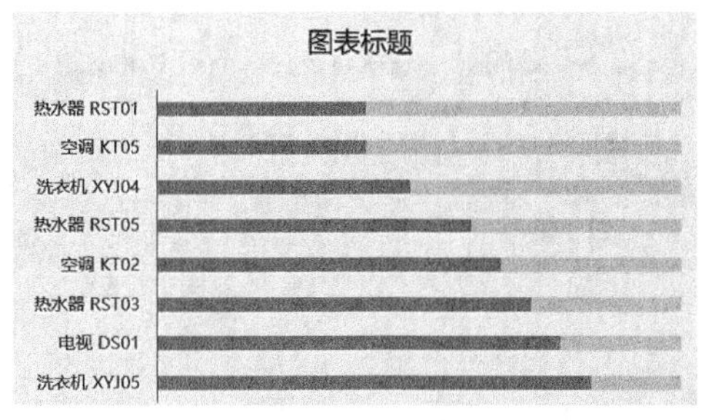

❻ 通过上图可以看到，将数据系列“销售数量”设置为次坐标轴后，次要纵坐标轴并没有显示出来。单击图表右侧的【图表元素】按钮，在弹出的下拉列表中勾选【次要纵坐标轴】复选框。

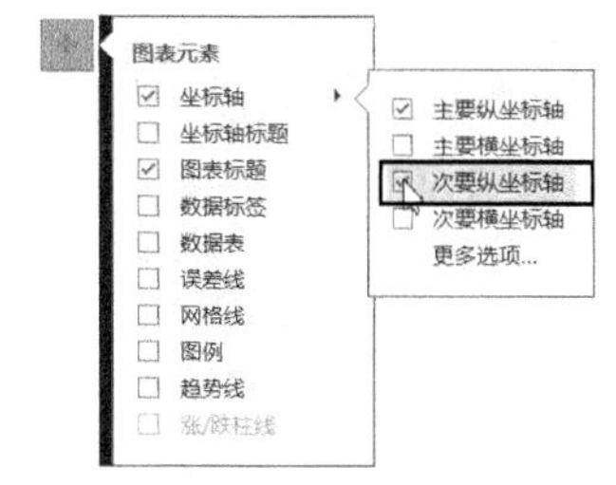

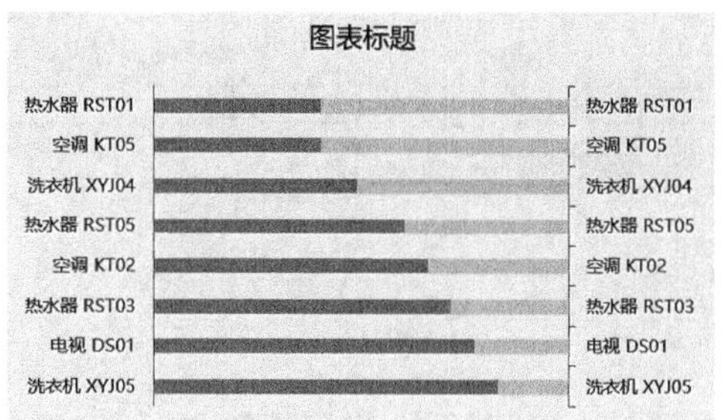

❼ 次坐标轴默认显示了线条，而此处不需要显示线条，可以在【设置坐标轴格式】任务窗格中，将坐标轴的线条设置为【无线条】。

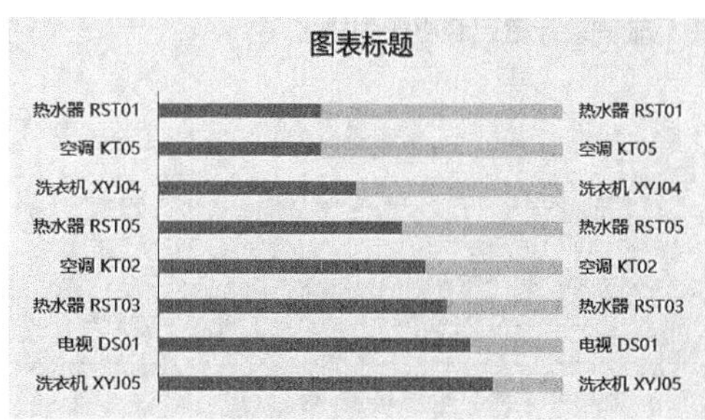

❽ 两个纵坐标轴的轴标签是一样的，此处需要将左侧主要纵坐标轴的轴标签修改为排名。切换到【图表工具】栏的【设计】选项卡，在【数据】组中单击【选择数据】按钮，打开【选择数据源】对话框，选择“辅助系列”选项，然后在【水平（分类）轴标签】列表框中单击【编辑】按钮。

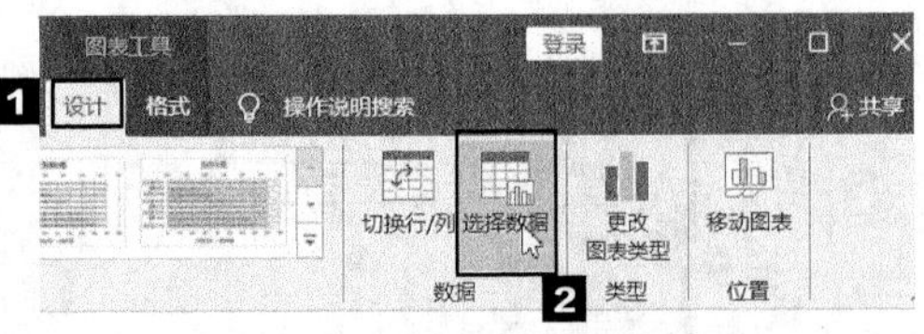

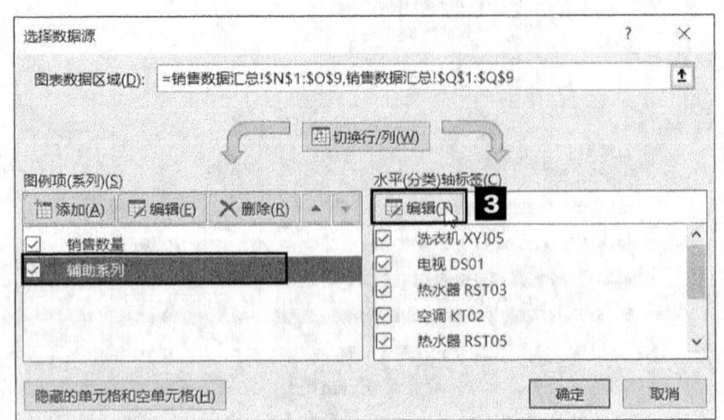

❾ 打开【轴标签】对话框，将【轴标签区域】更改为“销售数据汇总”工作表中的 P2:P9 单元格区域。

❿ 单击【确定】按钮，返回【选择数据源】对话框，再次单击【确定】按钮，返回图表，即可看到图表左侧主要纵坐标轴的轴标签已经更改为排名了。

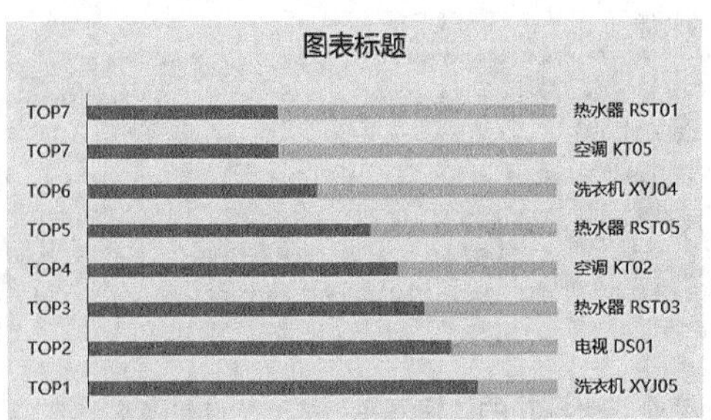

⓫ 现有图表的排名顺序是 TOP7~TOP1 的，如果想让其以 TOP1~TOP7 的顺序显示，可以选中左侧纵坐标轴，打开【设置坐标轴格式】任务窗格，勾选【逆序类别】复选框。

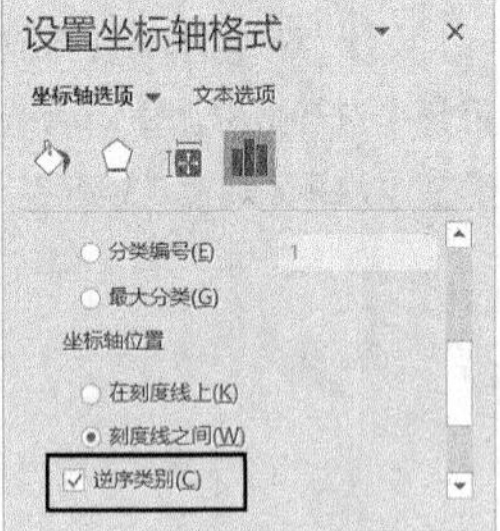

⓬ 两个纵坐标轴的轴标签是互相对应的，因此右侧纵坐标轴也需要设置为【逆序类别】，最终效果如下图所示。

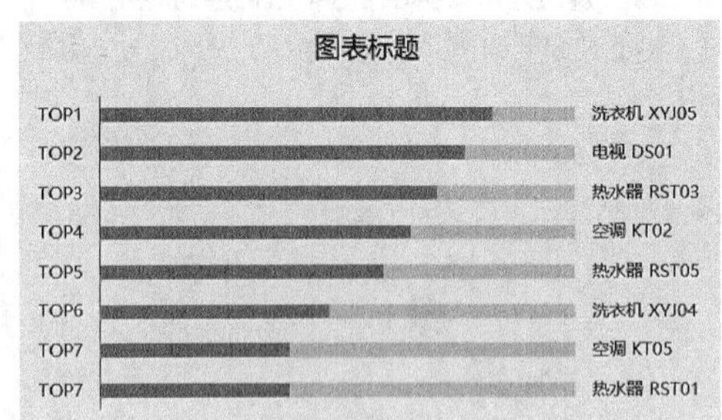

⓭ 选中“销售数量”数据系列，为其添加标签，标签默认是显示在【数据标签外】的，此处将其【居中】显示。

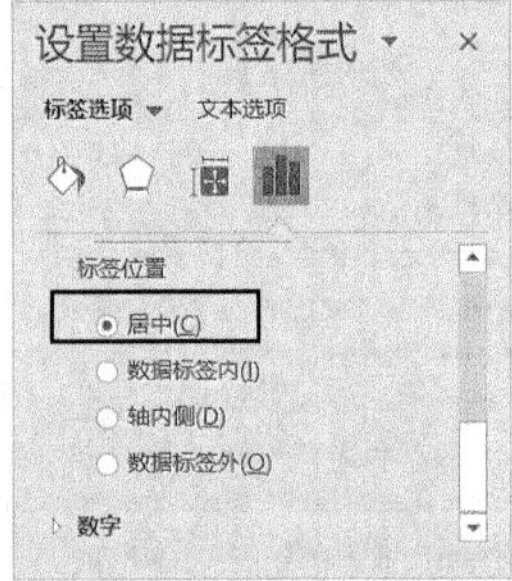

⓮ 至此，图表的基本结构就创建完成了，接下来只需要对各图表元素进行适当的美化调整即可。

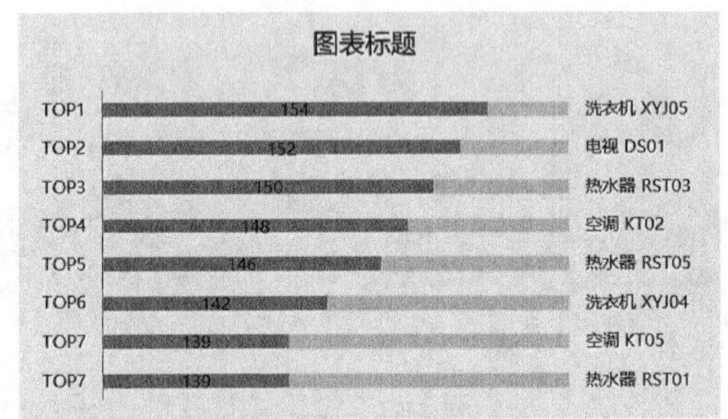

- 美化条形图

❶ 美化主要纵坐标轴的轴标签。选中主要纵坐标轴的轴标签，打开【设置坐标轴格式】任务窗格，将其填充样式设置为【纯色填充】，颜色设置为“RGB:94/200/255”，字号调整为 8 号。

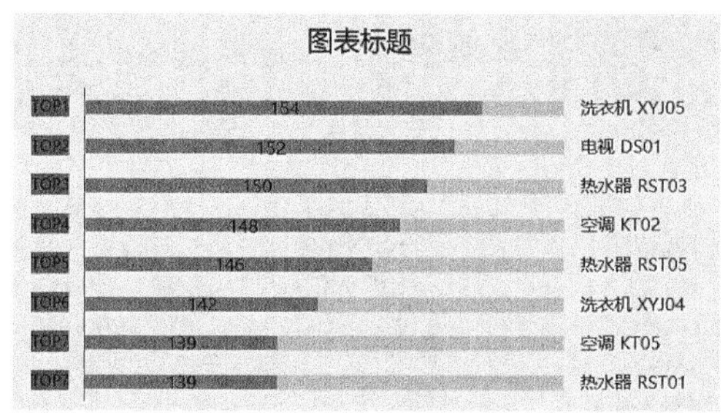

❷ 美化“销售数量”数据系列。选中“销售数量”数据系列，打开【设置数据系列格式】任务窗格，将其【间隙宽度】调整为【100%】，将其填充样式设置为【渐变填充】，颜色及其他设置如下图所示。

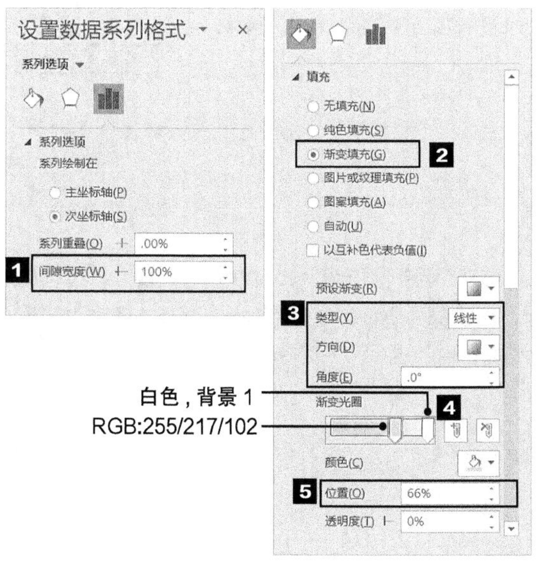

❸ 美化“辅助数据”数据系列。在工作表的空白处绘制一个无填充、无轮廓的矩形和一条浅蓝色虚直线，矩形和直线的长度相等，然后将矩形和直线水平、垂直居中，并将它们组合为一个整体。

❹ 复制组合后的矩形和直线，选中“辅助数据”数据系列，然后粘贴组合图形，效果如下图所示。

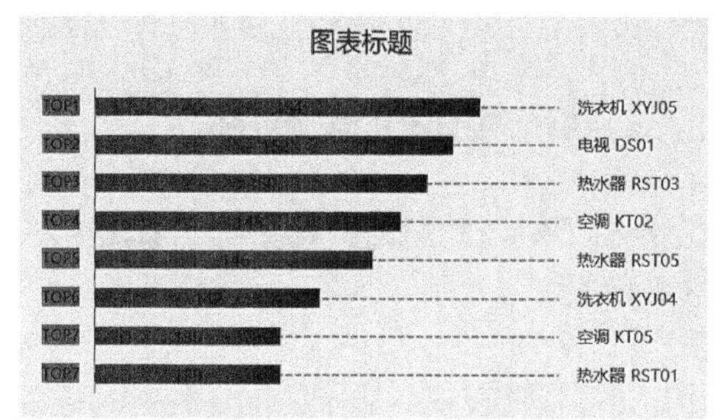

❺ 美化数据标签。选中数据标签，将数据标签文字的字号设置为 8 号，打开【设置数据标签格式】任务窗格，选中【纯色填充】单选钮，将其填充颜色设置为浅蓝色；然后将数据标签的左、右边距设置为【0.05 厘米】，上、下边距设置为【0 厘米】。

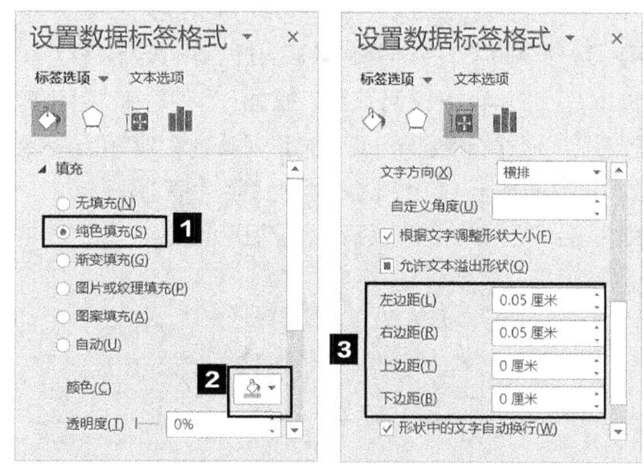

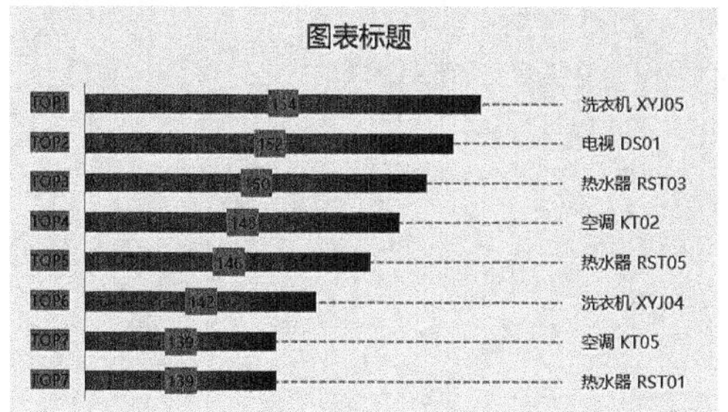

❻ 为图表添加合适的标题，并为图表添加合适的边框进行修饰。

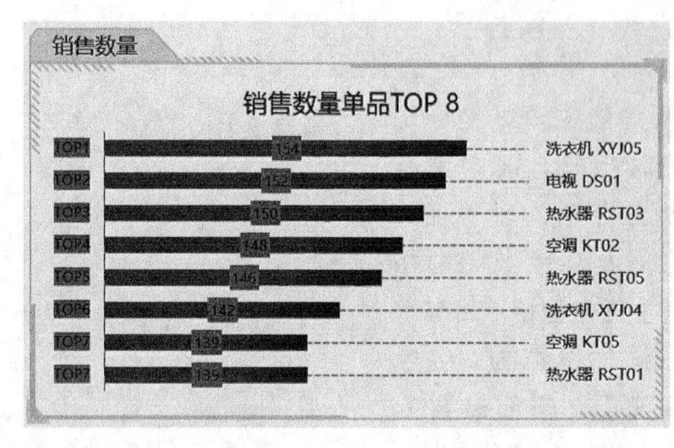

4.2.5 单价对销量的影响分析

分析单价对销量的影响，其实就是分析不同价格区间的产品的销量，为后期的备货工作提供有力依据。

本实例原始文件和最终效果文件所在位置如下

第4章\2021年销售数据分析04-原始文件

第4章\2021年销售数据分析04-最终效果

扫码看视频

1. 汇总统计不同价格区间的产品销量占比

❶ 打开文件“2021 年销售数据分析 04- 原始文件”，根据“2021 年 1~12 月销售明细”工作表，在“销售数据汇总”工作表中创建一个数据透视表。将【单价】拖曳到【行】列表框中，将【数量】拖曳到【值】列表框中，即可得到不同单价的产品销售数量汇总数据。

	A	B
24	行标签	求和项:数量
25	699.00	139
26	799.00	128
27	999.00	244
28	1,299.00	399
29	1,399.00	152
30	1,599.00	133
31	1,699.00	142

❷ 此处我们要分析的是不同价格区间的产品的销量，因此需要将单价分组。在数据透视表中的任意一个单价单元格中单击鼠标右键，在弹出的快捷菜单中选择【组合】选项。

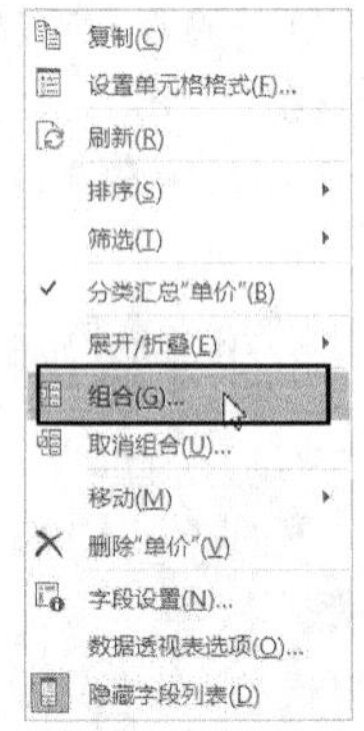

❸ 打开【组合】对话框，将【起始于】设置为【0】，【步长】设置为【2000】，设置完毕，单击【确定】按钮，返回工作表，即可看到数据透视表已按不同价格区间自动分组。

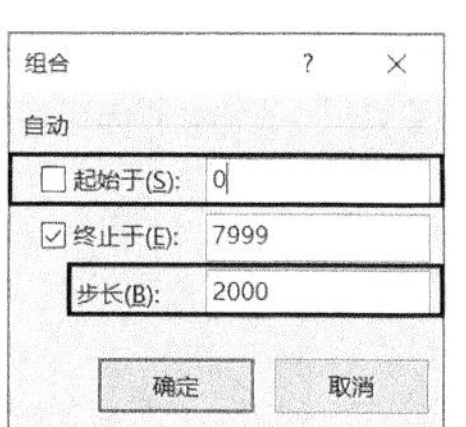

	A	B
24	行标签	求和项:数量
25	0-1999	1483
26	2000-3999	1464
27	4000-5999	753
28	6000-7999	387
29	总计	4087

❹ 将数据透视表的【报表布局】更改为【以表格形式显示】，将【值显示方式】设置为【列汇总的百分比】，然后对报表的标题及字体格式等进行适当的调整。

	A	B
24	价格区间	销售数量占比
25	0-1999	36.29%
26	2000-3999	35.82%
27	4000-5999	18.42%
28	6000-7999	9.47%
29	总计	100.00%

❺ 上表汇总的是所有产品的不同价格区间的销售数量占比，如果想将不同产品分开来看，则可以为其添加一个切片器。切换到【数据透视表工具】栏的【分析】选项卡，在【筛选】组中单击【插入切片器】按钮。

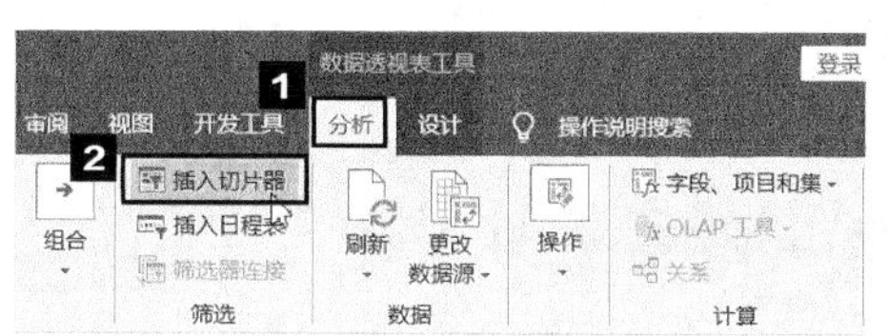

❻ 打开【插入切片器】对话框，勾选【产品名称】复选框，单击【确定】按钮，即可在工作表中插入一个切片器。

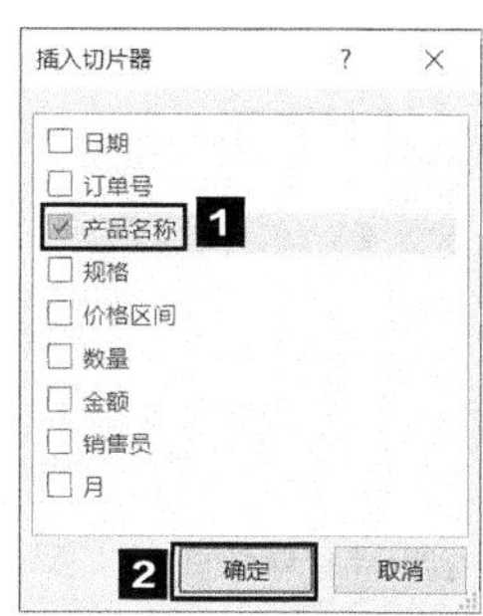

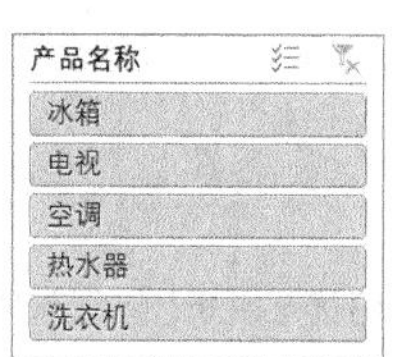

❼ 默认切片器是选中所有产品的，选择某一种产品，数据透视表中汇总的就是对应产品的不同价格区间的销售数量占比。

价格区间	销售数量占比
0-1999	16.50%
2000-3999	28.23%
4000-5999	28.34%
6000-7999	26.93%
总计	100.00%

产品名称：冰箱、电视、空调、热水器、洗衣机

2. 可视化不同价格区间的产品销量占比

要对占比数据进行可视化，经常使用的是饼图或圆环图。既可以使用一个饼图整体展现各部分的占比，又可以使用多个圆环图分别展现各部分的占比。此处我们使用多个轨道圆环图来展现不同价格区间的产品销量占比。

❶ 由于不能直接使用数据透视表的部分数据创建图表，所以需要先以公式引用的方式，将不同价格区间的销售数量占比数据引用到其他空白区域。

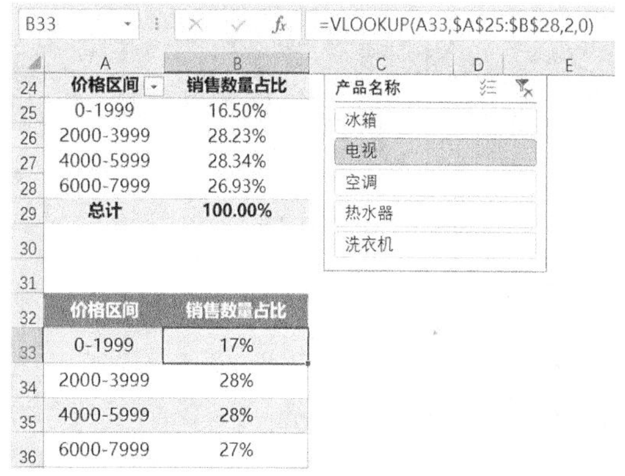

B33 =VLOOKUP(A33,$A$25:$B$28,2,0)

	A	B
24	价格区间	销售数量占比
25	0-1999	16.50%
26	2000-3999	28.23%
27	4000-5999	28.34%
28	6000-7999	26.93%
29	总计	100.00%
30		
31		
32	价格区间	销售数量占比
33	0-1999	17%
34	2000-3999	28%
35	4000-5999	28%
36	6000-7999	27%

❷ 如果每一个价格区间仅对应一个销售数量占比数据，是无法创建圆环图的，圆环图至少需要两个数据系列，因此还需要添加一个“辅助列”。

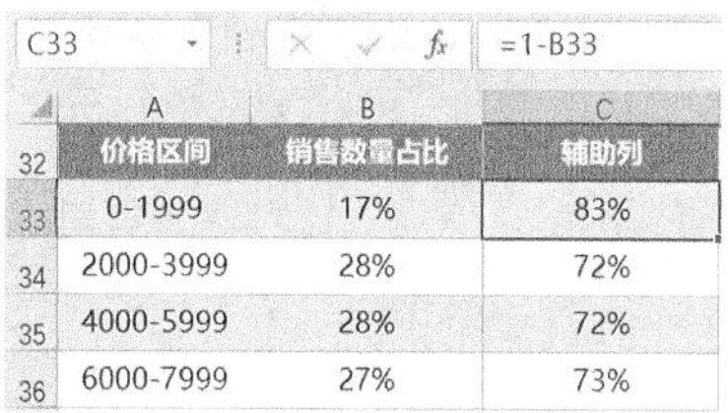

C33 =1-B33

	A	B	C
32	价格区间	销售数量占比	辅助列
33	0-1999	17%	83%
34	2000-3999	28%	72%
35	4000-5999	28%	72%
36	6000-7999	27%	73%

❸ 依次创建 4 个不同价格区间的轨道圆环图，对其进行美化。创建轨道圆环图的具体操作在本书第 2.3.3 小节已经详细介绍过了，此处不赘述。

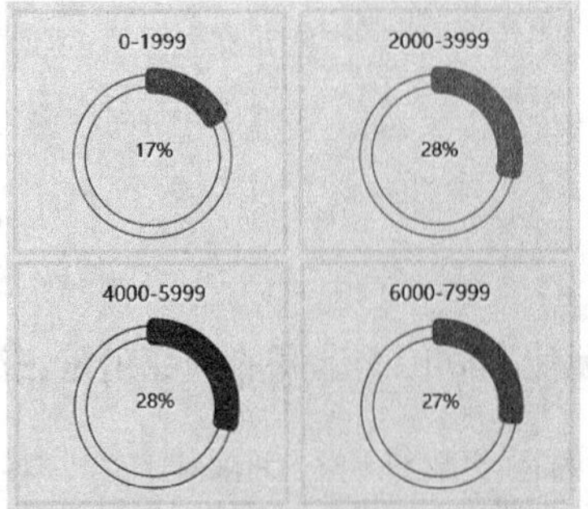

❹ 图表创建完成后，将与其联动的切片器复制到图表的上方，并对其进行美化。默认创建的切片器是纵向显示的，而此处根据对应图表的布局可以考虑将其横向显示，并放置在图表的上方。选中切片器，切换到【切片器工具】栏的【选项】选项卡，在【按钮】组中的【列】微调框中输入“5”（因为此处有 5 类产品），然后通过拖曳的方式，根据数据看板的界面大小适当调整切片器的宽度和高度。

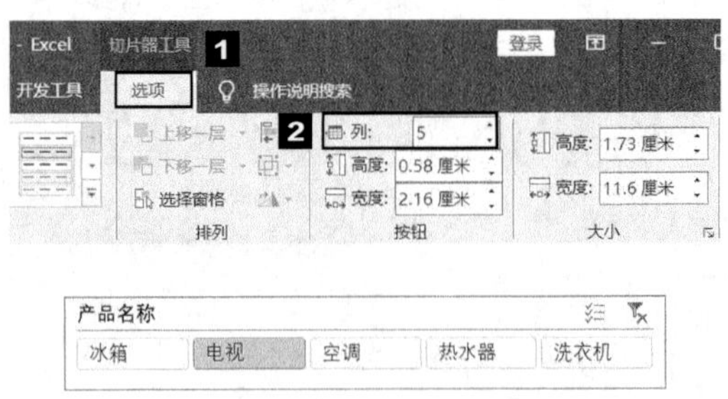

❺ 调整切片器的颜色、字体等。切片器的颜色、字体需要在【切片器样式】组中设置。单击【切片器样式】组中的【其他】按钮，在弹出的下拉列表中选择【新建切片器样式】选项。

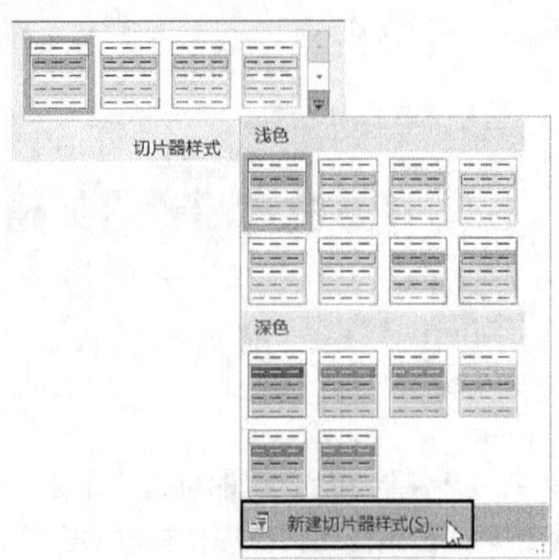

❻ 弹出【新建切片器样式】对话框，在【名称】文本框中输入新的切片器名称，选择【整个切片器】选项，然后单击【格式】按钮。

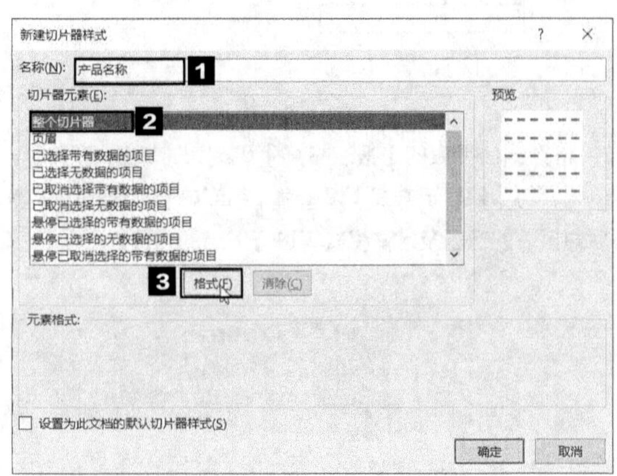

❼ 打开【格式切片器元素】对话框，切换到【字体】选项卡，将【字体】设置为【微软雅黑】，【字形】设置为【常规】，【字号】设置为【11】，【颜色】设置为【白色，背景 1】。

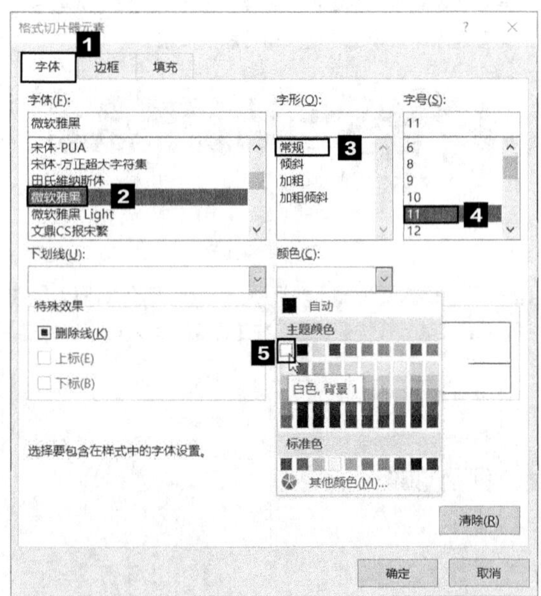

❽ 切换到【填充】选项卡，单击【其他颜色】按钮，打开【颜色】对话框，为切片器设置一种合适的填充颜色。

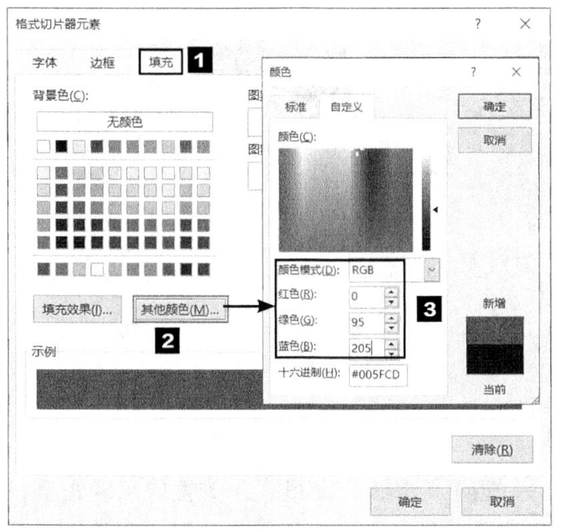

⑨ 设置完毕，单击【确定】按钮，返回【格式切片器元素】对话框，按照相同的方法设置其他切片器元素。设置完毕，单击【确定】按钮，返回工作表，在【切片器样式】组中选择新建的切片器样式，即可使图表中的切片器应用新样式，效果如下图所示。

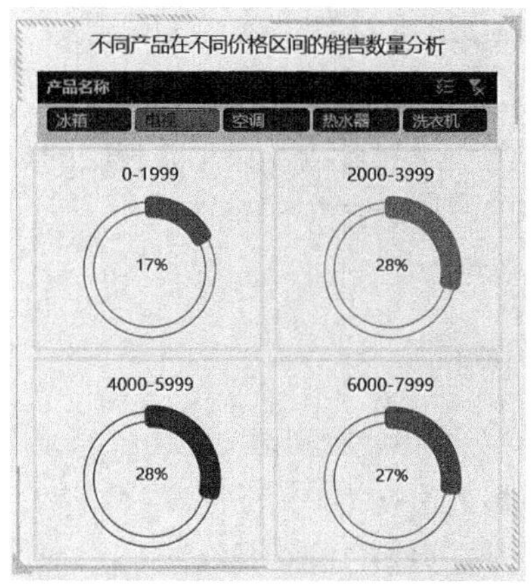

4.2.6 销售额完成率分析

销售额完成率是分析一段时间内销售情况好坏的一项重要指标。完成率的计算公式如下。

完成率 = 实际销售额 ÷ 计划销售额 ×100%

	A	B	C	D
38	月份	实际销售额	计划销售额	完成率
39	1月	1,168,146.00	1,306,476.00	89%
40	2月	928,912.00	726,494.50	128%
41	3月	875,511.00	819,357.50	107%
42	4月	1,058,977.00	1,063,170.50	100%
43	5月	1,060,945.00	994,734.50	107%
44	6月	1,072,259.00	990,377.00	108%
45	7月	1,049,056.00	1,005,795.00	104%
46	8月	1,209,719.00	1,002,080.50	121%
47	9月	1,180,627.00	992,198.00	119%
48	10月	1,181,837.00	1,090,431.00	108%
49	11月	1,076,282.00	994,034.00	108%
50	12月	1,011,257.00	1,097,391.00	92%
51	合计	12,873,528.00	12,082,539.50	107%

本实例原始文件和最终效果文件所在位置如下

第4章\2021年销售数据分析05-原始文件

第4章\2021年销售数据分析05-最终效果

扫码看视频

销售额完成率分析完成后，通常使用仪表盘对分析结果进行可视化。仪表盘的制作方法在本书第2.2.1 小节分析离职率的时候已经介绍过。因为离职率都是小于 100% 的，所以使用的是半圆形的仪表盘。此处的完成率中存在大于 100% 的数值，因此选用 3/4 圆的仪表盘，如右图所示。

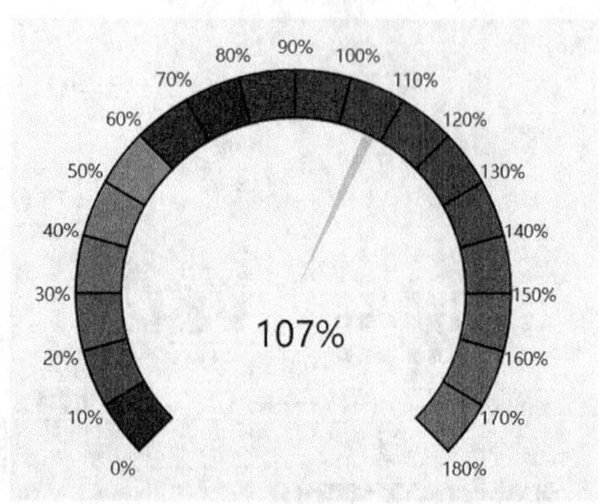

3/4 圆的仪表盘的制作方法与半圆形的仪表盘的制作方法是一致的，只是图表中的数据源的创建方法不同、起始位置不同而已。

1. 创建数据源

（1）表盘。此处假设仪表盘的最大值是 180%，将表盘的圆环图分成 19 个部分，其中前 18 个部分各占圆环的 1/24，最后一个部分占圆环的 1/4。一个完整的圆环是 360°，那么表盘的数据源就应该是 18 个 15，一个 90。根据这个数据源即可创建出表盘圆环图。

	H
38	表盘
39	15
40	15
41	15
42	15
43	15
44	15
45	15
46	15
47	15
48	15
49	15
50	15
51	15
52	15
53	15
54	15
55	15
56	15
57	90

（2）刻度盘。刻度盘与表盘是一一对应的，因此刻度盘也应该被分为 19 个部分，即 18 个 15°，一个 90°，对应的刻度是 0%~180%。刻度盘和刻度显示对应的数据源如右图所示。

	H	I	J
38	表盘	刻度盘	刻度显示
39	15	15	0%
40	15	15	10%
41	15	15	20%
42	15	15	30%
43	15	15	40%
44	15	15	50%
45	15	15	60%
46	15	15	70%
47	15	15	80%
48	15	15	90%
49	15	15	100%
50	15	15	110%
51	15	15	120%
52	15	15	130%
53	15	15	140%
54	15	15	150%
55	15	15	160%
56	15	15	170%
57	90	90	180%

但是这样设置刻度盘和刻度显示的数字，会使最终得到的仪表盘中刻度显示的数字显示在刻度盘各部分的中间位置，而实际上仪表盘中的刻度显示的数字应该显示在刻度盘各部分的起始位置。因此，我们需要在刻度盘数据源的每个数字前面增加一个 0 来占位，使刻度显示的数字都与占位的 0 相对应。

刻度盘和刻度显示对应的数据源如右图所示。

	H	I	J
38	表盘	刻度盘	刻度显示
39	15	0	0%
40	15	15	
41	15	0	10%
42	15	15	
43	15	0	20%
44	15	15	
45	15	0	30%
46	15	15	
47	15	0	40%
48	15	15	
49	15	0	50%
50	15	15	
51	15	0	60%
52	15	15	

根据带有占位的 0 的数据源就可以创建出理想的刻度盘了。

（3）指针。指针实际上就是饼图中一个极小的扇区。此处销售额完成率为第 1 扇区，指针为第 2 扇区，其余区域为第 3 扇区。下面我们来确定饼图中 3 个扇区的角度，首先确定指针所占角度。

这里需要注意：在设置指针大小，即第 2 扇区的角度时，数值不宜太大，若太大，指针太粗，会导致读数不准；但也不能太小，若太小，指针太细，会导致显示不清。具体数值根据图表的大小进行调整即可。此处指定指针所占角度为 4° 。

接下来计算第 1 扇区所占角度，第 1 扇区所占角度应该通过完成率进行换算得到。

由于仪表盘的表盘是一个 3/4 圆，角度为 270° ，因此第 1 扇区所占角度应该是“完成率 ×270° ÷180%”。

最后计算第 3 扇区所占角度，一个完整饼图是 360° ，那么第 3 扇区所占角度为“360° – 第 1 扇区角度 – 第 2 扇区角度”。

由于此处仪表盘的指针是有宽度的，如果按这个角度进行计算，则指针会稍偏右，为了使指针的中间位置指向完成率对应的数值，在计算第一扇区的角度大小时，需要减去指针所占角度的一半，即第 1 扇区所占角度为“完成率 ×270° ÷180% – 2° ”。

这样就可以计算出指针饼图的数据源了，如下图所示。

K39　=G39*270/180%-2

	F	G	H	I	J	K
38	月份	完成率	表盘	刻度盘	刻度显示	指针
39	1月	89%	15	0	0%	132
40			15	15		4
41			15	0	10%	224
42			15	15		

2. 创建图表

数据源确定之后，接下来就可以创建仪表盘图了，具体操作步骤如下。

❶ 根据表盘、刻度盘和指针的数据源，选择单元格区域 H38:H57、I38:I76、K38:K41，创建一个圆环图。

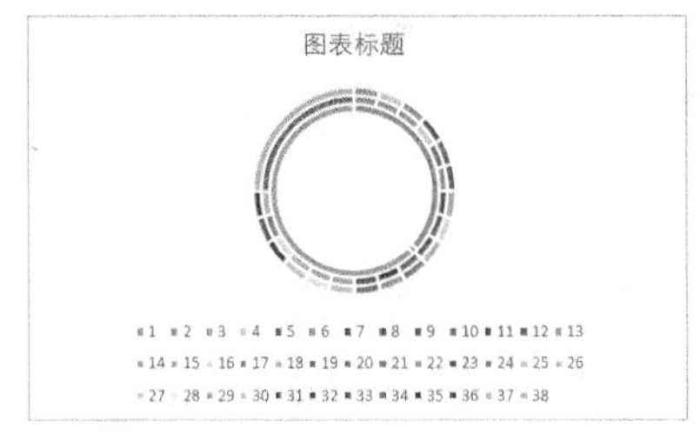

❷ 通过剪切、粘贴的方式，将图表剪贴到“数据看板”工作表中，删除图例，然后选中图表的一个数据系列，切换到【图表工具】栏的【设计】选项卡，在【类型】组中单击【更改图表类型】按钮。

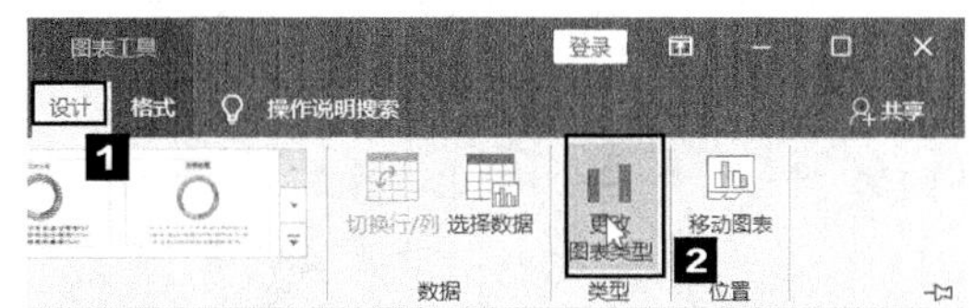

❸ 弹出【更改图表类型】对话框，将“指针”的【图表类型】设置为【饼图】。

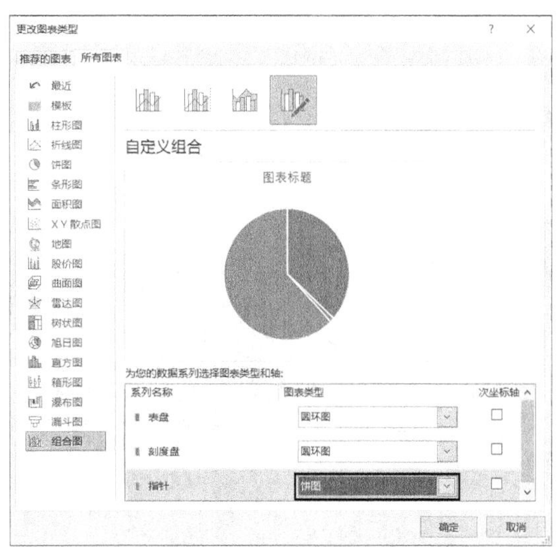

❹ 设置完毕，单击【确定】按钮，即可将图表转换为两个圆环图和一个饼图的组合图表，且饼图位于最上层，效果如下图所示。

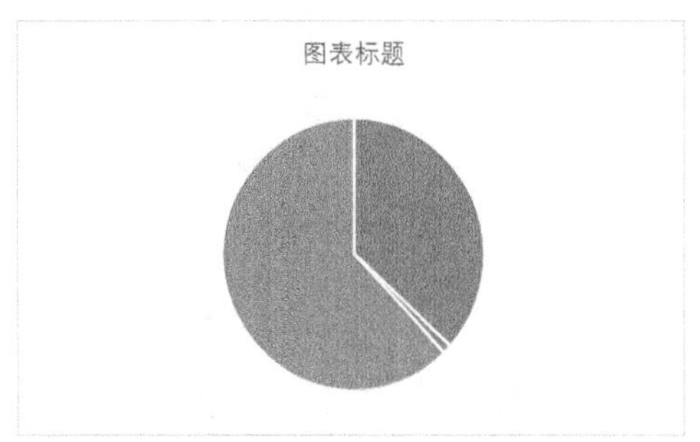

可以看到，现在圆环图和饼图的起始位置都是不对的。这是因为在制作圆环图和饼图时，默认数据都是从钟表 12 点的位置开始排列的。

此处我们需要制作一个 3/4 圆的指针仪表盘，那么就需要调整圆环图和饼图的起始位置。经过计算可知，应将圆环图和饼图第 1 扇区的起始角度设置为 225°，如下图所示。

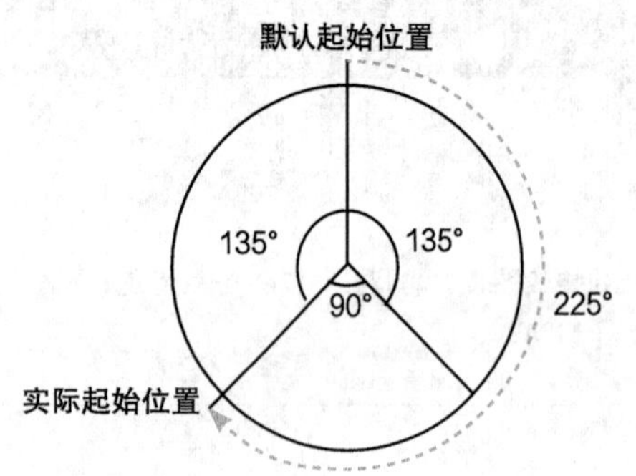

❺ 选中饼图的数据系列，打开【设置数据系列格式】任务窗格，将【第一扇区起始角度】设置为【225】。

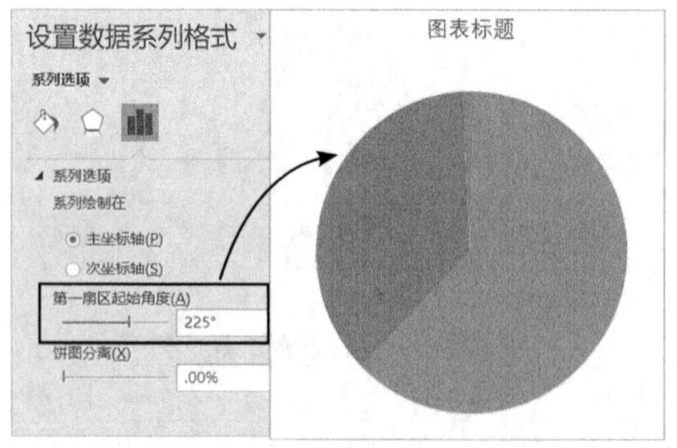

❻ 饼图在制作指针仪表盘时的作用是提供指针，需要设置各扇区的填充颜色和边框。将饼图边框设置为无线条，然后将指针扇区的填充颜色设置为红色，将其他两个扇区的填充设置为无填充。

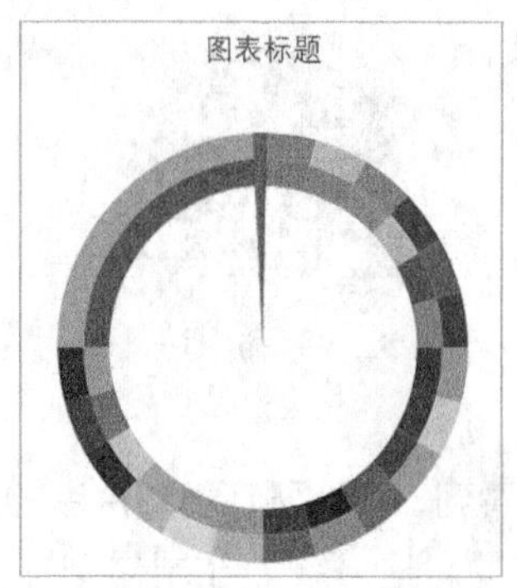

通过图表可以看出，饼图与外层圆环图的大小是一致的，而指针需要位于圆环内侧，因此我们需要调整饼图的分离程度来适当调整指针的大小。

❼ 选中整个饼图，在【设置数据系列格式】任务窗格中将【饼图分离】设置为【55%】。

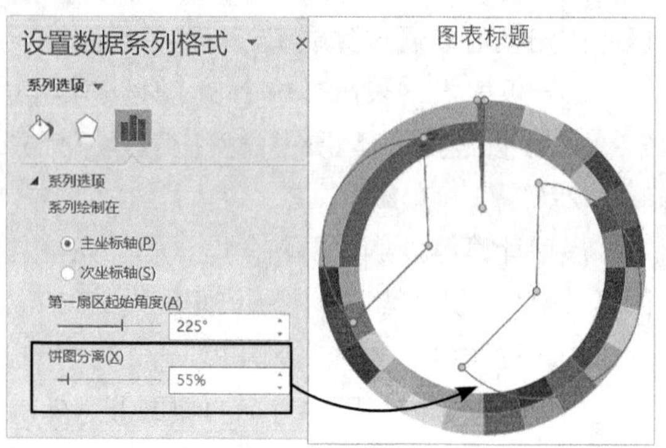

❽ 调整之后，可以看到饼图的各个扇区都向外分离了。可以依次选中扇区，将其向内移动，直至 3 个扇区都移动到圆心处。

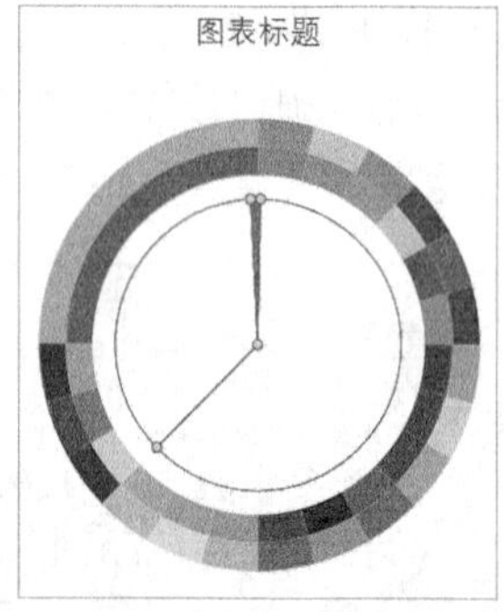

提示

① 分离扇区的时候一定要选中整个饼图。

② 将分离扇区移回中心点时，一定要一个扇区一个扇区地移动。

❾ 将指针所在的饼图调整好之后，接下来调整表盘和刻度盘。选中任意一个圆环图的数据系列，打开【设置数据系列格式】任务窗格，将【第一扇区起始角度】设置为【225°】。另外，默认圆环图的圆环比较细，可以通过【圆环图圆环大小】进行调整，此处将其调整为【65%】。

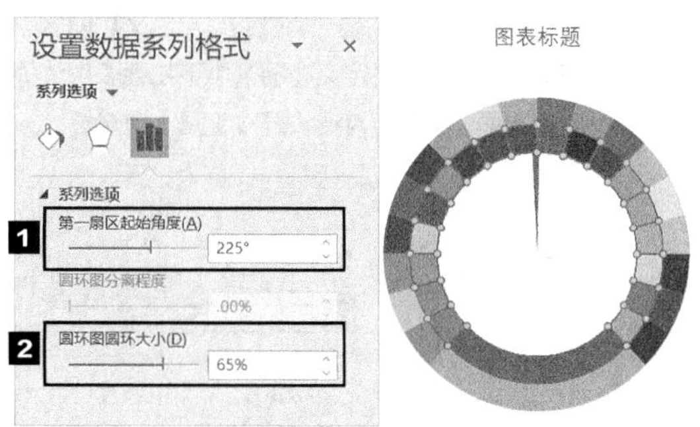

⑩ 设置圆环图的边框和填充颜色。

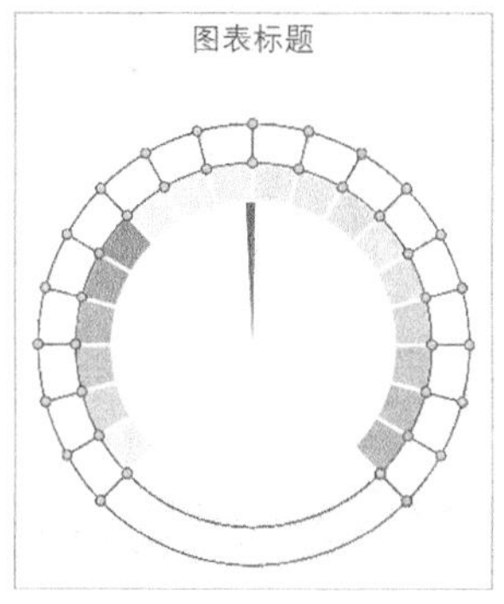

⑪ 添加仪表盘中的刻度显示。选中刻度盘所在的圆环，为其添加数据标签。

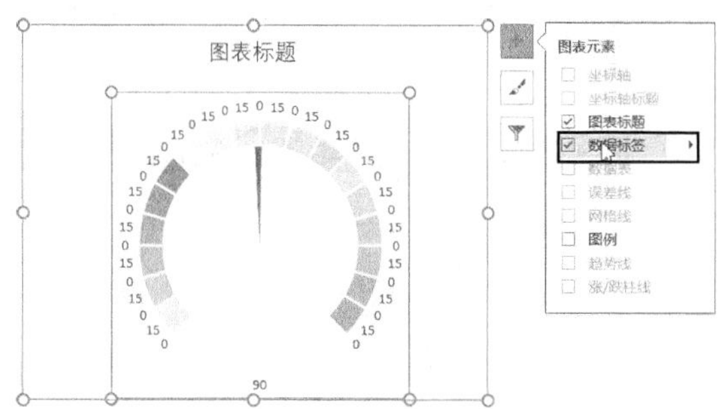

⑫ 选中添加的数据标签，将数据标签显示为【单元格中的值】。

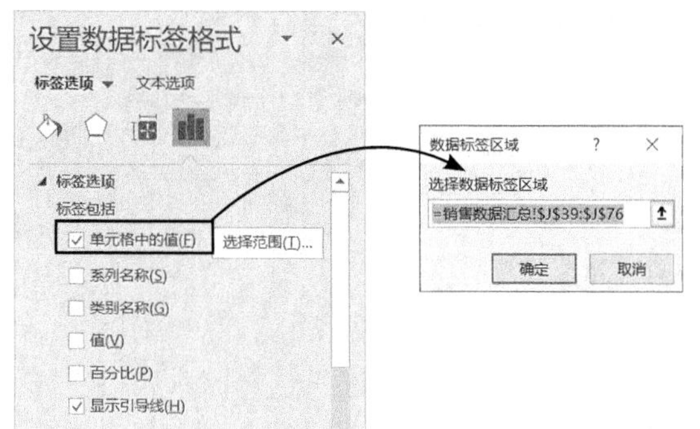

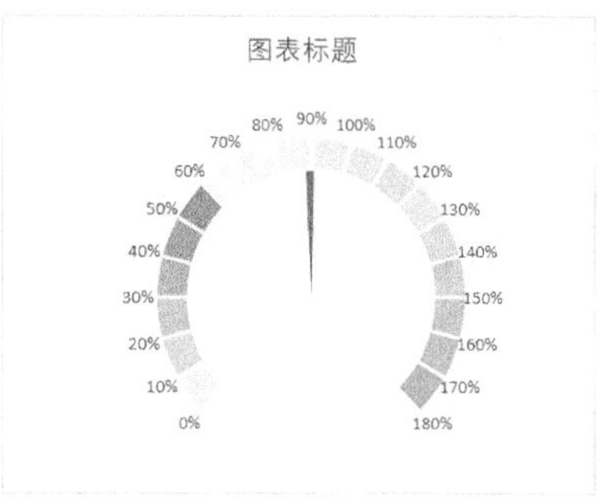

⑬ 将图表设置为无边框、无填充，然后输入合适的图表标题，将图表中所有文字的格式设置为微软雅黑、白色，并根据需要适当调整文字大小。

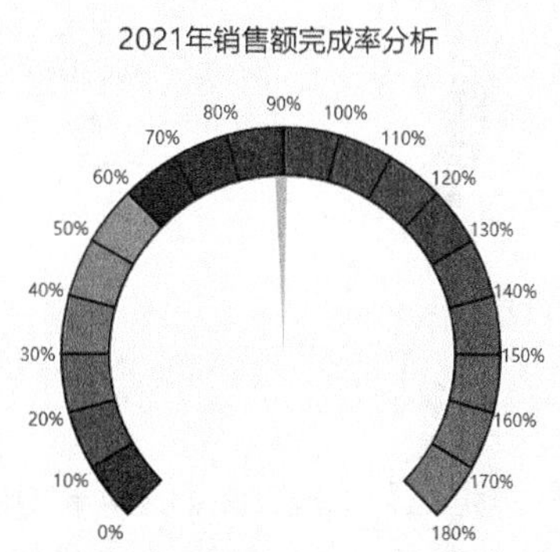

⑭ 添加完成率数值。选中图表，在图表中的合适位置插入一个文本框。选中文本框，在编辑栏中输入公式“= 销售数据汇总 !$G$39”，即可引用单元格中的完成率值并将其显示在文本框中，对文本框中的文字格式进行适当的设置，最终效果如下图所示。

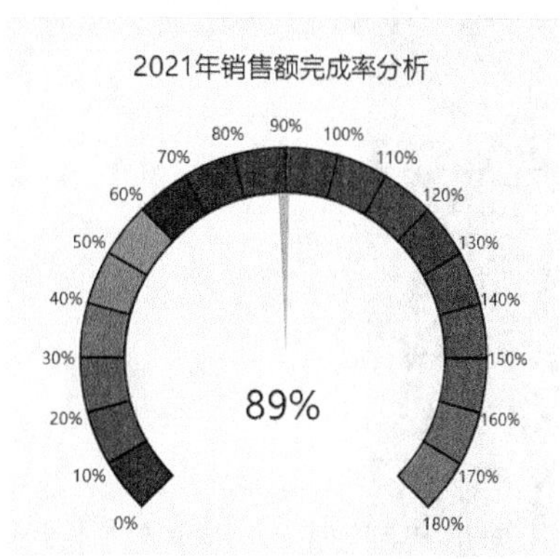

3. 转换为动态图表

指针仪表盘创建完成后，可以发现当前图表实际上是一个静态图表，而此处我们需要查看不同月份的完成率，因此还需要插入一个控件来控制月份的切换。

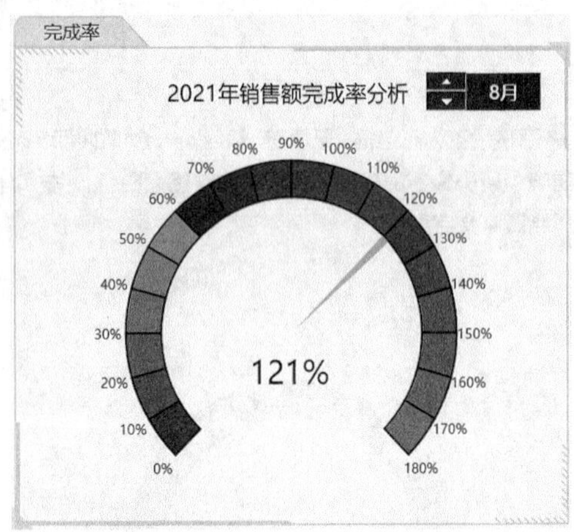

- 添加开发工具

控件都是在【开发工具】选项卡中插入的，如果 Excel 中没有【开发工具】选项卡，就需要将其调出来。具体操作步骤如下。

❶ 单击【文件】按钮，在弹出的界面中选择【选项】选项。

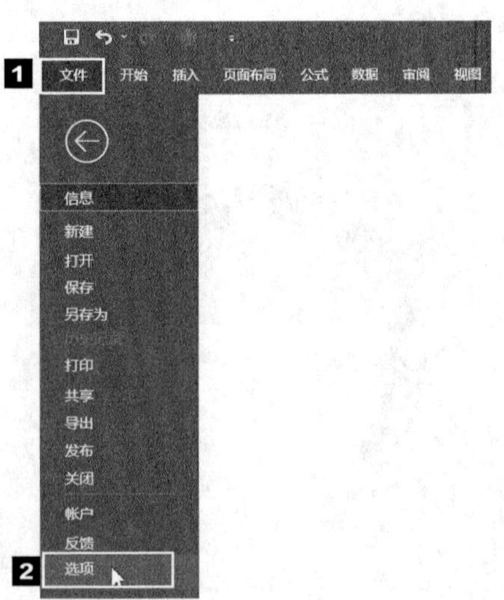

❷ 弹出【Excel 选项】对话框，切换到【自定义功能区】选项卡，然后在右侧的【自定义功能区】下拉列表中选择【主选项卡】选项，在下面勾选【开发工具】复选框。

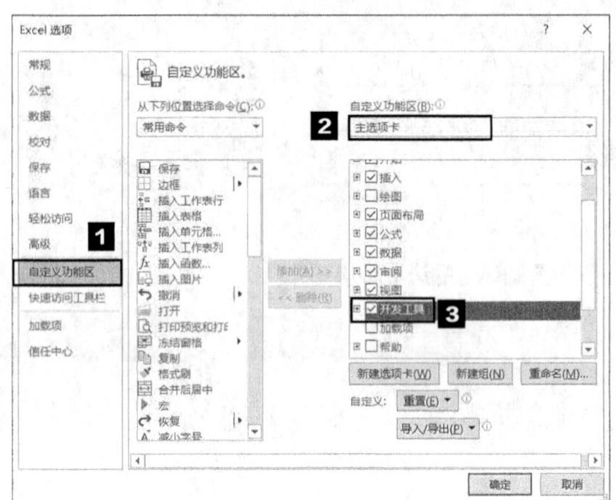

❸ 单击【确定】按钮，这样，【开发工具】选项卡就自动添加到 Excel 中了。

- 插入【数值调节钮】控件

❶ 切换到【开发工具】选项卡，在【控件】组中单击【插入】按钮，在弹出的下拉列表的【表单控件】组中选择【数值调节钮（窗体控件）】选项。

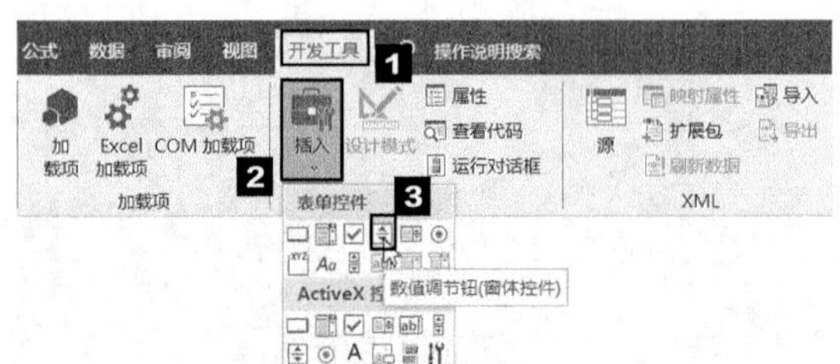

❷ 此时鼠标指针变成十字形状，将鼠标指针移动到需要绘制数值调节钮控件的位置，按住鼠标左键不放并拖曳，绘制出一个数值调节钮控件。

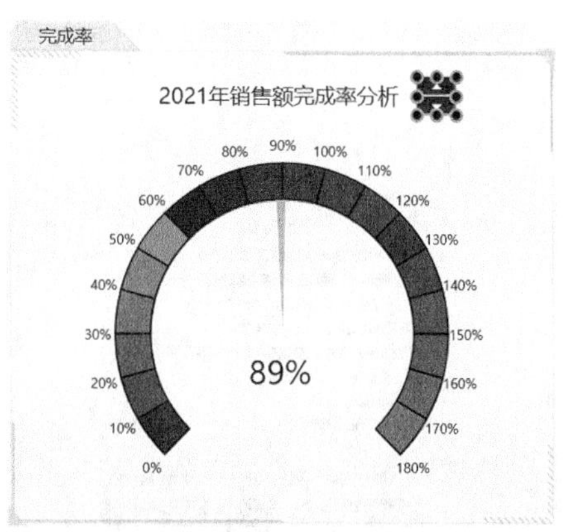

❸ 在绘制的控件上单击鼠标右键，在弹出的快捷菜单中选择【设置控件格式】选项。

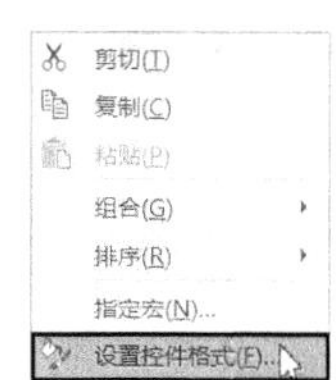

❹ 打开【设置控件格式】对话框，切换到【控制】选项卡，将【当前值】设置为 1~13 的任意数值，将【最小值】设置为【1】，【最大值】设置为【13】，【步长】设置为【1】，再将【单元格链接】设置为“销售数据汇总”工作表中的一个空白单元格，如 E39。

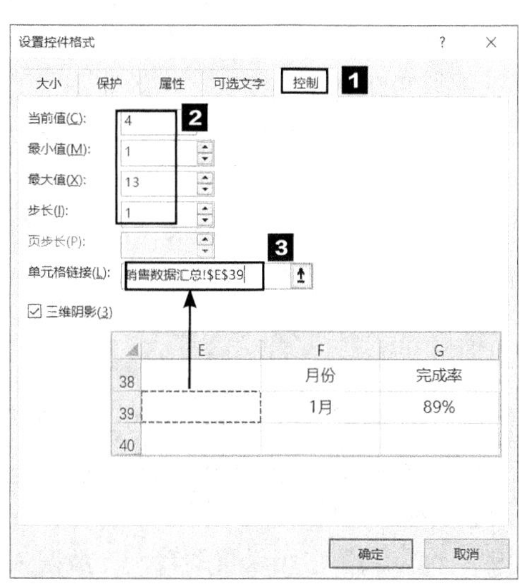

❺ 单击【确定】按钮，返回工作表，即可看到链接的单元格中自动显示了设定的【当前值】，然后通过公式将月份单元格与控件控制的单元格链接起来。

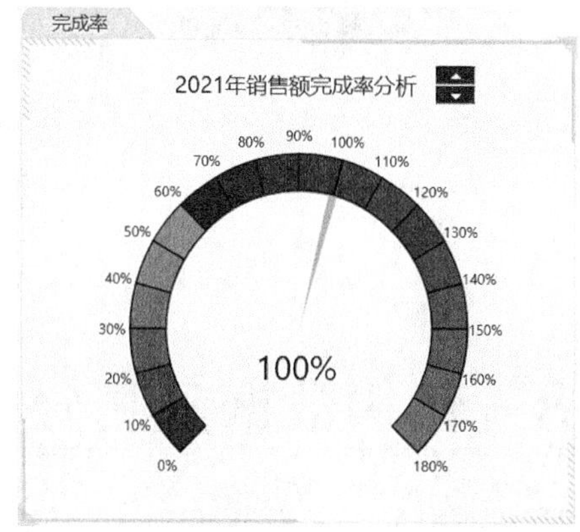

	E	F	G	H
38		月份	完成率	表盘
39	4	4月	100%	15
40				15

❻ 因为完成率是与月份联动的，所以月份改变之后，完成率会自动变化，图表也会随之变化。可以发现，只要调节数值调节钮控件，数据和图表都会随之变化。

❼ 虽然在调节数值调节控件时，图表会发生变化，但是看不到图表显示的是几月的完成率。这时可以在数值调节钮控件的右侧绘制一个文本框，通过文本框将月份引用到图表中。

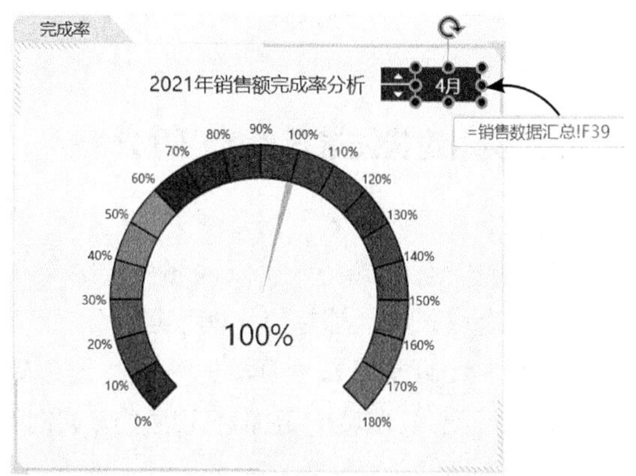

至此，2021 年年度销售数据分析看板就制作完成了，我们可以适当在看板中添加一些图表元素、数值，然后适当调整各图表的位置，效果如下图所示。

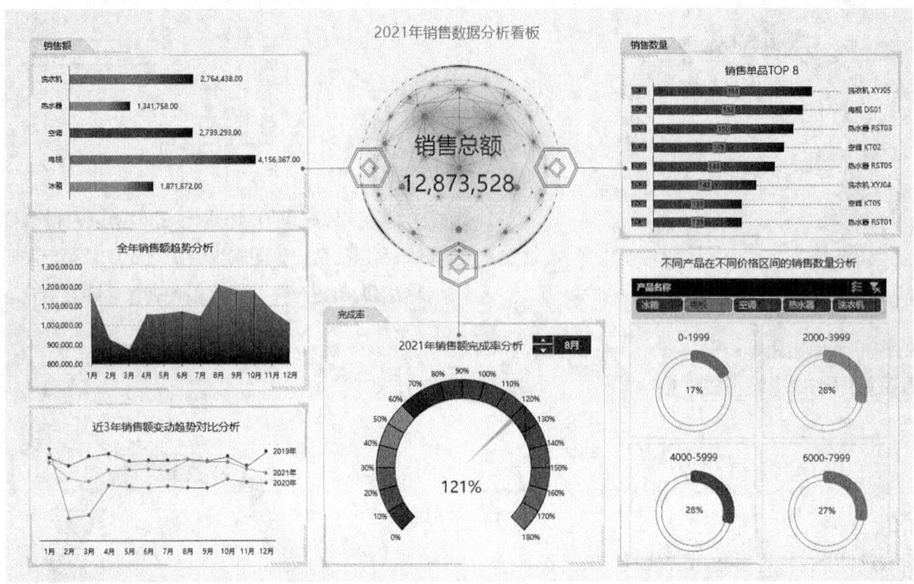

4.3　销售数据预测分析

预测分析，简单来说就是通过分析过去和现在的数据预测未来数据的过程，主要根据时间序列数据进行定量预测。

预测分析常用在销售、市场、工业生产等领域，它能够帮助公司规划下一年的业务、预测产品的销量等。如果预测得准，就能够极大地促进公司发展；如果预测得不准，就很可能会造成公司人力、物力等资源的浪费。

在 Excel 中进行预测分析常用的方法有 4 种，分别是使用趋势线、使用函数、使用分析工具和使用预测工作表。

4.3.1 使用趋势线进行销售预测分析

趋势线是图表中表示数据系列变化趋势的一种辅助线，在数据分析过程中，为了更加直观地了解数据变化的趋势，可以为图表中的某个数据系列添加趋势线。如果趋势线向上倾斜，则表示数据有增长或上涨趋势；如果趋势线向下倾斜，则表示数据有减少或下跌趋势。

使用 Excel 进行数据预测时，趋势线是非常重要的一种方法，它可以帮助我们对数据未来的走势进行预测，使我们更加直观地了解数据的变化趋势。下面通过具体实例介绍趋势线的用法。

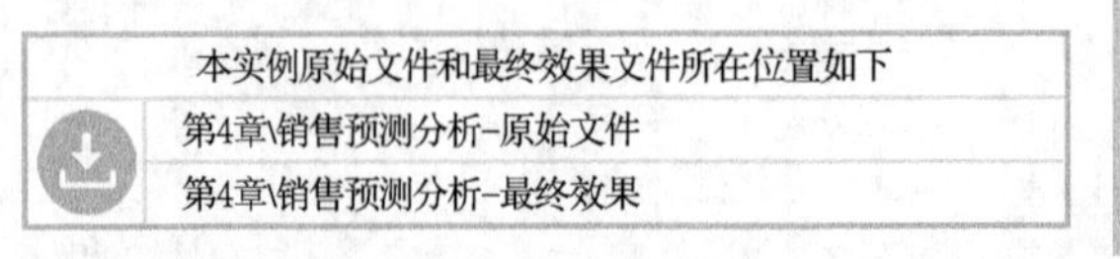
本实例原始文件和最终效果文件所在位置如下
第4章\销售预测分析-原始文件
第4章\销售预测分析-最终效果

- 创建散点图并添加趋势线

❶ 打开文件“销售预测分析－原始文件”，选中单元格区域 A1:B7，切换到【插入】选项卡，在【图表】组中单击【散点图】按钮，在弹出的下拉列表中选择【散点图】选项。

❷ 此时可在工作表中插入一个散点图。

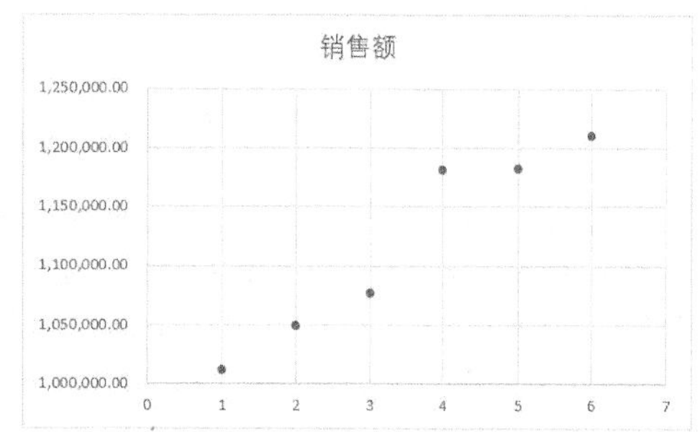

❸ 选中图表，单击【图表元素】按钮，在弹出的下拉列表中勾选【趋势线】复选框，即可为散点图添加趋势线。

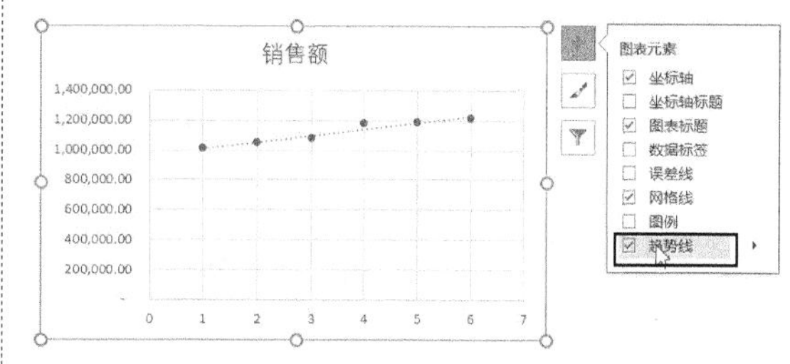

- 判断是否可以使用回归方程进行预测分析

趋势线虽然是只表示趋势的线条，但线条有直线也有曲线，且弯曲的程度也各不相同，Excel 中的趋势线有 6 种不同的类型，如下图所示。

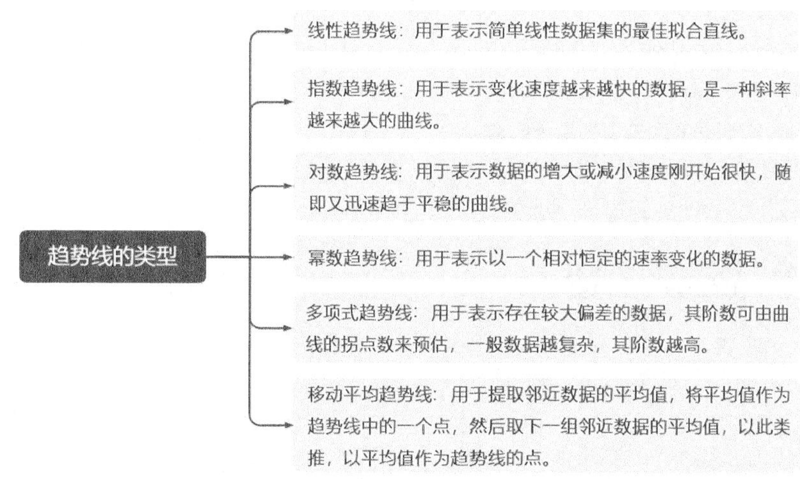

❶ 在趋势线上单击鼠标右键，在弹出的快捷菜单中选择【设置趋势线格式】选项。

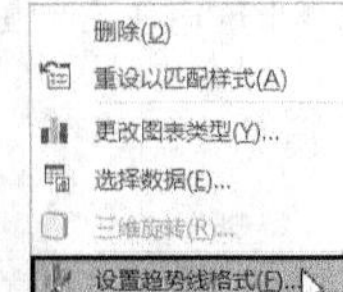

❷ 打开【设置趋势线格式】任务窗格，设置【趋势线选项】为【线性】，勾选【显示公式】和【显示 R 平方值】复选框，此时趋势线上将显示回归方程和 R^2 值。从图中可以看到，散点与趋势线结合紧密，判断系数 R^2=0.9309，回归方程显著，因此可以使用该回归方程进行预测分析。

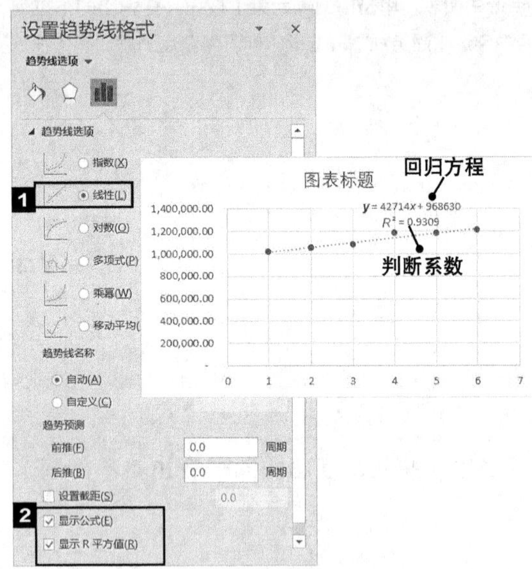

❸ 此处趋势线显然是趋于一条直线的，所以使用线性趋势线就可以进行预测。在单元格 C8 中输入回归方程"=42714*A8+968630"，然后将公式复制到下面对应的单元格中，这样就获得了 7~12 月的预测销售额。

C8 =42714*A8+968630

	A	B	C
1	月	销售额	预测销售额
2	1	1,011,257.00	
3	2	1,049,056.00	
4	3	1,076,282.00	
5	4	1,180,627.00	
6	5	1,181,837.00	
7	6	1,209,719.00	
8	7		1,267,628.00
9	8		1,310,342.00
10	9		1,353,056.00
11	10		1,395,770.00
12	11		1,438,484.00
13	12		1,481,198.00

● 绘制含趋势线的图表

❶ 在单元格 C7 中引用单元格 B7 的值，即输入"=B7"，把 6 月的销售额复制到预测销售额中，这样能保证曲线上没有断点。

C7 =B7

	A	B	C
1	月	销售额	预测销售额
2	1	1,011,257.00	
3	2	1,049,056.00	
4	3	1,076,282.00	
5	4	1,180,627.00	
6	5	1,181,837.00	
7	6	1,209,719.00	1,209,719.00
8	7		1,267,628.00
9	8		1,310,342.00
10	9		1,353,056.00
11	10		1,395,770.00
12	11		1,438,484.00
13	12		1,481,198.00

❷ 根据预测值绘制销售额曲线。选中单元格区域 A1:C13，切换到【插入】选项卡，在【图表】组中单击【插入散点图 (X、Y) 或气泡图】按钮，在弹出的下拉列表中选择【带平滑线和数据标记的散点图】选项，即可插入一个带平滑线和数据标记的散点图，如下图所示。

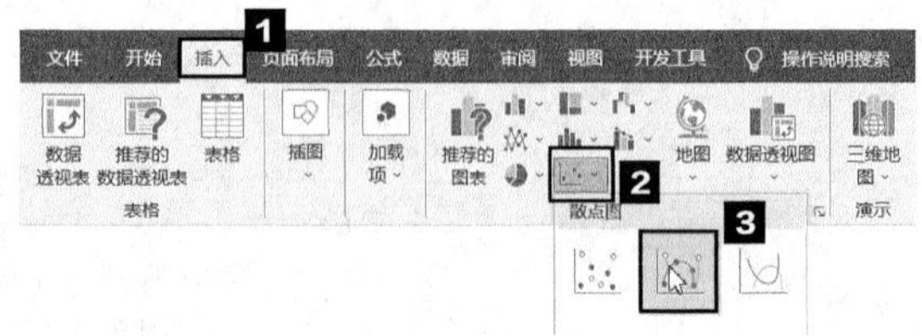

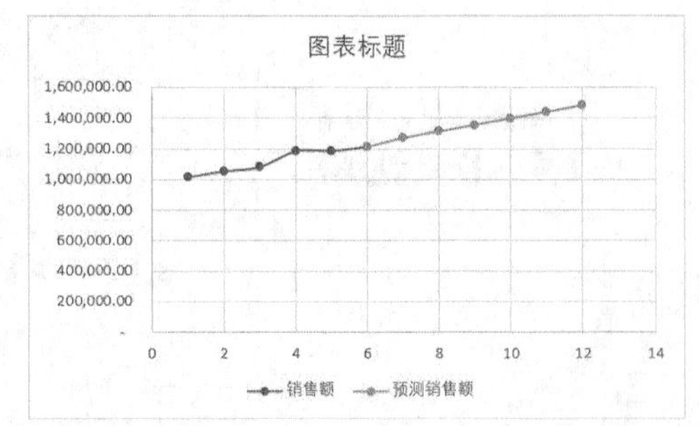

❸ 设置横坐标轴格式。新创建图表的横坐标轴的最大值、最小值及主要刻度等都是系统自动定义的，例如此处最大值是 14、最小值是 0、主要刻度是 2，而我们需要的最大值是 12、最小值是 1、主要刻度是 1。在横坐标轴上单

击鼠标右键，在弹出的快捷菜单中选择【设置坐标轴格式】选项，打开【设置坐标轴格式】任务窗格，单击【坐标轴选项】按钮，设置【最小值】为【1.0】,【最大值】为【12.0】,【大】为【1.0】。

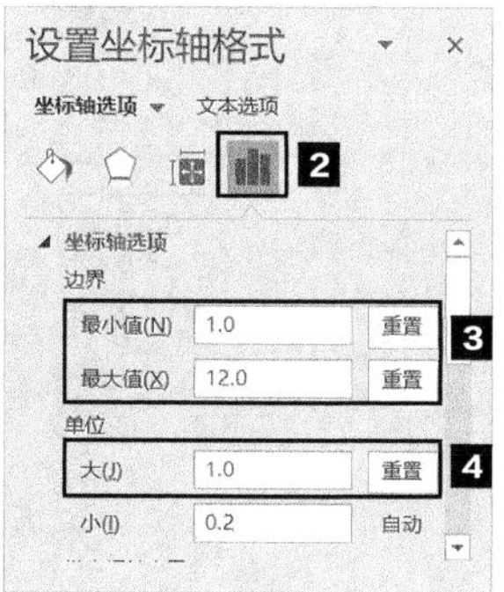

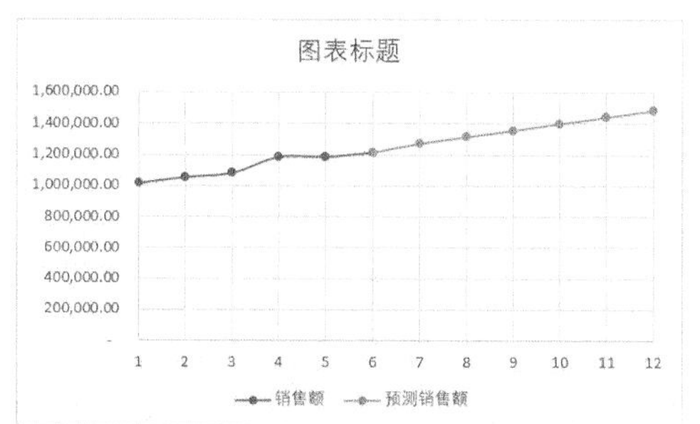

❹ 纵坐标轴默认以“元”为单位，由于本例的数据值较大，我们可以以“万元”作为销售额单位。选中纵坐标轴，在【设置坐标轴格式】任务窗格中，添加格式代码“0!.0,”然后使用新的自定义的格式代码作为数据类型。

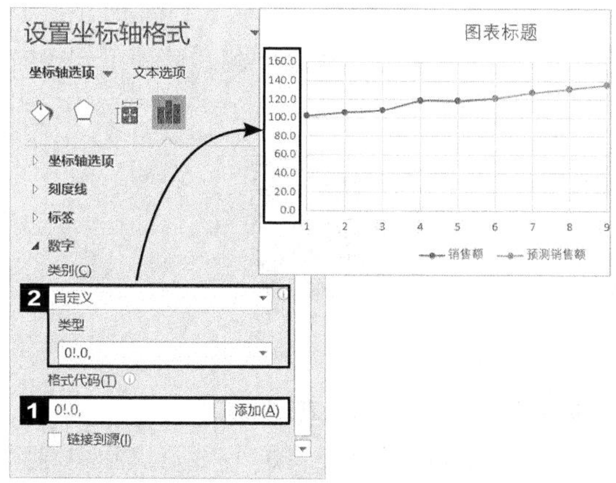

❺ 添加纵坐标轴标题。将纵坐标轴单位由“元”更改为“万元”之后，还应该为纵坐标轴添加坐标轴标题，方便读者阅读数据。

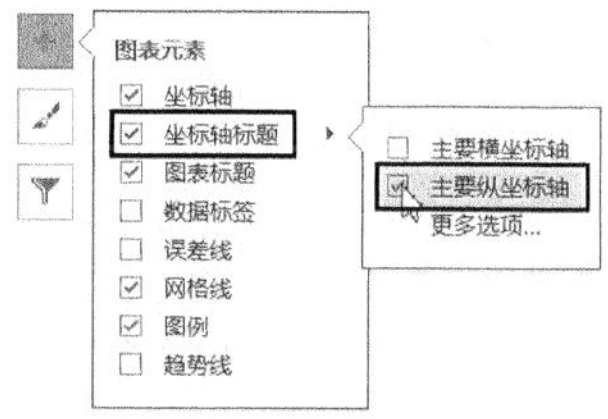

❻ 此时可为纵坐标轴添加纵坐标轴标题文本框，在文本框中输入“金额：万元”，效果如下图所示。

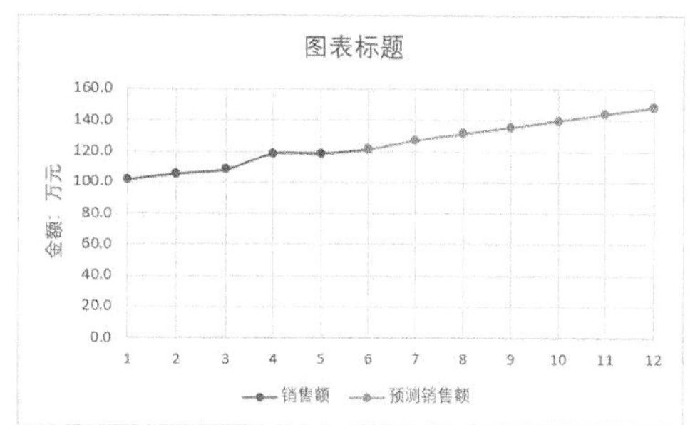

❼ 设置横坐标轴。横坐标轴代表的是月份，可以通过设置坐标轴的数字格式使其显示为月份。选中横坐标轴，打开【设置坐标轴格式】任务窗格，将其数字格式自定义为“0"月"”，如右图所示。

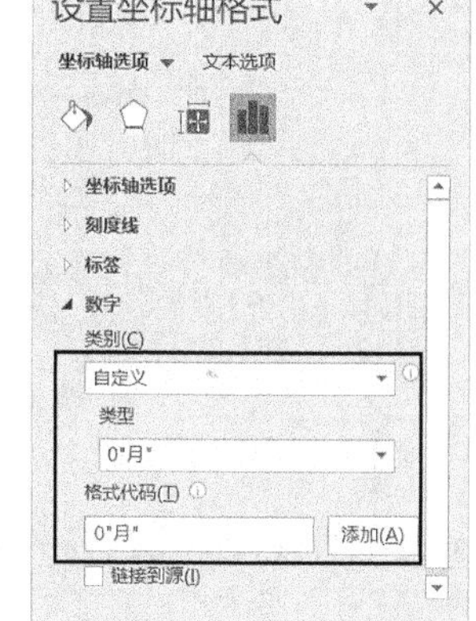

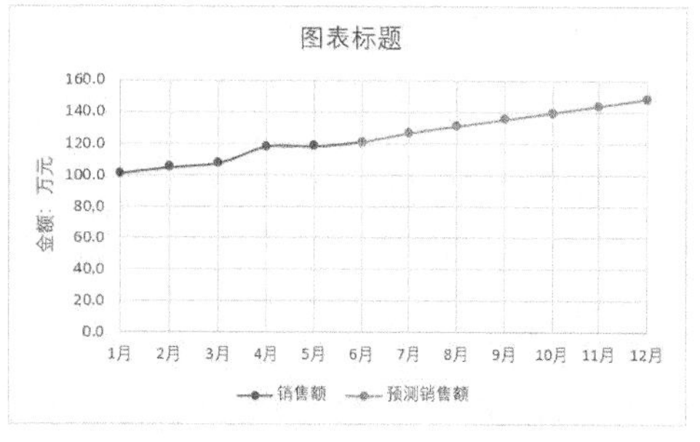

❽ 设置数据系列格式，将预测的数据用虚线连接。打开【设置数据系列格式】任务窗格，将【短划线类型】设置为【短划线】。

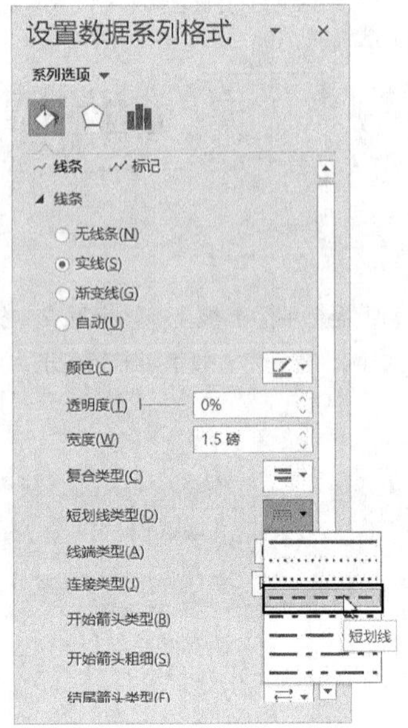

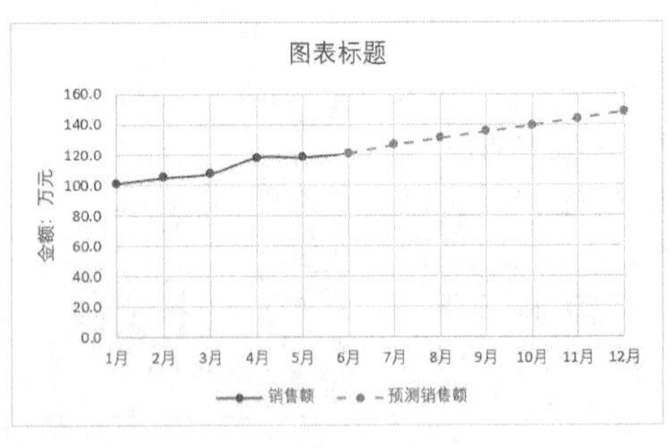

⑨ **输入图表标题，将图表中文字的字体都设置为微软雅黑，将【图例位置】更改为【靠上】。**

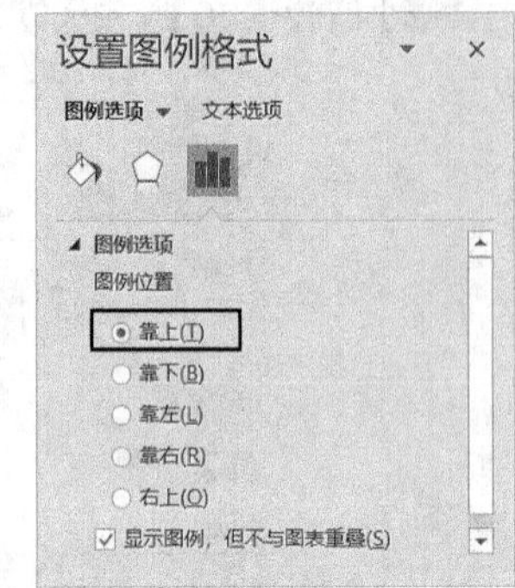

至此，一张含趋势线的图表就完成了，使用趋势线不仅可以表现过去数据的变化趋势，还可以根据过去的数据变化趋势对未来的数据进行预测。

4.3.2 使用函数进行销售预测分析

在 Excel 中，函数不仅可以用来统计汇总数据，还可以用来进行数据预测。使用不同的方法进行预测，得到的结果也是不同的。

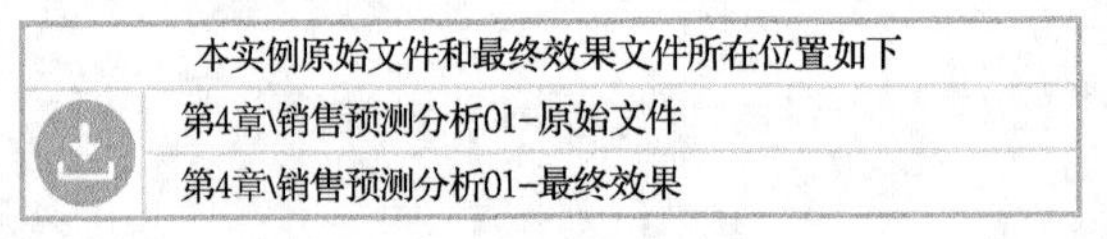

本实例原始文件和最终效果文件所在位置如下

第4章\销售预测分析01-原始文件

第4章\销售预测分析01-最终效果

扫码看视频

1. 简单平均法

简单平均法是将以往若干时期的简单平均数作为对未来进行预测的数据。

例如，此处已知 1~6 月的实际销售额，那么 7 月的预测销售额就应该是 1~6 月实际销售额的简单平均数。计算简单平均数可以使用 AVERAGE 函数，该函数的用法可参照本书第 2.2.1 小节。

在单元格 C8 中输入公式“=AVERAGE($B$2:B7)”，即可预测出 7 月的销售额。

C8 =AVERAGE($B$2:B7)

	A	B	C
1	月	销售额	简单平均法
2	1	1,011,257.00	
3	2	1,049,056.00	
4	3	1,076,282.00	
5	4	1,180,627.00	
6	5	1,181,837.00	
7	6	1,209,719.00	
8	7		1,118,129.67

2. 移动平均法

当预测项目既不快速增长也不快速下降，且不存在季节性因素时，使用移动平均法进行预测能有效地消除预测中的随机波动。

移动平均法根据预测时使用的各元素的权重不同，可以分为简单移动平均法和加权移动平均法。

● 简单移动平均法

简单移动平均法预测所用的历史数据要随预测期的推移而顺延，基本流程可参见第 3.1.1 小节。

使用简单移动平均法预测销售额时，使用的也是 AVERAGE 函数。此处，假设选择间隔数为 3，即使用前 3 个月的实际销售额数据。

在单元格 D5 中输入公式“=AVERAGE(B2:B4)”，将单元格 D5 中的公式向下填充到单元格区域 D6:D8 中，这样就可以预测出 4~7 月的销售额了，如下图所示。

D5 =AVERAGE(B2:B4)

	A	B	C	D
1	月	销售额	简单平均法	简单移动平均法
2	1	1,011,257.00		
3	2	1,049,056.00		
4	3	1,076,282.00		
5	4	1,180,627.00		1,045,531.67
6	5	1,181,837.00		1,101,988.33
7	6	1,209,719.00		1,146,248.67
8	7		1,118,129.67	1,190,727.67

● 加权移动平均法

加权移动平均法就是在简单移动平均法的基础上对所用的数据分别确定一定的权数（一般时间序列越靠近，权重越大），算出的加权平均数即为预测数。此处假设近 3 个月的权重分别为 0.2、0.3、0.5。

在单元格 E5 中输入公式“=B2*0.2+B3*0.3+B4*0.5”，将单元格 E5 中的公式向下填充到单元格区域 D6:D8 中，这样就可以预测出 4~7 月的销售额了，如下图所示。

E5 =B2*0.2+B3*0.3+B4*0.5

	A	B	C	D	E
1	月	销售额	简单平均法	简单移动平均法	加权移动平均法
2	1	1,011,257.00			
3	2	1,049,056.00			
4	3	1,076,282.00			
5	4	1,180,627.00		1,045,531.67	1,055,109.20
6	5	1,181,837.00		1,101,988.33	1,123,009.30
7	6	1,209,719.00		1,146,248.67	1,160,363.00
8	7		1,118,129.67	1,190,727.67	1,195,536.00

3. 指数平滑法

指数平滑法在第 3.1.2 小节已介绍过，不熟悉这些内容的读者可再回顾一下。

除了使用数据分析工具进行指数平滑预测外，还可以使用简单的公式计算，进行粗略的指数平滑预测，方法为直接导入平滑系数对本期的实际数和本期的预测数进行加权平均计算，然后将其作为下期的预测数。假设当前平滑系数为 0.4，3 月的预测数为 10301560.50，那么使用该方法预测 4~7 月销售额的方法如下。

在单元格 F5 中输入公式“=0.4*B4+0.6*F4”，将单元格 F5 中的公式向下填充到单元格区域 F6:F8 中，这样就可以预测出 4~7 月的销售额了，如下页图所示。

F5	=0.4*B4+0.6*F4	
月	销售额	指数平滑法
1	1,011,257.00	
2	1,049,056.00	
3	1,076,282.00	1,030,156.50
4	1,180,627.00	1,048,606.70
5	1,181,837.00	1,101,414.82
6	1,209,719.00	1,133,583.69
7		1,164,037.82

4. 直线回归分析法

直线回归分析法就是运用直线回归方程来进行预测分析。在 Excel 中可以使用 FORECAST 函数来进行预测。

FORECAST 函数的用途：根据一条线性回归拟合线返回一个预测值。

使用此函数可以对未来销售额、销售量等进行预测。其语法格式如下。

```
FORECAST(x,known_y's,known_x's)
```

① 参数 x 为需要进行预测的数据点的 x 坐标（即自变量的值）。

② 参数 known_y's 是从满足线性拟合直线 y=kx+b 的点的集合中选出的一组已知的 y 值。

③ 参数 known_x's 是从满足线性拟合直线 y=kx+b 的点的集合中选出的一组已知的 x 值。

根据已有的数值计算或预测未来值，此预测值为基于给定的 x 值推导出的 y 值。已知的数值为已有的 x 值和 y 值，再利用线性回归方程对新值进行预测。

在单元格 G8 中输入公式“=FORECAST(A8,B2:B7,A2:A7)”，就可得到 7 月的预测销售额，如下图所示。

G8	=FORECAST(A8,B2:B7,A2:A7)		
月	销售额	指数平滑法	直线回归分析法
1	1,011,257.00		
2	1,049,056.00		
3	1,076,282.00	1,030,156.50	
4	1,180,627.00	1,048,606.70	
5	1,181,837.00	1,101,414.82	
6	1,209,719.00	1,133,583.69	
7		1,164,037.82	1,267,629.47

4.3.3 使用数据分析工具进行销售预测分析

在 Excel 中，除了可以使用趋势线和函数进行数据预测外，还可以使用 Excel 提供的数据分析工具对数据进行预测。常用的数据分析工具有移动平均分析工具、指数平滑分析工具和回归分析工具这 3 种。

这 3 种分析工具都包含在 Excel 的分析工具库中，Excel 的分析工具库是以插件的形式加载的，因此在使用分析工具库之前，必须先安装该插件（参见第 3.1.1 小节）。数据分析工具不但包括分析工具库中提供的工具，还包括 Excel 工具菜单中一些特殊的宏。

1. 移动平均预测

下面使用移动平均分析工具对 2021 年 7 月的销售额进行预测，具体操作步骤如下。

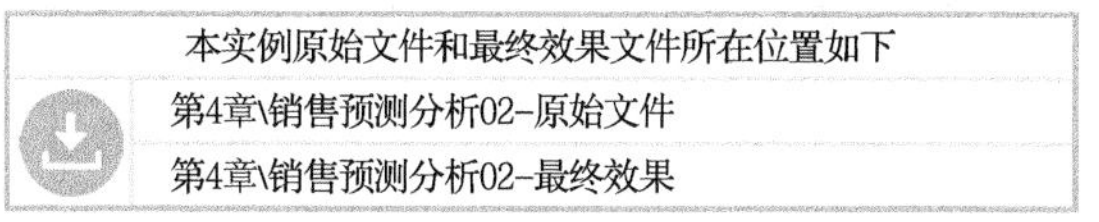
本实例原始文件和最终效果文件所在位置如下
第4章\销售预测分析02-原始文件
第4章\销售预测分析02-最终效果

扫码看视频

❶ 打开本实例的原始文件“销售预测分析 02- 原始文件”，切换到【数据】选项卡，在【分析】组中单击【数据分析】按钮。

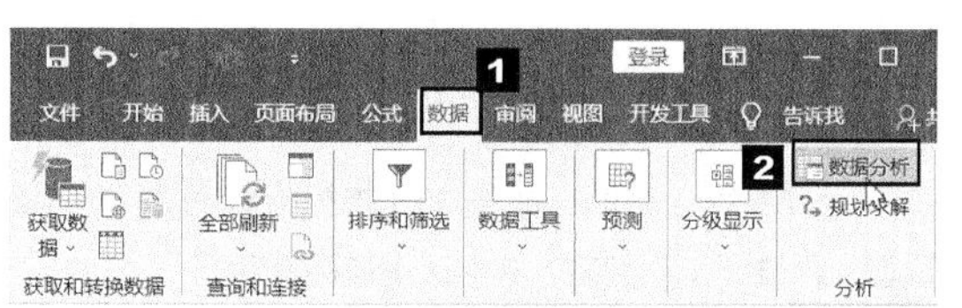

❷ 弹出【数据分析】对话框，选择【移动平均】选项。

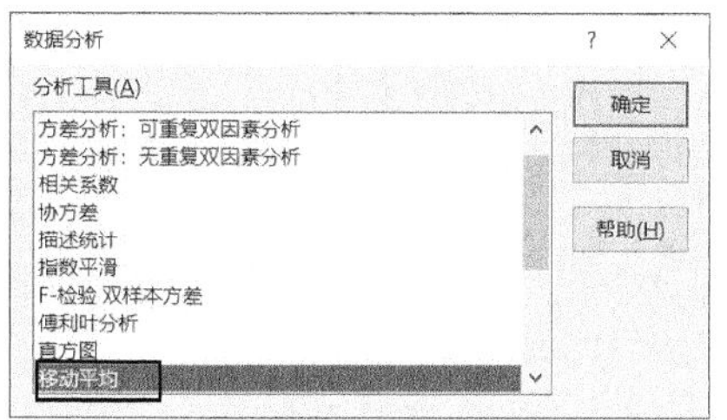

❸ 单击【确定】按钮，弹出【移动平均】对话框。将光标定位到【输入区域】文本框中，选中单元格区域 B2:B7，在【间隔】文本框中输入“3”；将光标定位到【输出区域】文本框中，在工作表中选中单元格 C2，勾选【图表输出】和【标准误差】复选框。

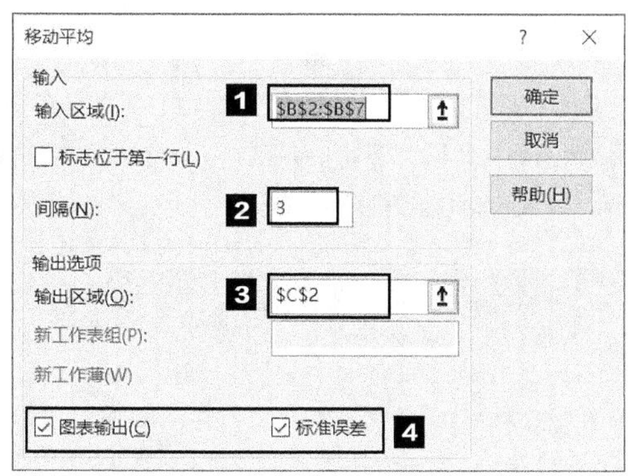

❹ 单击【确定】按钮，即可得到间隔数为 3 时的预测销售额、标准误差及图表，并修改对应列标题。

	A	B	C	D
1	月	销售额	预测销售额	标准误差
2	1	1,011,257.00	#N/A	#N/A
3	2	1,049,056.00	#N/A	#N/A
4	3	1,076,282.00	1,045,531.67	#N/A
5	4	1,180,627.00	1,101,988.33	#N/A
6	5	1,181,837.00	1,146,248.67	52,902.91
7	6	1,209,719.00	1,190,727.67	51,026.92
8	7			

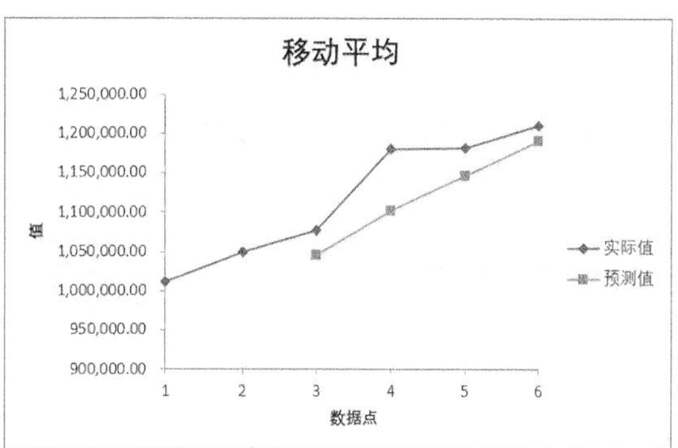

❺ 根据选择的间隔数计算预测销售额。在单元格 C8 中输入公式“=(C5+C6+C7)/3”，按【Enter】键完成输入，得到 7 月的预测销售额。

C8 | =(C5+C6+C7)/3

	A	B	C	D
1	月	销售额	预测销售额	标准误差
2	1	1,011,257.00	#N/A	#N/A
3	2	1,049,056.00	#N/A	#N/A
4	3	1,076,282.00	1,045,531.67	#N/A
5	4	1,180,627.00	1,101,988.33	#N/A
6	5	1,181,837.00	1,146,248.67	52,902.91
7	6	1,209,719.00	1,190,727.67	51,026.92
8	7		1,146,321.56	

2. 指数平滑预测

本实例原始文件和最终效果文件所在位置如下
第4章\销售预测分析03-原始文件
第4章\销售预测分析03-最终效果

❶ 判断平滑系数。打开本实例的原始文件“销售预测分析 03- 原始文件”，从 1~6 月的销售额可以看出，销售额呈上升趋势，因此，平滑系数应在 0.6~1 中选择。

	A	B
1	月	销售额
2	1	1,011,257.00
3	2	1,049,056.00
4	3	1,076,282.00
5	4	1,180,627.00
6	5	1,181,837.00
7	6	1,209,719.00

❷ 试算平滑系数。确定了平滑系数的取值范围后，选择范围内的值进行试算，看哪个平滑系数对应的标准误差最小，这里选择 α=0.6、α=0.7 和 α=0.8 进行试算，对应的阻尼系数应该是 0.4、0.3 和 0.2。

一次指数平滑（α=0.6）	标准误差	一次指数平滑（α=0.7）	标准误差	一次指数平滑（α=0.8）	标准误差

❸ 选择 α=0.6 进行试算。切换到【数据】选项卡，在【分析】组中单击【数据分析】按钮。

❹ 弹出【数据分析】对话框，选择【指数平滑】选项。

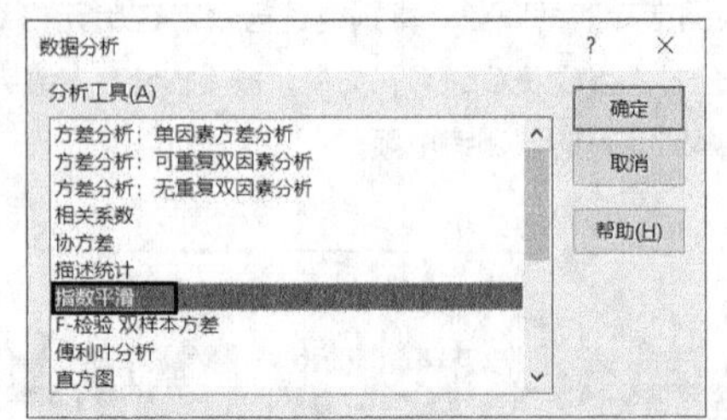

❺ 单击【确定】按钮，弹出【指数平滑】对话框。将光标定位到【输入区域】文本框中，选中单元格区域 B2:B7，在【阻尼系数】文本框中输入“0.4”；将光标定位到【输出区域】文本框中，在工作表中选中单元格 C2，勾选【图表输出】和【标准误差】复选框。

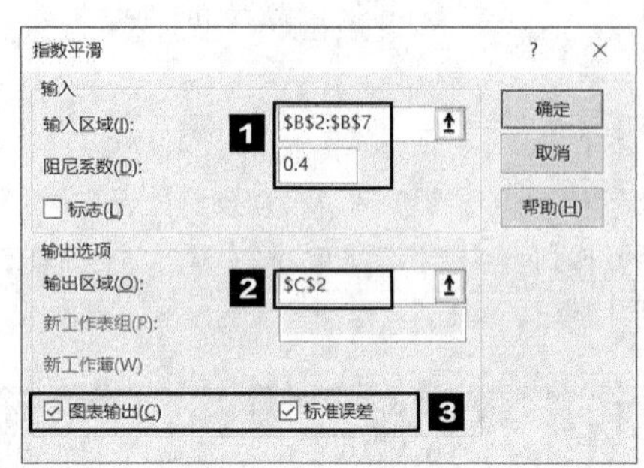

❻ 单击【确定】按钮，即可得到平滑系数为 0.6 时的平滑值、标准误差及图表，并修改对应列标题。

	A	B	C	D
1	月	销售额	一次指数平滑（α=0.6）	标准误差
2	1	1,011,257.00	#N/A	#N/A
3	2	1,049,056.00	1,011,257.00	#N/A
4	3	1,076,282.00	1,033,936.40	#N/A
5	4	1,180,627.00	1,059,343.76	#N/A
6	5	1,181,837.00	1,132,113.70	77,312.22
7	6	1,209,719.00	1,161,947.68	79,530.25

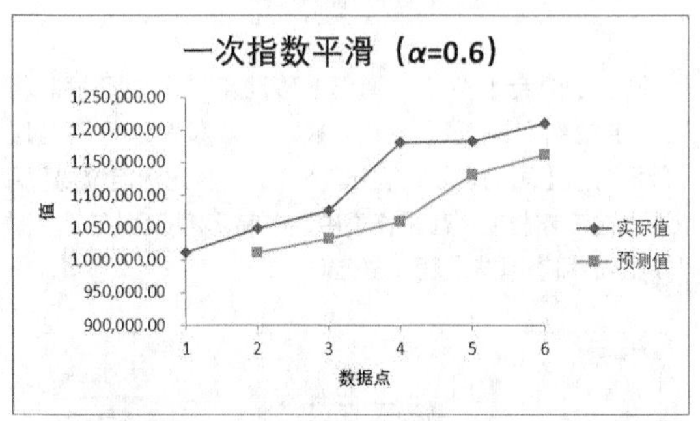

❼ 按照相同的方法分别对 α=0.7、α=0.8 的情况进行试算。试算结果和图表如下图所示。

一次指数平滑（α=0.7）	标准误差	一次指数平滑（α=0.8）	标准误差
#N/A	#N/A	#N/A	#N/A
1,011,257.00	#N/A	1,011,257.00	#N/A
1,037,716.30	#N/A	1,041,496.20	#N/A
1,064,712.29	#N/A	1,069,324.84	#N/A
1,145,852.59	73,829.30	1,158,366.57	70,774.26
1,171,041.68	73,526.44	1,177,142.91	68,675.77

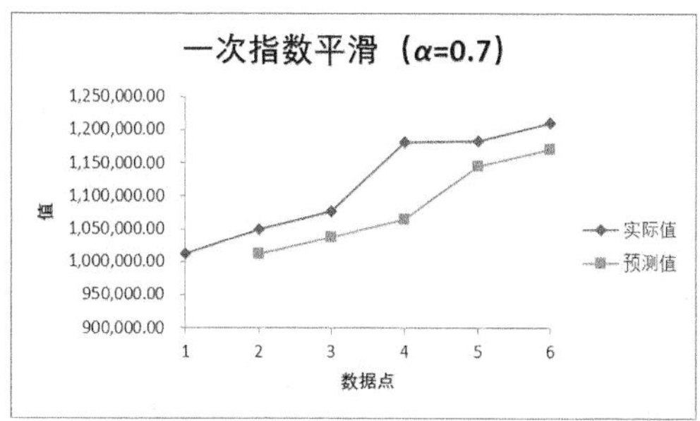

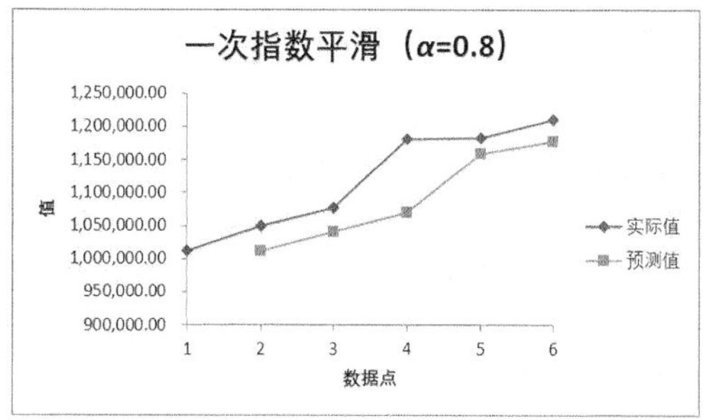

❽ 对比表中 3 种取值情况下的平滑值可以看出：α=0.8 时，标准误差最小，因此选择平滑系数为 0.8。根据一次指数平滑公式计算 7 月的预测销售额，在单元格 G8 中输入公式“=0.8*B7+0.2*G7”，按【Enter】键完成输入。

G8 =0.8*B7+0.2*G7

	E	F	G
1	一次指数平滑（α=0.7）	标准误差	一次指数平滑（α=0.8）
2	#N/A	#N/A	#N/A
3	1,011,257.00	#N/A	1,011,257.00
4	1,037,716.30	#N/A	1,041,496.20
5	1,064,712.29	#N/A	1,069,324.84
6	1,145,852.59	73,829.30	1,158,366.57
7	1,171,041.68	73,526.44	1,177,142.91
8			1,203,203.78

❾ 判断是否需要进行二次、三次指数平滑计算。由于图表中的趋势线类似一条直线，因此需要进行二次指数平滑计算。按照前面的方法，打开【指数平滑】对话框。将光标定位到【输入区域】文本框中，选中单元格区域 G3:G7，在【阻尼系数】文本框中输入“0.2”；将光标定位到【输出区域】文本框中，在工作表中选中单元格 I3，勾选【图表输出】和【标准误差】复选框。

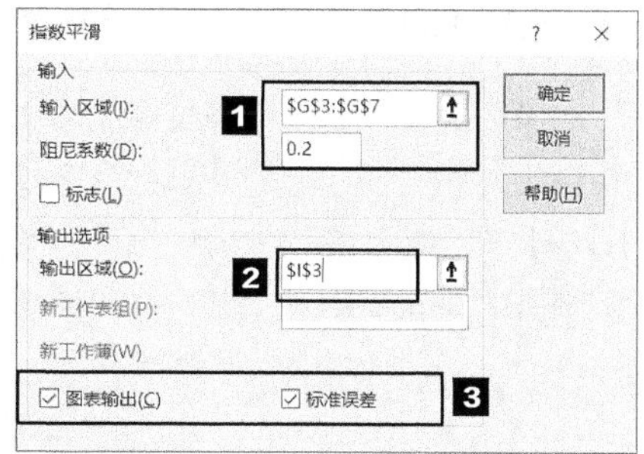

❿ 单击【确定】按钮，即可得到平滑系数为 0.8 时二次指数平滑的平滑值、标准误差及图表，并修改对应列标题。

G	H	I	J
一次指数平滑（α=0.8）	标准误差	二次指数平滑（α=0.8）	标准误差
#N/A	#N/A		
1,011,257.00	#N/A	#N/A	#N/A
1,041,496.20	#N/A	1,011,257.00	#N/A
1,069,324.84	#N/A	1,035,448.36	#N/A
1,158,366.57	70,774.26	1,062,549.54	#N/A
1,177,142.91	68,675.77	1,139,203.16	61,217.99

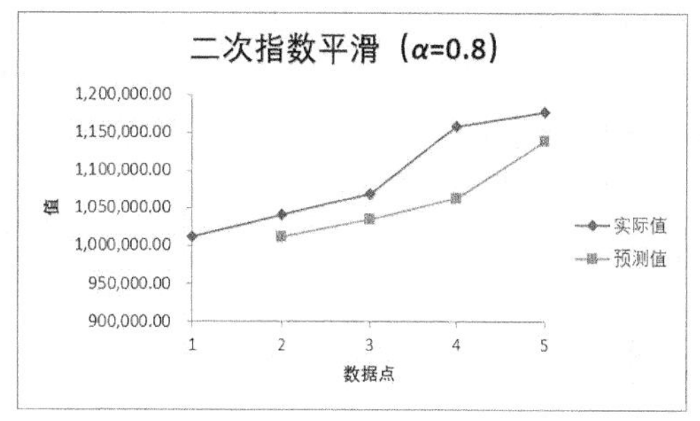

⓫ 根据二次指数平滑公式计算 7 月的预测销售额，在单元格 I8 中输入公式“=0.8*G8+0.2*I7”，按【Enter】键完成输入。

G	H	I	J
一次指数平滑（α=0.8）	标准误差	二次指数平滑（α=0.8）	标准误差
#N/A	#N/A		
1,011,257.00	#N/A	#N/A	#N/A
1,041,496.20	#N/A	1,011,257.00	#N/A
1,069,324.84	#N/A	1,035,448.36	#N/A
1,158,366.57	70,774.26	1,062,549.54	#N/A
1,177,142.91	68,675.77	1,139,203.16	61,217.99
1,203,203.78		1,190,403.66	

4.3.4 使用预测工作表进行销售预测分析

使用预测工作表进行预测是在 Excel 中进行预测分析的最常用的方法之一，它提供了基于“时间序列预测”的功能，但 Excel 2016 及以上的版本才提供此功能，且仅支持 Windows 系统的 Excel，Mac 系统的 Excel 无此功能。

使用预测工作表进行预测的方法很简单，具体操作步骤如下。

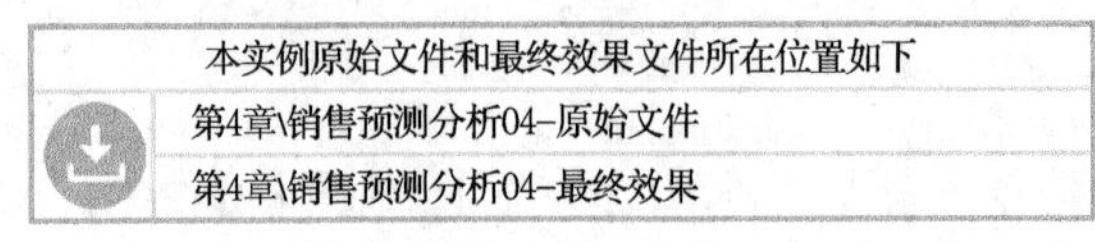
本实例原始文件和最终效果文件所在位置如下
第4章\销售预测分析04-原始文件
第4章\销售预测分析04-最终效果

❶ 打开本实例的原始文件“销售预测分析 04- 原始文件”，切换到【数据】选项卡，在【预测】组中单击【预测工作表】按钮。

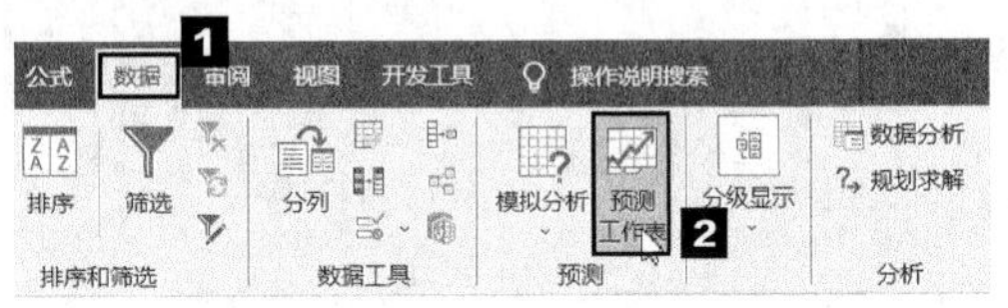

❷ 弹出【创建预测工作表】对话框，该对话框中会出现一个折线图，折线末尾处会出现 3 条橙色直线。在【预测结束】微调框中输入预测结束的数值，此处只预测 7 月的销售额，所以输入“7”即可。

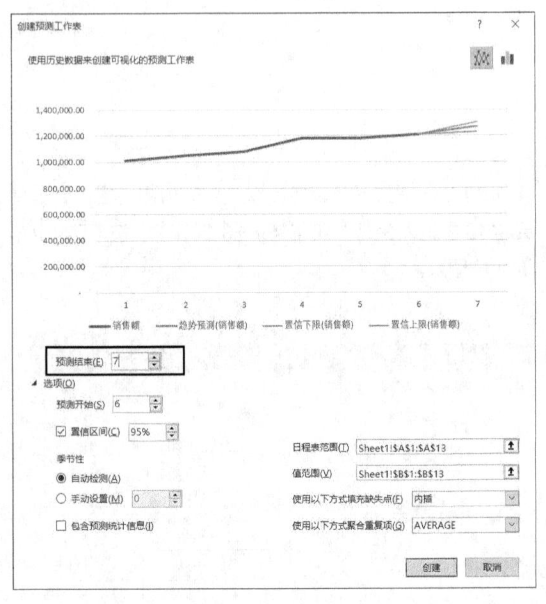

❸ 其他参数保持默认设置，单击【创建】按钮，系统会自动创建一个工作表。新表中的数据包括源数据表中的数据，并在右侧自动添加了 3 列数据，即“趋势预测（销售额）”“置信下限（销售额）”，“置信上限（销售额）”，并增加了一个折线图，其中的橙色部分即为预测数据。

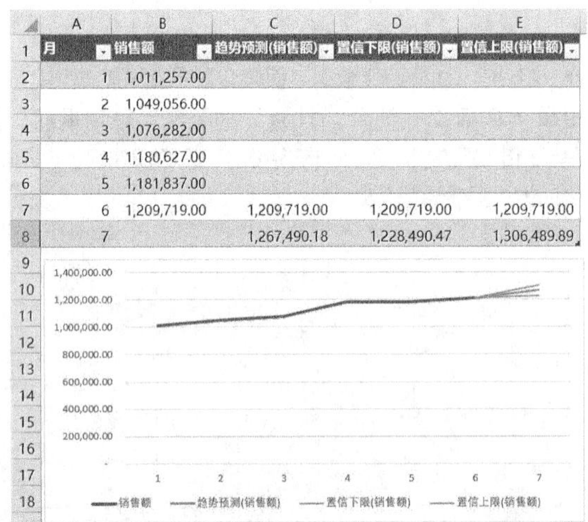

月	销售额	趋势预测(销售额)	置信下限(销售额)	置信上限(销售额)
1	1,011,257.00			
2	1,049,056.00			
3	1,076,282.00			
4	1,180,627.00			
5	1,181,837.00			
6	1,209,719.00	1,209,719.00	1,209,719.00	1,209,719.00
7		1,267,490.18	1,228,490.47	1,306,489.89

需要注意的是，预测工作表中要有两列数据：时间序列和预测数据列。其中，时间序列应均匀分布，即时间轴上的数据必须为等差数列，如下所示。

7 月 1 日、8 月 1 日、9 月 1 日　√

7 月 1 日、7 月 3 日、7 月 5 日　√

7 月 1 日、7 月 11 日、7 月 21 日　√

7 月 1 日、7 月 2 日、7 月 4 日　×

7 月 1 日、7 月 3 日、7 月 6 日　×

7 月 1 日、7 月 11 日、7 月 20 日　×

第5章

财务数据分析

在这个数字化时代，很多企业都配备了大型财务软件，这些软件虽然可以提供一些分析功能和报表输出功能，但是其所提供的都是一些通用的财务报表分析功能，还是不能替代Excel。Excel可以根据用户需求，灵活地对财务数据进行个性化分析。

要 点 导 航

- 财务数据结构分析
- 财务趋势分析
- 财务比率分析
- 杜邦分析
- 财务比较分析

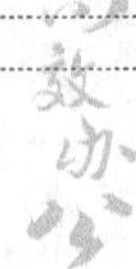

在企业经营数据分析中，财务数据是不可或缺的组成部分，是经营效果在财务报表上的具体展现。

5.1 财务数据结构分析

“利润表”“资产负债表”“现金流量表”这 3 张表是最基本也最重要的财务数据表。

5.1.1 利润表分析

公司运营中最重要的就是利润，因此对利润进行分析是首要工作。利润分析主要是对收支结构进行分析，利润是通过收支形成的，若收入大于支出，则利润额为正，企业盈利，反之则企业亏损。

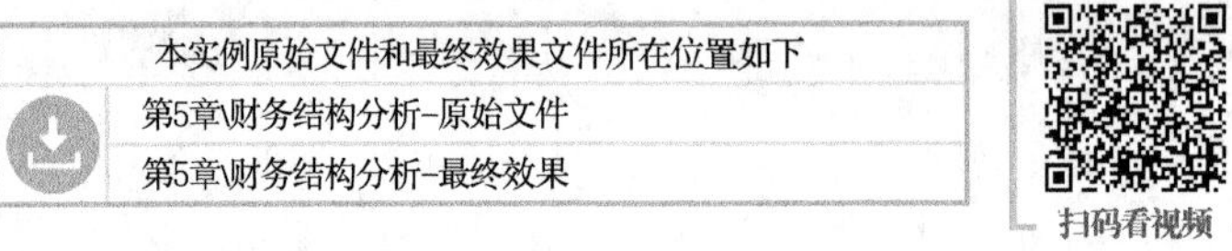
本实例原始文件和最终效果文件所在位置如下
第5章\财务结构分析-原始文件
第5章\财务结构分析-最终效果

扫码看视频

1. 收支结构分析

❶ 打开本实例的原始文件“财务结构分析 – 原始文件”，根据“利润表”创建一个新的数据区域，列出收支数据。

	G	H	I
1	项目	明细	金额
2	收入		¥538,000.00
3		主营业务收入	¥538,000.00
4	支出		¥519,510.31
5		主营业务成本	¥423,000.00
6		销售费用	¥8,750.00
7		管理费用	¥80,857.08
8		财务费用	¥740.00
9		所得税	¥6,163.23

❷ 分析收支结构就是分析收入、支出的占比情况。选中单元格 G2、I2、G4、I4，切换到【插入】选项卡，在【图表】组中单击【插入柱形图或条形图】按钮，在弹出的下拉列表中选择【簇状柱形图】选项，在工作表中插入一个簇状柱形图。

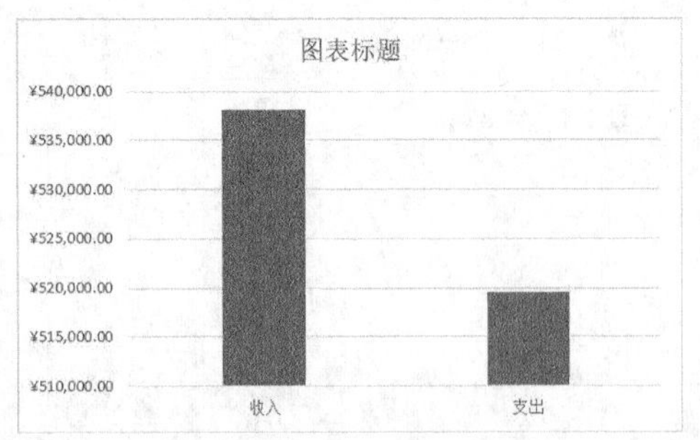

❸ 设置数据系列的颜色。簇状柱形图默认两个数据点的颜色是相同的，此处为了方便区分收入和支出，我们可以将它们设置为不同的颜色。选中数据点“收入”，单击鼠标右键，在弹出的快捷菜单中选择【设置数据点格式】选项。

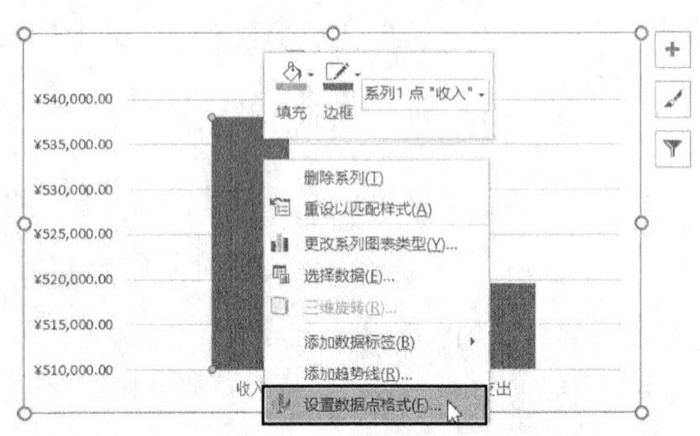

❹ 打开【设置数据点格式】任务窗格，单击【填充与线条】按钮，在【填充】组中单击【填充颜色】按钮，在弹出的下拉列表中选择【其他颜色】选项。

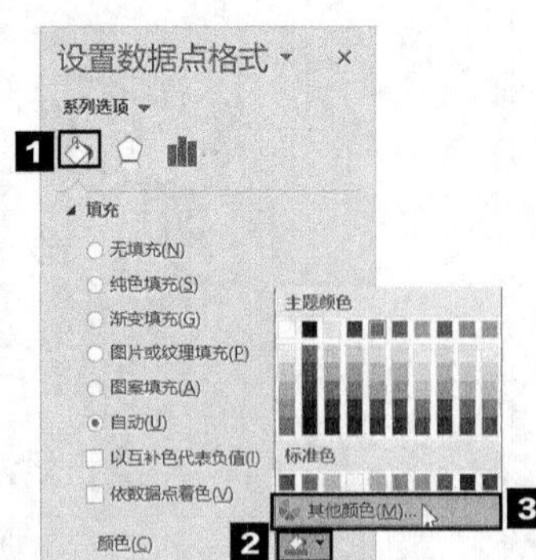

❺ 打开【颜色】对话框，将数据点“收入”的填充颜色设置为“RGB:156/188/92”，按照相同的方法将数据点“支出”的填充颜色设置为“RGB:248/161/90”。

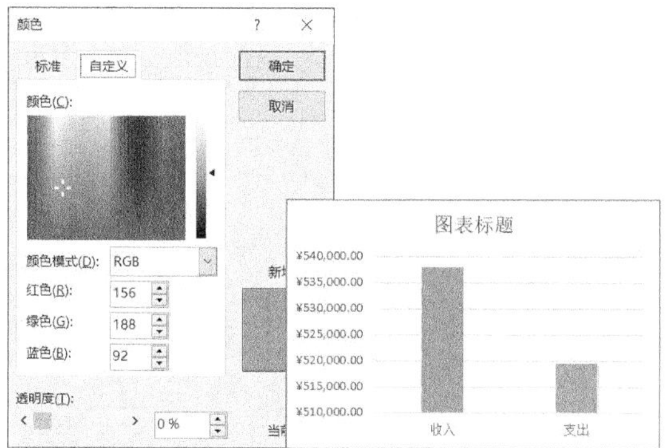

❻ 添加数据标签，将数据系列的【间隙宽度】设置为【120%】，然后修改图表标题，并将图表中所有文字的字体设置为微软雅黑。

2. 收支明细分析

分析完利润表中收支结构之后，接下来分析收支明细数据，因为收入只有一项，即主营业务收入，所以此处只需分析支出的明细数据。

支出包含主营业务成本、销售费用、管理费用、财务费用和所得税 5 部分，可以分别分析这 5 部分占支出的百分比，然后通过圆环图将结果展现出来。

❶ 根据支出明细数据和支出合计数据，计算出各支出明细项的占比。

J5 =I5/$I$4

	G	H	I	J
1	项目	明细	金额	占比
2	收入		¥538,000.00	
3		主营业务收入	¥538,000.00	
4	支出		¥519,510.31	
5		主营业务成本	¥423,000.00	81.42%
6		销售费用	¥8,750.00	1.68%
7		管理费用	¥80,857.08	15.56%
8		财务费用	¥740.00	0.14%
9		所得税	¥6,163.23	1.19%

提示

在计算占比时，Excel 对计算结果进行四舍五入，所以 J5:J9 单元格区域显示的值合计为 99.99%，而非 100%。

❷ 此处要用圆环图来展现不同支出明细项的占比，所以需要再添加一个“辅助列”。

K5 =1-J5

	G	H	I	J	K
1	项目	明细	金额	占比	辅助列
2	收入		¥538,000.00		
3		主营业务收入	¥538,000.00		
4	支出		¥519,510.31		
5		主营业务成本	¥423,000.00	81.42%	18.58%
6		销售费用	¥8,750.00	1.68%	98.32%
7		管理费用	¥80,857.08	15.56%	84.44%
8		财务费用	¥740.00	0.14%	99.86%
9		所得税	¥6,163.23	1.19%	98.81%

❸ 根据单元格 H5、J5 和 K5 中的数据，创建圆环图。

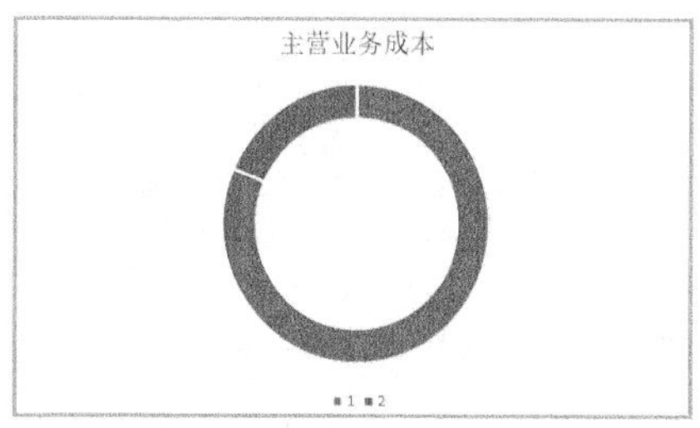

❹ 选中整个数据系列，按【Ctrl】+【C】组合键复制，然后按【Ctrl】+【V】组合键粘贴，在圆环图中形成两个数据系列。

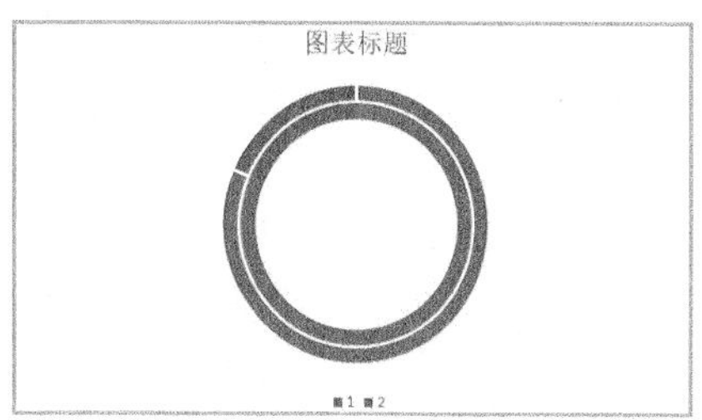

❺ 选中外层圆环数据系列，打开【设置数据系列格式】任务窗格，将该数据系列的填充颜色设置为【蓝色，个性色 1, 淡色 80%】，【边框】设置为【无线条】。

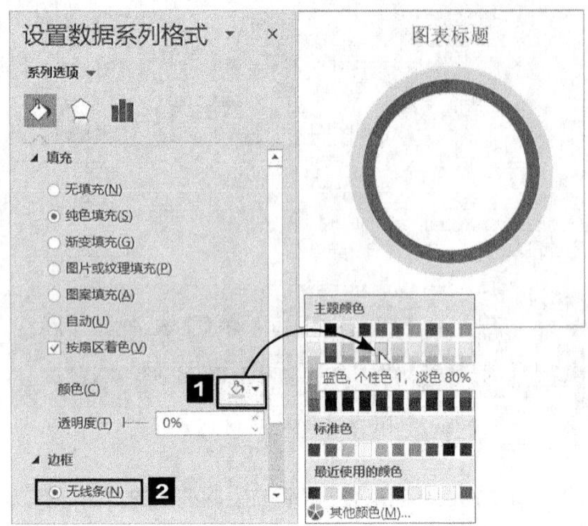

❻ 将内层圆环数据系列中的蓝色数据点 1 的填充颜色设置为“RGB:128/171/224”，【边框】设置为【无线条】；将红色数据点 2 设置为无填充、无线条。

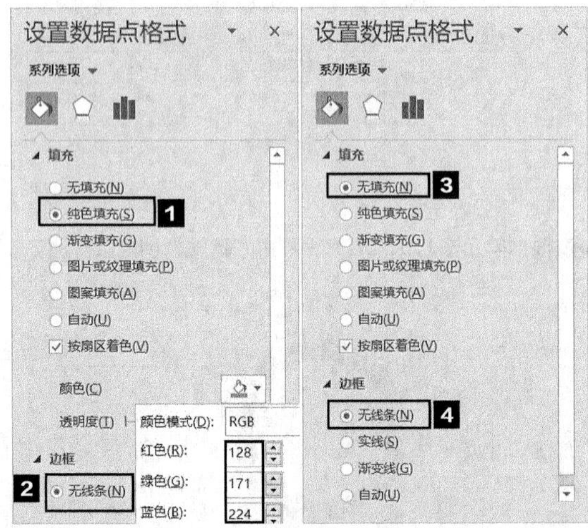

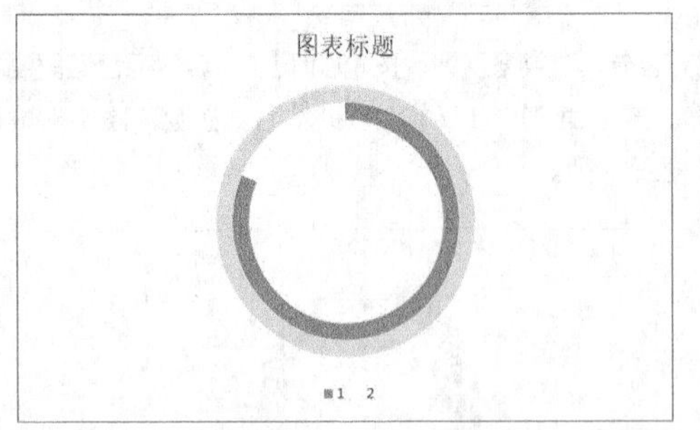

❼ 在内层圆环数据系列上单击鼠标右键，在弹出的快捷菜单中选择【更改系列图表类型】选项，在弹出的【更改图表类型】对话框中将内层圆环的数据系列（即【主营业务成本】）设置为【次坐标轴】。

❽ 将次坐标轴的【圆环图圆环大小】设置为【60%】。

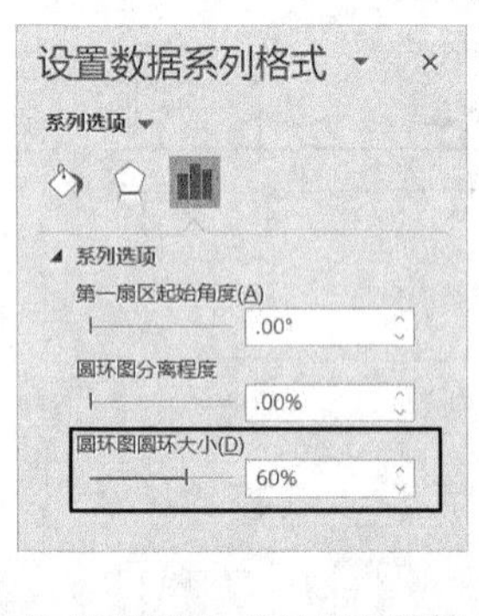

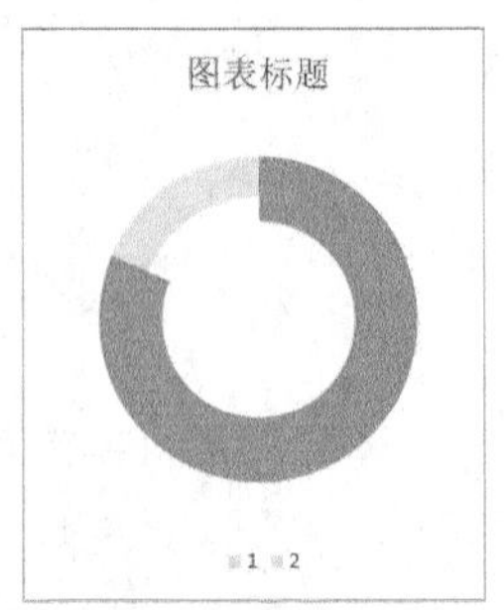

❾ 删除图例，修改图表标题，并为数据点添加数据标签。

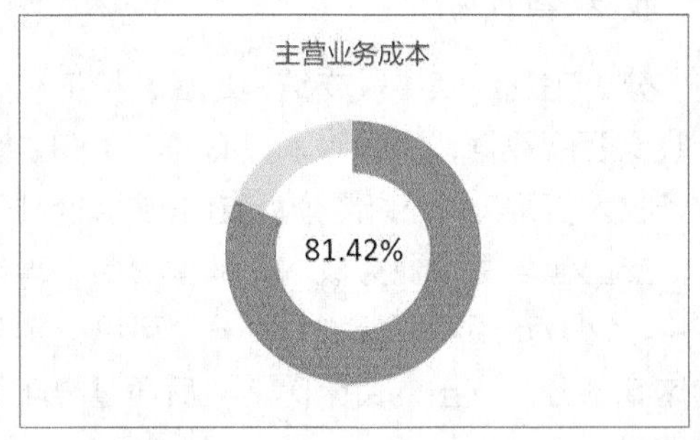

⑩ 按照相同的方法，为其他支出明细项创建圆环图，效果如下图所示。

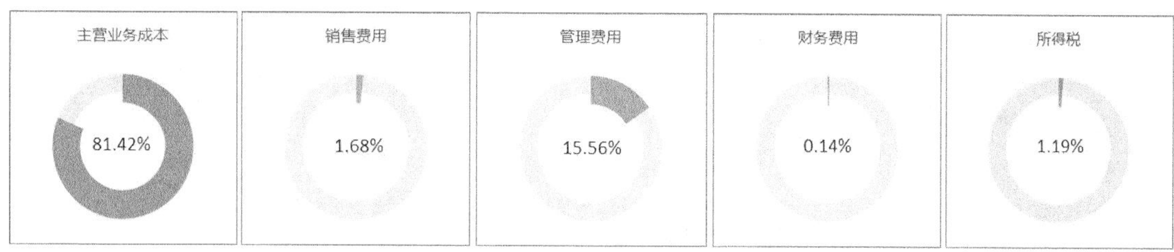

5.1.2 资产负债表分析

对“资产负债表”进行分析时，可以先对资产结构进行分析，然后对各部分的构成要素进行分析。

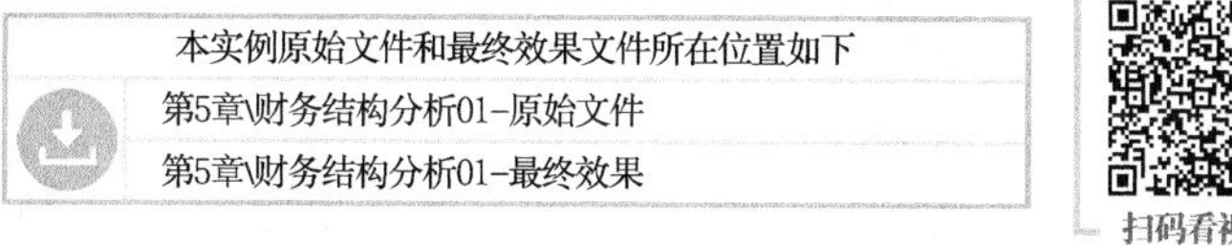
本实例原始文件和最终效果文件所在位置如下
第5章\财务结构分析01–原始文件
第5章\财务结构分析01–最终效果

扫码看视频

“资产负债表”中主要包含资产和负债两部分。

1. 资产结构分析

资产通常分为流动资产和非流动资产，因为当前“资产负债表”中的非流动资产只有固定资产，所以直接将非流动资产统计为固定资产。

❶ 打开本实例的原始文件“财务结构分析 01–原始文件”，根据“资产负债表”创建期初与期末资产结构表。

资产项目	期初金额	期末金额
流动资产合计	¥630,744.50	¥983,781.37
固定资产合计	¥63,070.85	¥62,067.54
资产合计	¥693,815.35	¥1,045,848.91

❷ 为资产结构表中的期初金额和期末金额数据分别创建一个饼图。

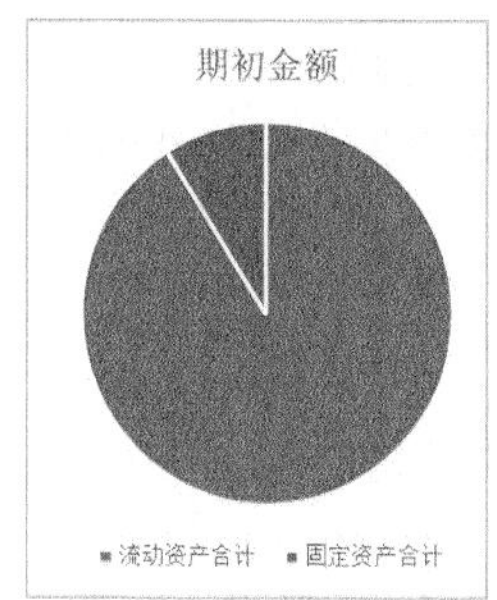

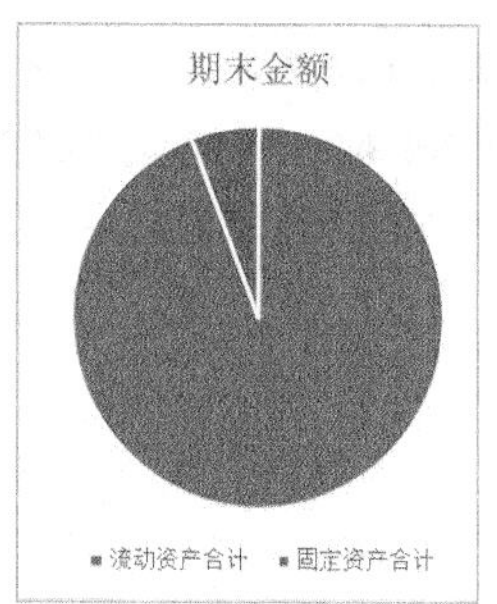

❸ 对饼图进行适当的美化，效果如下图所示。

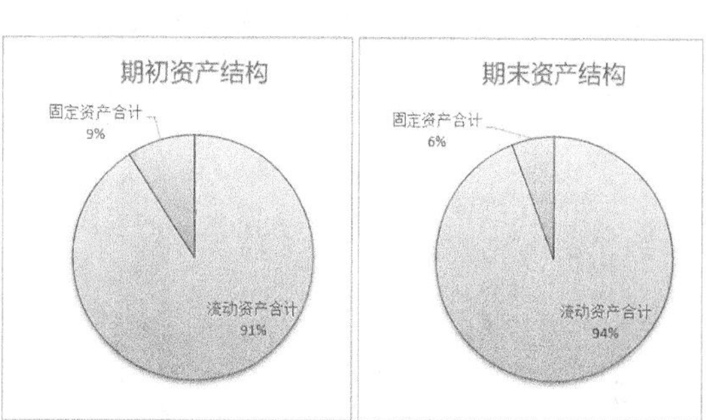

从上图可以看出，期末资产结构中公司流动资产合计占资产结构的 94%，固定资产合计占资产结构的 6%，公司流动资产占比较高，固定资产占比较低。

2. 流动资产构成要素分析

流动资产主要包括货币资金、应收账款、坏账准备和存货 4 部分。

根据“资产负债表”中的数据，提取出流动资产构成要素的相关数据。

流动资产项目	期初金额	期末金额
货币资金	¥151,244.50	¥158,401.37
应收账款	¥104,000.00	¥485,220.00
存货	¥375,500.00	¥342,500.00
坏账准备	¥0.00	¥2,340.00

- **期初流动资产构成要素分析**

由流动资产构成要素可知，期初流动资产主要由货币资金、应收账款和存货 3 部分构成，可以通过柱形图来对比分析这 3 个流动资产构成要素。

❶ 选中期初流动资产构成要素对应的单元格区域 J16:K19，创建一个簇状柱形图。

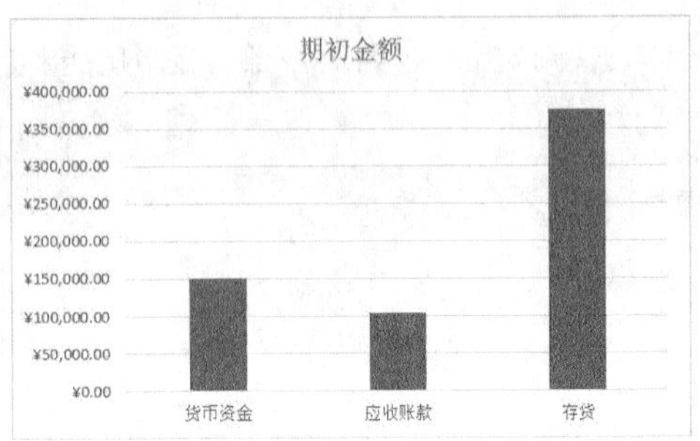

❷ 单击【添加图表元素】按钮，为柱形图添加数据标签。

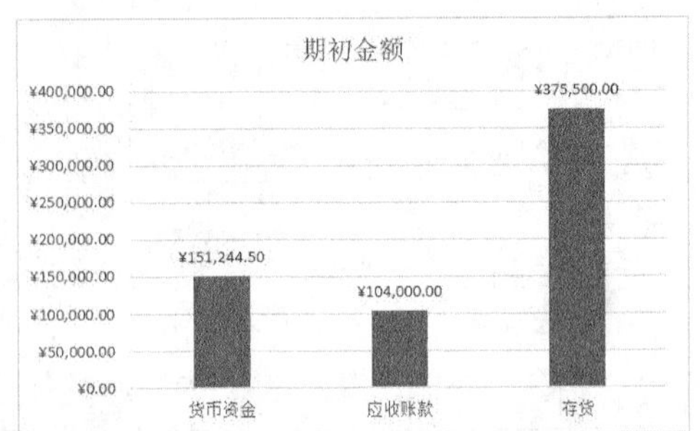

❸ 直接添加的数据标签显示的是各构成要素的金额，如果想要显示各要素占流动资产合计值的比例，则需要先在表格的空白区域计算出对应的比例。

货币资金	23.98%
应收账款	16.49%
存货	59.53%

❹ 选中数据标签，打开【设置数据标签格式】任务窗格，将【标签包括】由【值】更改为【单元格中的值】，弹出【数据标签区域】对话框，选中“资产负债表”中的单元格区域 K22:K24，单击【确定】按钮，即可将选中区域的数值设置为数据标签。

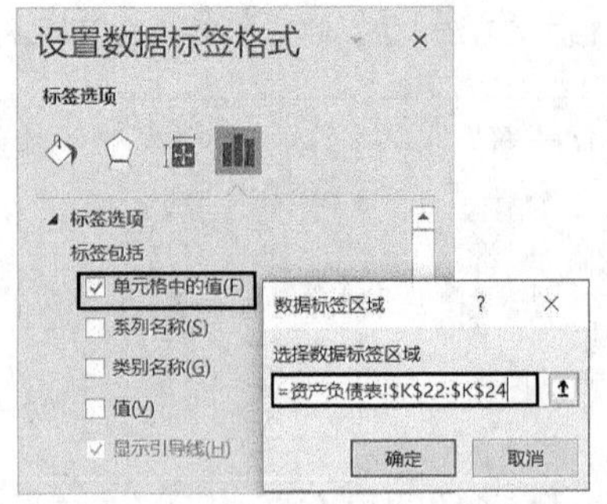

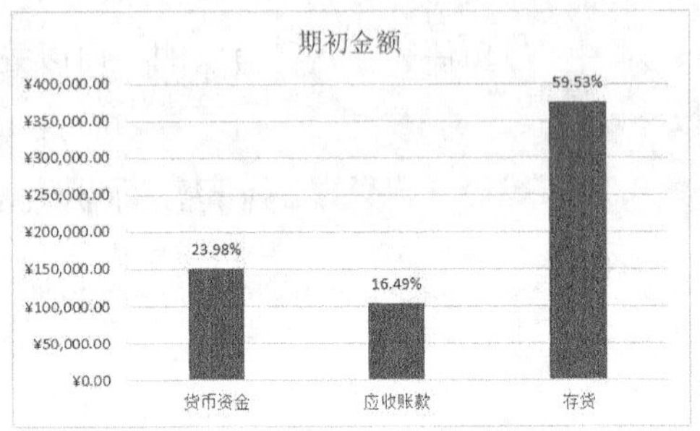

❺ 修改纵坐标轴。默认纵坐标轴中的内容稍显密集，可以将【坐标轴选项】中【单位】下的【大】更改为【80000.0】。

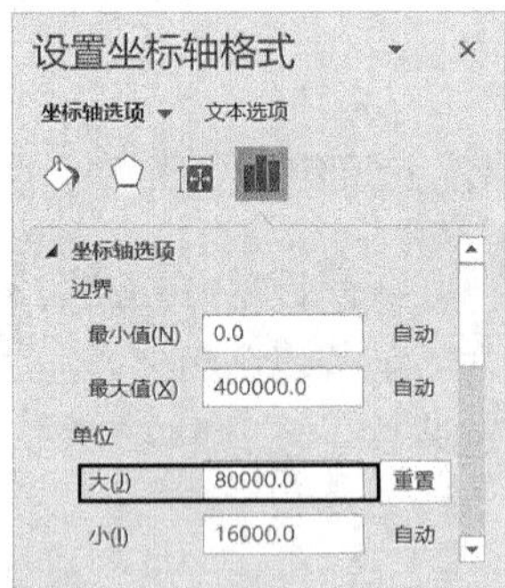

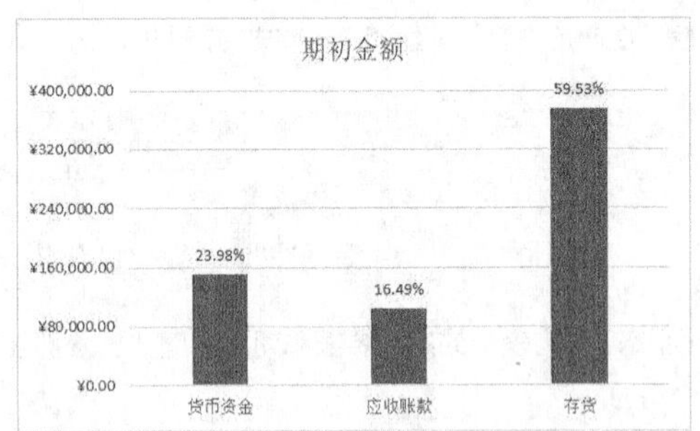

❻ 设置网格线。默认的网格线是实线，为了减少网格线对图表的影响，可以将其设置为虚线，即将【短划线类型】设置为【短划线】。

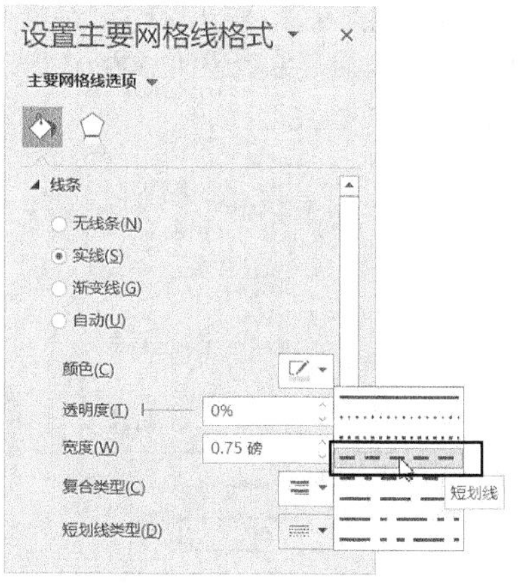

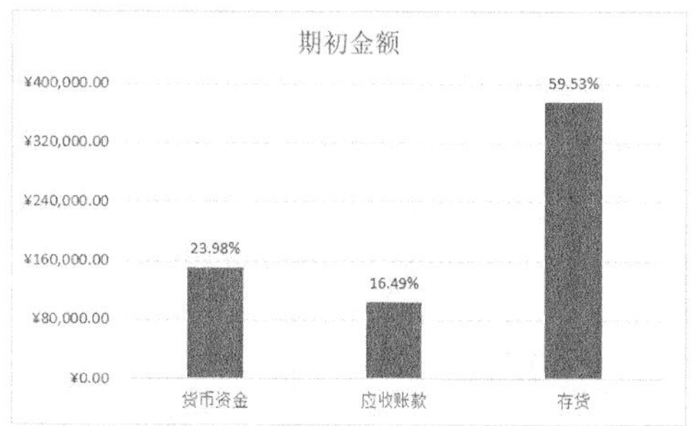

❼ **设置数据系列的颜色。此处将数据系列的填充颜色设置为“RGB:33/89/103”，如下图所示。**

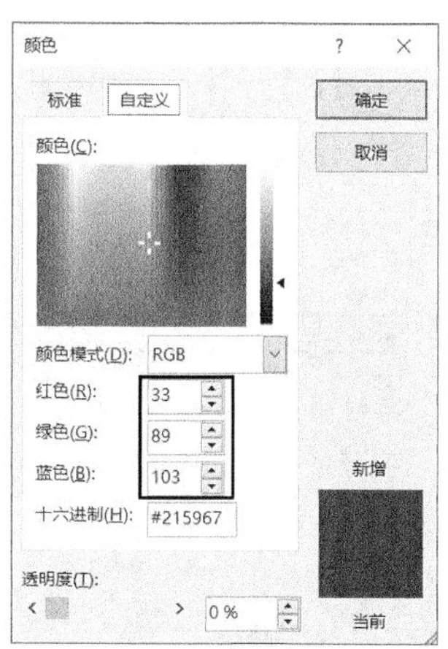

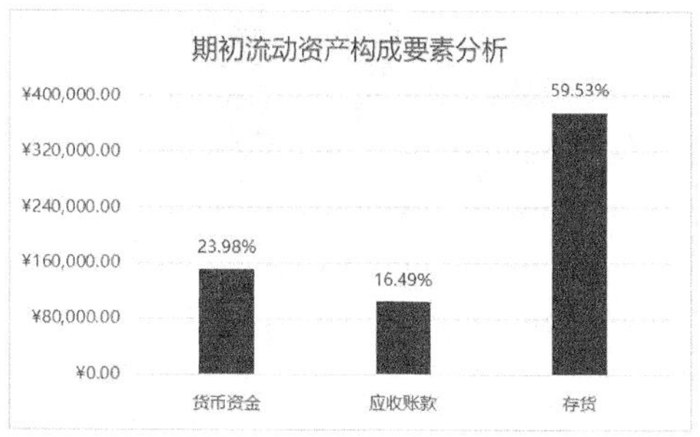

通过上图可以看出，期初流动资产中存货占的比例为59.53%，存货在流动资产中所占比例较大。过多的存货可能会带来一系列不利影响。例如，大量存货占用过多资金，可能会造成企业资金周转困难，降低企业资金的使用效率。

● **期末流动资产构成要素分析**

期末流动资产由货币资金、应收账款、存货和坏账准备4部分构成，也可以通过柱形图来对比分析这4个流动资产构成要素，如下图所示。

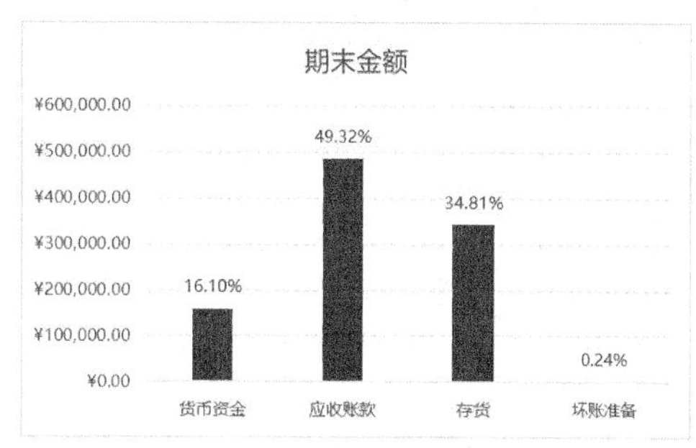

由于坏账准备的金额相对于其他3部分来说极小，所以在图表中根本看不到它对应的柱形，怎样才能使它像下图所示这样显示出来呢？

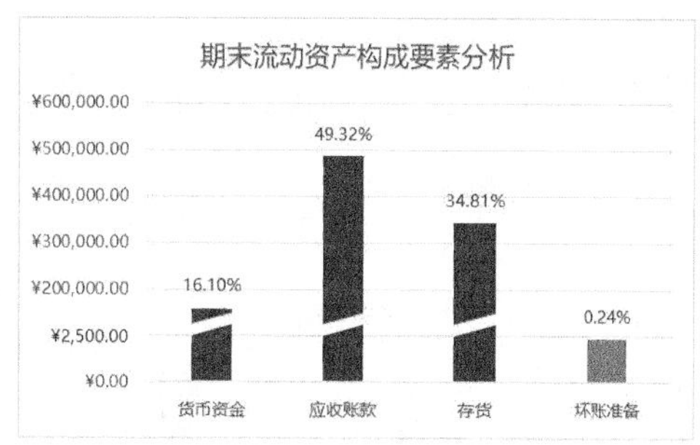

制作上图所示的图表的具体操作步骤如下。

❶ **添加“辅助列”，将与其他数值差异大的数值移动到“辅助列”中。**

流动资产项目	期初金额	期末金额	辅助列
货币资金	¥151,244.50	¥158,401.37	
应收账款	¥104,000.00	¥485,220.00	
存货	¥375,500.00	¥342,500.00	
坏账准备	¥0.00		¥2,340.00

❷ 选中期末流动资产构成要素对应的单元格区域 J16:J20 和 L16:M20，创建一个簇状柱形图。

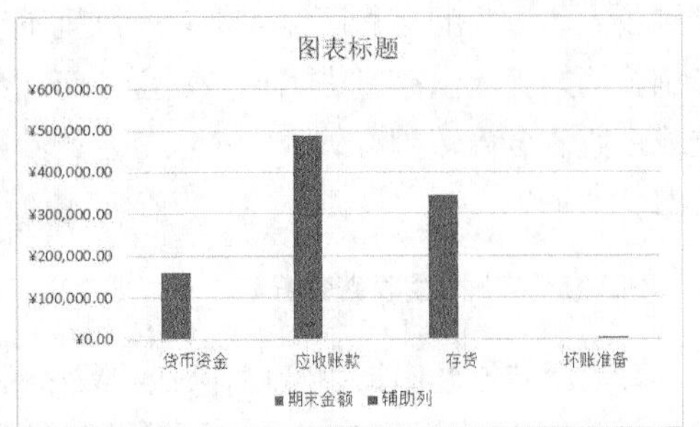

❸ 在柱形图上单击鼠标右键，在弹出的快捷菜单中选择【更改系列图表类型】选项，打开【更改图表类型】对话框，将【辅助列】设置为【次坐标轴】。

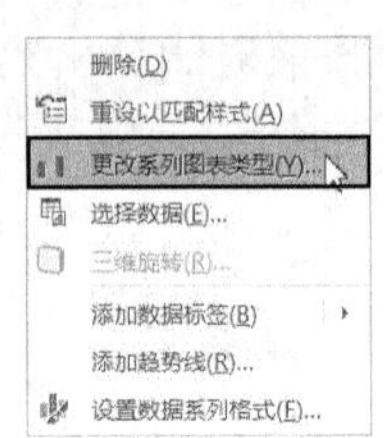

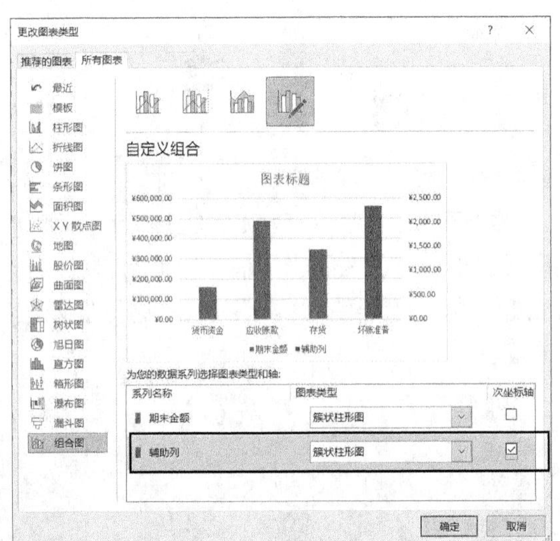

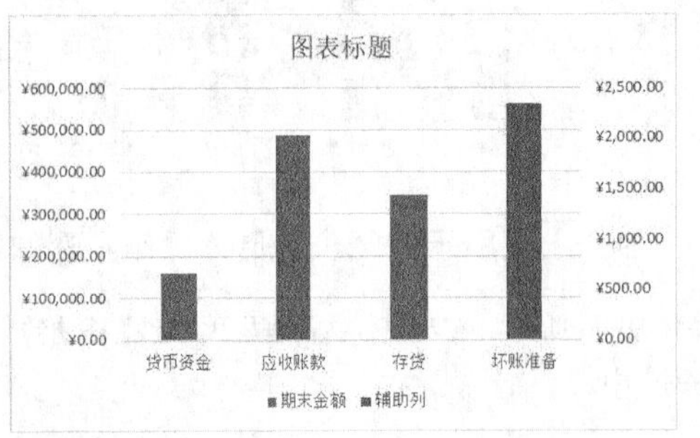

❹ 更改次坐标轴的刻度值，将其最大刻度值修改为主坐标轴最大值的 1/40，此处设置为【15000.0】，将【单位】的【大】设置为【2500.0】。

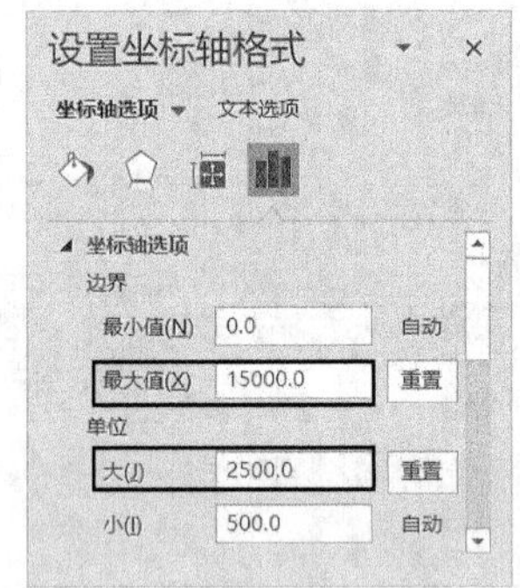

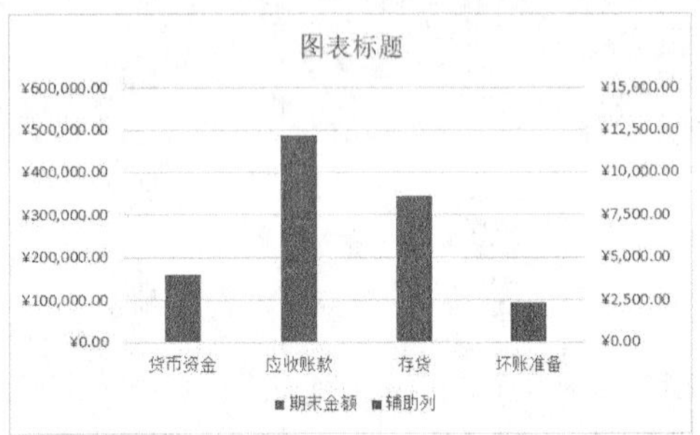

❺ 选中右侧的次坐标轴，将其【标签位置】设置为【无】。

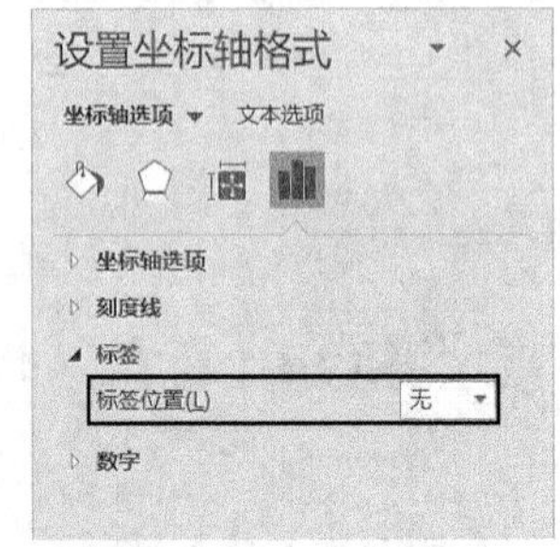

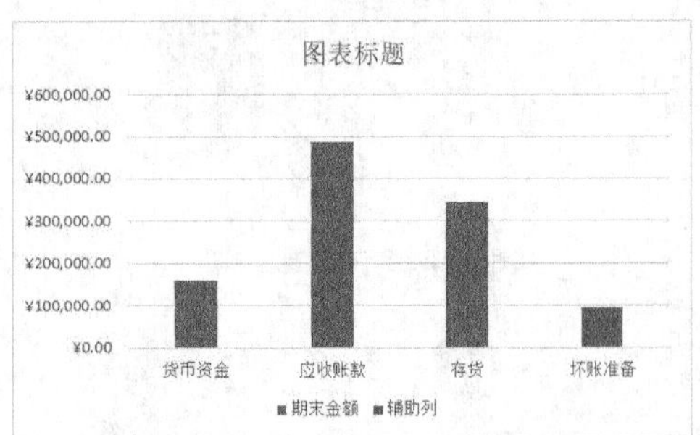

⑥ 删除图例，将数据系列设置为合适的颜色，将图表标题修改为合适的标题，并将图表中所有文字的字体设置为微软雅黑。

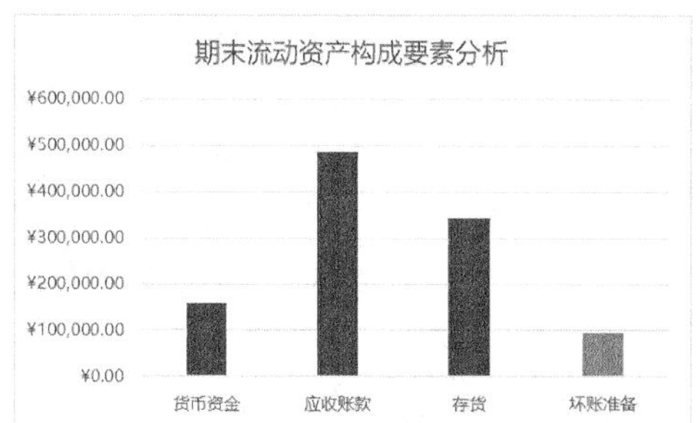

⑦ 在工作表的空白单元格中输入“2500”，将其字体格式设置为微软雅黑、9号，数字格式设置为【货币】。

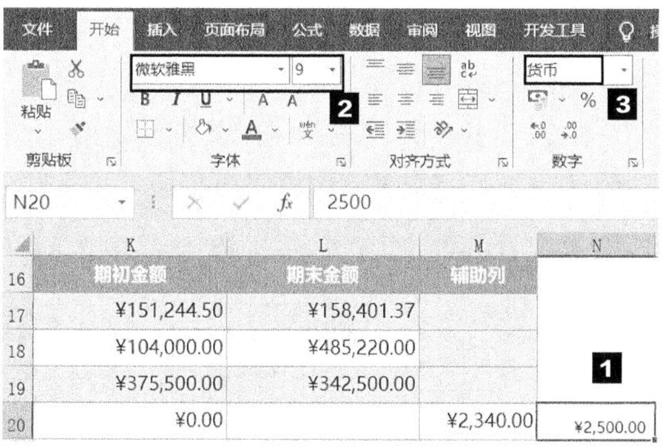

⑧ 在图表中绘制一个文本框，将文本框设置为【无轮廓、右对齐】，通过单元格引用的方式将“￥2,500.00”引用到文本框中，然后将文本框移动到主要纵坐标轴上，用其覆盖“￥100,000.00”。

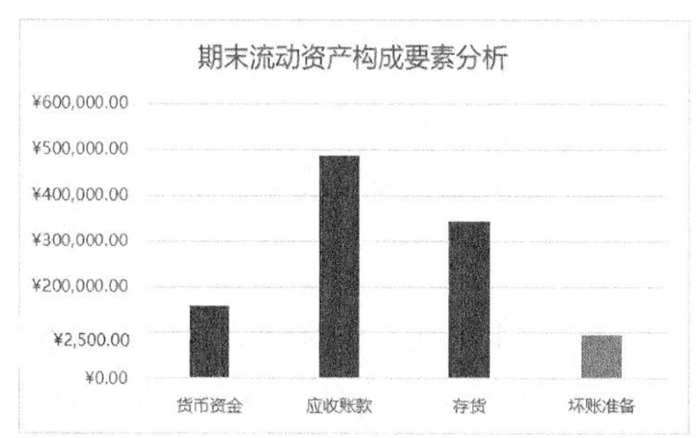

⑨ 插入矩形，将矩形的填充颜色设置为【白色，背景1】，轮廓设置为【无线条】，将【旋转】设置为【－15°】，将其逆时针旋转15°。

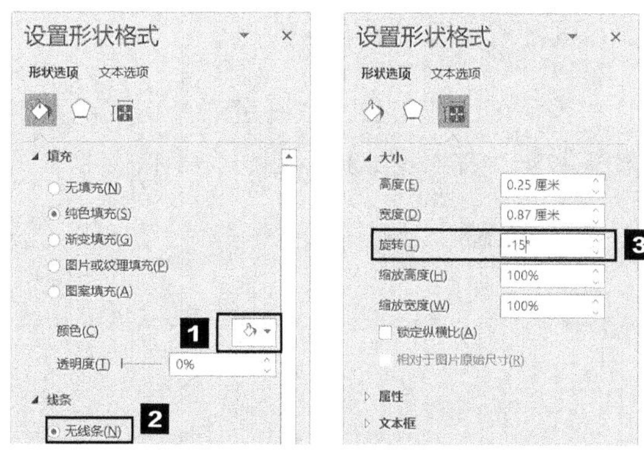

⑩ 将矩形移动到柱形图中第1个柱形刻度“￥2,500.00”的上方，作为截断面。然后再复制两个矩形，分别作为第2和第3个柱形的截断面。将矩形、文本框和柱形组合为一个整体。

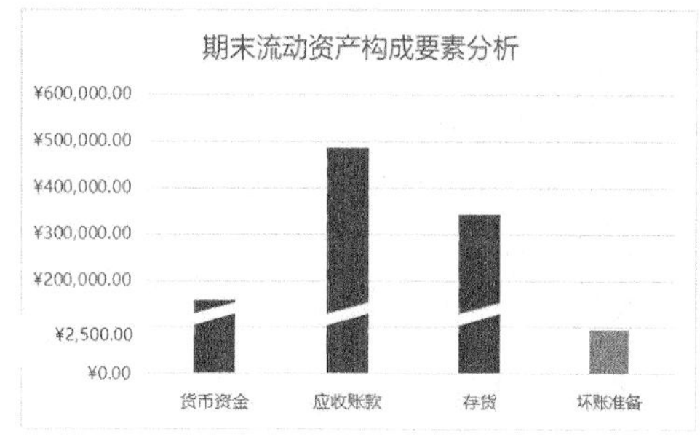

⑪ 为图表添加数据标签，并将数据标签显示为单元格中的指定数值（百分比值）。

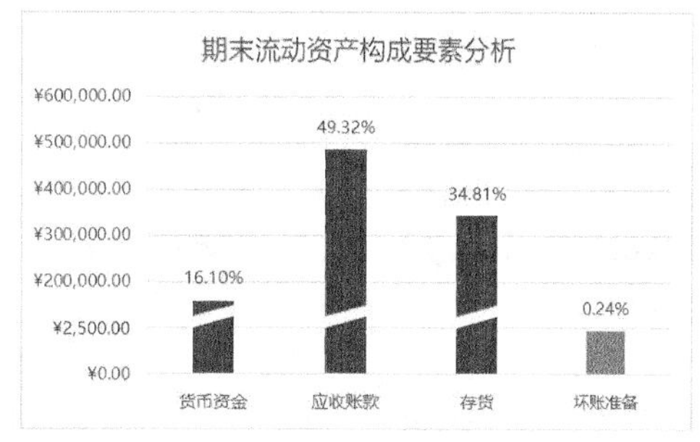

通过上图可以看出，期末流动资产中存货占的比例为34.81%，较期初所占比例有所减少，但是应收账款所占比例为49.32%，比例较高，所以应尽快回款。

3. 固定资产构成要素分析

按照前面的方法提取固定资产构成要素的相关数据，并根据数据创建一个簇状柱形图。

项目	期初金额	期初占比	期初金额	期末占比
固定资产原值	¥105,800.00		¥105,800.00	
累计折旧	¥42,729.15	40.39%	¥43,732.46	41.34%
固定资产净值	¥63,070.85	59.61%	¥62,067.54	58.66%

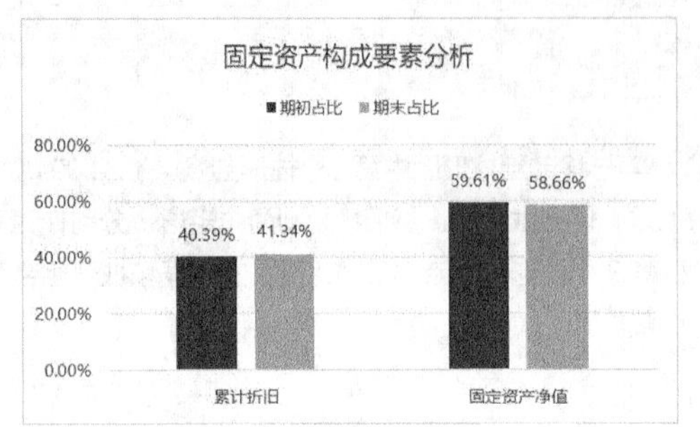

通过计算可知，期末和期初固定资产的原值是相同的，累计折旧的比例稍有不同，且累计折旧占比较大，说明公司固定资产的老化程度比较高，现有价值较低。

4. 负债和所有者权益结构分析

❶ 打开本实例的原始文件“财务数据分析 01－原始文件”，根据“资产负债表”创建负债和所有者权益结构数据表。

项目	期初金额	期末金额
流动负债	¥273,559.00	¥605,282.87
所有者权益合计	¥420,256.35	¥438,746.04
负债及所有者权益合计	¥693,815.35	¥1,044,028.91

❷ 根据上表中“期初金额”和“期末金额”列的数据分别创建一个饼图。

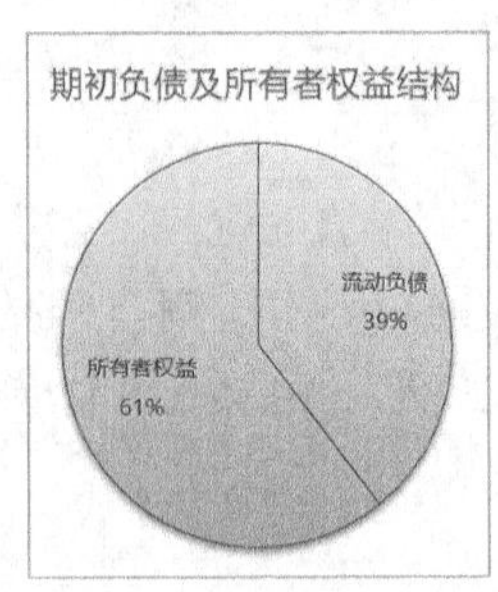

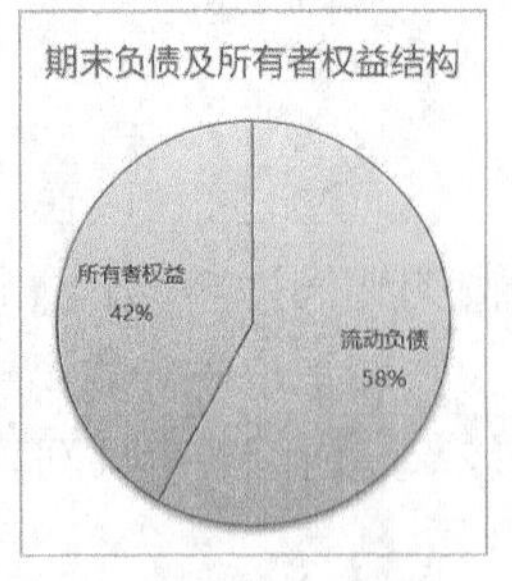

从上图可以看出，期末所有者权益所占比例较期初是减少的，期末流动负债所占比例较期初是增加的。期末流动负债占负债及所有者权益合计的 58%，期末所有者权益占负债及所有者权益合计的 42%。由此得出，公司负债资本较高，权益资本较低。高负债资本、低权益资本可能会增加企业的财务风险，并提高企业发生债务危机的比例，但这也是企业发展过程中的正常现象。

5. 流动负债构成要素分析

流动负债主要包括短期借款、应付账款、应付职工薪酬、应交税费和其他应付款 5 部分，但是由于其他应付款的期初和期末数据都为 0，所以不用分析。

根据“资产负债表”中的数据，提取出流动负债分析构成要素的相关数据。

流动资产项目	期初金额	期末金额	辅助列1	辅助列2
短期借款	¥200,000.00	¥200,000.00	73.11%	33.04%
应付账款	¥0.00	¥277,290.00	0.00%	45.81%
应付职工薪酬	¥39,710.00	¥54,490.64	14.52%	9.00%
应交税费	¥33,849.00	¥73,502.23	12.37%	12.14%

根据这些数据创建一个簇状条形图。

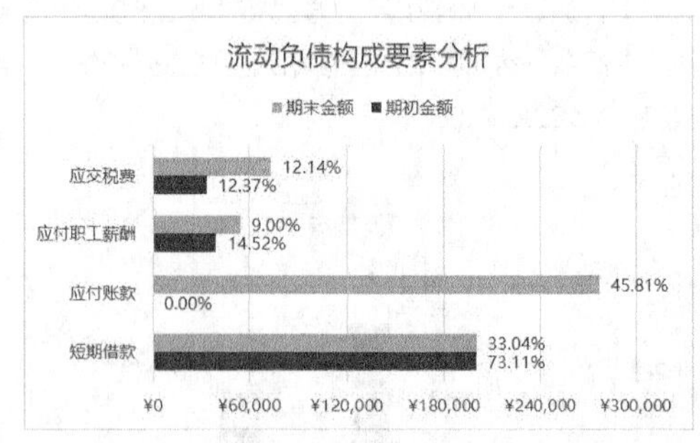

从上图可以看出，在流动负债构成要素中，除了短期借款没有发生变化外，其他构成要素都是增加的，尤其是应付账款增加了很多，这说明企业正在发展。

6. 所有者权益构成要素分析

所有者权益主要包括实收资本、盈余公积和未分配利润 3 部分，当前实例中盈余公积为 0，所以只分析实收资本和未分配利润即可。

项目	期初金额	期末金额	期初占比	期末占比
实收资本	¥400,000.00	¥400,000.00	95.18%	91.17%
未分配利润	¥20,256.35	¥38,746.04	4.82%	8.83%

根据“资产负债表”中的数据，提取出所有者权益构成要素的相关数据，然后根据这些数据创建一个簇状柱形图。

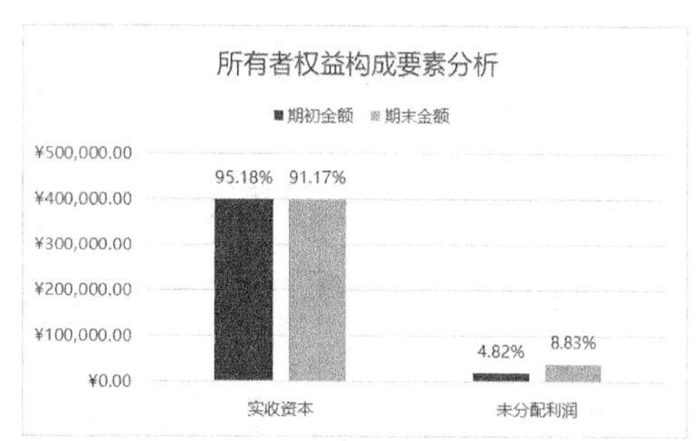

5.1.3 现金流量表分析

现金流量表的分析主要可以从 3 个方面进行：流入流出比例分析、流入结构分析和流出结构分析。

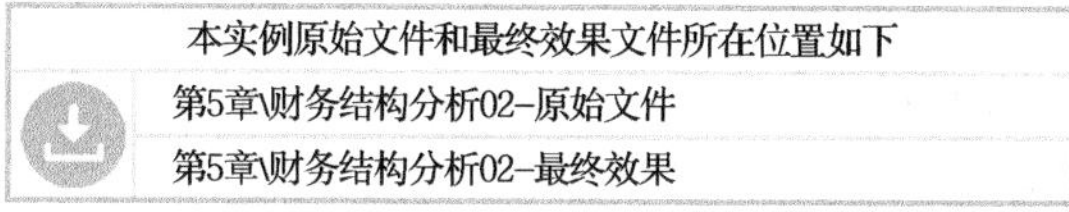
本实例原始文件和最终效果文件所在位置如下

第5章\财务结构分析02–原始文件

第5章\财务结构分析02–最终效果

1. 流入流出比例分析

打开本实例的原始文件“财务结构分析 02 – 原始文件”，由“现金流量表”可知，公司现金的流入和流出都是由公司经营活动产生的，其中现金流入金额为 248240.00 元，现金流出金额为 242903.13 元；现金流入与流出比例为 1.02，说明公司可能处于发展阶段，现金流入与流出量差异不大。

资产项目	金额	占比
现金流入	¥248,240.00	50.54%
现金流出	¥242,903.13	49.46%
流入流出比例	1.02	

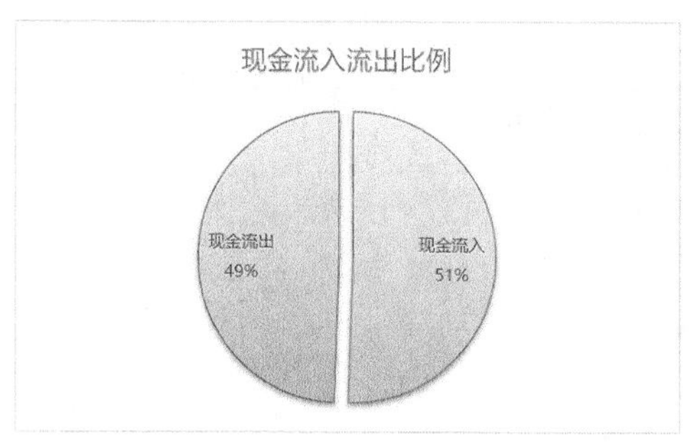

2. 流入结构分析与流出结构分析

现金流入和流出的结构也可以通过饼图来展现。

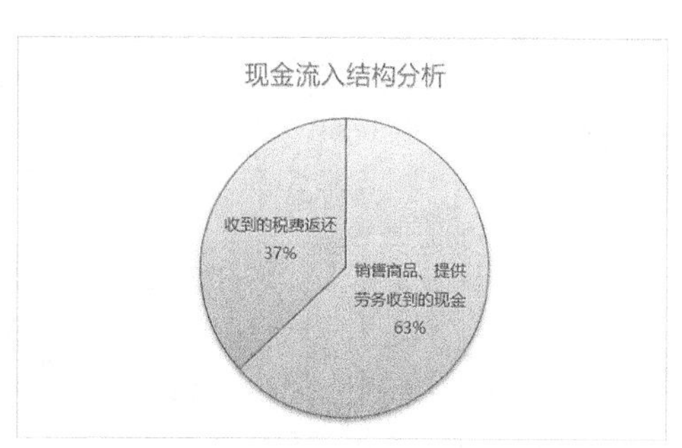

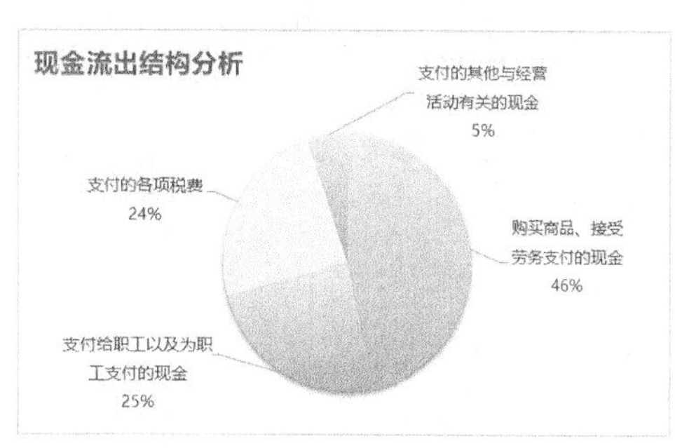

三大报表分析完成后，可以将分析结果按报表类别及分析内容进行合理的排布，创建一个公司财务数据分析的数据看板，效果如下图所示。

XX公司财务数据分析

2021年1月　财务部

利润		资产		负债及所有者权益		经营活动产生的现金流量	
收入	支出	流动资产	固定资产	流动负债	所有者权益	现金流入	现金流出
¥538,000.00	¥519,510.31	¥983,781.37	¥62,067.54	¥605,282.87	¥438,746.04	¥248,240.00	¥242,903.13

>> 利润表分析

在1月份的经营活动中：
收入比例大于支出比例，利润额为正，企业盈利；但是收入与支出的差异比较小，企业盈利较少。

收支明细

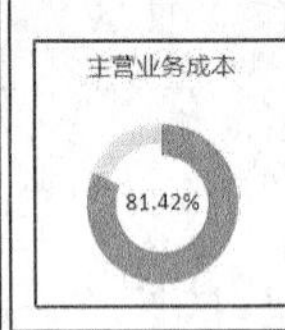

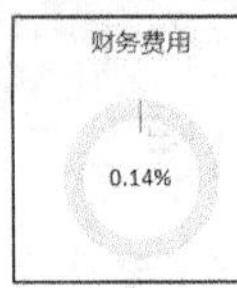

>> 资产负债表分析——资产

在1月份的经营活动中：
公司流动资产合计占资产合计的94%，固定资产合计占资产合计的6%，公司流动资产占比较高，固定资产占比较低，期末应收账款的增长幅度较大。

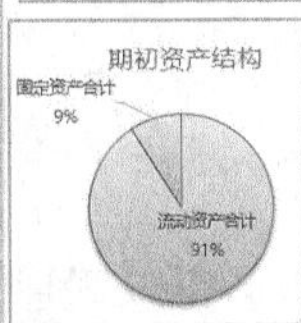

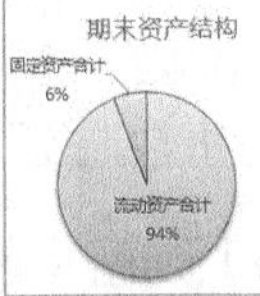

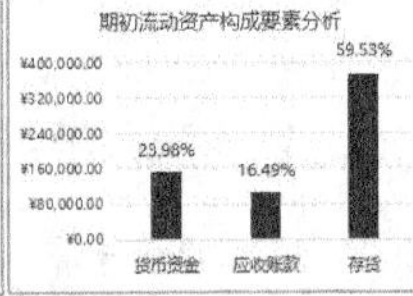

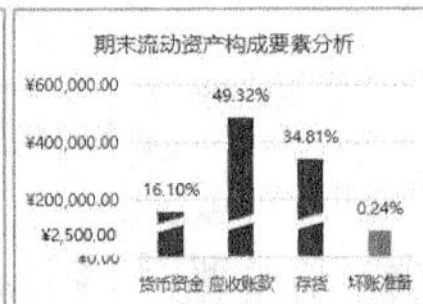

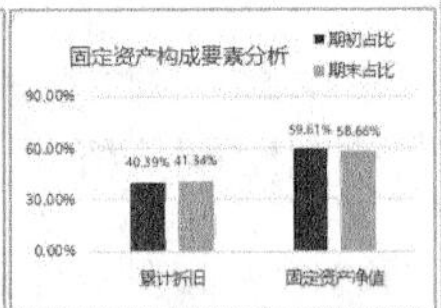

>> 资产负债表分析——负债及所有者权益

在1月份的经营活动中：
期末所有者权益所占比例较期初是减少的，期末流动负债所占比例较期初是增加的。期末流动负债占负债及所有者权益合计的58%，所有者权益占负债及所有者权益合计的42%。由此得出，公司负债资本较高，权益资本较低。

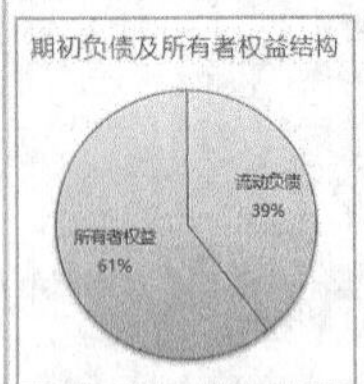

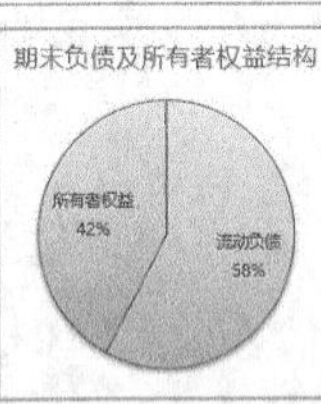

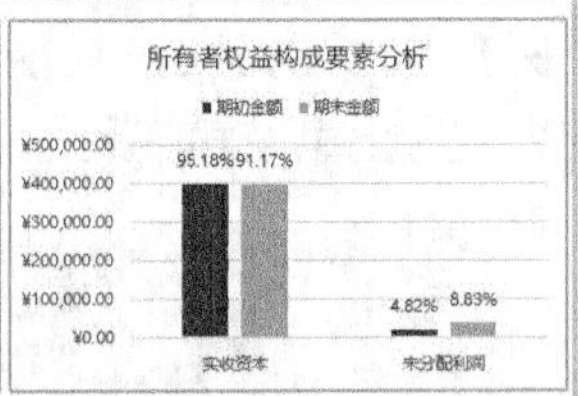

>> 现金流量表分析

在1月份的经营活动中：
公司现金的流入和流出都是由公司经营活动产生的，其中现金流入金额为248240.00元，占总活动资金的51%；现金流出金额为242903.13元，占总活动资金的49%，现金流入与流出比例为1.02。

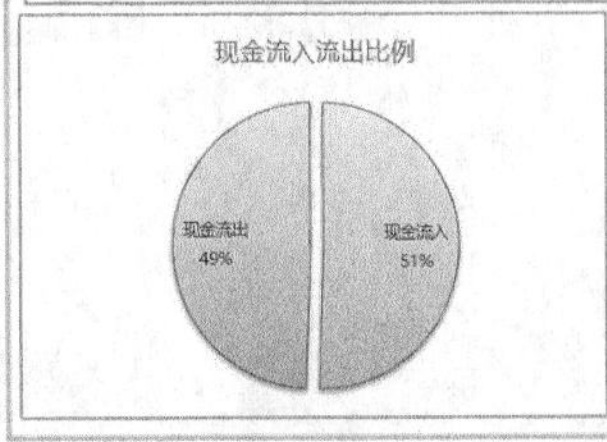

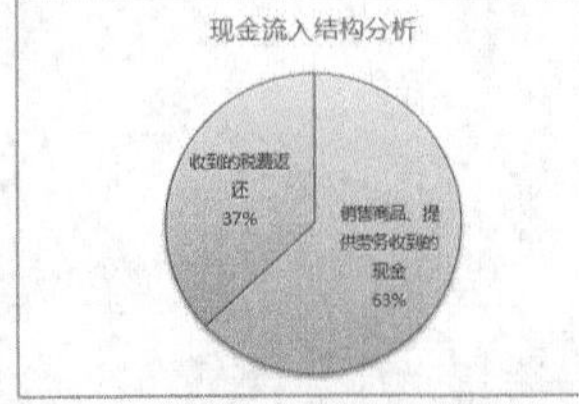

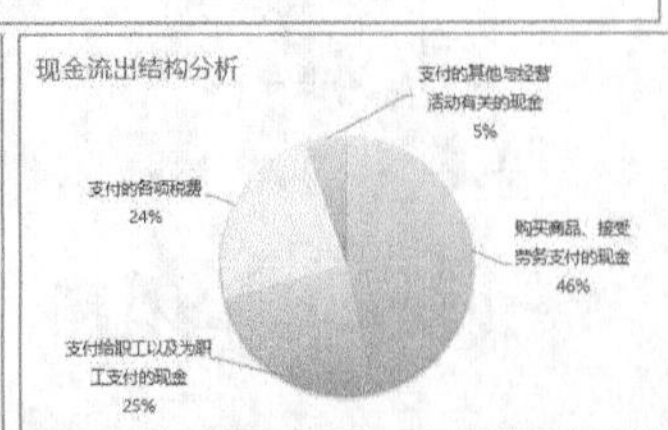

5.2　财务比率分析

财务比率分析是对财务报表中的有关项目进行对比，从而得出一系列财务比率，以便从中了解企业的财务现状并解决企业经营中存在的问题的一种分析方法。

财务比率分析中主要包括变现能力比率、资产管理比率、负债比率和盈利能力比率这 4 个指标。

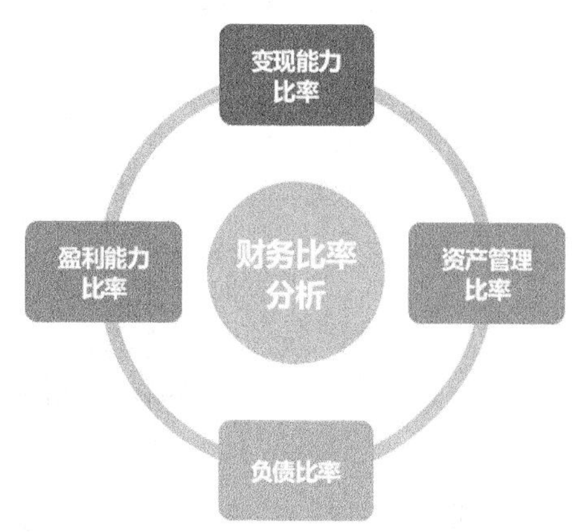

5.2.1 变现能力比率分析

变现能力比率又称短期偿债能力比率，代表企业把资产换成现金的能力，该值取决于企业近期可以转变为现金的流动资产。反映变现能力的比率指标主要包括流动比率和速动比率两种。

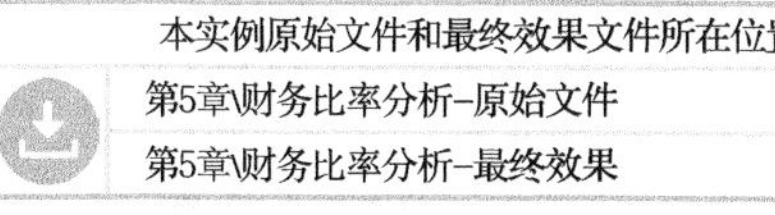

- **流动比率**

流动比率是流动资产与流动负债的比值，该值是衡量企业短期偿债能力的一个重要指标。其计算公式如下。

流动比率＝流动资产 ÷ 流动负债

一般来说，流动比率为 2（2 ： 1）比较合理。流动比率与企业运营状况的关系如下图所示。

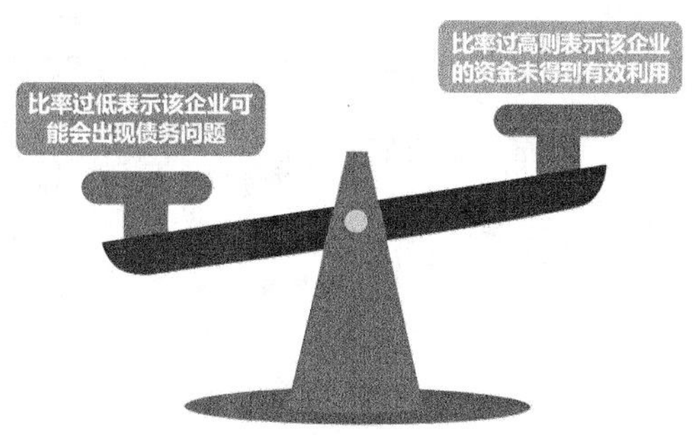

- **速动比率**

速动比率是减去存货后的流动资产与流动负债的比值，该值比流动比率更能体现企业的偿债能力。其计算公式如下。

速动比率 =（流动资产 − 存货）÷ 流动负债

一般来说，速动比率为 1（1 ： 1）比较合理。速动比率与企业运营状况的关系如下图所示。

计算变现能力比率的具体操作步骤如下。

❶ 打开本实例的原始文件“财务比率分析 − 原始文件”，创建一个用于计算变现能力比率的表格。

	A	B	C
1		变现能力比率（短期偿债能力比率）	
2		指标	值
3		流动比率	
4		速动比率	

利润表 | 资产负债表 | 现金流量表 | 财务比率分析

❷ 根据公式“流动比率 = 流动资产 ÷ 流动负债”，计算流动比率。选中“财务比率分析”工作表中的单元格 C3，输入“=”，然后单击“资产负债表”工作表中的单元格 D9，再输入“/”，单击“资产负债表”工作表中的单元格 H9，即可看到编辑栏中的公式变为“= 资产负债表 !D9/ 资产负债表 !H9”。

H9　=资产负债表!D9/资产负债表!H9

	D	E	F	G	H
7	¥342,500.00	其他应付款	16	¥0.00	¥0.00
8					
9	¥983,781.37	流动负债合计	17	¥273,559.00	¥605,282.87

❸ 按【Enter】键完成输入，随即得到计算结果，然后将单元格 C3 的【数字格式】设置为【数值】。

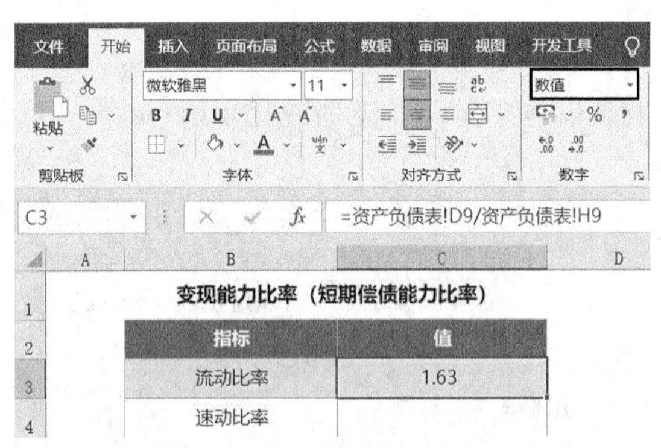

❹ 根据公式“速动比率 =（流动资产 − 存货）÷ 流动负债”，在单元格 C4 中输入公式，按【Enter】键完成输入，并将单元格 C4 的【数字格式】设置为【数值】。

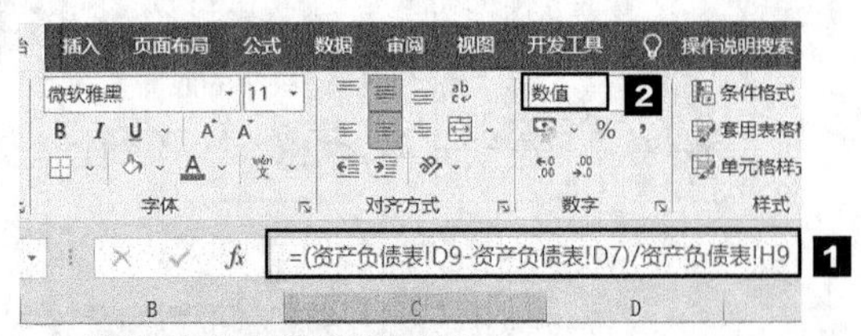

5.2.2 资产管理比率分析

资产管理比率是用于衡量企业资产管理效率的指标，其主要指标有存货周转率、存货周转天数、应收账款周转率、应收账款周转天数、营业周期、流动资产周转率、固定资产周转率和总资产周转率等。

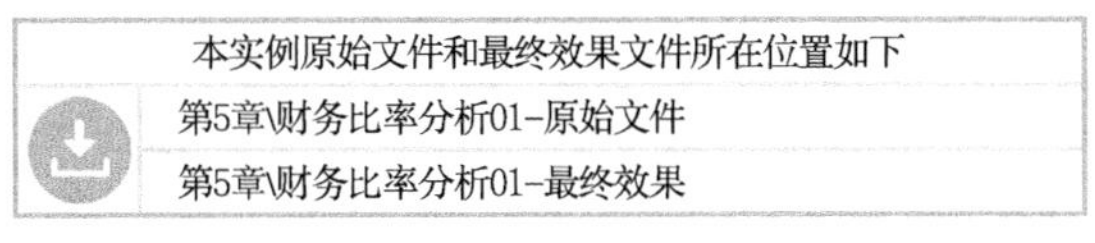
本实例原始文件和最终效果文件所在位置如下
第5章\财务比率分析01—原始文件
第5章\财务比率分析01—最终效果

● **存货周转率**

存货周转率又称存货周转次数，是衡量和评价企业购入存货、投入生产及收回货款等各个环节管理状况的综合性指标，该值可以反映企业的销售效率和存货使用效率。其计算公式如下。

存货周转率 = 销售成本 ÷ 平均存货

平均存货 =（期初存货余额 + 期末存货余额）÷ 2

一般情况下，企业存货周转率越高，说明企业存货周转的速度越快，企业的销售能力越强。

计算存货周转率的具体操作步骤如下。

❶ 打开本实例的原始文件"财务比率分析 01- 原始文件"，创建一个用于计算资产管理比率的表格，并将单元格区域 C8:C15 的【数字格式】设置为【数值】。

	B	C
6	资产管理比率（营运效率比率）	
7	指标	值
8	存货周转率	
9	存货周转天数	
10	应收账款周转率	
11	应收账款周转天数	
12	营业周期	
13	流动资产周转率	
14	固定资产周转率	
15	总资产周转率	

❷ 选中单元格 C8，输入公式，按【Enter】键完成输入。

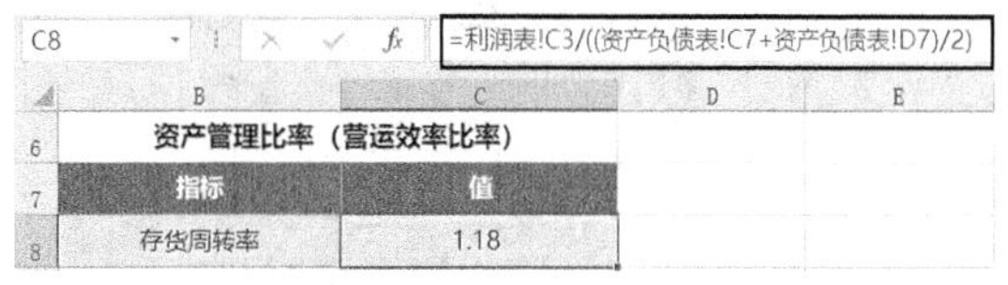

C8　=利润表!C3/((资产负债表!C7+资产负债表!D7)/2)

	B	C	D	E
6	资产管理比率（营运效率比率）			
7	指标	值		
8	存货周转率	1.18		

● **存货周转天数**

存货周转天数是用时间表示的存货周转率，它表示存货周转一次所需要的时间。其计算公式如下。

存货周转天数 = 360 ÷ 存货周转率 = 360 × 平均存货 ÷ 销售成本

存货周转天数越少，说明存货周转的速度越快。

在单元格 C9 中输入公式“=360/C8”，按【Enter】键完成输入，即可计算出存货周转天数。

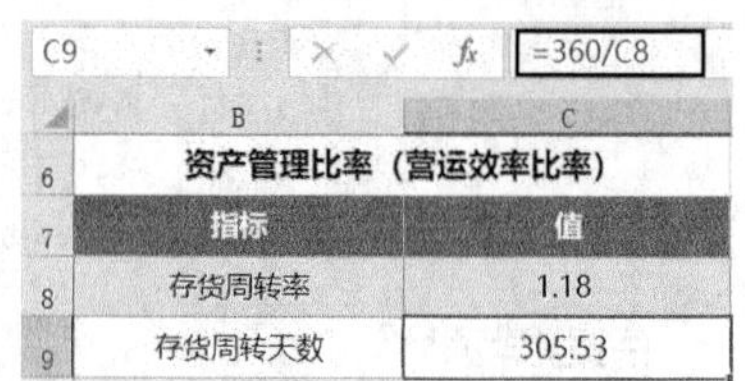

C9 | =360/C8

	B	C
6	资产管理比率（营运效率比率）	
7	指标	值
8	存货周转率	1.18
9	存货周转天数	305.53

● **应收账款周转率**

应收账款周转率是指年度内企业将应收账款转变为现金的平均次数，该值可以反映企业应收账款的变现速度和管理效率。其计算公式如下。

应收账款周转率 = 销售收入 ÷ 平均应收账款

平均应收账款 = （期初应收账款净额 + 期末应收账款净额）÷ 2

一般来说，应收账款周转率与企业运营状况的关系如下图所示。

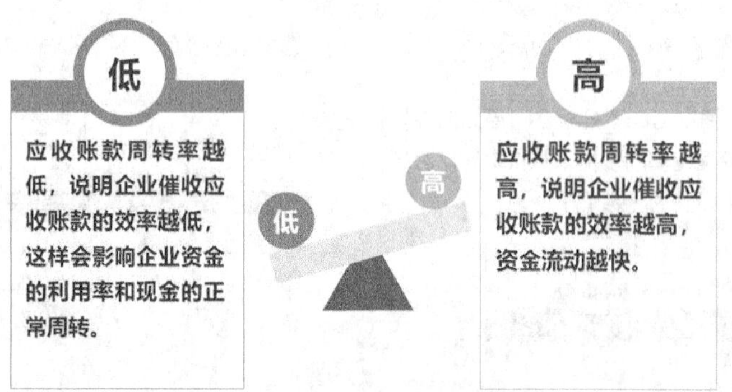

在单元格 C10 中输入公式，按【Enter】键完成输入，即可计算出应收账款周转率。

C10 | =利润表!C2/((资产负债表!C6+资产负债表!D6)/2)

	B	C	D	E
6	资产管理比率（营运效率比率）			
7	指标	值		
8	存货周转率	1.18		
9	存货周转天数	305.53		
10	应收账款周转率	1.83		

- **应收账款周转天数**

应收账款周转天数又称平均收现期，是用时间表示的应收账款周转率，该值表示应收账款周转一次需要的天数。其计算公式如下。

应收账款周转天数 = 360 ÷ 应收账款周转率 = 360 × 平均应收账款 ÷ 销售收入

应收账款周转天数越少，说明应收账款周转的速度越快。

在单元格 C11 中输入公式“=360/C10”，按【Enter】键完成输入，即可计算出应收账款周转天数。

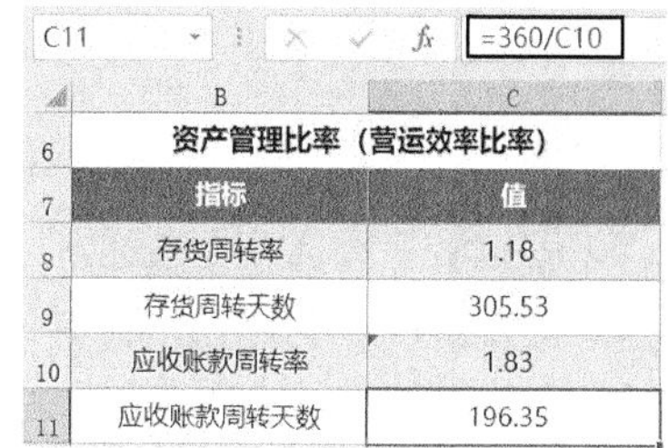
C11 =360/C10

	B	C
6	资产管理比率（营运效率比率）	
7	指标	值
8	存货周转率	1.18
9	存货周转天数	305.53
10	应收账款周转率	1.83
11	应收账款周转天数	196.35

- **营业周期**

营业周期是指从取得存货开始到销售存货并收回现金为止的这段时间，该值取决于存货周转天数和应收账款周转天数。其计算公式如下。

营业周期 = 存货周转天数 + 应收账款周转天数

一般情况下，营业周期短说明资金周转的速度快，营业周期长说明资金周转的速度慢。

在单元格 C12 中输入公式“=C9+C11”，按【Enter】键完成输入，即可计算出营业周期。

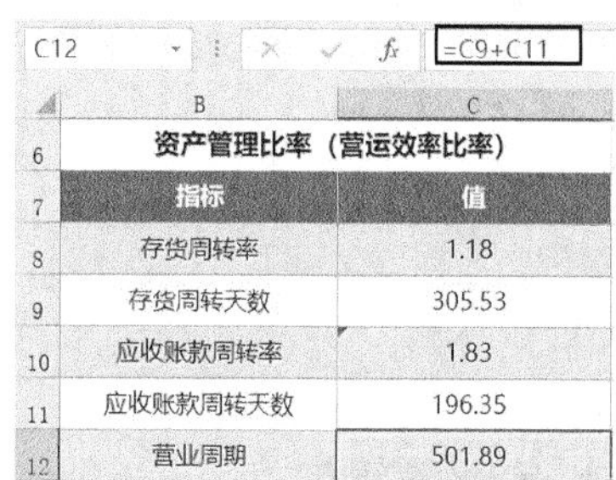
C12 =C9+C11

	B	C
6	资产管理比率（营运效率比率）	
7	指标	值
8	存货周转率	1.18
9	存货周转天数	305.53
10	应收账款周转率	1.83
11	应收账款周转天数	196.35
12	营业周期	501.89

- **流动资产周转率**

流动资产周转率是企业销售收入与平均流动资产的比值，该值反映了企业在一个会计年度内流动资产的周转速度。其计算公式如下。

流动资产周转率 = 销售收入 ÷ 平均流动资产

平均流动资产 =（流动资产期初余额 + 流动资产期末余额）÷ 2

流动资产周转率越高，说明企业流动资产的利用率越高。

根据公式“流动资产周转率 = 销售收入 ÷ [（流动资产期初余额 + 流动资产期末余额）÷ 2]”，在单元格 C13 中输入公式“，按【Enter】键完成输入，即可计算出流动资产周转率。

C13 =利润表!C2/((资产负债表!C9+资产负债表!D9)/2)

资产管理比率（营运效率比率）	
指标	值
存货周转率	1.18
存货周转天数	305.53
应收账款周转率	1.83
应收账款周转天数	196.35
营业周期	501.89
流动资产周转率	0.67

- **固定资产周转率**

固定资产周转率是企业销售收入与固定资产平均净值的比值，该值主要用于分析厂房、设备等固定资产的利用效率。其计算公式如下。

固定资产周转率 = 销售收入 ÷ 固定资产平均净值

固定资产平均净值 =（固定资产期初净值 + 固定资产期末净值）÷ 2

固定资产周转率越高，说明固定资产的利用率越高，企业的管理水平越高。

在单元格 C14 中输入公式，按【Enter】键完成输入，即可计算出固定资产周转率。

C14 =利润表!C2/((资产负债表!C14+资产负债表!D14)/2)

资产管理比率（营运效率比率）	
指标	值
存货周转率	1.18
存货周转天数	305.53
应收账款周转率	1.83
应收账款周转天数	196.35
营业周期	501.89
流动资产周转率	0.67
固定资产周转率	8.60

- **总资产周转率**

总资产周转率是企业销售收入与平均资产总额的比值，该值用于分析企业全部资产的使用效率。其计算公式如下。

总资产周转率 = 销售收入 ÷ 平均资产总额

平均资产总额 =（期初资产总额 + 期末资产总额）÷ 2

如果总资产周转率较低，说明企业利用其资产进行经营的效率较低，这样会降低企业的盈利能力。

在单元格C15中输入公式，按【Enter】键完成输入，即可计算出总资产周转率。

C15　　=利润表!C2/((资产负债表!C18+资产负债表!D18)/2)

	B	C	D	E
6	资产管理比率（营运效率比率）			
7	指标	值		
8	存货周转率	1.18		
9	存货周转天数	305.53		
10	应收账款周转率	1.83		
11	应收账款周转天数	196.35		
12	营业周期	501.89		
13	流动资产周转率	0.67		
14	固定资产周转率	8.60		
15	总资产周转率	0.62		

至此，用于分析资产管理比率的各个指标数据就计算完成了。

5.2.3 负债比率分析

负债比率又称长期偿债能力比率，是指债务和资产、净资产的关系，可以反映企业偿付到期长期债务的能力。负债比率指标主要包括资产负债率、产权比率、有形净值债务率和获取利息倍数等。

本实例原始文件和最终效果文件所在位置如下
第5章\财务比率分析02-原始文件
第5章\财务比率分析02-最终效果

扫码看视频

- **资产负债率**

资产负债率是企业负债总额与资产总额的比值，该值可以反映企业偿还债务的综合能力。其计算公式如下。

资产负债率＝负债总额 ÷ 资产总额

资产负债率越高，表明企业的偿债能力越差，反之则表明企业的偿债能力越强。

❶ 打开本实例的原始文件“财务比率分析02-原始文件”，创建一个用于计算负债比率的表格，并将单元格区域F3:F6的【数字格式】设置为【数值】。

E	F
负债比率（长期偿债能力比率）	
指标	值
资产负债率	
产权比率	
有形净值债务率	
获取利息倍数	

❷ 选中单元格F3，输入公式，按【Enter】键完成输入。

F3　　=资产负债表!H9/资产负债表!D18

	E	F	G	H
1	负债比率（长期偿债能力比率）			
2	指标	值		
3	资产负债率	0.58		

- **产权比率**

产权比率又称负债权益比率，是企业负债总额与股东权益总额的比值，该值可以反映出债权人所提供资金与股东所提供资金的对比关系。其计算公式如下。

产权比率 = 负债总额 ÷ 股东权益总额

产权比率越低，说明企业的长期财务状况越好，债权人贷款的安全性越有保障，企业的财务风险越小。

在单元格 F4 中输入公式，按【Enter】键完成输入，即可计算出产权比率。

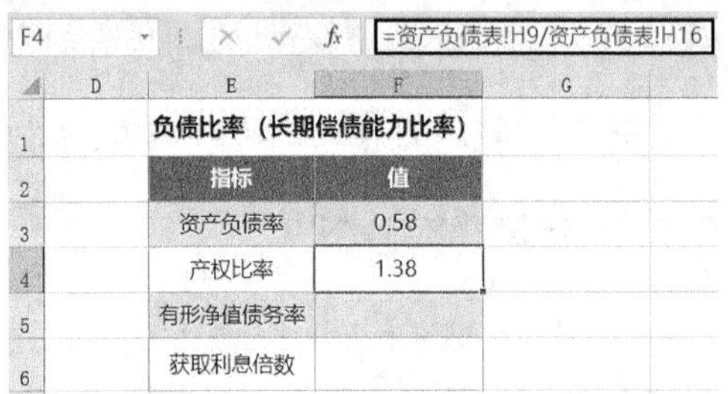
F4　=资产负债表!H9/资产负债表!H16

	D	E	F	G
1		负债比率（长期偿债能力比率）		
2		指标	值	
3		资产负债率	0.58	
4		产权比率	1.38	
5		有形净值债务率		
6		获取利息倍数		

- **有形净值债务率**

有形净值债务率实际上是产权比率的延伸概念，是企业负债总额与有形净值的比值。有形净值是股东权益减去无形资产净值后的值，即股东具有所有权的有形资产的净值。其计算公式如下。

有形净值债务率 = 负债总额 ÷（股东权益 − 无形资产净值）

有形净值债务率越低，说明企业的财务风险越小。

在单元格 F5 中输入公式，按【Enter】键完成输入，即可计算出有形净值债务率。

F5　=资产负债表!H9/(资产负债表!H16-0)

	D	E	F	G	H
1		负债比率（长期偿债能力比率）			
2		指标	值		
3		资产负债率	0.58		
4		产权比率	1.38		
5		有形净值债务率	1.38		
6		获取利息倍数			

提示

由于“资产负债表”中没有无形资产的值，所以公式中的“无形资产净值”为 0。

● 获取利息倍数

获取利息倍数又称利息保障倍数，是企业息税前利润与利息费用的比值，该值用于衡量企业偿付借款利息的能力。其计算公式如下。

获取利息倍数 = 息税前利润 ÷ 利息费用

一般来说，企业的获取利息倍数至少要大于 1，否则将难以偿还其债务及利息。

在单元格 F6 中输入公式，按【Enter】键完成输入，即可计算出获取利息倍数。

F6 =(利润表!D15+利润表!D9)/利润表!D9

负债比率（长期偿债能力比率）	
指标	值
资产负债率	0.58
产权比率	1.38
有形净值债务率	1.38
获取利息倍数	34.31

提示

息税前利润是指利润表中未扣除利息费用和所得税之前的利润。它可以通过利润总额加利息费用计算得到，其中的利息费用是本期的全部应付利息，不仅包括财务费用中的利息费用，还应包括计入固定资产成本中的资本化利息。由于我国现行利润表中的利息费用没有单列，而是将其混在财务费用中，因此外部报表使用人员一般用利润总额加财务费用来估算息税前利润。

5.2.4 盈利能力比率分析

盈利能力比率是指企业获取利润的能力。盈利能力比率指标主要包括销售毛利率、销售净利率、资产报酬率和股东权益报酬率等。

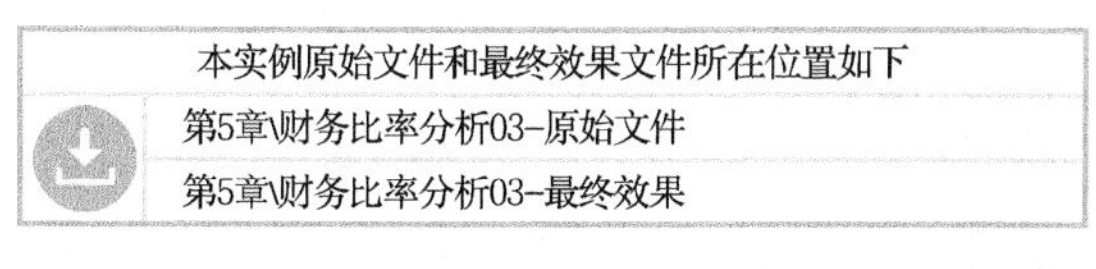
本实例原始文件和最终效果文件所在位置如下
第5章\财务比率分析03–原始文件
第5章\财务比率分析03–最终效果

● 销售毛利率

销售毛利率又称毛利率，是企业的销售毛利与销售收入净额的比值。其计算公式如下。

销售毛利率 = 销售毛利 ÷ 销售收入净额

销售毛利 = 销售收入 − 销售成本

销售毛利率越大，说明销售收入净额中销售成本所占的比例越小，企业通过销售获取利润的能力越强。

打开本实例的原始文件“财务比率分析 03–原始文件”，创建一个用于计算盈利能力比率的表格，并将单元格区域 F10:F13 的【数字格式】设置为【数值】。选中单元格 F10，输入公式，按【Enter】键完成输入，即可计算出销售毛利率。

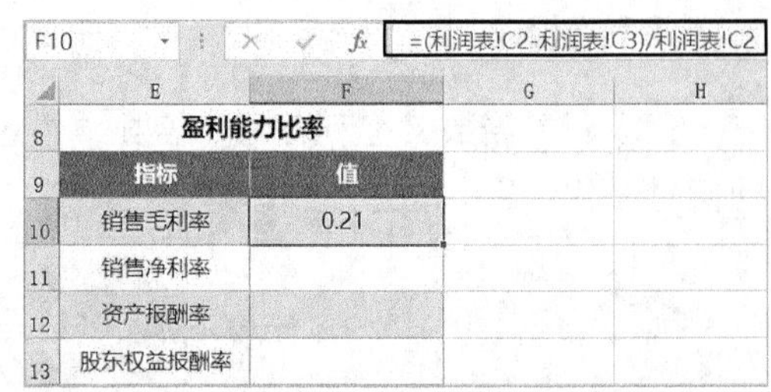

F10 =(利润表!C2-利润表!C3)/利润表!C2

盈利能力比率	
指标	值
销售毛利率	0.21
销售净利率	
资产报酬率	
股东权益报酬率	

- **销售净利率**

销售净利率是企业的净利润与销售收入净额的比值，它可以反映企业获取利润的能力。其计算公式如下。

销售净利率＝净利润 ÷ 销售收入净额

销售净利率越大，则企业通过扩大销售获取利润的能力越强。

在单元格 F11 中输入公式，按【Enter】键完成输入，即可计算出销售净利率。

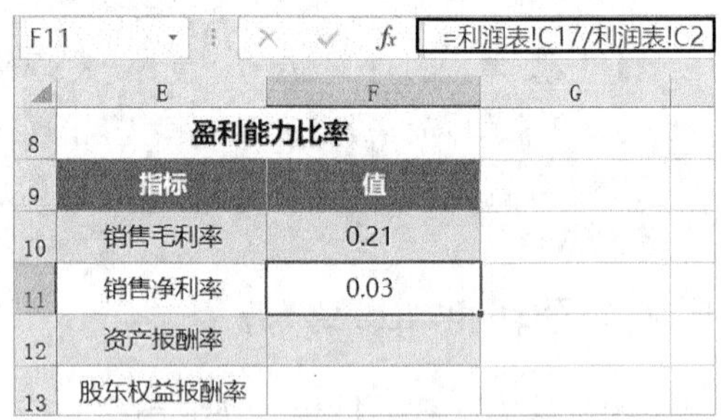

F11 =利润表!C17/利润表!C2

盈利能力比率	
指标	值
销售毛利率	0.21
销售净利率	0.03
资产报酬率	
股东权益报酬率	

- **资产报酬率**

资产报酬率又称投资报酬率，是企业在一定时期内的净利润与平均资产总额的比值，它可以反映企业资产的利用效率。其计算公式如下。

资产报酬率＝净利润 ÷ 平均资产总额

资产报酬率越大，说明企业资产的利用效率越高。

在单元格 F12 中输入公式，按【Enter】键完成输入，即可计算出资产报酬率。

F12 =利润表!C17/((资产负债表!C18+资产负债表!D18)/2)

盈利能力比率	
指标	值
销售毛利率	0.21
销售净利率	0.03
资产报酬率	0.02
股东权益报酬率	

- **股东权益报酬率**

股东权益报酬率又称净资产收益率，是一定时期内企业的净利润与股东权益平均总额的比值，该值可以反映出企业股东获取投资报酬的多少。其计算公式如下。

股东权益报酬率 = 净利润 ÷ 股东权益平均总额

股东权益平均总额 =（期初股东权益 + 期末股东权益）÷ 2

股东权益报酬率越大，说明企业股东获取投资报酬越多。

在单元格F13中输入公式，按【Enter】键完成输入，即可计算出股东权益报酬率。

F13 =利润表!C17/((资产负债表!G16+资产负债表!H16)/2)

	E	F
8	盈利能力比率	
9	指标	值
10	销售毛利率	0.21
11	销售净利率	0.03
12	资产报酬率	0.02
13	股东权益报酬率	0.04

5.3 财务比较分析

财务比较分析法又称对比分析法，是将相同的财务指标的本期实际数与本期计划数及基期实际数等进行对比并找出差异，再对指标的完成情况做出一般评价的一种分析方法，它是财务分析中常用的方法之一。

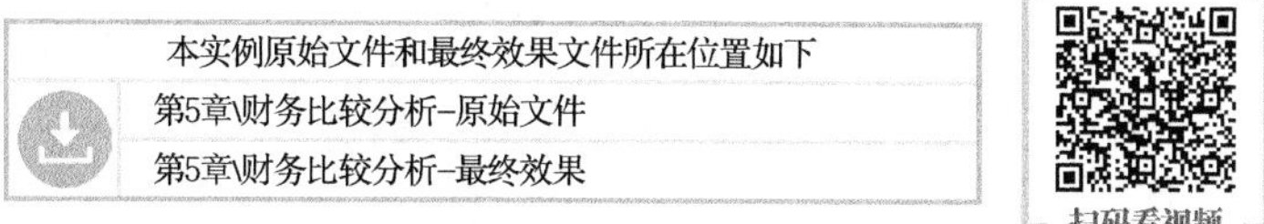

本实例原始文件和最终效果文件所在位置如下

第5章\财务比较分析–原始文件

第5章\财务比较分析–最终效果

扫码看视频

进行财务比较分析时，先要创建一个财务比较分析的基本框架，这个框架中包含“指标”“标准财务比率”“企业财务比率”“差异”列，如下图所示。

	B	C	D	E
1	指标	标准财务比率	企业财务比率	差异
2	流动比率	2.2		
3	速动比率	1.35		
4	应收账款周转率	2		
5	总资产周转率	0.3		
6	资产负债率	0.2		
7	产权比率	1		
8	有形净值债务率	0.5		
9	销售毛利率	0.5		
10	销售净利率	0.26		
11	资产报酬率	0.24		
12	股东权益报酬率	0.15		
13	获取利息倍数	200		

财务比率分析的结果在上一节中都已经计算出来了，所以这里可以直接使用函数将相关结果引用到对应的企业财务比较分析中。

根据指标内容查找比率分析的结果是一个从列中查找数据的问题，我们首先想到可以使用 VLOOKUP 函数。但是在当前实例中，VLOOKUP 函数的第 2 个参数“数据区域”不是唯一的：既可能是“财务比率分析 !B:C”，也可能是“财务比率分析 !E:F。那么在查找的时候，就需要限定一个条件，通过这个条件来选择 VLOOKUP 函数的“数据区域”。

什么条件才能限定 VLOOKUP 函数的“数据区域”呢？由于指标内容都是唯一的，那么“财务比较分析”工作表中的某个指标在“财务比率分析”工作表中 B 列出现的次数要么为 0，要么为 1。当某个指标出现的次数为 1 时，说明该指标在 B 列，那么 VLOOKUP 函数的“数据区域”就是“财务比率分析 !B:C”，否则就是“财务比率分析 !E:F”。

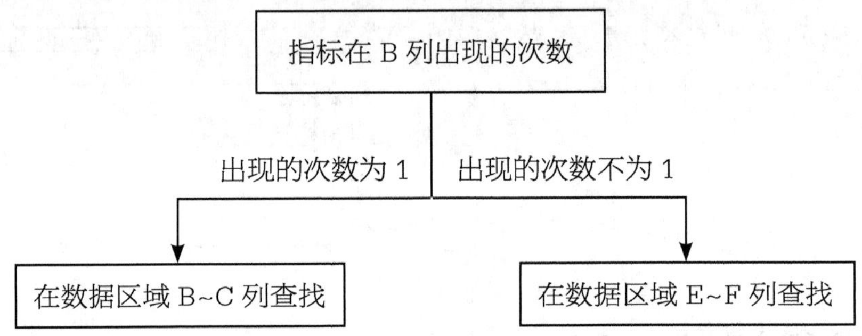

计算指标出现的次数是一个条件计数问题，可以使用 COUNTIF 函数。

COUNTIF 函数的功能是对指定区域中符合指定条件的单元格进行计数。其语法格式如下。

COUNTIF(数据区域 , 条件)

因为要对指标出现的次数进行判断，所以还需要使用 IF 函数将条件和结果连接起来。

显然，COUNTIF 函数的条件是“指标在 B 列出现的次数 =1”，转换为函数就是“COUNTIF (财务比率分析 !B:B, B2)=1”。

符合条件的结果是“在数据区域 B~C 列查找”，对应的函数是“VLOOKUP(财务比较分析 !B2, 财务比率分析 !B:C, 2, 0)”。

不符合条件的结果是“在数据区域 E~F 列查找”，对应的函数是“VLOOKUP(财务比较分析 !B2, 财务比率分析 !E:F, 2, 0)”。

将公式组合并输入到单元格 D2 中，可得到流动比率的值。

❶ 打开本实例的原始文件“财务比较分析 – 原始文件”，在单元格 D2 中输入公式“=IF(COUNTIF(财务比率分析 !B:B,B2)=1,VLOOKUP(财务比较分析 !B2, 财务比率分析 !B:C,2,0),VLOOKUP(财务比较分析 !B2, 财务比率分析 !E:F,2,0))”，按【Enter】键完成输入，即可得到流动比率的值，然后将单元格 D2 中的公式不带格式地复制到下面的单元格区域，即可得到所有指标的比率。

D2　=IF(COUNTIF(财务比率分析!B:B,B2)=1,VLOOKUP(财务比较分析!B2,财务比率分析!B:C,2,0),VLOOKUP(财务比较分析!B2,财务比率分析!E:F,2,0))

	B	C	D	E	F
1	指标	标准财务比率	企业财务比率	差异	
2	流动比率	2.2	1.63		
3	速动比率	1.35	1.06		
4	应收账款周转率	2	1.83		
5	总资产周转率	0.3	0.62		
6	资产负债率	0.2	0.58		

❷ 计算差异。计算差异的方法很简单，就是简单的减法运算，在单元格 E2 中输入公式“=D2−C2”，按【Enter】键完成输入，然后将单元格 E2 中的公式不带格式地复制到下面的单元格区域中，即可得到所有比率的差异。

E2   fx =D2-C2

	B	C	D	E
1	指标	标准财务比率	企业财务比率	差异
2	流动比率	2.2	1.63	(0.57)
3	速动比率	1.35	1.06	(0.29)
4	应收账款周转率	2	1.83	(0.17)
5	总资产周转率	0.3	0.62	0.32
6	资产负债率	0.2	0.58	0.38
7	产权比率	1	1.38	0.38
8	有形净值债务率	0.5	1.38	0.88
9	销售毛利率	0.5	0.21	(0.29)
10	销售净利率	0.26	0.03	(0.23)
11	资产报酬率	0.24	0.02	(0.22)
12	股东权益报酬率	0.15	0.04	(0.11)
13	获取利息倍数	200	34.31	(165.69)

❸ 创建图表，以直观地展示比率值及它们的差异。由于获取利息倍数的数值与其他指标数值差异较大，因此在图表中可以暂时不展示该指标。选中单元格区域 B1:E12，创建一个簇状柱形图和折线图的组合图。

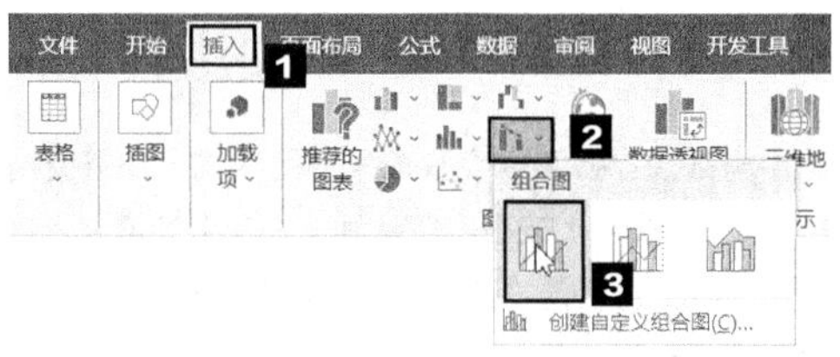

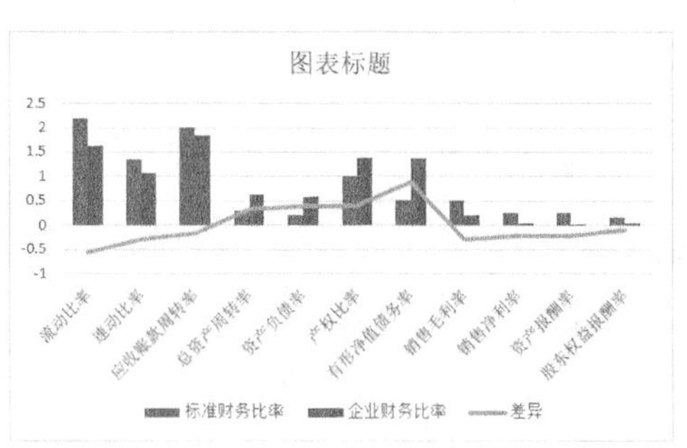

❹ 设置横坐标轴。由于指标内容比较多，横坐标轴横排显示不完整，就默认倾斜显示了。此时，可以将其设置为竖排显示。打开【设置坐标轴格式】任务窗格，切换到【文本选项】选项卡，单击【文本框】按钮，将【文字方向】设置为【竖排】。

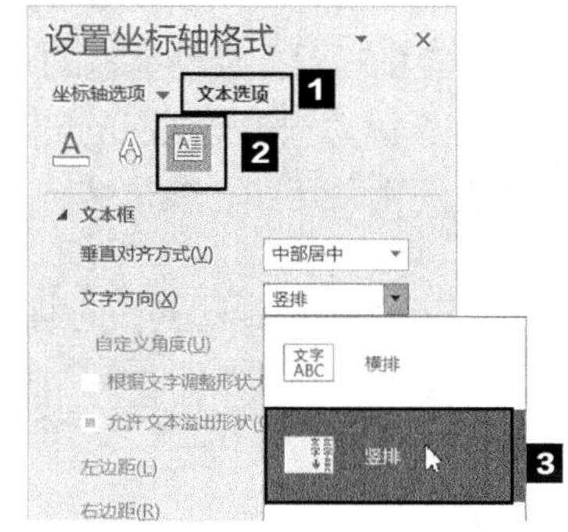

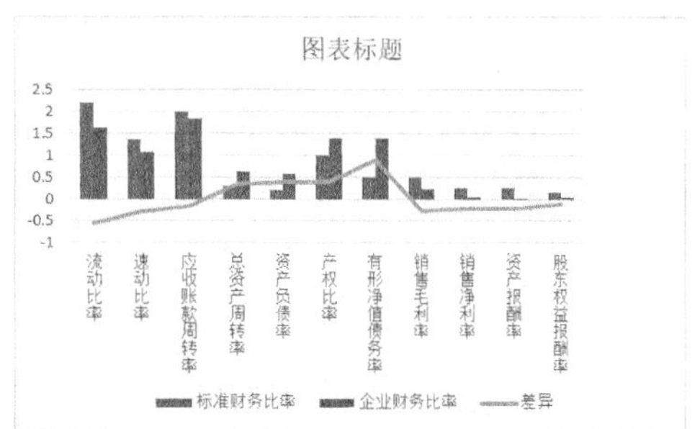

❺ 设置数据系列的颜色、图例位置和图表标题。依次设置 3 个数据系列的颜色，将图例设置在图表的上方，输入图表标题“财务比较分析”，并将图表中所有文字的字体设置为微软雅黑，然后适当调整图表的大小和位置。

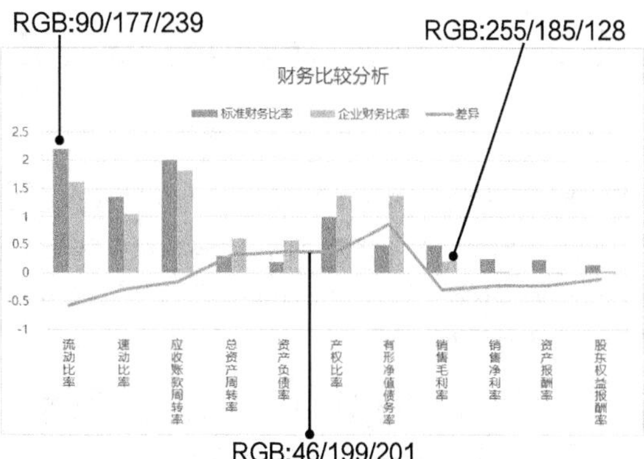

通过上页图可以看出，在财务比较分析的这些指标中，多数指标的企业财务比率是低于标准财务比率的，我们可以根据这些差异判断企业的经营现状，进而确定企业下一步的发展计划。

5.4　财务趋势分析

财务趋势分析是根据连续数期的财务报表进行相关指标的比较，以第一期或者某一期为基期，计算每一期的项目指标与基期的同一项目指标的趋势比，形成一系列具有可比性的百分数，来说明企业经营活动和财务状况的变化过程及发展趋势。

财务趋势一般使用图、表相结合的方式进行分析。财务趋势分析的具体操作步骤如下。

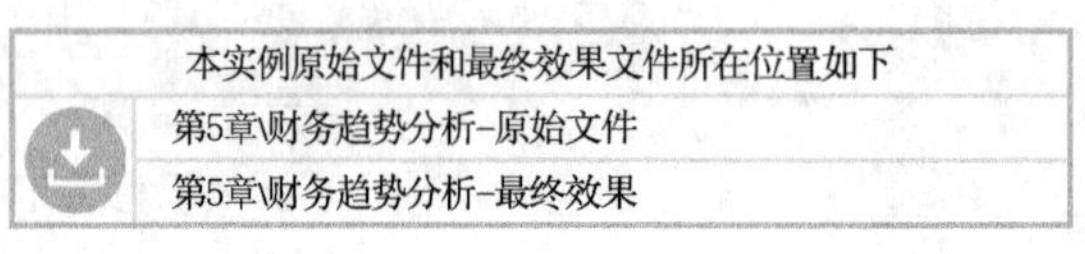

❶ 打开本实例的原始文件“财务趋势分析－原始文件”，切换到“财务趋势分析”工作表，这里选择 2012 年为基期，在单元格 C4 中输入公式“=(C3-$C$3)/$C$3”，按【Enter】键完成输入，得到计算结果。

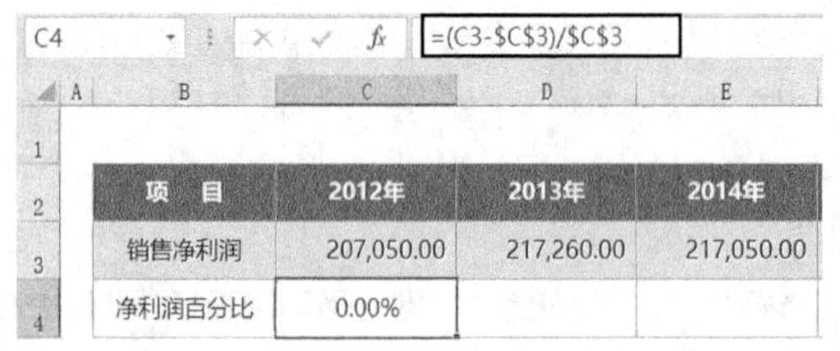

❷ 将该单元格中的公式向右填充到单元格区域 D4:L4 中，得到所有期的项目指标相对于基期的同一项目指标变化的百分比。

项　目	2012年	2013年	2014年	2015年
销售净利润	207,050.00	217,260.00	217,050.00	237,260.00
净利润百分比	0.00%	4.93%	4.83%	14.59%

❸ 根据百分比数据创建图表。选中单元格区域 B2:L2 和 B4:L4，切换到【插入】选项卡，在【图表】组中单击【插入折线图或面积图】按钮，在弹出的下拉列表中选择【带数据标记的折线图】选项。

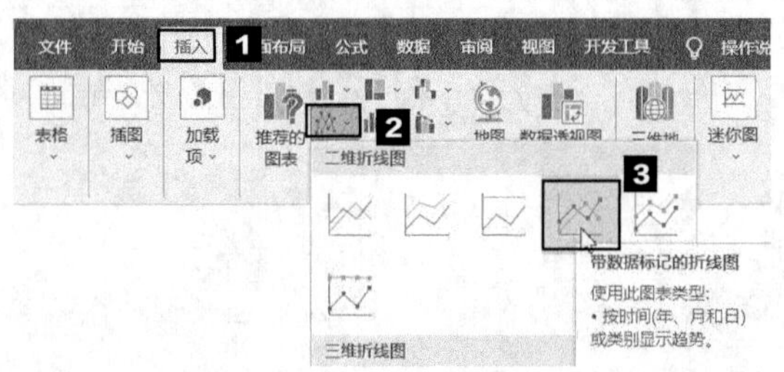

❹ 根据选中的数据区域，创建一个带数据标记的折线图。

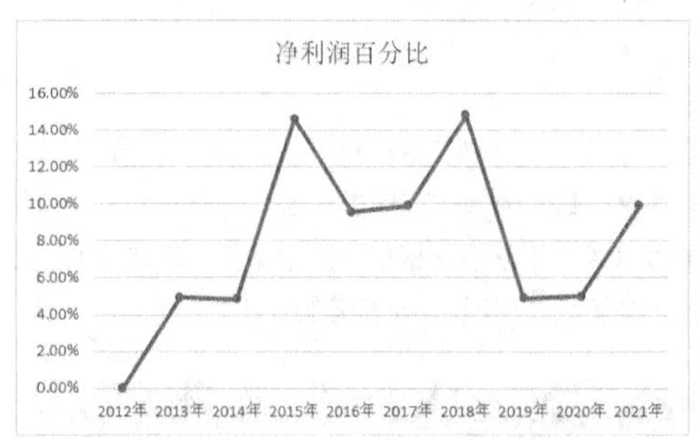

❺ 选中折线图，打开【设置数据系列格式】任务窗格，单击【填充与线条】按钮，切换到【线条】选项卡，将线条的填充颜色设置为“RGB:90/177/239”，【宽度】设置为【1.75 磅】。

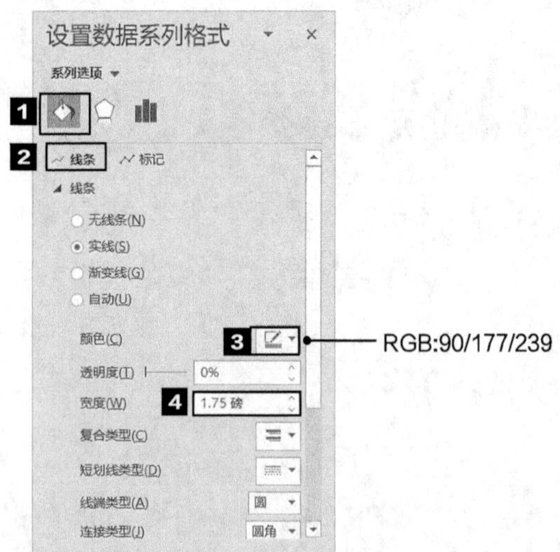

⑥ 切换到【标记】选项卡，将数据标记的填充颜色设置为【白色，背景 1】，将边框颜色设置为与线条颜色一致的蓝色，将线条的【宽度】设置为【0.75 磅】。

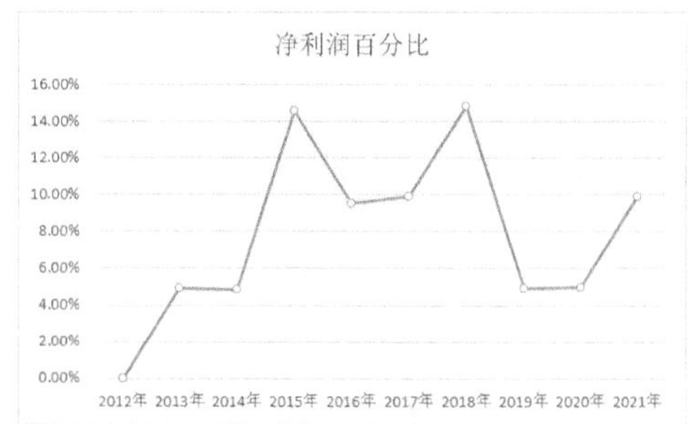

⑦ 图表中仅有一条折线难免显得单调，可以在图表中再复制一个数据系列，将其图表类型更改为面积图。选中折线图的数据系列，将其复制并粘贴，然后单击鼠标右键，在弹出的快捷菜单中选择【更改系列图表类型】选项。

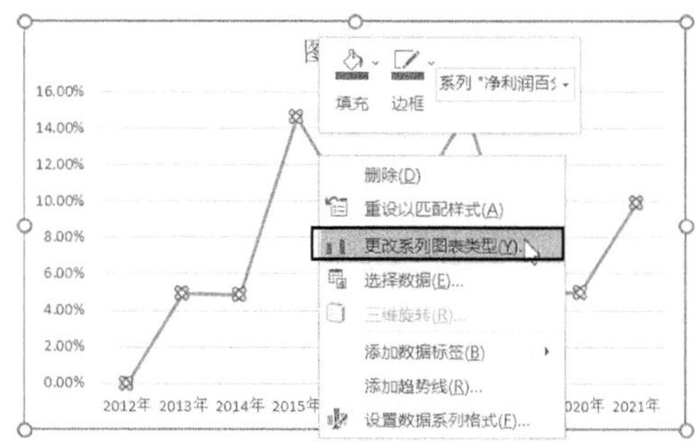

⑧ 打开【更改图表类型】对话框，将未设置线条和标记的数据系列的图表类型更改为【面积图】。

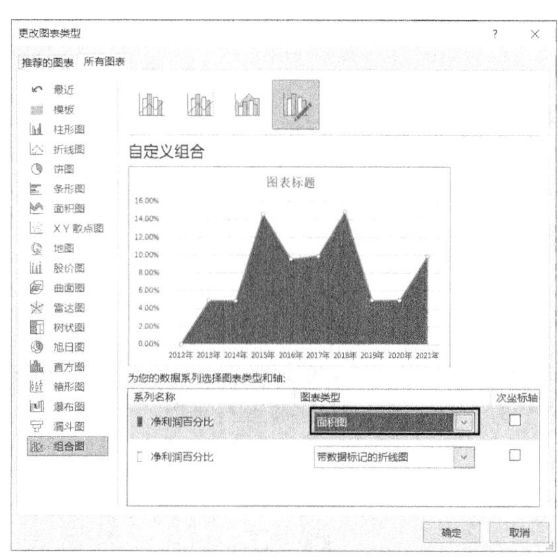

⑨ 将面积图的填充样式设置为【渐变填充】，将第 1 个渐变光圈的颜色设置为“RGB:141/201/243”，第 2 个渐变光圈的颜色设置为“RGB:255/255/255”，其他设置如下图所示。

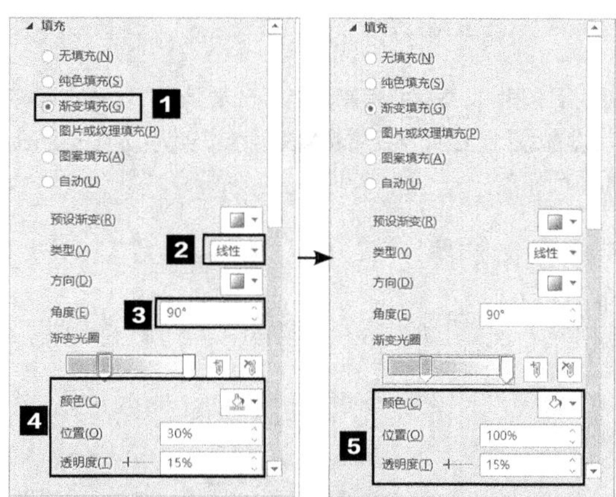

⑩ 添加垂直线。单击【添加图表元素】按钮，在弹出的下拉列表中选择【线条】下的【垂直线】选项，然后将垂直线的【颜色】和【宽度】分别设置为【白色，背景 1】和【0.75 磅】。

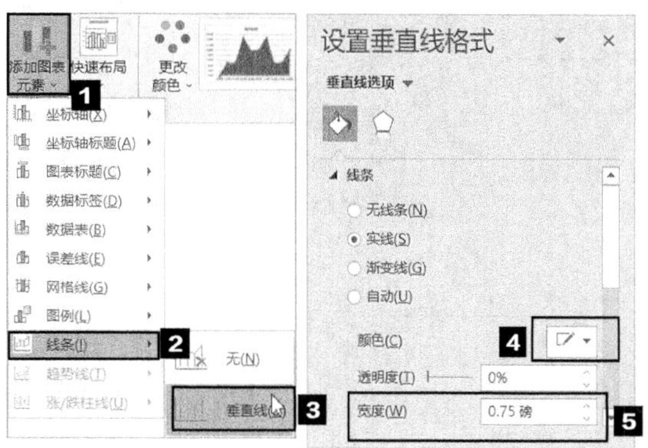

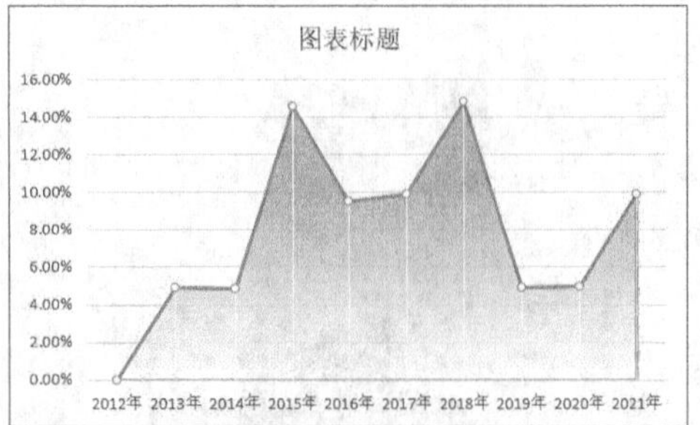

⑪ 添加数据标签。选中折线图，单击鼠标右键，在弹出的快捷菜单中选择【添加数据标签】选项。

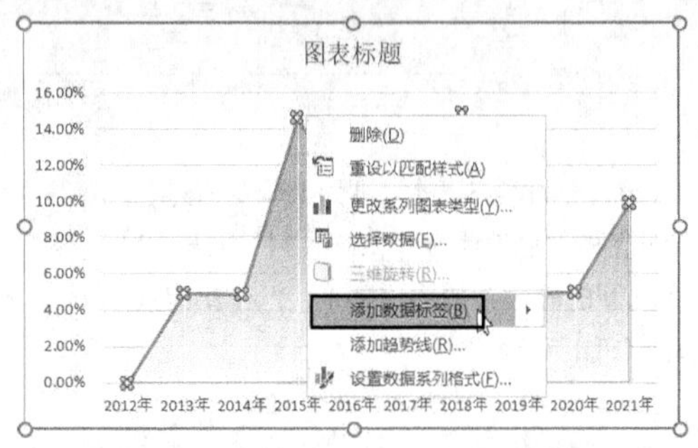

⑫ 折线图中的数据标签默认是靠右显示的，这里可以将其设置为【靠上】，然后将其填充颜色设置为"RGB:255/185/128"。

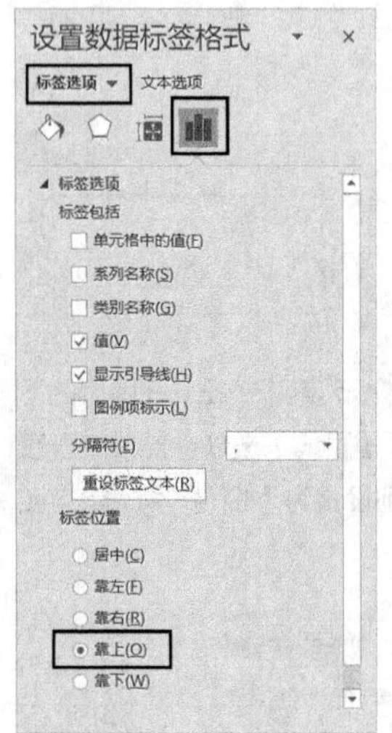

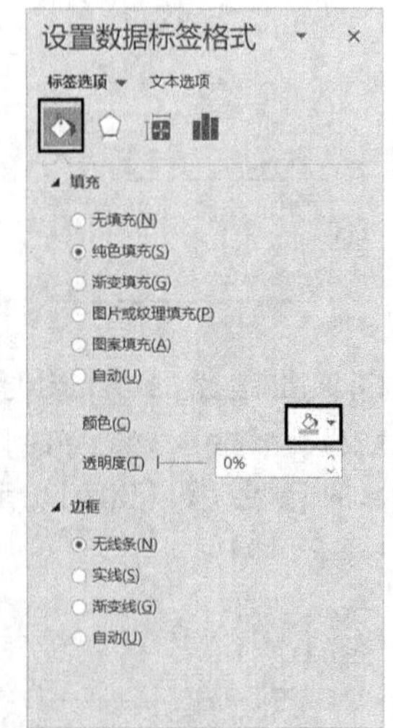

⑬ 设置网格线。在【设置主要网格线格式】任务窗格中将网格线的【短划线类型】设置为【短划线】。

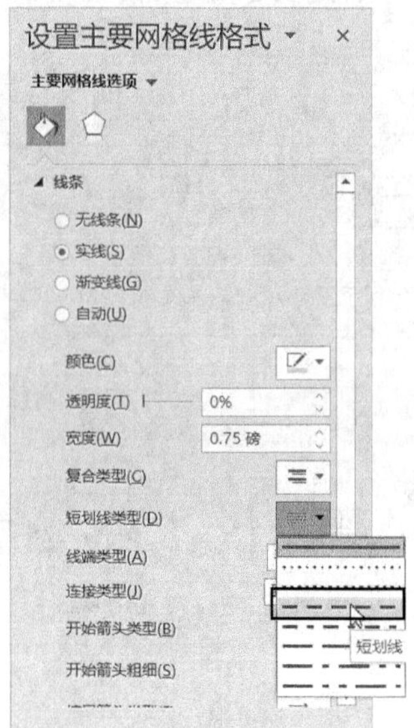

⑭ 将图表标题更改为"财务趋势分析"，并将图表标题的字体设置为微软雅黑，效果如下图所示。

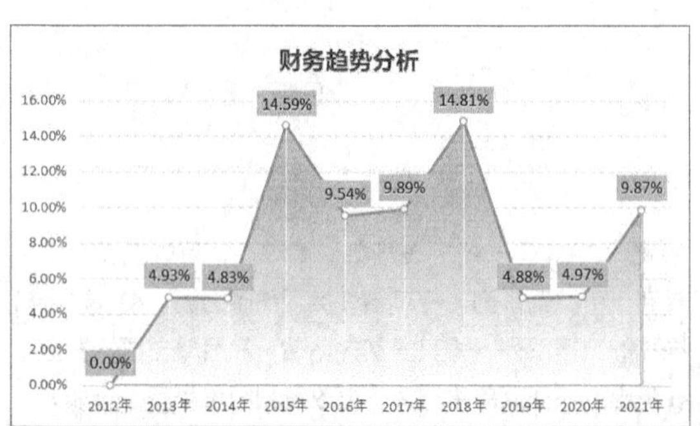

5.5 杜邦分析

本实例原始文件和最终效果文件所在位置如下
第5章\杜邦分析-原始文件
第5章\杜邦分析-最终效果

扫码看视频

杜邦分析是对企业的财务状况进行的综合分析，它通过分析几种主要的财务指标之间的关系反映企业的财务状况。

杜邦分析实际上是一种分解财务比率的方法，它将分析指标按照它们内在的联系排列，能有效地反映影响企业获利能力的各项指标之间的关系，从而解释指标变动的原因，并表明变动趋势，合理地分析企业的财务状况和经营成果，以便为设计改进方案指明方向。

在进行杜邦分析的时候，需要了解资产净利率、权益乘数和权益净利率 3 个指标。

- **资产净利率**

资产净利率是销售净利率与总资产周转率的乘积。其计算公式如下。

资产净利率 = 销售净利率 × 总资产周转率

- **权益乘数**

权益乘数表示企业的负债程度。权益乘数越大，表示企业的负债程度越高。其计算公式如下。

权益乘数 = 1 ÷（1 －资产负债率）

权益乘数主要受资产负债率的影响，资产负债率越大。权益乘数越大，说明企业的负债程度越高，企业的杠杆利益越大，同时企业的风险也越大。

- **权益净利率**

权益净利率是杜邦分析的核心，是所有财务比率中综合性最强、最具有代表性的一个指标。其计算公式如下。

权益净利率 = 资产净利率 × 权益乘数

权益净利率可以反映出投资者投入资金的获利能力，以及权益筹资和投资等各种经营活动的效率。

根据杜邦分析的各指标的层级关系，创建一个杜邦分析模型，如下图所示。

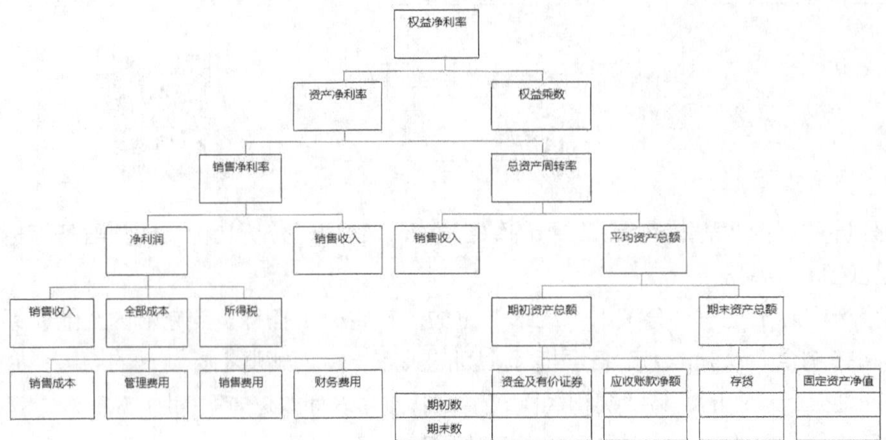

模型创建完成后，接下来就可以对其进行编辑，计算各财务比率项，从而合理地分析企业的财务状况和经营成果。具体操作步骤如下。

❶ 打开本实例的原始文件“杜邦分析－原始文件”，切换到“杜邦分析”工作表，杜邦分析模型中下面几层的数据可以直接从“利润表”和“资产负债表”中获取，包括所得税、销售收入、销售成本、管理费用、销售费用、财务费用、资金及有价证券的期初（末）数、应收账款净额的期初（末）数、存货的期初（末）数和固定资产净值的期初（末）数，通过单元格引用的方式直接将这些数据引用到杜邦分析模型中，效果如下图所示。

❷ 在计算杜邦分析模型中的各财务比率项时，应该遵循从下往上的原则。计算全部成本的公式为“全部成本＝销售成本＋管理费用＋销售费用＋财务费用”，在单元格 D16 中输入公式“=B19+D19+F19+H19”，按【Enter】键完成输入。

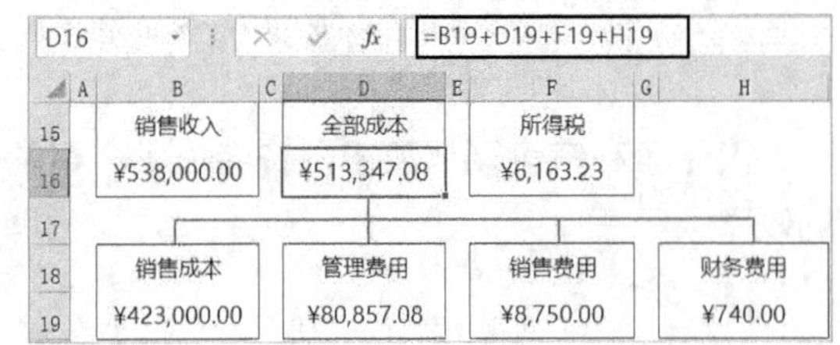

❸ 计算净利润。根据公式“净利润 = 销售收入 - 全部成本 - 所得税”，在单元格 D13 中输入公式“=B16-D16-F16”，按【Enter】键完成输入。

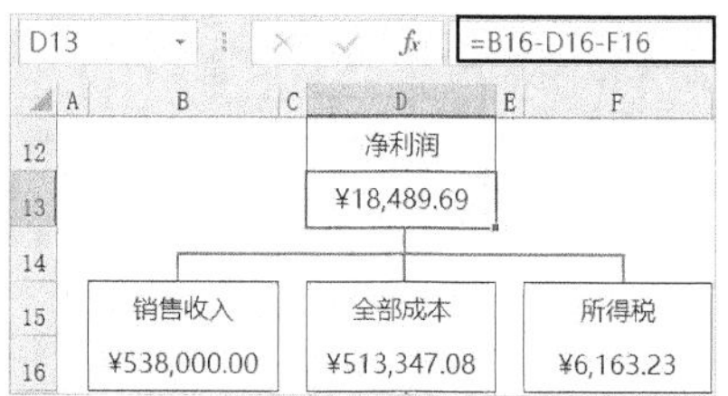

❹ 计算销售净利率。根据公式“销售净利率 = 净利润 ÷ 销售收入”，在单元格 F10 中输入公式“=D13/H13”，按【Enter】键完成输入。

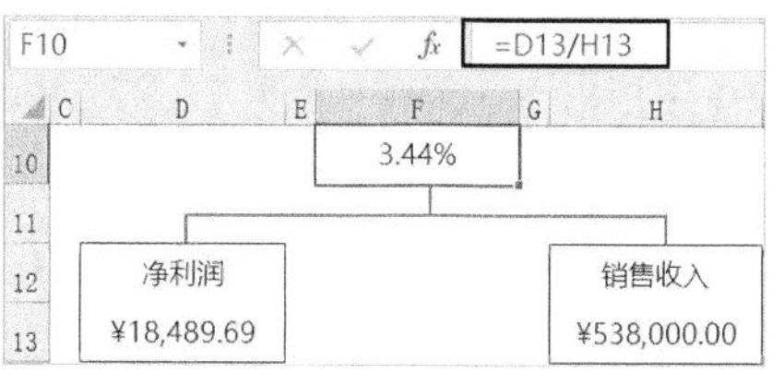

❺ 计算期初资产总额。根据公式“期初资产总额 = 资金及有价证券的期初数 + 应收账款净额的期初数 + 存货的期初数 + 固定资产净值的期初数”，在单元格 L16 中输入公式“=L19+N19+P19+R19”，按【Enter】键完成输入。

❻ 计算期末资产总额。根据公式“期末资产总额 = 资金及有价证券的期末数 + 应收账款净额的期末数 + 存货的期末数 + 固定资产净值的期末数”，在单元格 P16 中输入公式“=L20+N20+P20+R20”，按【Enter】键完成输入。

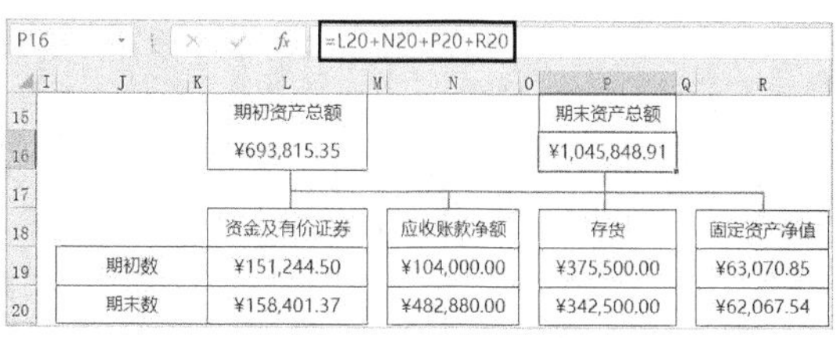

❼ 计算平均资产总额。根据公式“平均资产总额 =（期初资产总额 + 期末资产总额）÷ 2”，在单元格 N13 中输入公式“=(L16+P16)/2”，按【Enter】键完成输入。

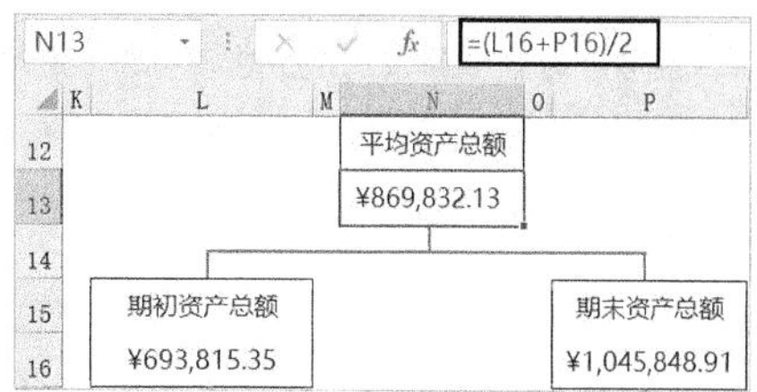

❽ 计算总资产周转率。根据公式“总资产周转率 = 销售收入 ÷ 平均资产总额”，在单元格 L10 中输入公式“=J13/N13”，按【Enter】键完成输入。

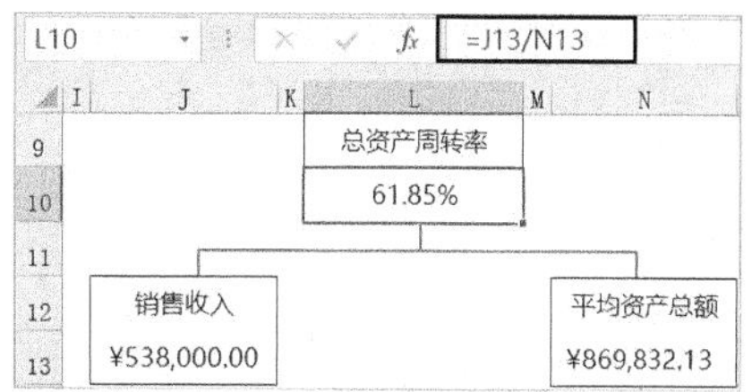

❾ 计算资产净利率。根据公式“资产净利率 = 销售净利率 × 总资产周转率”，在单元格 H7 中输入公式“=F10*L10”，按【Enter】键完成输入。

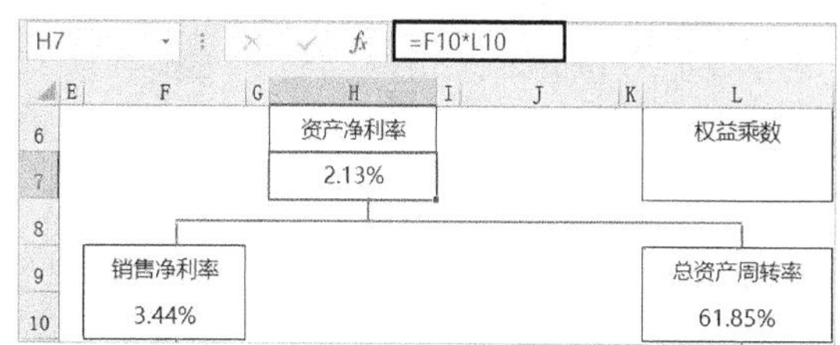

❿ 计算权益乘数。根据公式“权益乘数 = 1÷（1 - 资产负债率）”，在单元格 L7 中输入公式“=1/(1- 资产负债表 !H9/ 资产负债表 !D18)”，按【Enter】键完成输入。

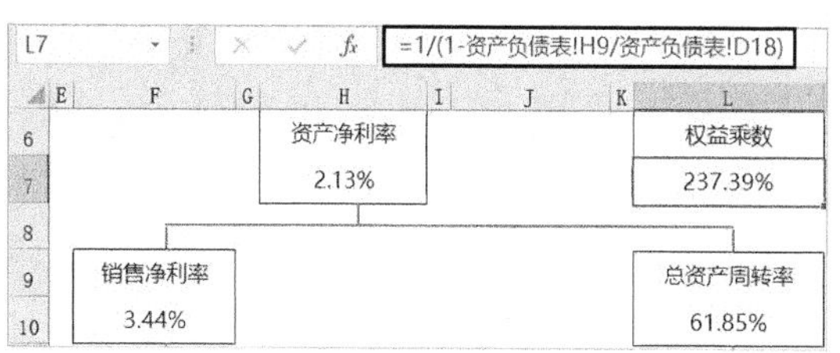

提示

资产负债率是期末负债总额除以资产总额的百分数，也就是负债总额与资产总额的比值。

⓫ 计算权益净利率。根据公式“权益净利率 = 资产净利率 × 权益乘数”，在单元格 J4 中输入公式“=H7*L7”，按【Enter】键完成输入。

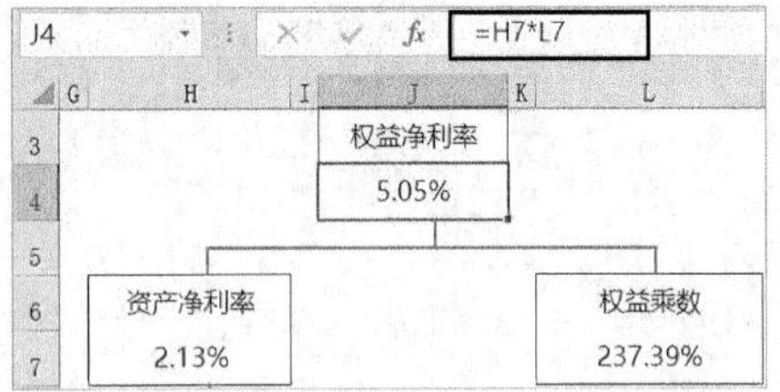

至此，杜邦分析就完成了，最终效果如下图所示。

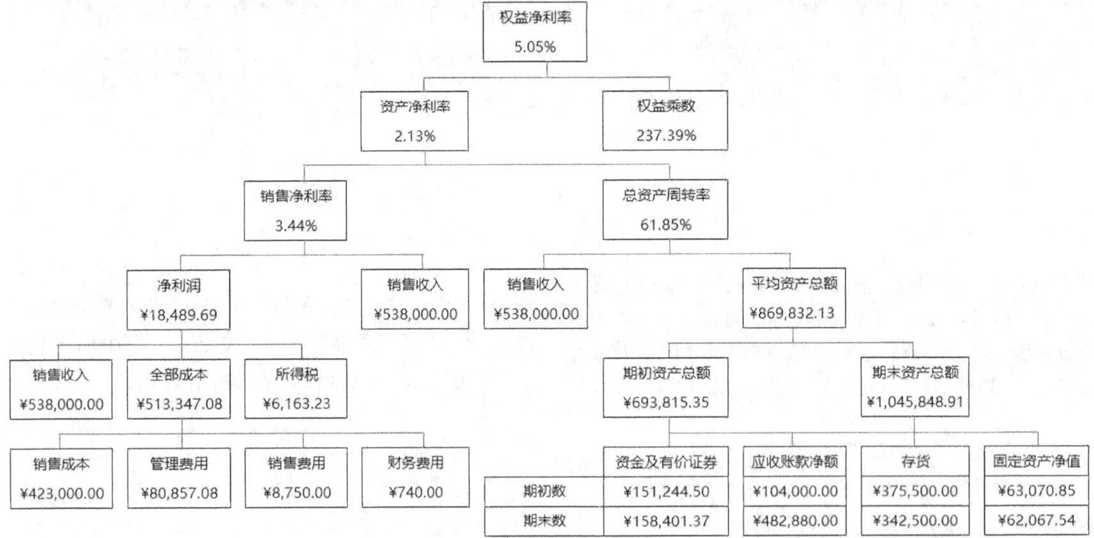

	资金及有价证券	应收账款净额	存货	固定资产净值
期初数	¥151,244.50	¥104,000.00	¥375,500.00	¥63,070.85
期末数	¥158,401.37	¥482,880.00	¥342,500.00	¥62,067.54

第6章 投资决策分析

企业在运营过程中，难免会遇到资金问题，当资金不足时，企业可以通过向银行贷款、发放债券等方式进行筹资；当有多余资金时，企业可以选择合适的项目进行投资，那么企业应该如何选择贷款，如何进行投资呢？本章将介绍如何针对这些项目进行分析与决策。

要点导航

- 资金管理的决策分析
- 项目投资的效益分析
- 项目投资的风险分析
- 投资组合决策分析
- 固定资产折旧分析
- 固定资产项目投资决策分析

6.1 资金管理的决策分析

在企业的发展过程中，资金管理是重中之重。一家企业能否在竞争中取胜，很大程度上取决于企业的资金是否充足，资金管理是否合理。要做好资金管理，就必须实时对企业的资金管理进行决策分析。

企业在发展过程中，自有资金有时难免会短缺，因此常常需要筹资。企业常用的资金筹集方式有向银行贷款、发行债券等。

6.1.1 银行贷款决策分析

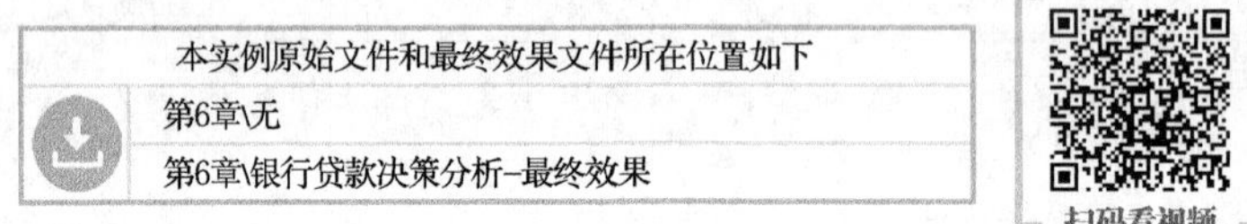
本实例原始文件和最终效果文件所在位置如下
第6章\无
第6章\银行贷款决策分析-最终效果

银行贷款是指各商业银行向工商企业提供的贷款，用以满足企业生产经营的资金需要，包括短期贷款和长期贷款。

短期贷款是指企业根据生产经营的需要，从银行借入的偿还期在一年以内的各种借款，包括生产周转借款、临时借款等。

长期贷款是指借款期限超过一年的借款，通常是项目投资中的主要资金来源之一。

例如，企业在 2021 年 4 月向银行贷款 20 万元，现在有以下 3 种每月等额还款方式供企业选择。第 1 种：贷款期限为一年，年利率为 4.35%，每月月初还款。第 2 种：贷款期限为 3 年，年利率为 4.75%，每月月初还款。第 3 种：贷款期限为 5 年，年利率为 4.9%，每月月初还款。

1. 用相同利率计算等额本息还款

假设企业在贷款时选择的是固定利率，就需要分析不同贷款期数、还款时间和年利率下每期的还款金额，然后根据分析结果，选择一种适合企业发展情况的还款方式。此处使用等额本息的还款方式，所以会用到 PMT 函数。下面先来了解一下 PMT 函数的基本结构及使用方法。

PMT 函数即年金函数，用于基于固定利率及等额分期付款方式，返回贷款的每期还款额。其语法格式如下。

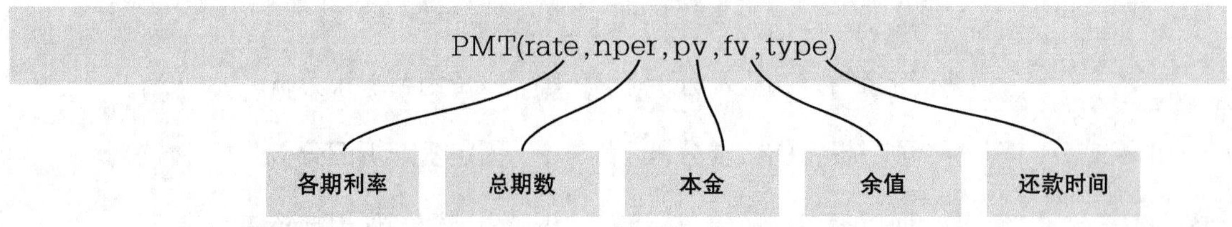

① 各期利率是指每期的贷款利率。

② 总期数是指该项贷款的总期数。

③ 本金是指一系列未来付款的当前值的累积和。

④ 余值是指未来值，或在最后一次付款后希望得到的现金余额；如果省略该参数，则假设其值为 0，也就是该笔贷款的未来值为 0。

⑤ 还款时间指定各期的付款时间是在期初还是期末，可以为数字 0 或 1，1 代表期初（即每期的第一天付），省略或输入 0 代表期末（即每期的最后一天付）。

了解了 PMT 函数的基本结构及其各参数的含义后，就可以使用 PMT 函数进行计算了。在计算之前，先来分析一下该实例中 PMT 函数对应的各个参数。

第 1 个参数为各期利率，该实例中给出的年利率分别为 4.35%、4.75% 和 4.9%，那么每期月利率应分别为 4.35% ÷ 12，4.75% ÷ 12 和 4.9% ÷ 12，即 0.36%、0.40% 和 0.41%。

第 2 个参数为总期数，该实例中假定每个月为 1 期，那么对应的总期数分别为 12 期、36 期和 60 期。

第 3 个参数为本金，就是贷款总额 20 万元。

第 4 个参数为余值，因为要全部还清，所以余值为 0。

第 5 个参数为还款时间，因为需要在月初还款，所以该参数为 1。各参数分析完成后，我们就可以使用 PMT 函数来计算每期还款金额了，具体操作步骤如下。

❶ 在工作表中根据已知参数创建一个 3 种等额本息还款方式的分析模型。

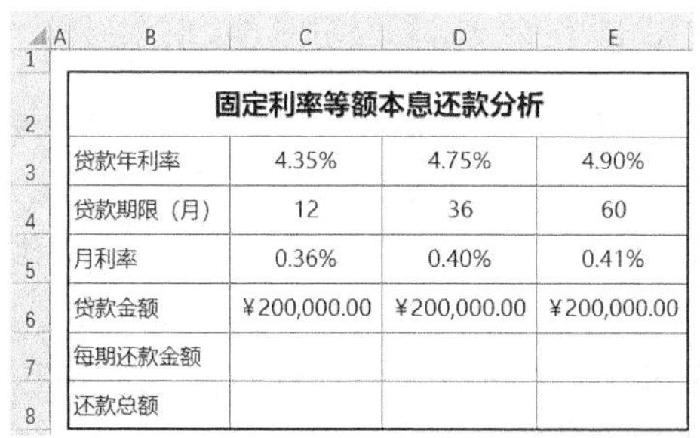

固定利率等额本息还款分析			
贷款年利率	4.35%	4.75%	4.90%
贷款期限（月）	12	36	60
月利率	0.36%	0.40%	0.41%
贷款金额	¥200,000.00	¥200,000.00	¥200,000.00
每期还款金额			
还款总额			

❷ 选中单元格 C7，切换到【公式】选项卡，在【函数库】组中单击【插入函数】按钮。

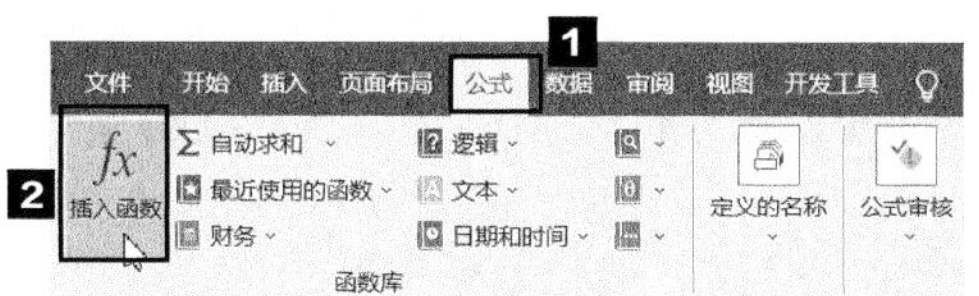

❸ 弹出【插入函数】对话框，在【搜索函数】文本框中输入函数的主要关键字“等额”。

❹ 单击【转到】按钮，系统即可根据关键字在下方给出相关函数，此处选择【PMT】选项。

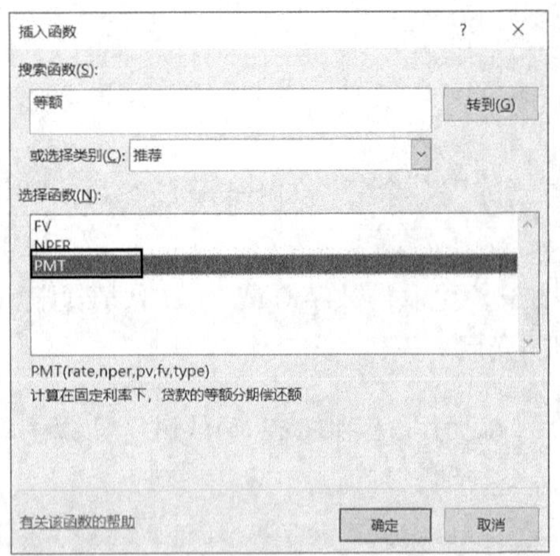

❺ 单击【确定】按钮，弹出【函数参数】对话框，在第1个参数文本框中输入“C5”，在第2个参数文本框中输入“C4”，在第3个参数文本框中输入“C6”，在第4个参数文本框中输入“0”，在第5个参数文本框中输入“1”。

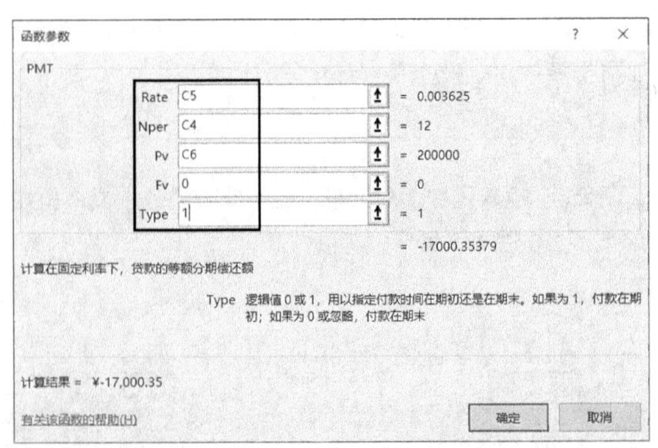

❻ 单击【确定】按钮，返回工作表，即可计算出第1种还款方式的每期还款金额。

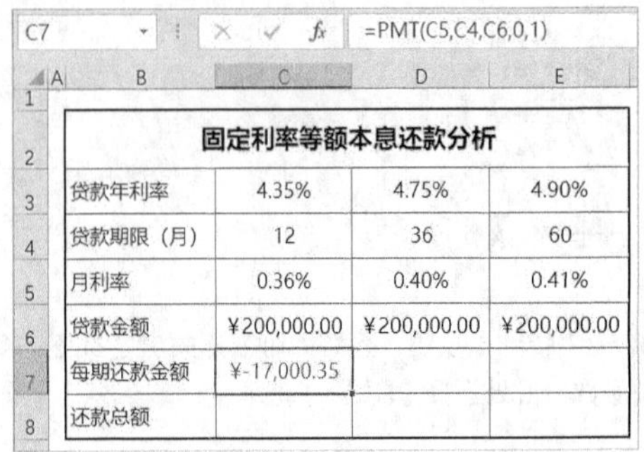

固定利率等额本息还款分析			
贷款年利率	4.35%	4.75%	4.90%
贷款期限（月）	12	36	60
月利率	0.36%	0.40%	0.41%
贷款金额	¥200,000.00	¥200,000.00	¥200,000.00
每期还款金额	¥-17,000.35		
还款总额			

❼ 计算还款总额。选中单元格C8，输入公式“=C7*C4”，输入完毕，按【Enter】键，即可得到第1种还款方式的还款总额。

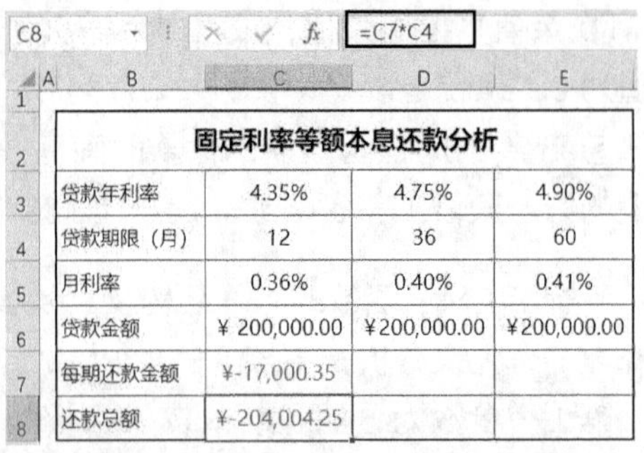

固定利率等额本息还款分析			
贷款年利率	4.35%	4.75%	4.90%
贷款期限（月）	12	36	60
月利率	0.36%	0.40%	0.41%
贷款金额	¥ 200,000.00	¥200,000.00	¥200,000.00
每期还款金额	¥-17,000.35		
还款总额	¥-204,004.25		

❽ 选中单元格区域C7:C8，将公式向右填充到单元格区域D7:E8，即可计算出另外两种还款方式的每期还款金额和还款总额。

固定利率等额本息还款分析			
贷款年利率	4.35%	4.75%	4.90%
贷款期限（月）	12	36	60
月利率	0.36%	0.40%	0.41%
贷款金额	¥ 200,000.00	¥200,000.00	¥200,000.00
每期还款金额	¥-17,000.35	¥-5,948.21	¥-3,749.78
还款总额	¥-204,004.25	¥-214,135.61	¥-224,986.75

通过计算结果可知，第3种还款方式的每月还款金额最少，而第1种还款方式的还款总额最少。如果企业运转良好，资金周转较快，可以选择第1种方式进行还款。如果企业资金周转慢，则可以选择第3种还款方式。第3种还款方式虽然还款总额最多，但是每月还款金额最少，可以很大程度地缓解企业每月的还款压力。

2. 用不同利率计算等额本息还款

贷款利率并不是一成不变的，企业在向银行贷款时，不仅可以选择固定利率，还可以选择浮动利率。假设在贷款周期内银行贷款利率在3.05%~6.37%浮动，那么利率的变动对3种不同的还款方式会有什么样的影响呢？

要分析不同贷款期限和不同利率下的等额本息还款情况，可以使用Excel的双变量模拟运算表。在双变量模拟运算表中，可以为两个变量输入不同值，从而查看计算结果的变化。

❶ 根据利率变化，创建一个模拟运算表的基本模型。

模拟运算表			
每期还款金额	贷款期限		
	12	36	60
3.05%			
3.33%			
3.43%			
4.35%			
4.75%			
4.90%			
5.66%			
6.18%			
6.37%			

❷ 在单元格B12中输入公式"=C7"，引用每期还款金额。

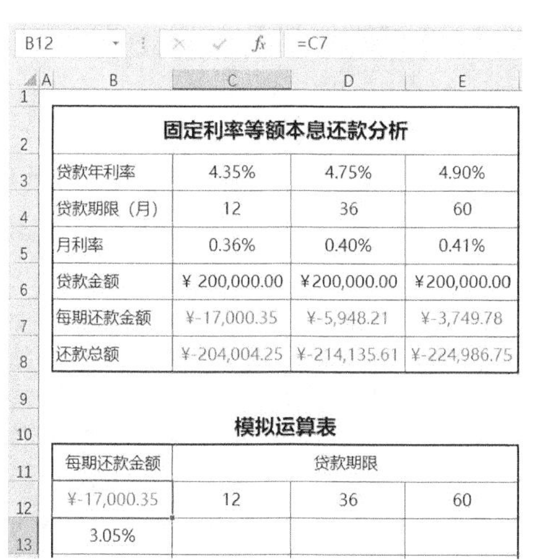

B12　=C7

固定利率等额本息还款分析			
贷款年利率	4.35%	4.75%	4.90%
贷款期限（月）	12	36	60
月利率	0.36%	0.40%	0.41%
贷款金额	¥ 200,000.00	¥200,000.00	¥200,000.00
每期还款金额	¥-17,000.35	¥-5,948.21	¥-3,749.78
还款总额	¥-204,004.25	¥-214,135.61	¥-224,986.75

模拟运算表			
每期还款金额	贷款期限		
¥-17,000.35	12	36	60
3.05%			

❸ 选中单元格区域B12:E21，切换到【数据】选项卡，在【预测】组中单击【模拟分析】按钮，在弹出的下拉列表中选择【模拟运算表】选项。

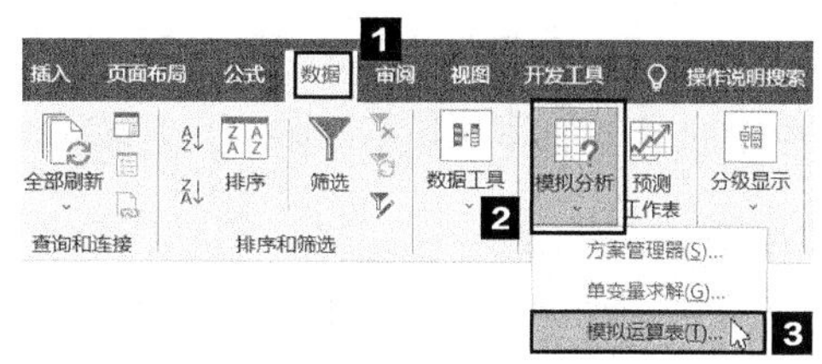

❹ 弹出【模拟运算表】对话框，将光标定位到【输入引用行的单元格】文本框中，选中单元格C4；将光标定位到【输入引用列的单元格】文本框中，选中单元格C3。

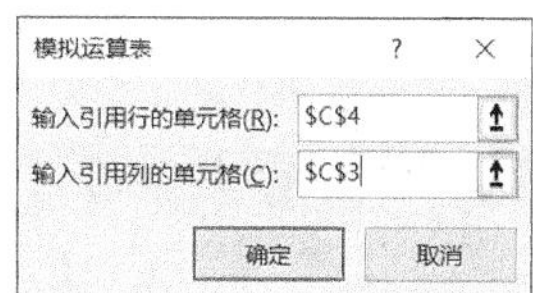

❺ 单击【确定】按钮，可以看到不同贷款期限、不同利率下的每期还款金额已经计算出来了。

模拟运算表			
每期还款金额	贷款期限		
¥-17,000.35	12	36	60
3.05%	¥-16,900.34	¥ -5,805.89	¥ -3,589.06
3.33%	¥ -16,921.86	¥ -5,829.20	¥ -3,613.12
3.43%	¥ -16,929.55	¥ -5,837.53	¥ -3,621.73
4.35%	¥ -17,000.35	¥ -5,914.55	¥ -3,701.56
4.75%	¥ -17,031.18	¥ -5,948.21	¥ -3,736.59
4.90%	¥ -17,042.74	¥ -5,960.86	¥ -3,749.78
5.66%	¥ -17,101.39	¥ -6,025.21	¥ -3,817.02
6.18%	¥ -17,141.56	¥ -6,069.45	¥ -3,863.43
6.37%	¥ -17,156.25	¥ -6,085.67	¥ -3,880.46

❻ 根据不同贷款期限、不同利率下的每期还款金额，计算出不同贷款期限、不同利率下的还款总额。

模拟运算表

每期还款金额	贷款期限		
¥-17,000.35	12	36	60
3.05%	¥-16,900.34	¥ -5,805.89	¥ -3,589.06
3.33%	¥ -16,921.86	¥ -5,829.20	¥ -3,613.12
3.43%	¥ -16,929.55	¥ -5,837.53	¥ -3,621.73
4.35%	¥ -17,000.35	¥ -5,914.55	¥ -3,701.56
4.75%	¥ -17,031.18	¥ -5,948.21	¥ -3,736.59
4.90%	¥ -17,042.74	¥ -5,960.86	¥ -3,749.78
5.66%	¥ -17,101.39	¥ -6,025.21	¥ -3,817.02
6.18%	¥ -17,141.56	¥ -6,069.45	¥ -3,863.43
6.37%	¥ -17,156.25	¥ -6,085.67	¥ -3,880.46

年利率	贷款期限		
	12	36	60
3.05%	¥ -202,804.08	¥ -209,012.16	¥ -215,343.69
3.33%	¥ -203,062.33	¥ -209,851.11	¥ -216,786.97
3.43%	¥ -203,154.59	¥ -210,151.21	¥ -217,303.84
4.35%	¥ -204,004.25	¥ -212,923.68	¥ -222,093.59
4.75%	¥ -204,374.12	¥ -214,135.61	¥ -224,195.50
4.90%	¥ -204,512.90	¥ -214,591.10	¥ -224,986.75
5.66%	¥ -205,216.62	¥ -216,907.39	¥ -229,020.99
6.18%	¥ -205,698.70	¥ -218,500.37	¥ -231,805.52
6.37%	¥ -205,874.96	¥ -219,084.07	¥ -232,827.84

3. 可视化不同利率和贷款期限的总还款额变化

为了方便分析，可以将不同利率和不同贷款期限的还款总额通过图表直观地展现出来。此处横坐标轴为年利率，其间隔是没有规律的，可以选用散点图。具体操作步骤如下。

❶ 选中单元格区域 G12:J21，切换到【插入】选项卡，在【图表】组中单击【插入散点图或气泡图】按钮，在弹出的下拉列表中选择【带平滑线和数据标记的散点图】选项。

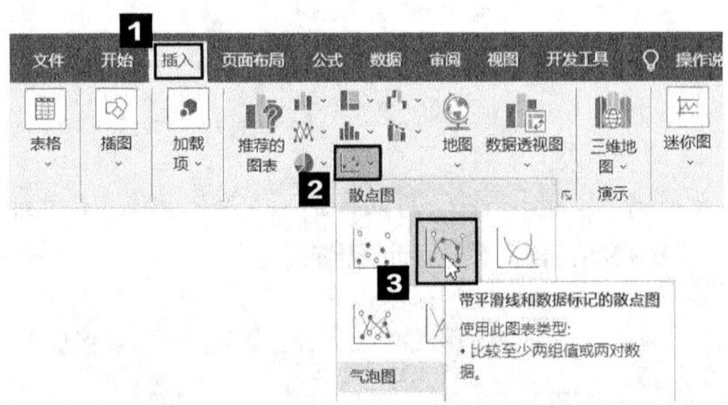

❷ 此时可在工作表中插入一个带平滑线和数据标记的散点图。

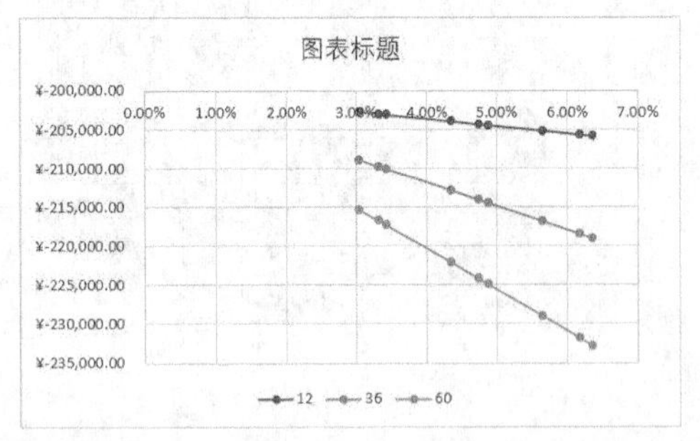

❸ 设置横坐标轴。图表中默认坐标轴标签都位于坐标轴旁，但是在当前图表中可以看到横坐标轴标签会影响图表的可读性，因此可以在【设置坐标轴格式】任务窗格中，将【标签位置】设置为【高】。

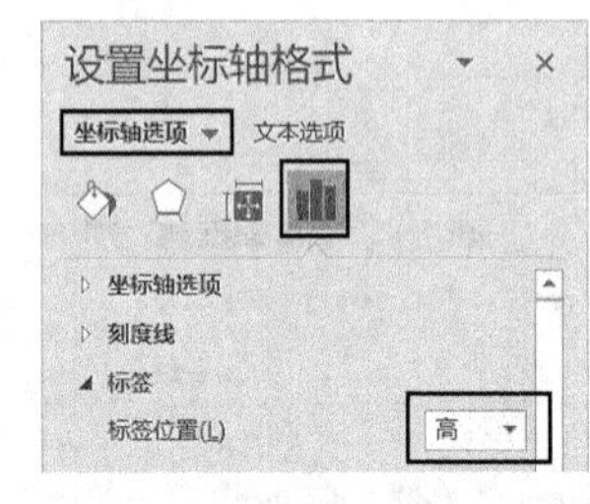

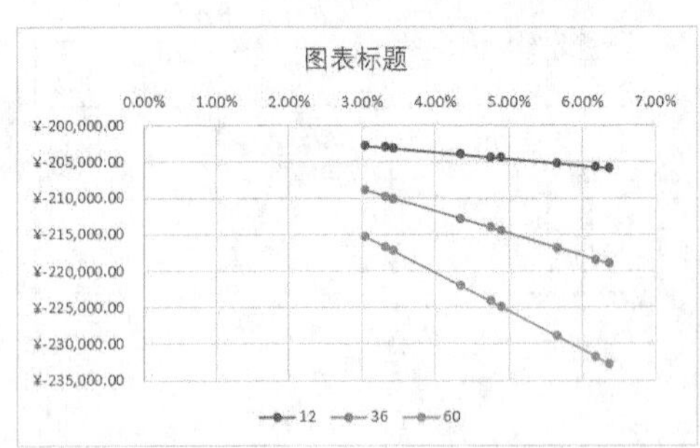

❹ 默认横坐标轴的最小值为 0，最大值为 0.07，而本实例图表中实际的最小值为 3.05%，最大值为 6.37%，为了使图表更美观，可以将最小值调整为 0.02。

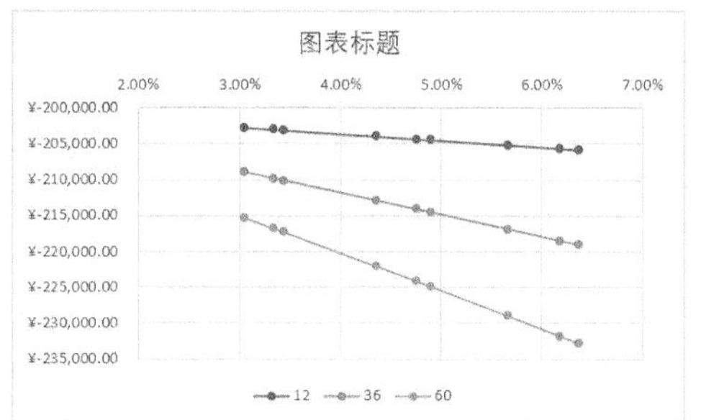

❺ 设置网格线。默认的网格线都是灰色实线，为了避免网格线影响散点图的可读性，可以适当弱化网格线，此处将网格线的【短划线类型】更改为【短划线】。

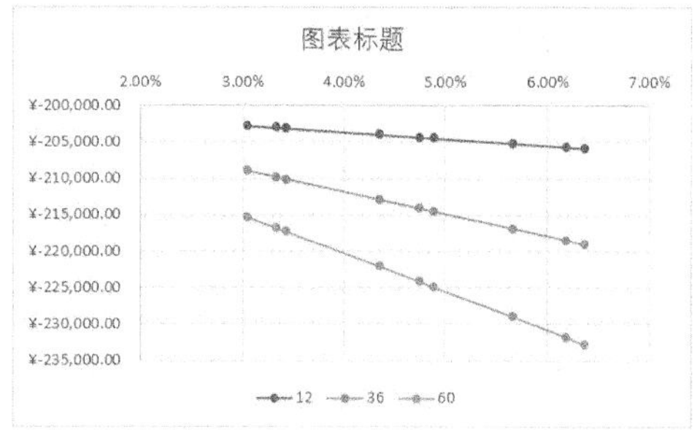

❻ 设置数据系列。依次设置各数据系列线条的填充颜色和各标记的填充颜色与边框颜色。

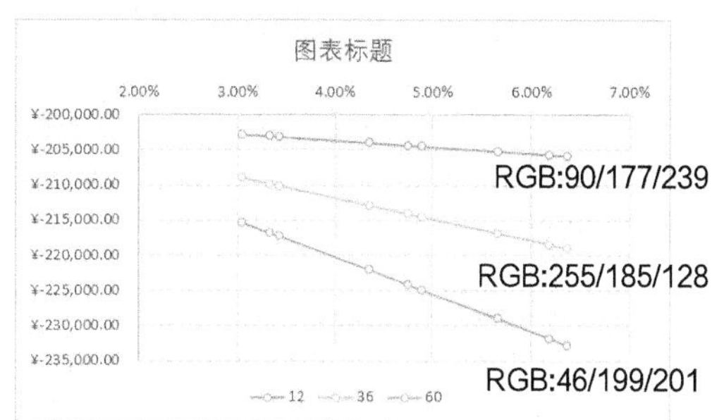

❼ 输入图表标题，将图表标题的字体设置为微软雅黑，然后适当调整图表标题和图例的位置，最终效果如下图所示。

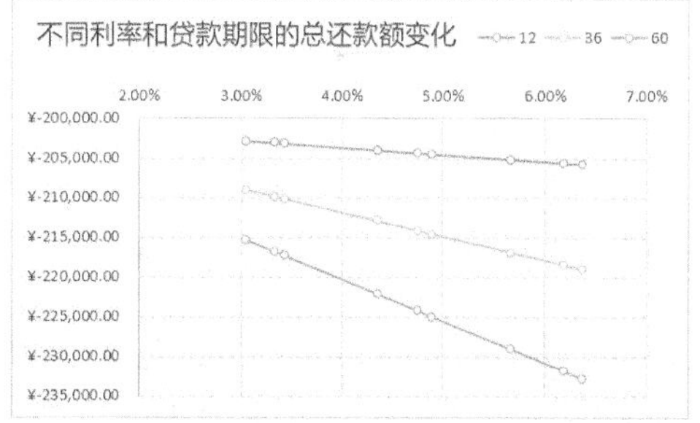

通过数据及图表对不同贷款期限、不同利率下的每期还款金额及还款总额进行分析，可以帮助企业管理人员根据企业的当前情况更好地选择还款方式。

6.1.2 债券筹资决策分析

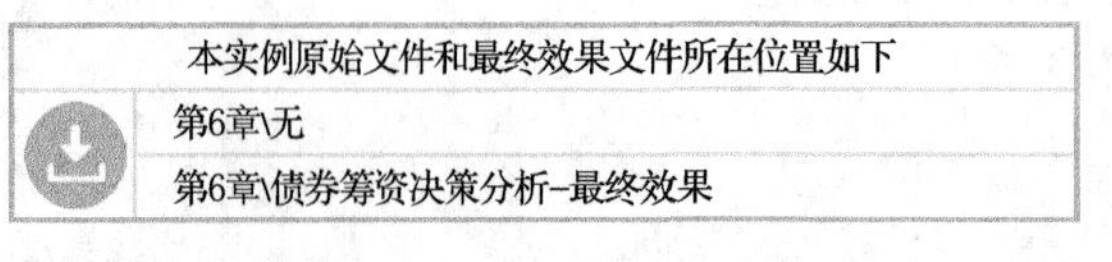
本实例原始文件和最终效果文件所在位置如下

第6章\无

第6章\债券筹资决策分析–最终效果

企业筹集资金的方式有多种，除了申请银行贷款外，还可以发行债券。

虽然申请银行贷款具有筹资速度快、成本较低等优势，但是申请银行贷款的限制条件多、贷款金额有限。因此企业在遇到资金问题时，如果时间比较紧急，可以选择发行债券。

债券是政府、企业、银行等债务人为筹集资金，按照法定程序发行并向债权人承诺于指定日期还本付息的有价证券。

在实际工作中，企业发行债券的目的通常是为某个大型项目的建设筹集长期资金。

例如，某企业计划在 2021 年 5 月 1 日发行 2000 万元的债券，债券期限为 5 年，票面年利率为 6%。如果该企业计划于 2022 年开始在每年的 5 月 1 日支付一次该债券的利息，债券发行后的市场利率为 6.8%，那么该债券的发行价格应为多少？该如何发行呢？

1. 计算债券的发行价格

对债券的发行情况进行分析之前，需要先计算债券的发行价格。根据企业债券的基本信息，创建一个债券筹资模型，如右图所示。

债券筹资模型	
发行日期	2021/5/1
到期日期	2026/5/1
偿还期（年）	5
票面利率	6%
市场利率	6.80%
债券面值（元）	¥20,000,000.00
债券发行价格（元）	

计算债券的发行价格时，可以使用 PV 函数 。下面介绍 PV 函数的基本结构和使用方法。

PV 函数主要用于返回投资的现值（现值为一系列未来付款的当前值的累积和，例如，借入方的借入款即为贷出方贷出款的现值）。其语法格式如下。

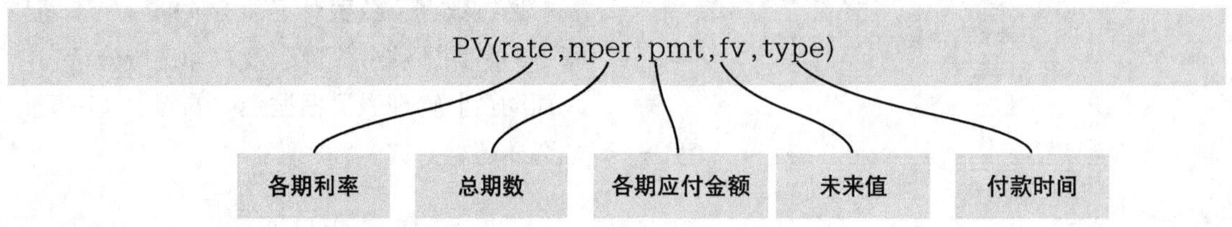

① 各期利率是指每期的市场利率。

② 总期数是指该项贷款或债券的付款总期数。

③ 各期应付金额通常包括本金和利息，但不包括其他费用及税款。其数值在整个年金期间保持不变。

④ 未来值是指在最后一次付款后希望得到的现金余额；如果省略该参数，则假设其值为 0，也就是该笔贷款或债券的未来值为 0。

⑤ 付款时间用以指定各期的付款时间是在期初还是期末，为数字 0 或 1。1 代表期初（即每期的第一天付），省略或输入 0 代表期末（即每期的最后一天付）。

下面分析一下实例中给出的信息与 PV 函数各参数的对应关系。

第 1 个参数各期利率为 6%；第 2 个参数总期数为 5；第 3 个参数各期应付金额应该为“债券面值 × 票面利率”；第 4 个参数未来值应该为债券面值；第 5 个参数付款时间为 0，因为是从次年的 5 月 1 日开始支付利息的，所以该参数为 0。

❶ 在工作表中创建一个债券筹资模型，选中单元格 C9，切换到【公式】选项卡，在【函数库】组中单击【插入函数】按钮。

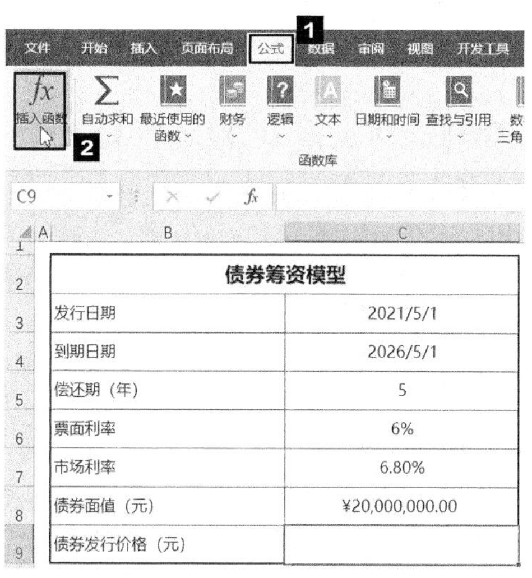

债券筹资模型	
发行日期	2021/5/1
到期日期	2026/5/1
偿还期（年）	5
票面利率	6%
市场利率	6.80%
债券面值（元）	¥20,000,000.00
债券发行价格（元）	

❷ 弹出【插入函数】对话框，在【搜索函数】文本框中输入函数的主要关键字“投资”。

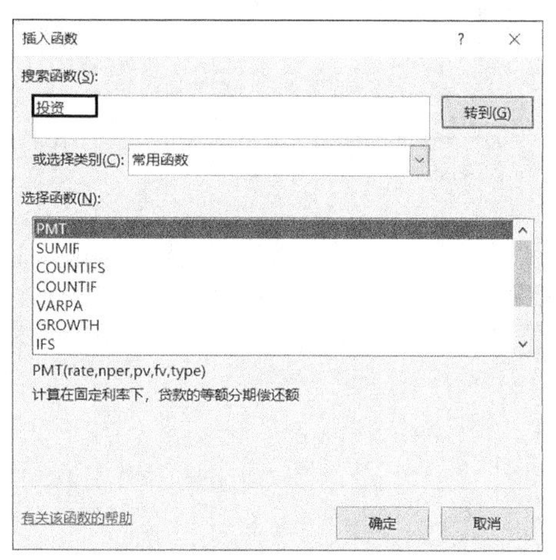

❸ 单击【转到】按钮，系统根据关键字在下方给出相关函数，此处选择【PV】选项。

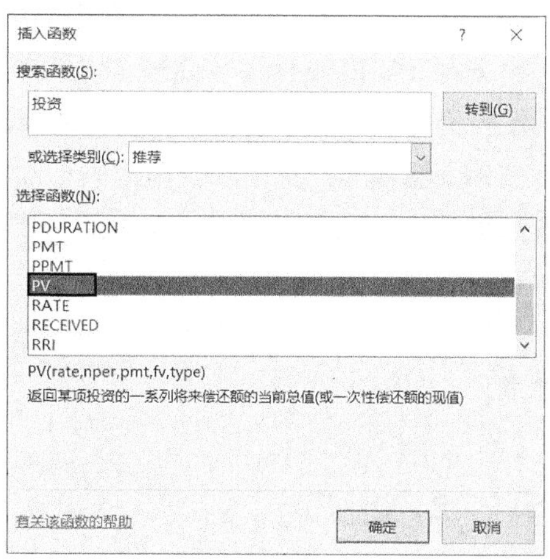

❹ 弹出【函数参数】对话框，在第 1 个参数文本框中输入“C7”，在第 2 个参数文本框中输入“C5”，在第 3 个参数文本框中输入“C8*C6”，在第 4 个参数文本框中输入“C8”，在第 5 个参数文本框中输入“0”。

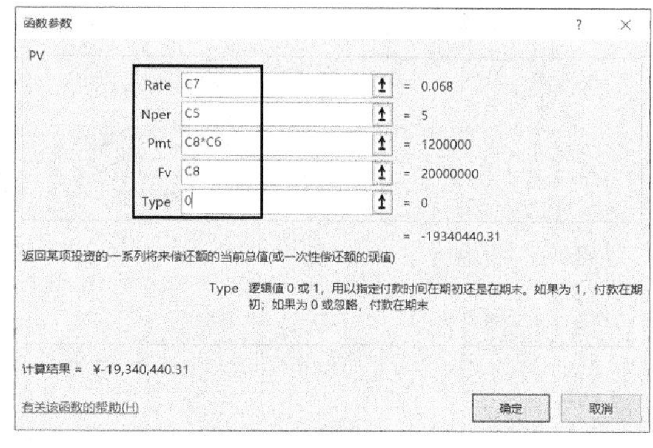

❺ 单击【确定】按钮，返回工作表，即可计算出债券的发行价格。

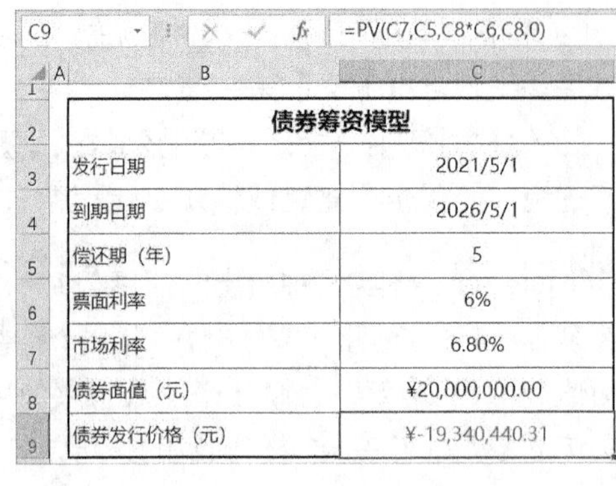
C9 =PV(C7,C5,C8*C6,C8,0)

债券筹资模型	
发行日期	2021/5/1
到期日期	2026/5/1
偿还期（年）	5
票面利率	6%
市场利率	6.80%
债券面值（元）	¥20,000,000.00
债券发行价格（元）	¥-19,340,440.31

2. 分析市场利率对债券发行价格的影响

通常在发行债券时，票面利率和市场利率是不确定的。企业需要对比分析不同票面利率和不同市场利率下的债券发行价格，以此来选定合适的债券发行方式。先来分析一下市场利率对债券发行价格的影响，可以使用单变量模拟运算表。

在单变量模拟运算表中，可以为一个变量输入不同的值，从而查看它对计算结果的影响。单变量模拟运算表中必须包含输入的不同变量值和相应的结果，并且输入的变量值必须位于同一行或者一列。

单变量模拟运算表中的第 1 个目标值单元格中是公式，该公式中必须引用用于输入变量的单元格。

❶ 在工作表中创建一个单变量模拟运算表，选中单元格 C12，切换到【公式】选项卡，在【函数库】组中单击【最近使用的函数】按钮，在弹出的下拉列表中选择【PV】选项。

❷ 弹出【函数参数】对话框，在第 1 个参数文本框中输入“B12”，在第 2 个参数文本框中输入“C5”，在第 3 个参数文本框中输入“C8*C6”，在第 4 个参数文本框中输入“C8”，在第 5 个参数文本框中输入“0”。

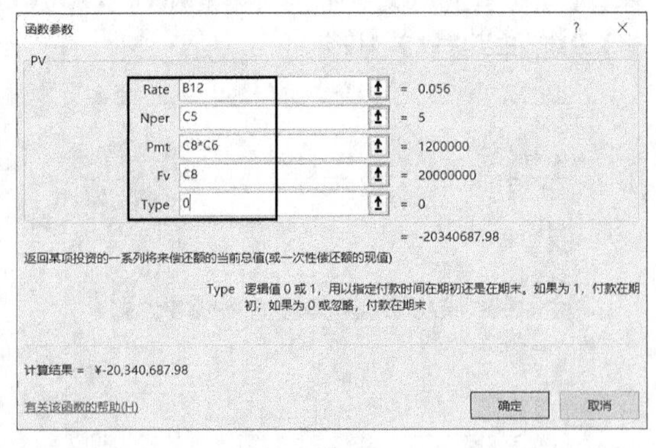

❸ 单击【确定】按钮，返回工作表，即可计算出债券的发行价格。

C12 =PV(B12,C5,C8*C6,C8,0)

	B	C
5	偿还期（年）	5
6	票面利率	6%
7	市场利率	6.80%
8	债券面值（元）	¥20,000,000.00
9	债券发行价格（元）	¥-19,340,440.31
10		
11	市场利率	债券发行价格（元）
12	5.60%	¥-20,340,687.98

❹ 使用模拟运算表计算其他目标值。选中单元格区域 B12:C18，切换到【数据】选项卡，在【预测】组中单击【模拟分析】按钮，在弹出的下拉列表中选择【模拟运算表】选项。

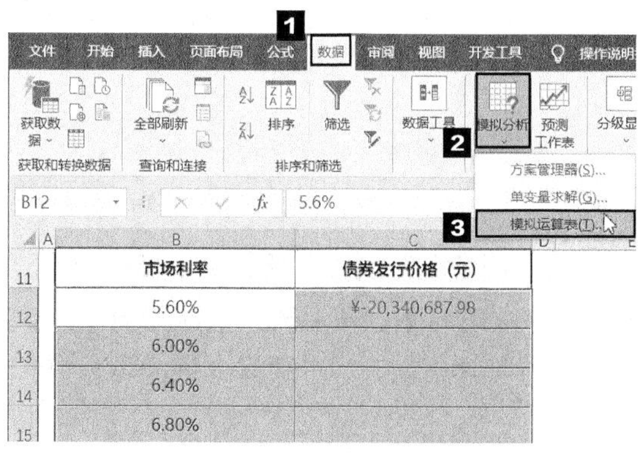

❺ 弹出【模拟运算表】对话框，将光标定位到【输入引用列的单元格】文本框中，选中单元格 B12。

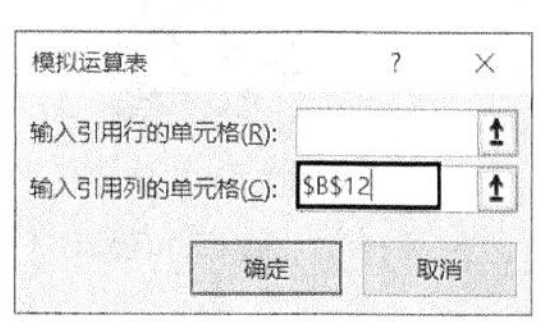

❻ 单击【确定】按钮，返回工作表，可以看到不同市场利率下的债券发行价格就计算出来了。

	B	C
11	市场利率	债券发行价格（元）
12	5.60%	¥-20,340,687.98
13	6.00%	¥-20,000,000.00
14	6.40%	¥-19,666,646.48
15	6.80%	¥-19,340,440.31
16	7.20%	¥-19,021,199.87
17	7.60%	¥-18,708,748.83
18	8%	¥-18,402,915.99

❼ 为了更直观地分析债券发行价格随市场利率的变化，可以根据数据创建一个带平滑线和数据标记的散点图，效果如下图所示。

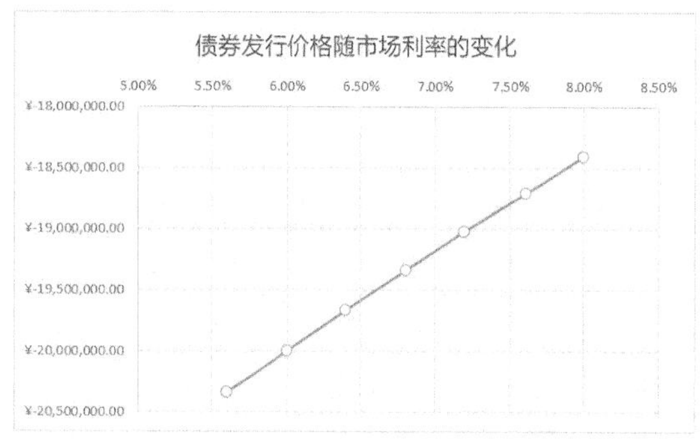

由计算结果可知，如果债券的票面利率不变，当市场利率降低时，债券发行价格就会增加；当市场利率提高时，债券发行价格就会降低，这说明市场利率与债券发行价格是成反比的。

3. 分析票面利率对债券发行价格的影响

分析完市场利率对债券发行价格的影响后，接下来分析票面利率对债券发行价格的影响。分析票面利率对债券发行价格的影响依然可以使用单变量模拟运算表，具体方法不再赘述，结果如下页图所示。

票面利率	债券发行价格（元）
5.00%	¥-18,515,990.69
5.40%	¥-18,845,770.54
5.80%	¥-19,175,550.38
6%	¥-19,340,440.31
6.40%	¥-19,670,220.15
6.80%	¥-20,000,000.00
7%	¥-20,164,889.92

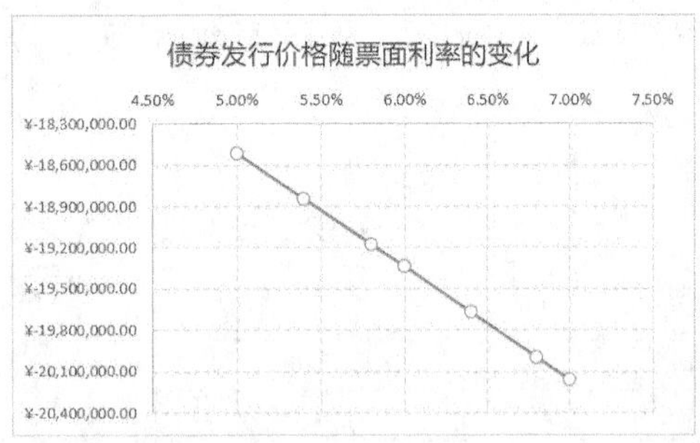

由计算结果可知，如果债券的市场利率不变，当票面利率降低时，债券发行价格就会降低；当票面利率提高时，债券发行价格就会升高，说明票面利率与债券发行价格是成正比的。

前面分别分析了票面利率与市场利率对债券发行价格的影响，得出票面利率与债券发行价格是成正比的，而市场利率与债券发行价格是成反比的。

同时，当票面利率低于市场利率时，债券发行价格就会低于票面价值，这样就不能吸引投资者进行投资了，故当票面利率低于市场利率时，债券一般要折价发行。当票面利率高于市场利率时，债券发行价格就会高于票面价值，此时企业如果仍以票面价值发行债券，就会造成企业成本增加，故此时企业一般要溢价发售债券。

6.2　项目投资的效益分析

项目投资是一种以特定项目为对象，直接与新建项目或更新改造项目有关的长期投资行为。企业在投资过程中，需要从各种投资方案中选出效益最大化的方案，常用的投资决策分析方法有回收期法、会计报酬率法、净现值法、内含报酬率法和现值指数法。本节只介绍净现值法和内含报酬率法。

6.2.1 使用净现值法进行投资决策分析

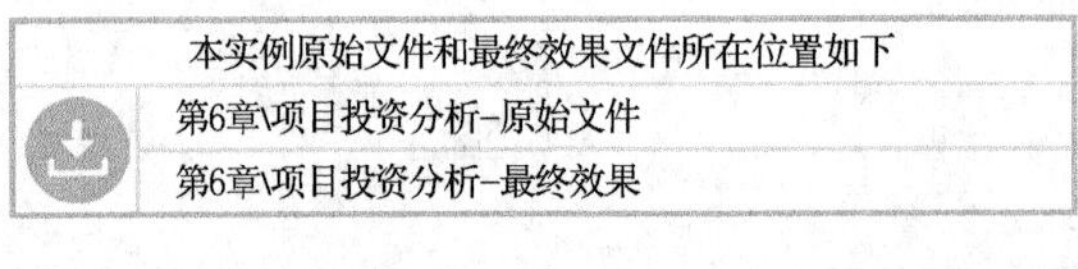

净现值法是用净现金效益量的总现值与净现金投资量算出净现值，然后根据净现值的大小来评价投资方案好坏的方法。若净现值为正值，则投资方案是可行的；若净现值是负值，则投资方案是不可行的。净现值越大，代表投资方案越好。

净现值是一项投资所产生的未来现金流的折现值与该项目投资成本之间的差值。下面通过一个实例来介绍如何使用净现值法进行投资决策分析。

2021 年 4 月，企业计划对一个项目进行投资，项目发起者给了企业 4 个投资方案。其中，方案 1 和方案 2 的投资期为 5 年，方案 3 的投资期为 4 年，方案 4 的投资期为 3 年；方案 1 的初始投资额为 200 万元，方案 2 和方案 3 的初始投资金额为 300 万元，方案 4 的初始投资金额为 500 万元；4 个方案的市场利率均为 6.8%；但是 4 个方案每年的净收益不同，如下页图所示。企业应选择哪个方案进行投资，才能获得更多的投资收益？

投资方案		方案1	方案2	方案3	方案4
投资期		5年	5年	4年	3年
市场利率		6.80%	6.80%	6.80%	6.80%
年初投资额（万元）		-200	-300	-300	-500
各年净收益（万元）	第1年	80	100	120	220
	第2年	110	140	160	260
	第3年	100	180	200	300
	第4年	140	220	250	
	第5年	60	150		
净现值（万元）					

提示

投入资金，对企业来说是支出，因此，年初投资额使用负数表示。

使用净现值法进行投资决策分析，就需要先用净现金效益量的总现值与净现金投资量算出净现值。计算净现值最常用的函数就是NPV函数，下面先介绍NPV函数的基本结构及使用方法。

NPV函数的主要功能是使用贴现率及一系列未来的支出和收入，返回一项投资的净现值。其语法格式如下。

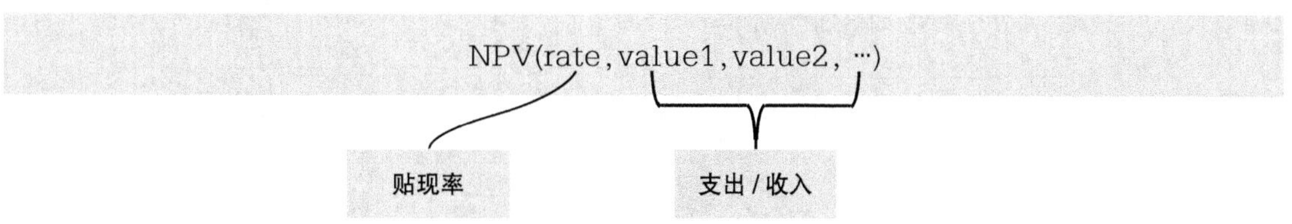

① 贴现率为某一期间的贴现率，是一个固定值。

② 支出 / 收入代表支出或收入的参数，参数数量范围为1~254。这里需要注意的是，代表支出或收入的参数在时间上必须具有相同的间隔，并且都发生在期末。

❶ 打开本实例的原始文件“项目投资分析－原始文件”，选中单元格D11，切换到【公式】选项卡，在【函数库】组中单击【插入函数】按钮。

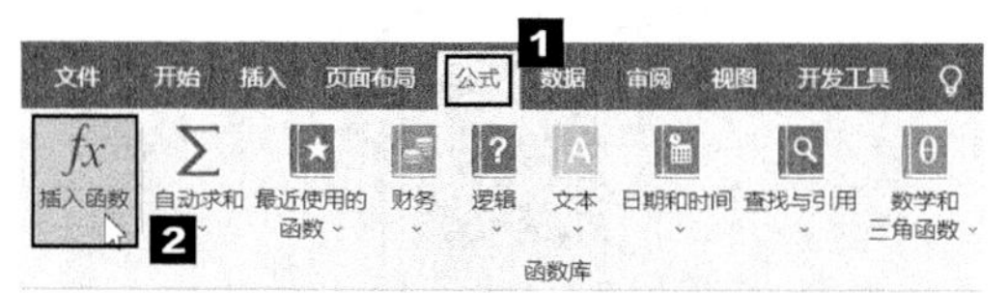

❷ 弹出【插入函数】对话框，在【搜索函数】文本框中输入函数的主要关键字“净现值”。

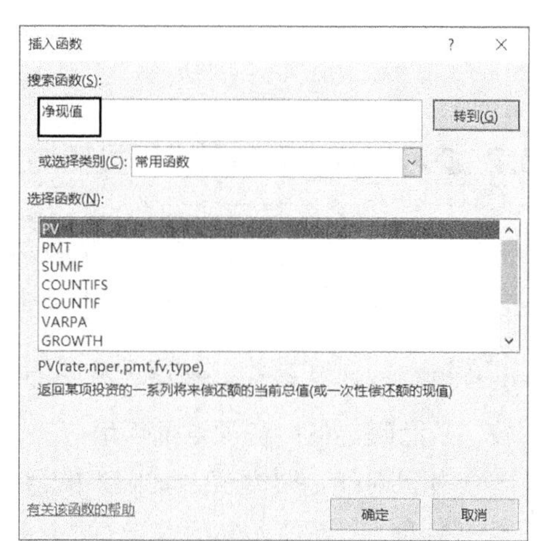

❸ 单击【转到】按钮，系统即可根据关键字在下方给出相关函数，此处选择【NPV】选项。

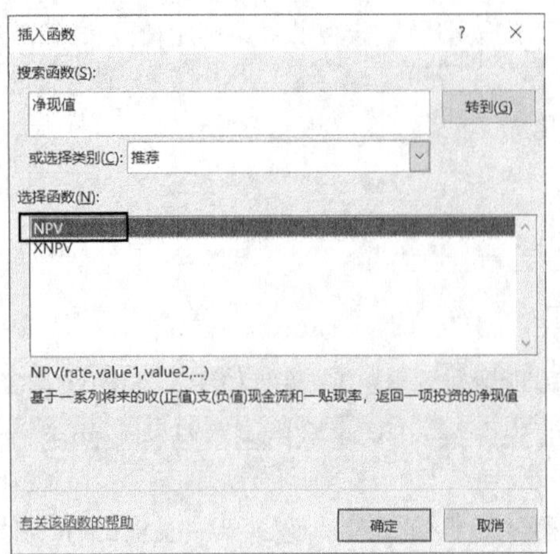

❹ 单击【确定】按钮，弹出【函数参数】对话框，依次在各参数文本框中输入对应的参数，如下图所示。

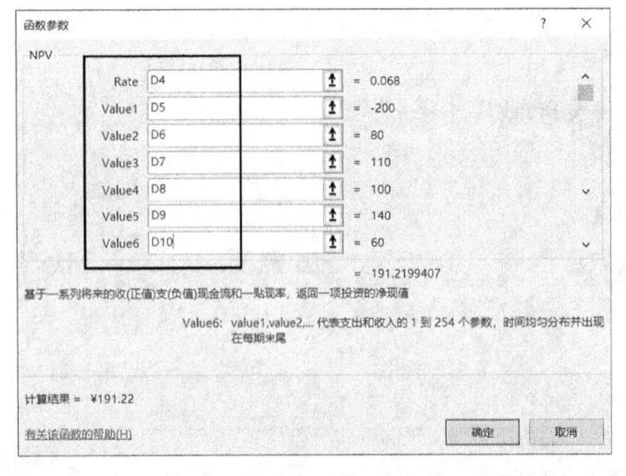

❺ 单击【确定】按钮，返回工作表，即可得到方案 1 的净现值。

D11 =NPV(D4,D5,D6,D7,D8,D9,D10)

投资方案		方案1	方案2	方案3	方案4
投资期		5年	5年	4年	3年
市场利率		6.80%	6.80%	6.80%	6.80%
年初投资额（万元）		-200	-300	-300	-500
各年净收益（万元）	第1年	80	100	120	220
	第2年	110	140	160	260
	第3年	100	180	200	300
	第4年	140	220	250	
	第5年	60	150		
净现值（万元）		¥191.22			

❻ 选中单元格 D11，按住鼠标左键不放向右拖动到单元格 G11，即可得到其他方案的净现值。

投资方案		方案1	方案2	方案3	方案4
投资期		5年	5年	4年	3年
市场利率		6.80%	6.80%	6.80%	6.80%
年初投资额（万元）		-200	-300	-300	-500
各年净收益（万元）	第1年	80	100	120	220
	第2年	110	140	160	260
	第3年	100	180	200	300
	第4年	140	220	250	
	第5年	60	150		
净现值（万元）		¥191.22	¥319.46	¥289.30	¥168.73

由计算结果可知，使用净现值法对投资方案进行分析后，方案 2 的净现值是最大的，说明按方案 2 进行投资更好。

6.2.2 使用内含报酬率法进行投资决策分析

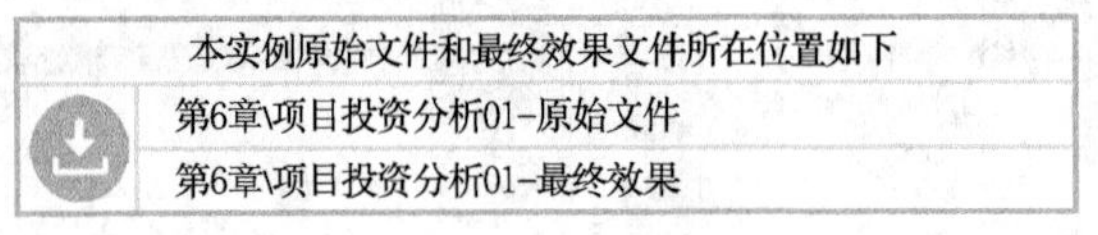

扫码看视频

内含报酬率法是把各投资项目的内含报酬率同企业的资本成本或要求达到的最低报酬率进行比较，从而确定各投资项目是否可行的一种决策分析方法。

内含报酬率就是对投资方案未来的每年现金净流量进行贴现，使所得的现值恰好与原始投资额现值相等，从而使净现值等于 0 时的贴现率。

若内含报酬率大于资本成本或最低报酬率，则项目可行；若内含报酬率小于资本成本或最低报酬率，则投资项目不可行；若内含报酬率等于企业要求达到的最低报酬率，则投资项目通常可行，若内含报酬率等于企业资本成本，则投资项目一般不可行。

使用内含报酬率法进行投资决策分析时，需要先计算内含报酬率。计算内含报酬率最常用的是 IRR 函数，下面先介绍 IRR 函数的基本结构及使用方法。

IRR 函数返回的数值代表一组现金流的内含报酬率。这些现金流不必均衡，但作为年金，它们必须有固定的间隔，如按月或按年。其语法格式如下。

IRR(values,guess)

① 参数 values 为数组或单元格的引用，包含用来计算返回的内含报酬率的值。如果数组或单元格引用包含文本、逻辑值或空白单元格，则它们将被忽略。

② 参数 guess 为对 IRR 函数计算结果的估计值。在大多数情况下，并不需要为 IRR 函数的计算结果提供估计值。如果省略 guess 参数，则默认它为 0.1 (10%)。

❶ 打开本实例的原始文件“项目投资分析 01－原始文件”，选中单元格 D12，切换到【公式】选项卡，在【函数库】组中单击【插入函数】按钮。

❷ 弹出【插入函数】对话框，在【搜索函数】文本框中输入函数的主要关键字“报酬率”。

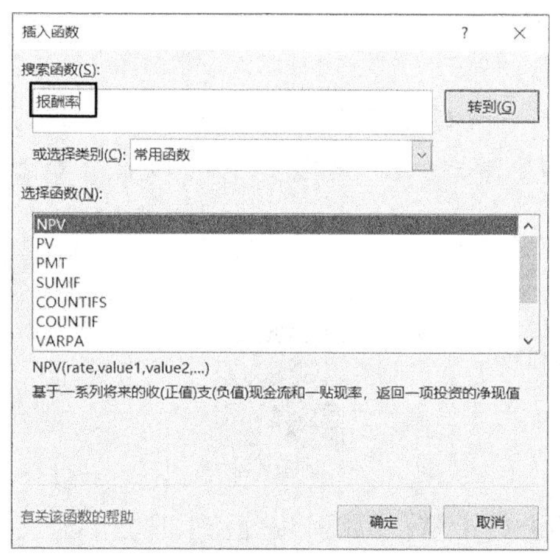

❸ 单击【转到】按钮，系统即可根据关键字在下方给出相关函数，此处选择【IRR】选项。

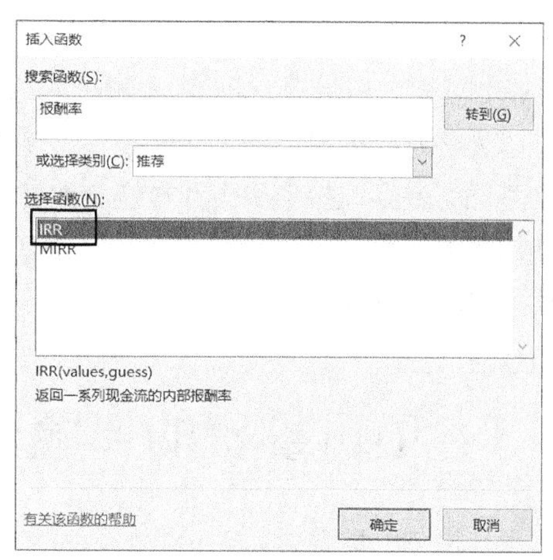

❹ 单击【确定】按钮，弹出【函数参数】对话框，在第 1 个参数文本框中输入“D5:D10”，第 2 个参数忽略即可。

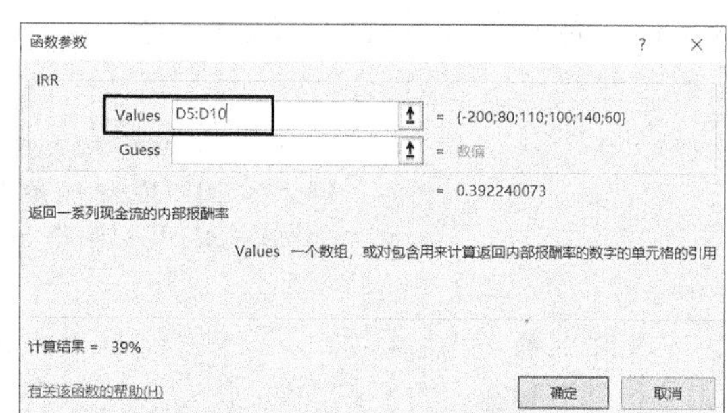

❺ 单击【确定】按钮，返回工作表，即可得到方案 1 的内含报酬率。

D12 =IRR(D5:D10)

投资方案		方案1	方案2	方案3	方案4
投资期		5年	5年	4年	3年
市场利率		6.80%	6.80%	6.80%	6.80%
年初投资额（万元）		-200	-300	-300	-500
各年净收益（万元）	第1年	80	100	120	220
	第2年	110	140	160	260
	第3年	100	180	200	300
	第4年	140	220	250	
	第5年	60	150		
净现值（万元）		¥191.22	¥319.46	¥289.30	¥168.73
内含报酬率		39%			

❻ 选中单元格 D12，按住鼠标左键不放向右拖动到单元格 G12，即可得到其他方案的内含报酬率。

投资方案		方案1	方案2	方案3	方案4
投资期		5年	5年	4年	3年
市场利率		6.80%	6.80%	6.80%	6.80%
年初投资额（万元）		-200	-300	-300	-500
各年净收益（万元）	第1年	80	100	120	220
	第2年	110	140	160	260
	第3年	100	180	200	300
	第4年	140	220	250	
	第5年	60	150		
净现值（万元）		¥191.22	¥319.46	¥289.30	¥168.73
内含报酬率		39%	39%	41%	24%

由计算结果可知，使用内含报酬率法对投资方案进行分析后，方案 3 的内含报酬率是最高的，说明按方案 3 进行投资更好。

从本实例可以发现，使用内含报酬率法和净现值法进行投资决策分析时，得到的结果不一致，这是因为各方案的投资期和初始投资金额不同。方案 2 和方案 3 的初始投资金额相同，但是投资期不同，就会让投资决策存在资金效益和资金效率两种标准。如果从资金效率上看，则应该以内含报酬率的大小为标准，选择方案 3；但是如果从资金效益上看，则应该以净现值的大小为标准，选择方案 2。

6.3 项目投资的风险分析

项目投资的成败关系到企业的切身利益，甚至关系到企业的生死存亡，因此企业在投资的时候不光要分析投资的效益，还应该预测投资的风险。在投资过程中，企业要及时地分析投资回报率，因为只有企业的投资回报率高于企业的最低报酬率，企业才有可能得到预期的经济效益。

6.3.1 通过相关系数判断风险大小

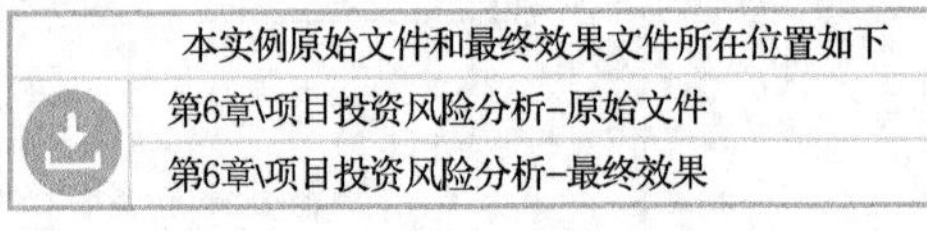

某企业在 2021 年想对某企业开发的一个新产品进行投资。假设该产品在证券市场上 5 年内的投资报酬率和市场组合报酬率，以及当前的无风险报酬率、市场平均报酬率如下页图所示。如果该企业对该投资项目要求的最低报酬率为 15%，那么这一投资行为是否存在风险，是否可行？

	第1年	第2年	第3年	第4年	第5年
投资报酬率	12.00%	8.40%	12.50%	21.50%	16.80%
市场组合报酬率	7.80%	9.20%	13.60%	23.80%	13.20%
无风险报酬率	7.60%				
市场平均报酬率	13%				
要求最低报酬率	15%				
相关系数β					

要分析一个投资项目的风险性，通常需要分析该项投资的系统风险。所谓系统风险，是指资产受宏观经济、市场情绪等整体性因素影响而发生的价格波动。而能反映投资的系统风险的就是投资报酬率与市场组合报酬率的相关系数 β 。

$\beta=1$，表示该单项投资的风险报酬率与市场组合平均风险报酬率呈同比例变化，其风险情况与市场投资组合的风险情况一致。

$\beta>1$，说明该单项投资的风险报酬率高于市场组合平均风险报酬率，该单项投资的风险大于整个市场投资组合的风险。

$\beta<1$，说明该单项投资的风险报酬率小于市场组合平均风险报酬率，该单项投资的风险小于整个市场投资组合的风险。

计算相关系数 β 最常用且最简单的方法是函数法，使用的函数为 SLOPE 函数。下面先介绍 SLOPE 函数的基本结构及使用方法。

SLOPE 函数的主要作用是返回根据因变量和自变量中的数据点拟合的线性回归直线的斜率。斜率为直线上任意两点的垂直距离与水平距离的比值，也就是回归直线的变化率。其语法格式如下。

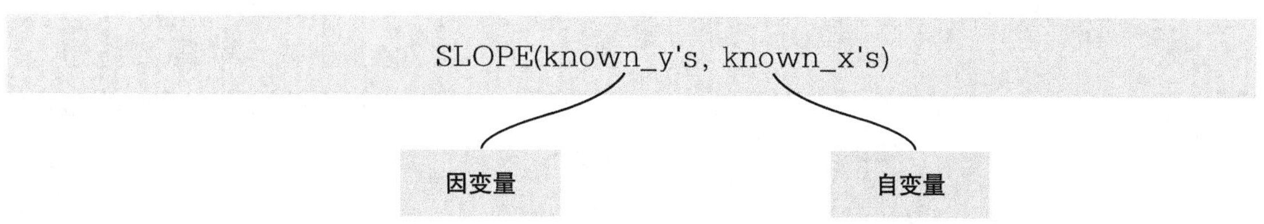

① 因变量为数值型因变量数据点数组或单元格区域。

② 自变量为自变量数据点集合。

在当前实例中，可以将投资报酬率作为因变量，将市场组合报酬率作为自变量。具体操作步骤如下。

❶ 打开本实例的原始文件“项目投资风险分析 - 原始文件”，选中单元格 C8，切换到【公式】选项卡，在【函数库】组中单击【插入函数】按钮。

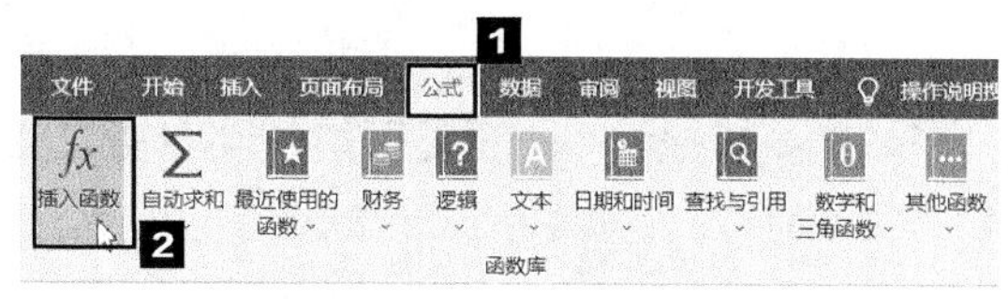

❷ 弹出【插入函数】对话框，在【搜索函数】文本框中输入函数的主要关键字“斜率”。

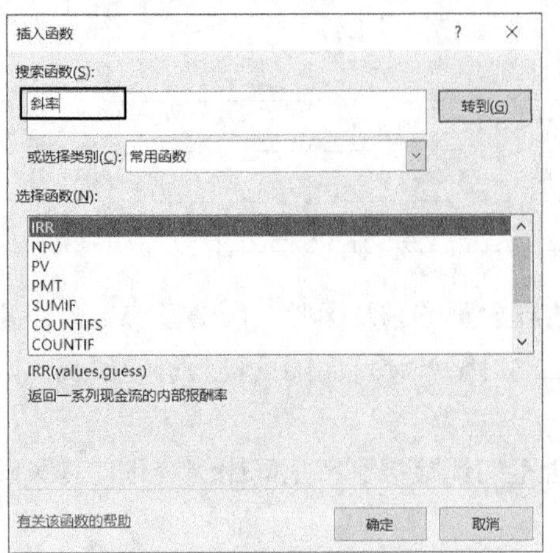

❸ 单击【转到】按钮，系统即可根据关键字在下方给出相关函数，此处选择【SLOPE】选项。

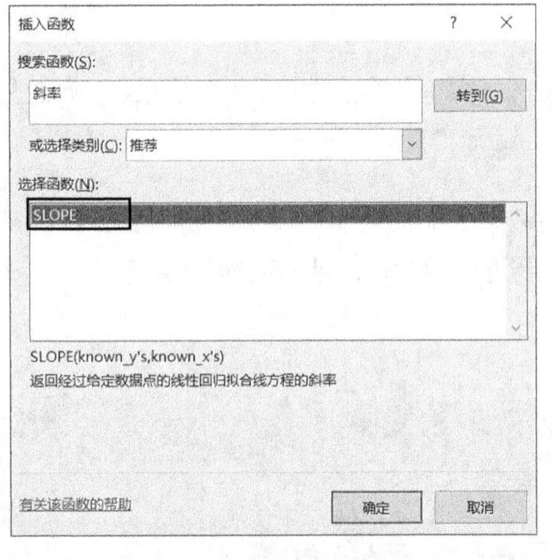

❹ 单击【确定】按钮，弹出【函数参数】对话框，在第1个参数文本框中输入“C3:G3”，在第2个参数文本框中输入“C4:G4”。

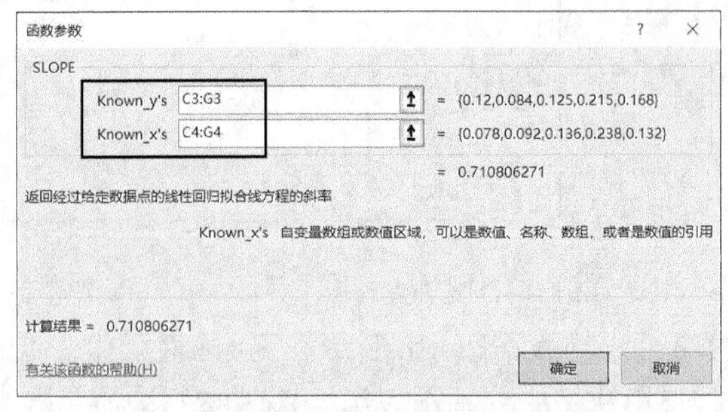

❺ 单击【确定】按钮，返回工作表，即可得到投资报酬率与市场组合报酬率的相关系数 β。

	第1年	第2年	第3年
投资报酬率	12.00%	8.40%	12.50%
市场组合报酬率	7.80%	9.20%	13.60%
无风险报酬率			7.60%
市场平均报酬率			13%
要求最低报酬率			15%
相关系数β			0.710806271

通过计算结果可知，投资报酬率与市场组合报酬率的相关系数 β 约等于0.71，也就是说 $\beta<1$，说明该单项投资的风险报酬率小于市场组合平均风险报酬率，该单项投资的风险小于整个市场投资组合的风险，相对来说风险较小。

6.3.2 计算要求报酬率判断投资可行性

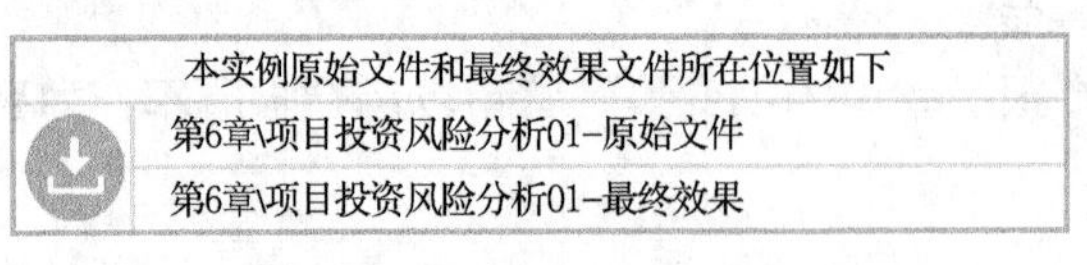

扫码看视频

虽然通过前面的分析，企业知道了该方案的投资风险比较小，但是企业还需要进一步计算投资者的要求报酬率，看是否能达到企业的最低报酬率，如果低于企业的最低报酬率，就说明该方案不可行。在计算投资者的要求报酬率时，需要用到以下两个公式。

投资者要求的报酬率 = 无风险报酬率 + 风险报酬率

风险报酬率 = β ×（市场平均报酬率 − 无风险报酬率）

由上面的公式可以知道，要计算投资者要求的报酬率，需要先计算风险报酬率。具体操作步骤如下。

❶ 打开本实例的原始文件“项目投资风险分析 01- 原始文件”，计算风险报酬率。在单元格 C9 中输入公式“=C8*(C6-C5)”，按【Enter】键完成输入。

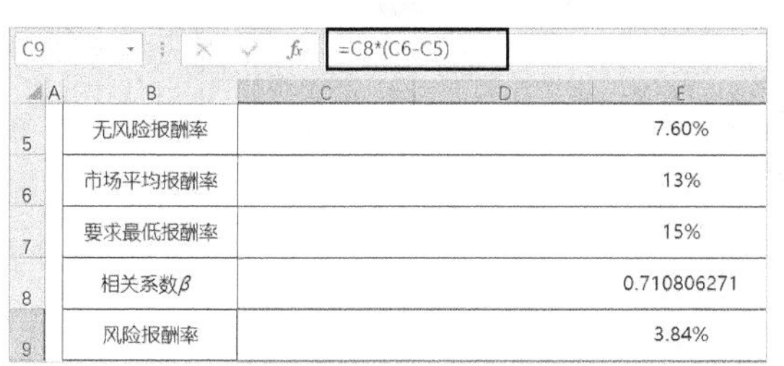

C9 =C8*(C6-C5)

	B	C
5	无风险报酬率	7.60%
6	市场平均报酬率	13%
7	要求最低报酬率	15%
8	相关系数β	0.710806271
9	风险报酬率	3.84%

❷ 计算投资者要求的报酬率。根据计算公式“投资者要求的报酬率 = 无风险报酬率 + 风险报酬率”，在单元格 C10 中输入公式“=C5+C9”，按【Enter】键完成输入。

C10 =C5+C9

	B	C
5	无风险报酬率	7.60%
6	市场平均报酬率	13%
7	要求最低报酬率	15%
8	相关系数β	0.710806271
9	风险报酬率	3.84%
10	投资者要求报酬率	11.44%

由计算结果可知，投资者要求报酬率为 11.44%，小于企业要求的最低报酬率。因此，虽然该方案的投资风险相对较小，但不适合进行投资。

6.4　投资组合决策分析

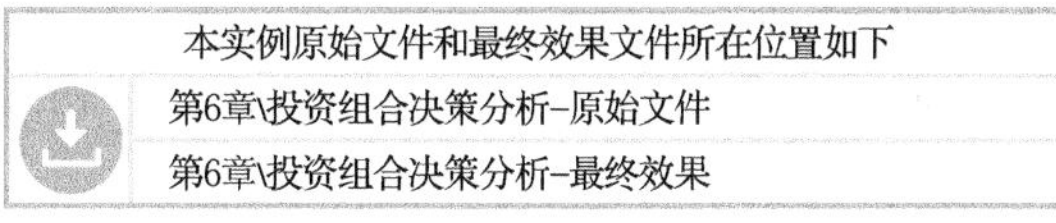

在实际工作中，企业可能会同时面临多个具有可行性的投资项目，但通常由于资金有限，企业只能选择其中的几个项目进行投资。那么企业应该怎样选择，才能使企业的利益最大化呢？这就需要企业对各投资项目进行分析并进行适当的组合。

例如，某企业在 2021 年初考察了多个投资项目，其中有 8 个项目的投资风险较小且投资者要求报酬率大于企业要求的最低报酬率，贴现率为 12%，投资年限为 5 年。但是这 8 个项目总共需要的投资金额为 1680 万元，而该企业在 2021 年的投资预算资金只有 1000 万元，那么该企业就需要进行取舍，从中选择几个项目进行投资。该企业该如何选择，才能使投资组合最优呢？

（1）设定决策变量。当前实例是分析选择哪几个项目进行投资，很显然变量就是 8 个项目的投资情况。假设项目投资情况为 x_1、x_2、x_3、x_4、x_5、x_6、x_7、x_8。

（2）确定目标函数。当前实例的最终目标是收益最大，也就是净现值合计最大，假设最大净现值合计为 $NPV_{总}$，则目标函数如下。

$$NPV_{总}=NPV_1+NPV_2+NPV_3+NPV_4+NPV_5+NPV_6+NPV_7+NPV_8$$

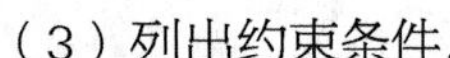

（3）列出约束条件。

根据投资预算资金只有 1000 万元，得到如下约束条件。

$NPV_1+NPV_2+NPV_3+NPV_4+NPV_5+NPV_6+NPV_7+NPV_8 \leqslant 1000$

该企业对 8 个项目的投资情况只有是和否两种情况，假设是为 1，否为 0，得到如下约束条件。

x_1、x_2、x_3、x_4、x_5、x_6、x_7、x_8 为整数

x_1、x_2、x_3、x_4、x_5、x_6、x_7、$x_8 \geqslant 0$

x_1、x_2、x_3、x_4、x_5、x_6、x_7、$x_8 \leqslant 1$

（4）建立整个线性规划模型，并对模型求解。

① 建立模型结构。根据前面的目标函数和约束条件建立如下模型结构。

投资项目	初始投资额（万元）	第1~5年的净现金流量（万元）	净现值（万元）	选择变量
项目1	180	67		
项目2	200	75		
项目3	230	84		
项目4	260	100		
项目5	120	43		
项目6	150	55		
项目7	300	123		
项目8	240	85		
资金限额（万元）	1000	贴现率	12%	
		项目寿命期限	5	

投入资金（万元）	
净现值合计（万元）	

由上述分析可知，目标函数和约束条件都与各项目的净现值有关，因此，需要先计算各项目的净现值。根据公式“净现值 = 现值 – 初始投资额”，初始投资额是已知数据，那么要计算净现值，就需要先计算现值。

② 编辑公式。C15 表示最优结果下的最大净现值，E3:E10 单元格区域表示各项目的净现值，F3:F10 单元格区域表示最终的变量结果，C14 表示最优结果下的投入资金。

净现值的计算公式为“净现值 = 现值 – 初始投资额”。

1. 计算项目 1 的现值

计算现值可以使用 PV 函数。具体操作步骤如下。

❶ 打开本实例的原始文件“投资组合决策分析 – 原始文件”，选中单元格 E3，打开【插入函数】对话框，搜索“PV”并在下面的列表框中选择【PV】选项。

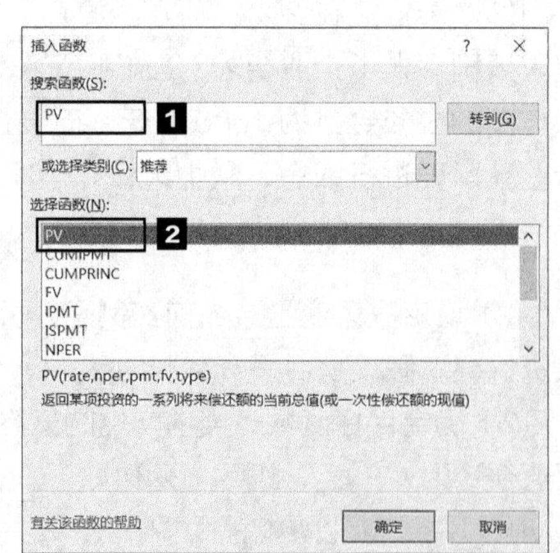

❷ 单击【确定】按钮，弹出【函数参数】对话框，在第1个参数文本框中输入“E11”，在第2个参数文本框中输入“E12”，在第3个参数文本框中输入“D3”，在第4个参数文本框中输入“0”，第5个参数忽略。

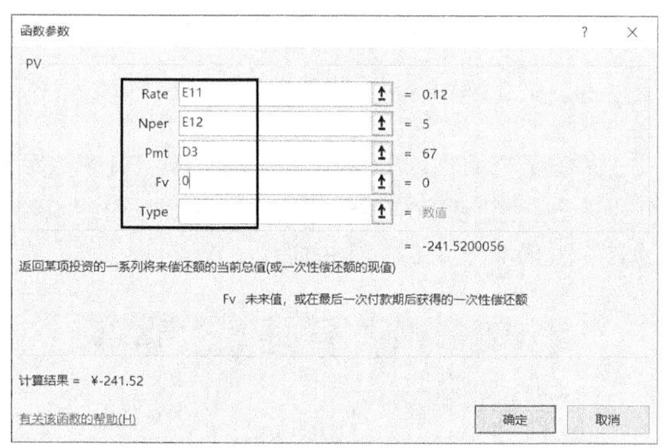

❸ 单击【确定】按钮，返回工作表，即可得到项目1的现值。

E3 =PV(E11,E12,D3,0)

	C	D	E
2	初始投资额（万元）	第1~5年的净现金流量（万元）	净现值（万元）
3	180	67	-241.52
4	200	75	

2. 计算各项目的净现值

由于现值属于贷方，因此会显示为负数。在计算净现值之前，需要先将计算出的现值更正为正数。具体操作步骤如下。

❶ 选中单元格E3，在公式“PV(E11,E12,D3,0)”前输入“-”，然后在其末尾输入“-C3”。

E3 =-PV(E11,E12,D3,0)-C3

	C	D	E
2	初始投资额（万元）	第1~5年的净现金流量（万元）	净现值（万元）
3	180	67	61.52
4	200	75	

❷ 由于各个项目的贴现率和投资期限是相同的，因此可以将公式中有关贴现率和投资期限的参数更改为绝对引用形式，然后将单元格E3中的公式填充到下面的单元格区域中。

E3 =-PV($E$11,$E$12,D3,0)-C3

	C	D	E
2	初始投资额（万元）	第1~5年的净现金流量（万元）	净现值（万元）
3	180	67	61.52
4	200	75	70.36
5	230	84	72.80
6	260	100	100.48
7	120	43	35.01
8	150	55	48.26
9	300	123	143.39
10	240	85	66.41

3. 计算企业的投入资金

企业的投入资金应该等于各投资项目的初始投资额之和，因此要判断是否会对各项目进行投资。根据前面的分析，判断投资情况的变量只有0和1，所以只需要计算初始投资额与变量的乘积之和就可以计算出企业的投入资金。

❶ 选中单元格C14，打开【插入函数】对话框，在【搜索函数】文本框中输入函数的关键字“乘积”，单击【转到】按钮。

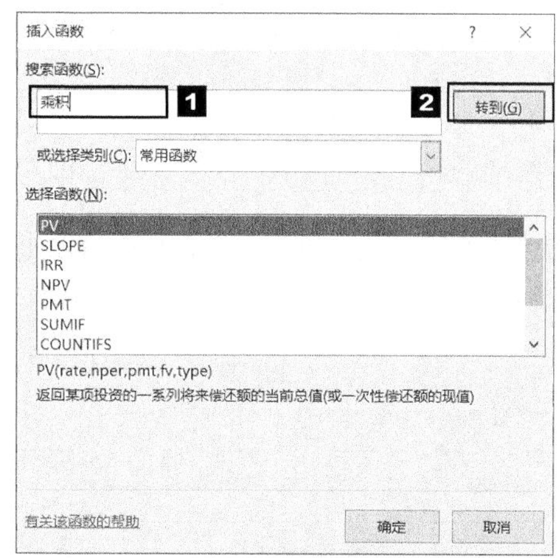

❷ 系统即可搜索出与乘积相关的所有函数，选择【SUMPRODUCT】选项。

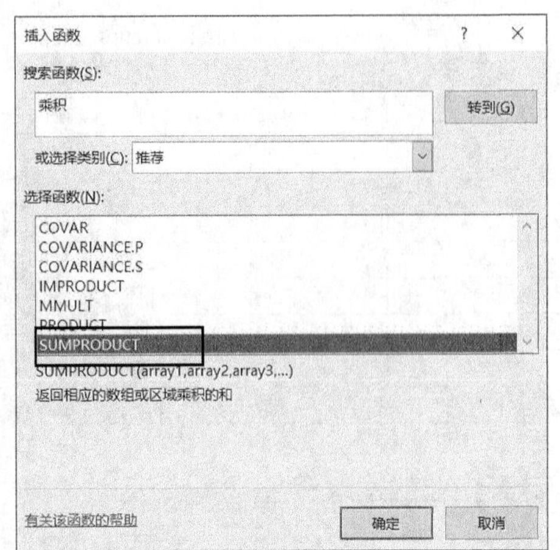

❸ 单击【确定】按钮，弹出【函数参数】对话框，在第 1 个参数文本框中输入“C3:C10”，在第 2 个参数文本框中输入“F3:F10”。

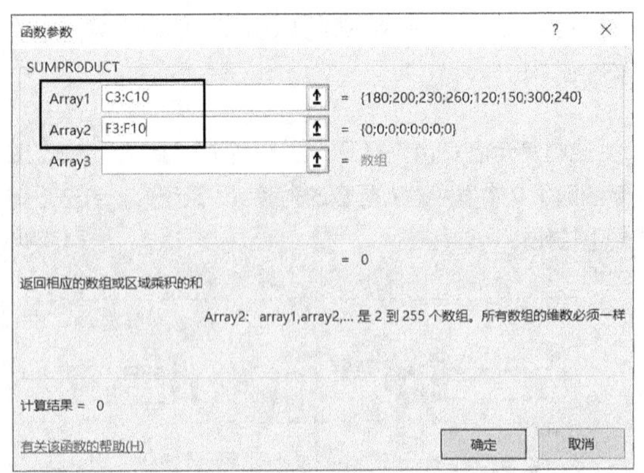

❹ 单击【确定】按钮，返回工作表，即可得到企业的投入资金。

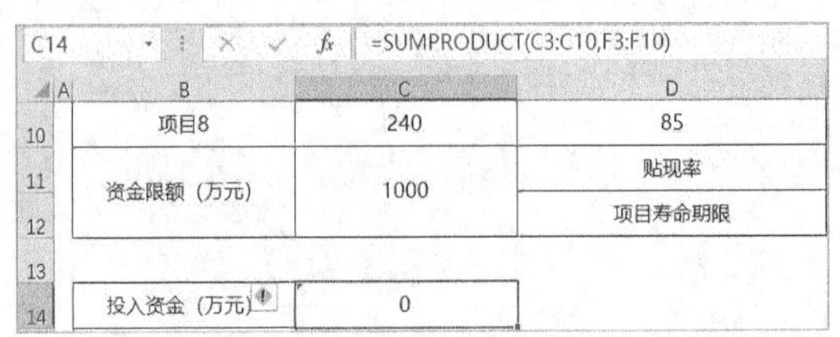

	B	C	D
10	项目8	240	85
11	资金限额（万元）	1000	贴现率
12			项目寿命期限
13			
14	投入资金（万元）	0	

这里得到的结果为 0 是因为尚未确定哪些项目为要投资的项目，默认所有项目对应的变量为 0，即不投资。

4. 计算净现值合计

企业投资项目的净现值合计等于投资项目的净现值之和，与计算企业的投入资金一样，需要先判断是否会对各项目进行投资，因此计算各项目的净现值与变量的乘积之和就可以得到企业投资项目的净现值之和。

❶ 选中单元格 C15，切换到【公式】选项卡，在【函数库】组中单击【最近使用的函数】按钮，在弹出的下拉列表中选择【SUMPRODUCT】选项。

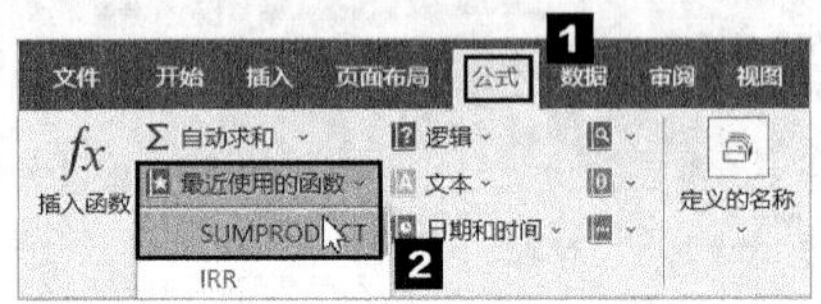

❷ 弹出【函数参数】对话框，在第 1 个参数文本框中输入“E3:E10”，在第 2 个参数文本框中输入“F3:F10”。

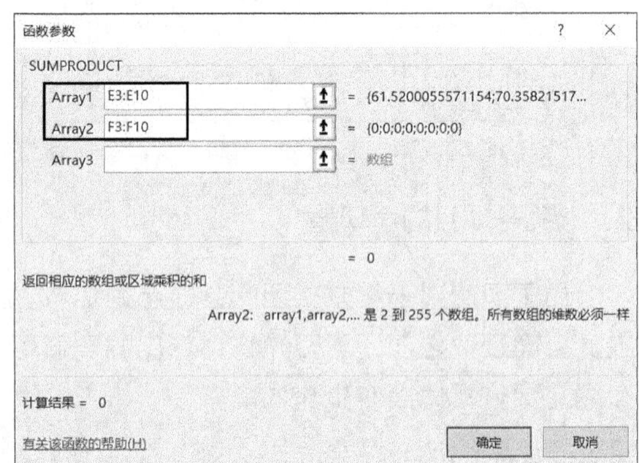

❸ 单击【确定】按钮，返回工作表，即可得到企业所有投资项目的净现值之和。

C15 =SUMPRODUCT(E3:E10,F3:F10)

	B	C	D
10	项目8	240	85
11	资金限额（万元）	1000	贴现率
12			项目寿命期限
13			
14	投入资金（万元）	0	
15	净现值合计（万元）	0	

5. 规划求解确定选择变量

接下来通过规划求解确定选择变量，具体操作步骤如下。

❶ 切换到【数据】选项卡，在【分析】组中单击【规划求解】按钮。

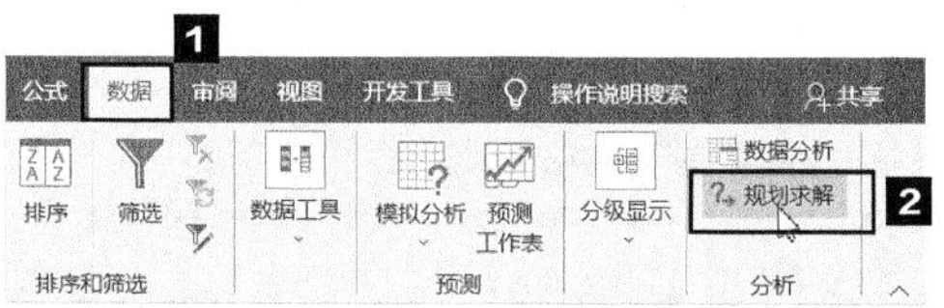

❷ 弹出【规划求解参数】对话框，将光标定位到【设置目标】文本框中，选中单元格 C14，选中【最大值】单选钮；然后将光标定位到【通过更改可变单元格】文本框中，选中变量所在的单元格区域 F3:F10，单击【添加】按钮。

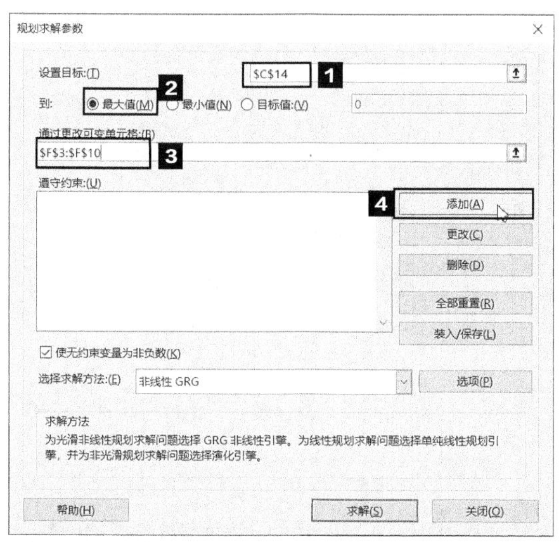

提示

【设置目标】、【通过更改可变单元格】和约束条件的文本框中的单元格区域，默认为绝对引用形式。

❸ 弹出【添加约束】对话框，根据第一个约束条件“投入资金不超过 1000 万元”，设定第 1 个约束条件。将光标定位到【单元格引用】文本框中，选中单元格 C14；在【关系符号】下拉列表中选择【<=】选项；将光标定位到【约束】文本框中，选中单元格 C11。

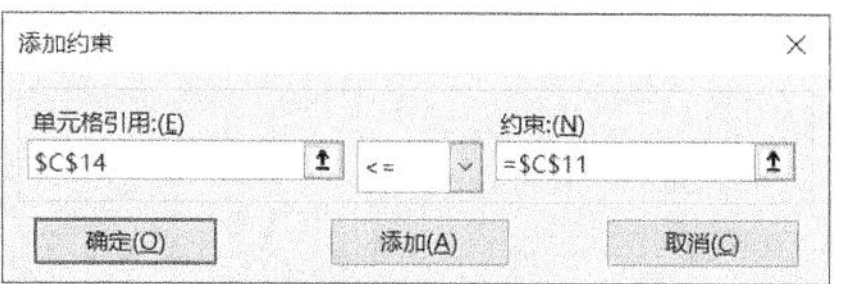

❹ 单击【添加】按钮，弹出一个新的【添加约束】对话框，根据第 2 个约束条件“选择变量为整数”，设定第 2 个约束条件。将光标定位到【单元格引用】文本框中，选中单元格区域 F3:F10；在【关系符号】下拉列表中选择【int】选项；在【约束】文本框中将自动填充“整数”。

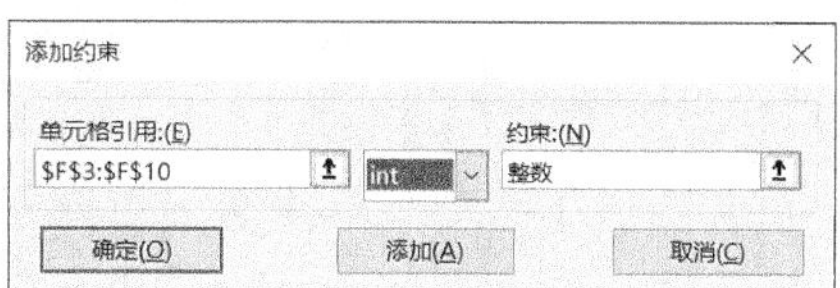

❺ 单击【添加】按钮，弹出一个新的【添加约束】对话框，根据第 3 个约束条件“选择变量大于等于 0”，设定第 3 个约束条件。将光标定位到【单元格引用】文本框中，选中单元格区域 F3:F10；在【关系符号】下拉列表中选择【>=】选项；在【约束】文本框中输入“0”。

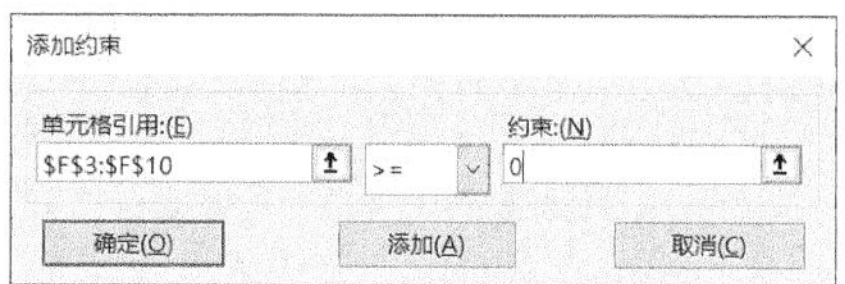

❻ 单击【添加】按钮，弹出一个新的【添加约束】对话框，根据第 4 个约束条件“选择变量小于等于 1”，设定第 4 个约束条件。将光标定位到【单元格引用】文本框中，选中单元格区域 F3:F10；在【关系符号】下拉列表中选择【<=】选项；在【约束】文本框中输入“1”。

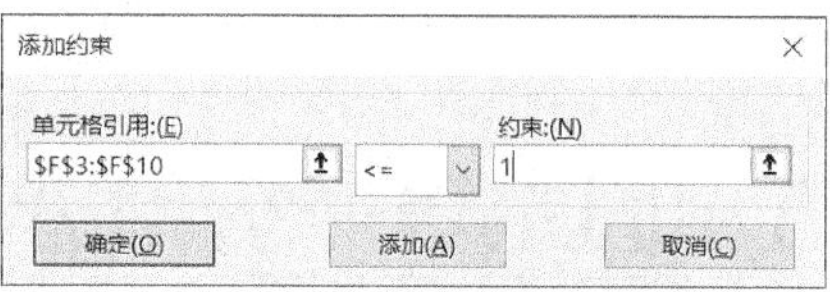

❼ 单击【确定】按钮，返回【规划求解参数】对话框，即可看到 4 个约束条件已经添加到【遵守约束】列表框中。

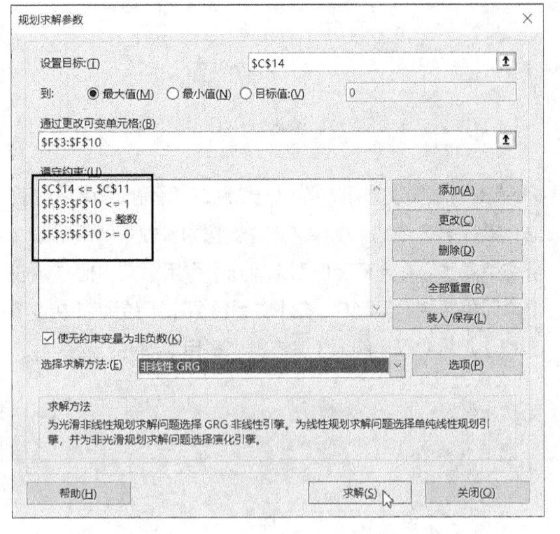

⑧ 单击【求解】按钮，弹出【规划求解结果】对话框，如下图所示。

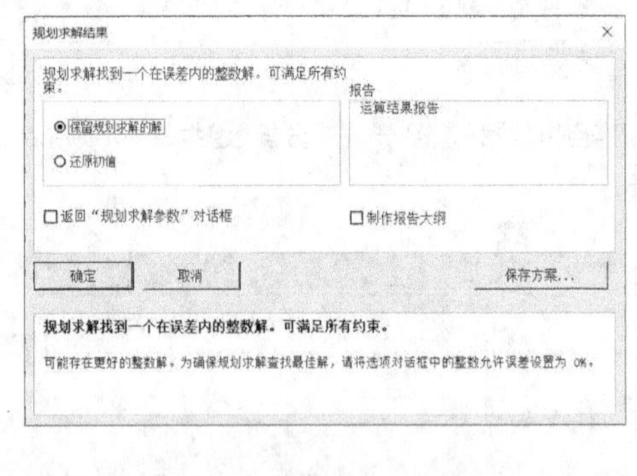

⑨ 单击【确定】按钮，即可看到求解结果，如下图所示。

投资项目	初始投资额(万元)	第1~5年的净现金流量(万元)	净现值(万元)	选择变量
项目1	180	67	¥61.52	0
项目2	200	75	¥70.36	1
项目3	230	84	¥72.80	1
项目4	260	100	¥100.48	1
项目5	120	43	¥35.01	0
项目6	150	55	¥48.26	0
项目7	300	123	¥143.39	1
项目8	240	85	¥66.41	0
资金限额(万元)	1000	贴现率	12%	
		项目寿命期限	5	

投入资金(万元)	990
净现值合计(万元)	387.0245093

通过规划求解结果可知，企业在 2021 年选择项目 2、项目 3、项目 4 和项目 7 进行投资，需要投入的资金为 990 万元，可以得到的最大净现值合计值，约为 387.02 万元。

6.5 固定资产折旧分析

固定资产投资也是企业进行的一种投资，它是以货币形式表现的、企业在一定时期内建造和购置固定资产的工作量及与此有关的费用的变化情况。

固定资产投资分析与普通项目的投资分析略有不同，因为固定资产还存在折旧问题。计算固定资产折旧额的方法有 3 种，即年限平均法、双倍余额递减法和年数总计法。

6.5.1 用年限平均法计算固定资产折旧额

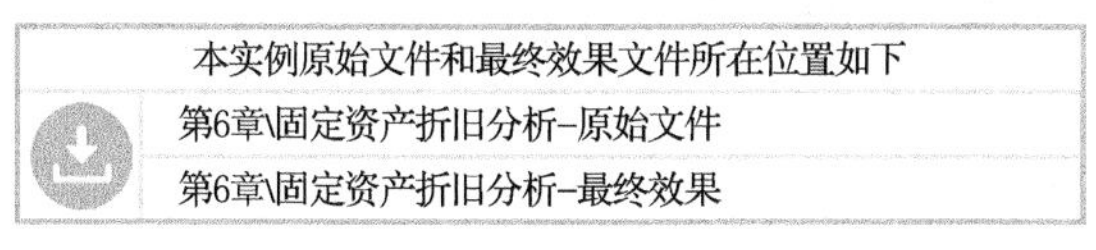

本实例原始文件和最终效果文件所在位置如下
第6章\固定资产折旧分析-原始文件
第6章\固定资产折旧分析-最终效果

年限平均法也叫直线法，是将固定资产的预计折旧额均衡地分摊到固定资产预计使用寿命内的一种方法。采用这种方法计算的每期折旧额均是相等的。在使用年限平均法计算固定资产折旧额时，较常用的是SLN函数。

SLN函数的功能是基于直线折旧法返回某项资产每期的线性折旧额（即平均折旧额）。其语法格式如下。

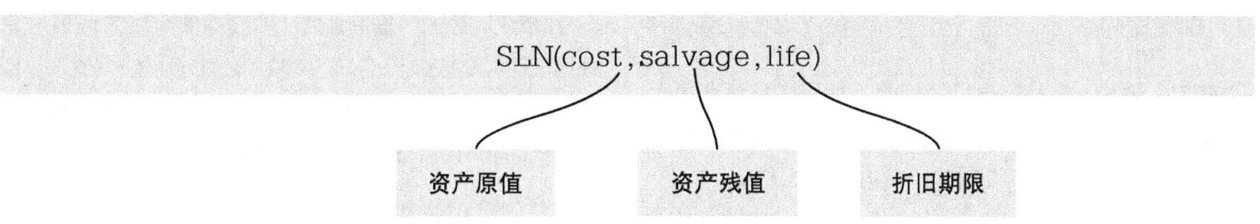

假设企业要引进一台新的生产设备，该设备原价为100万元，预计使用寿命为10年，预计净残值率为10%。

该实例中对应的资产原值是100万元，资产残值应为1000000×10%，即10万元，折旧期限为10年，这样SLN函数的参数就非常清晰了。由于SLN函数的参数比较简单且不变，所以用户可以直接在用于计算折旧额的单元格中输入公式进行计算。具体的操作步骤如下。

❶ 打开本实例的原始文件“固定资产折旧分析－原始文件”，选中单元格D2，打开【插入函数】对话框，在【搜索函数】文本框中输入函数的关键字“折旧”，单击【转到】按钮。

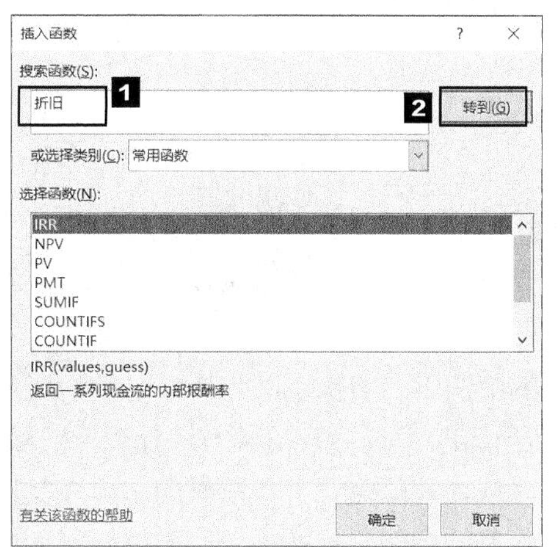

❷ 系统即可搜索出与折旧相关的所有函数，此处选择【SLN】选项。

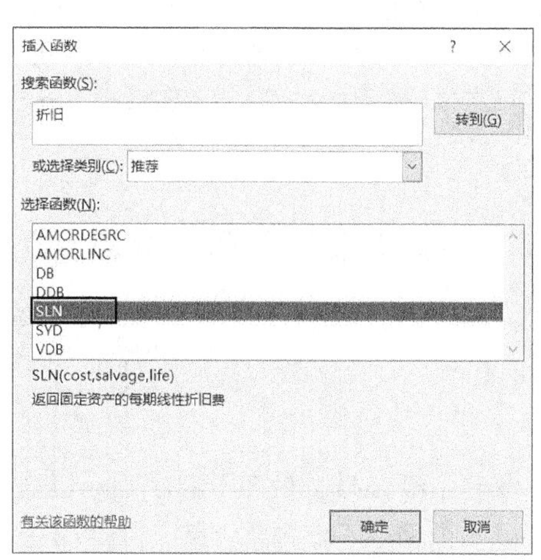

❸ 单击【确定】按钮，弹出【函数参数】对话框，在第 1 个参数文本框中输入“B2”，在第 2 个参数文本框中输入“C2”，在第 3 个参数文本框中输入“10”。

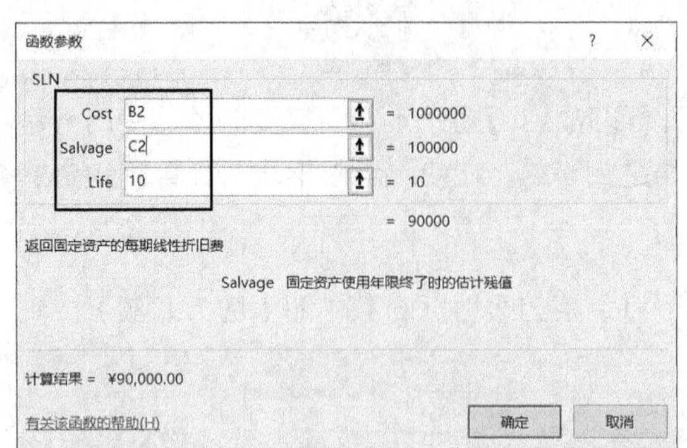

❹ 单击【确定】按钮，返回工作表，即可得到企业第 1 年的折旧额，将单元格 D2 中的公式不带格式地向下复制到单元格区域 D3:D11，得到其他年度的折旧额。

	A	B	C	D
1	会计年度	资产原值	资产残值	年折旧额
2	1	¥1,000,000.00	¥100,000.00	¥90,000.00
3	2	¥1,000,000.00	¥100,000.00	¥90,000.00
4	3	¥1,000,000.00	¥100,000.00	¥90,000.00
5	4	¥1,000,000.00	¥100,000.00	¥90,000.00
6	5	¥1,000,000.00	¥100,000.00	¥90,000.00
7	6	¥1,000,000.00	¥100,000.00	¥90,000.00
8	7	¥1,000,000.00	¥100,000.00	¥90,000.00
9	8	¥1,000,000.00	¥100,000.00	¥90,000.00
10	9	¥1,000,000.00	¥100,000.00	¥90,000.00
11	10	¥1,000,000.00	¥100,000.00	¥90,000.00

❺ 计算累计折旧额。在单元格 E2 中输入求和公式“=SUM(D$2:$D2)”，然后将单元格 E2 中的公式复制到下面的单元格区域中，得到不同年度的累计折旧额。

E2 =SUM(D$2:$D2) 2

	C	D	E
1	资产残值	年折旧额	累计折旧额
2	¥100,000.00	¥90,000.00	¥90,000.00 1
3	¥100,000.00	¥90,000.00	¥180,000.00
4	¥100,000.00	¥90,000.00	¥270,000.00
5	¥100,000.00	¥90,000.00	¥360,000.00
6	¥100,000.00	¥90,000.00	¥450,000.00
7	¥100,000.00	¥90,000.00	¥540,000.00
8	¥100,000.00	¥90,000.00	¥630,000.00
9	¥100,000.00	¥90,000.00	¥720,000.00
10	¥100,000.00	¥90,000.00	¥810,000.00
11	¥100,000.00	¥90,000.00	¥900,000.00

❻ 计算资产净值。根据公式“资产净值 = 资产原值 − 累计折旧额”，在单元格 F2 中输入公式“=B2−E2”，即可得到第 1 年的资产净值，然后将单元格 F2 中的公式不带格式地复制到下面的单元格区域中，得到其他年度的资产净值。

=B2-E2 2

C	D	E	F
资产残值	年折旧额	累计折旧额	资产净值
¥100,000.00	¥90,000.00	¥90,000.00	¥910,000.00 1
¥100,000.00	¥90,000.00	¥180,000.00	¥820,000.00
¥100,000.00	¥90,000.00	¥270,000.00	¥730,000.00
¥100,000.00	¥90,000.00	¥360,000.00	¥640,000.00
¥100,000.00	¥90,000.00	¥450,000.00	¥550,000.00
¥100,000.00	¥90,000.00	¥540,000.00	¥460,000.00
¥100,000.00	¥90,000.00	¥630,000.00	¥370,000.00
¥100,000.00	¥90,000.00	¥720,000.00	¥280,000.00
¥100,000.00	¥90,000.00	¥810,000.00	¥190,000.00
¥100,000.00	¥90,000.00	¥900,000.00	¥100,000.00

由计算结果可知，设备每年的折旧额相同，年折旧额为 9 万元。

6.5.2 用双倍余额递减法计算固定资产折旧额

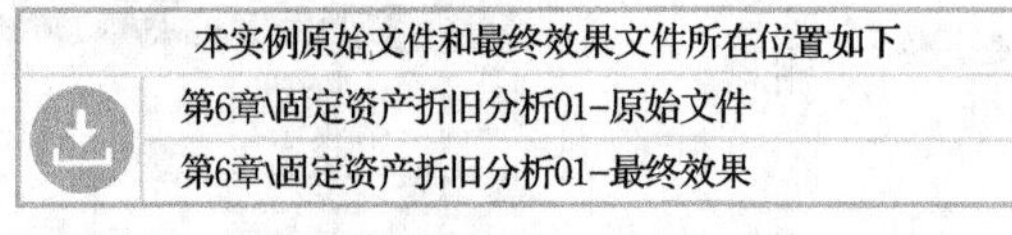

双倍余额递减法是在不考虑固定资产预计净残值的情况下，将每期固定资产的期初账面净值乘以一个固定不变的百分率，计算折旧额的一种加速折旧的方法。应用这种方法计算折旧额时，由于每年年初固定资产净值没有减去预计净残值，所以在计算固定资产折旧额时，应在其折旧年限到期前两年内，将固定资产的净值减去预计净残值后的余额平均摊销，即最后两年使用年限平均法计算折旧额。

1. 用双倍余额递减法计算前 8 年的固定资产折旧额

在使用双倍余额递减法计算固定资产折旧额时，应在其折旧年限到期前两年内，将固定资产的净值减去预计净残值后的余额平均摊销。因此，只能使用 DDB 函数计算前 8 年的折旧额。

DDB 函数的功能是计算固定资产在指定期间内的折旧额。其语法格式如下。

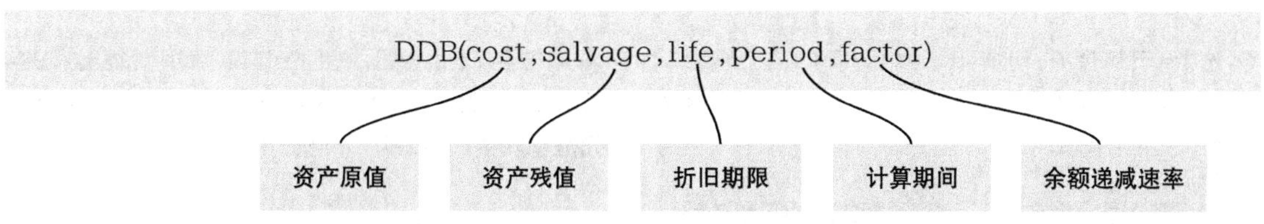

❶ 打开本实例的原始文件“固定资产折旧分析 01- 原始文件”，选中单元格 D2，打开【插入函数】对话框，在【搜索函数】文本框中输入函数的关键字“折旧”，单击【转到】按钮。

❷ 系统即可搜索出与折旧相关的所有函数，此处选择【DDB】选项。

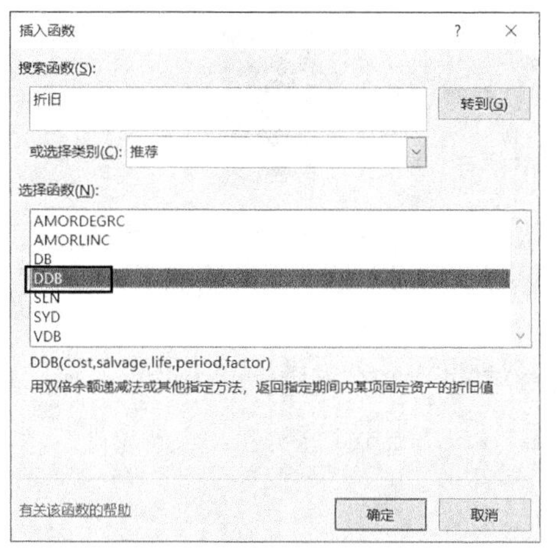

❸ 单击【确定】按钮，弹出【函数参数】对话框，在第 1 个参数文本框中输入“B2”，在第 2 个参数文本框中输入“C2”，在第 3 个参数文本框中输入“10”，在第 4 个参数文本框中输入“A2”，在第 5 个参数文本框中输入“2”。

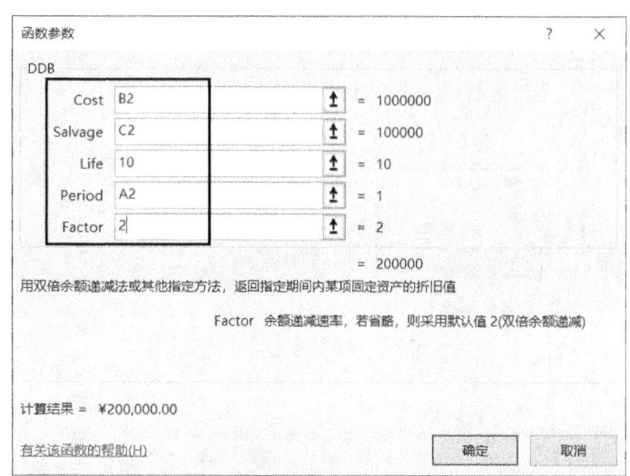

❹ 单击【确定】按钮，返回工作表，即可得到企业第 1 年的折旧额。将单元格 D2 中的公式不带格式地复制到单元格区域 D3:D9 中，得到第 2~8 个会计年度的折旧额。

D2　=DDB(B2,C2,10,A2,2)

	A	B	C	D
1	会计年度	资产原值	资产残值	年折旧额
2	1	¥1,000,000.00	¥100,000.00	¥200,000.00
3	2	¥1,000,000.00	¥100,000.00	¥160,000.00
4	3	¥1,000,000.00	¥100,000.00	¥128,000.00
5	4	¥1,000,000.00	¥100,000.00	¥102,400.00
6	5	¥1,000,000.00	¥100,000.00	¥81,920.00
7	6	¥1,000,000.00	¥100,000.00	¥65,536.00
8	7	¥1,000,000.00	¥100,000.00	¥52,428.80
9	8	¥1,000,000.00	¥100,000.00	¥41,943.04

2. 用年限平均法计算最后两年的固定资产折旧额

在使用双倍余额递减法计算完前 8 年的折旧额后，接下来使用年限平均法计算最后两年的固定资产折旧额。这里需要注意的是，SLN 函数对应的资产原值应是将资产原值减去前 8 年的折旧额后的值，且折旧期限应为两年。

❶ 选中单元格 D10，切换到【公式】选项卡，在【函数库】组中单击【最近使用的函数】按钮，在弹出的下拉列表中选择【SLN】选项。

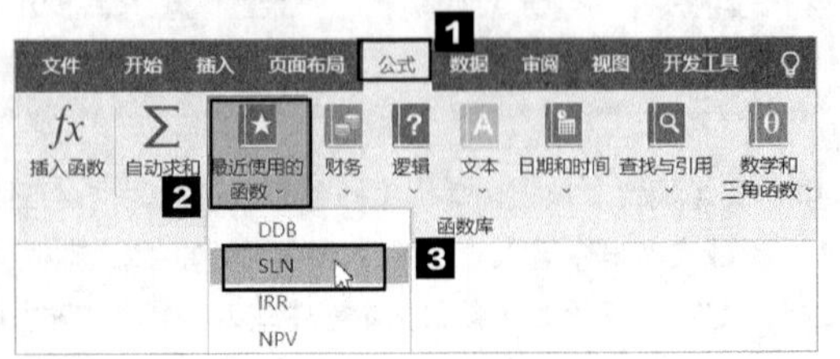

❷ 弹出【函数参数】对话框，在第 1 个参数文本框中输入“B10-$E$9”，在第 2 个参数文本框中输入“C10”，在第 3 个参数文本框中输入“2”。

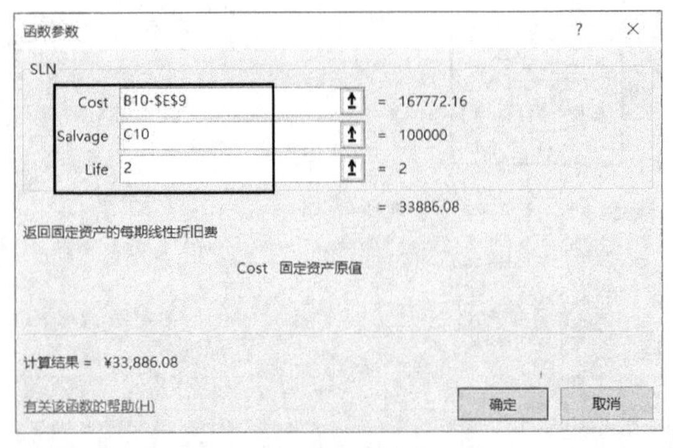

❸ 单击【确定】按钮，返回工作表，即可计算出第 9 年的折旧额。将单元格 D10 中的公式不带格式地复制到单元格 D11 中，得到第 10 年的折旧额。

D10 =SLN(B10-$E$9,C10,2)

会计年度	资产原值	资产残值	年折旧额
1	¥1,000,000.00	¥100,000.00	¥200,000.00
2	¥1,000,000.00	¥100,000.00	¥160,000.00
3	¥1,000,000.00	¥100,000.00	¥128,000.00
4	¥1,000,000.00	¥100,000.00	¥102,400.00
5	¥1,000,000.00	¥100,000.00	¥81,920.00
6	¥1,000,000.00	¥100,000.00	¥65,536.00
7	¥1,000,000.00	¥100,000.00	¥52,428.80
8	¥1,000,000.00	¥100,000.00	¥41,943.04
9	¥1,000,000.00	¥100,000.00	¥33,886.08
10	¥1,000,000.00	¥100,000.00	¥33,886.08

由计算结果可知，使用双倍余额递减法计算出的年折旧额是逐年递减的，后两年使用年限平均法计算出的年折旧额是相同的。

6.5.3 用年数总计法计算固定资产折旧额

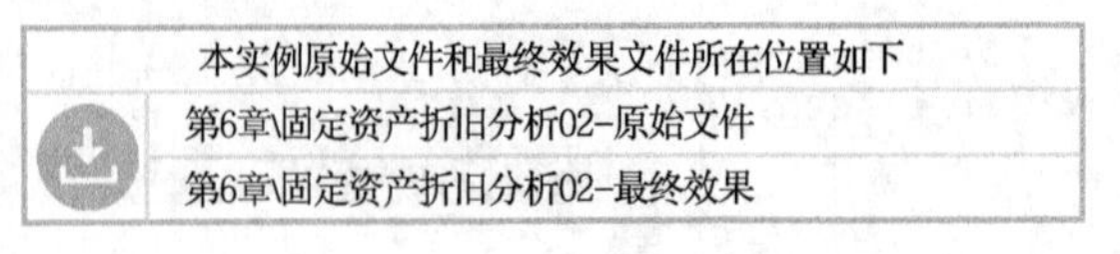

年数总计法也叫合计年限法，它将固定资产原值减去预计固定资产残值，再乘以一个逐年递减的分数来计算每年的折旧额。使用年数总计法计算每年的折旧额时，常用的函数是 SYD 函数。

SYD 函数是一个财务函数，它用年数总计法来计算某项资产在指定期间内的折旧额。其语法格式如下。

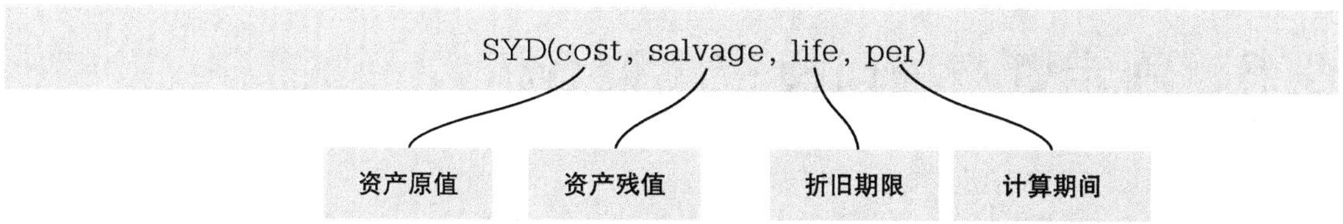

该实例中对应的资产原值是 100 万元，资产残值为 10 万元，折旧期限为 10 年，需要计算折旧额的时间应与会计年度相同，也就是说如果会计年度为 1，则需要计算折旧额的时间就是一年，这样 SYD 函数的参数就非常清晰了。使用年数总计法计算固定资产折旧额的具体操作步骤如下。

❶ 打开本实例的原始文件“固定资产折旧分析 02- 原始文件”，选中单元格 D2，打开【插入函数】对话框，在【搜索函数】文本框中输入函数的关键字“折旧”，单击【转到】按钮。

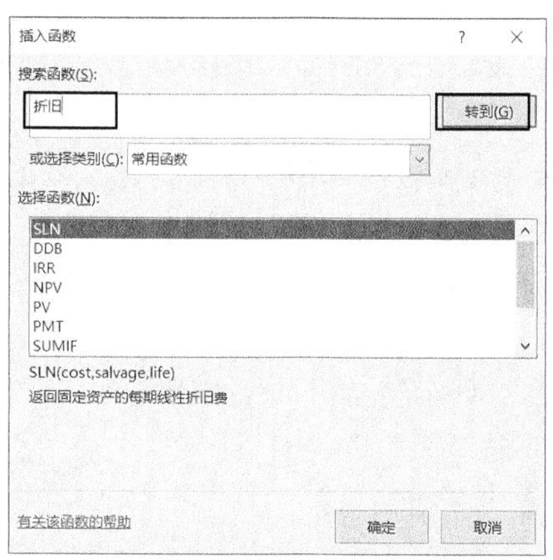

❷ 系统即可搜索出与折旧相关的所有函数，此处选择【SYD】选项。

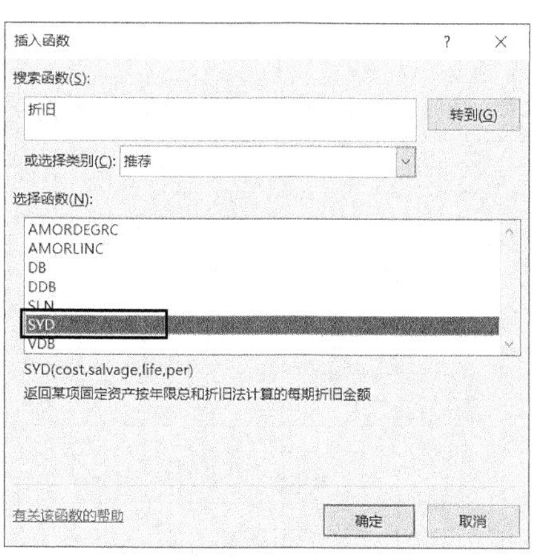

❸ 单击【确定】按钮，弹出【函数参数】对话框，在 4 个参数文本框中分别输入对应的参数。

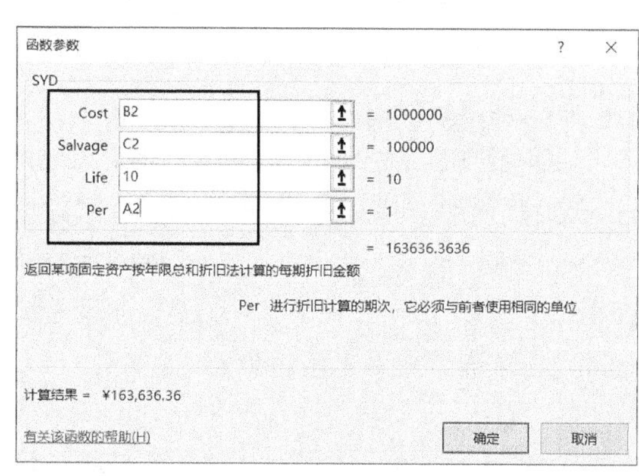

❹ 单击【确定】按钮，返回工作表，即可得到企业第 1 年的折旧额。将单元格 D2 中的公式不带格式地复制到单元格区域 D3:D11 中，得到第 2~10 个会计年度的折旧额。

D2 =SYD(B2,C2,10,A2)

会计年度	资产原值	资产残值	年折旧额
1	¥1,000,000.00	¥100,000.00	¥163,636.36
2	¥1,000,000.00	¥100,000.00	¥147,272.73
3	¥1,000,000.00	¥100,000.00	¥130,909.09
4	¥1,000,000.00	¥100,000.00	¥114,545.45
5	¥1,000,000.00	¥100,000.00	¥98,181.82
6	¥1,000,000.00	¥100,000.00	¥81,818.18
7	¥1,000,000.00	¥100,000.00	¥65,454.55
8	¥1,000,000.00	¥100,000.00	¥49,090.91
9	¥1,000,000.00	¥100,000.00	¥32,727.27
10	¥1,000,000.00	¥100,000.00	¥16,363.64

6.6 固定资产项目投资决策分析

固定资产项目投资分析的实例背景如下。

（1）某企业要引进一台价值 100 万元的生产设备，预计使用寿命为 10 年，预计净残值率为 10%。

（2）该企业引进设备的资金来源为银行贷款，贷款期限为 10 年，贷款年利率为 4.9%，使用等额本息法还款，还款时间为每年的年末。

（3）生产设备投入使用后，首年可使该企业的销售收入增加 50 万元，第 2~7 年销售收入每年都比上一年增加 5%，第 8~10 年销售收入每年都比上一年减少 5%。单位生产成本为 40 元，销售单价为 80 元。

（4）在第 1~10 年的生产经营过程中，该企业的营业成本每年增加 40 万元。

（5）该企业的所得税为 25%，且不享受免税。

（6）该固定资产的折现率为 10%。

那么该方案是否可行呢？

要判断方案是否可行，就需要计算该项固定资产项目投资的净现值，如果净现值大于等于 0，证明方案可行，如果净现值小于 0，证明方案不可行。

根据前面的学习，我们已经知道了计算净现值需要用到市场利率和净现金流量。此处不存在溢价，所以市场利率等于折现率。净现金流量则需要根据企业经营和投资情况进行计算。在计算过程中需要用到以下几个公式。

净现金流量 = 现金流入量 − 现金流出量

现金流入量 = 销售收入 + 回收固定资产的残值

现金流出量 = 经营成本 + 所得税

经营成本 = 营业成本 + 利息支出

销售数量 = 销售收入 ÷ 销售单价

根据上述分析创建一个如下图所示的数据表。

	A	B	C	D	E	F	G	H	I	J	K	L
1	会计年度	0	1	2	3	4	5	6	7	8	9	10
2	预计产品销售量											
3	销售单价											
4	成本单价											
5	销售收入											
6	回收固定资产残值											
7	现金流入量合计											
8	固定资产投资											
9	营业成本											
10	利息支出											
11	经营成本											
12	所得税											
13	税率											
14	现金流出量合计											
15	利润总额											
16	净利润											
17	净现金流量											
18	折现率											
19	净现值											

6.6.1 计算每年的销售收入

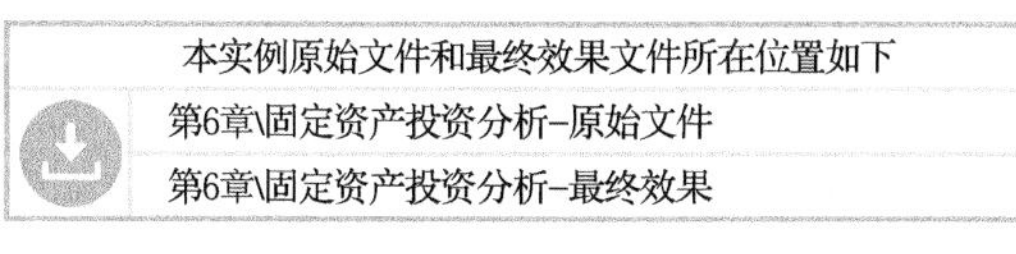

在本实例中，已知设备投入使用后，首年可使该企业销售收入增加 50 万元，第 2~7 年销售收入每年增加 5%，第 8~10 年销售收入每年减少 5%。那么 10 年内每年的销售收入如下。

第 1 年为 500000 元、第 2 年为 500000×（1+5%）元、第 3 年为 500000×(1+5%)2 元、第 4 年为 $500000\times(1+5\%)^3$ 元、第 5 年为 $500000\times(1+5\%)^4$ 元、第 6 年为 $500000\times(1+5\%)^5$ 元、第 7 年为 $500000\times(1+5\%)^6$ 元、第 8 年为 $500000\times(1+5\%)^6\times(1-5\%)$ 元、第 9 年为 $500000\times(1+5\%)^6\times(1-5\%)^2$ 元、第 10 年为 $500000\times(1+5\%)^6\times(1-5\%)^3$ 元。

由此可以看出，每年的销售收入不是等比递增就是等比递减的，用户既可以手动一个一个地计算，也可以使用 POWER 函数实现快速计算。下面先介绍 POWER 函数的基本结构及使用方法。

POWER 函数的功能是返回数字乘幂的计算结果。其语法格式如下。

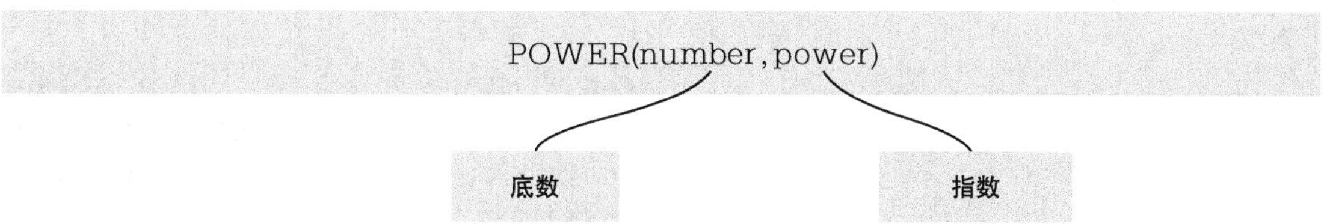

两个参数可以是任意实数。当参数 power 的值为小数时，表示计算的是开方；当参数 number 的值小于 0 且参数 power 为小数时，POWER 函数将返回“#NUM!”错误值。

使用 POWER 函数计算各年销售收入的具体操作步骤如下。

❶ 打开本实例的原始文件“固定资产投资分析 – 原始文件”，在单元格 C5 中输入首年销售收入“500000”，然后选中单元格 D5，切换到【公式】选项卡，在【函数库】组中单击【插入函数】按钮。

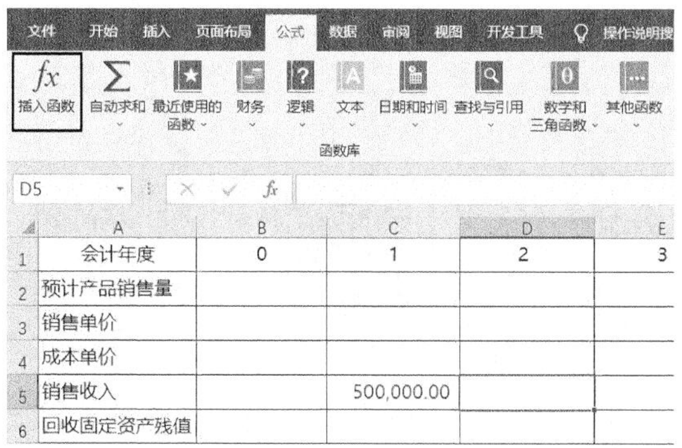

❷ 弹出【插入函数】对话框，在【搜索函数】文本框中输入函数的关键字“幂”，单击【转到】按钮。

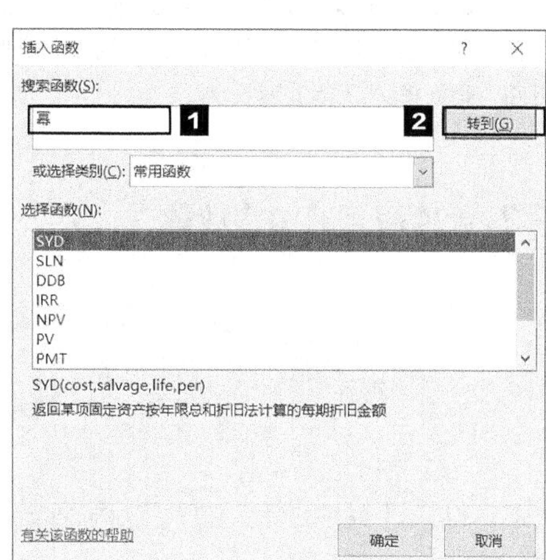

❸ 系统即可搜索出与“幂”相关的所有函数，此处选择【POWER】选项。

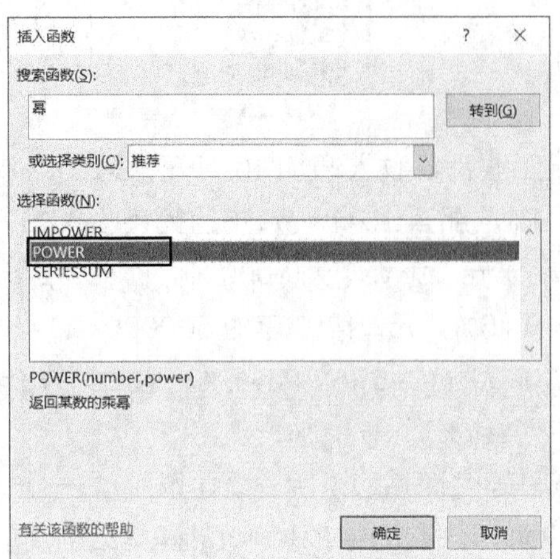

❹ 单击【确定】按钮，弹出【函数参数】对话框，在第 1 个参数文本框中输入“1+5%”，在第 2 个参数文本框中输入“C1”。

❺ 单击【确定】按钮，返回工作表，然后在公式末尾输入“*500000”，按【Enter】键完成输入，然后将单元格 D5 中的公式不带格式地向右复制到单元格区域 E5:I5 中，得到第 2~7 年的销售收入。

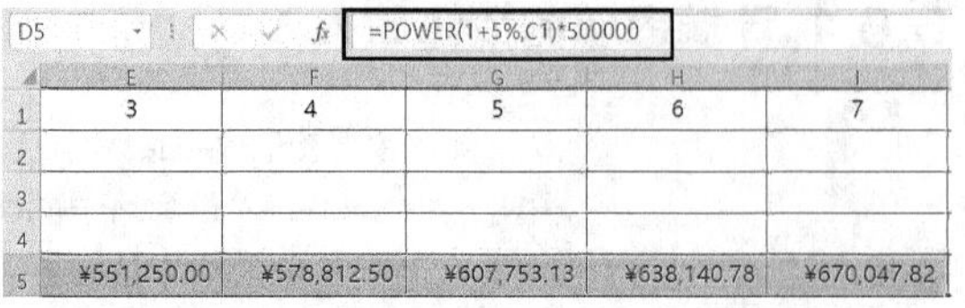

❻ 选中单元格 J5，再次打开【函数参数】对话框，在第 1 个参数文本框中输入“1−5%”，在第 2 个参数文本框中输入“C1”。

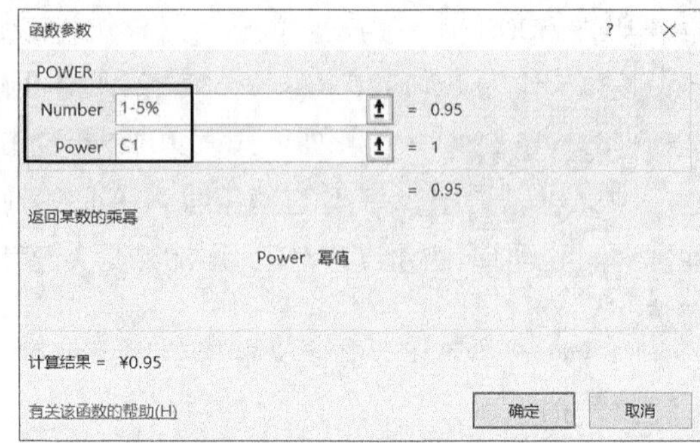

❼ 单击【确定】按钮，返回工作表，然后在公式末尾输入“*$I$5”，按【Enter】键完成输入，再将单元格 J5 中的公式不带格式地向右填充到单元格区域 K5:L5 中，即可得到第 8~10 年的销售收入。

6.6.2 计算每年的销售数量

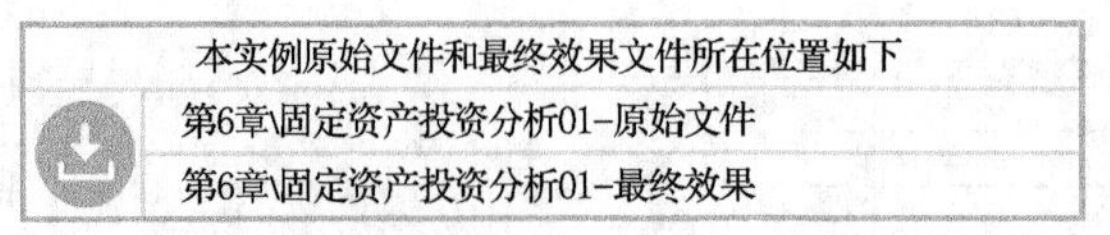
本实例原始文件和最终效果文件所在位置如下
第6章\固定资产投资分析01−原始文件
第6章\固定资产投资分析01−最终效果

扫码看视频

销售收入计算完成后，就可以根据公式“销售数量 = 销售收入 ÷ 销售单价”，计算销售数量了。

❶ 打开本实例的原始文件“固定资产投资分析 01- 原始文件”，由实例背景可知，销售单价为 80 元，选中单元格区域 C3:L3，输入“80”，按【Ctrl】+【Enter】组合键，在选中的单元格区域中同时输入“80”。

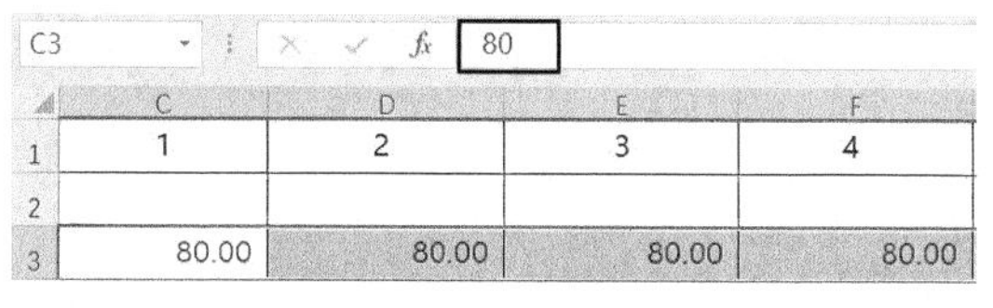

C3 | 80

	C	D	E	F
1	1	2	3	4
2				
3	80.00	80.00	80.00	80.00

❷ 根据公式“销量 = 销售收入 ÷ 销售单价”，在单元格 C2 中输入公式“=C5/C3”，按【Enter】键完成输入，然后将单元格 C2 中的公式不带格式地向右复制到单元格区域 D2:L2 中，得到各年的销售数量。

C2 | =C5/C3

	C	D	E	F
1	1	2	3	4
2	6,250.00	6,562.50	6,890.63	7,235.16
3	80.00	80.00	80.00	80.00
4				
5	500,000.00	525,000.00	551,250.00	578,812.50

6.6.3 计算每年的利息支出

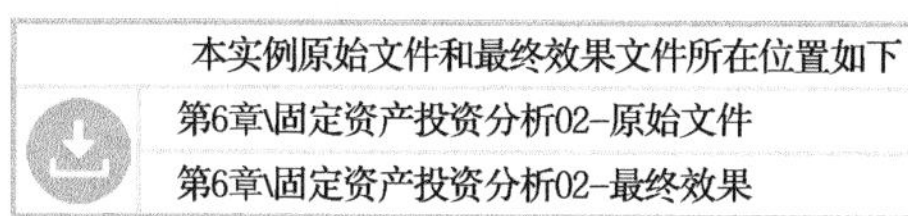

本实例原始文件和最终效果文件所在位置如下

第6章\固定资产投资分析02–原始文件

第6章\固定资产投资分析02–最终效果

扫码看视频

企业在归还银行贷款时选用的是等额本息法还款，计算等额本息的还款利息可以使用 IPMT 函数。下面先介绍 IPMT 函数的基本结构及使用方法。

IPMT 函数基于固定利率及等额分期付款方式，返回给定期数内某项投资的利息偿还额。其语法格式如下。

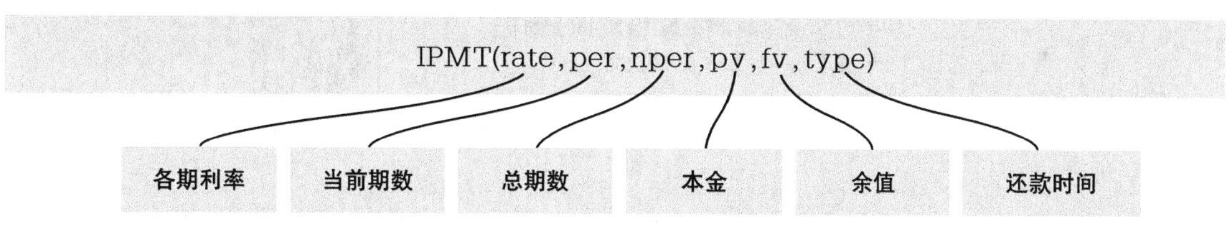

❶ 打开本实例的原始文件“固定资产投资分析 02- 原始文件”，选中单元格 C10，打开【插入函数】对话框，在【搜索函数】文本框中输入函数的关键字“利息”，单击【转到】按钮。

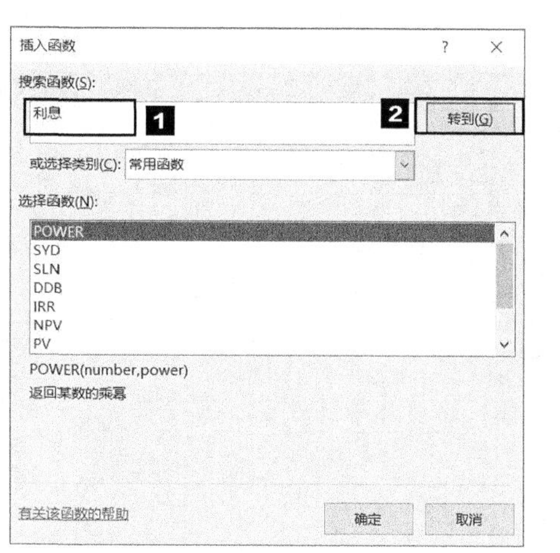

❷ 系统即可搜索出与“利息”相关的所有函数，此处选择【IPMT】选项。

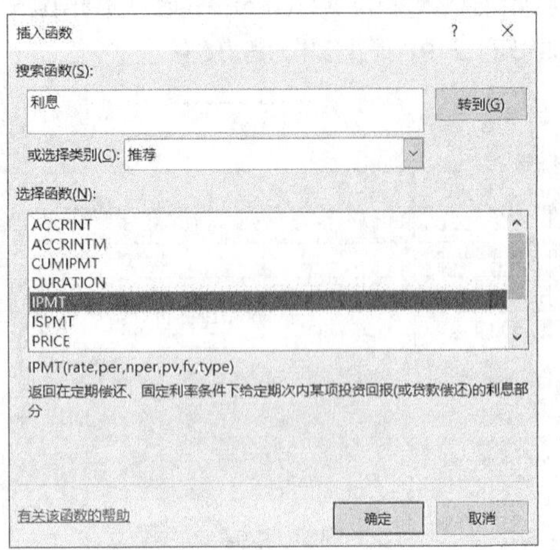

❸ 单击【确定】按钮，弹出【函数参数】对话框，输入 6 个参数。

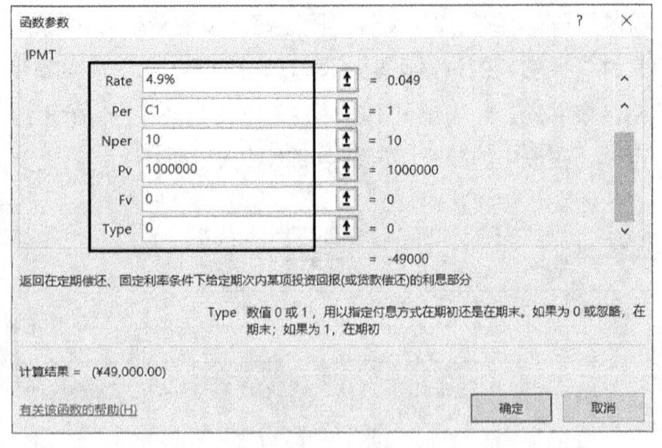

❹ 单击【确定】按钮，返回工作表，将单元格 C10 中的公式不带格式地向右复制到单元格区域 D10:L10 中，即可得到各年的利息。

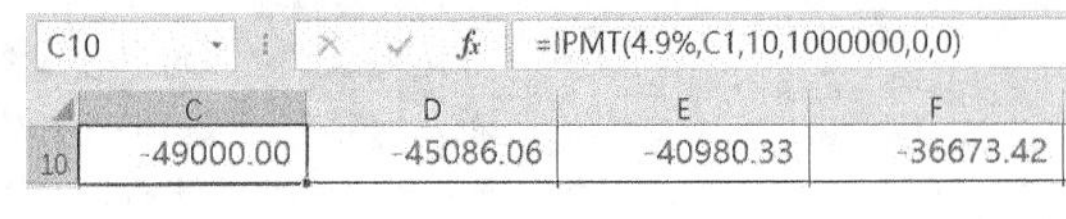

	C	D	E	F
10	-49000.00	-45086.06	-40980.33	-36673.42

6.6.4 计算每年的经营成本和利润总额

因为“经营成本 = 营业成本 + 利息支出”，而利息支出在上一小节中已经计算出来了，营业成本在实例背景中也已经给出，所以可以直接计算经营成本。

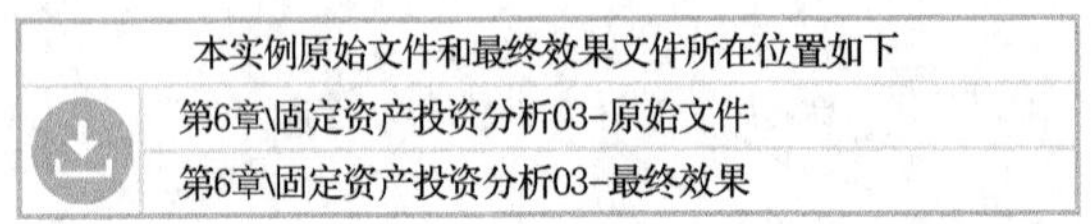

本实例原始文件和最终效果文件所在位置如下
第6章\固定资产投资分析03–原始文件
第6章\固定资产投资分析03–最终效果

扫码看视频

❶ 打开本实例的原始文件“固定资产投资分析 03– 原始文件”，由实例背景可知，营业成本为 40 万元，选中单元格区域 C9:L9，输入“400000”。

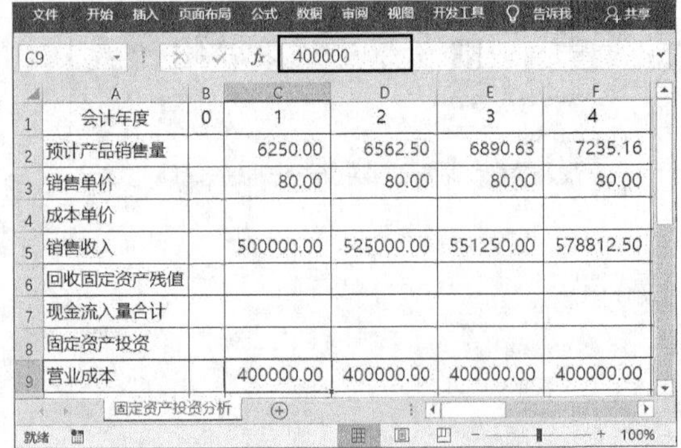

	A	B	C	D	E	F
1	会计年度	0	1	2	3	4
2	预计产品销售量		6250.00	6562.50	6890.63	7235.16
3	销售单价		80.00	80.00	80.00	80.00
4	成本单价					
5	销售收入		500000.00	525000.00	551250.00	578812.50
6	回收固定资产残值					
7	现金流入量合计					
8	固定资产投资					
9	营业成本		400000.00	400000.00	400000.00	400000.00

❷ 已知“经营成本 = 营业成本 + 利息支出”，但是由于本实例中利息支出是负数，所以在本实例中“经营成本 = 营业成本 – 利息支出”。在单元格 C11 中输入公式“=C9–C10”，按【Enter】键完成输入，将单元格 C11 中的公式不带格式地向右复制到单元格区域 D11:L11 中，得到各年的经营成本。

C11 =C9-C10

	A	B	C	D	E	F
9	营业成本		400000.00	400000.00	400000.00	400000.00
10	利息支出		-49000.00	-45086.06	-40980.33	-36673.42
11	经营成本		449000.00	445086.06	440980.33	436673.42

❸ 根据公式“利润总额 = 销售收入 − 经营成本”，在单元格 C15 中输入公式“=C5-C11”，按【Enter】键完成输入，将单元格 C15 中的公式不带格式地向右复制到单元格区域 D15:L15 中，得到各年的利润总额。

C15 =C5-C11

	A	B	C	D	E
11	经营成本		449000.00	445086.06	440980.33
12	所得税				
13	税率				
14	现金流出量合计				
15	利润总额		51000.00	79913.94	110269.67

6.6.5 计算每年的所得税

因为“所得税 = 利润总额 × 税率”，而利润总额在上一小节中已经计算出来了，税率在实例背景中也已经给出，所以可以直接计算所得税。

本实例原始文件和最终效果文件所在位置如下

第6章\固定资产投资分析04-原始文件

第6章\固定资产投资分析04-最终效果

扫码看视频

❶ 打开本实例的原始文件“固定资产投资分析 04- 原始文件”，由实例背景可知，税率为 25%，选中单元格区域 C13:L13，输入“25%”。

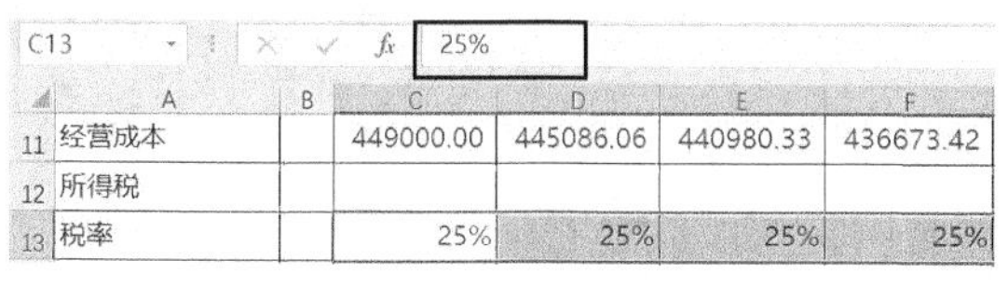

C13 25%

	A	B	C	D	E	F
11	经营成本		449000.00	445086.06	440980.33	436673.42
12	所得税					
13	税率		25%	25%	25%	25%

❷ 在单元格 C12 中输入公式“=C15*C13”，按【Enter】键完成输入，将单元格 C12 中的公式不带格式地向右复制到单元格区域 D12:L12 中，即可得到各年的所得税。

C12 =C15*C13

	A	B	C	D	E	F
12	所得税		12750.00	19978.49	27567.42	35534.77
13	税率		25%	25%	25%	25%
14	现金流出量合计					
15	利润总额		51000.00	79913.94	110269.67	142139.08

6.6.6 计算每年的现金流入量、现金流出量和净现金流量

本实例原始文件和最终效果文件所在位置如下

第6章\固定资产投资分析05-原始文件

第6章\固定资产投资分析05-最终效果

扫码看视频

因为“现金流出量 = 经营成本 + 所得税”，而经营成本和所得税已经计算出来了，所以可以直接计算现金流出量，这里不再详细介绍，结果如下图所示。

C14 =C11+C12

	A	B	C	D	E	F	G
11	经营成本		449000.00	445086.06	440980.33	436673.42	432155.47
12	所得税		12750.00	19978.49	27567.42	35534.77	43899.41
13	税率		25%	25%	25%	25%	25%
14	现金流出量合计		461750.00	465064.54	468547.75	472208.19	476054.89

因为“现金流入量 = 销售收入 + 回收固定资产残值”，所以现金流入量的计算也比较简单，此处不再详细介绍，结果如下页图所示。这里需要注意的是，回收固定资产残值只在最后一期出现。

C7 =C5+C6

	A	B	C	D	E	F	G	H	I	J	K	L
1	会计年度	0	1	2	3	4	5	6	7	8	9	10
2	预计产品销售量		6250.00	6562.50	6890.63	7235.16	7596.91	7976.76	8375.60	7956.82	7558.98	7181.03
3	销售单价		80.00	80.00	80.00	80.00	80.00	80.00	80.00	80.00	80.00	80.00
4	成本单价											
5	销售收入		500000.00	525000.00	551250.00	578812.50	607753.13	638140.78	670047.82	636545.43	604718.16	574482.25
6	回收固定资产残值											100000.00
7	现金流入量合计		500000.00	525000.00	551250.00	578812.50	607753.13	638140.78	670047.82	636545.43	604718.16	674482.25

已知“净现金流量 = 现金流入量 – 现金流出量”，有了现金流入量和现金流出量，就可以计算净现金流量了，结果如下图所示。

	A	B	C	D	E	F	G	H	I	J	K	L
1	会计年度	0	1	2	3	4	5	6	7	8	9	10
2	预计产品销售量		6250.00	6562.50	6890.63	7235.16	7596.91	7976.76	8375.60	7956.82	7558.98	7181.03
3	销售单价		80.00	80.00	80.00	80.00	80.00	80.00	80.00	80.00	80.00	80.00
4	成本单价											
5	销售收入		500000.00	525000.00	551250.00	578812.50	607753.13	638140.78	670047.82	636545.43	604718.16	574482.25
6	回收固定资产残值											100000.00
7	现金流入量合计		500000.00	525000.00	551250.00	578812.50	607753.13	638140.78	670047.82	636545.43	604718.16	674482.25
8	固定资产投资	1000000.00										
9	营业成本		400000.00	400000.00	400000.00	400000.00	400000.00	400000.00	400000.00	400000.00	400000.00	400000.00
10	利息支出		-49000.00	-45086.06	-40980.33	-36673.42	-32155.47	-27416.15	-22444.59	-17229.43	-11758.73	-6019.97
11	经营成本		449000.00	445086.06	440980.33	436673.42	432155.47	427416.15	422444.59	417229.43	411758.73	406019.97
12	所得税		12750.00	19978.49	27567.42	35534.77	43899.41	52681.16	61900.81	54829.00	48239.86	42115.57
13	税率		25%	25%	25%	25%	25%	25%	25%	25%	25%	25%
14	现金流出量合计		461750.00	465064.54	468547.75	472208.19	476054.89	480097.31	484345.40	472058.43	459998.59	448135.54
15	利润总额		51000.00	79913.94	110269.67	142139.08	175597.65	210724.63	247603.23	219315.99	192959.43	168462.28
16	净利润											
17	净现金流量		38250.00	59935.46	82702.25	106604.31	131698.24	158043.48	185702.42	164487.00	144719.57	226346.71

6.6.7 计算净现值

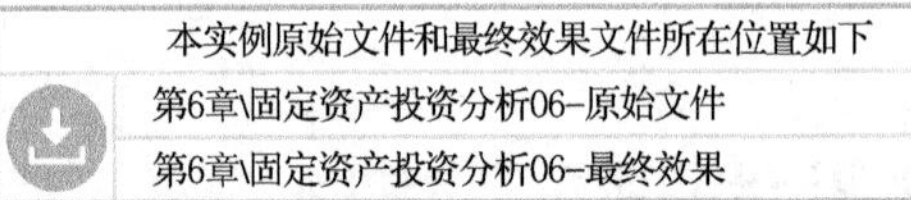
本实例原始文件和最终效果文件所在位置如下
第6章\固定资产投资分析06–原始文件
第6章\固定资产投资分析06–最终效果

扫码看视频

根据前面的学习，我们已经知道计算净现值最常用的函数就是 NPV 函数，下面就使用 NPV 函数计算该项固定资产投资的净现值。具体操作步骤如下。

❶ 打开本实例的原始文件“固定资产投资分析 06– 原始文件”，在单元格 B18 中输入折现率“10%”，然后选中单元格 B19，切换到【公式】选项卡，在【函数库】组中单击【插入函数】按钮。

文件　开始　插入　页面布局　公式　数据　审阅　视图　开发工具　操作说明搜索
插入函数　自动求和　最近使用的函数　财务　逻辑　文本　日期和时间　查找与引用　数学和三角函数　其他函数
函数库
插入函数 (Shift+F3)
处理当前单元格中的公式。您可以轻松选择要使用的函数，并获取有关如何填充输入值的帮助。
了解详细信息

	A	B	C	D	E
			461750.00	465064.54	468547.75
			51000.00	79913.94	110269.67
17	净现金流量		38250.00	59935.46	82702.25
18	折现率	10%			
19	净现值				

❷ 弹出【插入函数】对话框，在【搜索函数】文本框中输入函数的主要关键字“净现值”。

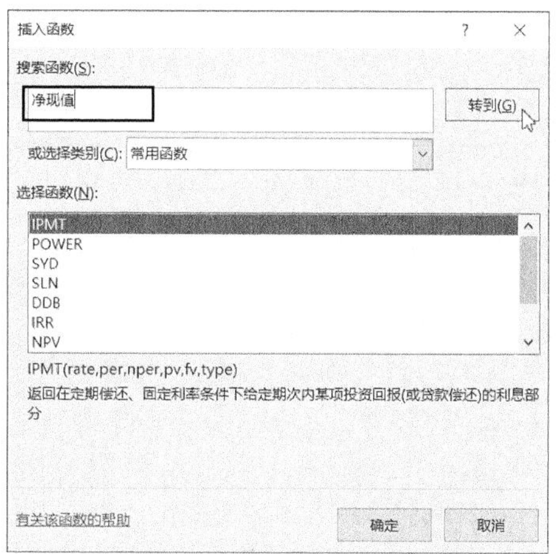

❸ 单击【转到】按钮，系统即可根据关键字在下方给出相关函数，此处选择【NPV】选项。

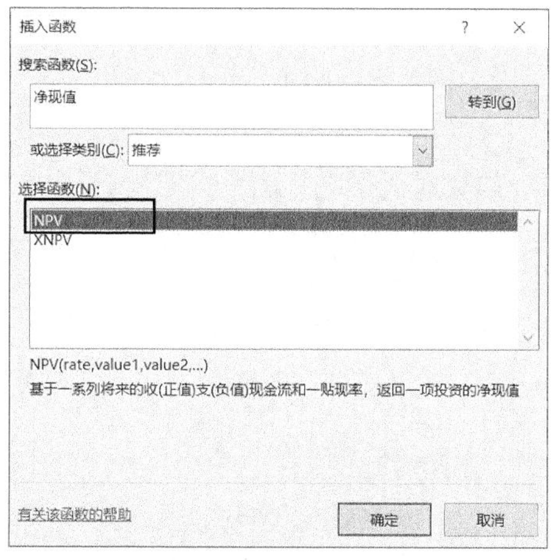

❹ 单击【确定】按钮，弹出【函数参数】对话框，在第1个参数文本框中输入“B18”，在第2个参数文本框中输入“C17:L17”。

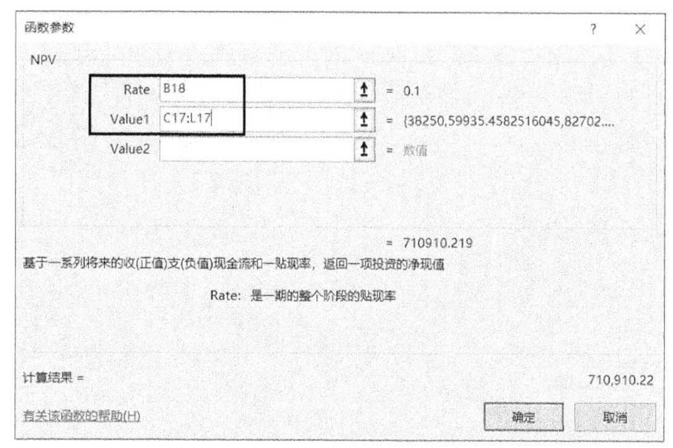

❺ 单击【确定】按钮，返回工作表，即可得到固定资产投资的净现值。

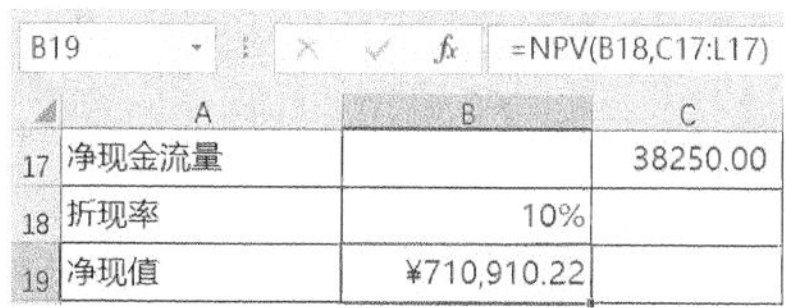
B19 =NPV(B18,C17:L17)

	A	B	C
17	净现金流量		38250.00
18	折现率	10%	
19	净现值	¥710,910.22	

由计算结果可以知道，该固定资产投资的净现值大于0，所以该方案是可行的。

第7章 电商数据分析

电商数据分析就是通过一定的分析方法对大量电子商务数据进行挖掘、分析，发现其中的规律、关联等，进而帮助我们正确判断市场情况，并为下一步的商业活动提供决策依据。

要 点 导 航

- 流量分析
- 转化率分析
- 销售业绩分析
- 客户数据分析
- 利润数据分析
- 客服数据分析

在电商活动中，各种商品数据、营销数据、用户数据等都会被实时记录下来，相当于记录了用户的每个动作。通过对这些用户动作进行分析、归纳和总结，可以刻画出用户肖像，了解用户喜欢什么商品、喜欢以什么方式营销的商品、购买活动的频次、客单价、连带率等，还可以掌握商品的成本、库存、销量、销售额、利润等，这些关键指标都可以通过数据呈现出来，帮助我们了解数据背后的信息。

7.1　流量分析

电商肯定离不开销售额这个利润指标，由于“销售额 = 访客数 × 转化率 × 客单价”，而访客数、转化率和客单价都是建立在流量的基础上的，如果没有足够的流量数据，分析这些指标也就没有了意义，所以在分析这些数据之前应该先分析流量。

7.1.1 店铺流量数据指标

流量数据是电商数据中非常核心的数据，这些数据可以帮助用户判断网店的运营情况。常见的流量数据指标如下图所示。

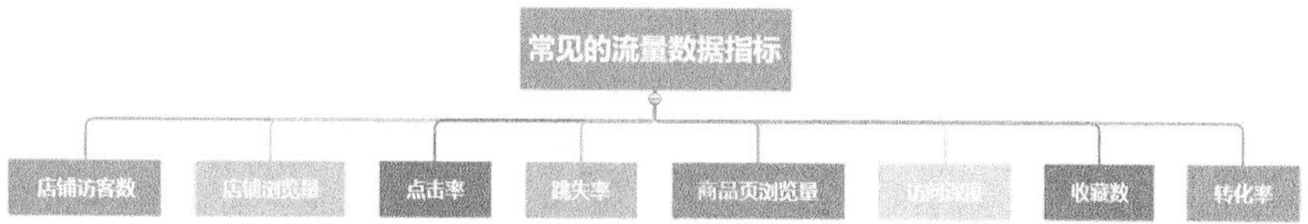

- **店铺访客数**

店铺访客数（Unique Visitor，UV）是指通过互联网访问某个网店的人数。一个独立的 IP 地址访问同一个网店只能产生一个 UV，且在 24 小时内，同一个 IP 地址即使多次访问同一个网店，也只会产生一个 UV。例如，买家在 24 小时内进入了某网店 3 次，但是只会产生一个 UV。

- **店铺浏览量**

店铺浏览量（Page View，PV）是指通过互联网浏览网店页面的次数，它是衡量一个网站访问量的主要指标。

PV 和 UV 的计算方式是有差异的。一个独立的 IP 地址访问网店的不同页面可以产生多个 PV，访问网店的相同页面则只能产生一个 PV。例如，买家进入网店后，查看了 4 个不同的页面（主页和 3 个商品页），并查看了 3 次主页，那么，该买家在该网店中就产生了 4 个 PV。

- **点击率**

点击率是指买家在浏览某网店的商品时，点击进入网店的次数与总浏览次数的比例。商品的点击率越高，说明该商品对买家的吸引力越强。

● 跳失率

跳失率是指买家通过相应的入口访问网店，只访问了一个页面就离开的次数与该页面的总访问次数的比例。跳失率可以很直接地体现出某个页面对买家是否具有吸引力，是否能吸引买家继续访问网店。跳失率越低，表示页面对买家的吸引力越强，反之则越弱。

● 商品页浏览量

商品页浏览量指网店商品页面被访问的次数，买家每打开或刷新一个商品页面，商品页浏览量就会增加。

● 访问深度

访问深度是指买家一次性浏览网店页面的页数，买家一次性浏览网店的页数越多，用户体验越好，网店用户的黏性也越高。

● 收藏数

收藏数是指网店或者网店商品被买家收藏的数量。网店的收藏数越高，表示买家对网店越感兴趣。

● 转化率

转化率是指网店的最终下单访客数与当天网店总浏览量的比值。针对淘宝新手卖家，网店的转化率应为 1%~2%。当转化率低于 1% 时，网店就应该分析可能存在的问题了。

7.1.2 店铺流量来源

在进行电商数据分析时，通常可以将店铺流量来源分为以下几类：自主访问、付费流量、淘内免费、淘外网站、淘外媒体、淘外 App、大促会场、其他来源。

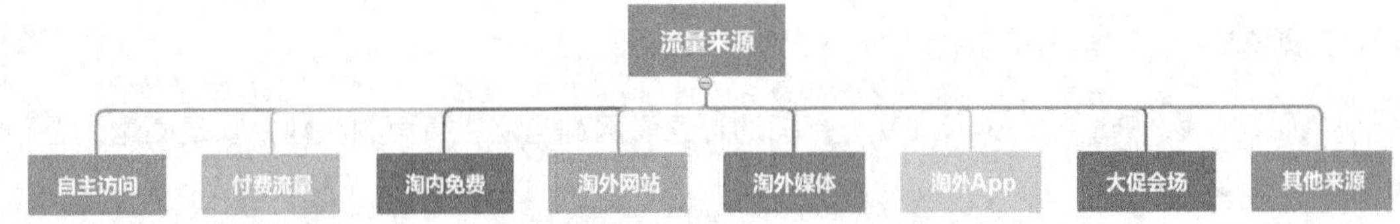

1. 自主访问流量

自主访问流量是电商流量来源中质量最高的流量，是一种免费流量。这类流量的稳定性很强且成交转化率较高。

通过自主访问流量可以直观地看出访问店铺的买家的质量。自主访问流量主要包括直接访问流量，以及通过购物车、“我的淘宝”中的“宝贝收藏”“店铺收藏”“已买到的宝贝”等方式访问的流量。

直接访问是指买家在购物网站搜索栏中直接搜索商品或店铺名称，然后进入店铺或商品页进行访问的行为。这类买家通常对搜索的商品有较强的购买意愿，但是在购买过程中容易受到价格、主图效果等因素的影响，因此网店人员应尽量把店铺的主页和商品的主图设置得有吸引力，以引起买家的注意，增加网店的访客数、浏览量等。

通过购物车、店铺收藏等方式访问商品页面，也属于自主访问，这很容易理解，不用过多介绍。

直接访问流量是所有流量中较为优质的流量。自主访问网店的买家一般都对某商品具有较强的兴趣与购买欲望，或者是老客户，这类买家通常具有较明确的购买需求，对应网店的成交转化率相对较高。网店人员如果充分利用这部分流量，可以提高网店的人气、流量和成交率，并增加网店的访问深度。

2. 付费流量

付费流量是指通过付费推广得到的流量，这类流量的特点是精准度高，相对来说更容易获取。常见的付费引流方式包括淘宝客、直通车、钻石展位及各种促销活动等。

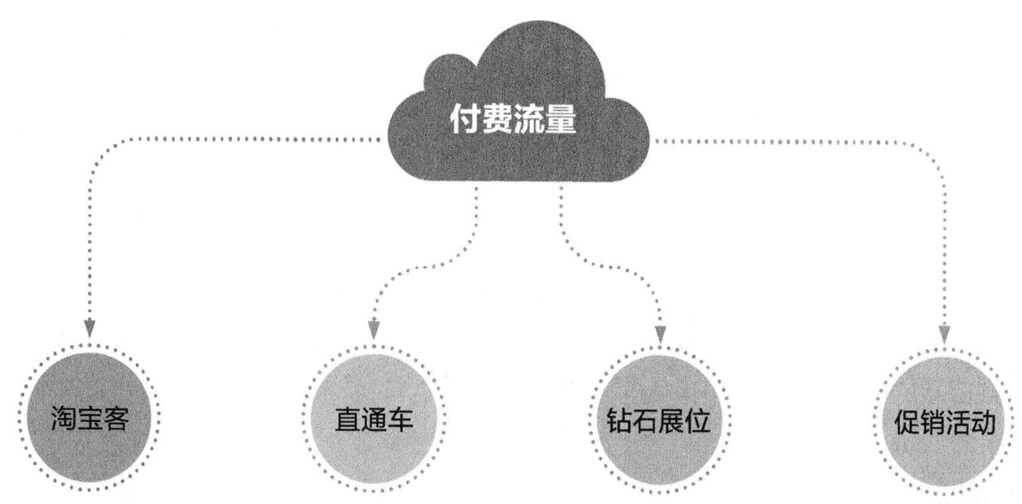

- **淘宝客**

淘宝客是按照实际的交易完成量作为计费依据的引流方式。它在实际的交易完成，即买家确认收货后才进行计费，没有成交就不产生费用，是性价比最高的付费引流方式之一。

- **直通车**

直通车是一种以“文字 + 图片”的形式出现在搜索结果页面中，可实现精准推广的工具。直通车的广告位出现在淘宝网搜索结果页面的右侧、最下方和结果页的第一个位置，标有灰色的“广告”字样。

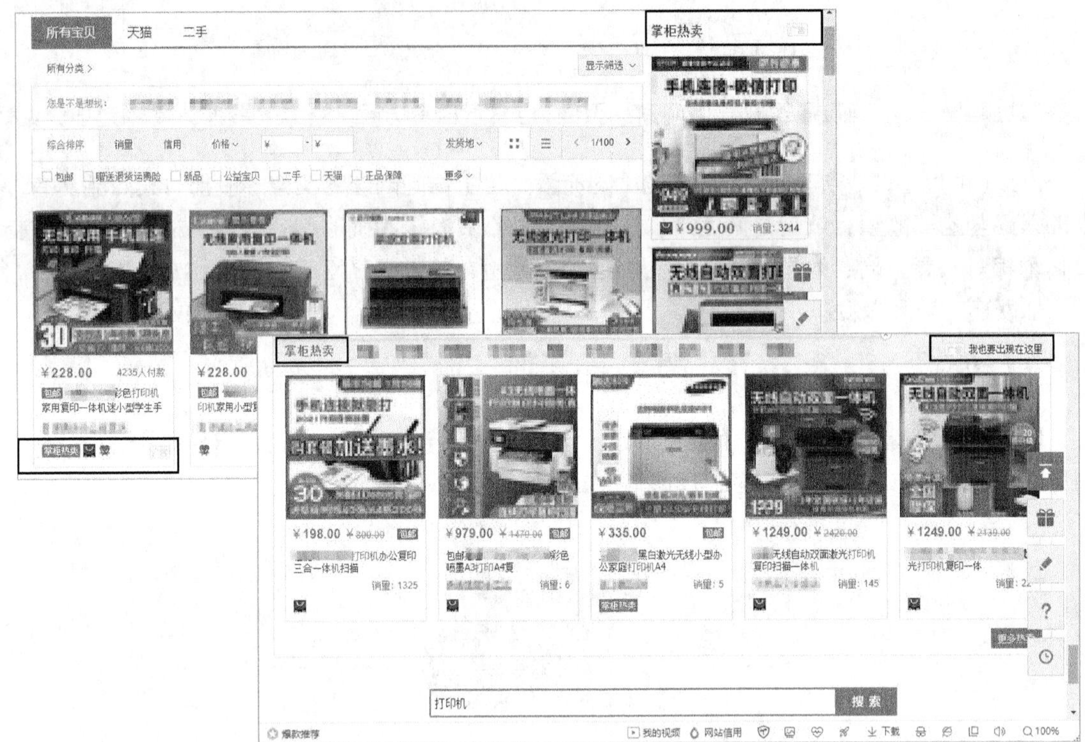

直通车在推广某个商品时，通过精准的搜索和匹配给网店带来优质的买家。当买家进入网店时，会产生一次或者多次的跳转；某商品成交的同时，可能促成其他商品的成交。这是一种以点带面的精准推广方式，可以提升网店的整体营销效果。

- **钻石展位**

钻石展位是专门为淘宝商家提供的图片类广告竞价投放的平台，其通过图片创意吸引买家，可为淘宝商家带来巨大的流量。钻石展位一般出现在淘宝网的首页，如下页图所示，其计费模式为以每千次浏览为单价，按照竞价从高到低依次投放广告。

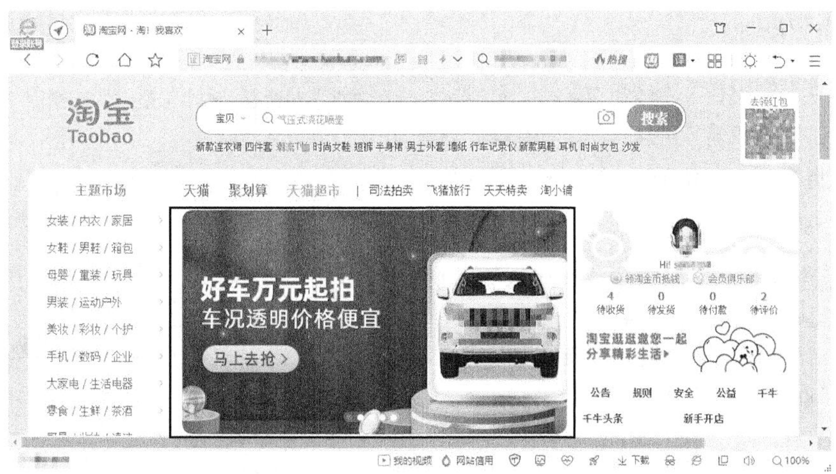

钻石展位的推广分为单品推广和网店推广。单品推广适合需要长期引流，并需要不断提高单品成交转化率的卖家；网店推广则适合有一定的活动运营能力或者在短时间内需要大量流量的大中型卖家。

需要注意的是，付费流量意味着成本的投入。一个网店完全没有付费流量是不合理的，因此在选择付费流量时，卖家应根据店铺情况理性选择。

3. 淘内流量

淘内流量是指通过淘宝平台获取的流量。淘内流量也有免费与付费之分。淘内免费流量是访客通过在淘宝页面搜索或者其他天猫淘宝的线下平台搜索进来的，如逛逛、闲鱼、手淘微淘、手淘天天特卖等淘宝官方互动交流平台带来的流量。淘宝付费流量就是在淘宝上通过付费推广得到的流量，如直通车、钻石展位和淘宝客等。

4. 淘外流量

淘外流量是指从除了淘宝平台以外的所有渠道获得的流量。淘外流量可以为店铺带来很多潜在消费者，因此淘外流量逐渐成为卖家们新的营销阵地。如快手和抖音这类短视频 App 中可以添加淘宝网、天猫商城的店铺链接，从而直接将流量引入店铺中。

7.1.3 店铺流量结构分析

由于行业和运营模式等的不同，不同店铺的流量结构也不尽相同。但一般情况下，免费流量占据店铺流量的比例应该最大，其次是付费流量和其他流量。

通常情况下，卖家可以通过“生意参谋”来查看、下载淘宝店铺的数据，然后利用 Excel 对数据进行整理，从而分析自己店铺流量来源的构成情况。

	本实例原始文件和最终效果文件所在位置如下
	第7章\店铺流量结构分析–原始文件
	第7章\店铺流量结构分析–最终效果

扫码看视频

1. 删除多余数据

直接从“生意参谋”下载的每一个流量来源中除了有对应的来源明细数据外，还有汇总数据。一般明细表中不需要汇总数据，可以将其删除。

❶ 删除汇总数据。打开本实例的原始文件“店铺流量结构分析 – 原始文件”，选中 B 列，按【Ctrl】+【F】组合键，打开【查找和替换】对话框，在【查找内容】文本框中输入文本“汇总”。

	A	B	C
1	流量来源	来源明细	访客数
2	淘内免费	汇总	305408
3	淘内免费	手淘搜索	141314
4	淘内免费	手淘推荐	91116
5	淘内免费	首页推荐-微详情	27646
6	淘内免费	购后推荐	2546
7	淘内免费	购中推荐	1328
8	淘内免费	其他猜你喜欢	1101

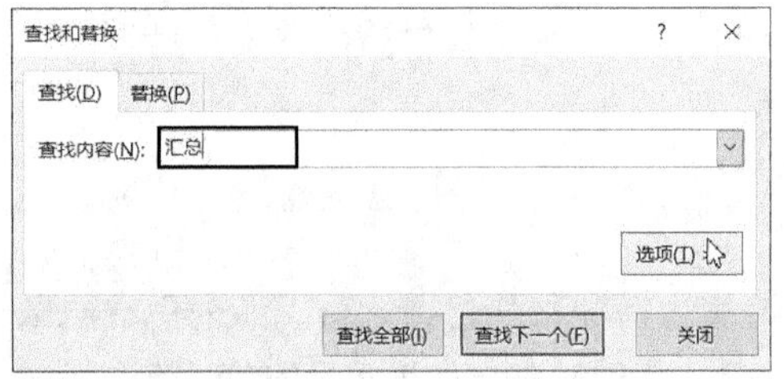

❷ 单击【选项】按钮，展开【选项】选项，勾选【单元格匹配】复选框，单击【查找全部】按钮，查找出 B 列中所有内容为“汇总”的单元格；然后按【Ctrl】+【A】组合键，选中所有查找到的单元格。

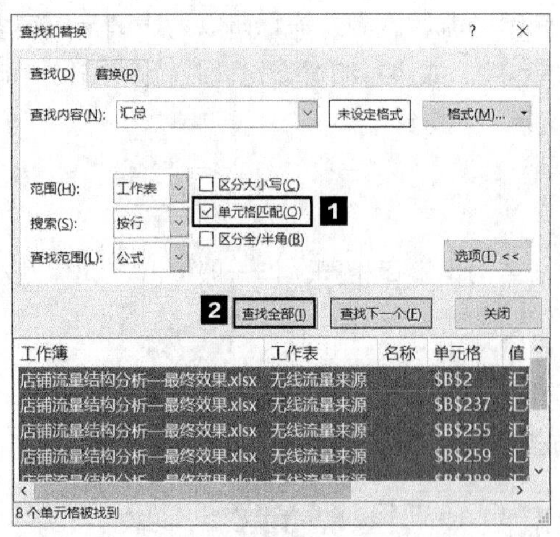

❸ 关闭【查找和替换】对话框，在选中单元格上单击鼠标右键，在弹出的快捷菜单中选择【删除】选项，弹出【删除文档】对话框，选中【整行】单选钮。

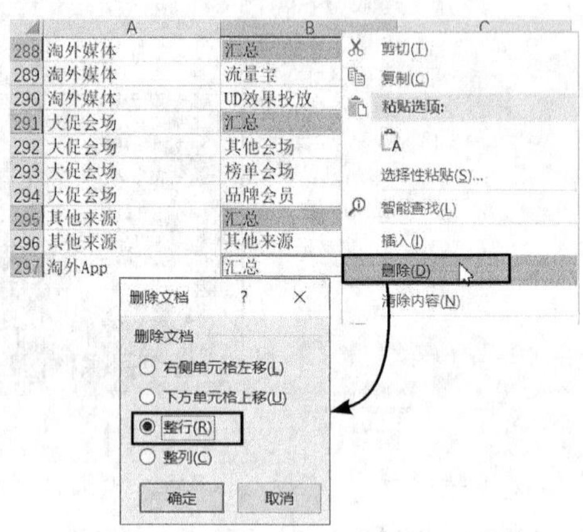

❹ 单击【确定】按钮，删除选中单元格所在的行。

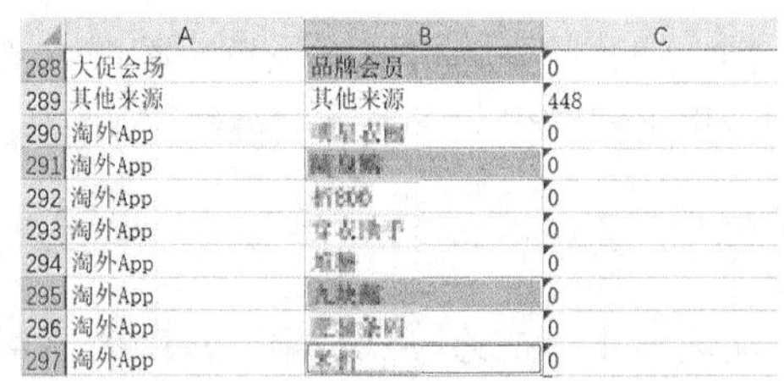

2. 调整数据格式

从“生意参谋”下载的数据的格式默认是文本，为了方便计算，需要将其更改为数值或常规格式。此处我们需要的数据是访客数，所以将“访客数”列的数据更改为常规格式。具体操作步骤如下。

❶ 选中 C 列，切换到【数据】选项卡，在【数据工具】组中单击【分列】按钮。

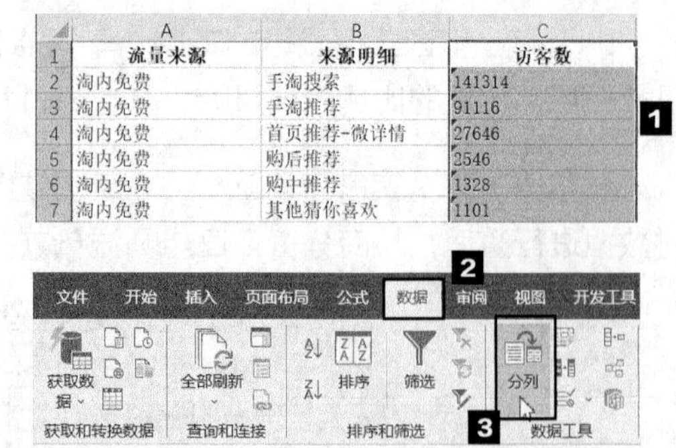

❷ 打开【文本分列向导】对话框，单击【下一步】按钮，然后单击【完成】按钮，即可将“访客数”列数据的格式更改为“常规”。

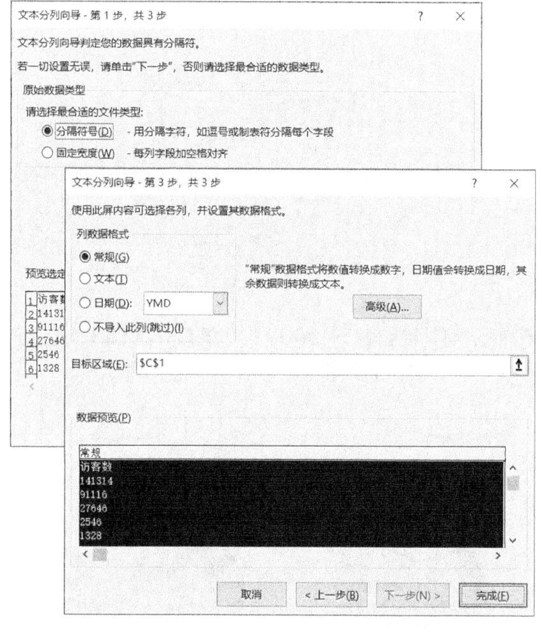

	A	B	C
1	流量来源	来源明细	访客数
2	淘内免费	手淘搜索	141314
3	淘内免费	手淘推荐	91116
4	淘内免费	首页推荐-微详情	27646
5	淘内免费	购后推荐	2546
6	淘内免费	购中推荐	1328
7	淘内免费	其他猜你喜欢	1101

3. 分析不同流量来源的访客数

❶ 将前面整理好的数据作为数据源，在新工作表中创建数据透视表，将【流量来源】拖曳到【行】列表框中，将【访客数】拖曳到【值】列表框中。

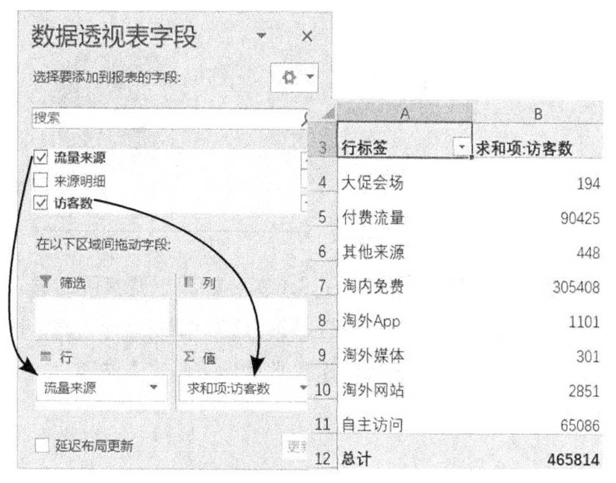

	A	B
3	行标签	求和项:访客数
4	大促会场	194
5	付费流量	90425
6	其他来源	448
7	淘内免费	305408
8	淘外App	1101
9	淘外媒体	301
10	淘外网站	2851
11	自主访问	65086
12	总计	465814

❷ 将数据透视表的【报表布局】更改为【以表格形式显示】。

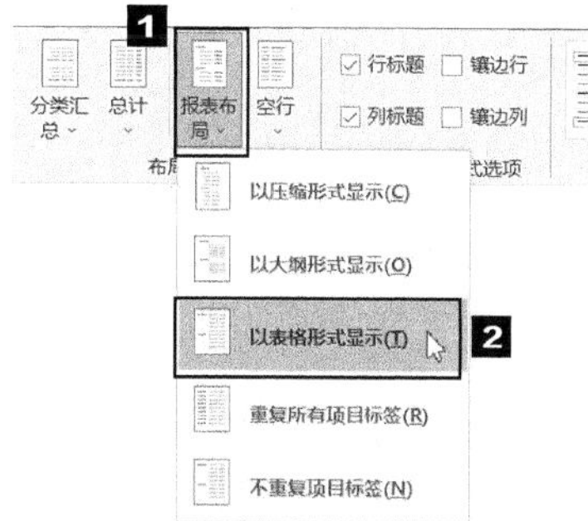

❸ 将数据透视表中的数据按访客数降序排列。单击“流量来源”右侧的下拉按钮，在弹出的下拉列表中选择【其他排序选项】选项。

❹ 弹出【排序(流量来源)】对话框，选中【降序排序(Z 到 A) 依据】单选钮，在其下方的下拉列表中选择【求和项 : 访客数】选项。

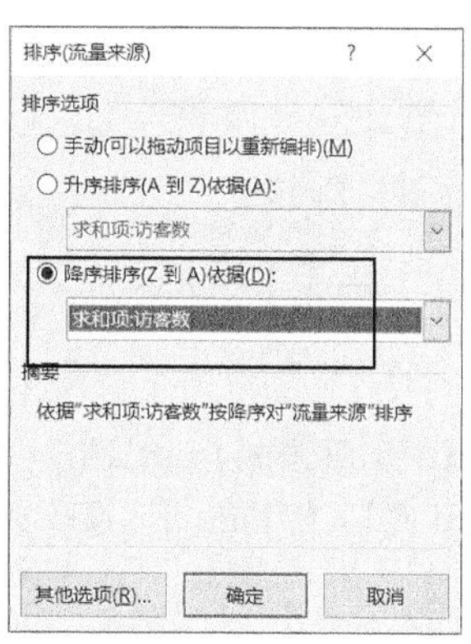

❺ 单击【确定】按钮，即可使数据透视表中的数据按照【求和项：访客数】降序排列。

	A	B
3	流量来源	求和项:访客数
4	淘内免费	305408
5	付费流量	90425
6	自主访问	65086
7	淘外网站	2851
8	淘外App	1101
9	其他来源	448
10	淘外媒体	301
11	大促会场	194
12	总计	465814

❻ 根据数据透视表创建一个复合饼图。

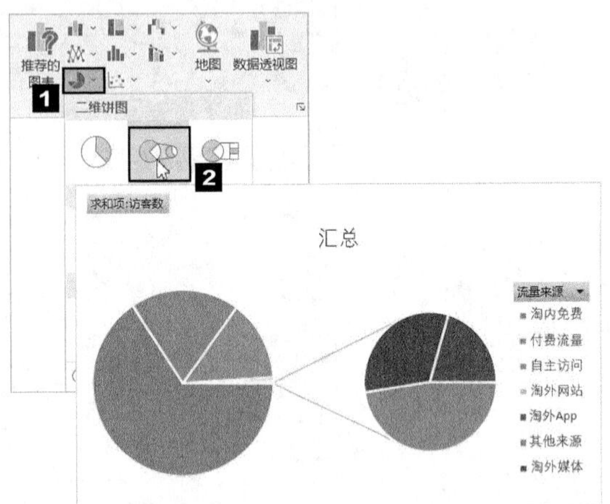

❼ 在饼图的数据系列上单击鼠标右键，在弹出的快捷菜单中选择【设置数据系列格式】选项。

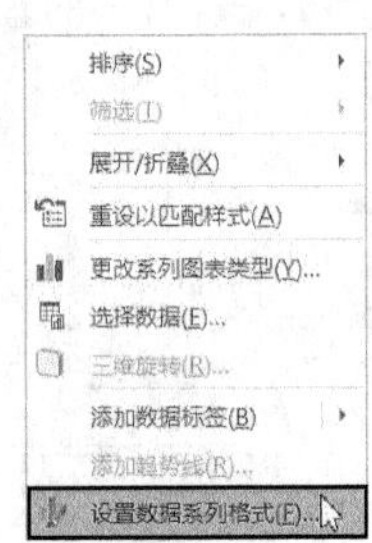

❽ 打开【设置数据系列格式】任务窗格，将【系列分割依据】设置为【值】，将【值小于】设置为【10000】。

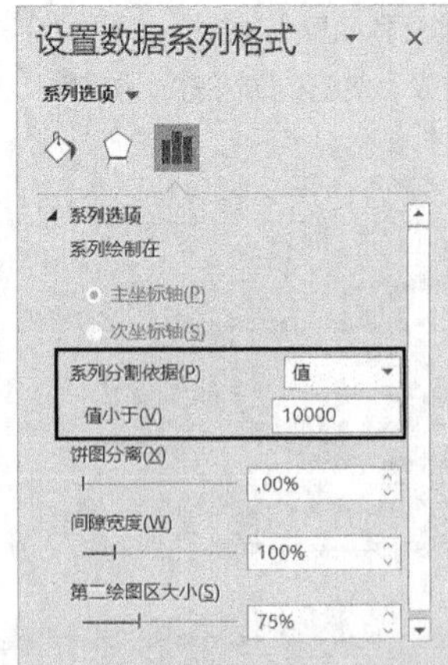

❾ 此时可将数值小于 10000 的数据系列显示到右侧的子饼图中，效果如下图所示。

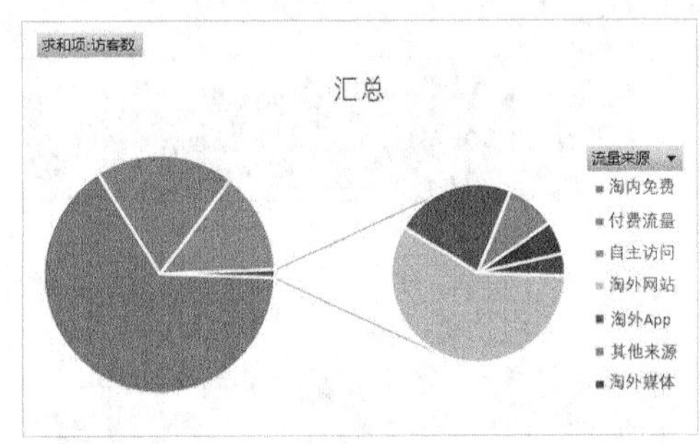

❿ 将图表标题更改为“流量结构分析”，并将其字体格式设置为微软雅黑、加粗。删除图例，隐藏图表上的所有字段按钮，并添加数据标签。

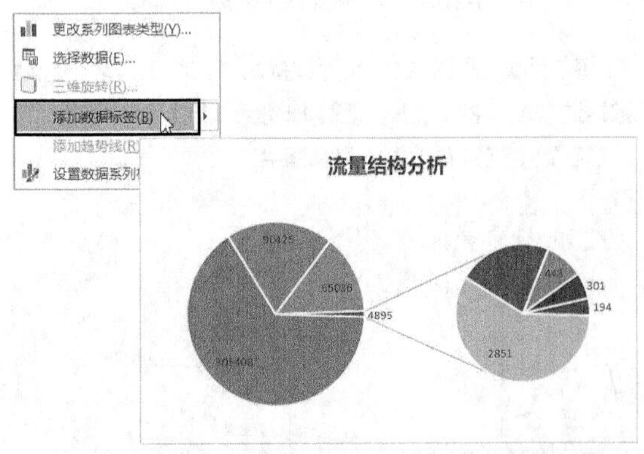

⓫ 默认添加的数据标签只显示值，如果想要其同时显示类别名称和百分比，可以在数据标签上单击鼠标右键，在弹出的快捷菜单中选择【设置数据标签格式】选项。

⑫ 打开【设置数据标签格式】任务窗格，单击【标签选项】按钮，在【标签选项】组中勾选【类别名称】和【百分比】复选框，取消勾选【值】复选框，然后选择一种合适的分隔符，例如选择【(新文本行)】。

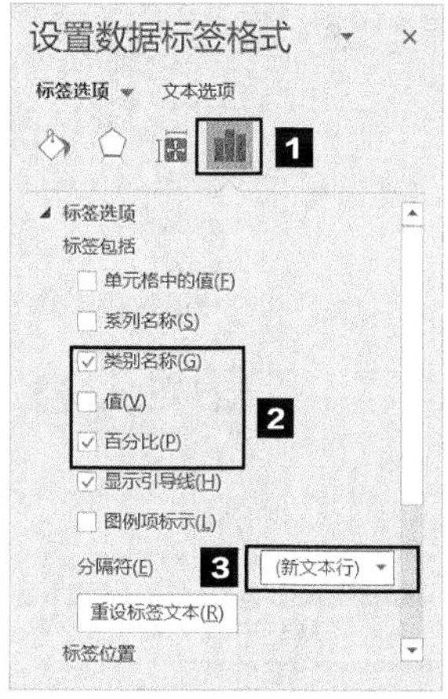

⑬ 默认标签的数字格式为【常规】，此处显示的是百分比，且有的数值比较小，所以将数字的【类别】设置为【百分比】，【小数位数】设置为【2】。

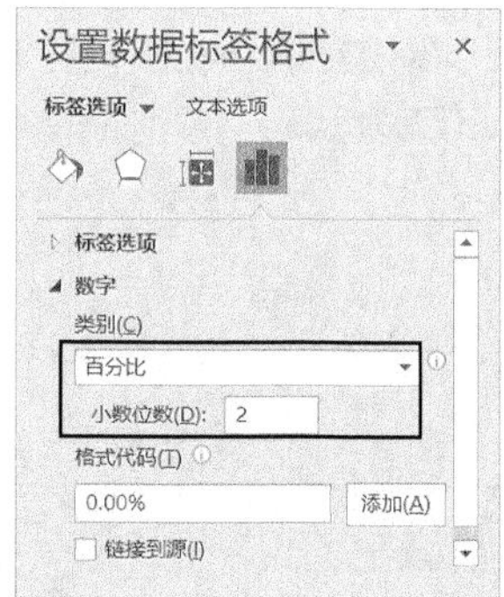

⑭ 这时图表的数据标签即可同时显示类别名称和百分比，适当调整数据标签的字体格式，此处将其字体设置为微软雅黑。

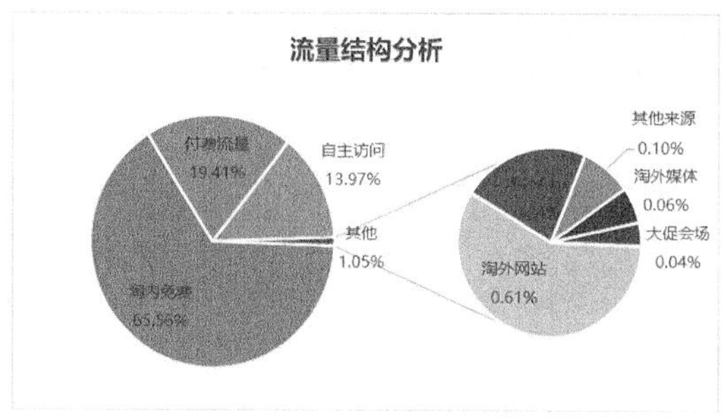

⑮ 设置饼图的边框和颜色。复合饼图数据系列中各扇区的颜色应该是不相同的，需要依次进行设置。

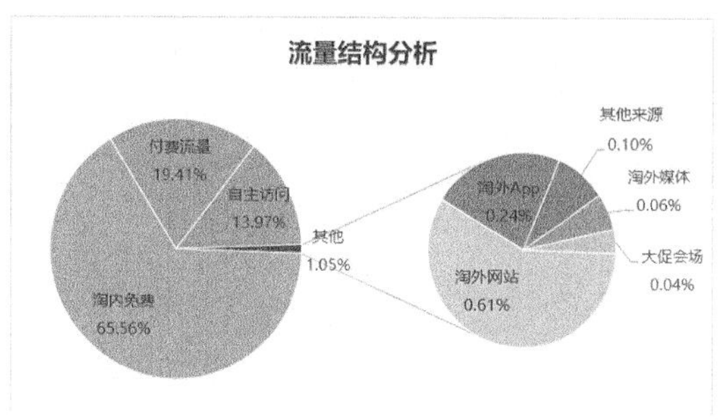

通过上图可以看出，在八大流量来源中，“淘内免费”的流量是最大的，其次是“付费流量”和“自主访问”的流量。

4. 分析排名前 10 的流量来源明细

分析完流量来源的结构之后，接下来分析一下流量来源明细情况。

- **按访客数进行降序排列**

❶ 将光标定位到“无线流量来源”工作表中任意一个有数据的单元格，切换到【数据】选项卡，在【排序和筛选】组中单击【排序】按钮。

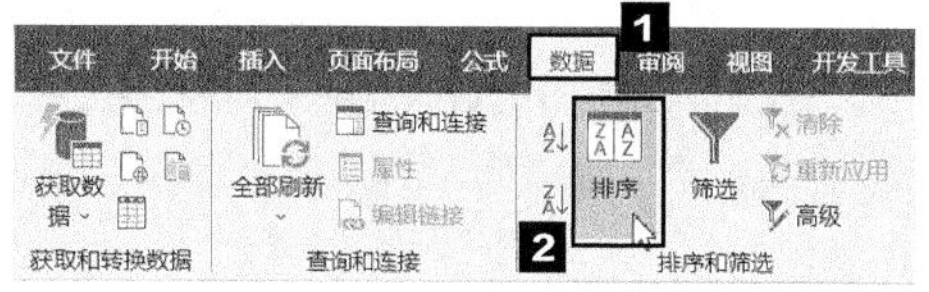

❷ 弹出【排序】对话框，设置【主要关键字】为【访客数】，【排序依据】为【单元格值】，【次序】为【降序】。

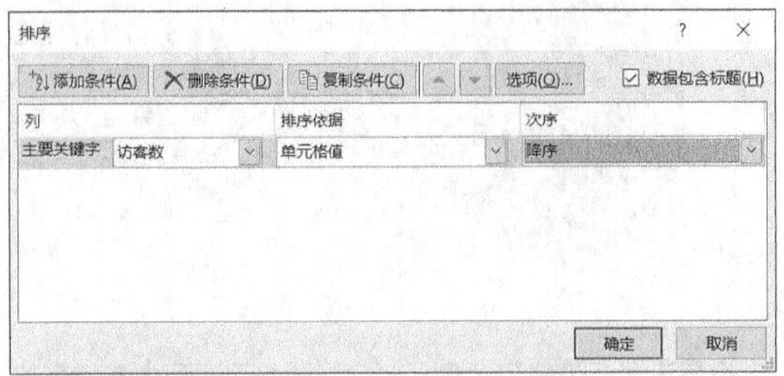

❸ 此时可将明细数据按照访客数进行降序排列。

	A	B	C
1	流量来源	来源明细	访客数
2	淘内免费	手淘搜索	141314
3	淘内免费	手淘推荐	91116
4	付费流量	直通车	77962
5	自主访问	购物车	36473
6	淘内免费	首页推荐-微详情	27646
7	自主访问	我的淘宝	27600
8	付费流量	淘宝客	11495
9	淘内免费	淘内免费其他	10205
10	淘内免费	手淘问大家	8757
11	淘内免费	手淘拍立淘	4812
12	淘内免费	手淘旺信	4626
13	淘内免费	手淘其他店铺商品详情	3309

● 根据访客数排名前 10 的数据创建图表

❶ 选中访客数排名前 10 对应的单元格区域 B1:C11，将其复制到工作表“Sheet1”的空白区域中，并进行适当的美化。

	A	B
14	来源明细	访客数
15	手淘搜索	141314
16	手淘推荐	91116
17	直通车	77962
18	购物车	36473
19	首页推荐-微详情	27646
20	我的淘宝	27600
21	淘宝客	11495
22	淘内免费其他	10205
23	手淘问大家	8757
24	手淘拍立淘	4812

❷ 根据访客数排名前 10 的数据创建一个簇状条形图。

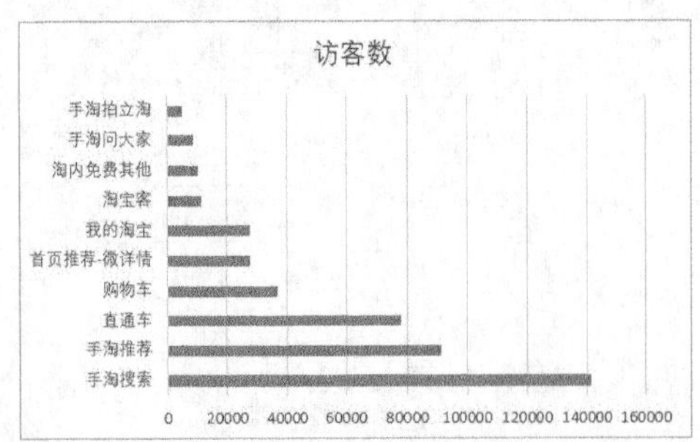

❸ 设置坐标轴。默认条形图的纵坐标轴上数据的顺序与数据源表中数据的顺序正好是相反的，此处为了保持一致，可以将其逆序排列。选中纵坐标轴，单击鼠标右键，在弹出的快捷菜单中选择【设置坐标轴格式】选项，打开【设置坐标轴格式】任务窗格，在【坐标轴选项】组中勾选【逆序类别】复选框。

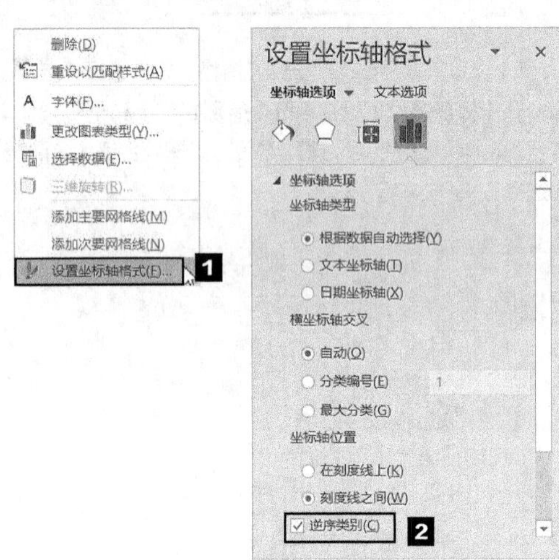

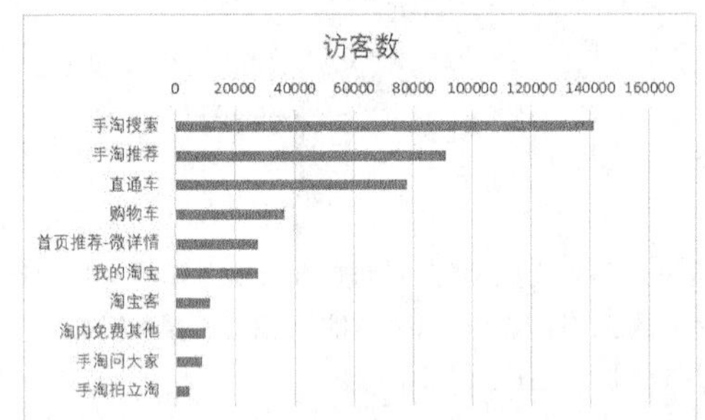

❹ 逆序排列后，可以看到横坐标轴显示到了图表的上方，将【标签位置】设置为【高】，即可将横坐标轴显示到图表下方。

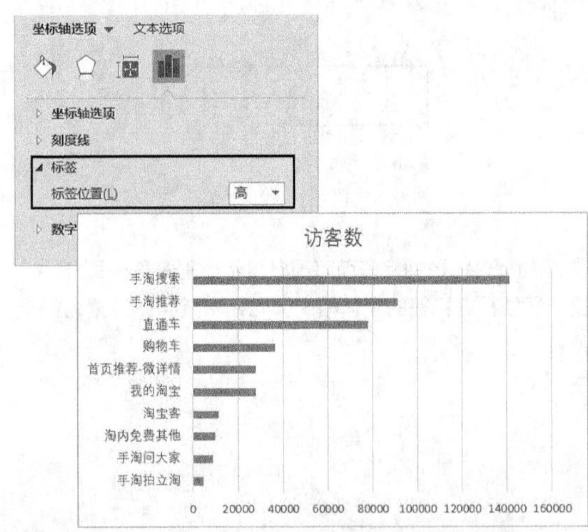

❺ 也可以直接将横坐标轴删除，然后为数据系列添加数据标签。

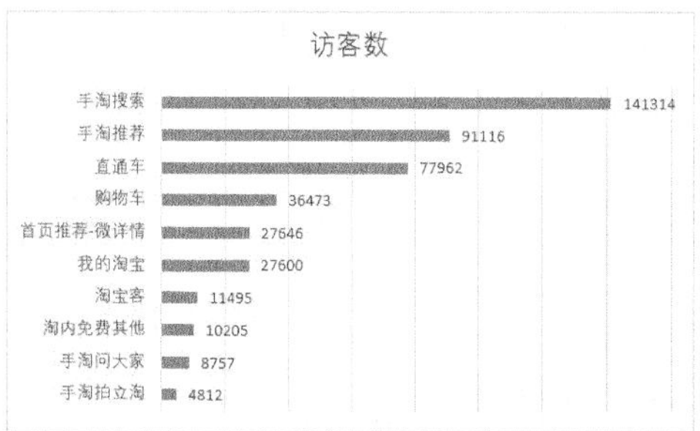

❻ 设置数据系列的间隙宽度。默认数据系列的间隙宽度比较大，可以对其进行适当调整，此处将【间隙宽度】调整为【100%】。

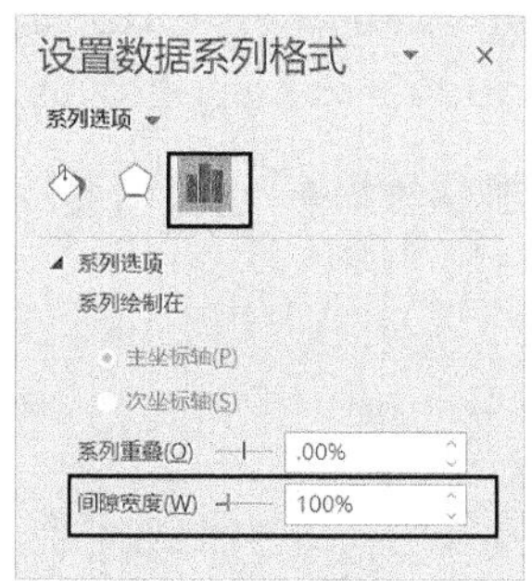

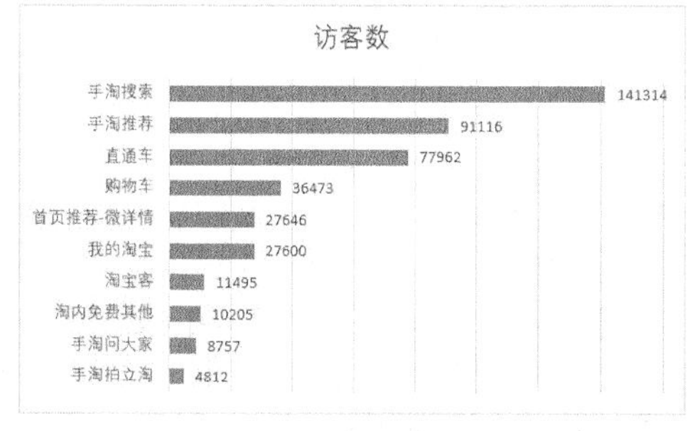

❼ 设置数据系列的颜色。这里为了区分、对比不同的数据点，可以将不同数据点设置为不同的颜色，如下图所示。

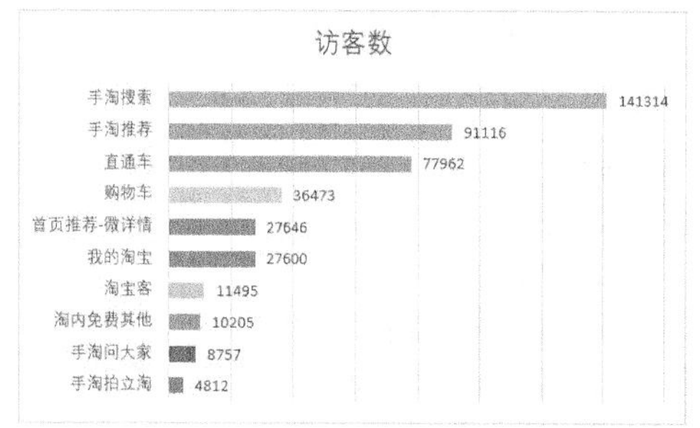

❽ 删除网格线，修改图表标题，并将图表中所有文字的字体设置为微软雅黑，效果如下图所示。

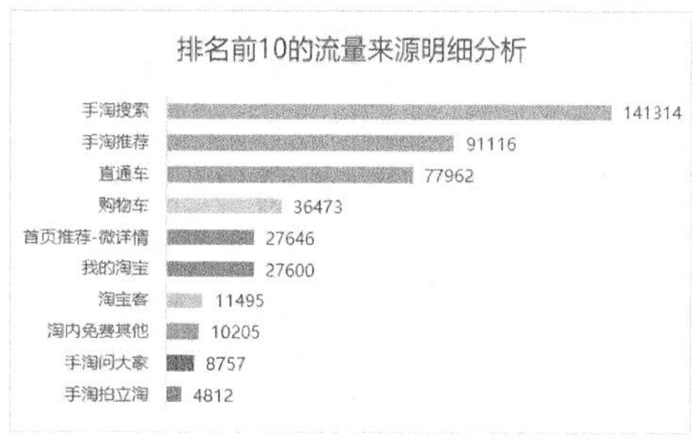

7.1.4 页面流量分析

淘宝店铺中每一个页面的功能都是不同的，它们的流量大小也各不相同。通常情况下，商品详情页的流量是店铺所有页面中流量最高的。因为消费者在购买商品之前，一般都会先在商品详情页中浏览一下商品的信息，只有商品符合自己的要求才会购买。

我们通过对店铺不同页面的流量进行分析，可以了解店铺中的不同页面是否发挥了其相应的功能，并及时对流量不足的页面进行改善和优化。

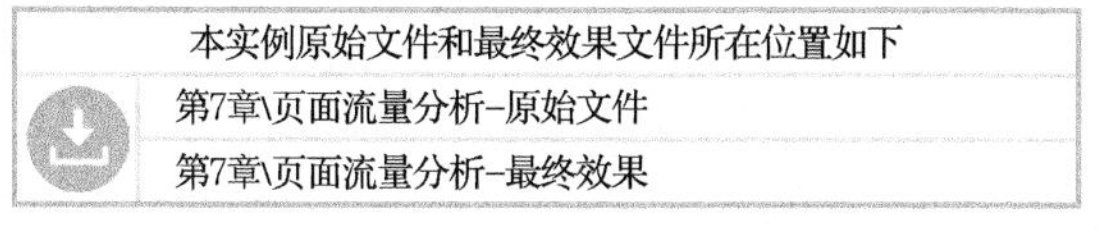
本实例原始文件和最终效果文件所在位置如下
第7章\页面流量分析–原始文件
第7章\页面流量分析–最终效果

在生意参谋“流量”板块的“店内路径”页面中，用户可以查看店铺不同类型页面的流量和交易数据，也可以选择某种页面类型，同步查看对应的流量路径。但如果要进一步分析每个页面流量的具体情况，则通常需要将各页面的访问数据下载到计算机中，然后根据需求进行分析。

❶ 打开本实例的原始文件“页面流量分析－原始文件”，由于访问页面的标题都比较长，可以在表格中添加一列，将其命名为“页面”，具体内容为页面分类名称加序号。在 C 列的列标上单击鼠标右键，在弹出的快捷菜单中选择【插入】选项，即可添加一个新的列（C 列）。

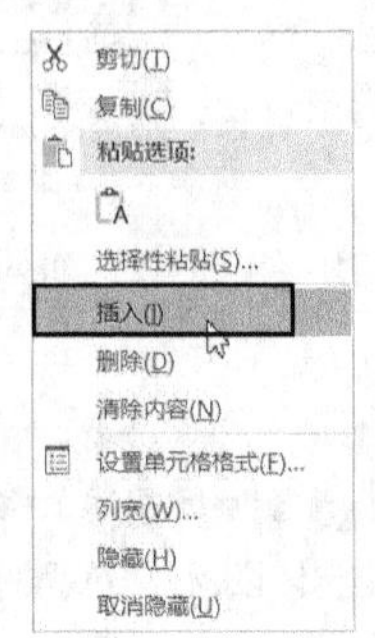

❷ 将 C 列的列标题设置为“页面”，在单元格 C2 中输入公式“=A2&COUNTIF($A$2:$A2,A2)”，按【Enter】键完成输入，然后将单元格 C2 中的公式复制到下面的单元格区域中。

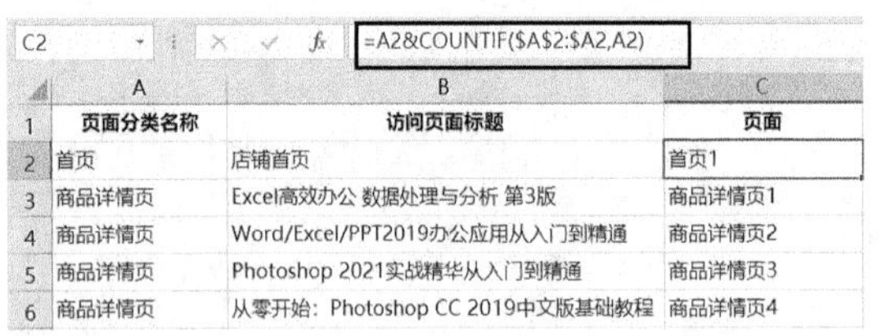

C2 =A2&COUNTIF($A$2:$A2,A2)

	A	B	C
1	页面分类名称	访问页面标题	页面
2	首页	店铺首页	首页1
3	商品详情页	Excel高效办公 数据处理与分析 第3版	商品详情页1
4	商品详情页	Word/Excel/PPT2019办公应用从入门到精通	商品详情页2
5	商品详情页	Photoshop 2021实战精华从入门到精通	商品详情页3
6	商品详情页	从零开始：Photoshop CC 2019中文版基础教程	商品详情页4

提示

此处 COUNTIF 函数的作用是计算 A 列的单元格从第 2 行开始到当前行出现的次数。

❸ 选中数据区域中的任意一个单元格，按【Ctrl】+【T】组合键，打开【创建表】对话框，勾选【表包含标题】复选框。

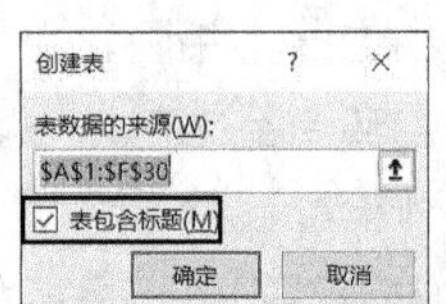

❹ 单击【确定】按钮，将数据区域转换成超级表格。

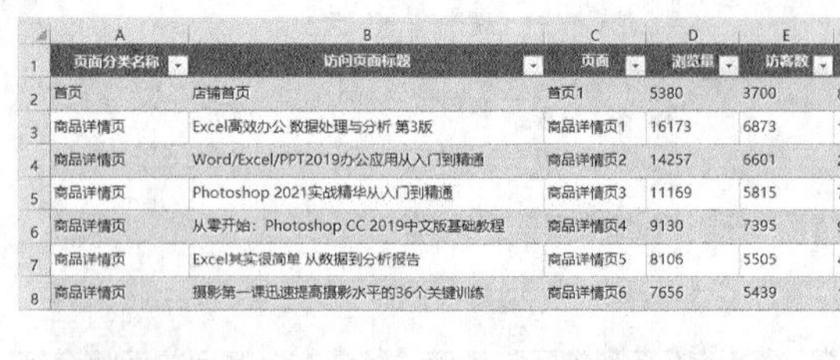

	A	B	C	D	E
1	页面分类名称	访问页面标题	页面	浏览量	访客数
2	首页	店铺首页	首页1	5380	3700
3	商品详情页	Excel高效办公 数据处理与分析 第3版	商品详情页1	16173	6873
4	商品详情页	Word/Excel/PPT2019办公应用从入门到精通	商品详情页2	14257	6601
5	商品详情页	Photoshop 2021实战精华从入门到精通	商品详情页3	11169	5815
6	商品详情页	从零开始：Photoshop CC 2019中文版基础教程	商品详情页4	9130	7395
7	商品详情页	Excel其实很简单 从数据到分析报告	商品详情页5	8106	5505
8	商品详情页	摄影第一课迅速提高摄影水平的36个关键训练	商品详情页6	7656	5439

提示

创建超级表格是为了方便后面添加切片器与图表联动。

❺ 根据 C 列到 F 列的数据，创建一个折线图。

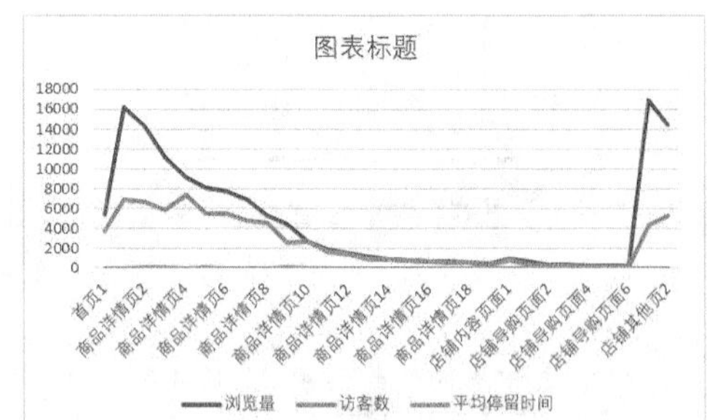

❻ 由于平均停留时间与浏览量和访客数的数值差异较大，因此在创建的折线图中，平均停留时间几乎为一条直线，看不出差异，可以将平均停留时间添加到次坐标轴上。选中任意一个数据系列，单击鼠标右键，在弹出的快捷菜单中选择【更改系列图表类型】选项。

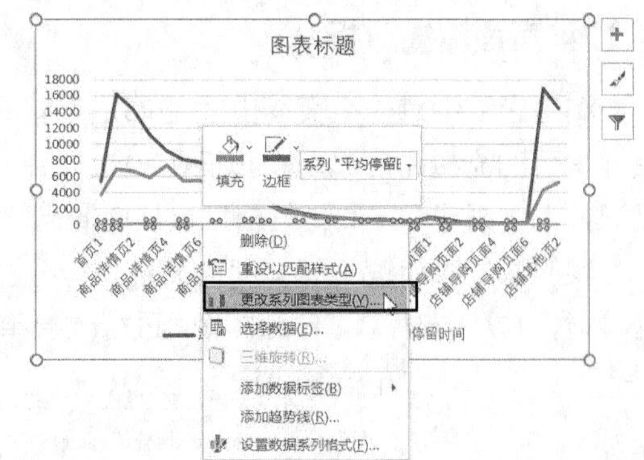

❼ 打开【更改图表类型】对话框，勾选【平均停留时间】右侧的【次坐标轴】复选框。

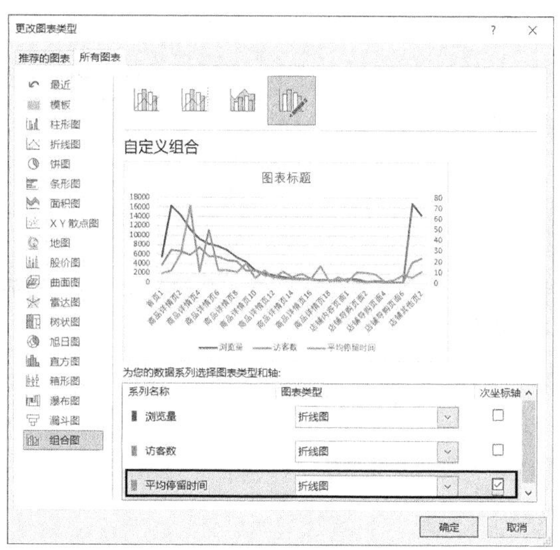

❽ 单击【确定】按钮，即可看到图表中已经添加了次坐标轴。

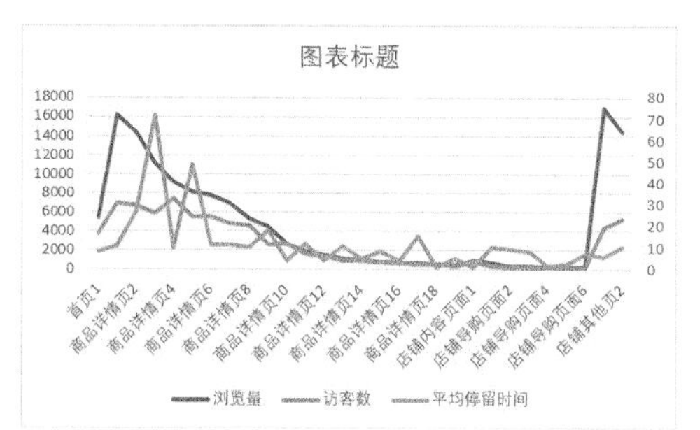

❾ 设置数据系列。将数据系列的线条宽度调整为【2 磅】，其颜色设置如下图所示。

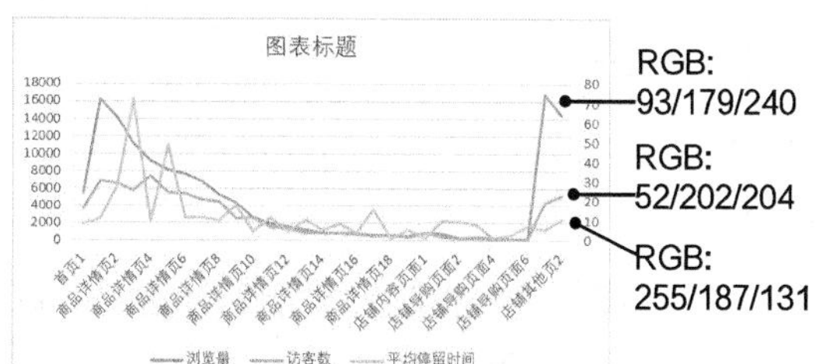

❿ 设置坐标轴格式。默认横坐标轴标签的文字方向是横向的，但是由于当前图表的横坐标轴标签的数量比较多，因此可以将其文字方向设置为竖向。选中横坐标轴，打开【设置坐标轴格式】任务窗格，将【文字方向】设置为【竖排】。

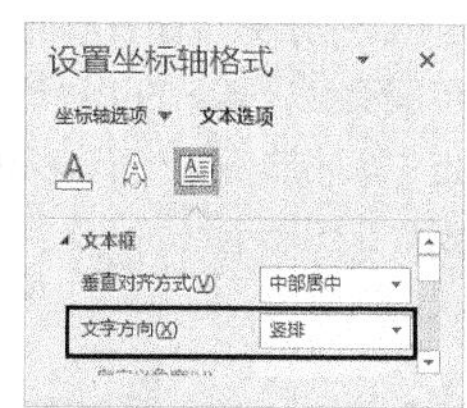

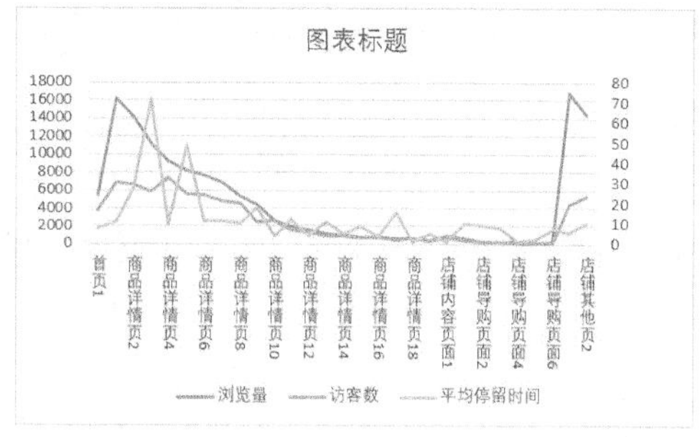

⓫ 将图表的【图例位置】设置为【靠上】，在【线条】下选中【实线】单选钮，将网格线的【短划线类型】设置为【短划线】，然后将图表标题修改为“页面流量分析”，并适当调整图表的大小。

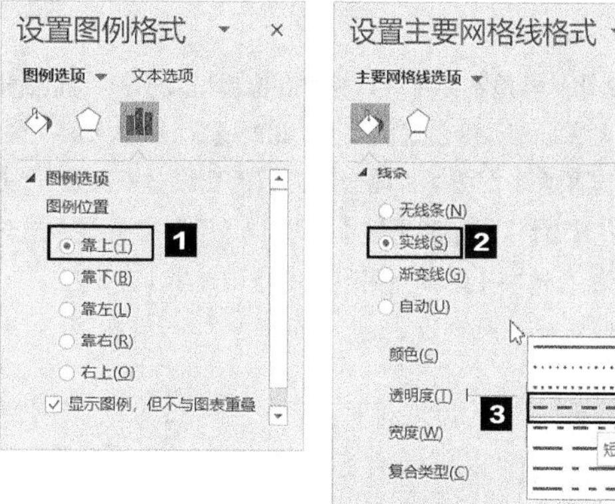

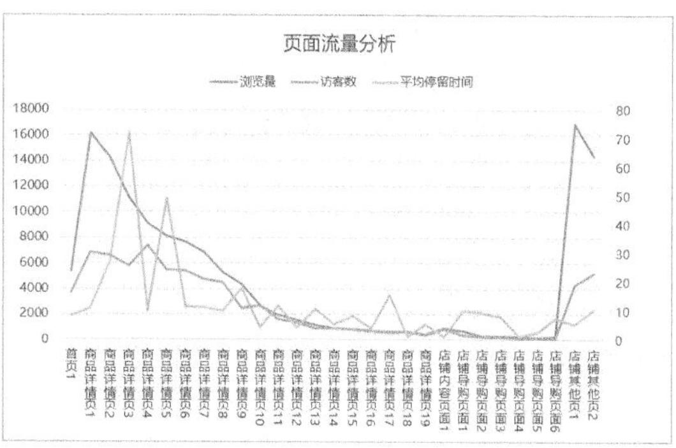

⑫ 现在图表中显示的是所有页面分类的页面流量分析，如果要分别查看不同页面分类下的页面流量情况，可以插入一个切片器。选中表格的任意一个单元格，切换到【表格工具】栏的【设计】选项卡，在【工具】组中单击【插入切片器】按钮。

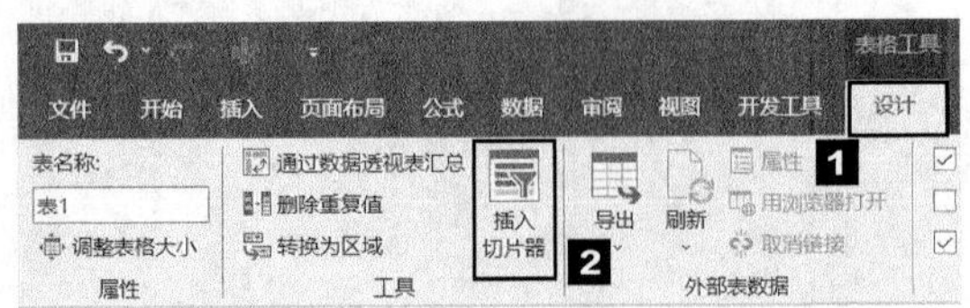

⑬ 打开【插入切片器】对话框，勾选【页面分类名称】复选框，单击【确定】按钮，创建一个切片器。

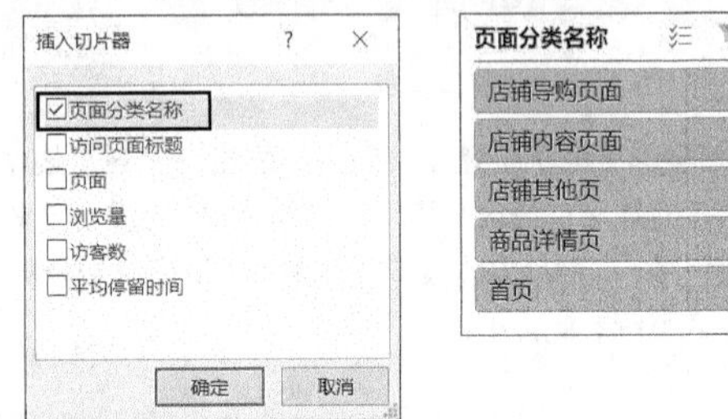

⑭ 默认切片器是不会随单元格改变位置和大小的，而图表默认会随单元格改变位置和大小，此处设置切片器随单元格改变位置和大小。在切片器上单击鼠标右键，在弹出的快捷菜单中选择【大小和属性】选项，打开【格式切片器】任务窗格，选中【随单元格改变位置和大小】单选钮。

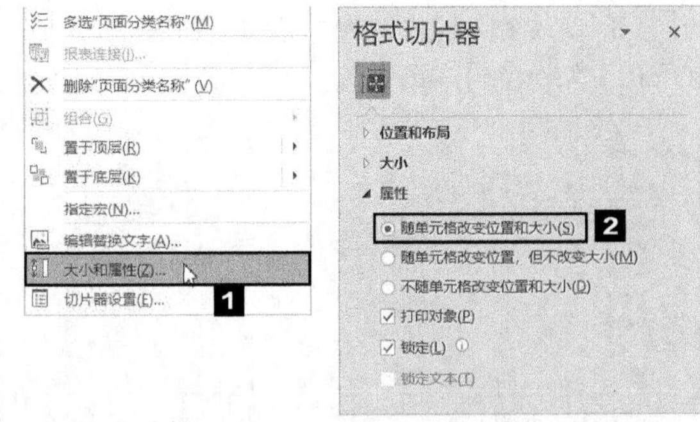

⑮ 此时，在切片器中选择不同的页面分类，表格和图表都会随之变动。

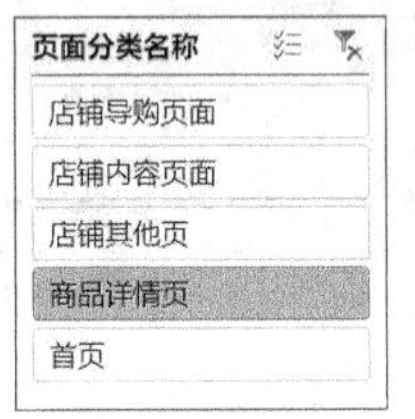

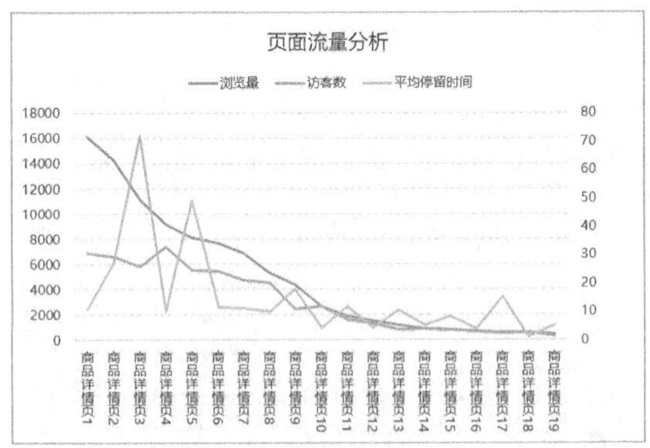

通过上图可以看出，访客数和浏览量是成正比的，而平均停留时间与访客数和浏览量没有明显的关联。

7.1.5 商品详情页流量分析

商品详情页可以说是店铺中最重要的页面之一，它可以展现最直接的商品信息。通过对商品详情页的流量进行分析，可以分析出消费者对哪些商品更感兴趣，哪些商品详情页的黏性更高。

在进行商品详情页流量分析时，用户需要先从“生意参谋”中下载或复制相关数据，如浏览量、访客数、点击人数和跳失率等。

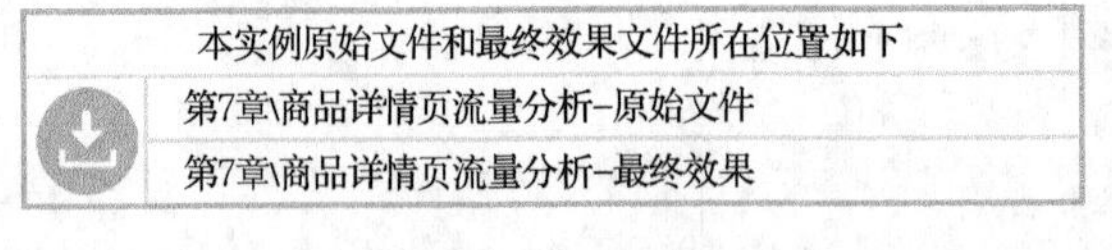

本实例原始文件和最终效果文件所在位置如下
第7章\商品详情页流量分析-原始文件
第7章\商品详情页流量分析-最终效果

扫码看视频

❶ 打开本实例的原始文件“商品详情页流量分析 – 原始文件”，由于商品名称的文字较多，因此可以将其适当简化。在“浏览量”列左侧添加一个新列，将列标题设置为“商品”，在单元格 B2 中输入公式“=" 商品 "&ROW()-1”，按【Enter】键完成输入，然后将单元格 B2 的公式复制到下面的单元格区域中。

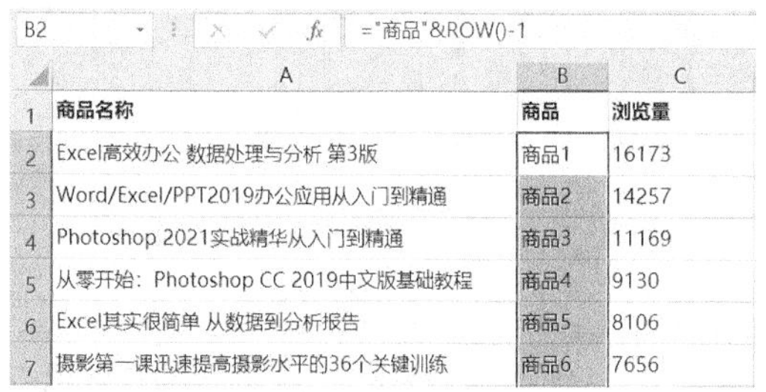
B2 fx ="商品"&ROW()-1

	A	B	C
1	商品名称	商品	浏览量
2	Excel高效办公 数据处理与分析 第3版	商品1	16173
3	Word/Excel/PPT2019办公应用从入门到精通	商品2	14257
4	Photoshop 2021实战精华从入门到精通	商品3	11169
5	从零开始：Photoshop CC 2019中文版基础教程	商品4	9130
6	Excel其实很简单 从数据到分析报告	商品5	8106
7	摄影第一课迅速提高摄影水平的36个关键训练	商品6	7656

提示

“ROW()”可以返回当前单元格的行号，“ROW()–1”则是行号减 1。

❷ 选中 B 列、D 列和 F 列，切换到【插入】选项卡，在【图表】组中单击【插入组合图】按钮，在弹出的下拉列表中选择【创建自定义组合图】选项。

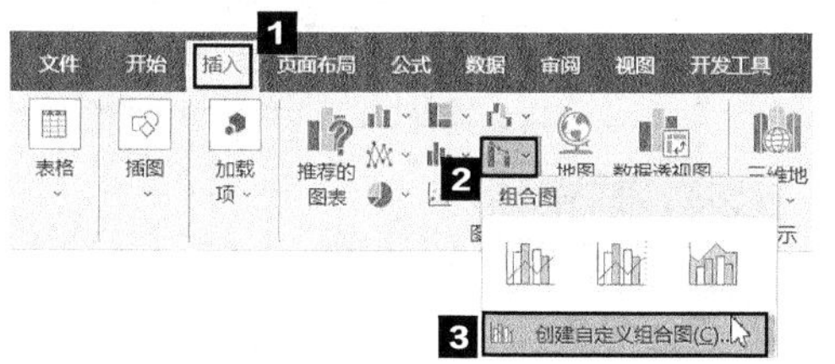

❸ 打开【插入图表】对话框，设置【访客数】为【簇状柱形图】，设置【跳失率】为【折线图】，并勾选【跳失率】右侧的【次坐标轴】复选框。

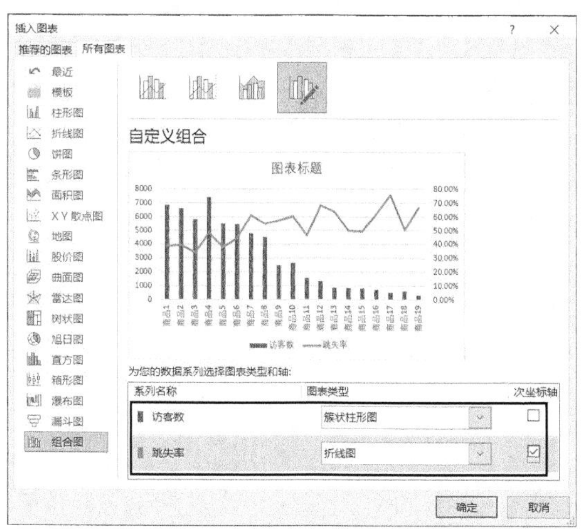

❹ 单击【确定】按钮，即可创建一个簇状柱形图和折线图的组合图。

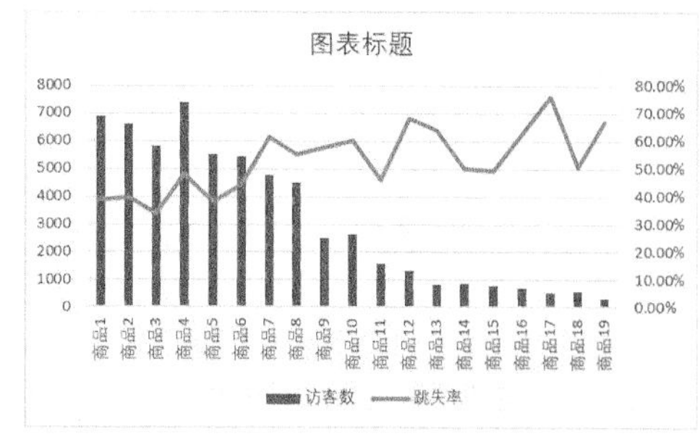

❺ 设置数据系列。将柱形图的【间隙宽度】设置为【150%】，颜色设置为“RGB:52/202/204”，将折线图的【宽度】设置为【2 磅】，颜色设置为“RGB:255/187/131”。

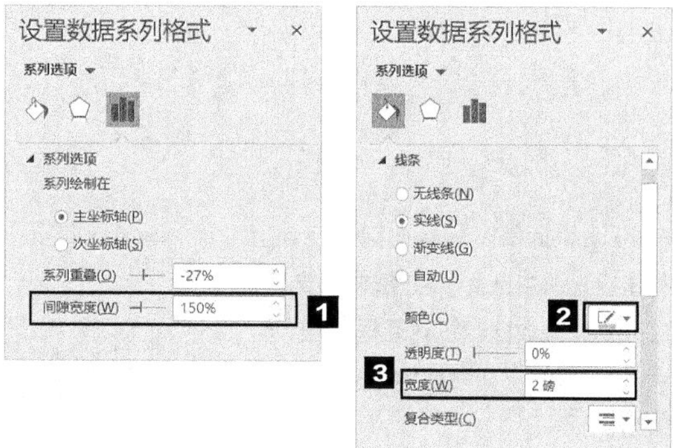

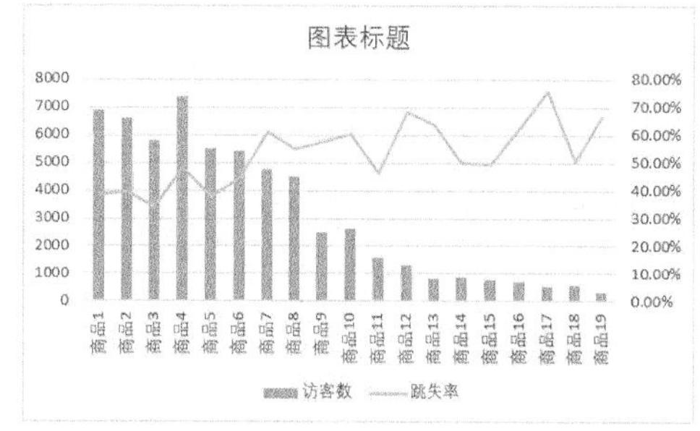

❻ 设置图例、网格线和标题。将【图例位置】设置为【靠上】，删除网格线，将图表标题更改为“商品详情页流量分析”，然后将图表中文字的字体都设置为微软雅黑。

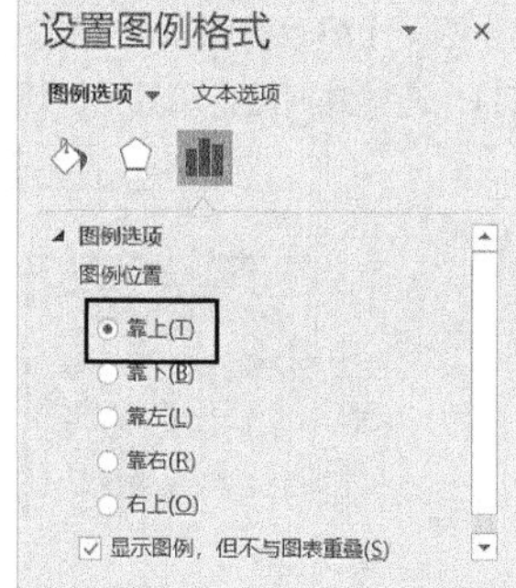

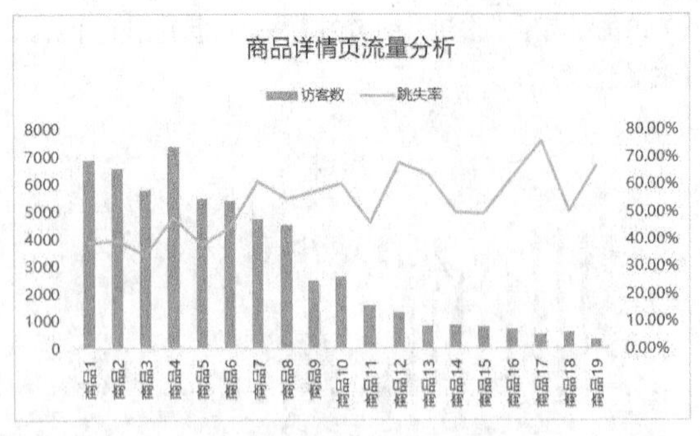

❼ 为了方便查看跳失率，可以为跳失率添加一个辅助列（G 列），在辅助列中输入 50%。

B	C	D	E	F	G
商品	浏览量	访客数	点击人数	跳失率	50%
商品1	16173	6873	4,213	38.70%	50%
商品2	14257	6601	3,994	39.49%	50%
商品3	11169	5815	3,841	33.95%	50%
商品4	9130	7395	3,843	48.03%	50%
商品5	8106	5505	3,423	37.82%	50%
商品6	7656	5439	3,027	44.35%	50%

❽ 在图表上单击鼠标右键，在弹出的快捷菜单中选择【选择数据】选项，打开【选择数据源】对话框，在【图例项（系列）】列表框中单击【添加】按钮。

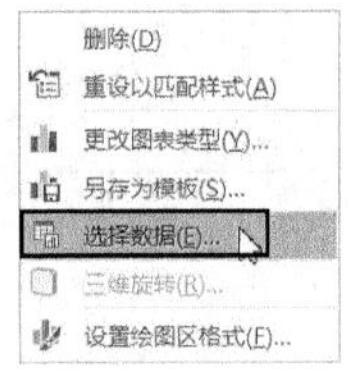

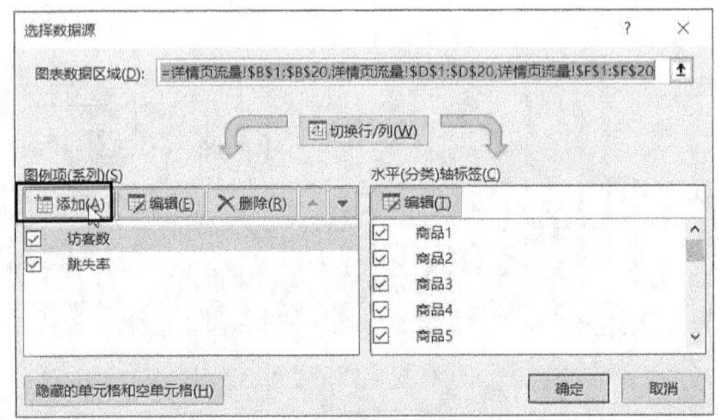

❾ 打开【编辑数据系列】按钮，设置系列名称为单元格 G1，设置系列值为单元格区域 G2:G20。

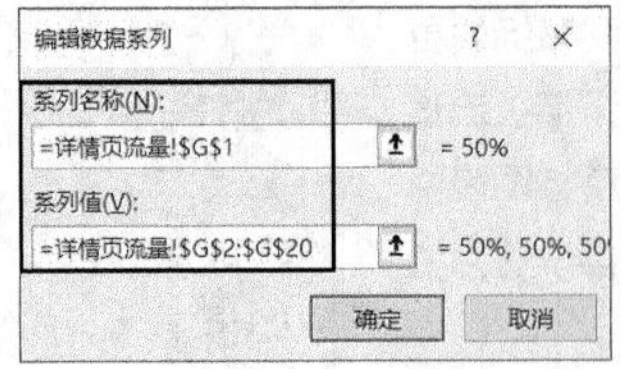

❿ 单击【确定】按钮，返回【选择数据源】对话框，单击【确定】按钮，返回图表，即可看到图表中添加了一条直线。

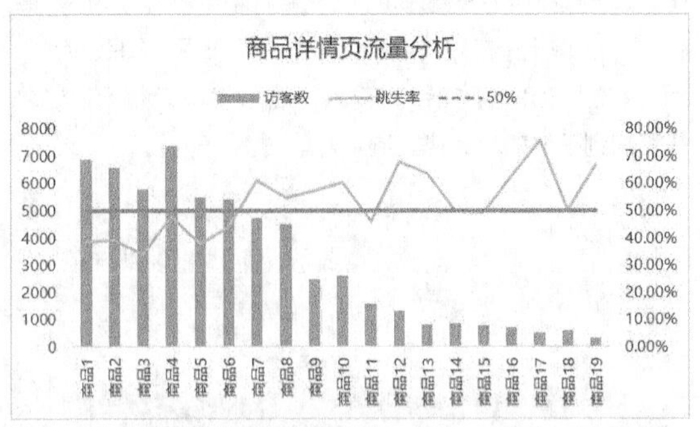

⓫ 选中新添加的直线，将其【宽度】设置为【2 磅】，【短划线类型】设置为【方点】，颜色设置为“RGB: 217/125/131”。

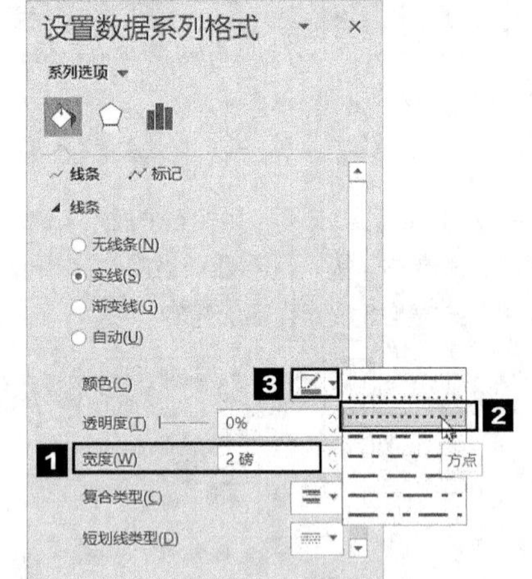

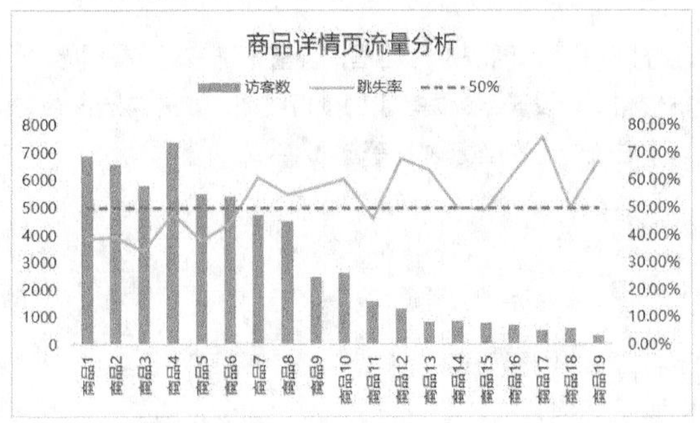

7.2　转化率分析

如果网店空有流量却没有转化，也是不能盈利的，因此卖家在为网店引流的同时，还要通过一些合适的运营手段来提高转化率。

7.2.1 流量转化分析

分析不同渠道的流量转化情况，可以了解不同渠道的流量转化效果，有利于卖家制订营销推广策略。

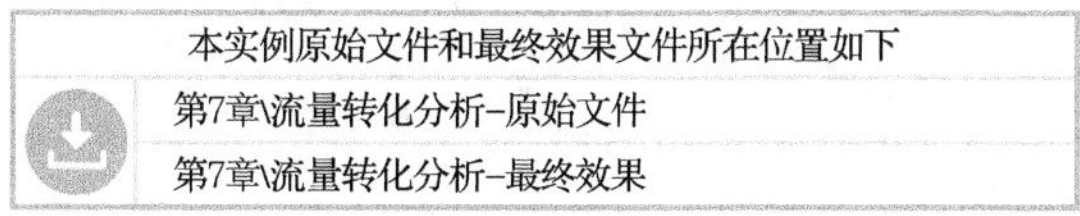
本实例原始文件和最终效果文件所在位置如下
第7章\流量转化分析-原始文件
第7章\流量转化分析-最终效果

扫码看视频

❶ 打开本实例的原始文件“流量转化分析－原始文件”，不同流量来源的访客数、下单转化率和支付转化率等指标数据都可以直接从“生意参谋”中下载，下图为下载整理后的数据。

	A	B	C	D
1	流量来源	访客数	下单转化率	支付转化率
2	淘内免费	242,534	6.30%	6.12%
3	付费流量	89,345	10.51%	10.24%
4	自主访问	55,786	19.54%	19.02%
5	淘外网站	305	0.00%	0.00%
6	淘外媒体	301	0.00%	0.00%
7	大促会场	194	9.28%	8.76%
8	其他来源	1	0.00%	0.00%
9	淘外App	0	0.00%	0.00%

❷ 根据不同流量来源的访客数、下单转化率和支付转化率数据，创建一个簇状柱形图和折线图的组合图。

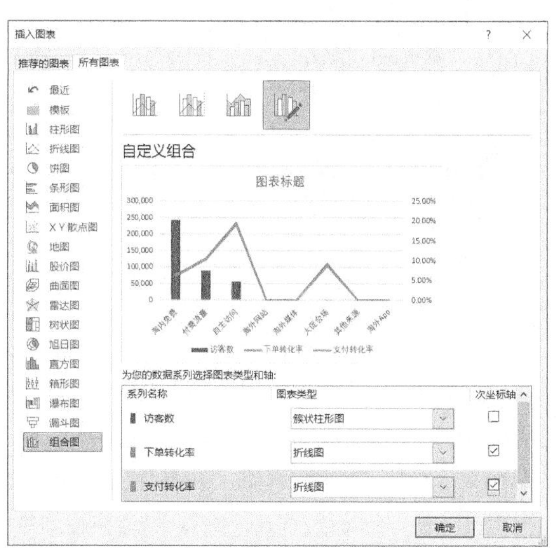

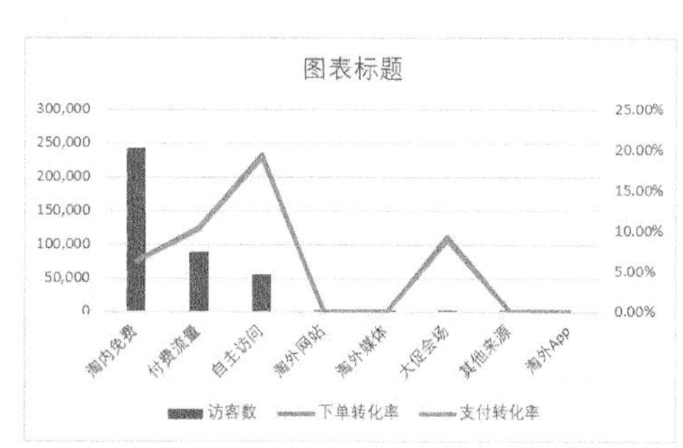

❸ 对组合图进行适当的美化，最终效果如下图所示。

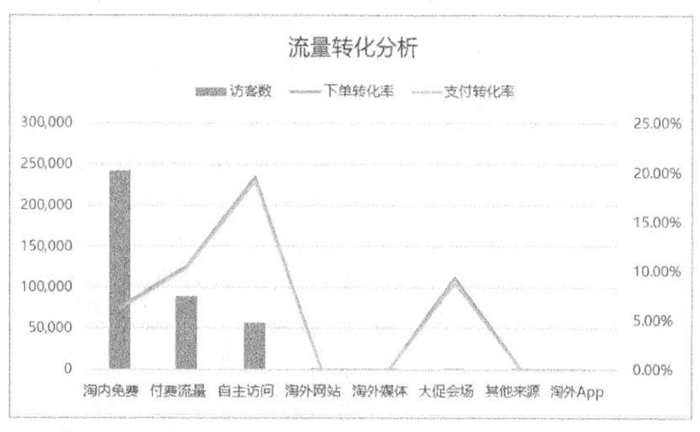

通过上图可以看出，网店最大的流量渠道为“淘内免费”，其次是“付费流量”和“自主访问”。下单转化率和支付转化率的差异是比较小的，转化率最高的是“自主访问”，其次是“大促会场”“付费流量”“淘内免费”。

7.2.2 提高转化率的有效方法

在网店运营过程中，影响转化率的因素是非常多的，如商品主图、商品价格、商品详情页和商品评价等。下面分别分析一下如何通过这几个因素来提高转化率。

- **商品主图**

消费者在搜索商品时，看到的最直观的信息就是各个商品的主图。因此商品能否吸引消费者，能否提高点击率，其主图的效果就显得非常重要。下图所示为某商品主图优化前后的对比效果。

很明显，多数消费者会选择浏览右侧的商品，因为右侧的主图中不仅直观地展示了商品，还展示了商品的优势信息，更容易吸引消费者。

- **商品价格**

消费者在认可商品的主图效果后，如果搜索结果中有多个商品的主图效果相似，很自然地就会查看该商品的价格。通常消费者会选择价格较低的商品进行购买。

卖家为某商品设置的初始定价为 60.9 元，在进行促销活动时，将其价格调整为 44.95 元，如下图所示，仅用了几天的时间，该商品的成交量就有了大幅提升。

- **商品详情页**

商品详情页是消费者必看的页面，商品主图可以给消费者留下一个主观印象，而商品详情页则可以通过对商品的详细介绍，加深消费者对商品的印象。因此，卖家要想留住消费者，势必要在商品详情页的详情介绍、细节图片展示方面下功夫，促使消费者下单，如下页图所示。

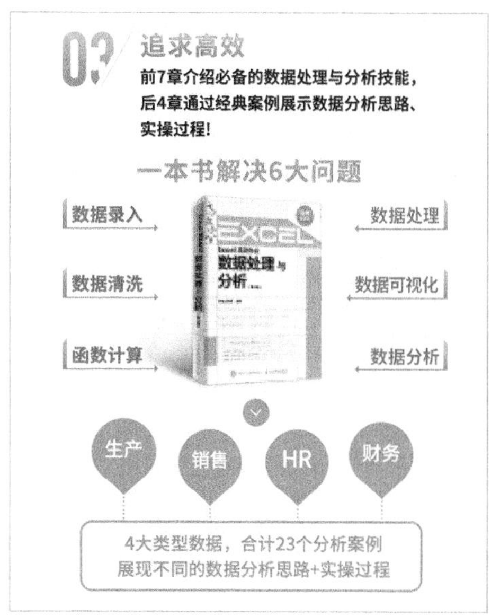

● 商品评价

商品评价也是影响转化率的重要因素之一。消费者在网上购物时，由于不能像线下购物一样接触真实的商品，只能通过其他消费者对商品的评价来判断商品的真实情况是否与商品介绍一致。而且商品评价会影响店铺的信用评分：好评加一分，中评不加分，差评减一分。信用评分会直接影响店铺流量，最终影响店铺的转化率。因此，商家也需要对商品评价进行维护，尽量获得更多的好评，减少差评，如下图所示。

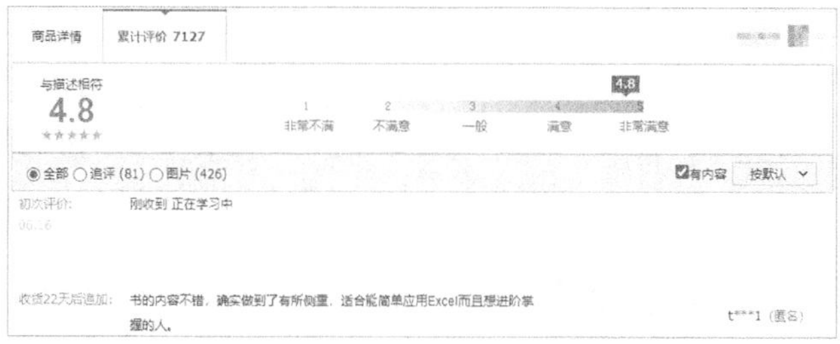

7.3 销售业绩分析

无论是线下销售还是线上销售，都是为了提高销售业绩，因此销售业绩分析在网店运营中也是至关重要的。本节从交易金额和客单价的角度对销售业绩进行分析。

7.3.1 交易金额分析

交易金额可以直观地反映店铺的运营情况，引流、推广等工作的效果都可以从商品交易金额中体现出来。

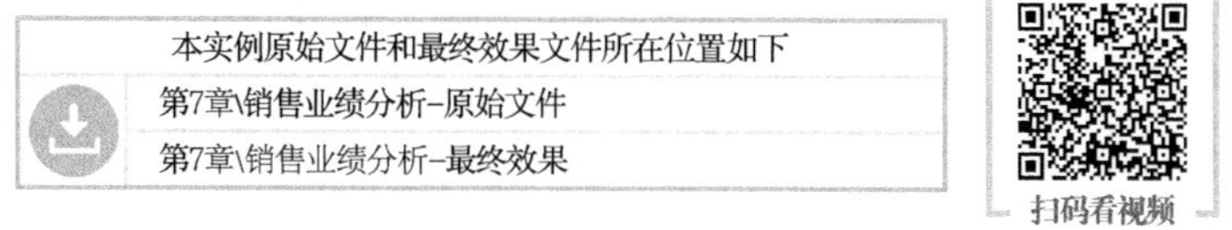
本实例原始文件和最终效果文件所在位置如下
第7章\销售业绩分析–原始文件
第7章\销售业绩分析–最终效果

扫码看视频

不同月份的访客人数、交易金额、客单价等数据可以直接从“生意参谋”中下载。

❶ 打开本实例的原始文件“销售业绩分析 – 原始文件”，选中单元格区域 A1:C13，创建一个折线图。

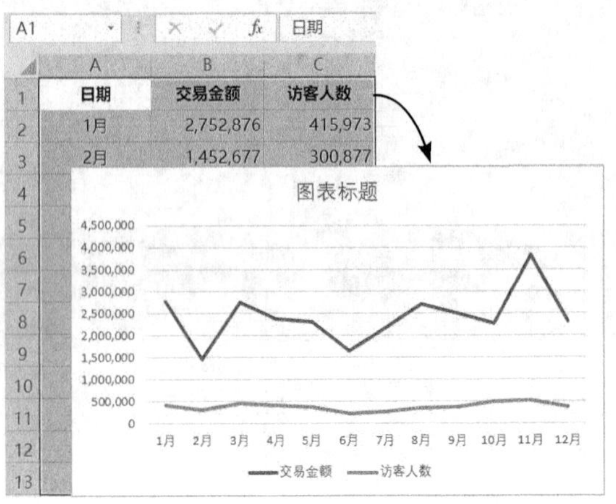

❷ 默认创建的折线图中，两个数据系列在同一个坐标轴上，但是由于访客人数的数据相对交易金额数据来说较小。因此在同一个坐标轴上访客人数的变动差异就显得很小。为了便于查看，此处将访客人数更改到次坐标轴上。选中“访客人数”数据系列，单击鼠标右键，在弹出的快捷菜单中选择【设置数据系列格式】选项。

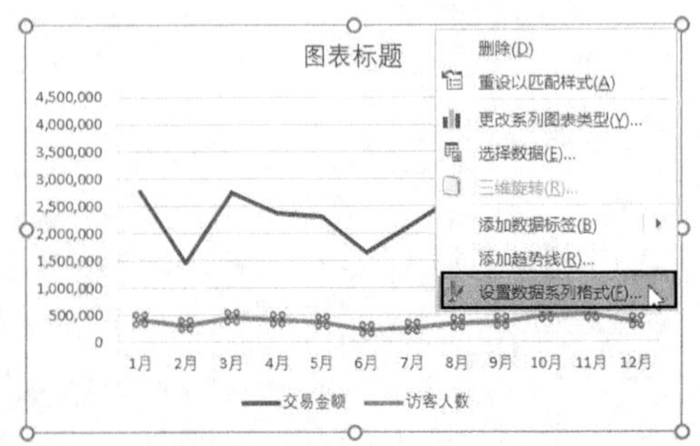

❸ 打开【设置数据系列格式】任务窗格，在【系列选项】组中选中【次坐标轴】单选钮，然后依次设置两个数据系列的颜色和宽度。

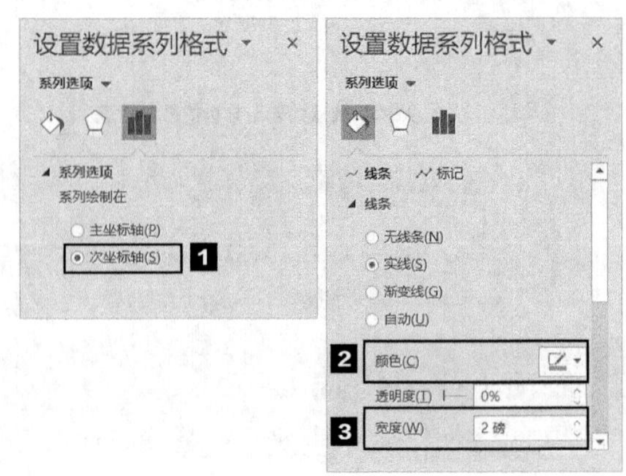

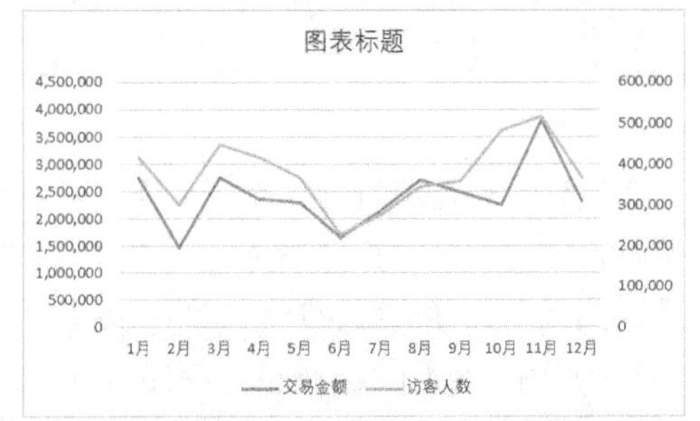

❹ 添加次坐标轴后，可以看到默认主、次坐标轴的标签的密度是不同的。显然，主坐标轴上的数据偏密，可以将主坐标轴的【边界】的【最大值】设置为【4.2E6】，将【单位】下的【大】设置为【700000.0】。

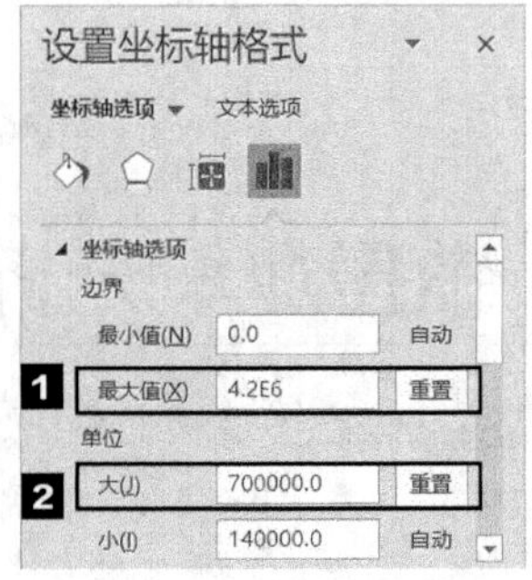

❺ 选中图表，为图表添加垂直线，方便用户将数据点与横坐标轴对应，并将垂直线的颜色设置为浅色。

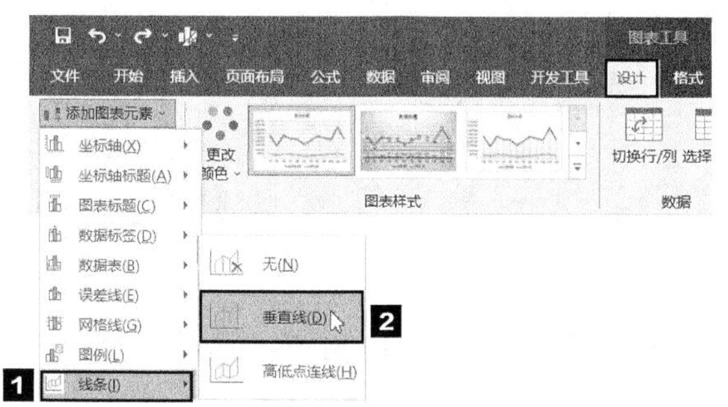

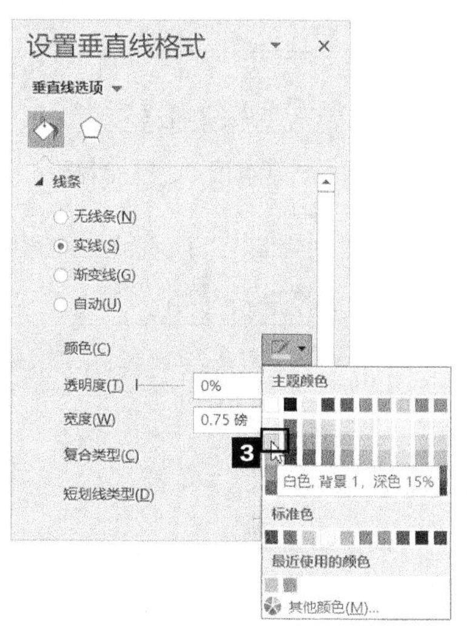

❻ 为了避免网格线对图表造成干扰，可以将网格线设置为虚线，然后将图例移动到图表的上方，输入图表标题，并将图表中所有文字的字体设置为【微软雅黑】，最终效果如下图所示。

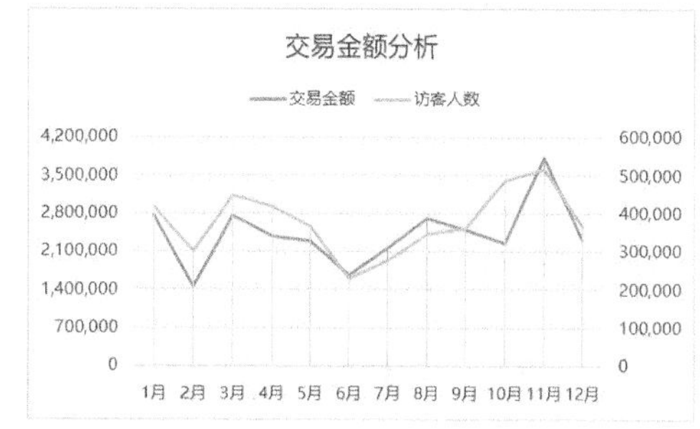

通过上图可以看出，交易金额在大多数时候是随访客人数的变化而变化的，但是在 9 月和 10 月，虽然访客人数是增长的，但是交易金额却是下降的，应该引起注意，并进一步分析原因。

7.3.2 客单价分析

客单价可以直观地反映消费者的购买力，从某种程度上也可以反映网店的目标消费群体的特点及网店的盈利状态，因此分析客单价也是至关重要的。

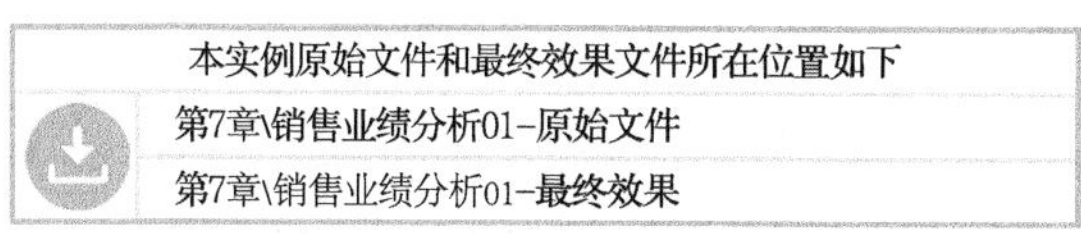

本实例原始文件和最终效果文件所在位置如下

第7章\销售业绩分析01–原始文件

第7章\销售业绩分析01–最终效果

❶ 打开本实例的原始文件“销售业绩分析 01–原始文件”，选中单元格区域 A1:A13 和 F1:F13，创建一个柱形图。

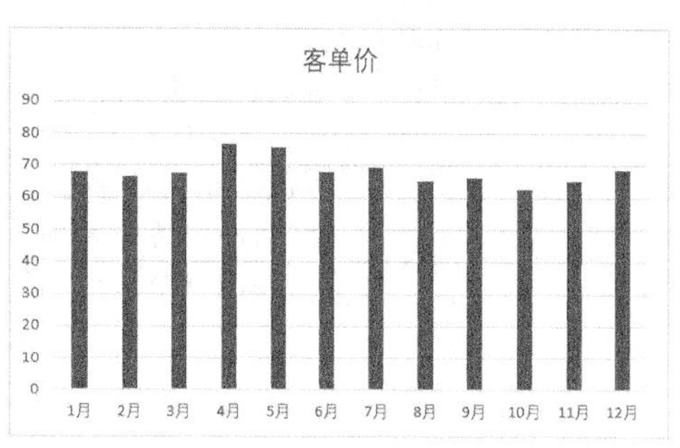

❷ 将数据系列的【间隙宽度】调整为【120%】，颜色设置为“RGB:93/179/240”，为数据系列添加数据标签，删除纵坐标轴和网格线，修改图表标题，将图表中的所有文字的字体设置为微软雅黑，并适当调整绘图区的大小，最终效果如右图所示。

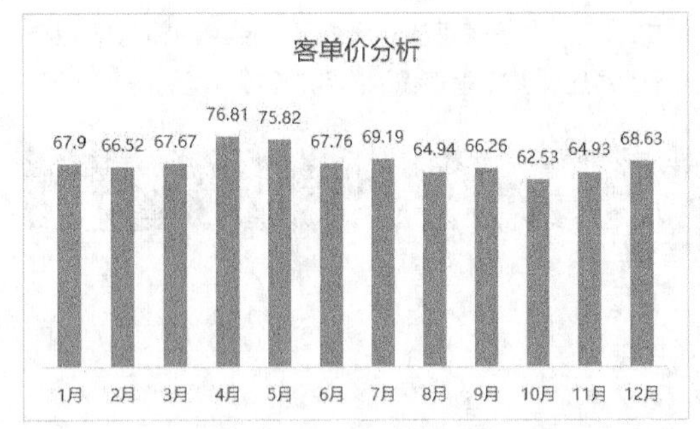

通过上图可以看出，近一年店铺的客单价变化并不是很大，4 月和 5 月的客单价相对较高。

7.4 客户数据分析

客户是网店利润的贡献者，是店铺口碑的有效传播者，因此客户数据越来越受到卖家的重视。卖家可以对客户数据进行分析，从而有针对性地实现精准推广，提高店铺的交易金额。

卖家可以从哪些角度对客户数据进行分析呢？卖家获取客户信息后，可以对客户的年龄分布、性别分布、地区分布情况，以及各地区客户的增长率、流失率等进行分析。

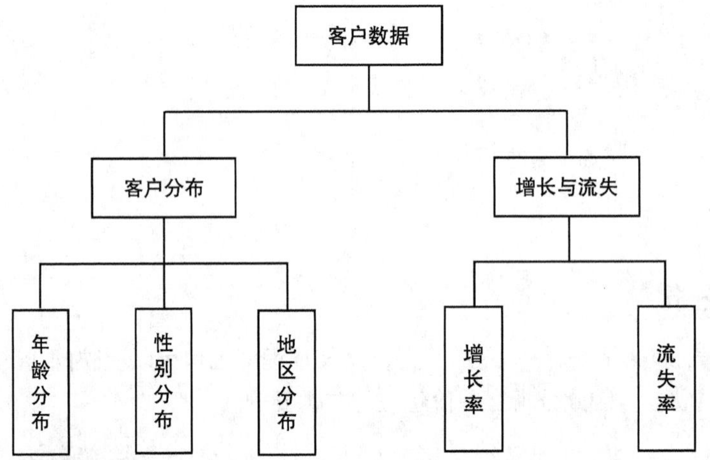

7.4.1 客户分布情况分析

客户分布情况分析主要是分析客户的会员级别、性别比例、年龄层次、地区分布等，也就是对客户群进行画像分析。

从系统中导出相关数据并进行整理，下页图所示为整理好的数据。

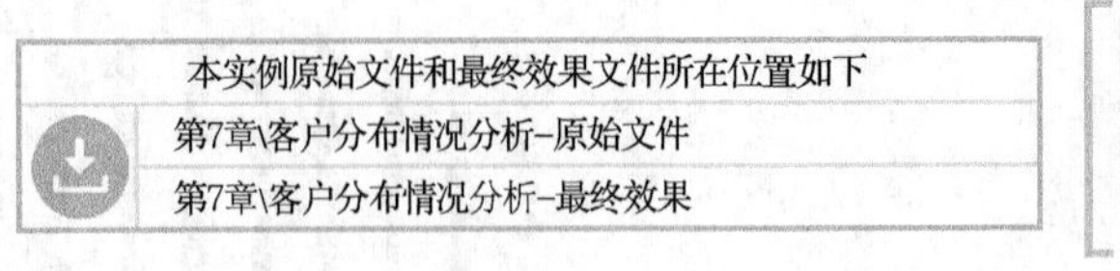

	A	B	C	D	E	F	G	H
1	客户信息	会员级别	性别	年龄	地区/城市	交易总额(元)	交易笔数(笔)	平均交易金额(元)
2	[illegible]	二级会员	女	28	北京	147.91	3	49.30
3	[illegible]	一级会员	男	30	成都	158.12	3	52.71
4	[illegible]	二级会员	女	22	成都	146.7	3	48.90
5	[illegible]	普通会员	女	28	上海	99.61	2	49.81
6	[illegible]	二级会员	女	30	北京	163.25	3	54.42
7	[illegible]	一级会员	男	45	上海	63.58	1	63.58

根据上图查看各个客户的分布情况时，可以使用数据透视表进行汇总分析。

❶ 打开本实例的原始文件“客户分布情况分析－原始文件”，根据客户数据在新工作表中创建数据透视表，将【年龄】拖曳到【行】列表框中，将【客户信息】拖曳到【值】列表框中。

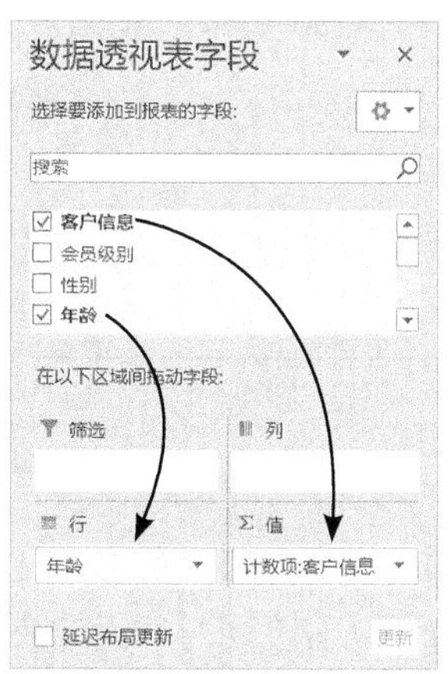

	A	B
3	行标签	计数项:客户信息
4	21	7
5	22	11
6	23	12
7	25	10
8	26	2
9	27	7
10	28	12
11	30	11
12	33	7
13	38	6
14	41	7
15	45	5
16	总计	97

❷ 在数据透视表中行标签的任意一个年龄上单击鼠标右键，在弹出的快捷菜单中选择【组合】选项。

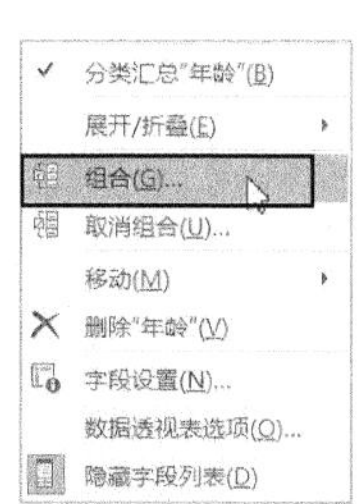

❸ 打开【组合】对话框，将【步长】更改为【10】，然后单击【确定】按钮。

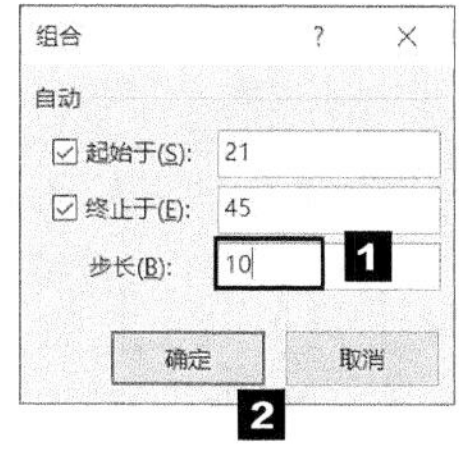

	A	B
3	行标签	计数项:客户信息
4	21-30	72
5	31-40	13
6	41-50	12
7	总计	97

❹ 将数据透视表的【报表布局】更改为【以表格形式显示】，然后将值字段的名称更改为“客户人数”，最终效果如下图所示。

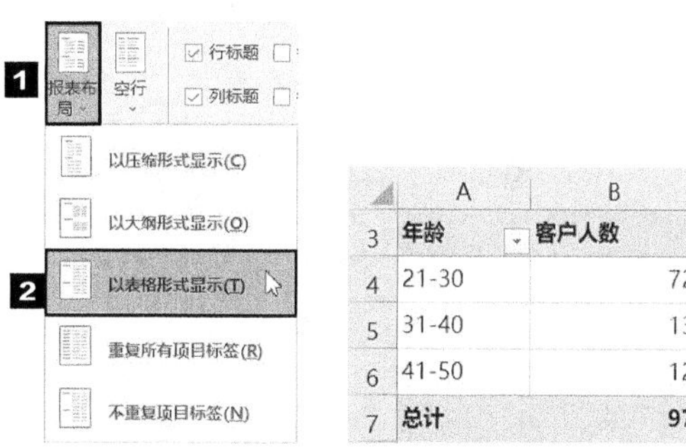

	A	B
3	年龄	客户人数
4	21-30	72
5	31-40	13
6	41-50	12
7	总计	97

❺ 根据数据透视表创建一个饼图。

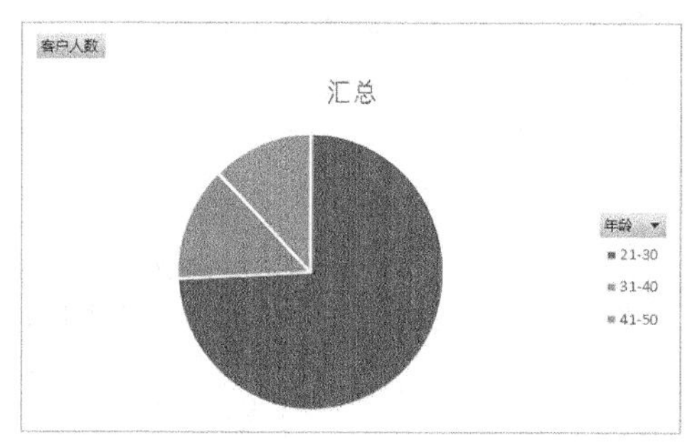

❻ 为饼图添加数据标签（类别名称和百分比），然后删除图例，隐藏图表上的所有字段按钮，设置图表中数据系列的颜色等。

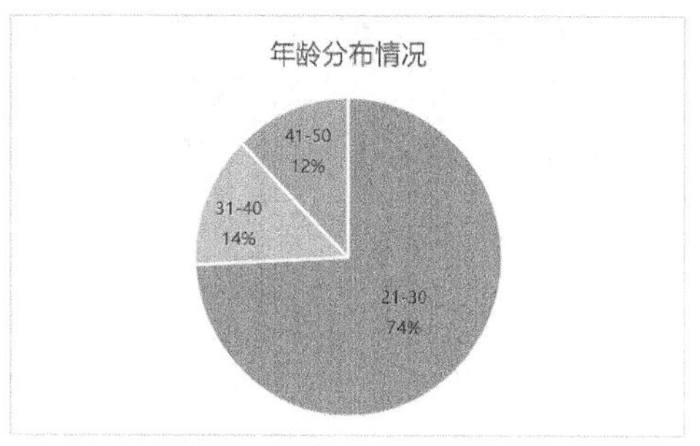

客户的会员级别和性别比例也可以按照相同的方法，借助数据透视表对数据进行汇总，然后根据数据透视表中的数据创建一个饼图。

会员级别	客户人数
二级会员	18
普通会员	59
一级会员	20
总计	**97**

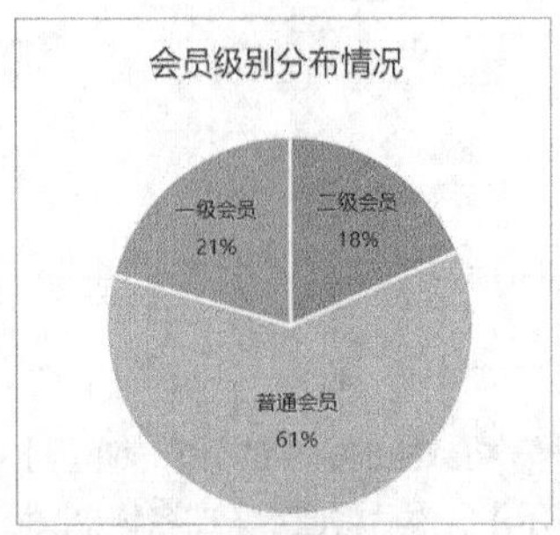

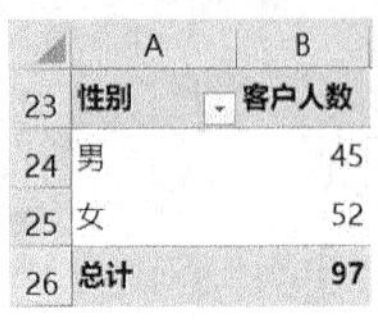

性别	客户人数
男	45
女	52
总计	**97**

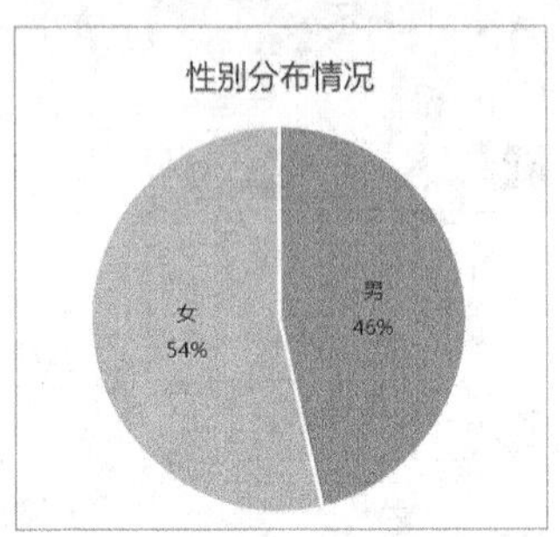

在进行地区分布情况分析时，可以发现，由于地区比较多（远多于 6 个），因此不太适合用饼图，可以选择柱形图或折线图。此处选择柱形图，最终效果如下图所示。

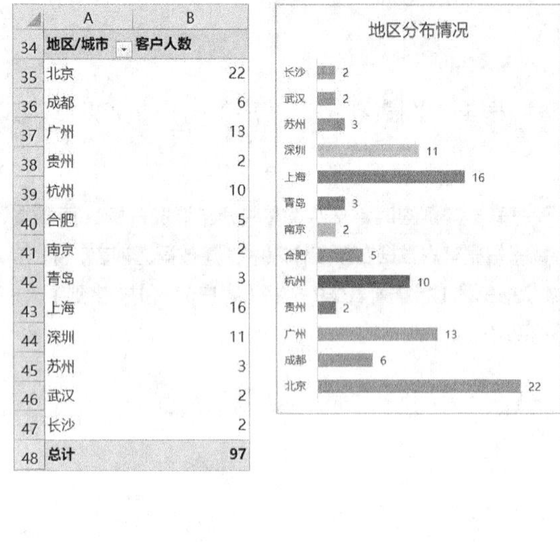

地区/城市	客户人数
北京	22
成都	6
广州	13
贵州	2
杭州	10
合肥	5
南京	2
青岛	3
上海	16
深圳	11
苏州	3
武汉	2
长沙	2
总计	**97**

7.4.2 会员增长与流失情况分析

每个店铺的会员数量都不是固定不变的，几乎每天都会有会员流失，也会有新会员加入。我们可以根据不同地区的会员增长与流失情况进行有针对性的分析；也可以对不同时间段的会员增长与流失情况进行分析，进而根据分析结果调整店铺的运营方式。

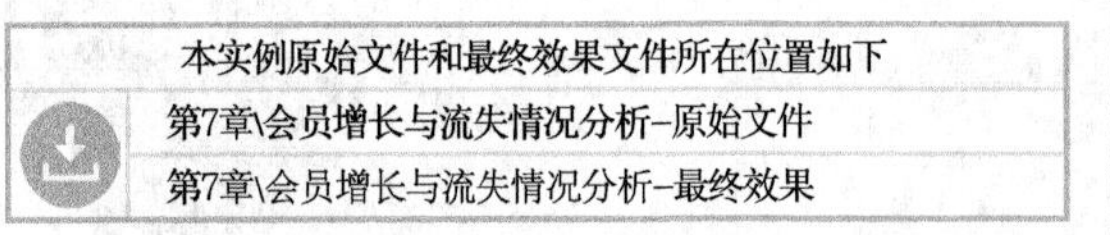

扫码看视频

1. 不同地区会员的增长与流失情况

分析不同地区的会员增长和流失情况时，需要先按地区收集会员数据。例如，某店铺当前会员数量最多的 20 个地区在 2021 年 7 月和 8 月的会员人数变化数据如右图所示。

地区	7月会员数	8月新进会员数	8月流失会员数
河南省	26112	2535	1260
江苏省	25453	1275	910
浙江省	25296	2475	3710
河北省	25024	1380	1372
湖北省	24896	2715	2744
山东省	23392	2685	4004
江西省	22848	1305	3808
北京市	22576	2280	2520

❶ 计算增长率。打开本实例的原始文件“会员增长与流失情况分析－原始文件”，在单元格 E1 中输入列标题“会员增长率”，根据公式“增长率＝本期新进会员数 ÷ 上期会员数”，在单元格 E2 中输入公式“=C2/B2”。

AVERAGE　=C2/B2

	A	B	C	D	E
1	地区	7月会员数	8月新进会员数	8月流失会员数	会员增长率
2	河南省	26112	2535	1260	=C2/B2
3	江苏省	25453	1275	910	
4	浙江省	25296	2475	3710	
5	河北省	25024	1380	1372	
6	湖北省	24896	2715	2744	

❷ 按【Enter】键完成输入，将单元格 E2 的数字格式设置为保留两位小数的百分比形式，然后将单元格 E2 中的公式复制到下面的单元格区域中。

E2　=C2/B2

	A	B	C	D	E
1	地区	7月会员数	8月新进会员数	8月流失会员数	会员增长率
2	河南省	26112	2535	1260	9.71%
3	江苏省	25453	1275	910	5.01%
4	浙江省	25296	2475	3710	9.78%
5	河北省	25024	1380	1372	5.51%
6	湖北省	24896	2715	2744	10.91%
7	山东省	23392	2685	4004	11.48%

❸ 计算流失率。在单元格 F1 中输入列标题“会员流失率”，根据公式“流失率＝本期流失会员数 ÷ 上期会员数”，在单元格 F2 中输入公式“=D2/B2”。

AVERAGE　=D2/B2

	B	C	D	E	F
1	7月会员数	8月新进会员数	8月流失会员数	会员增长率	会员流失率
2	26112	2535	1260	9.71%	=D2/B2
3	25453	1275	910	5.01%	
4	25296	2475	3710	9.78%	
5	25024	1380	1372	5.51%	

❹ 按【Enter】键完成输入，将单元格 F2 的数字格式设置为保留两位小数的百分比形式，然后将单元格 F2 中的公式复制到下面的单元格区域中。

F2　=D2/B2

	B	C	D	E	F
1	7月会员数	8月新进会员数	8月流失会员数	会员增长率	会员流失率
2	26112	2535	1260	9.71%	4.83%
3	25453	1275	910	5.01%	3.58%
4	25296	2475	3710	9.78%	14.67%
5	25024	1380	1372	5.51%	5.48%
6	24896	2715	2744	10.91%	11.02%
7	23392	2685	4004	11.48%	17.12%

❺ 选中单元格区域 A1:A21 和 E1:F21，创建不同地区会员增长率和流失率的柱形图。

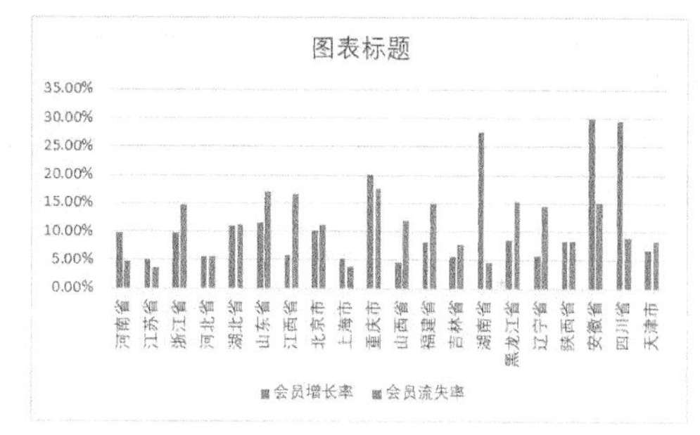

❻ 对柱形图进行美化，并适当调整图表的大小。

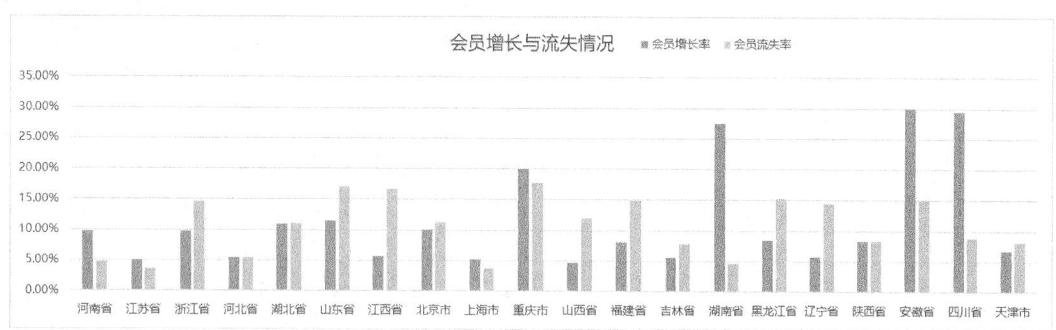

通过上页图可以看出，不同省市的会员增长率和会员流失率是有差异的，有的会员增长率高于会员流失率，有的会员增长率低于会员流失率，有的会员增长率与会员流失率几乎持平。例如，湖南省、安徽省和四川省等的会员增长率是远高于会员流失率的；江西省、山西省和辽宁省等的会员增长率是远低于会员流失率的，说明这些省市的会员数量在大量减少，应着重分析这些省市的消费者的特征，然后根据消费者特征采取相应的引流措施。

分析完不同省市的会员增长率和会员流失率情况后，还可以计算所有省市的 7 月会员数、8 月新进会员数、8 月流失会员数，然后计算总的会员增长率和会员流失率，如下图所示。

B22 =SUM(B2:B21)

	A	B	C	D	E	F
1	区域	7月会员数	8月新进会员数	8月流失会员数	会员增长率	会员流失率
20	四川省	14416	4260	1274	29.55%	8.84%
21	天津市	13600	915	1120	6.73%	8.24%
22	合计	397152	42600	42266	10.73%	10.64%

通过计算可知，店铺 8 月的会员增长率和会员流失率是基本持平的。

2. 近一年店铺会员的增长与流失情况

❶ 打开本实例的原始文件“会员增长与流失情况分析 01- 原始文件”，“不同月份”工作表中的数据为收集到的 2021 年各月的会员增长与流失数据，根据这些数据创建一个折线图。

	A	B	C
1	月	会员增长率	会员流失率
2	1月	10.73%	10.37%
3	2月	11.70%	11.51%
4	3月	11.39%	11.55%
5	4月	11.38%	11.39%
6	5月	11.31%	10.94%
7	6月	12.04%	10.79%
8	7月	10.89%	10.92%
9	8月	10.73%	10.64%
10	9月	10.66%	10.85%
11	10月	10.72%	10.64%
12	11月	10.42%	11.71%
13	12月	10.74%	11.33%

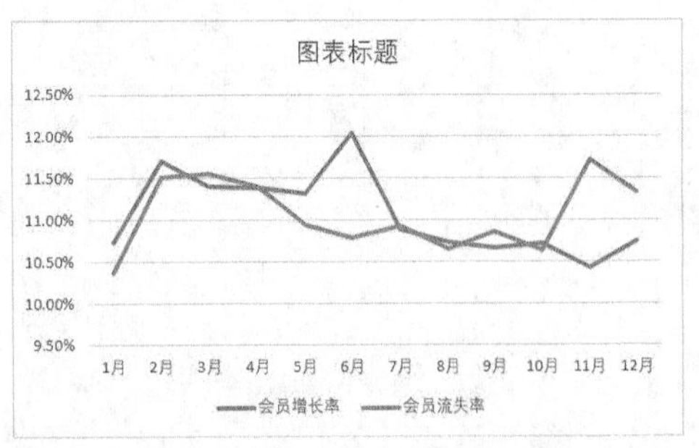

❷ 对折线图进行美化，并适当调整图表的大小。

通过上图可以看出，2021 年不同月份的会员增长率和会员流失率都在不断波动，多数月份的会员增长率和会员流失率是基本持平的，差异不大。但是 6 月的会员增长率明显高于会员流失率，11 月和 12 月的会员增长率明显低于会员流失率。这是因为在 6 月的“618”活动时，网店进行了一系列的引流活动；而在“双 11”的时候，店铺没有制订引流活动方案，从而导致会员增长率降低，而会员流失率却升高了不少。

7.5 利润数据分析

利润是网店存在的根本，有利润，网店才能持续运营。在网店运营中，利润和利润率是卖家最为关心的两个指标。

● 利润

利润是指收入与成本的差额。在电商运营中“利润 = 交易金额 - 总成本”。

● 利润率

利润率用于衡量销售、成本等的价值转化情况，包含销售利润率、成本利润率等。

销售利润率 = 利润 ÷ 成交金额 ×100%，销售利润率越大说明店铺盈利能力越强，反之盈利能力越差。

成本利润率 = 利润 ÷ 总成本 ×100%，成本利润率越高说明店铺为获得利润所付出的代价越小，店铺成本费用控制得越好，店铺的盈利能力越强。

下表展示的就是某店铺近 3 个月的利润和利润率。

月份	支付人数	客单价（元 / 人）	成交金额（元）	总成本（元）	利润（元）	销售利润率	成本利润率
6 月	1856	78.56	148807.40	73349.12	72458.24	49.69%	98.79%
7 月	1283	72.36	92837.88	55117.68	37720.20	40.63%	68.44%
8 月	1192	74.62	88947.04	48109.12	40837.92	45.91%	84.89%

7.5.1 影响网店盈利的成本因素

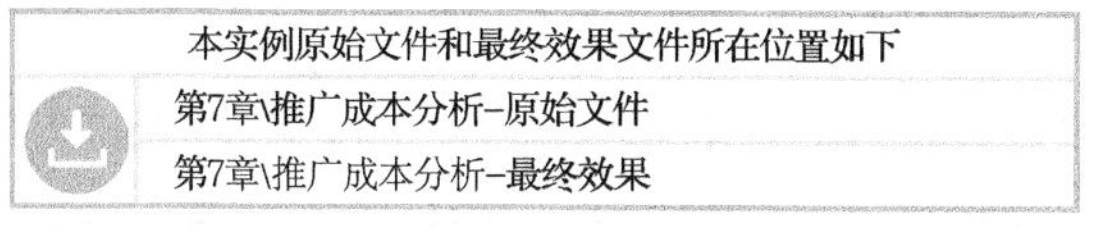

网店与实体店铺一样，也是以盈利为目的的。影响网店盈利的主要因素就是成本，要想提高利润，控制成本是关键。在网店运营过程中，成本通常包括商品成本、推广成本和固定成本 3 种。

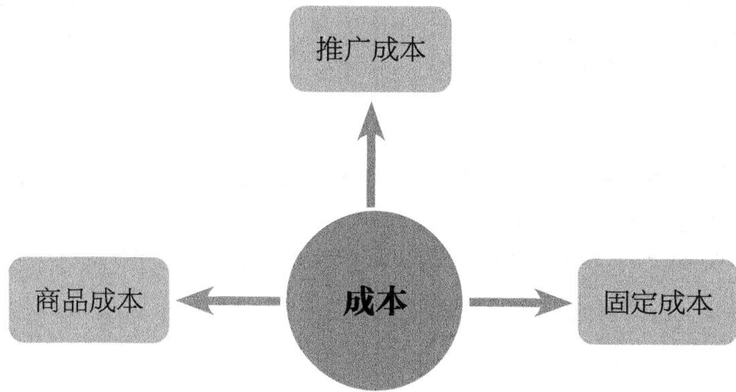

1. 商品成本

商品成本是网店总成本中的关键成本之一。卖家在整个网店的运营过程中，对商品成本进行控制、分析和预测都是必不可少的。对网店内商品成本的相关数据进行分析，将成本最小化、利益最大化是每个网店发展过程中的必然选择。卖家要想在竞争激烈的市场中生存下去，就必须最大限度地降低商品成本。

商品成本主要包括货物成本、物流成本、人工成本、损耗成本和其他成本等，如右图所示。

对商品成本有直接影响的因素包括进货渠道，进货渠道不同，商品成本往往也不同。通常可以将进货渠道分为两种：线上进货渠道和线下进货渠道。线上进货渠道通常指包括网络商城在内的线上渠道，线下进货渠道则是指以实体批发市场为主的线下渠道。

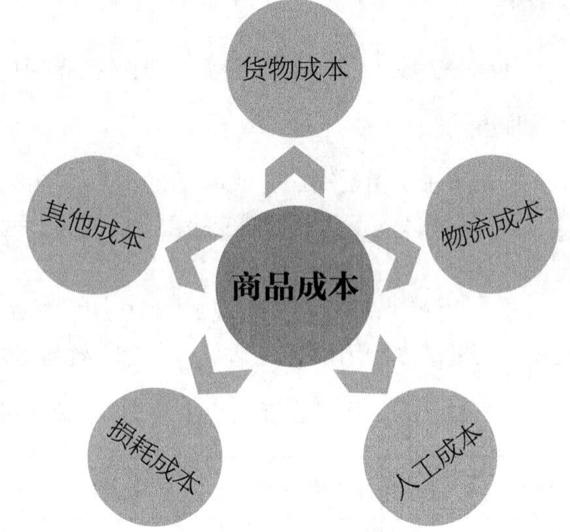

下表所示为某卖家从不同渠道订购相同数量的同一种商品的成本明细表。

渠道	金额 / 占比	货物成本	物流成本	人工成本	损耗成本	其他成本	合计
线上	金额	16820	635	–	35	–	17490
	占比	96.17%	3.63%	–	0.20%	–	–
线下	金额	17951	–	660	–	100	18711
	占比	95.94%	–	3.53%	–	0.53%	–

由上表可以看出，线上进货的成本是低于线下进货成本的。这是因为网络商城可以省去租店面、招雇员及存储保管等一系列费用，总的来说其商品价格较一般实体店更低。这也是越来越多的卖家选择在线上进货的原因之一。

2. 推广成本

推广是网店运营的核心手段之一，推广的深度决定了网店的后期发展速度，因此在网店运营过程中，卖家都会进行一系列的推广活动。

网店常用的付费推广方式有直通车、淘宝客及钻石展位等。卖家需要定期对网店的推广成本进行有效的数据分析，挖掘出对网店贡献最大的推广方式，再对网店的推广方式进行有目的、有方向的调整。

一般情况下，我们可以计算不同推广方式的成本利润率来判断各推广方式的效果。成本利润率越高，说明对应推广方式的效果越好。

❶ 打开本实例的原始文件“推广成本分析 – 原始文件”，“推广成本”工作表中不同渠道的推广成本和交易金额数据是通过“生意参谋”的店铺流量功能采集的。根据公式“利润 = 交易金额 – 成本”，在单元格 D2 中输入公式“=C2–B2”，按【Enter】键完成输入，然后将单元格 D2 中的公式不带格式地复制到下面的单元格区域中。

D2 =C2-B2

推广方式	成本（元）	交易金额（元）	利润（元）	成本利润率
淘宝客	3015.63	4873.52	1857.89	
直通车	6219.73	11067.22	4847.49	
钻石展位	3634.35	5027.36	1393.01	
其他	892.95	1088.25	195.30	

❷ 根据公式“成本利润率 = 利润 ÷ 总成本 ×100%”，在单元格 E2 中输入公式“=D2/B2”，按【Enter】键完成输入，然后将单元格 E2 中的公式不带格式地复制到下面的单元格区域中。

E2 =D2/B2

推广方式	成本（元）	交易金额（元）	利润（元）	成本利润率
淘宝客	3015.63	4873.52	1857.89	61.61%
直通车	6219.73	11067.22	4847.49	77.94%
钻石展位	3634.35	5027.36	1393.01	38.33%
其他	892.95	1088.25	195.30	21.87%

❸ 根据推广方式和成本利润率数据创建一个柱形图。

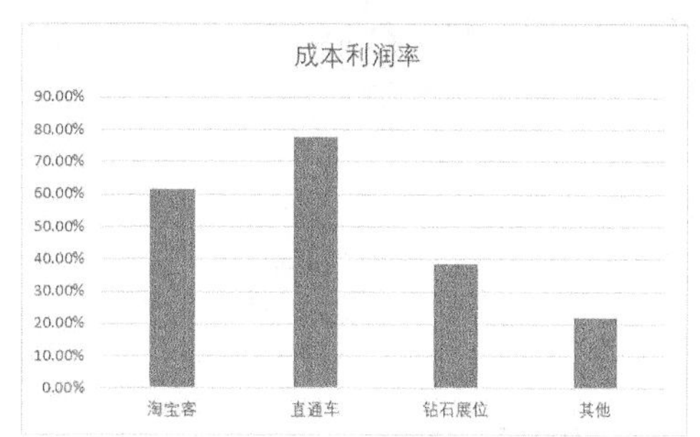

❹ 删除纵坐标轴和网格线，添加数据标签，将数据系列点设置为不同的颜色，然后将图表中所有文字的字体设置为微软雅黑。

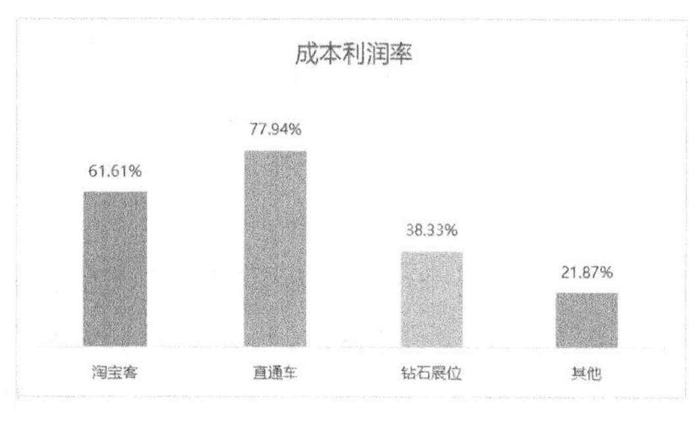

通过数据表和柱形图可以看出，这几种推广方式虽然都让卖家获得了利润，但是成本利润率的差异是比较大的。“直通车”和“淘宝客”的成本利润率较高，说明这两种推广方式的效果较好；而“钻石展位”和“其他”的成本利润率是较低的，卖家可以舍弃这两种推广方式，或者对它们进行优化，以获取更多的流量，进而提高成本利润率。

3. 固定成本

固定成本也被称为固定费用，是相对于变动成本而言的另一种成本。它是指在一定时期和一定业务量范围内，能保持不变或者业务量增减变动对其影响不大的这部分成本。对网店而言，固定成本主要包括网络信息费、场地租金、员工工资及相关的设备折旧额等。

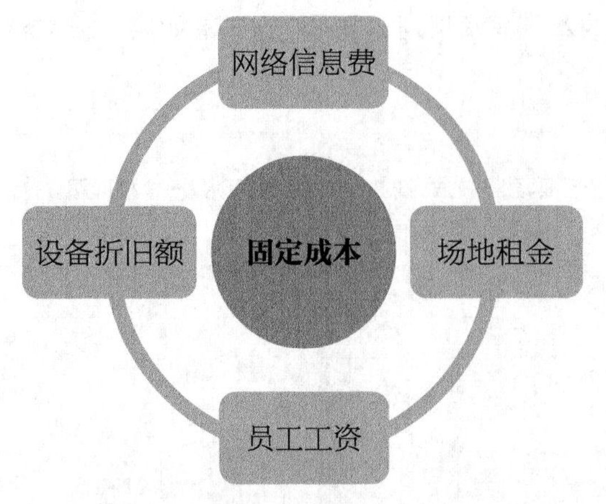

由于固定成本在短期内变化不大，因此卖家无法通过缩减固定成本来提升店铺的利润。但是卖家可以根据店铺特点制订员工的 KPI 考核制度，不断提升员工的工作能力，使其最大化地为网店创造利润和价值。

设备折旧成本属于固定成本中最基础的成本之一，尽量降低人为损伤率能在一定程度上降低设备的折旧费用。

7.5.2 利润预测分析

在网店运营过程中，通过定期对利润数据进行预测和分析，可以帮助卖家选择更合适的推广方式，降低成本，提高利润。在进行利润预测分析时，常用的预测方法有线性预测和模拟运算。

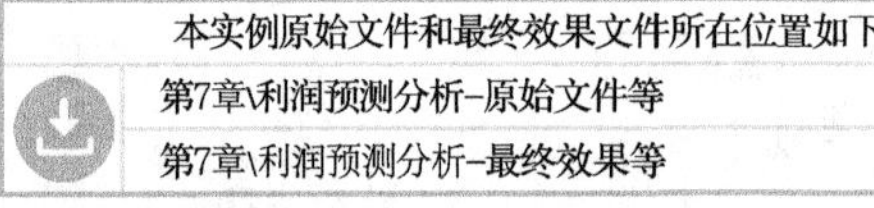

1. 线性预测

线性预测是一种较为简单的预测方法，一般通过一个变量来预测另一个变量的变化趋势。例如，在进行利润预测分析时，我们可以根据店铺设定的目标成交量来预测可能产生的成本费用。

Excel 专门提供了一个用于实现线性预测的函数——TREND 函数。

TREND 函数用于在已知 *y* 值、*x* 值的条件下，预测新的 *x* 值对应的 *y* 值。其语法格式如下。

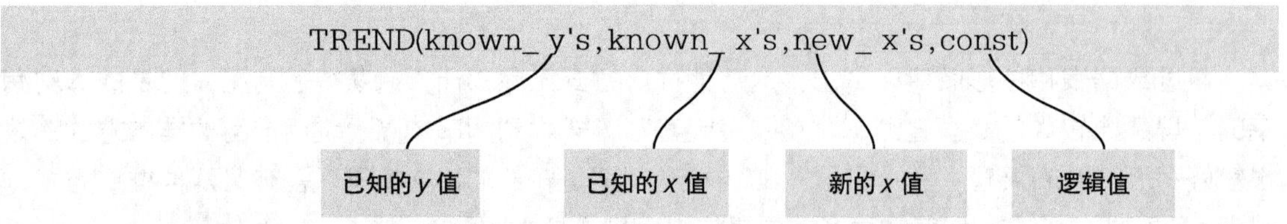

① 参数 known_ y's 表示已知的 *y* 值。该参数可以是数组，也可以是指定的单元格区域。

② 参数 known_x's 表示已知的 *x* 值。该参数可以是数组，也可以是指定的单元格区域。TREND 函数通过参数 known_y's 和 known_ x's 构造指数曲线方程。

③ 参数 new_x's 表示给出的新的 *x* 值，也就是需要计算预测值的变量 *x*。如果省略该参数，则默认其值等于 known_ x's。

④ 参数 const 表示一个逻辑值，用来确定指数曲线方程中的常量 b 的值。该参数值为 TRUE 或省略时，常量 b 按实际数值参与计算；该参数值为 FALSE 时，常量 b 的值为 0，此时指数曲线方程变为 $y=mx$。

例如，已知某网店 1~6 月各月的交易金额、商品成本、推广成本和固定成本数据，那么可以假定一个交易金额为 7 月的目标交易金额，然后根据已知的各月数据和 7 月的目标交易金额，计算出 7 月的各项成本，最后计算出利润。

❶ 打开本实例的原始文件“利润预测分析 – 原始文件”，假定 7 月的目标交易金额为 55 万元，选中单元格 C8，切换到【公式】选项卡，在【函数库】组中单击【插入函数】按钮。

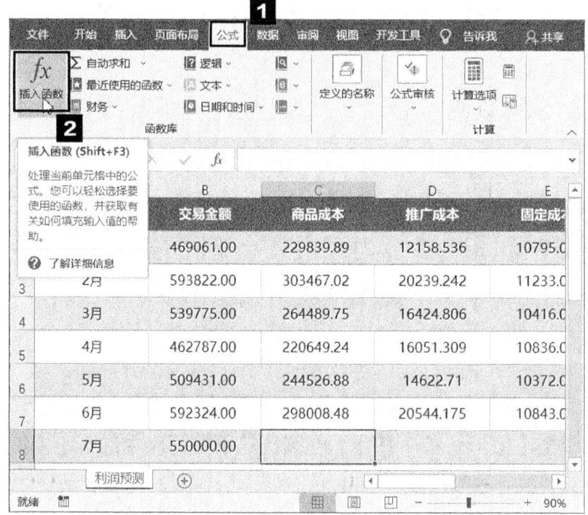

	A	B	C	D	E
1		交易金额	商品成本	推广成本	固定成本
2		469061.00	229839.89	12158.536	10795.0
3	2月	593822.00	303467.02	20239.242	11233.0
4	3月	539775.00	264489.75	16424.806	10416.0
5	4月	462787.00	220649.24	16051.309	10836.0
6	5月	509431.00	244526.88	14622.71	10372.0
7	6月	592324.00	298008.48	20544.175	10843.0
8	7月	550000.00			

❷ 打开【插入函数】对话框，在【或选择类别】下拉列表中选择【统计】选项，然后在下方选择【TREND】选项。

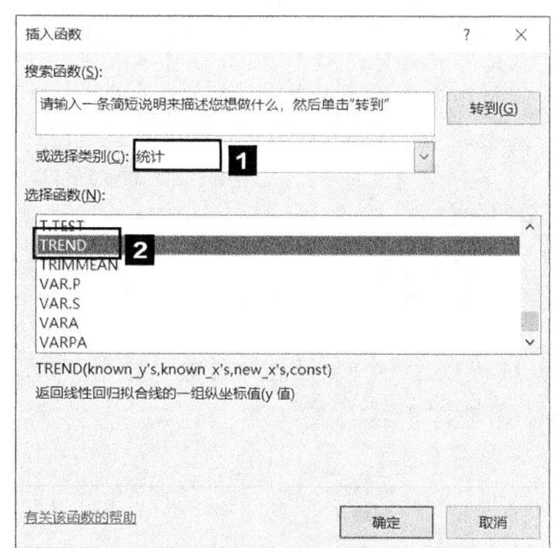

❸ 单击【确定】按钮，打开【函数参数】对话框，依次输入该函数的参数，第 4 个参数省略即可。

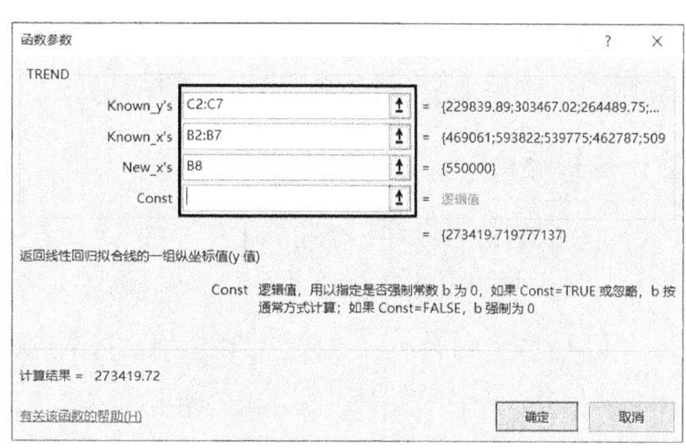

❹ 单击【确定】按钮，返回工作表，即可看到根据交易金额预测出的商品成本。

C8 =TREND(C2:C7,B2:B7,B8)

	A	B	C	D
1	月份	交易金额	商品成本	推广成本
2	1月	469061.00	229839.89	12158.536
3	2月	593822.00	303467.02	20239.242
4	3月	539775.00	264489.75	16424.806
5	4月	462787.00	220649.24	16051.309
6	5月	509431.00	244526.88	14622.71
7	6月	592324.00	298008.48	20544.175
8	7月	550000.00	273419.72	

❺ 在预测推广成本和固定成本时，同样使用 TREND 函数。其中第 2 个参数和第 3 个参数是不变的，变的只有第 1 个参数。因此，我们可以将单元格 C8 中的公式的第 2 个参数和第 3 个参数设置为绝对引用形式，然后将单元格 C8 中的公式向右复制到单元格 D8 和 E8 中。

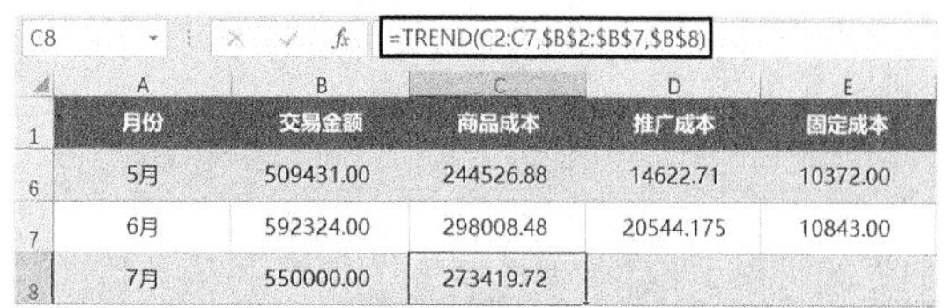

C8 =TREND(C2:C7,$B$2:$B$7,$B$8)

	A	B	C	D	E
1	月份	交易金额	商品成本	推广成本	固定成本
6	5月	509431.00	244526.88	14622.71	10372.00
7	6月	592324.00	298008.48	20544.175	10843.00
8	7月	550000.00	273419.72		

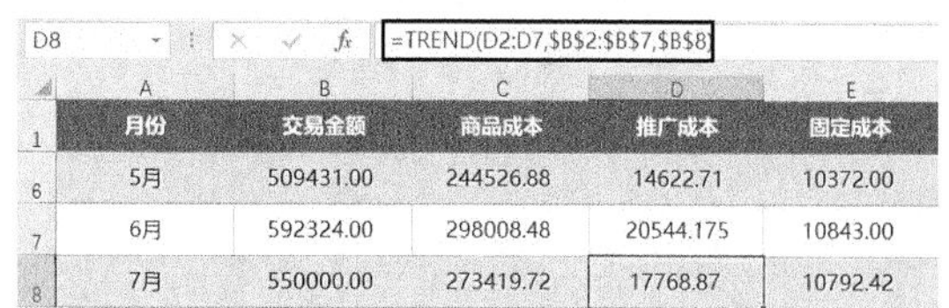

D8 =TREND(D2:D7,$B$2:$B$7,$B$8)

	A	B	C	D	E
1	月份	交易金额	商品成本	推广成本	固定成本
6	5月	509431.00	244526.88	14622.71	10372.00
7	6月	592324.00	298008.48	20544.175	10843.00
8	7月	550000.00	273419.72	17768.87	10792.42

❻ 根据预测的成本数据计算总成本，然后计算 7 月的利润。

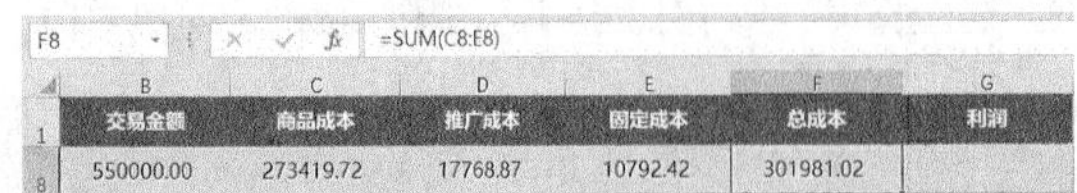
F8 =SUM(C8:E8)

	B	C	D	E	F	G
1	交易金额	商品成本	推广成本	固定成本	总成本	利润
8	550000.00	273419.72	17768.87	10792.42	301981.02	

G8 =B8-F8

	B	C	D	E	F	G
1	交易金额	商品成本	推广成本	固定成本	总成本	利润
8	550000.00	273419.72	17768.87	10792.42	301981.02	248018.98

可以看到，当交易金额为 5500000 元时，利润大约为 248018.98 元，如果对此利润不满意，则需要优化成本投入比例，进而增加利润。

2. 模拟运算

通常情况下，在一段时间内，成本中变化最大的是推广成本。因为网店在运营过程中为了引流，需要根据实时情况调整推广成本。

但是推广成本也不是盲目确定的，需要对其进行模拟运算分析，即通过分析不同推广成本下获得的利润来最终确定合适的推广成本。

Excel 的模拟运算功能主要用于分析某个变量在不同值的情况下，目标值会发生怎样的变化。因此，我们可以先根据已知的推广成本数据计算出利润，然后再预设几个不同的推广成本，模拟计算出这些不同推广成本对应的利润，最后对比目标利润，选择合适的推广成本。

❶ 打开本实例的原始文件"利润预测分析 01- 原始文件"，可以看到工作表中前两行为店铺某个月实际的交易金额、成本和利润数据。

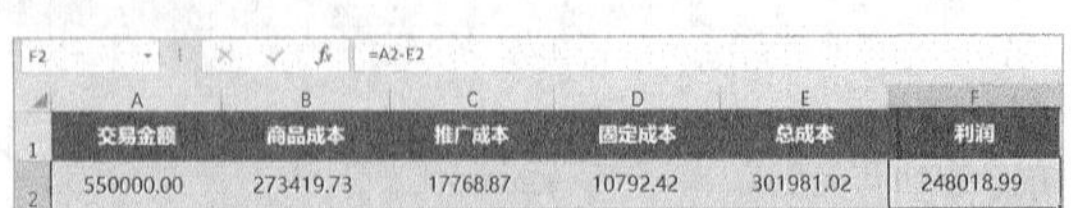
F2 =A2-E2

	A	B	C	D	E	F
1	交易金额	商品成本	推广成本	固定成本	总成本	利润
2	550000.00	273419.73	17768.87	10792.42	301981.02	248018.99

❷ 创建一个在推广成本不同的条件下，预测利润变化的模拟运算表。其中，"预测利润"列的第 1 个数据为某个月的实际利润，等于单元格 F2 中的值。

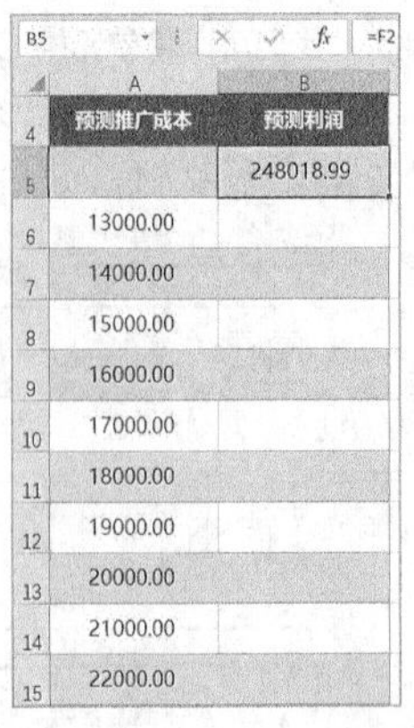
B5 =F2

	A	B
4	预测推广成本	预测利润
5		248018.99
6	13000.00	
7	14000.00	
8	15000.00	
9	16000.00	
10	17000.00	
11	18000.00	
12	19000.00	
13	20000.00	
14	21000.00	
15	22000.00	

❸ 选中单元格区域 A5:B15，切换到【数据】选项卡，单击【模拟分析】按钮，在弹出的下拉列表中选择【模拟运算表】选项。

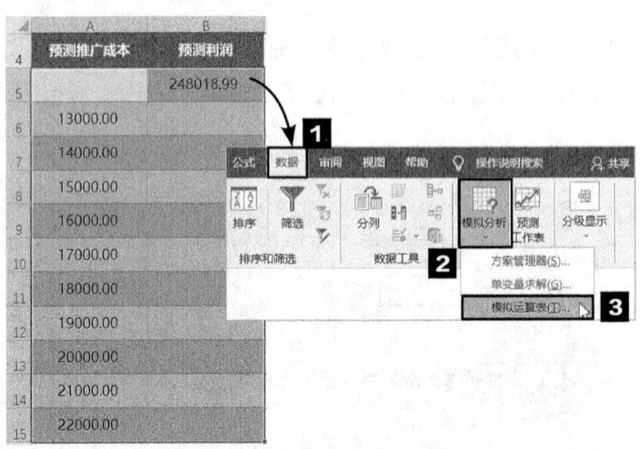

❹ 弹出【模拟运算表】对话框，在【输入引用列的单元格】文本框中输入"$C$2"。

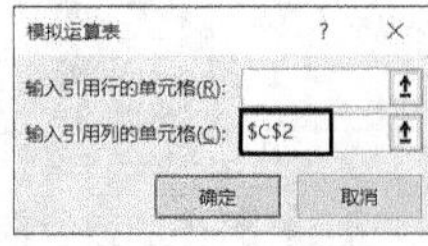

⑤ 单击【确定】按钮，计算出不同推广成本对应的利润。

预测推广成本	预测利润
	248018.99
13000.00	252787.86
14000.00	251787.86
15000.00	250787.855
16000.00	249787.855
17000.00	248787.855
18000.00	247787.855
19000.00	246787.855
20000.00	245787.855
21000.00	244787.855
22000.00	243787.855

⑥ 选中预测推广成本和预测利润对应的单元格区域 A6:B15，创建一个柱形图。

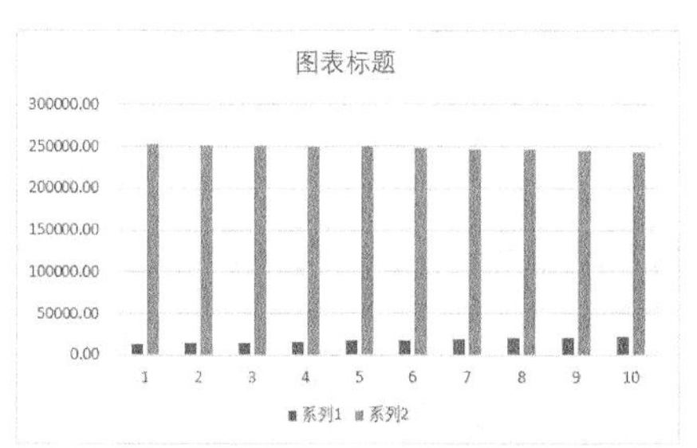

⑦ 在图表上单击鼠标右键，在弹出的快捷菜单中选择【更改图表类型】选项。

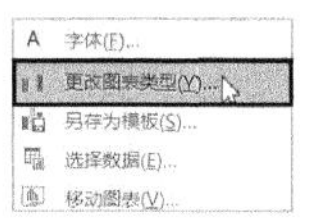

⑧ 打开【更改图表类型】对话框，可以看到系统给出了 3 种簇状柱形图样式，默认选择第 1 种样式，此处选择第 2 种样式。

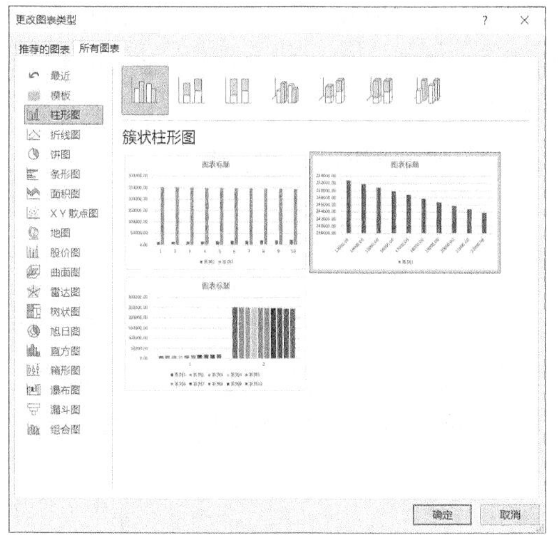

⑨ 单击【确定】按钮，即可为图表应用第 2 种簇状柱形图样式。

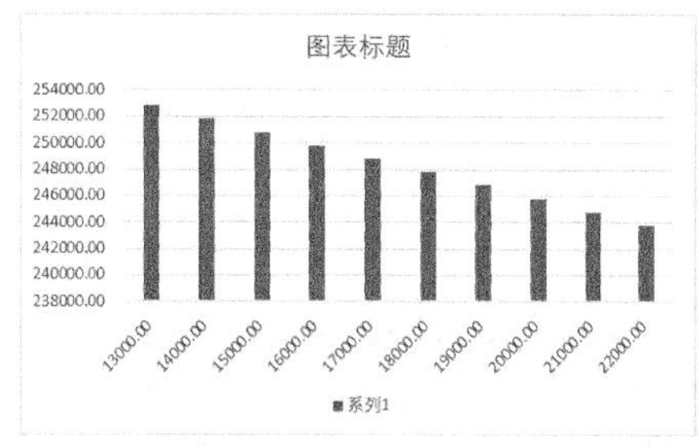

⑩ 图表中横坐标轴和纵坐标轴的标签数字都比较大，且小数位都是 0，可以将标签数字设置为不带小数的形式。打开【设置坐标轴格式】任务窗格，在【坐标轴选项】的【数字】组中，将【类别】设置为【数字】，【小数位数】设置为【0】，取消勾选【使用千位分隔符】复选框。

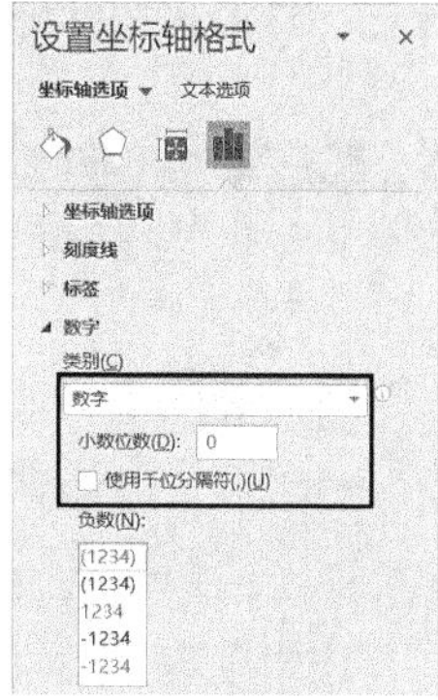

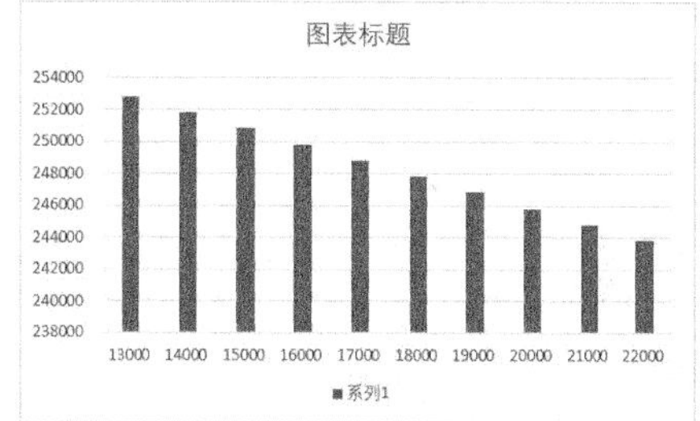

⑪ 添加坐标轴标题，删除图例，将网格线设置为虚线，将数据系列的颜色设置为“RGB:93/179/240”，将图表标题更改为“不同推广成本的利润”，并将图表中文字的字体设置为微软雅黑。

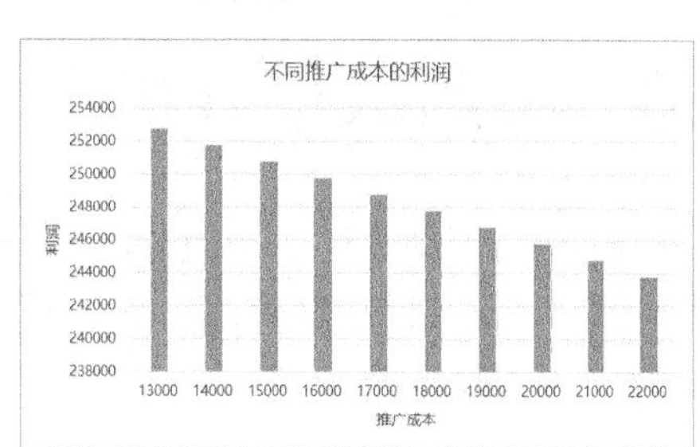

3. 双变量模拟预测

在一段时间内，成本中变化最大的是推广成本，其次是商品成本。因为在一般情况下，商品数量越多，商品的平均成本就越小，但是如果商品数量过多，库存压力就会比较大。所以，在运营过程中，不能为了降低商品的平均成本而盲目增加进货数量。

双变量的预测分析方法与单变量的预测分析方法类似，也是使用模拟运算表。

❶ 打开本实例的原始文件“利润预测分析 02- 原始文件”，“利润预测”工作表中提供了某个月的实际成本数据和利润数据，创建一个将推广成本和商品成本数据作为首行、首列数据的模拟运算表模型。

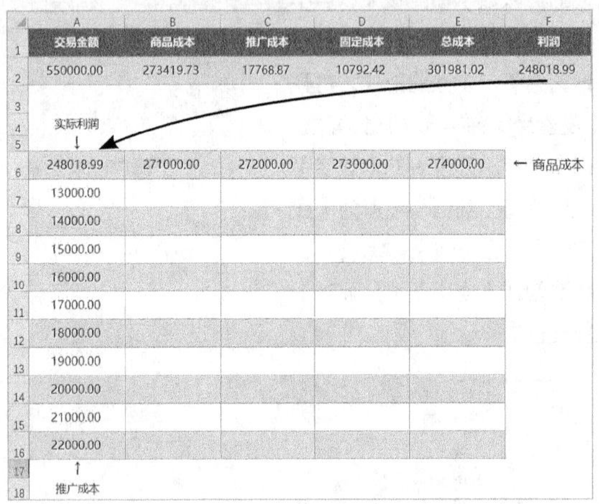

交易金额	商品成本	推广成本	固定成本	总成本	利润
550000.00	273419.73	17768.87	10792.42	301981.02	248018.99

248018.99	271000.00	272000.00	273000.00	274000.00
13000.00				
14000.00				
15000.00				
16000.00				
17000.00				
18000.00				
19000.00				
20000.00				
21000.00				
22000.00				

❷ 选中单元格区域 A6:E16，切换到【数据】选项卡，在【预测】组中单击【模拟分析】按钮，在弹出的下拉列表中选择【模拟运算表】选项。

❸ 弹出【模拟运算表】对话框，由于在模拟运算表模型中，首行数据是商品成本，首列数据是推广成本，所以在【输入引用行的单元格】文本框中输入实际商品成本对应的单元格 B2 的绝对引用形式，在【输入引用列的单元格】文本框中输入实际推广成本对应的单元格 C2 的绝对引用形式。

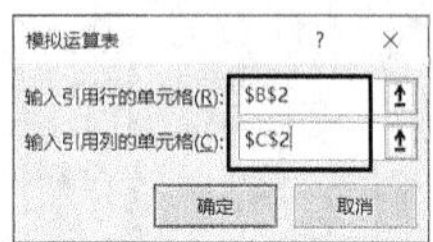

❹ 单击【确定】按钮，即可计算出不同商品成本和推广成本对应的利润。

248018.99	271000.00	272000.00	273000.00	274000.00
13000.00	255207.58	254207.58	253207.58	252207.58
14000.00	254207.58	253207.58	252207.58	251207.58
15000.00	253207.58	252207.58	251207.58	250207.58
16000.00	252207.58	251207.58	250207.58	249207.58
17000.00	251207.58	250207.58	249207.58	248207.58
18000.00	250207.58	249207.58	248207.58	247207.58
19000.00	249207.58	248207.58	247207.58	246207.58
20000.00	248207.58	247207.58	246207.58	245207.58
21000.00	247207.58	246207.58	245207.58	244207.58
22000.00	246207.58	245207.58	244207.58	243207.58

通过上图中的数据可以看出，单纯地增加商品成本或推广成本，或两种成本都增加，都会使利润减少。因此要想保证获得预期利润，如果商品成本增加了，就要减少推广成本。

7.6 客服数据分析

客服人员是连接消费者与店铺商品的纽带，良好的客户服务不仅能有效提高商品的转化率，还能帮助店铺更好地维护消费者，掌控和主导评价的动向等。因此对于卖家而言，做好客服数据分析也是至关重要的。

客服数据分析主要是针对客服 KPI 数据的分析。KPI 是指关键绩效指标，做好 KPI 数据分析可以帮助卖家系统地把控客服人员的工作情况，及时发现潜在问题，提高服务质量，最终提高店铺商品的转化率。客服人员的 KPI 考核指标如下图所示。

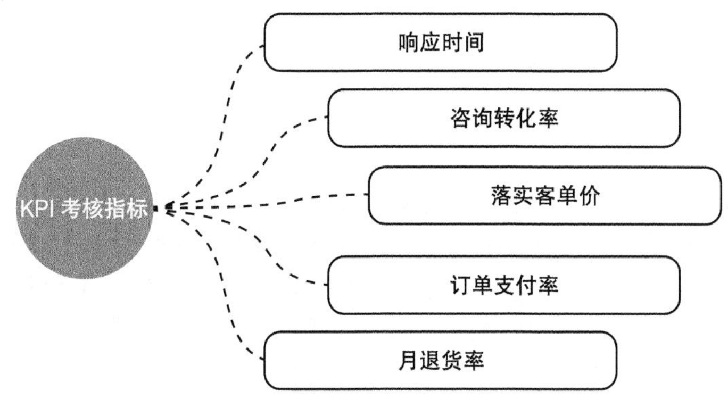

7.6.1 响应时间分析

响应时间指的是从消费者询问到客服人员回复的时间间隔。一般情况下，客服人员的响应时间应该控制在 15 秒以内。超过 15 秒，消费者就可能产生不耐烦的情绪，影响其购物体验。

响应时间又可以分为首次响应时间和平均响应时间（单位均为秒）。首次响应时间应尽可能地短，如果长时间不回复，消费者极有可能流失到其他店铺。

应根据店铺的实际情况，为客服人员的首次响应时间和平均响应时间建立一个评分标准，如下表所示。

指标	评分标准	分值	权重
首次响应时间（FT）	FT ＜ 10	100	10%
	10 ≤ FT ＜ 15	80	
	15 ≤ FT ＜ 20	60	
	FT ≥ 20	0	
平均响应时间（AT）	AT ＜ 15	100	5%
	15 ≤ AT ＜ 20	80	
	20 ≤ AT ＜ 25	60	
	AT ≥ 25	0	

接下来就可以从系统中导出各客服人员的响应时间数据，然后根据评分标准，计算出各客服人员的响应时间考核得分。

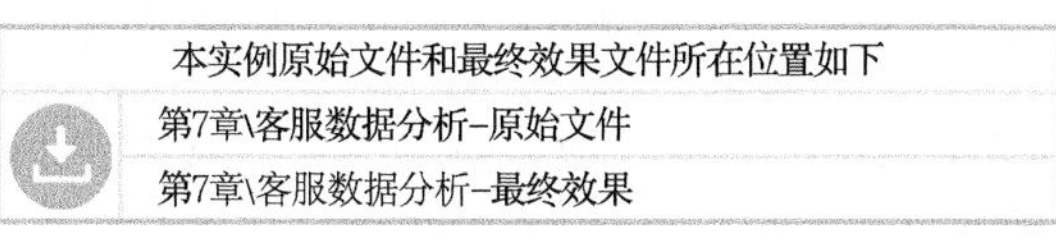

❶ 打开本实例的原始文件“客服数据分析－原始文件”，根据评分标准在“响应时间”工作表中创建一个评分标准参照区域。

	G	H	I	J
1	首次响应时间	得分	平均响应时间	得分
2	0	100	0	100
3	10	80	15	80
4	15	60	20	60
5	20	0	25	0

❷ 使用 VLOOKUP 函数进行模糊查询，根据各客服人员的首次响应时间和评分标准参照区域计算对应的得分。选中单元格 C2，切换到【公式】选项卡，在【函数库】组中单击【查找与引用】按钮，在弹出的下拉列表中选择【VLOOKUP】选项。

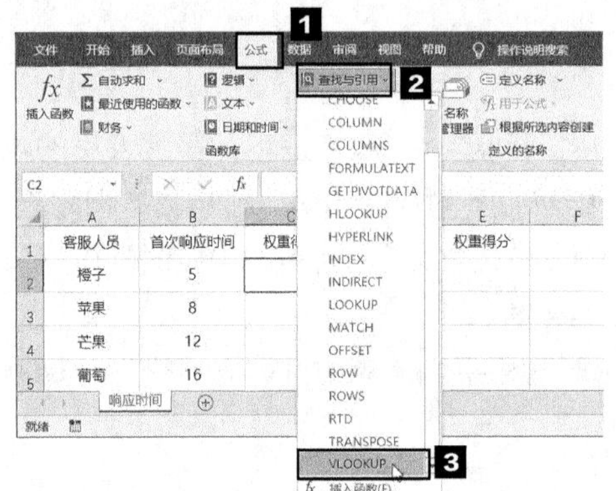

❸ 弹出【函数参数】对话框，在第 1 个参数文本框中输入“B2”，在第 2 个参数文本框中输入“G:H”，在第 3 个参数文本框中输入“2”，第 4 个参数忽略。

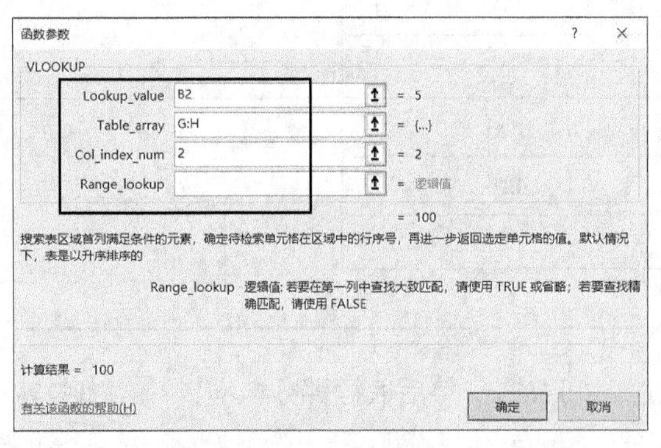
函数参数

VLOOKUP

Lookup_value	B2	= 5
Table_array	G:H	= {...}
Col_index_num	2	= 2
Range_lookup		= 逻辑值

= 100

搜索表区域首列满足条件的元素，确定待检索单元格在区域中的行序号，再进一步返回选定单元格的值。默认情况下，表是以升序排序的

Range_lookup 逻辑值：若要在第一列中查找大致匹配，请使用 TRUE 或省略；若要查找精确匹配，请使用 FALSE

计算结果 = 100

有关该函数的帮助(H)　　确定　　取消

❹ 输入完毕，单击【确定】按钮，计算出客服“橙子”首次响应时间的得分。

C2　=VLOOKUP(B2,G:H,2)

	A	B	C	D	E
1	客服人员	首次响应时间	权重得分	平均响应时间	权重得分
2	橙子	5	100	8	
3	苹果	8		12	
4	芒果	12		15	

❺ 此处需要计算的是权重得分，因此需要选中单元格 C2，在编辑栏中将公式更改为“=VLOOKUP(B2, G:H,2)*10%”，按【Enter】键完成修改，然后将单元格 C2 中的公式向下复制到单元格区域 C3:C5 中，得到所有客服人员首次响应时间的权重得分。

C2　=VLOOKUP(B2,G:H,2)*10%

	A	B	C	D	E
1	客服人员	首次响应时间	权重得分	平均响应时间	权重得分
2	橙子	5	10	8	
3	苹果	8	10	12	
4	芒果	12	8	15	
5	葡萄	16	6	22	

❻ 按照相同的方法，计算各客服人员平均响应时间的权重得分。

E2　=VLOOKUP(D2,I:J,2)*5%

	A	B	C	D	E
1	客服人员	首次响应时间	权重得分	平均响应时间	权重得分
2	橙子	5	10	8	5
3	苹果	8	10	12	5
4	芒果	12	8	15	4
5	葡萄	16	6	22	3

通过权重得分可以看出，客服“橙子”和“苹果”的首次响应时间和平均响应时间都比较短，说明他们这方面的工作能力比较强；客服“葡萄”的首次响应时间和平均响应时间都较长，应结合实际情况对其进行提示和培训。

7.6.2 咨询转化率分析

咨询转化率是指所有咨询后产生购买行为的人数与咨询的总人数的比值，它可以直接反映客服人员与消费者沟通的效果。

对于咨询转化率，店铺也应该根据自己的实际情况建立一个评分标准，如下页表所示。

指标	评分标准	分值	权重
咨询转化率（CC）	CC ＜ 20%	0	30%
	20% ≤ CC ＜ 30%	60	
	30% ≤ CC ＜ 40%	80	
	40% ≤ CC ＜ 50%	90	
	CC ≥ 50%	100	

在计算各客服人员的咨询转化率的权重得分之前，需要先计算其咨询转化率。

本实例原始文件和最终效果文件所在位置如下

第7章\客服数据分析01–原始文件

第7章\客服数据分析01–最终效果

扫码看视频

❶ 打开本实例的原始文件"客服数据分析01–原始文件"，根据公式"咨询转化率＝成交人数 ÷ 咨询人数"，计算出各客服人员的咨询转化率。

D2 =C2/B2

	A	B	C	D	E
1	客服人员	咨询人数	成交人数	咨询转化率	权重得分
2	橙子	1600	240	15%	
3	苹果	876	184	21%	
4	芒果	475	233	49%	
5	葡萄	553	315	57%	

❷ 创建咨询转化率的标准参照区域"G6:H6"，然后使用VLOOKUP函数进行模糊查询，计算出每个客服人员咨询转化率的权重得分。

E2 =VLOOKUP(D2,G:H,2)*30%

	A	B	C	D	E	F	G	H
1	客服人员	咨询人数	成交人数	咨询转化率	权重得分		咨询转化率	得分
2	橙子	1600	240	15%	0		0%	0
3	苹果	876	184	21%	18		20%	60
4	芒果	475	233	49%	27		30%	80
5	葡萄	553	315	57%	30		40%	90
6							50%	100

从上图可以看出，客服"葡萄"的咨询转化率是最高的，其次是"芒果"，客服"橙子"和"苹果"的咨询转化率相对较低。

7.6.3 落实客单价分析

落实客单价是指在一个时间段内，客服人员个人成交的客单价与整个店铺的客单价的比值，它反映的是客服人员与消费者"讨价还价"的能力。

对于落实客单价，店铺也应该根据自己的实际情况建立一个评分标准，如下表所示。

指标	评分标准	分值	权重
落实客单价（IP）	IP ＜ 1.1	0	20%
	1.1 ≤ IP ＜ 1.15	60	
	1.15 ≤ IP ＜ 1.2	80	
	IP ≥ 1.2	100	

在计算各客服人员的落实客单价的权重得分之前，需要先计算其落实客单价，一般只能从系统中导出客服客单价和店铺客单价数据。

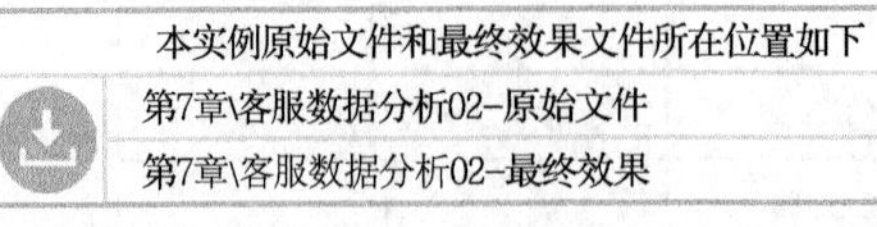
本实例原始文件和最终效果文件所在位置如下
第7章\客服数据分析02-原始文件
第7章\客服数据分析02-最终效果

❶ 打开本实例的原始文件“客服数据分析 02- 原始文件”，根据公式“落实客单价 = 客服客单价 ÷ 店铺客单价”，计算出各客服人员的落实客单价。

D2 =B2/C2

	A	B	C	D	E
1	客服人员	客服客单价	店铺客单价	落实客单价	权重得分
2	橙子	79.69	64.26	1.24	
3	苹果	72.57	64.26	1.13	
4	芒果	78.33	64.26	1.22	
5	葡萄	70.11	64.26	1.09	

❷ 创建落实客单价的标准参照区域“G6:H6”，然后使用 VLOOKUP 函数进行模糊查询，计算出每个客服人员的权重得分。

E2 =VLOOKUP(D2,G:H,2)*20%

	A	B	C	D	E	F	G	H
1	客服人员	客服客单价	店铺客单价	落实客单价	权重得分		落实客单价	得分
2	橙子	79.69	64.26	1.24	20		0	0
3	苹果	72.57	64.26	1.13	12		1.1	60
4	芒果	78.33	64.26	1.22	20		1.15	80
5	葡萄	70.11	64.26	1.09	0		1.2	100

落实客单价可以直接影响店铺交易金额，因此其权重相对大一些，不同客服人员的权重得分也比较容易拉开距离。在当月 KPI 考核中，客服“橙子”和“芒果”的权重得分较高，客服“葡萄”的权重得分最低，客服“苹果”在这方面的能力也有待提高。

7.6.4 订单支付率分析

订单支付率是指成交总笔数与下单总笔数的比值。订单支付率既能体现消费者的支付意愿，也能在一定程度上体现客服人员的工作效果。店铺可以根据自己的实际情况建立一个订单支付率的考核标准，如下表所示。

指标	评分标准	分值	权重
订单支付率（OP）	OP < 50%	0	25%
	50% ≤ OP < 70%	60	
	70% ≤ OP < 80%	80	
	80% ≤ OP < 90%	90	
	OP ≥ 90%	100	

本实例原始文件和最终效果文件所在位置如下
第7章\客服数据分析03-原始文件
第7章\客服数据分析03-最终效果

❶ 打开本实例的原始文件“客服数据分析 03- 原始文件”，根据公式“订单支付率 = 成交总笔数 ÷ 下单总笔数”，计算出各客服人员的订单支付率。

D2 =C2/B2

	A	B	C	D	E
1	客服人员	下单总笔数	成交总笔数	订单支付率	权重得分
2	橙子	338	312	92.31%	
3	苹果	233	206	88.41%	
4	芒果	281	268	95.37%	
5	葡萄	319	302	94.67%	

❷ 创建订单支付率的标准参照区域“G6:H6”，然后使用 VLOOKUP 函数进行模糊查询，计算出每个客服人员的权重得分。

E2 =VLOOKUP(D2,G:H,2)*25%

	A	B	C	D	E	F	G	H
1	客服人员	下单总笔数	成交总笔数	订单支付率	权重得分		订单支付率	得分
2	橙子	338	312	92.31%	25		0	0
3	苹果	233	206	88.41%	22.5		50%	60
4	芒果	281	268	95.37%	25		70%	80
5	葡萄	319	302	94.67%	25		80%	90
6							90%	100

通过上图可以看出，各客服人员的订单支付率都还不错，其中客服“橙子”“芒果”“葡萄”都拿到了满分，客服“苹果”的订单支付率稍微低一些，还有提高的空间。

7.6.5 月退货率分析

月退货率可以反映出在售后环节中客服人员的沟通水平，在商品没有质量问题的前提下，月退货率越低，说明客服人员的工作能力越强。店铺可以根据自己的实际情况建立一个月退货率的考核标准，如下表所示。

指标	评分标准	分值	权重
月退货率（RG）	RG < 2%	100	10%
	2% ≤ RG < 3%	90	
	3% ≤ RG < 4%	80	
	4% ≤ RG < 5%	60	
	RG ≥ 5%	0	

本实例原始文件和最终效果文件所在位置如下

第7章\客服数据分析04–原始文件

第7章\客服数据分析04–最终效果

扫码看视频

❶ 打开本实例的原始文件“客服数据分析 04- 原始文件”，根据公式“月退货率 = 月退货量 ÷ 月成交量”，计算出各客服人员的月退货率。

D2 =B2/C2

	A	B	C	D	E
1	客服人员	月退货量	月成交量	月退货率	权重得分
2	橙子	10	240	4.17%	
3	苹果	3	184	1.63%	
4	芒果	6	233	2.58%	
5	葡萄	9	315	2.86%	

❷ 创建月退货率的标准参照区域“G6:H6”，然后使用 VLOOKUP 函数进行模糊查询，计算出每个客服人员的权重得分。

E2 =VLOOKUP(D2,G:H,2)*10%

	A	B	C	D	E	F	G	H
1	客服人员	月退货量	月成交量	月退货率	权重得分		月退货率	得分
2	橙子	14	240	5.83%	0		0	100
3	苹果	3	184	1.63%	10		2%	90
4	芒果	6	233	2.58%	9		3%	80
5	葡萄	9	315	2.86%	9		4%	60
6							5%	0

通过上图可以看出，客服“苹果”的月退货率是最低的，其次是“芒果”和“葡萄”，“橙子”的月退货率最高。

7.6.6 客服 KPI 考核综合分析

前面几个小节已经将客服 KPI 考核分析中的各个指标都计算出来了，接下来就可以根据各考核指标的权重得分，计算出各客服人员的 KPI 综合得分了。

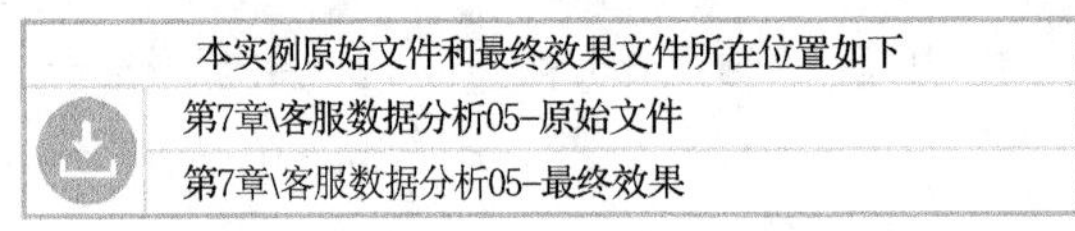
本实例原始文件和最终效果文件所在位置如下
第7章\客服数据分析05-原始文件
第7章\客服数据分析05-最终效果

1. 计算 KPI 考核综合得分

❶ 打开本实例的原始文件“客服数据分析 05- 原始文件”，根据各客服人员不同指标的权重得分，创建一个“KPI 考核综合得分”工作表，结构如下图所示。

	A	B	C	D	E
1	考核指标	橙子	苹果	芒果	葡萄
2	首次响应时间	10	10	8	6
3	平均响应时间	5	5	4	3
4	咨询转化率	0	18	27	30
5	落实客单价	20	12	20	0
6	订单支付率	25	22.5	25	25
7	月退货率	6	10	9	9
8	综合得分				

❷ 选中单元格区域 B8:E8，按【Alt】+【=】组合键，快速计算出各客服人员的综合得分。

	A	B	C	D	E
1	考核指标	橙子	苹果	芒果	葡萄
2	首次响应时间	10	10	8	6
3	平均响应时间	5	5	4	3
4	咨询转化率	0	18	27	30
5	落实客单价	20	12	20	0
6	订单支付率	25	22.5	25	25
7	月退货率	6	10	9	9
8	综合得分	66	77.5	93	73

2. 动态可视化客服人员的 KPI 指标

7.1.4 小节介绍了如何通过切片器对数据区域内的数据进行动态可视化，本小节介绍一下如何用选项按钮来动态可视化数据区域内的数据。

- **调用开发工具**

选项按钮位于【开发工具】选项卡中，如果 Excel 中没有显示【开发工具】选项卡，则需要先将其调出来。具体操作步骤如下。

❶ 单击【文件】按钮，在弹出的界面中选择【选项】选项，打开【Excel 选项】对话框，选择【自定义功能区】选项卡，然后在右侧的【自定义功能区】下拉列表中选择【主选项卡】选项，再勾选【开发工具】复选框。

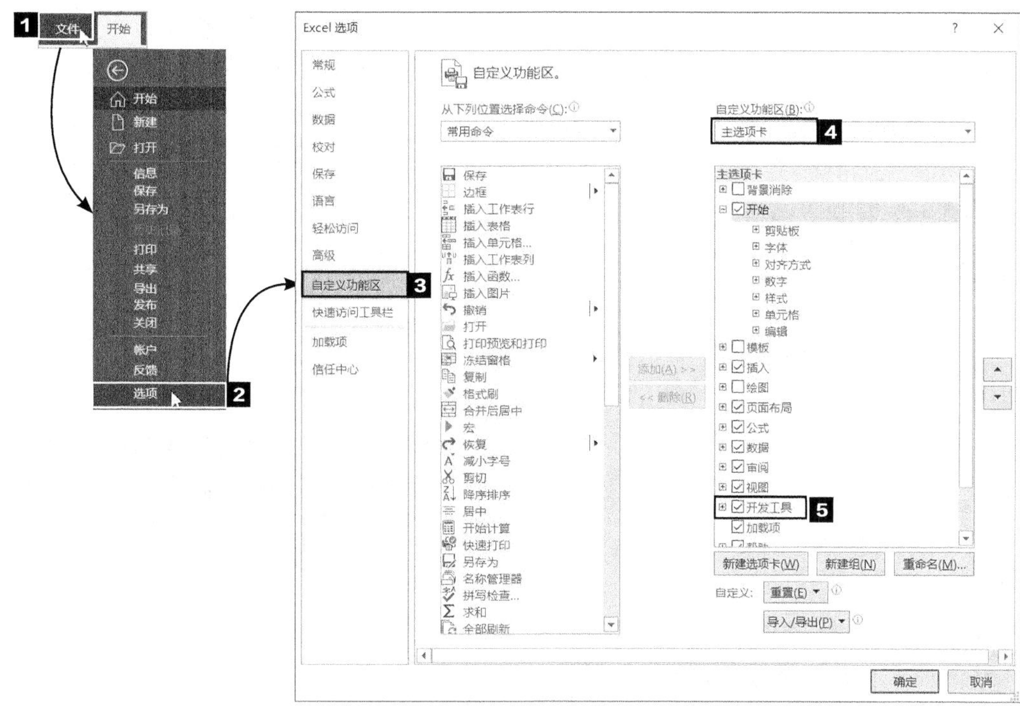

❷ 单击【确定】按钮，【开发工具】选项卡就出现在 Excel 中了。

● 插入选项按钮

❶ 切换到【开发工具】选项卡，在【控件】组中单击【插入】按钮，在弹出的下拉列表中选择【表单控件】组中的【选项按钮(窗体控件)】选项。

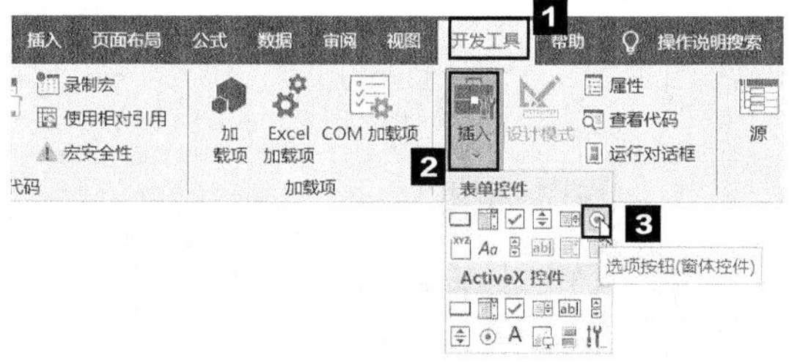

❷ 将鼠标指针移动到工作表的编辑区中，此时鼠标指针会变成十字形状，按住鼠标左键不放并拖曳，就可以创建一个选项按钮，其默认的名称是“选项按钮 1”。

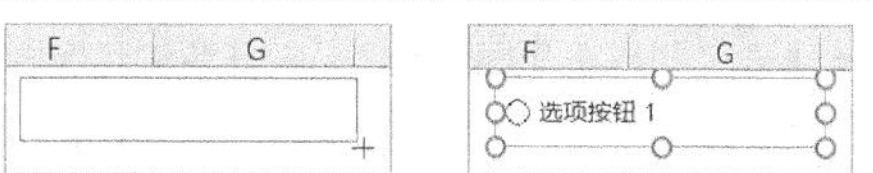

❸ 此时的选项按钮处于可编辑状态，可以将其名称更改为需要的名称，此处更改为“首次响应时间”。在该按钮上单击鼠标右键，在弹出的快捷菜单中选择【设置控件格式】选项。

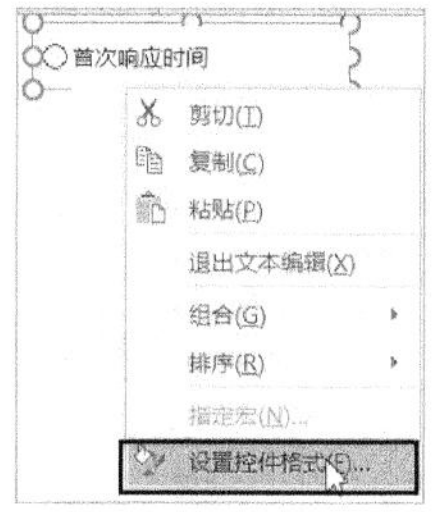

❹ 弹出【设置控件格式】对话框，切换到【控制】选项卡，这里需要进行一项非常重要的设置，即设置按钮的链接单元格，此处设置【单元格链接】为【$A$10】。

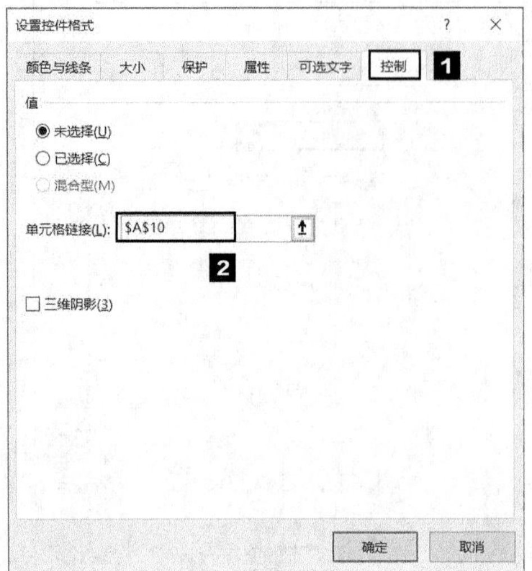

提示

对于在同一个工作表中插入的每一个控件，系统都会从 1 开始为它编号，即每一个按钮都有对应的一个编号。这里设置的单元格链接就是用于显示各个按钮编号的位置，当选中各个按钮时，其对应的编号就会在这个链接单元格中显示出来。

❺ 单击【确定】按钮，返回工作表，在任意单元格中单击，退出选项按钮的可编辑状态。将鼠标指针移动到选项按钮上，鼠标指针呈小手形状，单击即可使选项按钮处于被选中状态，此时可以看到单元格 A10 中显示了“1”。

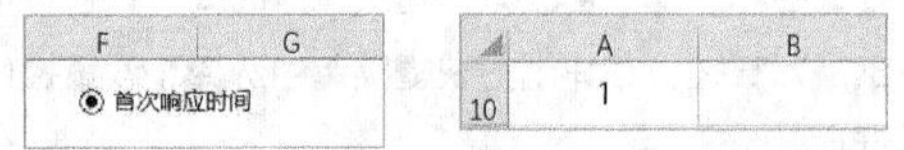

❻ 在选项按钮上单击鼠标右键，在弹出的快捷菜单中选择【复制】选项。

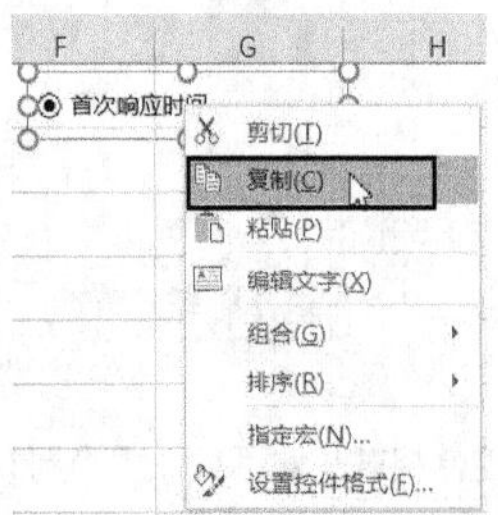

❼ 在空白单元格中单击鼠标右键，在弹出的快捷菜单中选择【粘贴】选项，复制一个新的选项按钮。

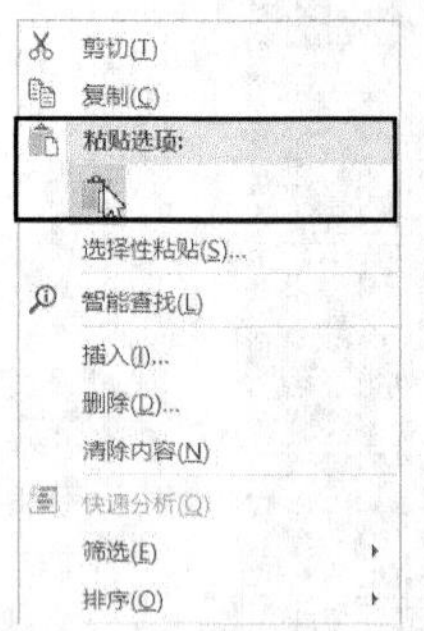

❽ 将新的选项按钮的名称更改为“平均响应时间”，更改完毕，退出编辑状态。选中该选项按钮，即可看到单元格 A10 中显示了“2”。

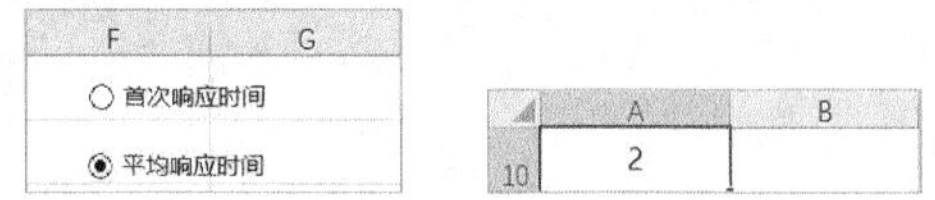

❾ 按照相同的方法，再复制 5 个选项按钮，并依次将它们的名称更改为“咨询转化率”“落实客单价”“订单支付率”“月退货率”“综合得分”。

❿ 将这些选项按钮对齐、平均分布并组合。按【Ctrl】+【G】组合键，打开【定位条件】对话框，选中【对象】单选钮，即可选中所有选项按钮。

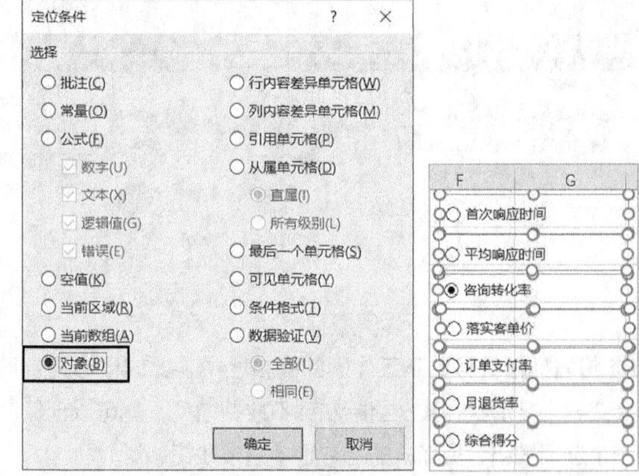

⑪ 切换到【绘图工具】栏的【格式】选项卡，在【排列】组中单击【对齐对象】按钮，在弹出的下拉列表中选择【左对齐】选项，将所有选项按钮左对齐。

⑫ 单击【对齐对象】按钮，在弹出的下拉列表中选择【纵向分布】选项，即可将所有选项按钮纵向平均分布。

⑬ 单击【组合】按钮，在弹出的下拉列表中选择【组合】选项，将所有选项按钮组合为一个整体，方便管理。

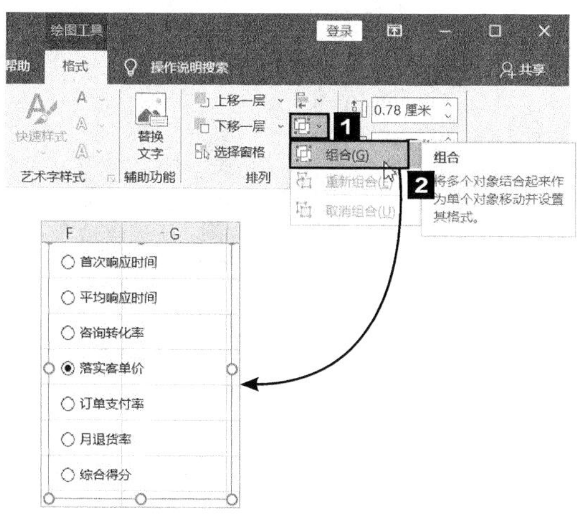

⑭ 选择不同的选项按钮，单元格 A10 中显示的数字也不同，可以根据这种对应关系建立一个参照区域。在“考核指标”左侧插入一列，输入标题“序号”，然后依次输入各考核指标对应的数字。

	A	B	C	D	E	F
1	序号	考核指标	橙子	苹果	芒果	葡萄
2	1	首次响应时间	10	10	8	6
3	2	平均响应时间	5	5	4	3
4	3	咨询转化率	0	18	27	30
5	4	落实客单价	20	12	20	0
6	5	订单支付率	25	22.5	25	25
7	6	月退货率	6	10	9	9
8	7	综合得分	66	77.5	93	73

⑮ 根据单元格 B10 中显示的序号，匹配其对应的考核指标。在单元格 B11 中输入公式“=VLOOKUP(B10,A2:B8,2,0)”，即可得到单元格 B10 中序号对应的考核指标。

- **根据选项按钮的考核指标引用客服数据**

引用数据可以使用 VLOOKUP 函数。这里使用 VLOOKUP 函数时，第 1、第 2 和第 4 个参数是固定的，但是第 3 个参数是数字，需要手动更改，如下图所示。

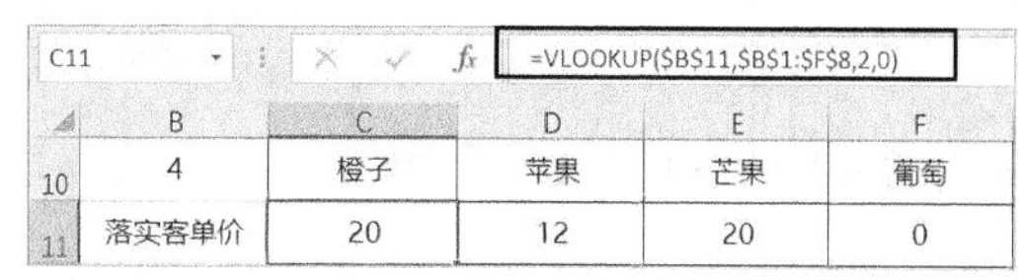

C11　=VLOOKUP($B$11,$B$1:$F$8,2,0)

	B	C	D	E	F
10	4	橙子	苹果	芒果	葡萄
11	落实客单价	20	12	20	0

D11　=VLOOKUP($B$11,$B$1:$F$8,3,0)

	B	C	D	E	F
10	4	橙子	苹果	芒果	葡萄
11	落实客单价	20	12	20	0

这里可以插入一个 COLUMN 函数，通过 COLUMN 函数来改变第 3 个参数。

COLUMN 函数是一个引用函数，其功能比较简单，返回引用数据的列号。其语法格式如下。

```
COLUMN(reference)
```

参数 reference 表示要返回列号的单元格或单元格区域。

如果省略参数 reference，则默认返回 COLUMN 函数所在单元格的列号。此处，单元格 C11 对应的 VLOOKUP 函数的第 3 个参数是 2，那么只需要输入第 2 列的任意一个单元格作为 COLUMN 的参数就可以了，例如 B1。

C11 =VLOOKUP($B$11,$B$1:$F$8,COLUMN(B1),0)

	B	C	D	E	F
10	4	橙子	苹果	芒果	葡萄
11	落实客单价	20	12	20	0

COLUMN 函数的参数 B1 为相对引用形式，向右复制时，该参数就会依次更改为 C1、D1、E1，其对应结果就会变为 3、4、5。这样就不需要反复修改公式了。

D11 =VLOOKUP($B$11,$B$1:$F$8,COLUMN(C1),0)

	B	C	D	E	F
10	4	橙子	苹果	芒果	葡萄
11	落实客单价	20	12	20	0

- **根据引用的客服数据创建图表**

此处引用客服数据的目的是对比不同客服人员同一考核指标的差异，所以此处使用柱形图。

❶ 选中单元格区域 C10:F11，创建一个簇状柱形图。

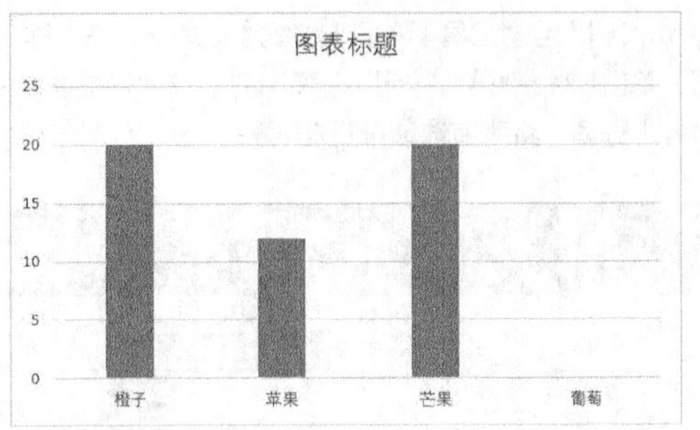

❷ 此时单击其他的选项按钮，图表会随之变动。

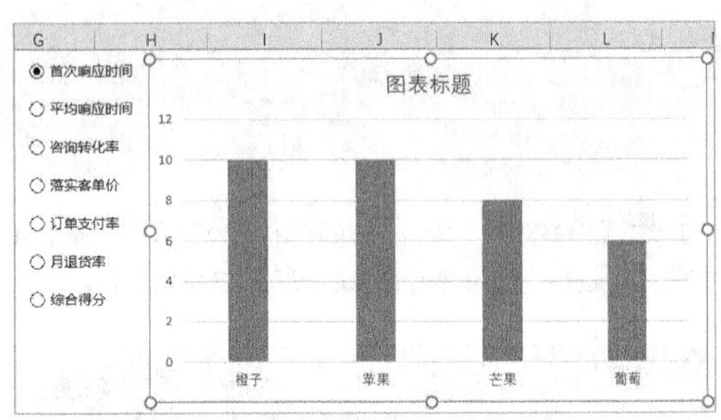

❸ 设置图表标题。为了让图表标题也能随着选项按钮变动，可以为其设置链接。选中图表标题文本框，在编辑栏中输入“=”，然后选中单元格 B11，即可使图表标题引用单元格 B11 中的内容。

B11 =KPI考核综合得分!$B$11

	B	C	D	E	F
10	1	橙子	苹果	芒果	葡萄
11	首次响应时间	10	10	8	6

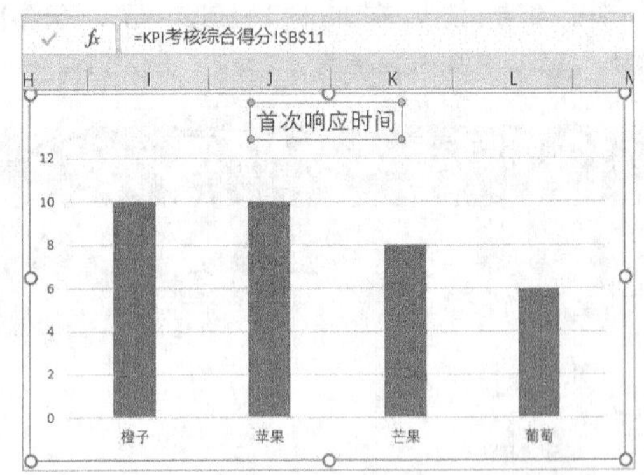

❹ 此时单击其他的选项按钮，图表标题就会随之变动。

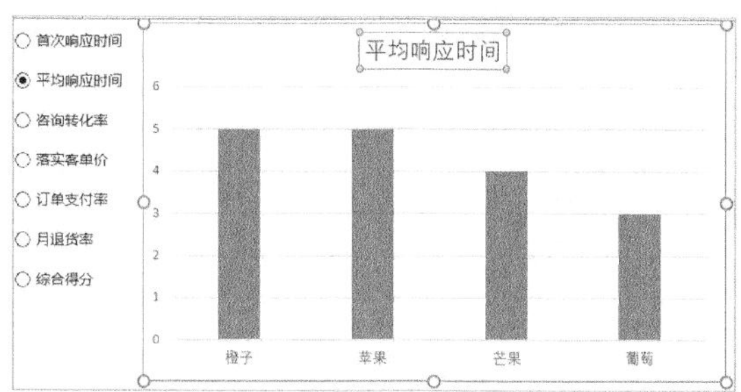

❺ 为图表添加标签，删除网格线、纵坐标轴，适当调整各数据点的颜色，并将图表中文字的字体设置为微软雅黑，最终效果如下图所示。

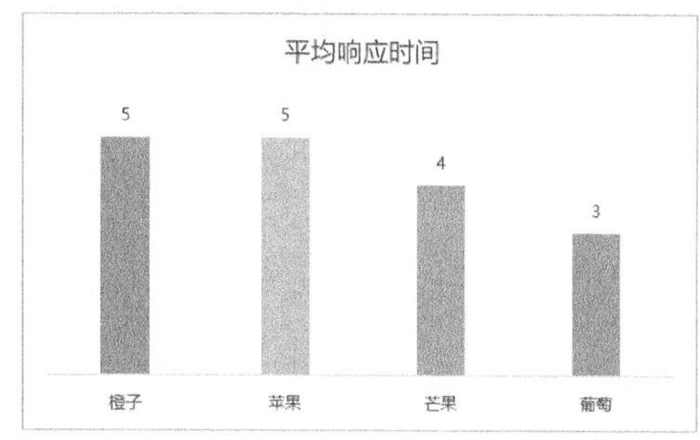

第8章

在线教育数据分析

随着互联网的迅速发展，很多行业发生了巨大的变化，就连教育这个传统的行业也随着互联网的发展形成了新的教育模式——在线教育。

要点导航

- 在线教育销售状况及趋势分析
- 渠道分析
- 客户分析

在线教育模式打破了时间和空间的限制，使得人们可以更便利地获取知识。互联网的发展大大地推动了在线教育的发展，当前在线教育发展迅猛，大量的教育机构相继涌入，如何在众多商业模式中选择出最优的模式成为教育机构的最大难题。寻找一种效益、效率双高的在线教育模式是教育行业从业者的目标之一。

对于在线教育数据，可以从多个角度进行分析，例如销售额、渠道、课程及学员等。

8.1 在线教育销售状况及趋势分析

在进行在线教育销售状况分析前，我们先要了解在线教育机构的产品特点：一次生产，可以进行多次售卖。而且通常售卖次数越多，每份产品的平均成本也就越少。这时，即使保持单品售价不变，也能有效提高毛利率；也就是说，提升课程的销量就能有效提高毛利率。明白了这个规律，就可以分析在线教育产品在销售过程中是否存在数据涨跌异常的情况。

8.1.1 销售额与毛利润分析

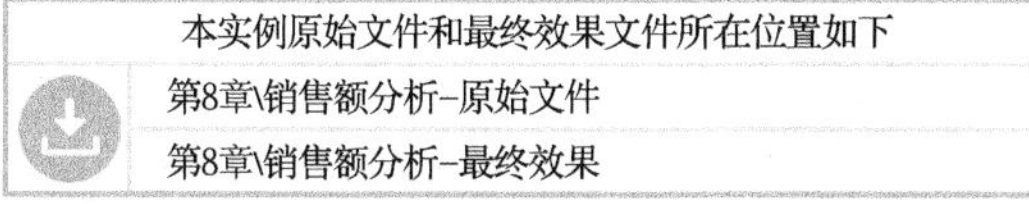

扫码看视频

❶ 打开本实例的原始文件“销售额分析－原始文件”，根据公式“毛利润＝销售额－总成本”，计算各月的毛利润。

D2 =B2-C2

	A	B	C	D
1	月份	销售额	总成本	毛利润
2	1月	654,108.00	289,214.00	364,894.00
3	2月	743,916.00	361,336.00	382,580.00
4	3月	986,651.00	416,919.00	569,732.00
5	4月	996,420.00	410,364.00	586,056.00
6	5月	1,049,638.00	423,642.00	625,996.00
7	6月	1,082,540.00	634,417.00	448,123.00

❷ 根据各月的销售额数据和毛利润数据创建一个带数据标记的折线图。

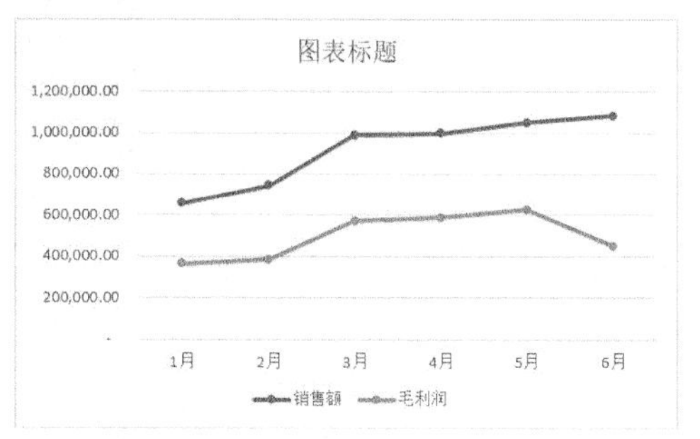

❸ 对图表进行适当的美化，最终效果如下图所示。

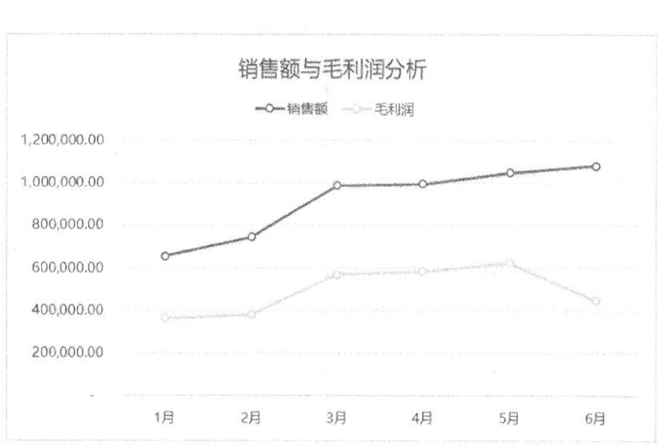

由上图可知，1~5 月的销售额和毛利润都是同步稳定上升的，而 6 月却出现了销售额上升、毛利润下降的情况。

8.1.2 毛利率分析

为了进一步验证销售数据是否存在异常波动的情况，我们可以进一步对毛利率进行分析。在对毛利率进行分析时，有两个指标：一是各月毛利率的变动，另一个是毛利率环比变动。

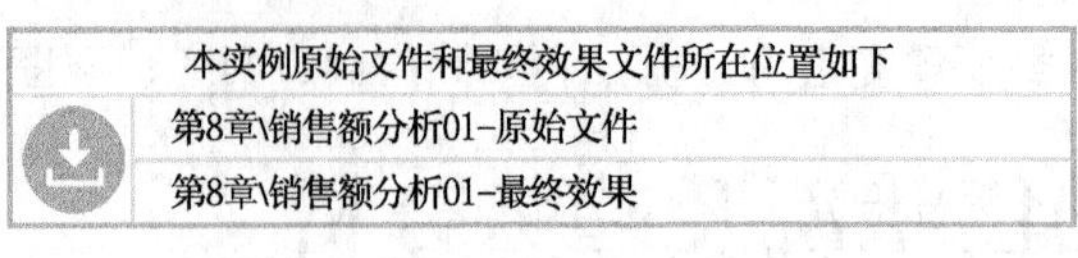
本实例原始文件和最终效果文件所在位置如下
第8章\销售额分析01-原始文件
第8章\销售额分析01-最终效果

❶ 打开本实例的原始文件“销售额分析 01- 原始文件”，根据公式“毛利率 = 毛利润 ÷ 销售额”，计算各月的毛利率。

E2 =D2/B2

	A	B	C	D	E
1	月份	销售额	总成本	毛利润	毛利率
2	1月	654,108.00	289,214.00	364,894.00	55.78%
3	2月	743,916.00	361,336.00	382,580.00	51.43%
4	3月	986,651.00	416,919.00	569,732.00	57.74%
5	4月	996,420.00	410,364.00	586,056.00	58.82%
6	5月	1,049,638.00	423,642.00	625,996.00	59.64%
7	6月	1,082,540.00	634,417.00	448,123.00	41.40%

❷ 根据公式“毛利率环比 =（当月毛利率 - 上月毛利率）÷ 上月毛利率”，计算当月毛利率的环比变动值。

F3 =(E3-E2)/E2

	C	D	E	F
1	总成本	毛利润	毛利率	毛利率环比
2	289,214.00	364,894.00	55.78%	
3	361,336.00	382,580.00	51.43%	-7.81%
4	416,919.00	569,732.00	57.74%	12.28%
5	410,364.00	586,056.00	58.82%	1.86%
6	423,642.00	625,996.00	59.64%	1.40%
7	634,417.00	448,123.00	41.40%	-30.59%

❸ 根据各月的毛利率和毛利率环比数据创建组合图。选中单元格区域 A1:A7 和 E1:F7，切换到【插入】选项卡，在【图表】组中单击【插入组合图】按钮，在弹出的下拉列表中选择【创建自定义组合图】选项。

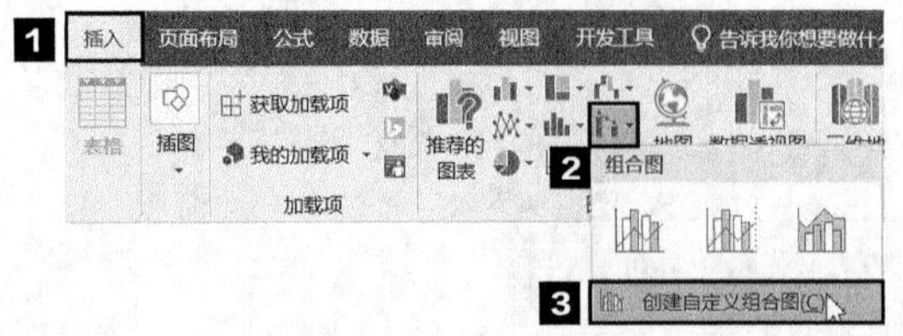

❹ 弹出【插入图表】对话框，将【毛利率】设置为【折线图】，【毛利率环比】设置为【簇状柱形图】，并勾选其右侧的【次坐标轴】复选框。

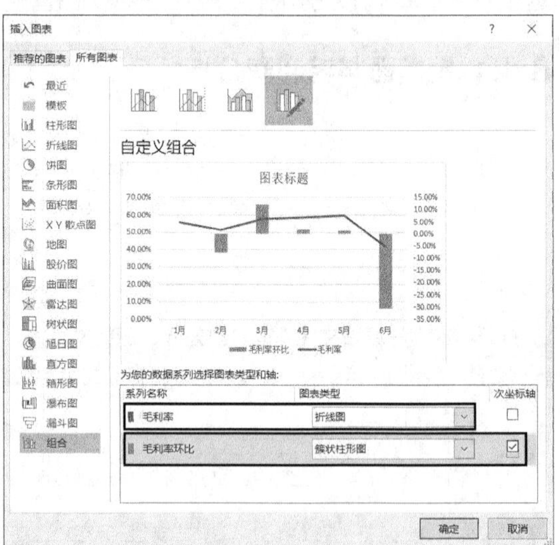

❺ 单击【确定】按钮，在工作表中插入一个包含折线图与簇状柱形图的组合图。

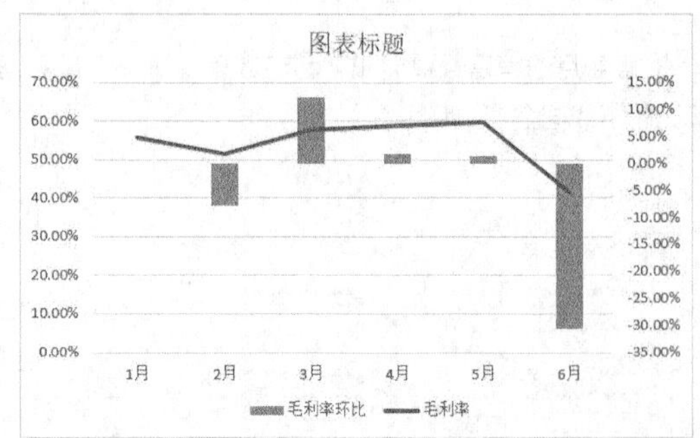

⑥ 设置数据系列。在折线图的数据系列上单击鼠标右键，在弹出的快捷菜单中选择【设置数据系列格式】选项，在弹出的【设置数据系列格式】任务窗格中，设置线条颜色为“RGB:78/112/240”，【宽度】为【2磅】，并勾选【平滑线】复选框。

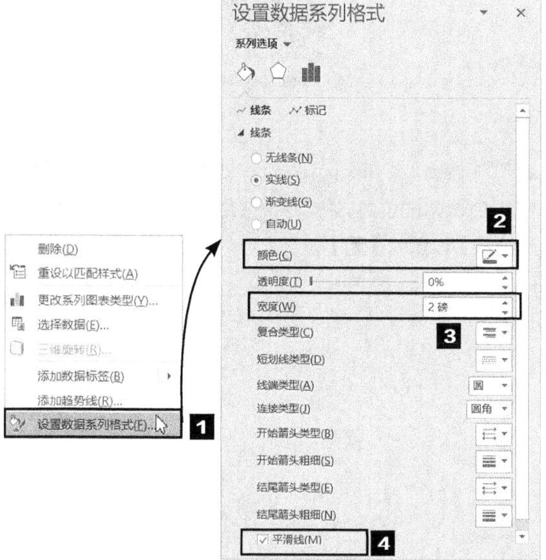

⑦ 按照相同的方法将柱形图的填充颜色设置为“RGB:255/206/43”。

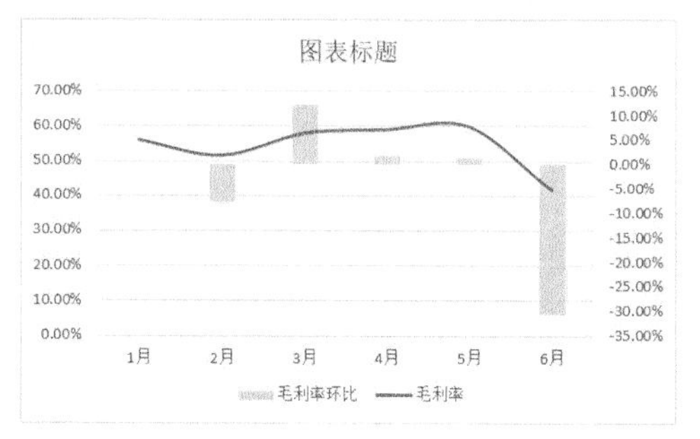

⑧ 默认的主、次坐标轴的疏密程度可能不一样，可以根据实际情况对坐标轴的最大值和最小值进行调整。例如，此处可以将次坐标轴的【最小值】设置为【-0.45】，【最大值】设置为【0.25】。

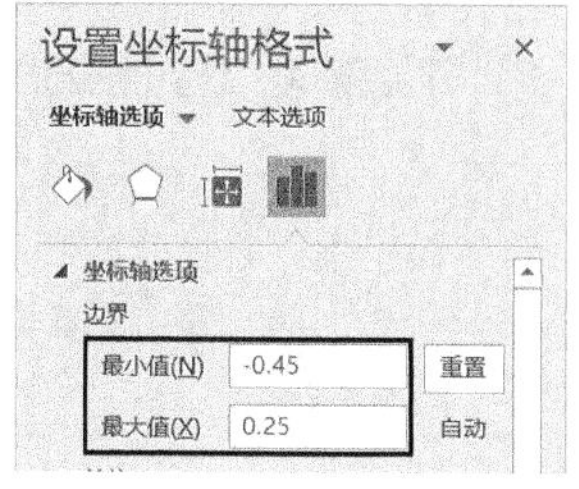

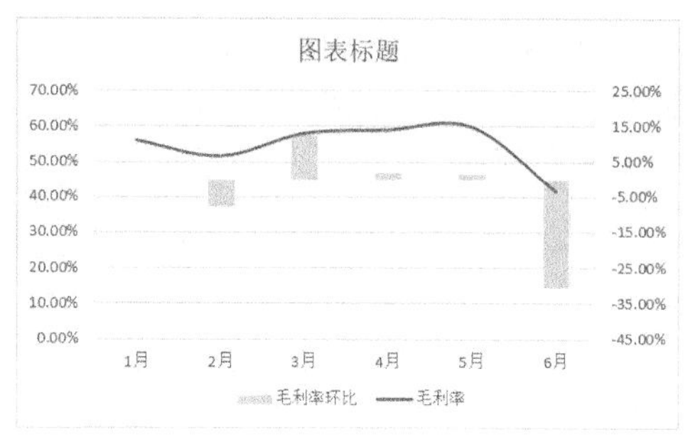

⑨ 为柱形图添加数据标签，并修改图表标题和图例位置，然后将图表中文字的字体设置为微软雅黑。

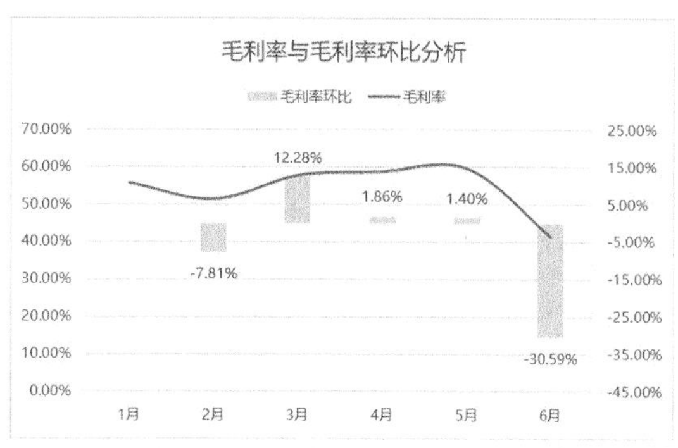

由毛利率与毛利率环比分析图可以看出，6月不仅毛利率出现了大幅下降，毛利率环比也下降了30.59%，显然这不属于正常波动。

8.2　渠道分析

在线教育机构的销售渠道通常都不是单一的，而会使用多种销售渠道，当销售额出现异常波动时，先要分析的就是销售渠道。分析是某一销售渠道出现了问题，还是课程出现了问题。

8.2.1 不同渠道的销售额与毛利率分析

下面分析不同渠道的销售额和毛利率，此时可以使用四象限图。

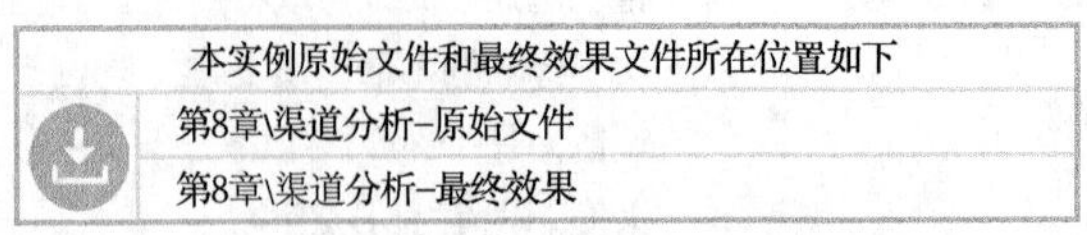

❶ 打开本实例的原始文件“渠道分析 – 原始文件”，根据收集到的不同渠道的销售额和成本数据，计算不同渠道的毛利润和毛利率。

渠道类型	销售额	总成本	毛利润	毛利率
免费渠道	809,974.00	546,697.00	263,277.00	33%
站外渠道	89,436.00	31,354.00	58,082.00	65%
直接访问	68,141.00	19,215.00	48,926.00	72%
付费渠道	114,989.00	37,151.00	77,838.00	68%

❷ 根据销售额和毛利率数据创建一个散点图。

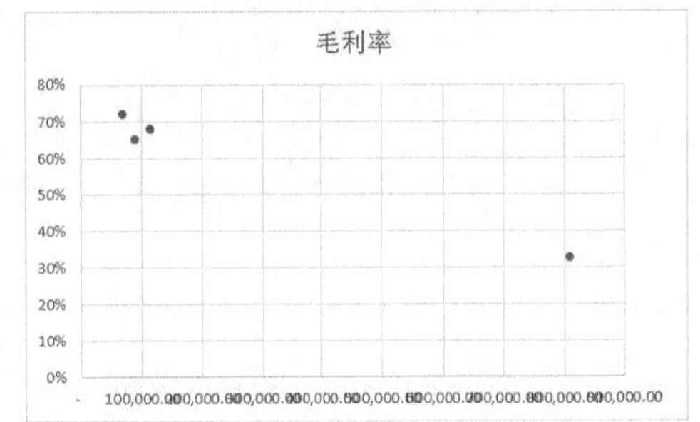

❸ 删除网格线，然后在横坐标轴上单击鼠标右键，在弹出的快捷菜单中选择【设置坐标轴格式】选项。

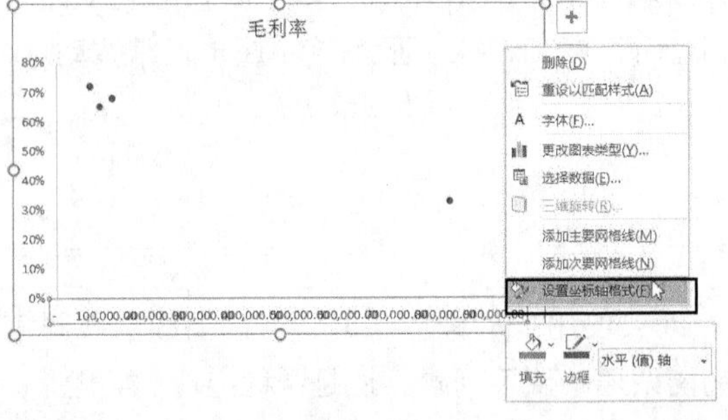

❹ 打开【设置坐标轴格式】任务窗格，可以看到横坐标轴的边界值分别为 0.0 和 900000.0。为了形成 4 个象限区域，应将横坐标轴与纵坐标轴的交叉位置设置在横坐标轴的中间值上，即将【纵坐标轴交叉】中的【坐标轴值】设置为【450000.0】。另外，此处着重看的是不同渠道在 4 个象限的位置，因此不需要用到坐标轴标签，将【标签位置】设置为【无】。

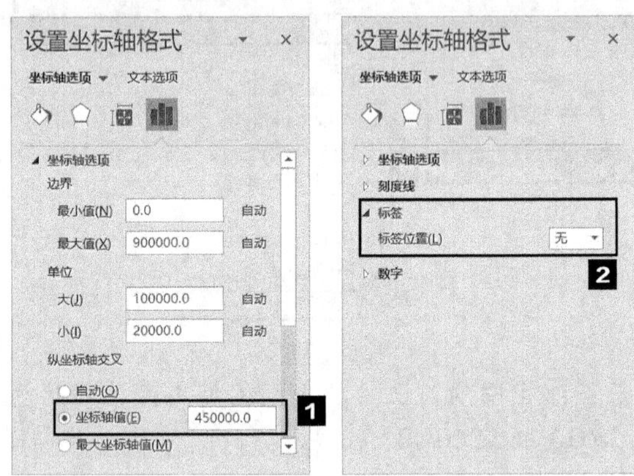

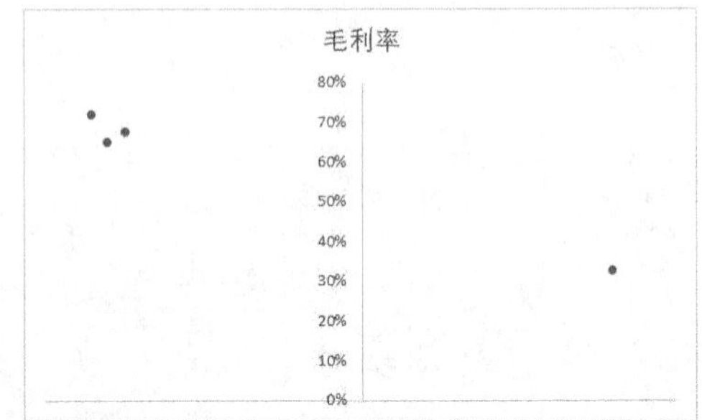

❺ 按照相同的方法，设置纵坐标轴的格式。

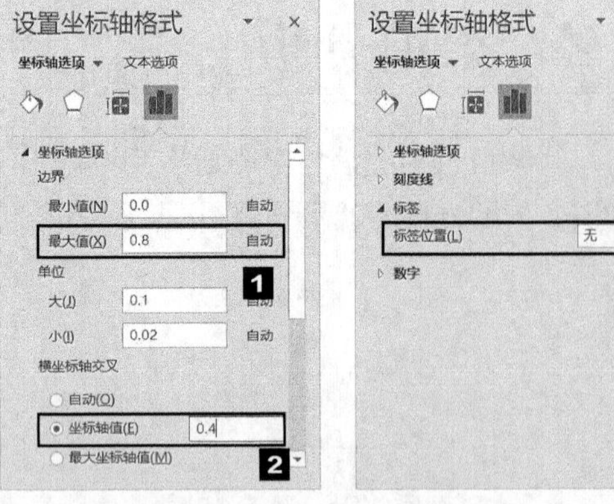

❻ 至此，四象限图的雏形基本完成了，为了区分各个渠道，还需要添加数据标签，但是默认添加的数据标签为毛利率，如下图所示。

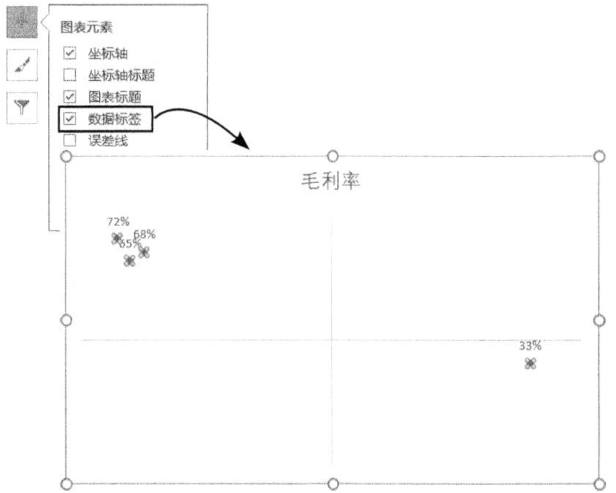

❼ 打开【设置数据标签格式】任务窗格，勾选【单元格中的值】复选框，单击【选择范围】按钮，弹出【数据标签区域】对话框，设置【选择数据标签区域】为单元格区域A2:A5(默认为绝对引用)，单击【确定】按钮；返回【设置数据标签格式】任务窗格，取消勾选【Y值】和【显示引导线】复选框，并将【标签位置】设置为【靠右】，然后根据显示效果进行微调。

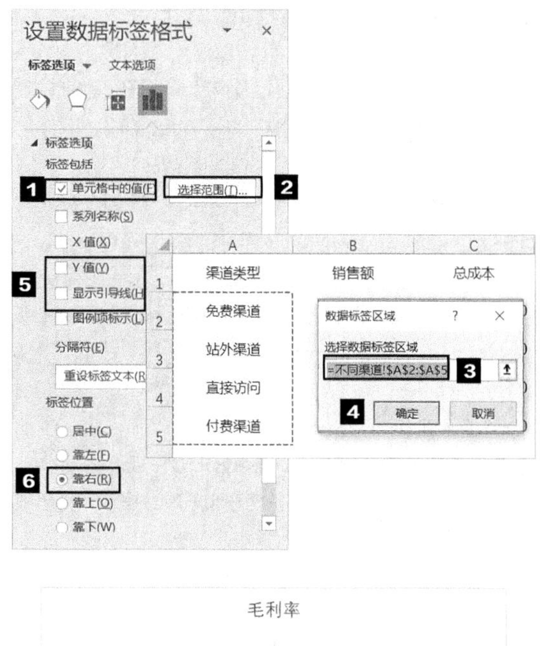

❽ 为图表添加坐标轴标题，两个坐标轴标题分别为“销售额”和“毛利率”，并修改图表标题，设置图表中文字的字体格式等，最终效果如下图所示。

从上面的四象限图来看，6月只有免费渠道是销售额高但毛利率低的，因此6月份整体毛利率低是因为免费渠道出现了异常。

8.2.2 免费渠道的毛利率分析

前面使用四象限图法分析了该在线教育机构不同渠道的销售额与毛利率的分布情况，接下来分析免费渠道中不同分渠道的毛利率，进一步确定是哪个渠道影响了整体的毛利率。

1. 免费渠道内不同分渠道的毛利率对比分析

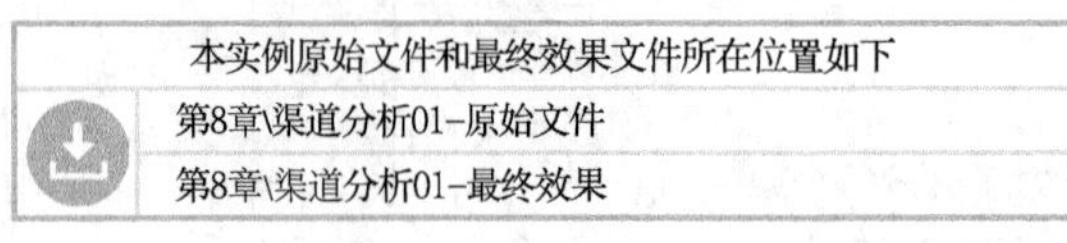
本实例原始文件和最终效果文件所在位置如下
第8章\渠道分析01–原始文件
第8章\渠道分析01–最终效果

扫码看视频

❶ 打开本实例的原始文件“渠道分析 01– 原始文件”，根据收集到的不同分渠道的销售额和成本数据，计算出不同分渠道的毛利润和毛利率。

	A	B	C	D	E
1	分渠道	销售额	总成本	毛利润	毛利率
2	0元体验课	22200	4666	17534	78.98%
3	9.9元专栏	20924	4474	16450	78.62%
4	EDM短信	136000	67094	68906	50.67%
5	站内社群	116450	43744	72706	62.44%
6	外呼	72650	14469	58181	80.08%
7	站内广告位	441750	412250	29500	6.68%

❷ 选中数据区域中的任意一个单元格，切换到【数据】选项卡，在【排序和筛选】组中单击【排序】按钮。

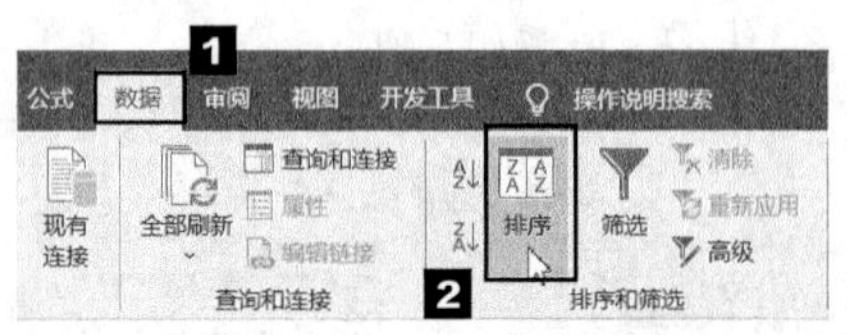

❸ 打开【排序】对话框，设置【主要关键字】为【毛利率】，【排序依据】为【单元格值】，【次序】为【升序】。

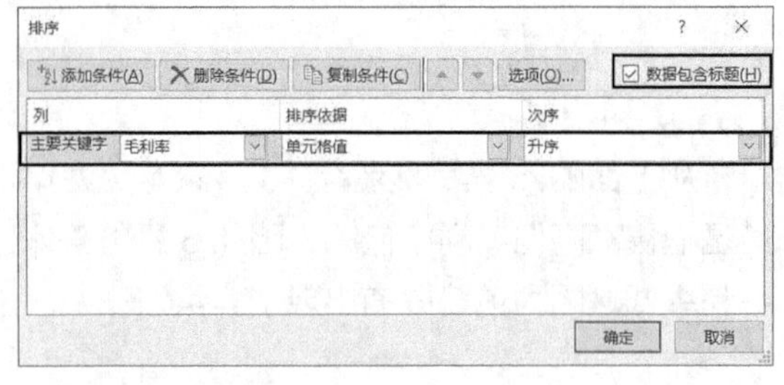

❹ 此时可将数据按毛利率升序排列。

	A	B	C	D	E
1	分渠道	销售额	总成本	毛利润	毛利率
2	站内广告位	441750	392250	49500	11.21%
3	外呼	72650	44469	28181	38.79%
4	9.9元专栏	20924	9474	11450	54.72%
5	EDM短信	136000	52094	83906	61.70%
6	站内社群	116450	43744	72706	62.44%
7	0元体验课	22200	4666	17534	78.98%

❺ 选中单元格区域 A1:A7 和 E1:E7，创建一个条形图。

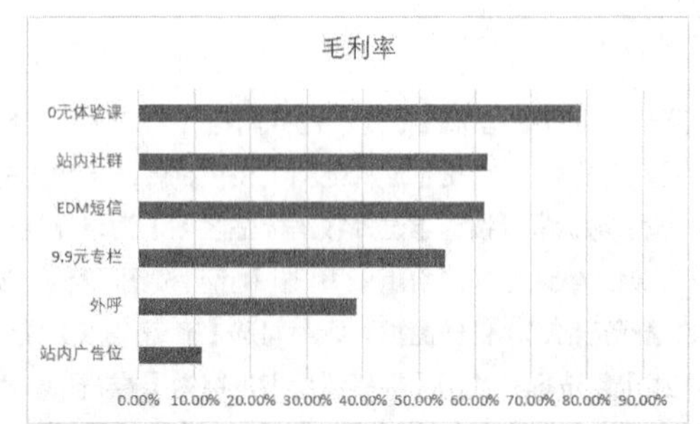

❻ 删除网格线、横坐标轴，添加数据标签，修改图表标题，美化数据系列等，最终效果如下图所示。

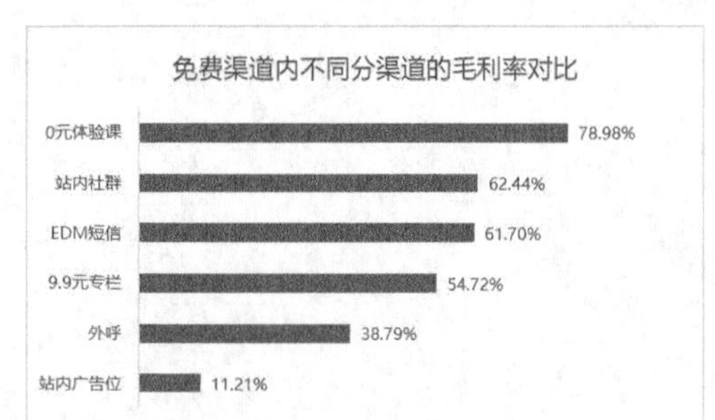

从上页的条形图可以看出，免费渠道中“站内广告位”分渠道的毛利率只有 11.21%，远低于免费渠道的毛利率 33%，除此之外，“外呼”分渠道的毛利率也不高，仅有 38.79%。

2. 免费渠道内不同分渠道的毛利率环比分析

对毛利率进行环比分析，主要是为了进一步确定免费渠道的毛利率下降是某一分渠道毛利率骤然下降引起的，还是整体毛利率下降引起的。

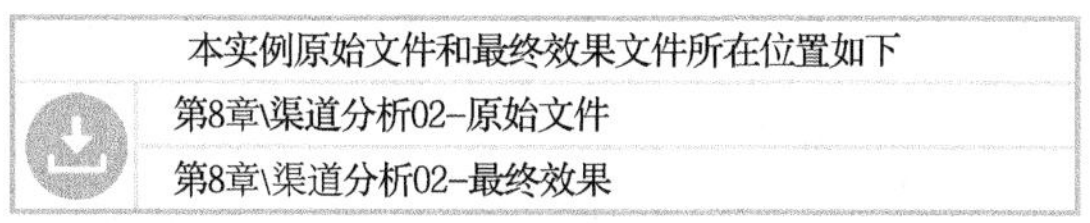

本实例原始文件和最终效果文件所在位置如下

第8章\渠道分析02–原始文件

第8章\渠道分析02–最终效果

❶ 打开本实例的原始文件“渠道分析 02– 原始文件”，根据收集到的近 6 个月免费渠道内不同分渠道的毛利率数据，创建一个折线图。

H	I	J	K	L	M	N
分渠道	1月	2月	3月	4月	5月	6月
站内广告位	47.72%	51.39%	50.98%	51.34%	51.44%	11.21%
外呼	36.47%	36.27%	35.18%	39.73%	40.98%	38.79%
9.9元专栏	53.32%	53.85%	51.15%	53.27%	55.55%	54.72%
EDM短信	63.03%	58.70%	60.24%	62.80%	58.64%	61.70%
站内社群	65.62%	66.71%	65.83%	62.03%	61.63%	62.44%
0元体验课	70.06%	74.07%	73.13%	70.29%	74.77%	78.98%

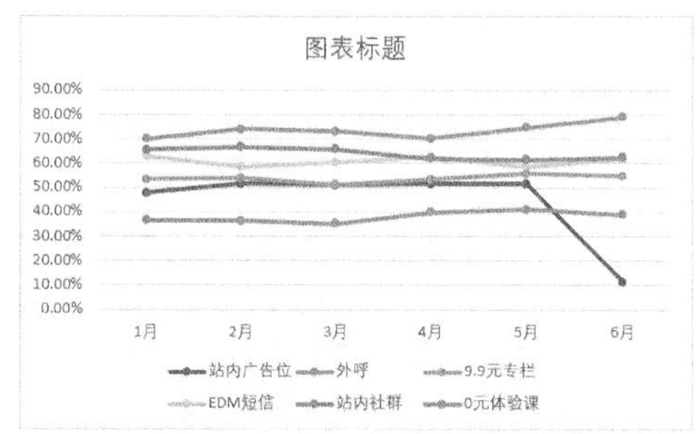

❷ 为图表添加图表标题，设置图表中文字的字体格式，将图表的网格线设置为虚线。

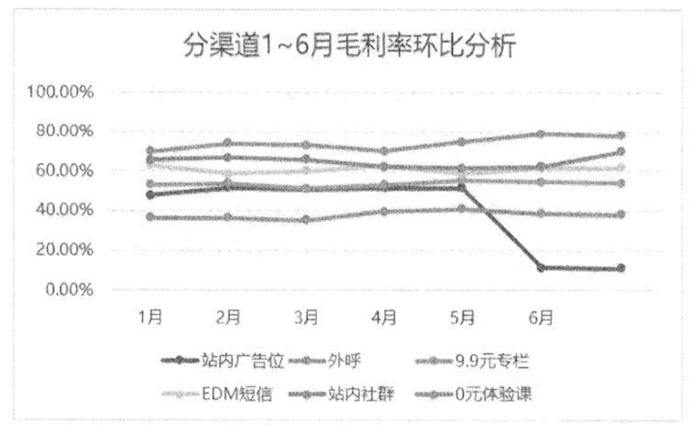

❸ 设置数据系列的线条宽度、颜色，以及标记的颜色和边框。例如，将数据系列“0 元体验课”的线条宽度设置为【2 磅】，线条颜色设置为“RGB:0/197/210”，将标记的填充颜色设置为“RGB:0/197/210”，边框颜色设置为【白色】。

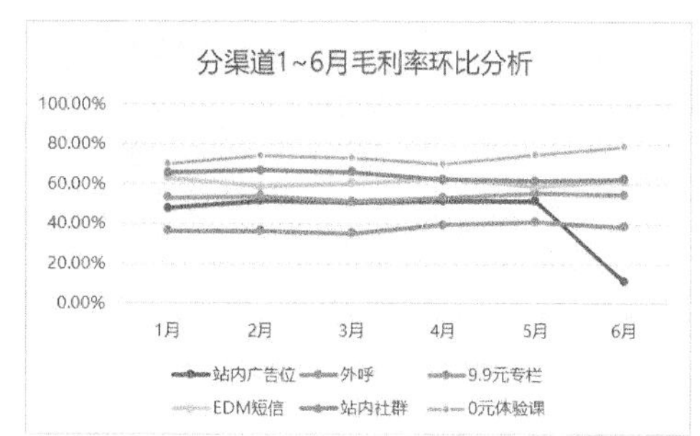

❹ 按照相同的方法设置其他数据系列。由于当前图表中的折线比较多，查看的时候需要反复对应折线与图例，比较麻烦，如果将图例直接放在对应折线的右侧则会比较容易查看。可以通过为每条折线的最后一个数据点添加数据标签的方式来实现。例如，选中数据系列“0 元体验课”对应折线的最后一个数据点，单击鼠标右键，在弹出的快捷菜单中选择【添加数据标签】选项。

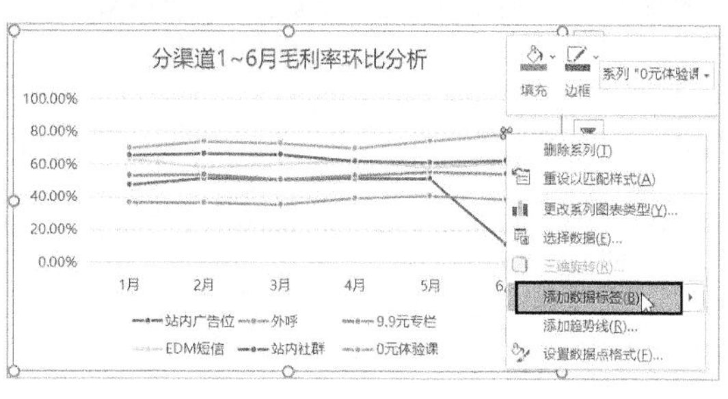

❺ 为选中数据点添加数据标签，双击该数据标签，仅使该数据标签处于选中状态，单击鼠标右键，在弹出的快捷菜单中选择【设置数据标签格式】选项。

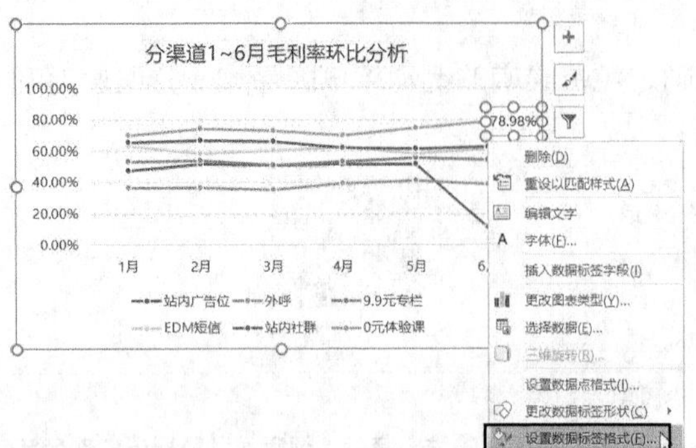

❻ 打开【设置数据标签格式】任务窗格，在【标签选项】组中勾选【系列名称】复选框，取消勾选【值】和【显示引导线】复选框。

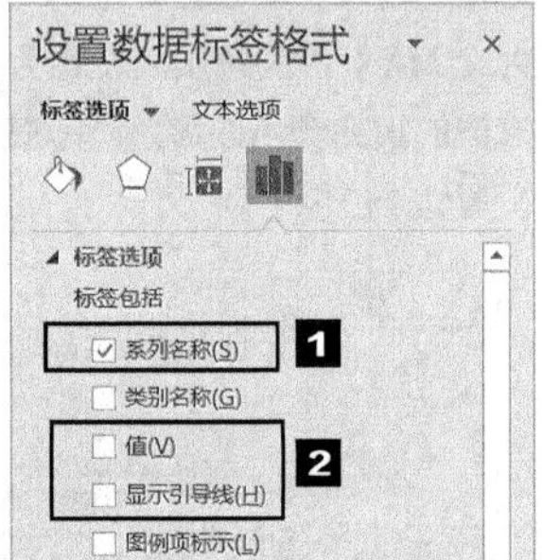

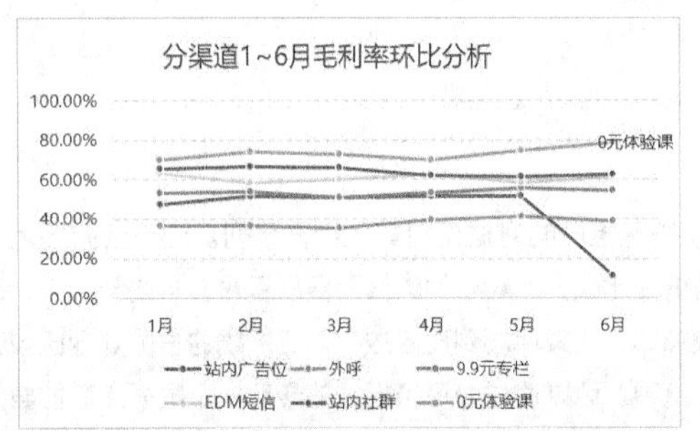

❼ 由于数据系列“EDM 短信”和“站内社群”的最后一个数据点距离太近，不容易选中。为了方便选中，可以为各折线添加一个辅助列，使其数据间有一定的间隔。

H	I	J	K	L	M	N	O
分渠道	1月	2月	3月	4月	5月	6月	
站内广告位	47.72%	51.39%	50.98%	51.34%	51.44%	11.21%	11.00%
外呼	36.47%	36.27%	35.18%	39.73%	40.98%	38.79%	38.00%
9.9元专栏	53.32%	53.85%	51.15%	53.27%	55.55%	54.72%	54.00%
EDM短信	63.03%	58.70%	60.24%	62.80%	58.64%	61.70%	62.00%
站内社群	65.62%	66.71%	65.83%	62.03%	61.63%	62.44%	70.00%
0元体验课	70.06%	74.07%	73.13%	70.29%	74.77%	78.98%	78.00%

❽ 删除刚才添加的数据标签，选中图表，图表所引用的数据区域会自动被标记。将鼠标指针移动到图表引用区域的右下角，按住鼠标左键进行拖曳，将辅助列添加为图表的引用区域，可以看到图表会自动随选择的数据区域变化。

H	I	J	K	L	M	N	O
分渠道	1月	2月	3月	4月	5月	6月	
站内广告位	47.72%	51.39%	50.98%	51.34%	51.44%	11.21%	11.00%
外呼	36.47%	36.27%	35.18%	39.73%	40.98%	38.79%	38.00%
9.9元专栏	53.32%	53.85%	51.15%	53.27%	55.55%	54.72%	54.00%
EDM短信	63.03%	58.70%	60.24%	62.80%	58.64%	61.70%	62.00%
站内社群	65.62%	66.71%	65.83%	62.03%	61.63%	62.44%	70.00%
0元体验课	70.06%	74.07%	73.13%	70.29%	74.77%	78.98%	78.00%

H	I	J	K	L	M	N	O
分渠道	1月	2月	3月	4月	5月	6月	
站内广告位	47.72%	51.39%	50.98%	51.34%	51.44%	11.21%	11.00%
外呼	36.47%	36.27%	35.18%	39.73%	40.98%	38.79%	38.00%
9.9元专栏	53.32%	53.85%	51.15%	53.27%	55.55%	54.72%	54.00%
EDM短信	63.03%	58.70%	60.24%	62.80%	58.64%	61.70%	62.00%
站内社群	65.62%	66.71%	65.83%	62.03%	61.63%	62.44%	70.00%
0元体验课	70.06%	74.07%	73.13%	70.29%	74.77%	78.98%	78.00%

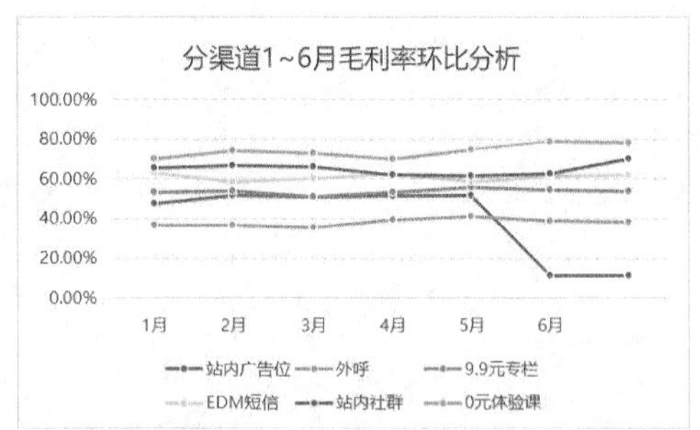

❾ 为了区分添加的辅助列数据与真实的需要分析的数据，可以将辅助列数据对应的折线设置为虚线。例如，选中数据系列“0 元体验课”对应折线的最后一个数据点，单击鼠标右键，在弹出的快捷菜单中选择【设置数据点格式】选项。

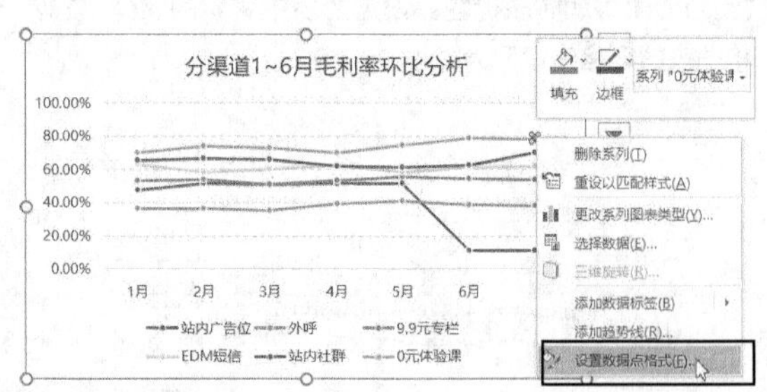

⑩ 打开【设置数据点格式】任务窗格，将【宽度】设置为【1 磅】，【短划线类型】设置为【短划线】，【标记选项】设置为【无】。

⑪ 按照前面的方法，为该数据点添加数据标签，并使数据标签显示系列名称。

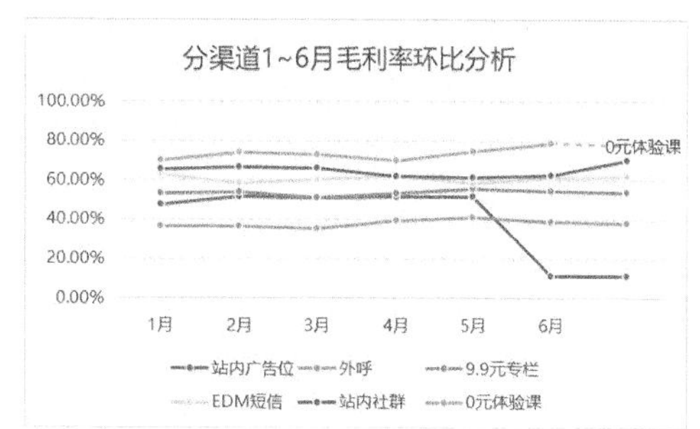

⑫ 按照相同的方法设置其他数据系列点，并添加数据标签，然后删除图例，并适当调整图表区的大小。

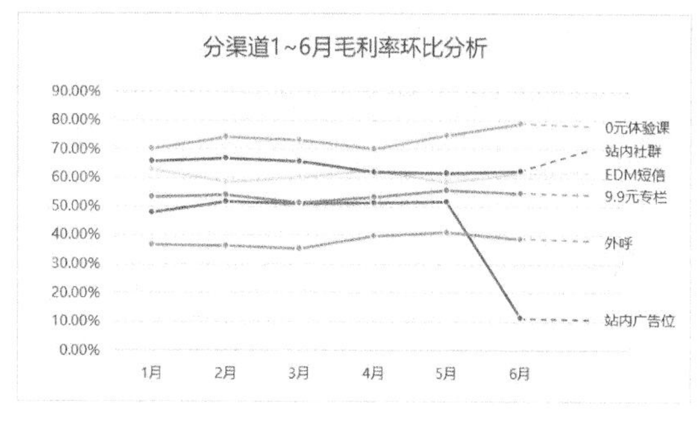

通过上图可以看出，虽然各个渠道的毛利率都是不断波动的，但是波动幅度都比较小，而“站内广告位”分渠道的毛利率在 6 月份却出现了大幅度的下降，属于异常波动。经调查发现，6 月份毛利率下降的主要原因是广告成本增加了，成本增加虽然使销售额增加了，但毛利润却减少了，说明此次投入的广告成本没有得到预期效果。

8.3 客户分析

客户分析主要可以从两个方面进行：客户行为分析和客户价值分析。

8.3.1 客户行为分析

客户行为分析主要是分析不同环节的客户人数，进一步计算出不同环节的转化率和总的转化率。

1. 不同环节的转化率分析

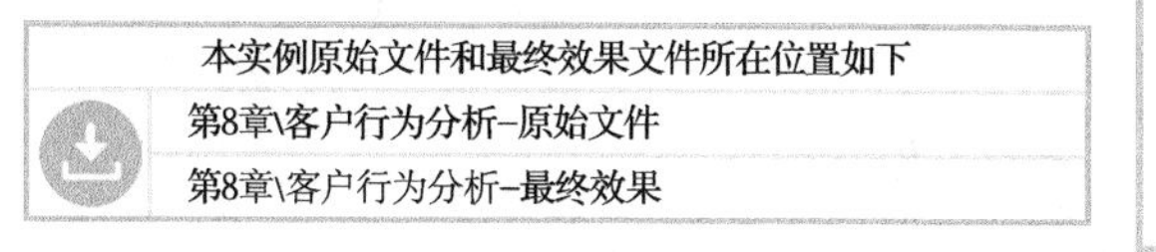

本实例原始文件和最终效果文件所在位置如下

第8章\客户行为分析–原始文件

第8章\客户行为分析–最终效果

下面先分析不同环节的转化率，再对比不同环节的转化率的差异。具体操作步骤如下。

❶ 打开本实例的原始文件“客户行为分析 - 原始文件”，根据公式“各环节的转化率 = 本环节人数 ÷ 上一环节人数”，计算出各环节的转化率，第 1 个环节的转化率为 100%。

C3 =B3/B2

	A	B	C
1	环节	人数	各环节转化率
2	浏览	15863	100.00%
3	咨询	7266	45.80%
4	留电话	1966	27.06%
5	试听	946	48.12%
6	报名	509	53.81%

❷ 可以用滑珠图来展现各环节的转化率。

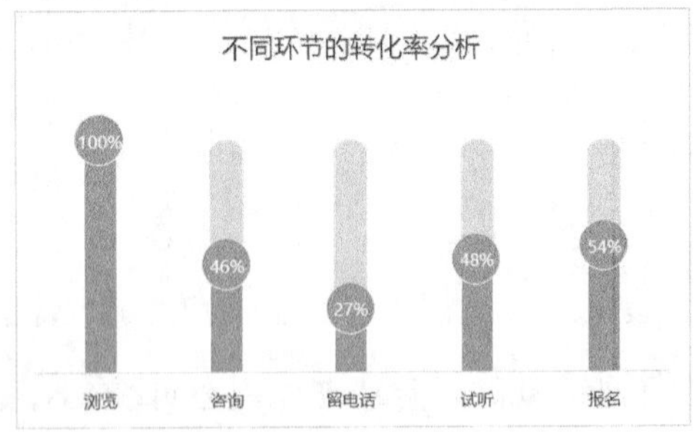

❸ 滑珠图实际上就是包含柱形图和折线图的组合图。为数据区域添加一个“辅助列 1”。

	A	B	C	D
1	环节	人数	各环节转化率	辅助列1
2	浏览	15863	100.00%	100%
3	咨询	7266	45.80%	100%
4	留电话	1966	27.06%	100%
5	试听	946	48.12%	100%
6	报名	509	53.81%	100%

❹ 选中单元格区域 A1:A6 和 C1:D6，按【Alt】+【F1】组合键，创建一个簇状柱形图。

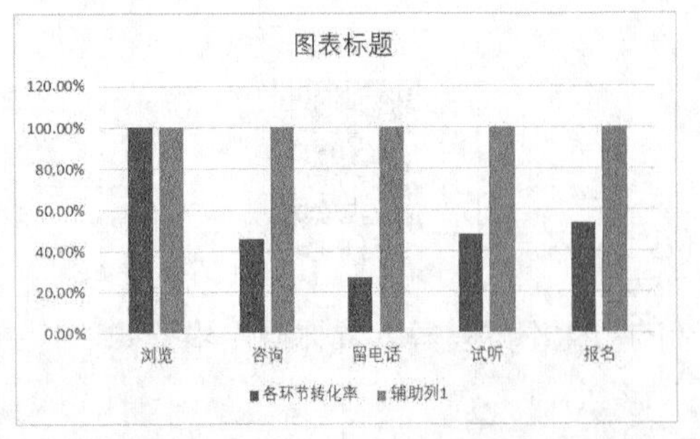

❺ 插入形状，绘制一个矩形和一个等宽的圆角矩形，然后将这两个形状组合为一个整体，如右图所示。

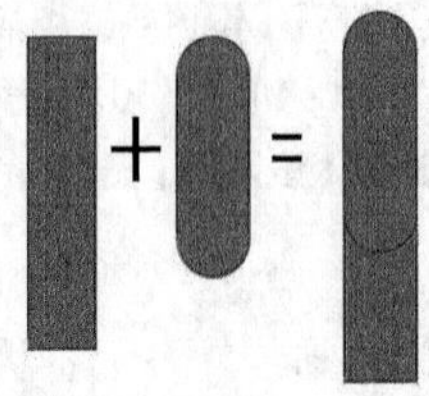

❻ 将组合后的图形设置为【无轮廓】，将其填充颜色设置为【RGB:0/197/210】，然后再复制一个相同的图形，将其填充颜色设置为【RGB:213/252/255】。

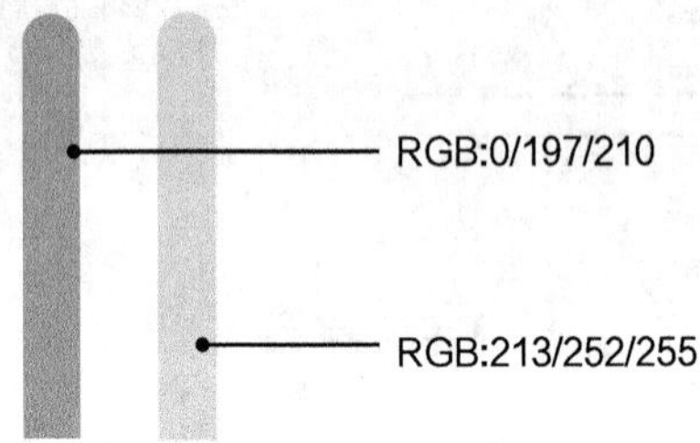

❼ 将两个图形分别设置为两个数据系列的填充形状。

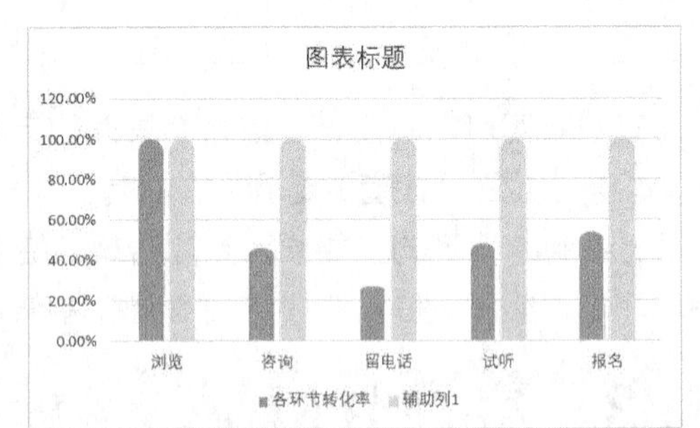

❽ 打开【设置数据系列格式】任务窗格，将【系列重叠】设置为【100%】，使两个数据系列正好重叠。

⑨ 将数据系列重叠后，可以发现“各环节转化率”数据系列位于底层，被“辅助列 1”遮住了，因此需要将其移动到上层。在数据系列上单击鼠标右键，在弹出的快捷菜单中选择【选择数据】选项。

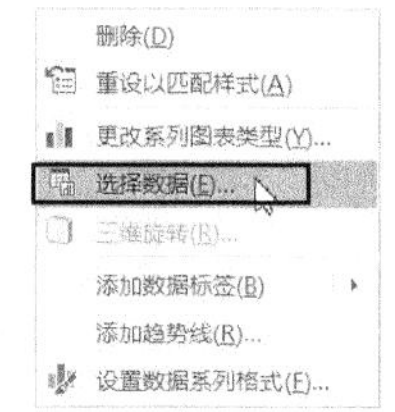

⑩ 打开【选择数据源】对话框，在【图例项（系列）】列表框中勾选【辅助列 1】复选框，单击【上移】按钮，将其移动到【各环节转化率】的上面，即可将“各环节转化率”数据系列上移一层。

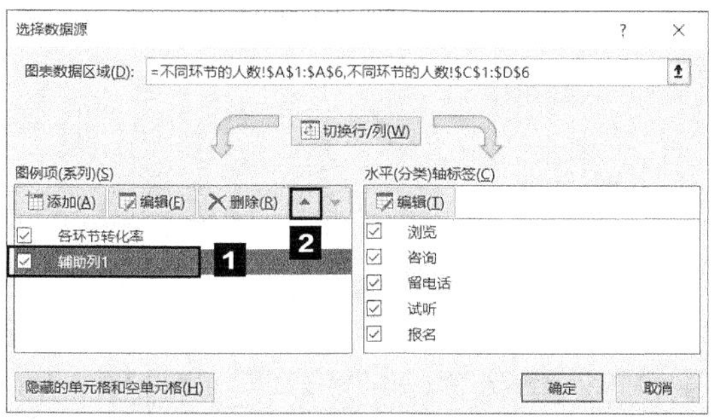

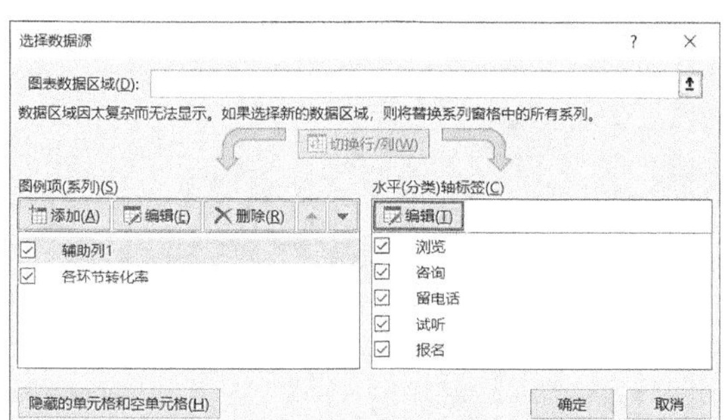

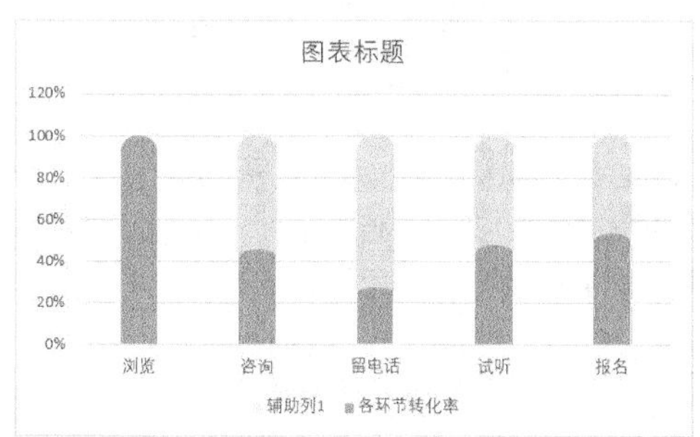

⑪ 现在图表中只有柱形图，还需要添加一个折线图，折线图需要的数据是各环节转化率。在【图例项（系列）】列表框中单击【添加】按钮，打开【编辑数据系列】对话框，在【系列名称】文本框中引用单元格 C1，在【系列值】文本框中引用单元格区域 C2:C6。以上数据均需转换为绝对引用形式。

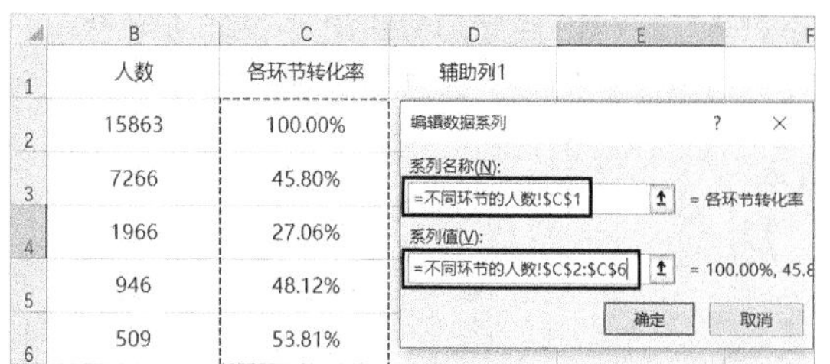

⑫ 单击【确定】按钮，在【图例项（系列）】列表框中添加一个【各环节转化率】复选框，单击【确定】按钮，为图表添加一个数据系列。

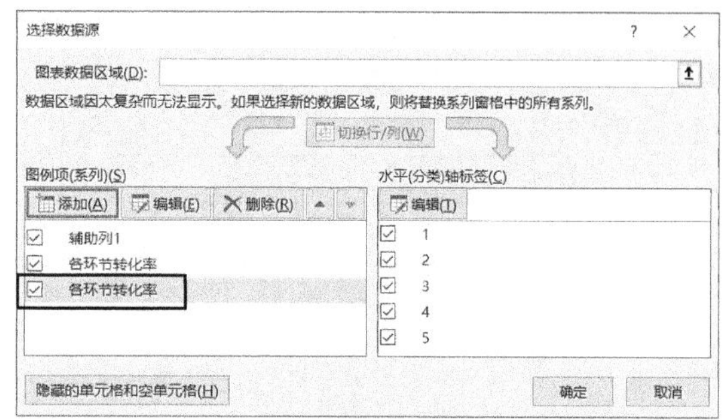

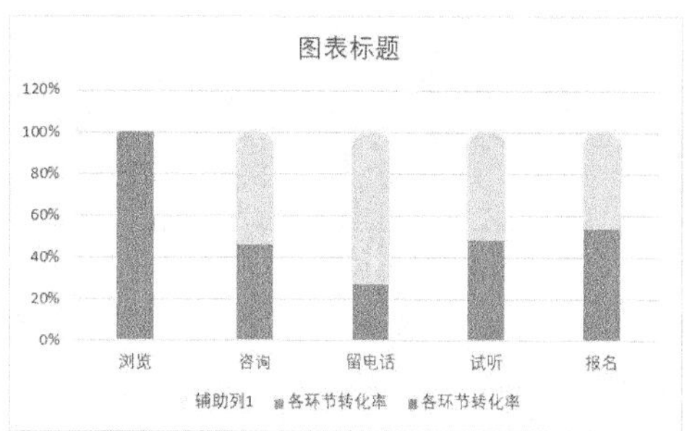

⑬ Excel 默认插入的数据系列是柱形，而我们需要的是折线，因此需要更改数据系列的图表类型。在新插入的数据系列上单击鼠标右键，在弹出的快捷菜单中选择【设置数据系列格式】选项。

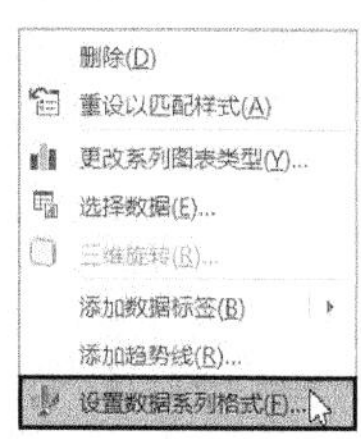

⑭ 打开【更改图表类型】对话框，将【各环节转化率】的【图表类型】设置为【带数据标记的折线图】。

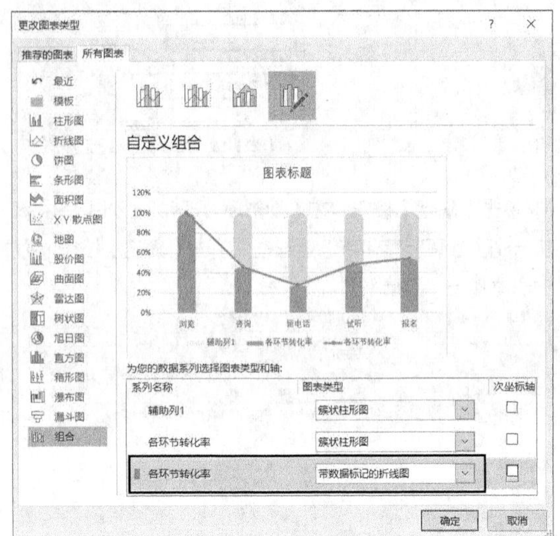

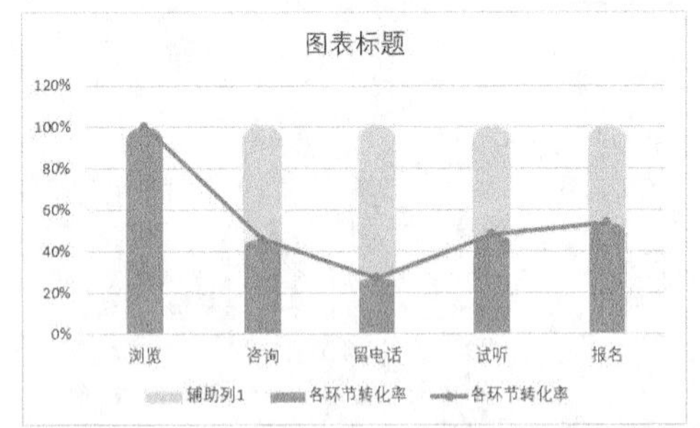

⑮ 将折线图的【线条】设置为【无线条】，标记【类型】设置为圆形，【大小】设置为【27】，填充样式设置为【纯色填充】，再将边框设置为宽度为 1 磅的白色实线。

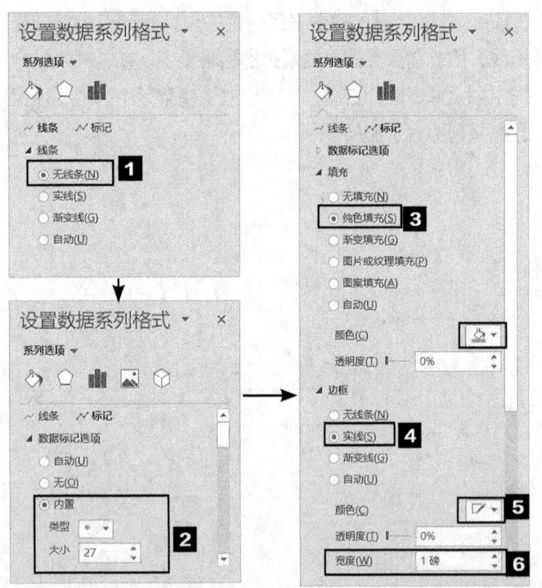

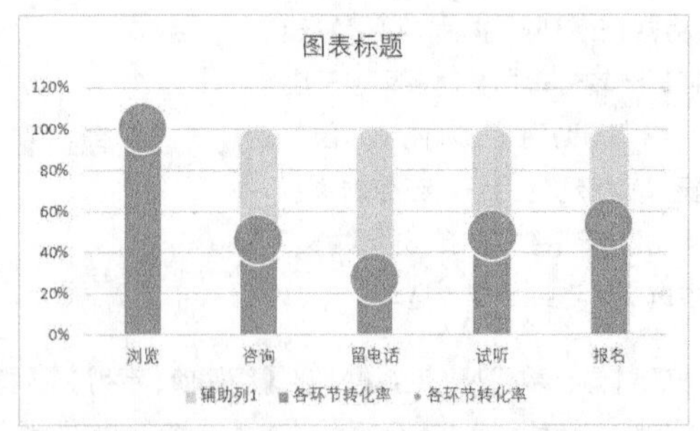

⑯ 在折线图的数据系列上单击鼠标右键，在弹出的快捷菜单中选择【添加数据标签】选项，为折线图添加数据标签。

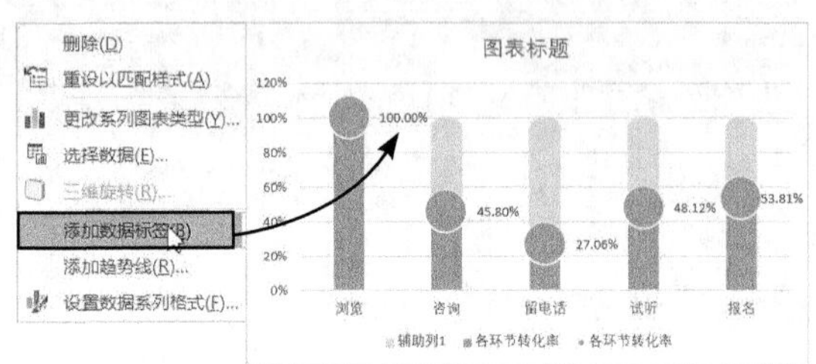

⑰ 对数据标签进行设置。将【标签位置】设置为【居中】，数字的【类别】设置为【百分比】，【小数位数】设置为【0】。

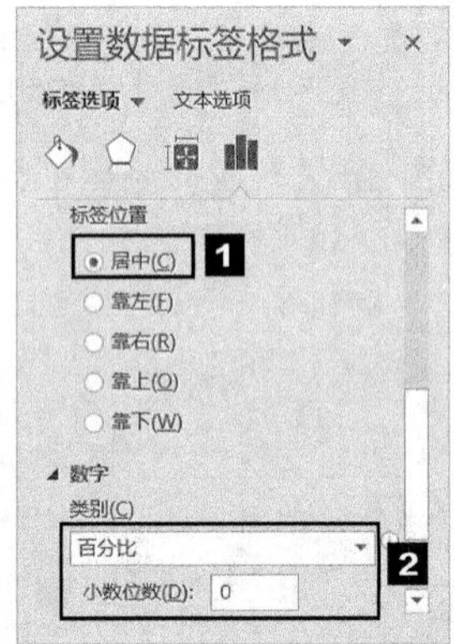

⑱ 删除图表中的纵坐标轴和网格线，将图表标题更改为“不同环节的转化率分析”，然后设置图表中文字的字体格式和字体颜色，最终效果如下图所示。

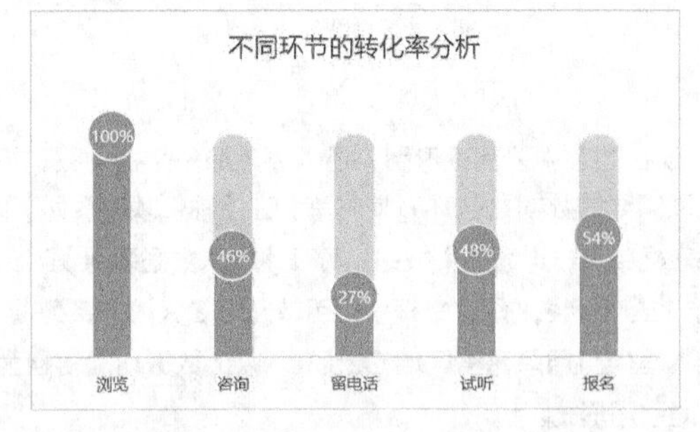

通过上页图可以看出，第 3 个环节“留电话”的转化率是最低的，这与客服人员和客户的初步沟通有关，接下来可以加强客服人员在这方面的能力。

2. 总转化率分析

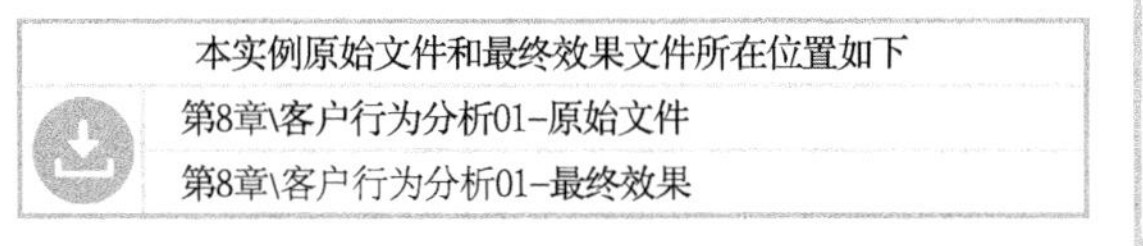
本实例原始文件和最终效果文件所在位置如下
第8章\客户行为分析01–原始文件
第8章\客户行为分析01–最终效果

分析总转化率时，通常使用的是漏斗图，漏斗图在第 2 章中已经介绍过了，除了漏斗图外，还可以使用 Wi–Fi 图来展示转化率。之所以叫 Wi–Fi 图，是因为它的形状像 Wi–Fi 信号的标志一样，是向外延伸的一层层圆环，非常直观、形象。

由于 Wi–Fi 图的线条是圆环形的，因此很容易联想到它的基础图是圆环图。

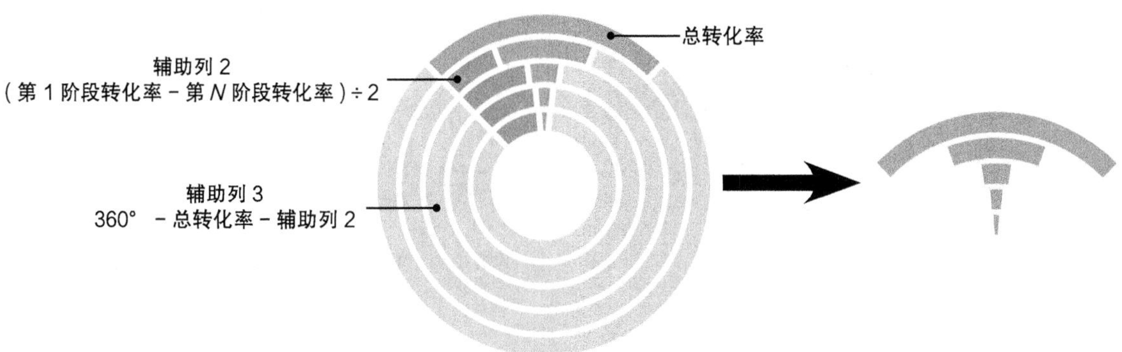

接下来介绍如何使用 Wi–Fi 图展示不同环节总转化率的变化。

❶ 打开本实例的原始文件“客户行为分析 01– 原始文件”，根据公式“总转化率 = 本环节人数 ÷ 第 1 个环节的人数”，计算出各环节的总转化率。

E2　=B2/$B$2

	A	B	C	D	E
1	环节	人数	各环节转化率	辅助列1	总转化率
2	浏览	15863	100.00%	100%	100.00%
3	咨询	7266	45.80%	100%	45.80%
4	留电话	1966	27.06%	100%	12.39%
5	试听	946	48.12%	100%	5.96%
6	报名	509	53.81%	100%	3.21%

❷ 准备 Wi–Fi 图的数据源。根据圆环图的结构，在总转化率的左侧添加“辅助列 2”，右侧添加“辅助列 3”。

=($F$2-F2)/2

E	F	G
辅助列2	总转化率	辅助列3
0.00%	100.00%	260.0%
27.10%	45.80%	287.1%
43.80%	12.39%	303.8%
47.02%	5.96%	307.0%
48.40%	3.21%	308.4%

❸ 绘制基础圆环图。选中单元格区域 A1:A6 和 E1:G6，切换到【插入】选项卡，在【图表】组中单击【插入饼图或圆环图】按钮，在弹出的下拉列表中选择【圆环图】选项。

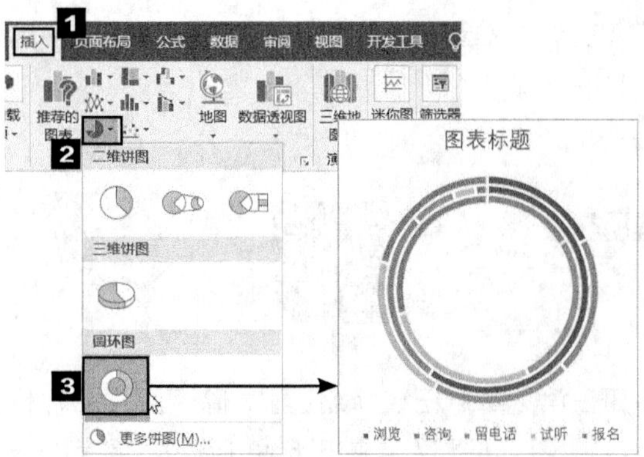

❹ 可以看到，默认插入的圆环图与我们需要的效果差异较大，此处需要切换行与列。选中图表，切换到【图表工具】栏的【设计】选项卡，在【数据】组中单击【切换行 / 列】按钮。

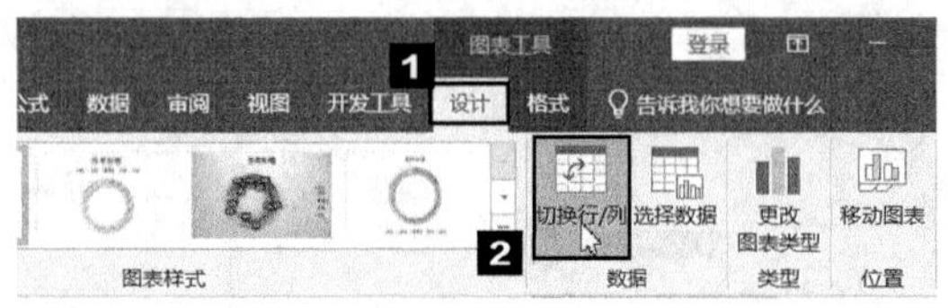

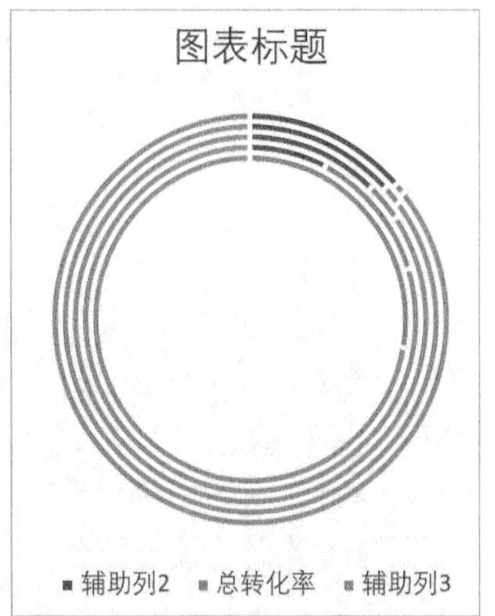

❺ 切换行与列后，可以看到圆环图规范了许多，但圆环的内外顺序反了，在【数据】组中单击【选择数据】按钮。

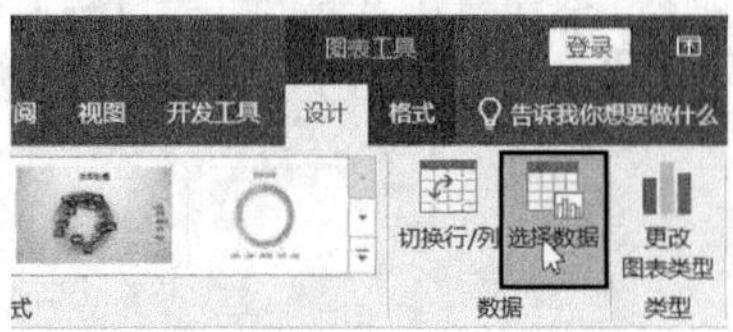

❻ 打开【选择数据源】对话框，在【图例项（系列）】列表框中单击【上移】和【下移】按钮以调整图例的位置。

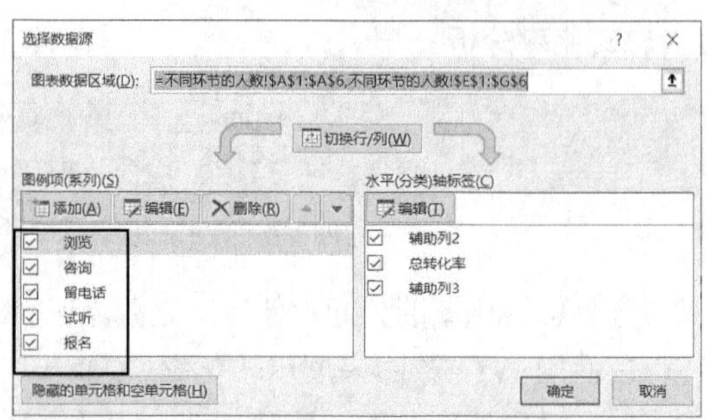

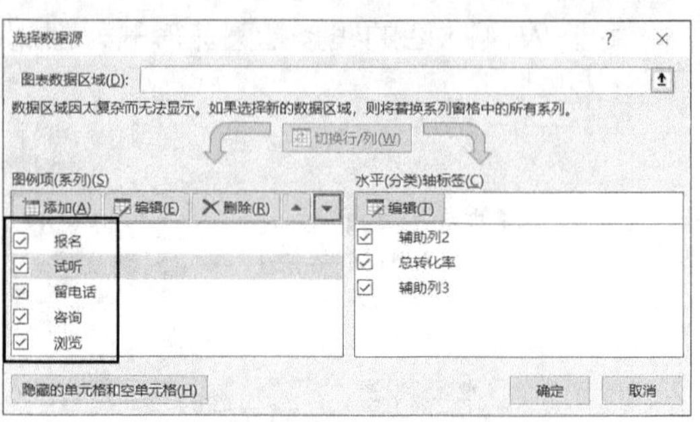

❼ 调整完毕，单击【确定】按钮，效果如下图所示。

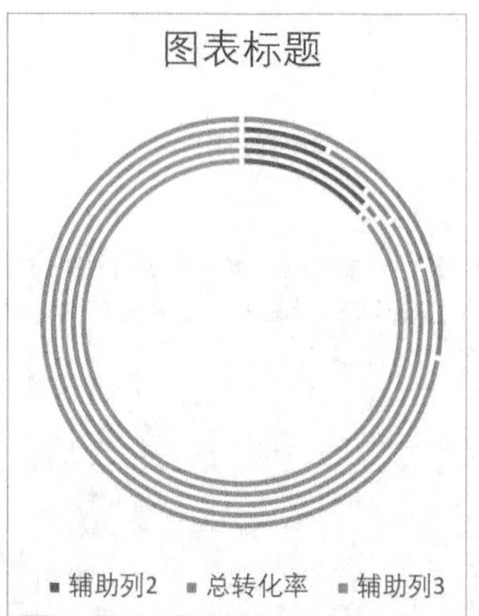

❽ Wi-Fi 形状已经出来了，但是角度不对，因此还需要调整圆环的起始角度。要让总转化率处于中间位置，圆环需要逆时针转 50°，也就是第一扇区的起始角度为 310°。在数据系列上单击鼠标右键，在弹出的快捷菜单中选择【设置数据系列格式】选项。打开【设置数据系列格式】任务窗格，将【第一扇区起始角度】设置为【310°】。

另外，默认的【圆环图内径大小】为【75%】，所以各圆环都比较细，此处将【圆环图内径大小】调整为【20%】。

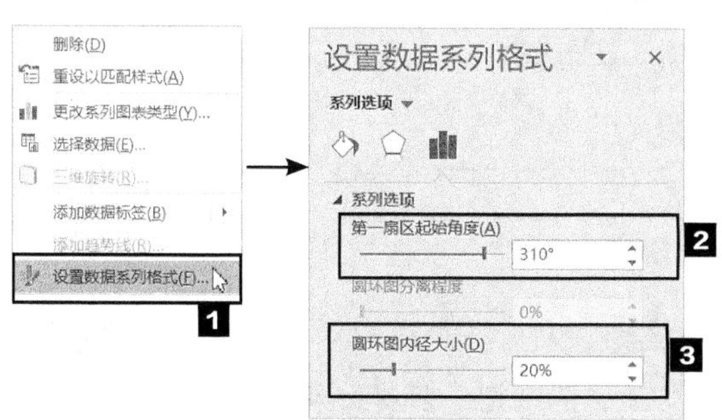

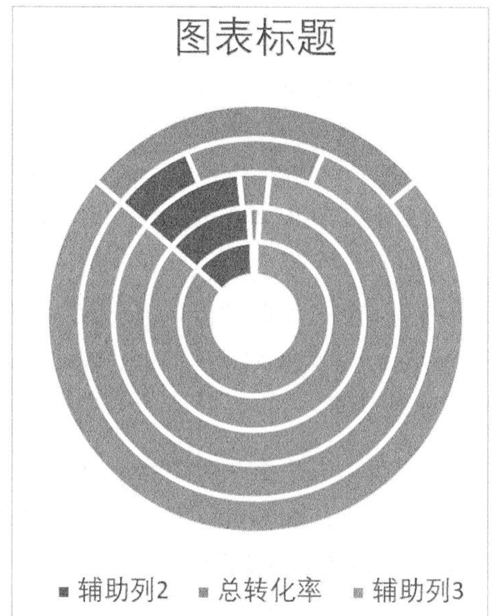

❾ 由于后面几个环节的总转化率都比较小，在圆环图中几乎已经看不到了，因此可以适当将后面几个环节的转化率放大。在“辅助列 2”左侧插入一列，设置标题为“总转化率”并重新计算。将“辅助列 2”右侧的列标题“总转化率”更改为“辅助列 4”。前两个环节直接引用总转化率数据，后 3 个环节引用的数据为将总转化率数据依次扩大 2 倍、3 倍、4 倍后的数据。

E	F	G	H
总转化率	辅助列2	辅助列4	辅助列3
100.00%	0.00%	100.00%	260.0%
45.80%	27.10%	45.80%	287.1%
12.39%	37.61%	24.79%	297.6%
5.96%	41.05%	17.89%	301.1%
3.21%	43.58%	12.83%	303.6%

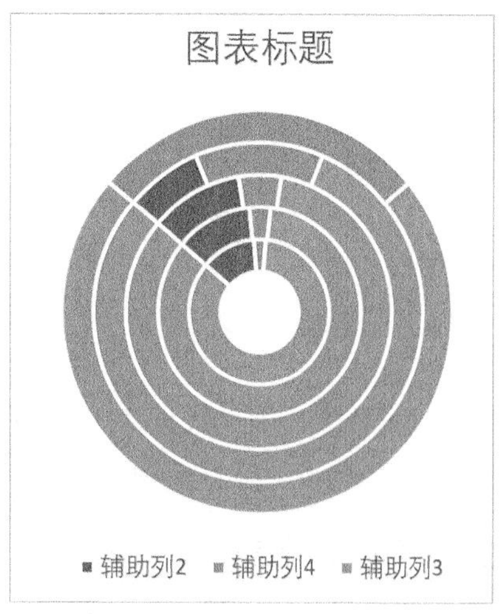

❿ 将图表中各数据系列的边框颜色设置为【白色】，宽度设置为【5 磅】，然后将“辅助列 2”和“辅助列 3”的数据点的颜色都设置为【无填充】，将“辅助列 4”的数据点的颜色都设置为“RGB:0/197/210”，最后删除图例。

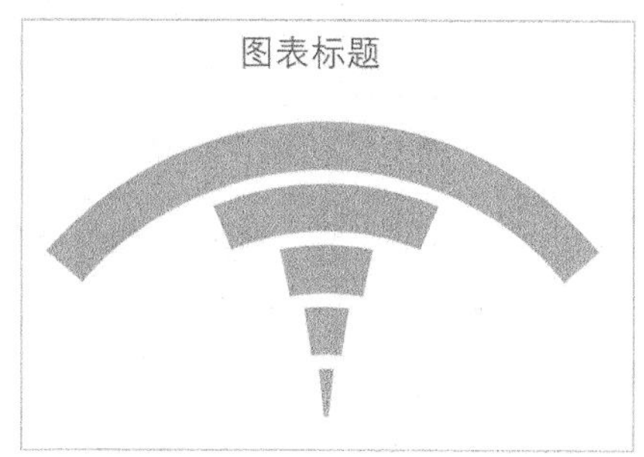

⓫ 添加数据标签。依次为 Wi-Fi 图的数据点添加数据标签，但是默认添加的数据标签对应的是“辅助列 4”的数据。

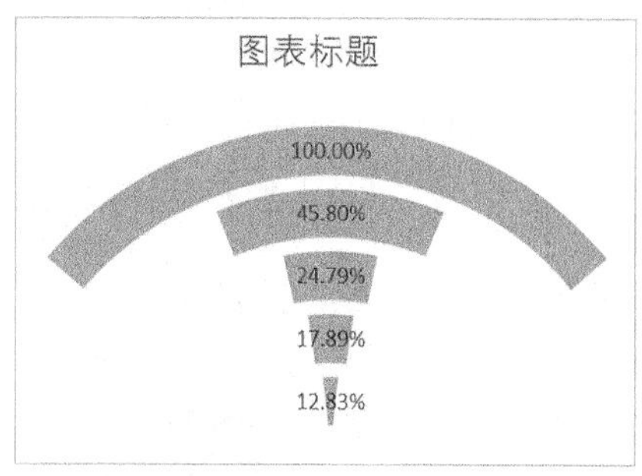

⓬ 依次选中各数据标签，然后在编辑栏中将其引用位置更改为对应的“总转化率”列中的单元格，更改图表标题并修改图表中文字的字体格式，效果如下页图所示。

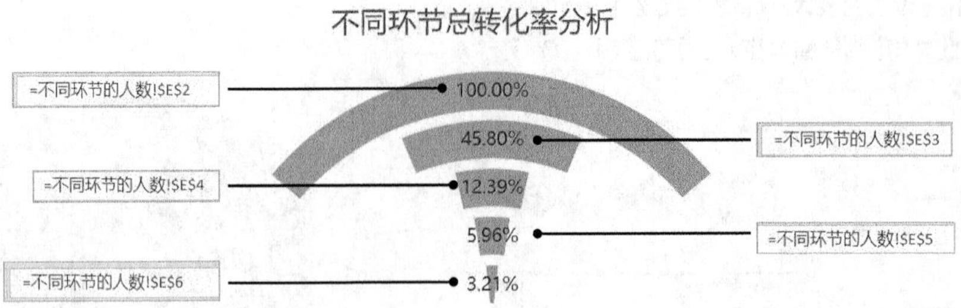

不同环节总转化率分析

=不同环节的人数!$E$2 100.00%
45.80% =不同环节的人数!$E$3
=不同环节的人数!$E$4 12.39%
5.96% =不同环节的人数!$E$5
=不同环节的人数!$E$6 3.21%

通过上图可知，该在线教育机构的最终总转化率为 3.21%，而当前在线教育行业的总转化率为 3%~5%，由此可见该教育机构的转化率不太理想 ，需要进一步提高转化率。

8.3.2 客户价值分析

在信息时代，很多企业的营销焦点从产品转变为客户，在线教育行业更是如此。“维系客户关系”是在线教育行业的核心问题，而这个核心问题最大的痛点就是客户分类，通过客户分类能够实现对低价值客户、一般客户、高价值客户等的区分。进而为不同价值的客户制订合适的个性化方案，采用不同的营销策略，将有限的营销资源集中于价值更高的客户，实现利润最大化。

在进行客户价值分析的过程中，RFM 模型相对简单并且直观，所以常用来划分客户价值等级。RFM 模型从 R（Recency，最近一次消费）、F（Frequency，消费频度）和 M（Monetary，消费额度）3 个维度细分客户群体，从而分析不同客户群体的价值。

R 代表客户最近的活跃时间与数据采集时间的间隔。R 值越大，表示客户未发生交易的时间越长，R 值越小，表示客户发生过交易的时间越短。R 值越大，则客户越可能流失。在这部分客户中，可能有一些优质客户值得公司通过一定的营销手段将其进行激活。

F 代表客户过去一段时间内的活跃频率。F 值越大，表示客户的活跃度越高，同本公司的交易越频繁，不仅可以给公司带来人气，还可以带来稳定的现金流，是非常忠诚的客户；F 值越小，表示客户的活跃度越低，同本公司的交易越少，极有可能与竞争对手的交易更多，随时可能流失。对于 F 值较小且 M 值较大的客户，公司需要推出一定的竞争策略，将这批客户从竞争对手中争取过来。

M 表示客户消费金额的多少。可以用最近一次消费金额表示，也可以用过去的平均消费金额表示，或者用消费总金额表示。根据分析的目的不同，可以选择不同的表示方法。

要建立 RFM 模型，要先计算出 R、F 和 M 的数值。

R 值实际是客户最近一次消费的时间与统计时间的差，统计时间是固定的、已知的，只需要计算出客户最近一次消费的时间即可。

F 值可以使用这一段时间内客户消费的总次数。

M 值此处使用客户的消费总金额。

本实例原始文件和最终效果文件所在位置如下
第8章\客户价值分析–原始文件
第8章\客户行为分析–最终效果

扫码看视频

● 汇总最近消费时间、消费次数和消费金额

❶ 打开本实例的原始文件"客户价值分析 – 原始文件"，根据"客户订单明细"工作表中的数据创建一个数据透视表，将【客户 ID】拖曳到【行】列表框中，【订单日期】【订单 ID】【订单金额】拖曳到【值】列表框中。

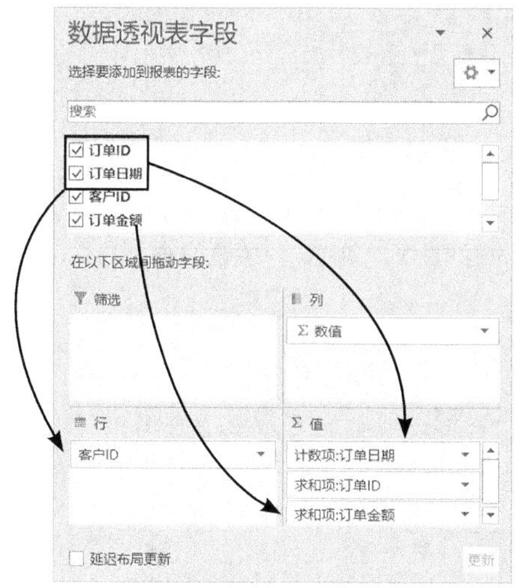

	A	B	C	D
3	行标签	计数项:订单日期	求和项:订单ID	求和项:订单金额
4	安媛元—273799	5	119861762	869.5
5	敖亦寒—118717	2	46733388	269.8
6	柏丽—417302	2	55979857	239.8
7	卞兴—336293	3	62091401	219.7
8	卜莺—140448	1	38273466	69.9
9	曹帮菊—181554	3	106444454	259.7
10	曹丹—431017	1	12801396	9.9
11	曹功碧—518248	3	90924233	69.7

❷ 在订单日期列标题（单元格 B3）上单击鼠标右键，在弹出的快捷菜单中选择【值汇总依据】下的【最大值】选项，即可将订单日期的汇总依据更改为最大值，这样客户的最近一次的消费时间就计算出来了。

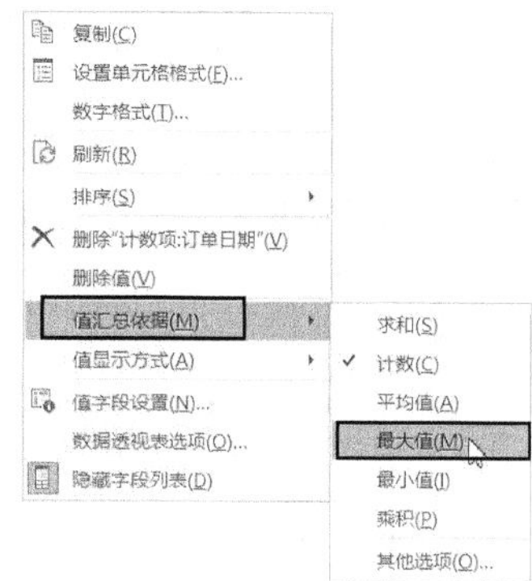

❸ 将订单日期的汇总依据更改为最大值后，订单日期默认为【常规】格式，需要手动将其【数字格式】更改为【短日期】格式。

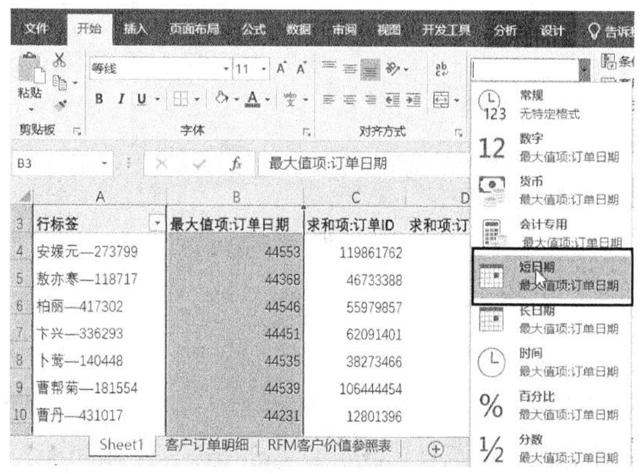

❹ 按照相同的方法，将订单 ID 的汇总依据更改为【计数】，效果如下图所示。

	A	B	C	D
3	行标签	最大值项:订单日期	计数项:订单ID	求和项:订单金额
4	安媛元—273799	2021/12/23	5	869.5
5	敖亦寒—118717	2021/6/21	2	269.8
6	柏丽—417302	2021/12/16	2	239.8
7	卞兴—336293	2021/9/12	3	219.7
8	卜莺—140448	2021/12/5	1	69.9
9	曹帮菊—181554	2021/12/9	3	259.7
10	曹丹—431017	2021/2/4	1	9.9
11	曹功碧—518248	2021/10/6	3	69.7
12	曹静雯—250168	2021/10/29	3	249.7
13	曹名媛—501759	2021/12/8	5	259.5

● **计算 R、F 和 M 的数值**

F 值和 M 值可以直接引用数据透视表中的订单 ID 和订单金额数据。但是 R 值则需要进行计算，计算两个日期的天数差值需要使用 DATEDIF 函数。

DATEDIF 函数是 Excel 的隐藏函数。 DATEDIF 函数的主要功能是返回两个日期之间的年、月、日间隔数，常用于计算两日期之差。其语法格式及参数的介绍可参见本书 2.1.2 小节。

❶ 在单元格区域 F3:I3 中依次输入标题“客户 ID”“R”“F”“M”，然后通过公式引用的方式将客户 ID、F 值和 M 值从数据透视表引用到新的列中。

F4 =A4

	A	B	C	D	E	F	G	H	I
3	行标签	最大值项:订单日期	计数项:订单ID	求和项:订单金额		客户ID	R	F	M
4	安媛元—273799	2021/12/23	5	869.5		安媛元—273799		5	869.5
5	敖亦寒—118717	2021/6/21	2	269.8		敖亦寒—118717		2	269.8
6	柏丽—417302	2021/12/16	2	239.8		柏丽—417302		2	239.8
7	卞兴—336293	2021/9/12	3	219.7		卞兴—336293		3	219.7

❷ 根据公式“R= 最近一次消费时间 - 统计截止时间”，在单元格 G4 中输入公式“=DATEDIF(B4,"2021/12/31","D")”，按【Enter】键完成输入，然后将单元格 G4 中的公式填充到下面的单元格区域中，得到所有客户的 R 值。

G4 =DATEDIF(B4,"2021/12/31","D")

	A	B	C	D	E	F	G	H	I
3	行标签	最大值项:订单日期	计数项:订单ID	求和项:订单金额		客户ID	R	F	M
4	安媛元—273799	2021/12/23	5	869.5		安媛元—2737	8	5	869.5
5	敖亦寒—118717	2021/6/21	2	269.8		敖亦寒—118717	193	2	269.8
6	柏丽—417302	2021/12/16	2	239.8		柏丽—417302	15	2	239.8
7	卞兴—336293	2021/9/12	3	219.7		卞兴—336293	110	3	219.7
8	卜莺—140448	2021/12/5	1	69.9		卜莺—140448	26	1	69.9
9	曹帮菊—181554	2021/12/9	3	259.7		曹帮菊—181554	22	3	259.7
10	曹丹—431017	2021/2/4	1	9.9		曹丹—431017	330	1	9.9

计算出 R、F、M 值之后，接下来分别计算 R、F、M 值的平均数或中位数，以便后面在分类的时候作为分割点。数据集中如果没有差异特别大的数，则一般可以使用平均数，但是如果数据集中有特别大或特别小的数，平均值就不准确了，所以此处使用中位数。

计算中位数可以使用系统提供的中位数函数 MEDIAN。

MEDIAN 函数能够返回给定数值的中值，中值是在一组数值中居于中间的数值，如果参数集中包含偶数个数字，则 MEDIAN 函数将返回位于中间的两个数的平均值。其语法格式如下。

```
MEDIAN(number1,number2,…)
```

number1、number2 等参数是要计算中值的 1 ~ 255 个数字。

在单元格 G2 中输入公式“=MEDIAN(G4:G449)”，计算出 R 值的中位数，然后将公式向右复制，计算 F、M 值的中位数。

G2 =MEDIAN(G4:G449)

	A	B	C	D	E	F	G	H	I
2						中位数	74	3	279.7
3	行标签	最大值项:订单日期	计数项:订单ID	求和项:订单金额		客户ID	R	F	M
4	安媛元—273799	2021/12/23	5	869.5		安媛元—273799	8	5	869.5
5	敖亦寒—118717	2021/6/21	2	269.8		敖亦寒—118717	193	2	269.8
6	柏丽—417302	2021/12/16	2	239.8		柏丽—417302	15	2	239.8
7	卞兴—336293	2021/9/12	3	219.7		卞兴—336293	110	3	219.7
8	卜莺—140448	2021/12/5	1	69.9		卜莺—140448	26	1	69.9

把各个客户的R、F、M值使用IF函数分别分为R(远或近)、F(高或低)、M(高或低)，如下图所示。

J4 =IF(G4<G$2,"近","远")

	G	H	I	J
3	R	F	M	R（黏性）
4	8	5	869.5	近
5	193	2	269.8	远
6	15	2	239.8	近
7	110	3	219.7	远
8	26	1	69.9	近

K4 =IF(H4<H$2,"低","高")

	G	H	I	J	K
3	R	F	M	R（黏性）	F（忠诚度）
4	8	5	869.5	近	高
5	193	2	269.8	远	低
6	15	2	239.8	近	低
7	110	3	219.7	远	高
8	26	1	69.9	近	低

=IF(I4<I$2,"低","高")

H	I	J	K	L
F	M	R（黏性）	F（忠诚度）	M（收入）
5	869.5	近	高	高
2	269.8	远	低	低
2	239.8	近	低	低
3	219.7	远	高	低
1	69.9	近	低	低

为了方便对应RFM综合指数与客户类型，需要添加一个辅助列（用“&”符号连接“R（黏性）”“F（忠诚度）”“M（收入）”3列的值）。

	A	B
1	RFM综合指数	客户类型
2	近高高	高价值客户
3	远高高	重要保持客户
4	近低高	重要发展客户
5	远低高	重要挽留客户
6	近高低	一般价值客户
7	远高低	一般保持客户
8	近低低	一般发展客户
9	远低低	低价值客户

M4 =J4&K4&L4

	J	K	L	M
3	R（黏性）	F（忠诚度）	M（收入）	RFM综合指数
4	近	高	高	近高高
5	远	低	低	远低低
6	近	低	低	近低低
7	远	高	低	远高低
8	近	低	低	近低低

根据RFM综合指数，使用VLOOKUP函数从“RFM客户价值参照表”查找对应的客户类型，如下图所示。

N4 =VLOOKUP(M4,RFM客户价值参照表!A:B,2,0)

	J	K	L	M	N	O
3	R（黏性）	F（忠诚度）	M（收入）	RFM综合指数	客户类型	
4	近	高	高	近高高	高价值客户	
5	远	低	低	远低低	低价值客户	
6	近	低	低	近低低	一般发展客户	
7	远	高	低	远高低	一般保持客户	
8	近	低	低	近低低	一般发展客户	
9	近	高	低	近高低	一般价值客户	

选中N列，即“客户类型”列，创建数据透视表。将【客户类型】分别拖曳到【行】列表框和【值】列表框中，如下图所示。

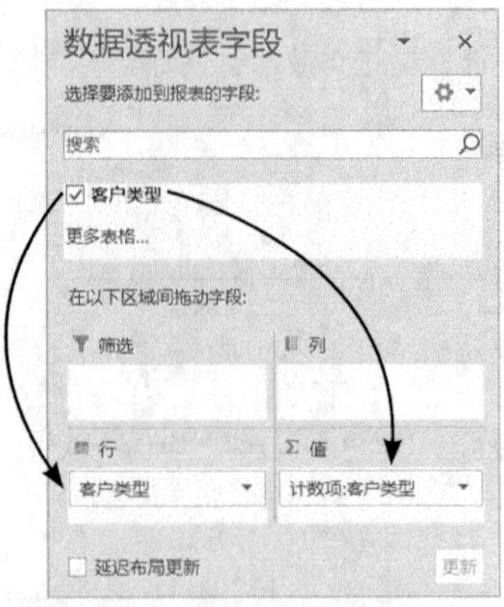

行标签	计数项:客户类型
低价值客户	97
高价值客户	118
一般保持客户	27
一般发展客户	52
一般价值客户	43
重要保持客户	72
重要发展客户	9
重要挽留客户	28

数据透视表中的客户类型默认是按照首字母降序排列的，不符合客户价值的先后顺序，我们可以通过拖曳的方式调整客户类型的顺序。将鼠标指针移动到需要移动的单元格的右侧，当鼠标指针变成可移动状态时，按住鼠标左键将其移动到合适的位置，然后释放鼠标左键，如下图所示。

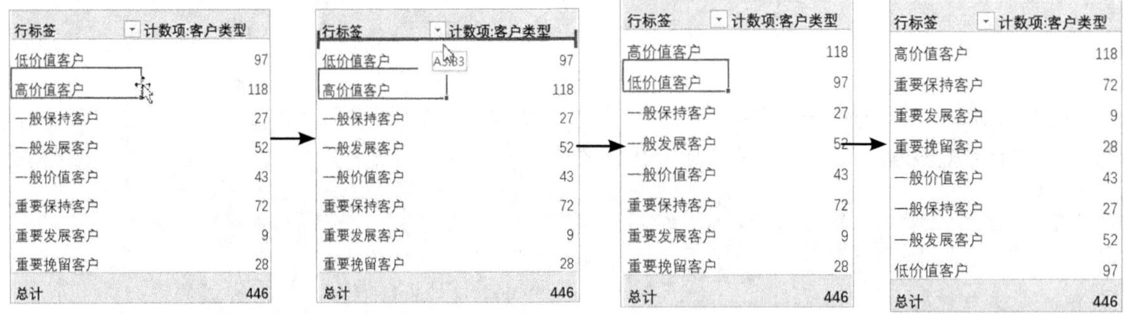

行标签	计数项:客户类型
低价值客户	97
高价值客户	118
一般保持客户	27
一般发展客户	52
一般价值客户	43
重要保持客户	72
重要发展客户	9
重要挽留客户	28
总计	446

行标签	计数项:客户类型
低价值客户	97
高价值客户	118
一般保持客户	27
一般发展客户	52
一般价值客户	43
重要保持客户	72
重要发展客户	9
重要挽留客户	28
总计	446

行标签	计数项:客户类型
高价值客户	118
低价值客户	97
一般保持客户	27
一般发展客户	52
一般价值客户	43
重要保持客户	72
重要发展客户	9
重要挽留客户	28
总计	446

行标签	计数项:客户类型
高价值客户	118
重要保持客户	72
重要发展客户	9
重要挽留客户	28
一般价值客户	43
一般保持客户	27
一般发展客户	52
低价值客户	97
总计	446

根据数据透视表创建饼图，并对其进行美化设置，效果如下图所示。

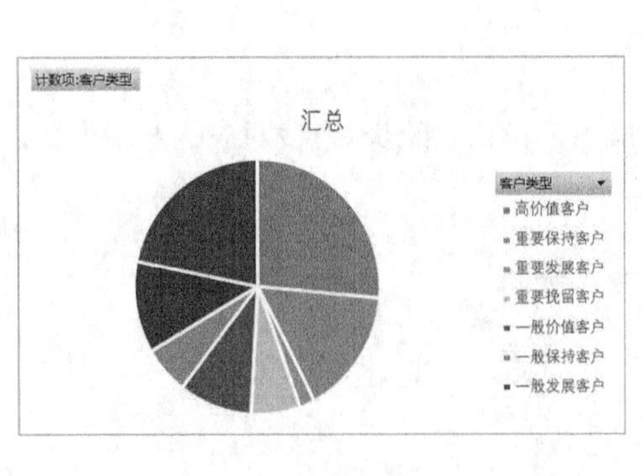

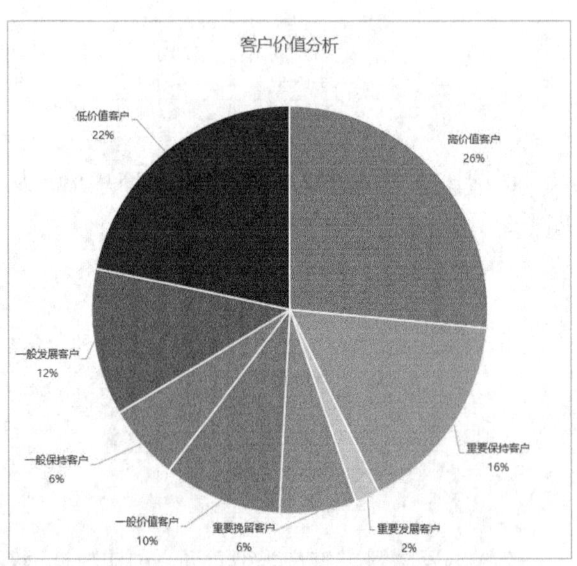

通过上图可以看出，高价值客户占客户总数的 26%，低价值客户占客户总数的 22%，其他价值的客户占客户总数的 52%，基本可以达到在线教育行业的中等水平。

第9章 短视频运营数据分析

运营短视频不仅要录视频，配音乐，发布视频，还需要学会做数据分析，用数据分析结果来指导运营，提高视频的曝光度和播放量，进而提高其变现能力。

要 点 导 航

- 自身视频的数据分析
- 热门视频数据分析
- 同行视频数据分析

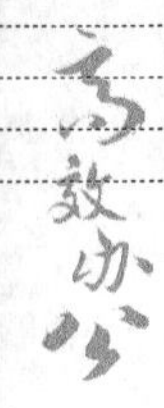

短视频运营的分析从视频角度来说，主要包括 3 个维度：自身视频、同行视频和热门视频。

9.1 自身视频的数据分析

自身视频的数据分析主要可以从发布日期、播放量、点赞增量、评论增量、转发增量和“粉丝”增量等维度进行。这些维度的数据都可以在数据平台上获得，而且一般都有对应的分析图表。但是，数据平台并不能很好地展现这些数据的相关性。我们可以通过对数据平台获得的已知数据进行加工，然后分析其相关性。

例如，一般情况下，中等水平的视频每 100 播放量会产生 5 个赞，但是有的视频的获赞数会多一点，可能每 100 个播放量就有 10 个赞甚至更多。同时，有的视频达不到这一获赞数，可能每 100 播放量只有 3 个赞甚至更少。

下面以分析某短视频账号在 2021 年 5 月发布的视频的播放量和点赞量为例，对自身视频的播放量和点赞量进行分析。

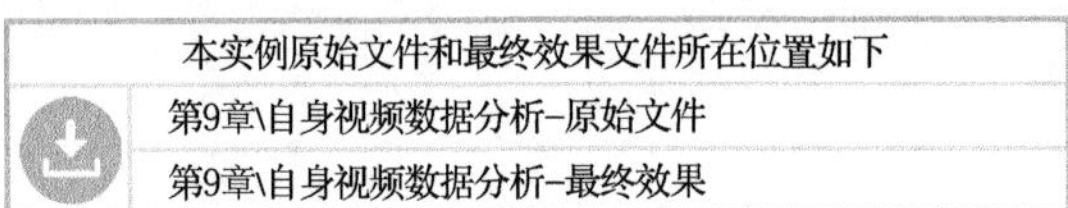

本实例原始文件和最终效果文件所在位置如下
第9章\自身视频数据分析–原始文件
第9章\自身视频数据分析–最终效果

扫码看视频

❶ 打开本实例的原始文件“自身视频数据分析 – 原始文件”，在 D2 单元格中输入公式“=C2*100/B2”，按【Enter】键完成输入，将单元格 D2 中的公式填充到下面的单元格区域，计算出每 100 播放量的点赞数。

D2 =C2*100/B2

	A	B	C	D
1	发布日期	播放量	点赞量	每100播放量的点赞数
2	2021/5/1	8291	401	4.84
3	2021/5/3	8828	332	3.76
4	2021/5/5	8833	373	4.22
5	2021/5/7	6425	219	3.41
6	2021/5/9	8430	449	5.33
7	2021/5/11	8717	320	3.67
8	2021/5/13	7661	300	3.92
9	2021/5/15	7103	379	5.34
10	2021/5/17	6281	238	3.79
11	2021/5/19	6859	348	5.07
12	2021/5/21	8727	296	3.39
13	2021/5/23	6497	287	4.42
14	2021/5/25	7862	276	3.51
15	2021/5/27	7085	267	3.77
16	2021/5/29	6551	350	5.34
17	2021/5/31	7391	269	3.64

❷ 根据“每 100 播放量的点赞数”数据区域，在现有工作表中创建一个数据透视表框架。

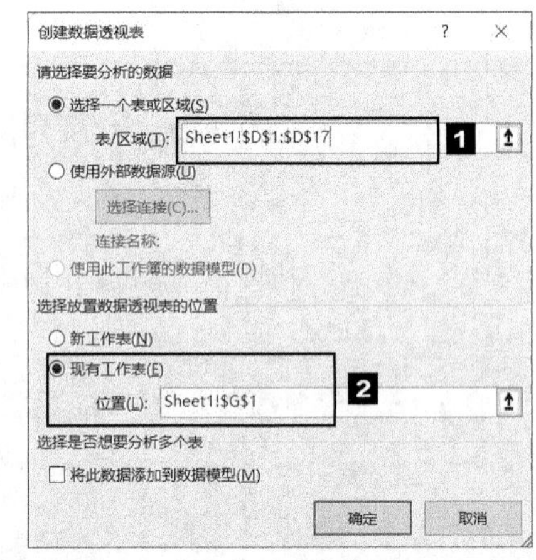

❸ 将【每 100 播放量的点赞数】分别拖曳到【行】和【值】列表框中。

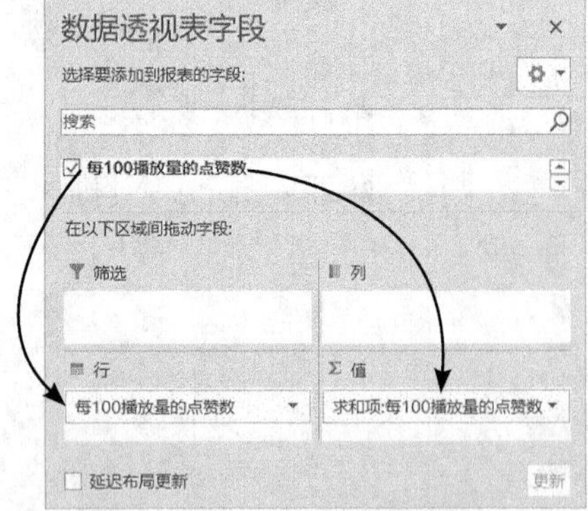

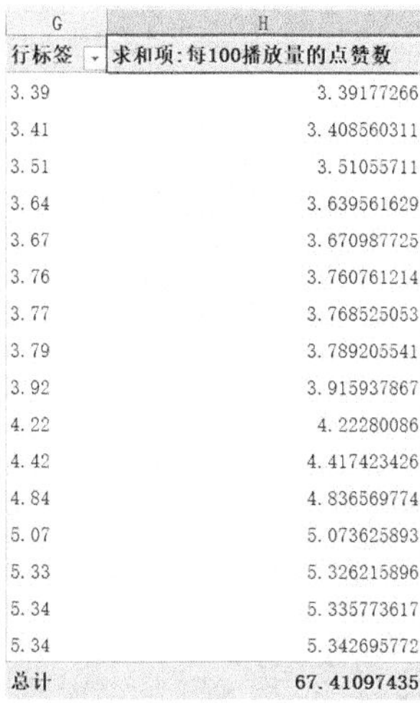

行标签	求和项:每100播放量的点赞数
3.39	3.39177266
3.41	3.408560311
3.51	3.51055711
3.64	3.639561629
3.67	3.670987725
3.76	3.760761214
3.77	3.768525053
3.79	3.789205541
3.92	3.915937867
4.22	4.22280086
4.42	4.417423426
4.84	4.836569774
5.07	5.073625893
5.33	5.326215896
5.34	5.335773617
5.34	5.342695772
总计	67.41097435

❹ 默认的汇总方式为【求和】，而此处需要的汇总方式是【计数】。在值的列标题上单击鼠标右键，在弹出的快捷菜单中选择【值汇总依据】下的【计数】选项。

行标签	计数项:每100播放量的点赞数
3.39	1
3.41	1
3.51	1
3.64	1
3.67	1
3.76	1
3.77	1
3.79	1
3.92	1
4.22	1
4.42	1
4.84	1
5.07	1
5.33	1
5.34	1
5.34	1
总计	16

❺ 分组。在“行标签”列的任意单元格上单击鼠标右键，在弹出的快捷菜单中选择【组合】选项，打开【组合】对话框，将【起始于】设置为【3】，【终止于】设置为【6】，【步长】设置为【1】。

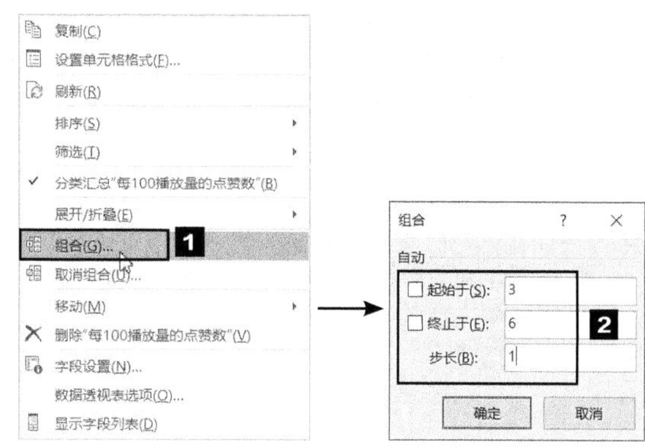

❻ 设置完毕，单击【确定】按钮，即可将“计数项：每100 播放量的点赞数”分组。

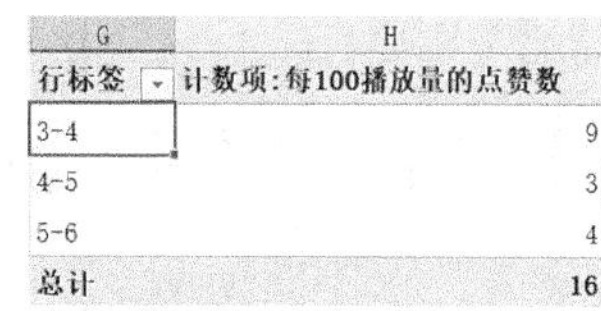

行标签	计数项:每100播放量的点赞数
3-4	9
4-5	3
5-6	4
总计	16

❼ 根据数据透视表创建一个饼图。

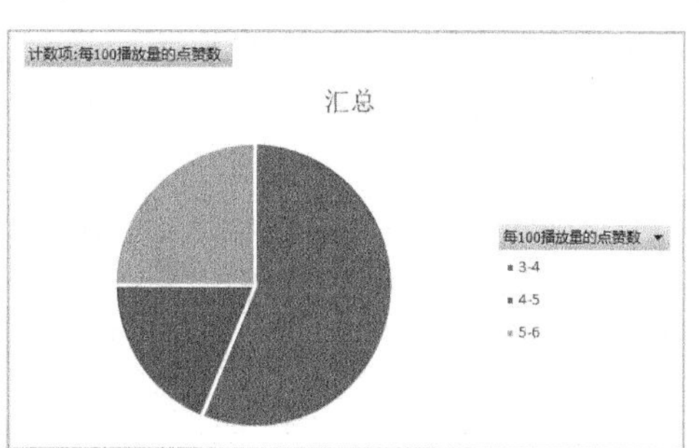

❽ 为饼图添加数据标签，使数据标签显示百分比和类别名称。

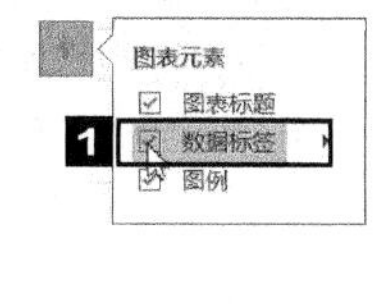

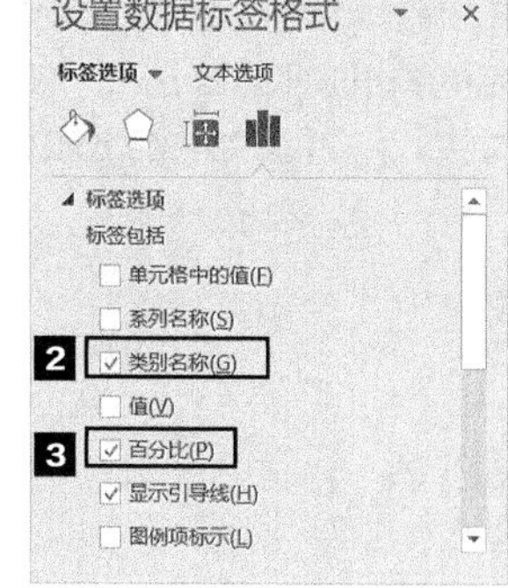

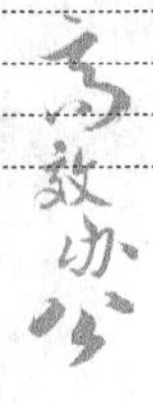

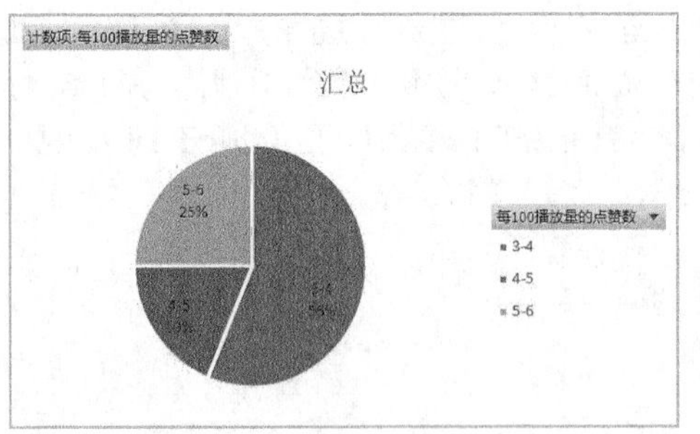

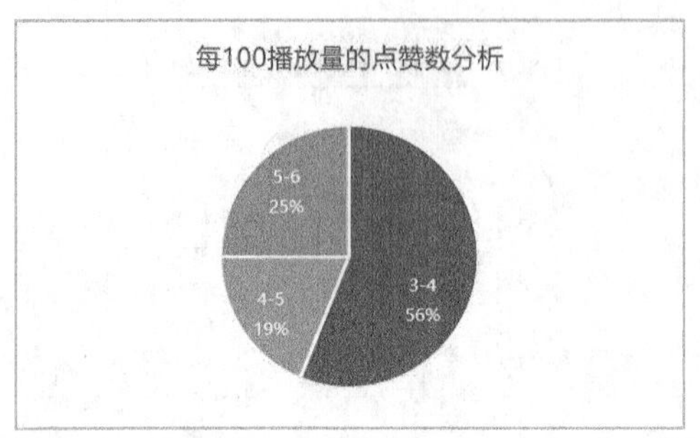

❾ 隐藏图表中的所有字段按钮，删除图例，修改图表标题，并设置图表中文字的字体格式，完成饼图设置。

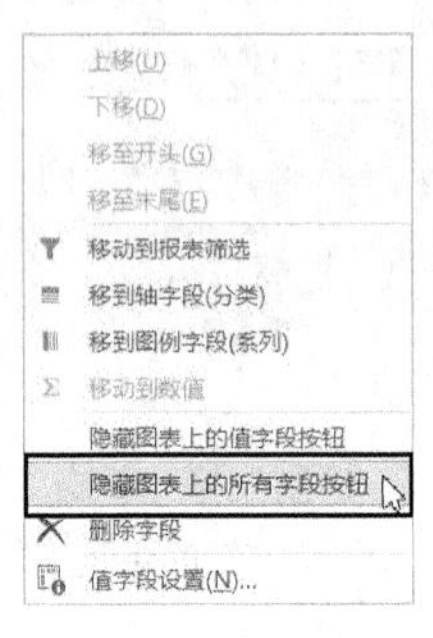

通过上图可以看出，每 100 播放量的点赞数大多是 3~4 个，5 个及以上的只占 25%，也就是说该短视频账号的视频水平是偏低的，特别喜欢的人不多，可以判定这个视频内容需要进行优化，以增加点赞量。

9.2　同行视频数据分析

不管哪一个行业，闭门造车都是不可取的。关注同行的数据，从同行视频的发布日期、点赞总量、评论总量及转发总量等数据进行分析并总结经验，然后在自身视频的选题、脚本、拍摄手法、后期制作等方面扬长避短，从而做出更好的视频。

在对同行视频数据进行分析的时候，需要重点关注和分析的是粉丝数量和每日粉丝增量。

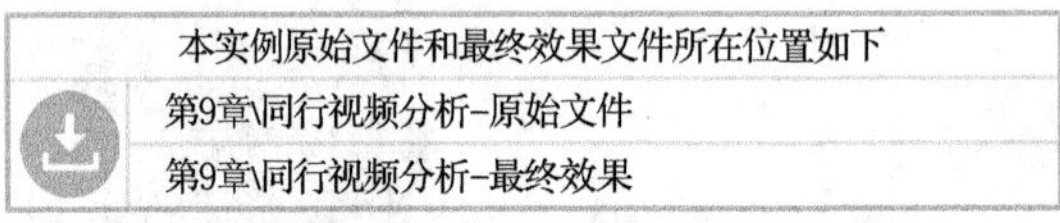
本实例原始文件和最终效果文件所在位置如下
第9章\同行视频分析–原始文件
第9章\同行视频分析–最终效果

扫码看视频

1. 合并多个同行视频数据工作表

❶ 从短视频数据后台导出几个同行视频的数据，启动 Excel，切换到【数据】选项卡，在【获取和转换数据】组中单击【获取数据】按钮，在弹出的下拉列表中选择【自文件】下的【从文件夹】选项。

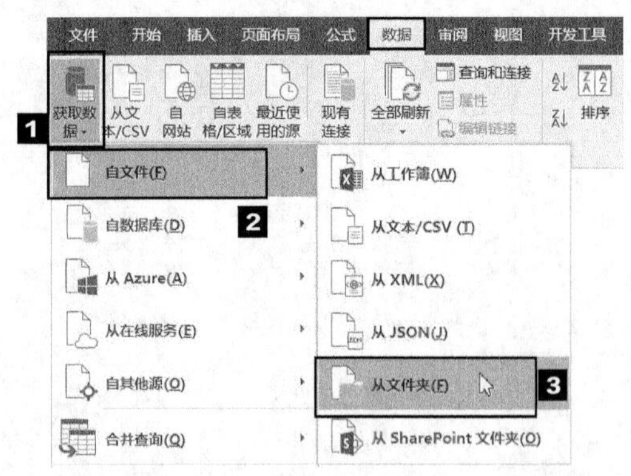

❷ 弹出【文件夹】对话框，单击【浏览】按钮。

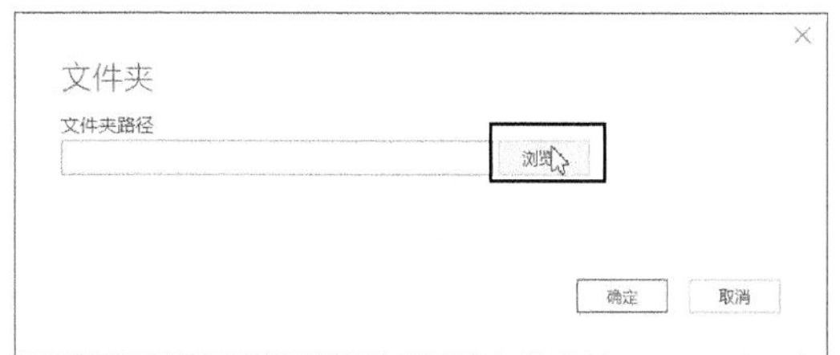

❸ 打开【浏览文件夹】对话框，选择存放了同行视频数据的文件夹。

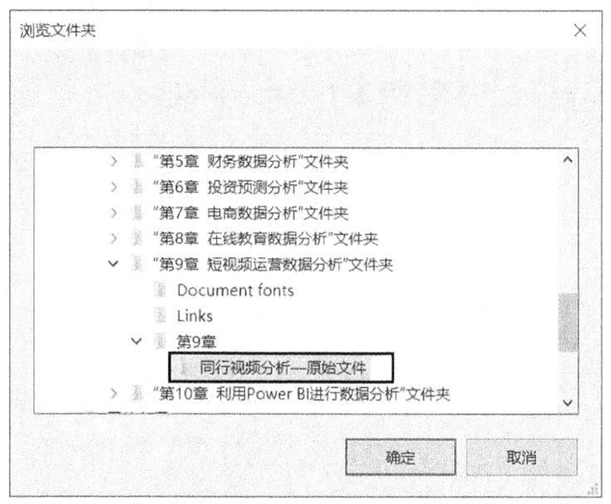

❹ 单击【确定】按钮，返回【文件夹】对话框。

❺ 单击【确定】按钮，打开一个新的对话框，单击【组合】按钮，在下拉列表中选择【合并和加载】选项。

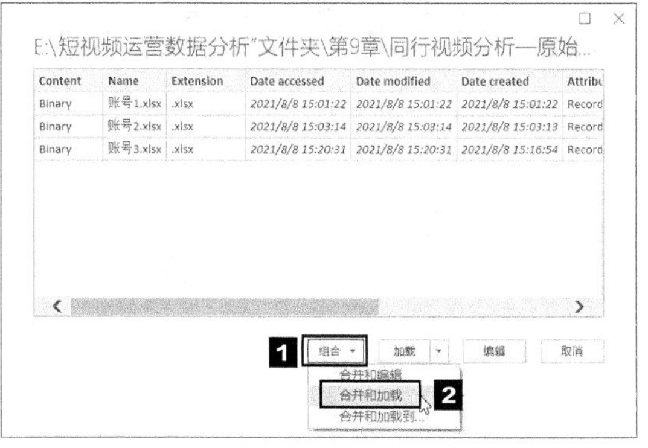

❻ 打开【合并文件】对话框，选中【Sheet1】选项。

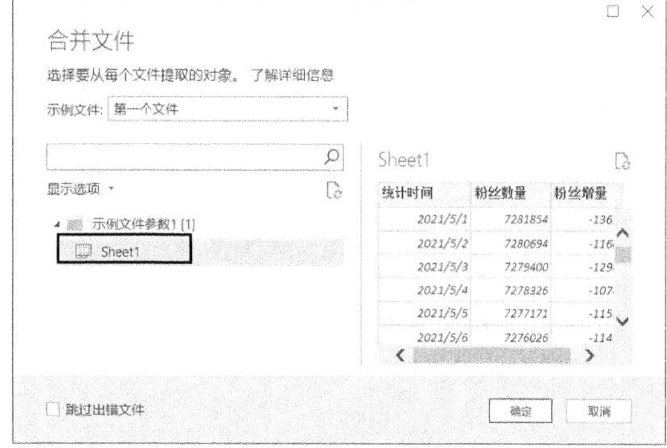

❼ 单击【确定】按钮，将选中文件夹中的工作表合并。

	A	B	C	D
1	Source.Name	统计时间	粉丝数量	粉丝增量
2	账号1.xlsx	2021/5/1	7281854	-1361
3	账号1.xlsx	2021/5/2	7280694	-1160
4	账号1.xlsx	2021/5/3	7279400	-1294
5	账号1.xlsx	2021/5/4	7278326	-1074
6	账号1.xlsx	2021/5/5	7277171	-1155
7	账号1.xlsx	2021/5/6	7276026	-1145
8	账号1.xlsx	2021/5/7	7274865	-1161
9	账号1.xlsx	2021/5/8	7273761	-1104
10	账号1.xlsx	2021/5/9	7272744	-1017
11	账号1.xlsx	2021/5/10	7271500	-1244
12	账号1.xlsx	2021/5/11	7270287	-1213

❽ 按【Ctrl】+【H】组合键，打开【查找和替换】对话框，在【查找内容】文本框中输入".xlsx"，然后单击【全部替换】按钮。

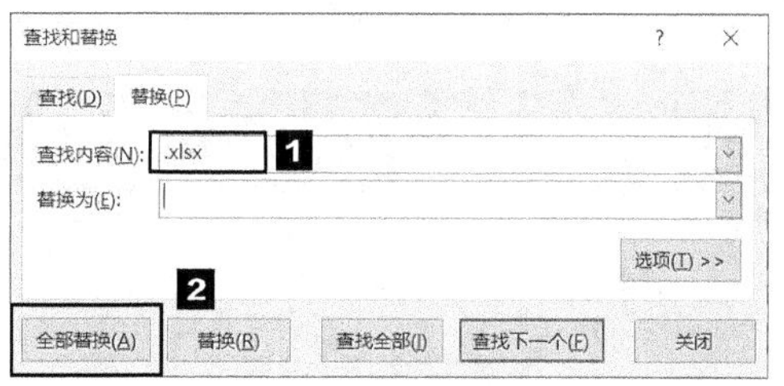

❾ 将工作表中的".xlsx"全部替换，将单元格 A1 中的内容修改为"账号名称"。

	A	B	C	D
1	账号名称	统计时间	粉丝数量	粉丝增量
2	账号1	2021/5/1	7281854	-1361
3	账号1	2021/5/2	7280694	-1160
4	账号1	2021/5/3	7279400	-1294
5	账号1	2021/5/4	7278326	-1074
6	账号1	2021/5/5	7277171	-1155
7	账号1	2021/5/6	7276026	-1145
8	账号1	2021/5/7	7274865	-1161
9	账号1	2021/5/8	7273761	-1104
10	账号1	2021/5/9	7272744	-1017
11	账号1	2021/5/10	7271500	-1244
12	账号1	2021/5/11	7270287	-1213

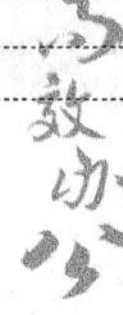

2. 分析不同账号的粉丝数量

❶ 根据合并后的数据创建数据透视表，将【统计时间】拖曳到【行】列表框中，将【粉丝数量】拖曳到【值】列表框中。

	A	B
3	行标签	求和项:粉丝数量
4	2021/5/1	19160115
5	2021/5/2	19156521
6	2021/5/3	19152644
7	2021/5/4	19149354
8	2021/5/5	19145197
9	2021/5/6	19141234
10	2021/5/7	19137317
11	2021/5/8	19133450
12	2021/5/9	19129858

❷ 切换到【数据透视表工具】栏的【分析】选项卡，在【筛选】组中单击【插入切片器】按钮。

❸ 打开【插入切片器】对话框，勾选【账号名称】复选框，单击【确定】按钮，即可创建一个“账号名称”切片器。

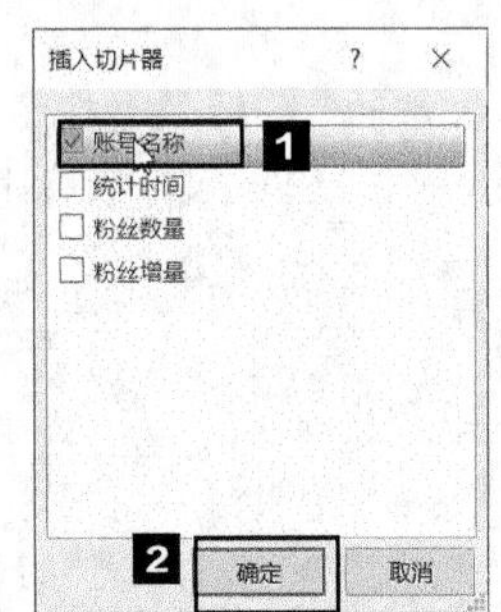

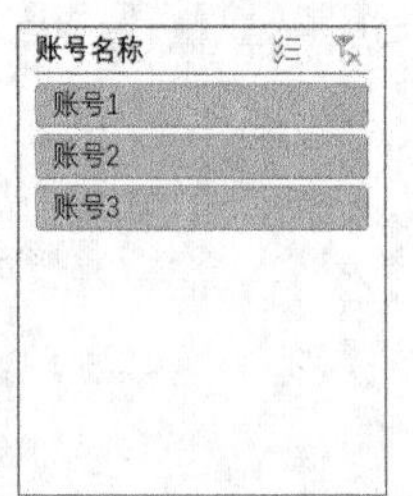

❹ 根据数据透视表创建一个折线图。

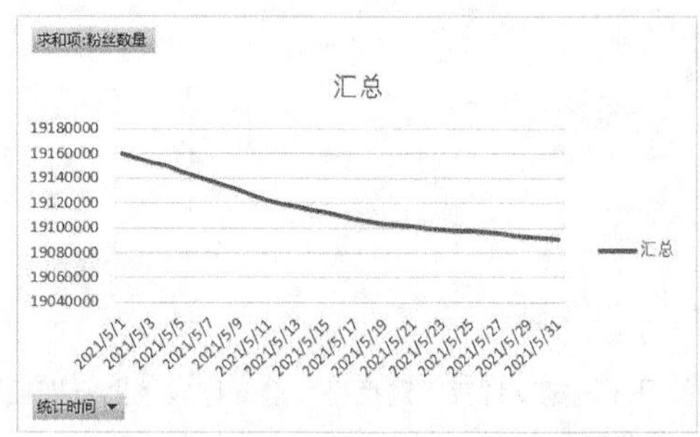

❺ 将横坐标轴的【文字方向】设置为【竖排】，然后隐藏图表中的所有字段按钮，删除图例，设置线条颜色，修改图表标题，并设置图表中文字的字体格式。

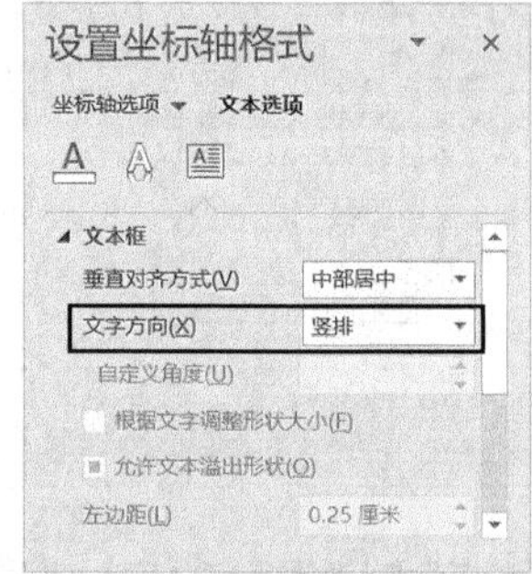

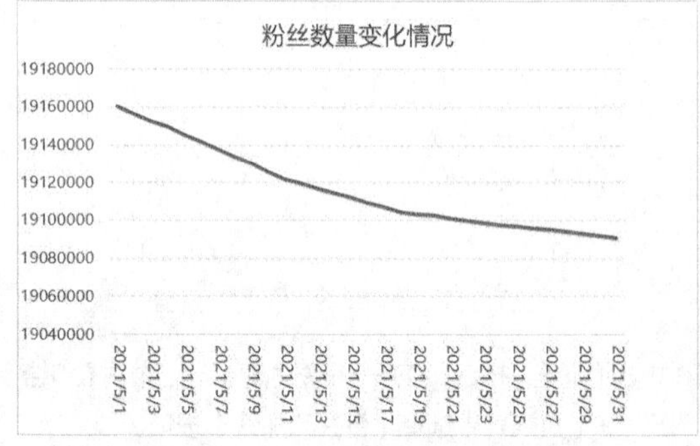

❻ 在切片器中选择不同的账号，即可看到不同账号的粉丝数量变化趋势。

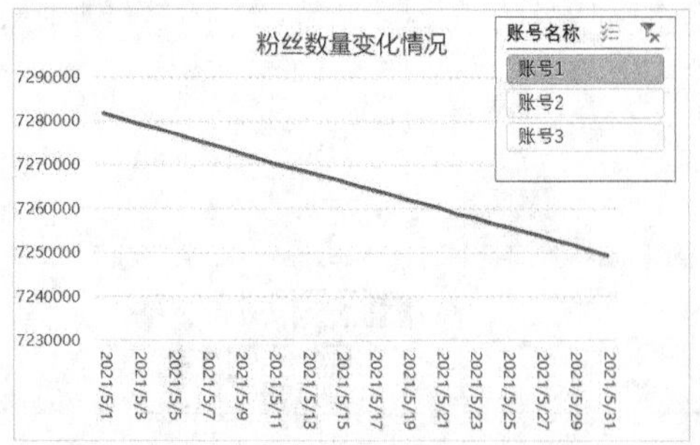

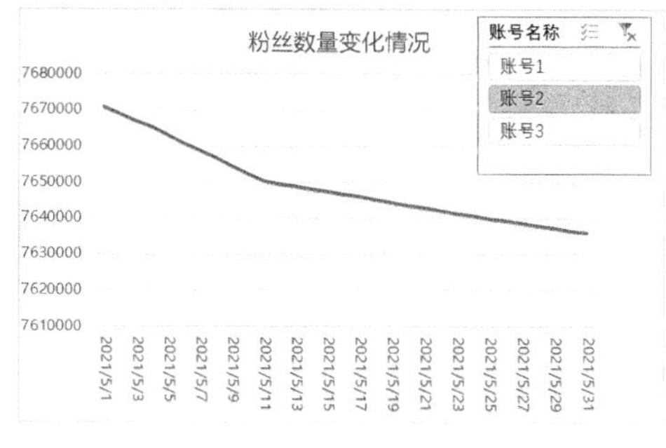

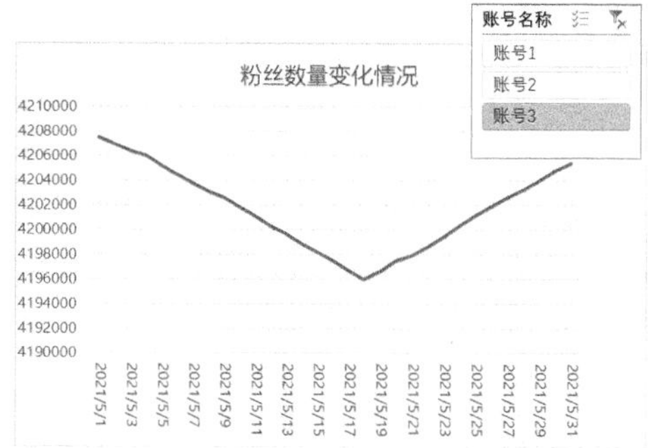

通过上图可以看出账号 1 的粉丝人数是随统计时间直线下降的；账号 2 的粉丝人数虽然也一直在下降，但是后期的下降幅度减小；账号 3 的粉丝人数则是先下降后上涨的。

3. 分析不同账号的粉丝增量

❶ 根据合并后的数据创建数据透视表，将【统计时间】拖曳到【行】列表框中，将【账号名称】”拖曳到【列】列表框中，将【粉丝增量】拖曳到【值】列表框中。

	A	B	C	D	E
3	求和项:粉丝增量	列标签			
4	行标签	账号1	账号2	账号3	总计
5	2021/5/1	-1361	-1792	-496	-3649
6	2021/5/2	-1160	-1903	-531	-3594
7	2021/5/3	-1294	-1985	-598	-3877
8	2021/5/4	-1074	-1807	-409	-3290
9	2021/5/5	-1155	-2196	-806	-4157
10	2021/5/6	-1145	-2153	-665	-3963
11	2021/5/7	-1161	-1988	-768	-3917

❷ 根据数据透视表创建一个折线图。

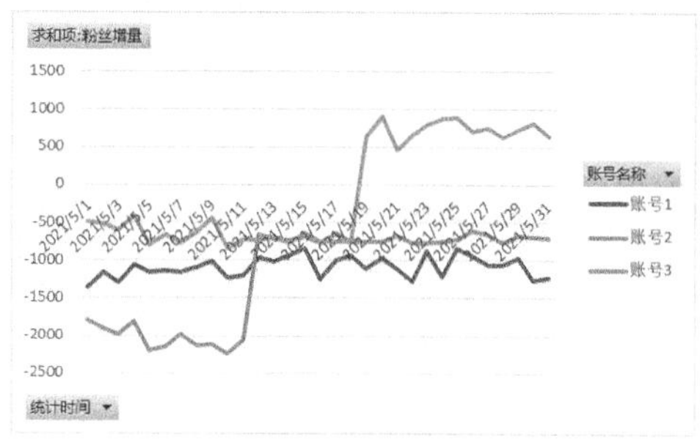

❸ 将图表的横坐标轴的【标签位置】设置为【低】，【文字方向】设置为【竖排】。

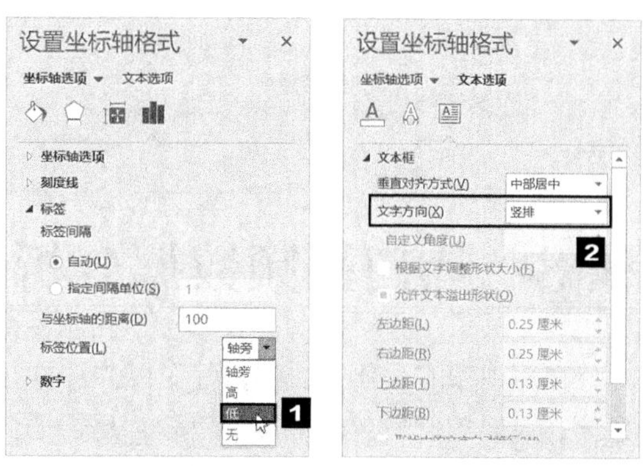

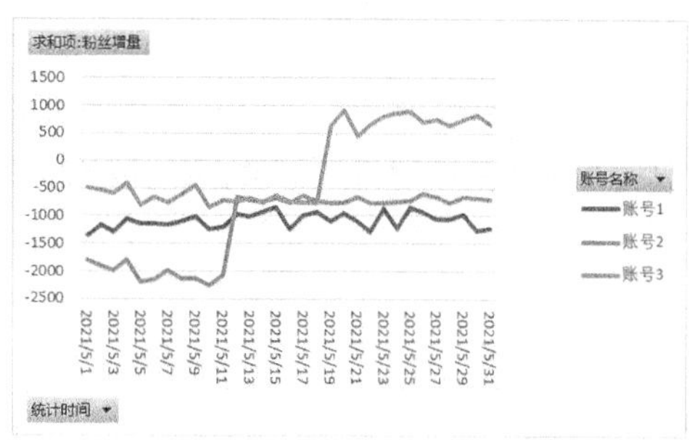

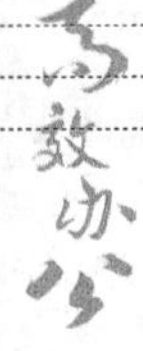

❹ 将网格线设置为虚线，将横坐标轴设置为黑色实线。

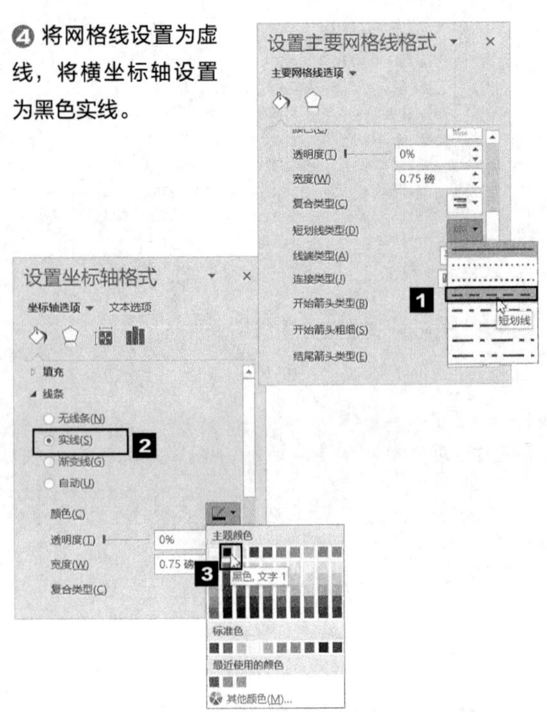

❺ 隐藏图表中的所有字段按钮，删除图例，设置线条颜色，修改图表标题，设置图表中文字的字体格式，并为每条折线的最后一个数据点添加数据标签（系列名称）。

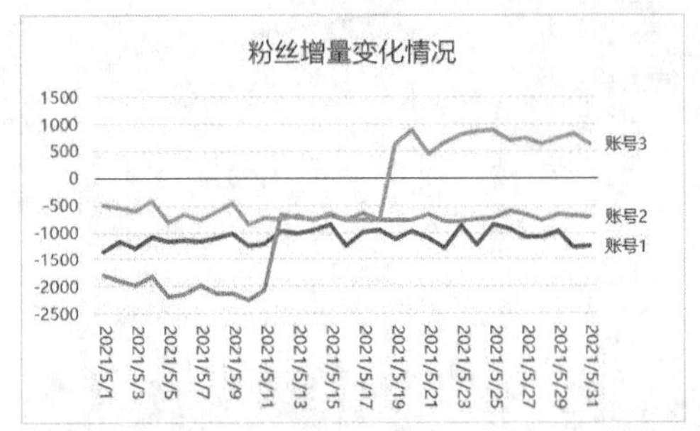

通过上图可以看出，账号 1 的粉丝增量几乎没什么大的变化，账号 2 和账号 3 的粉丝增量在后期的增长幅度都变大了。

通过对粉丝数量和粉丝增量进行分析，可以看出账号 2 和账号 3 的粉丝数量和粉丝增量都是有较大变化的，这是因为账号 1、2、3 原来都发布的是纯知识干货视频，账号 1 的视频内容在 5 月没有任何变化；账号 2 和账号 3 则在 5 月将视频内容进行了改动，让真人出镜，而且账号 3 的效果更好一些。

9.3 热门视频数据分析

在短视频的运营过程中，除了要关注同行的数据之外，也需要关注热门视频的数据。例如最新、最热的背景音乐是哪几首歌，是否适合配套在即将发布的视频中；又有哪些话题上了热搜榜，是否可以在该话题下发布同类视频等。这些问题都需要我们时间找数据进行分析，然后做出相应决策。

热门视频数据的分析一般也是从播放量、点赞量、评论量、转发量和粉丝量等维度进行的，与自身视频数据和同行视频数据的分析方法基本是一致的，这里不再做详细介绍。

第10章

利用Power BI进行数据分析

在Excel中，我们虽然可以借助函数、数据透视表快速地处理并汇总数据，然后使用图表进行可视化分析。但是对于函数、数据透视表掌握得不好的人来说，这些操作还是有一定难度的。这类人可以使用微软公司开发的Power BI工具，用户只需要单击几个按钮就可以快速地处理、汇总、可视化数据。

要 点 导 航

- 了解Power BI
- 将Excel中的数据导入Power BI
- 分析店铺热销产品
- 分析店铺产品结构
- 分析门店客流量

10.1 了解 Power BI

在 Excel 中，虽然可以借助函数、辅助列、数据透视表（图）等工具进行数据处理与分析，但是操作过程都相对复杂，制作出的图表的整体美观度也不高。使用 Power BI 可以快速地对大量数据进行处理与分析，并且可以制作出更加美观的可视化图表。

Power BI 是用于分析数据和共享信息的一种工具，使用它不但可以轻松地编辑、处理数据，还能把复杂的数据转换成可视化图表，从而直观地分析报表及数据背后的关键信息。

1. Power BI Desktop 的工作界面

Power BI Desktop 是 Power BI 系列工具中最重要的组成部分之一。

Power BI Desktop 的工作界面很简单，顶部是主菜单和工具栏，左侧是视图导航栏，右侧是报表编辑器，包含【筛选器】【可视化】和【字段】3 个窗格，中间则是画布区域，如下图所示。

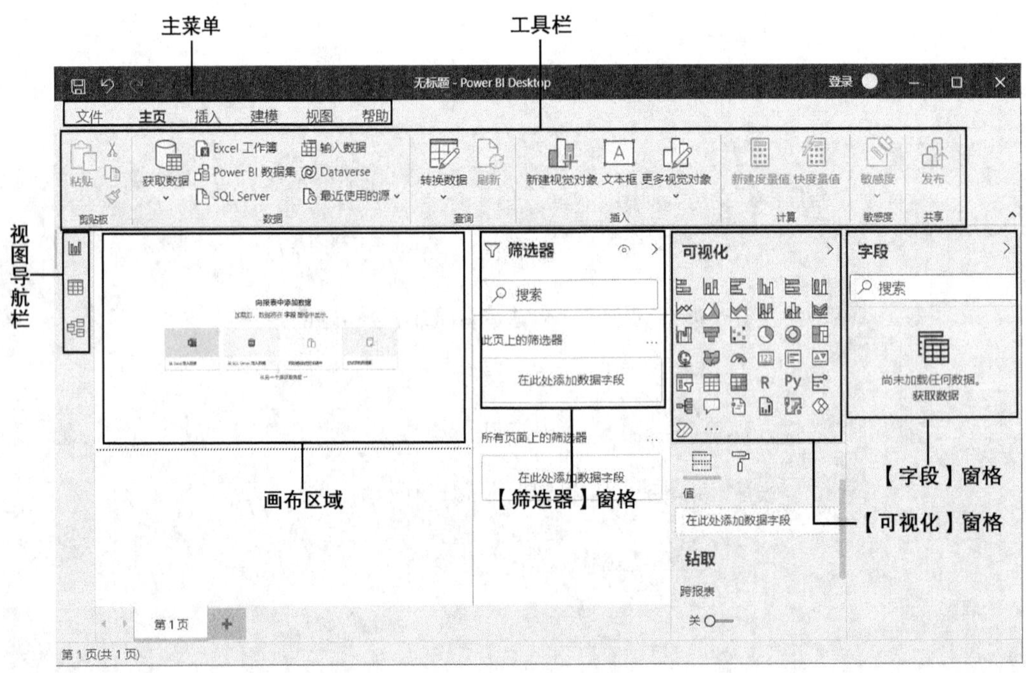

● **主菜单和工具栏**

Power BI Desktop 工作界面顶部的主菜单主要有【文件】【主页】【插入】【建模】【视图】【帮助】等，单击菜单名称可打开对应的选项卡界面，每个选项卡中包含若干个工具组。主菜单和工具栏的主要作用是完成与报表和可视化相关的常见任务。例如打开【主页】选项卡，在【数据】组中单击【获取数据】按钮，即可创建数据连接。

- **视图导航栏**

Power BI Desktop 工作界面左侧的视图导航栏中由上至下依次是报表视图、数据视图和模型视图对应的按钮，单击相应按钮，用户可以在 3 个不同的视图中进行切换。

报表视图。打开 Power BI Desktop 后，首次加载数据时，将显示具有空白画布的报表视图。添加数据后，可以在画布中的视觉对象内添加字段，并创建具有可视化内容的报表页。在该视图下，用户可以对可视化内容进行复制、粘贴、移动等操作。

数据视图。数据视图可以帮助用户检查、浏览和了解 Power BI Desktop 模型中的数据。数据视图中显示的数据就是其加载到模型中的结构样式。它与在查询编辑器中查看表、列和数据的方式不同。

模型视图。模型视图显示了模型中的所有表、列和关系。当模型中包含许多表且其关系十分复杂时，模型视图尤其有用。

- **报表编辑器**

报表编辑器包含【筛选器】【可视化】和【字段】3 个窗格。

【筛选器】窗格主要用于定义如何筛选数据，作用范围是整个报表、一个页面或单个可视化效果图表对象。

【可视化】窗格主要用于控制可视化效果，包括设置图表类型、格式等功能。

【字段】窗格主要用于管理即将可视化的基础数据。

报表编辑器中显示的内容会随用户在报表画布中选择的内容而变化。

2. Power BI 与 Excel 相比的优势

Excel 作为大部分办公人员经常用到的软件，它确实具有很多优势。如果熟练掌握各种快捷键和函数，确实会提高工作的效率。但是在面对大量数据时，Excel 停止工作的情况时有发生，而使用 Power BI 就不会出现这种问题了。

Power BI 与 Excel 一样，也为用户提供了强大的分析和可视化功能，在对大量数据进行处理、分析与数据呈现时，Power BI 则更具优势，其优势如下。

（1）容量大。在面对大量数据时，Excel 的处理能力有限，会出现卡顿、停止运行的情况。而 Power BI 能快速、便捷、流畅地处理大量数据。

（2）易操作。在 Power BI 中，用户无须使用复杂的公式或函数，只需进行简单的按钮操作就可以完成复杂数据的统计。

（3）智能化。在 Power BI 中制作的可视化图表默认可以联动，并自动分析各图表之间的层级关系。

10.2　将 Excel 中的数据导入 Power BI Desktop

要使用 Power BI Desktop 对 Excel 中的数据进行处理与分析，需要先将 Excel 中的数据导入 Power BI Desktop 具体操作步骤如下。

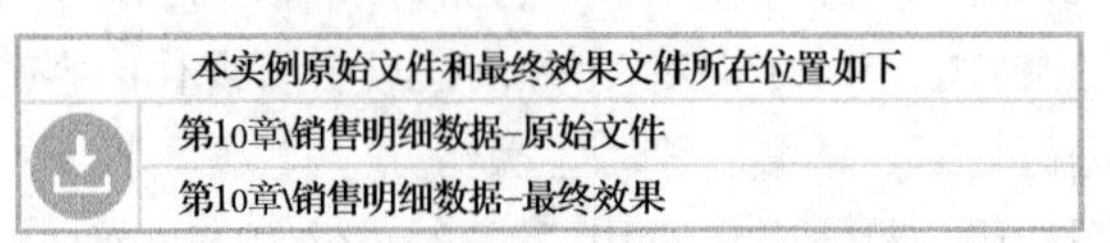
本实例原始文件和最终效果文件所在位置如下
第10章\销售明细数据–原始文件
第10章\销售明细数据–最终效果

❶ 启动 Power BI Desktop，切换到【主页】选项卡，在【数据】组中单击【Excel 工作簿】按钮。

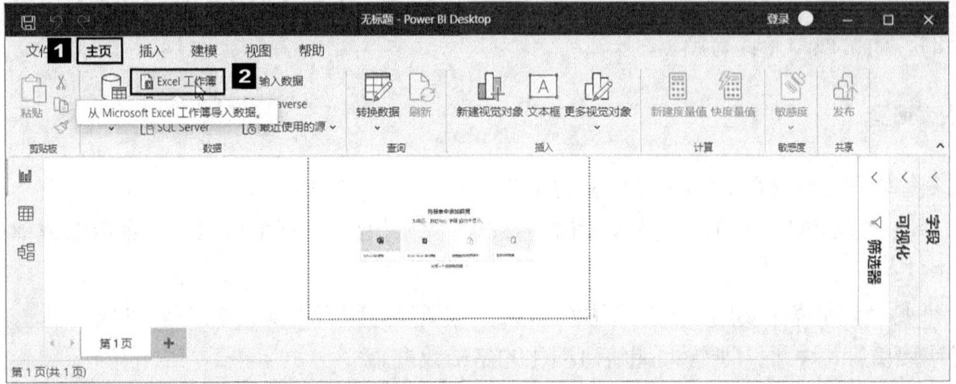

❷ 弹出【打开】对话框，从中找到要导入的 Excel 数据所在的文件夹，选中需要导入的数据文件“销售明细数据 – 原始文件”，单击【打开】按钮。

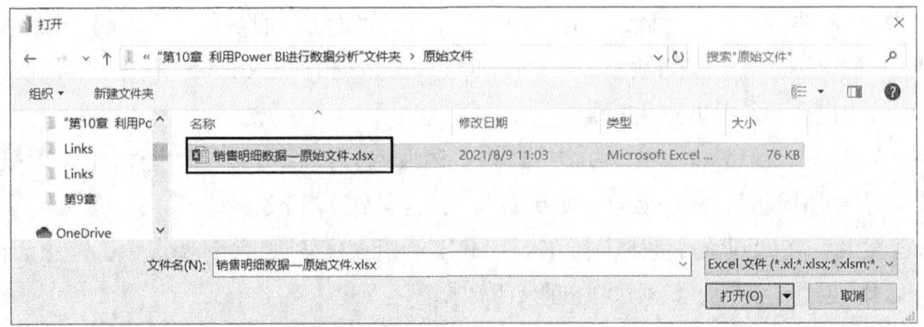

❸ 弹出【正在连接】提示框，提示用户系统正在建立与“销售明细数据 – 原始文件”的连接。

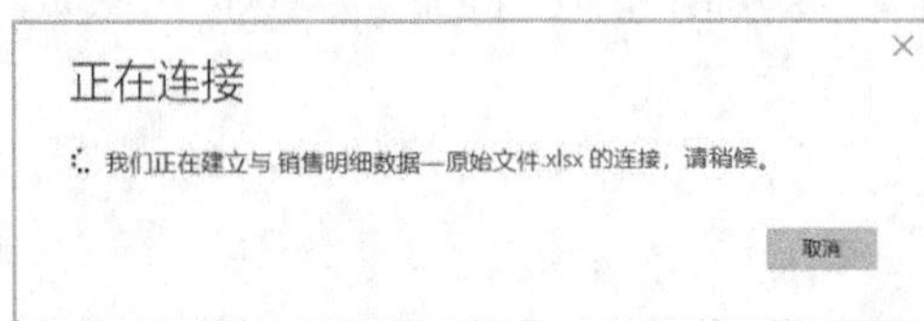

❹ 打开【导航器】窗格，勾选工作表“10 月销售明细”左侧的复选框，然后单击【加载】按钮。

❺ 弹出【加载】提示框，提示用户正在加载的内容。

❻ 加载完毕，在 Power BI Desktop 工作界面左侧的视图导航栏中单击【数据】按钮，将 Excel 工作表中的数据导入 Power BI Desktop。

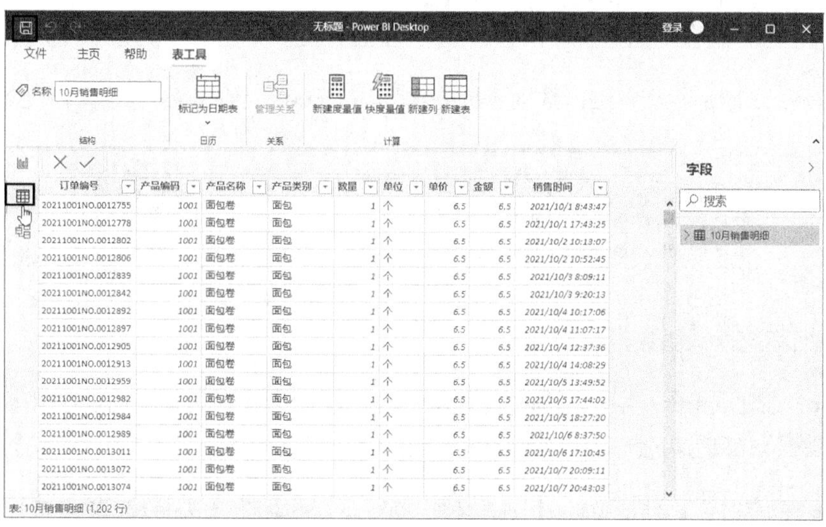

❼ 在 Power BI Desktop 工作界面中单击左上角的【保存】按钮，弹出【另存为】对话框，选择文件的保存位置，然后在【文件名】文本框中输入需要的文件名“销售情况分析 – 最终效果”。

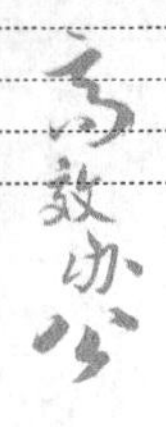

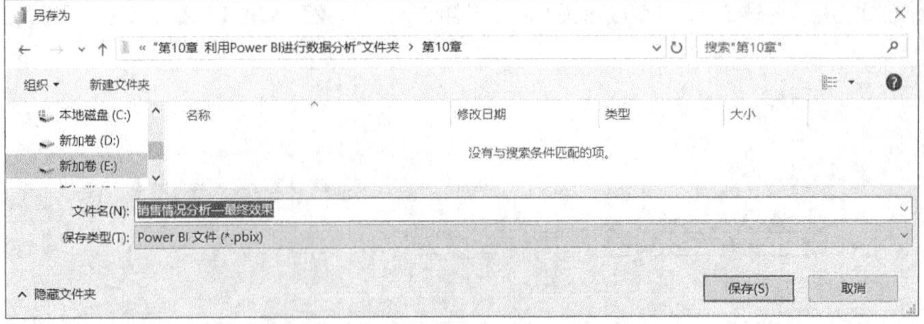

❽ 单击【保存】按钮，将 Power BI Desktop 文件的名称由默认的“无标题”更改为“销售情况分析 – 最终效果”。

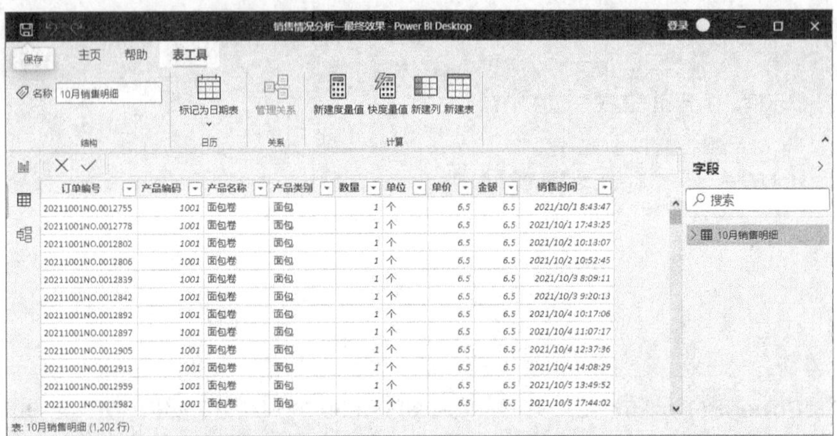

10.3　分析店铺热销产品

使用 Power BI Desktop 进行数据分析的步骤与 Excel 大体一致，具体操作步骤如下。

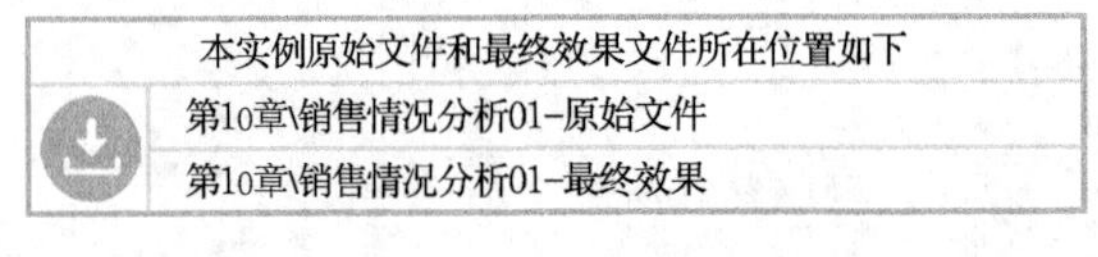

本实例原始文件和最终效果文件所在位置如下

第10章\销售情况分析01–原始文件

第10章\销售情况分析01–最终效果

1. 根据产品名称统计销售数量

在 Power BI Desktop 中，根据产品名称统计销售数量的方式与在 Excel 中统计销售数量的方式有点类似，都是通过字段来创建图表，具体操作步骤如下。

❶ 打开本实例的原始文件“销售情况分析 01– 原始文件 .pbix”，在界面左侧的视图导航栏中单击【报表】按钮，切换到报表视图，然后在【可视化】窗格中单击【表】按钮。

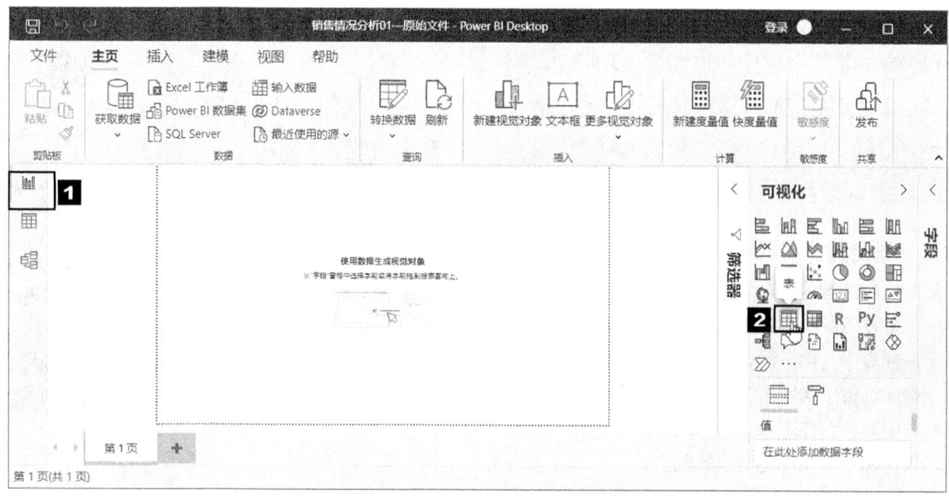

❷ 此时可在画布区域中创建一个空白表，在 Power BI Desktop 工作界面右侧的【字段】窗格中，勾选【产品名称】和【数量】复选框，将画布中的空白表变为将产品名称按照数量进行汇总的表格。

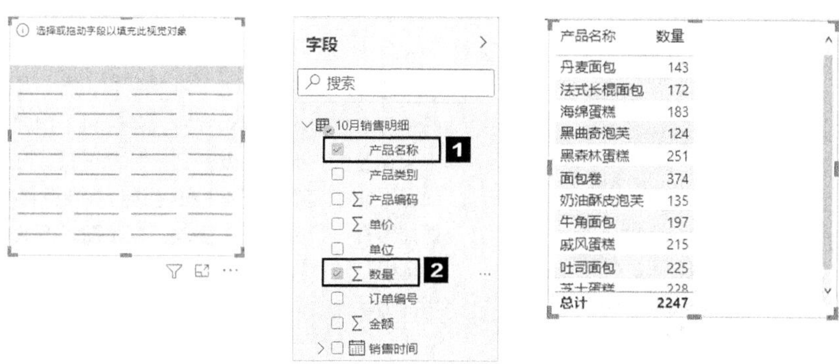

默认创建的表格框架比较小，表格中的内容显示不全，用户可以对创建的表格框架大小进行适当的调整。

❸ 调整表格框架的大小。用户可以直接将鼠标指针移动到表格的边框上，当鼠标指针变成双向箭头时，按住鼠标左键不放并拖曳，以调整表格框架的大小。

产品名称	数量
丹麦面包	143
法式长棍面包	172
海绵蛋糕	183
黑曲奇泡芙	124
黑森林蛋糕	251
面包卷	374
奶油酥皮泡芙	135
牛角面包	197
戚风蛋糕	215
吐司面包	225
芝士蛋糕	228
总计	2247

表格框架设置完成后，就可以设置表格了。Power BI Desktop 中表格的设置方式与 Excel 中表格的设置方式基本一致。Power BI Desktop 提供了多种表格样式，方便用户选择。

❹ 在【可视化】窗格的【样式】组中的【样式】下拉列表中选择【交替行】选项。

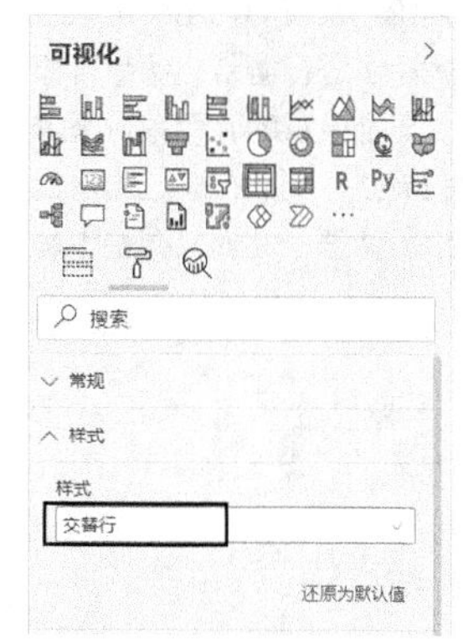

与 Excel 中的表格一样，如果用户对系统提供的表格样式不满意，也可以根据实际需求自行设置表格的样式。这里需要注意的是，在 Power BI Desktop 中自定义表格样式时，需要对列标题、值和总计行分别进行设置。

❺ 设置列标题格式。在【列标题】组中，用户可以调整【文本大小】微调框中的数值来调整列标题文字的大小，例如将【文本大小】微调框中的数值调整为【16 磅】；在【对齐方式】下拉列表中，用户可以选择文字相对于单元格的对齐方式，例如选择【居中】选项，即可将列标题文字相对于单元格居中对齐；在【背景色】颜色库中选择一种合适的颜色作为列标题单元格的背景颜色。

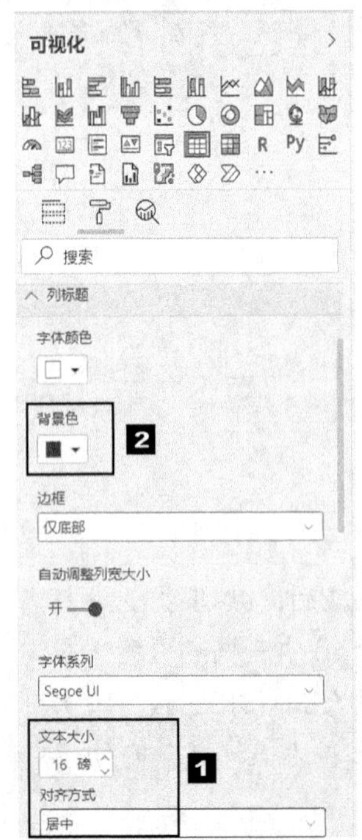

❻ 设置表格正文的字体和背景。在 Power BI Desktop 中表格正文的字体和字体大小是统一设置的，用户可以直接通过【字体系列】和【文本大小】进行调整。奇数行和偶数行的字体颜色和背景颜色是分别设置的，奇数行通过【字体颜色】和【背景色】进行调整，偶数行通过【替代字体颜色】和【替代背景色】进行调整。此处只调整【替代背景色】。

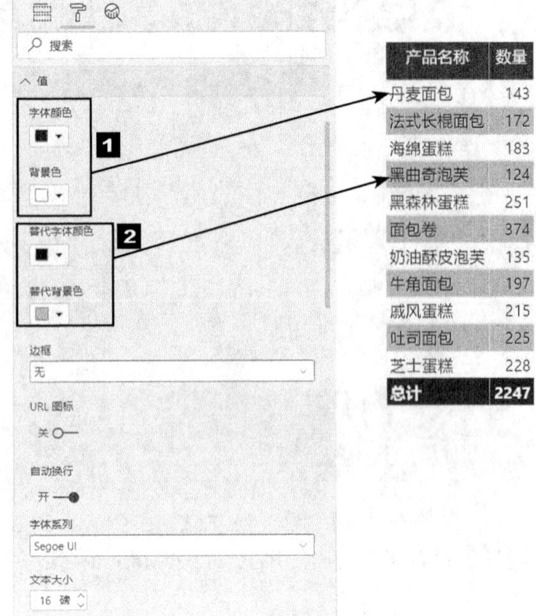

❼ 总计行的背景颜色及字体格式可以通过【总数】组进行设置。总计和值的对齐方式是通过【字段格式设置】组来调整的，而且需要一列一列地设置。在【字段格式设置】组的【字段】下拉列表中选择需要调整格式的字段，例如选择【产品名称】字段，在【对齐方式】下拉列表中选择【居中】选项，并设置【应用到值】为【开】，【应用到总计】为【开】。

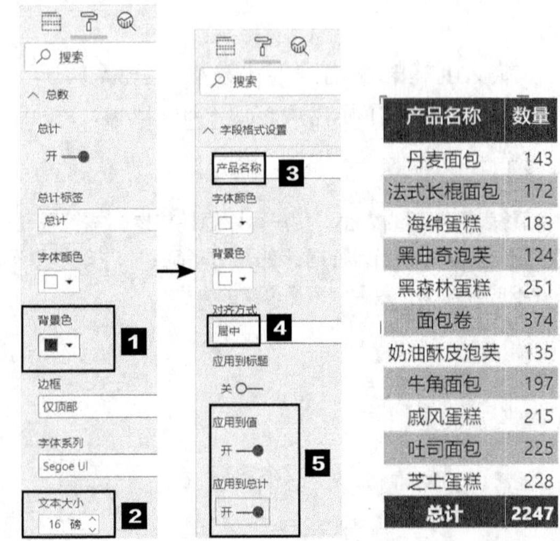

按照相同的方法设置“数量”列的对齐方式。

Power BI Desktop 中表格的列宽默认是根据表格内容自动调整的，用户也可以手动调整表格的列宽。

⑧ 将鼠标指针移动到列框线上，鼠标指针会变成双向箭头，按住鼠标左键不放并拖曳，即可调整表格的列宽，调整完毕后释放鼠标左键。

产品名称	数量
丹麦面包	143
法式长棍面包	172
海绵蛋糕	183
黑曲奇泡芙	124
黑森林蛋糕	251
面包卷	374
奶油酥皮泡芙	135
牛角面包	197
戚风蛋糕	215
吐司面包	225
芝士蛋糕	228
总计	2247

2. 按数量进行降序排列

Power BI Desktop 中为表格数据排序的方法很简单：在表格的列标题上单击，即可将该列按降序或升序排列。例如，此处在列标题“数量”上单击，即可将表格数据按数量进行降序排列。

产品名称	数量
面包卷	374
黑森林蛋糕	251
芝士蛋糕	228
吐司面包	225
戚风蛋糕	215
牛角面包	197
海绵蛋糕	183
法式长棍面包	172
丹麦面包	143
奶油酥皮泡芙	135
黑曲奇泡芙	124
总计	2247

3. 创建图表

在 Power BI Desktop 中创建图表与创建表格的方式是相同的，具体操作步骤如下。

❶ 在画布的空白处单击，然后在【可视化】窗格中单击【簇状柱形图】按钮。

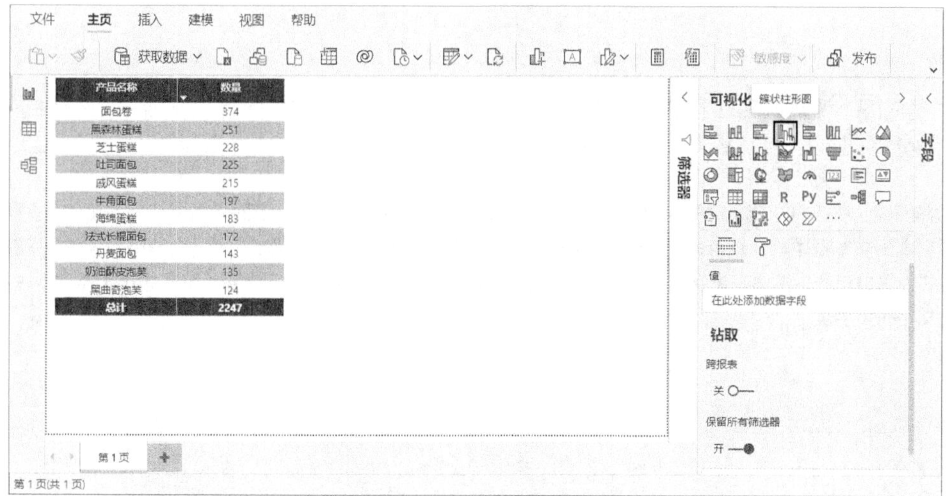

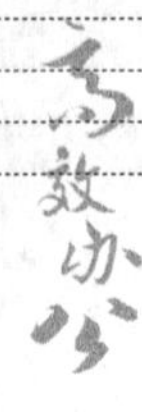

❷ 此时可在画布区域中表格的下方创建一个空白簇状柱形图框架。选中该框架，按住鼠标左键不放，将其拖曳到表格的右侧，并适当调整其大小。

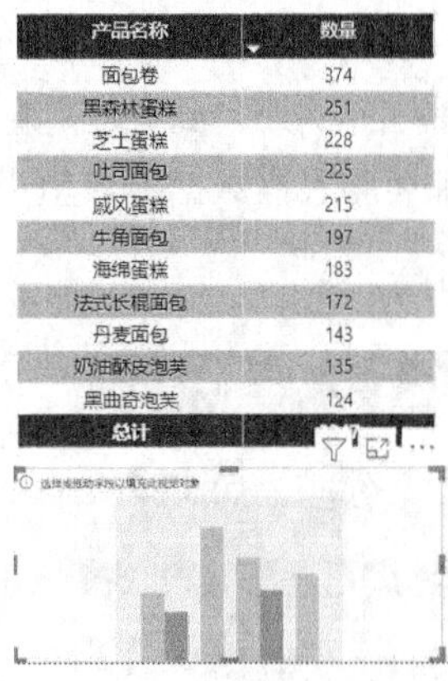

产品名称	数量
面包卷	374
黑森林蛋糕	251
芝士蛋糕	228
吐司面包	225
戚风蛋糕	215
牛角面包	197
海绵蛋糕	183
法式长棍面包	172
丹麦面包	143
奶油酥皮泡芙	135
黑曲奇泡芙	124
总计	

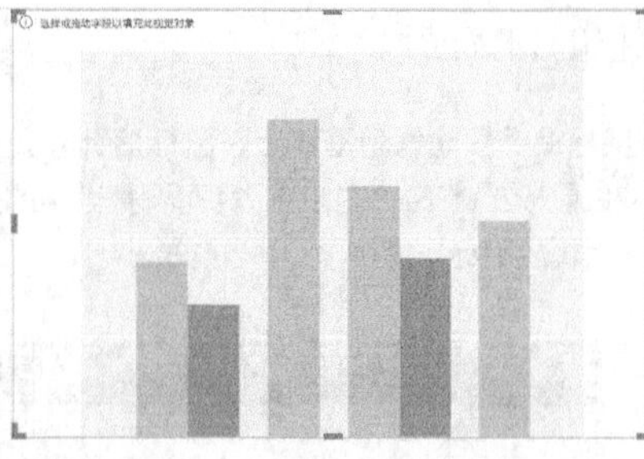

产品名称	数量
面包卷	374
黑森林蛋糕	251
芝士蛋糕	228
吐司面包	225
戚风蛋糕	215
牛角面包	197
海绵蛋糕	183
法式长棍面包	172
丹麦面包	143
奶油酥皮泡芙	135
黑曲奇泡芙	124
总计	2247

❸ 在 Power BI Desktop 工作界面右侧的【字段】窗格中，勾选【产品名称】和【数量】复选框，画布中的簇状柱形图就创建完成了。

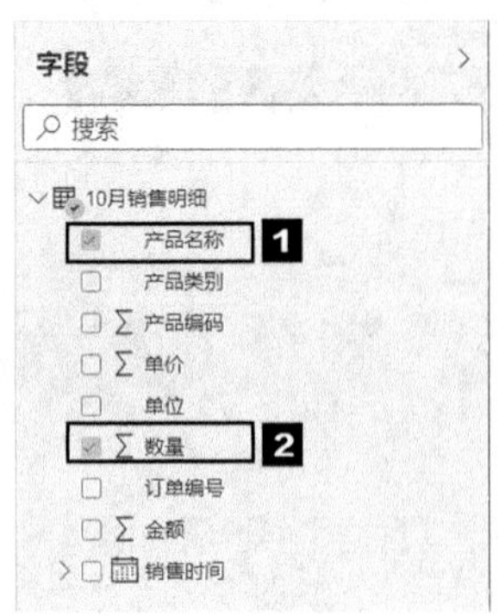

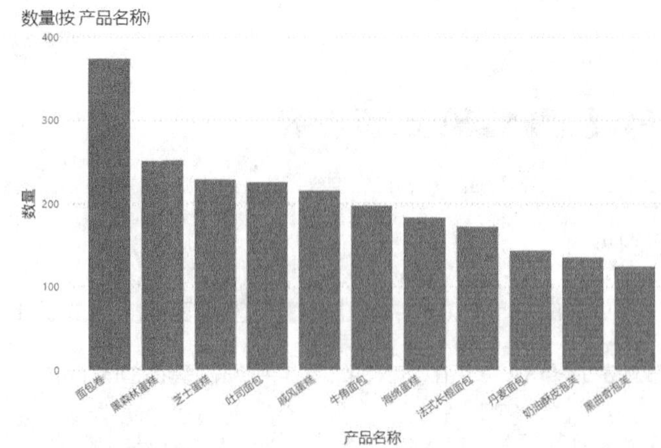

Power BI Desktop 中图表的结构与 Excel 中图表的结构基本是一致的，在进行设置的时候也需要设置图表标题、数据系列、数据标签等。

❹ 设置图表标题。在【可视化】窗格中单击【格式】按钮，系统默认显示了标题，因此【标题】组右侧的开关为【开】。在【标题文本】文本框中输入能够表示图表内容的标题“2021 年 10 月各产品销量对比”，单击【居中】按钮，设置其对齐方式为居中对齐；然后在【字体系列】下拉列表中选择一种合适的字体，并调整【文本大小】微调框中的数值来调整标题文字的大小。

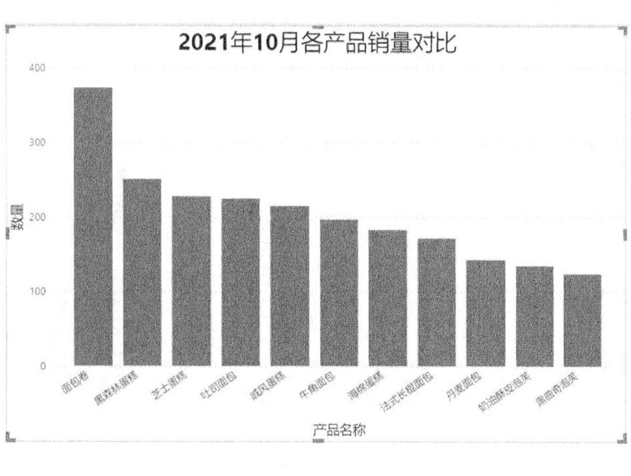

❺ 设置数据系列和横坐标轴。在 Power BI Desktop 中，数据系列和横坐标轴都是通过【X 轴】组进行设置的。在【X 轴】组中，可以通过【文本大小】微调框来调整横坐标轴文字的大小，通过【字体系列】来调整横坐标轴文字的字体，通过【内部填充】来调整数据系列的宽度，通过【标题】开关控制是否显示横坐标轴标题。

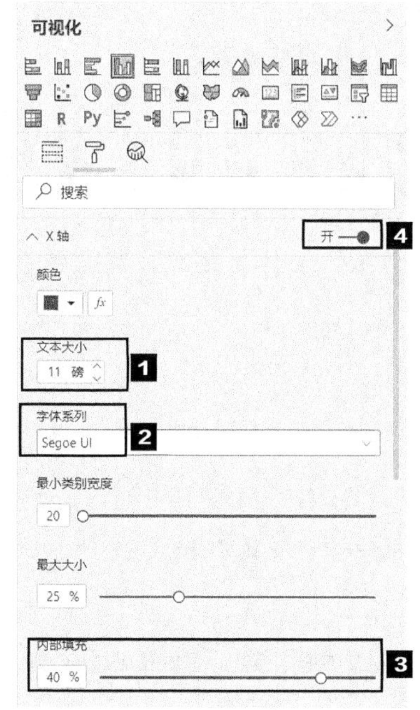

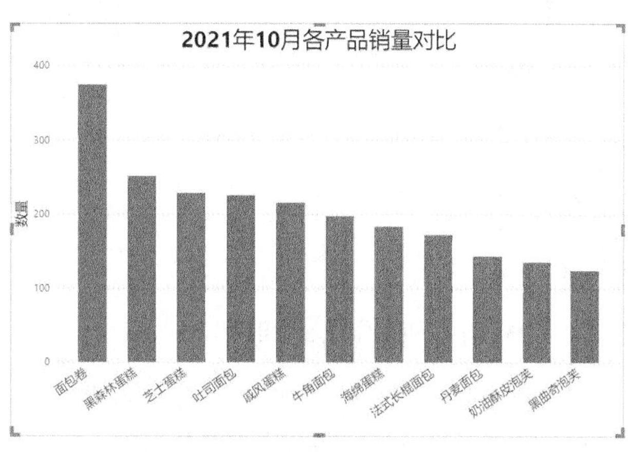

❻ 产品的销量数据可以通过数据标签来展现，因此用户可以直接关闭【Y 轴】开关，并在【Y 轴】组中关闭【标题】开关。另外，图表默认是没有边框的，为了方便查看，可以打开【边框】开关，显示出边框。

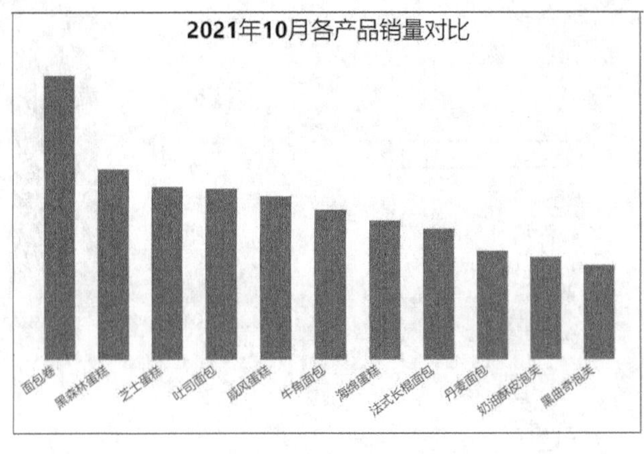

❼ 添加数据标签。打开【数据标签】开关，然后在【数据标签】组中设置数据标签的字体格式，最终效果如下图所示。

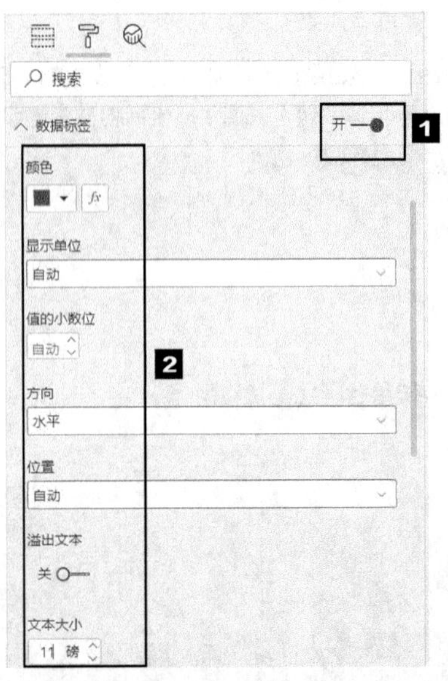

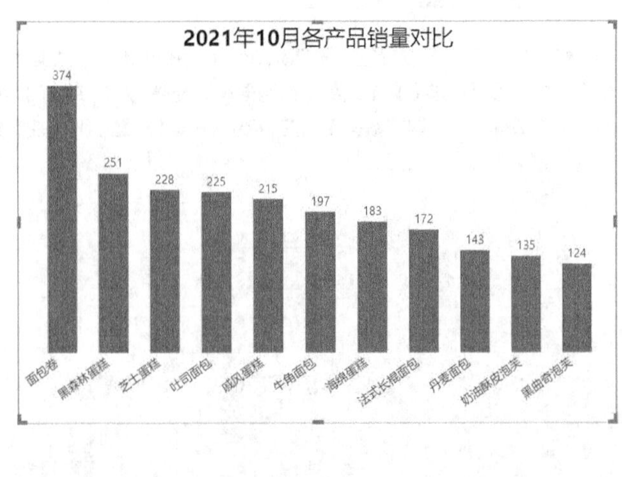

4. 根据表格和图表内容编写分析报告

在 Power BI Desktop 中编写分析报告时，需要先插入一个文本框。在 Power BI Desktop 中绘制文本框的具体操作步骤如下。

❶ 在画布的空白处单击，然后切换到【主页】选项卡，在【插入】组中单击【文本框】按钮，在画布区域中表格的下方创建一个空白文本框，并显示一个用于设置文本框中文本的工具栏。

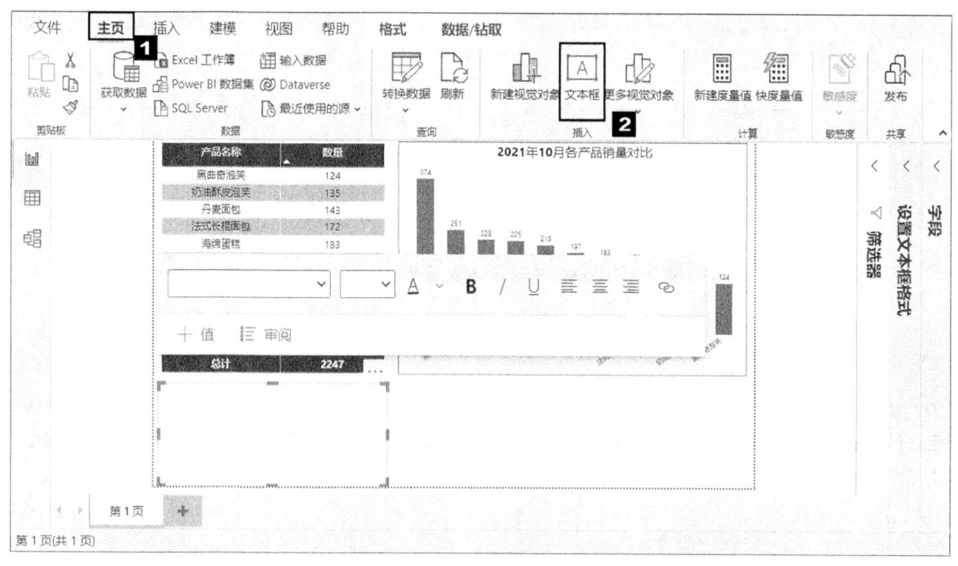

❷ 用户可以直接在文本框中输入分析结果，并通过文本设置工具栏设置文本的字体系列、字体大小、对齐方式等。

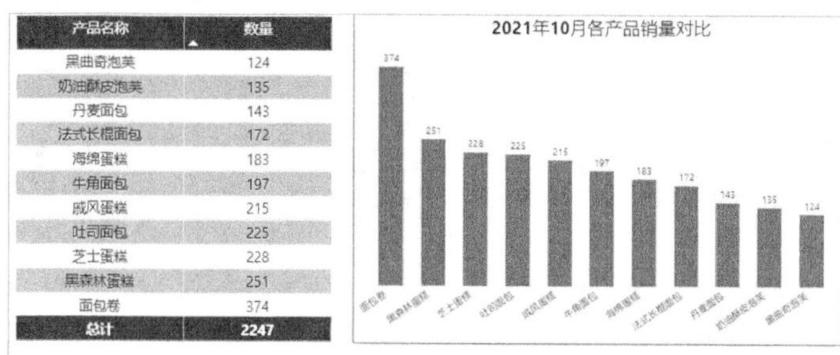

产品名称	数量
黑曲奇泡芙	124
奶油酥皮泡芙	135
丹麦面包	143
法式长棍面包	172
海绵蛋糕	183
牛角面包	197
戚风蛋糕	215
吐司面包	225
芝士蛋糕	228
黑森林蛋糕	251
面包卷	374
总计	2247

10.4　分析店铺产品结构

通过前面的分析，我们已经知道当前店铺的产品结构不适合直接使用产品名称来分析，那么此处就直接使用销售金额来分析店铺的产品结构。

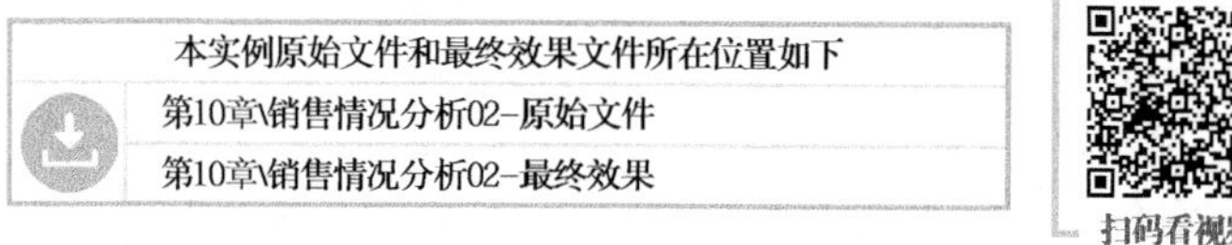

本实例原始文件和最终效果文件所在位置如下

第10章\销售情况分析02–原始文件

第10章\销售情况分析02–最终效果

扫码看视频

1. 统计各产品的销售金额

现在我们只有“销售明细表”，如果要对各产品的销售金额进行分组，就需要先统计出各产品的销售金额。

❶ 切换到【主页】选项卡，在【查询】组中单击【转换数据】按钮的下半部分，在弹出的下拉列表中选择【转换数据】选项。

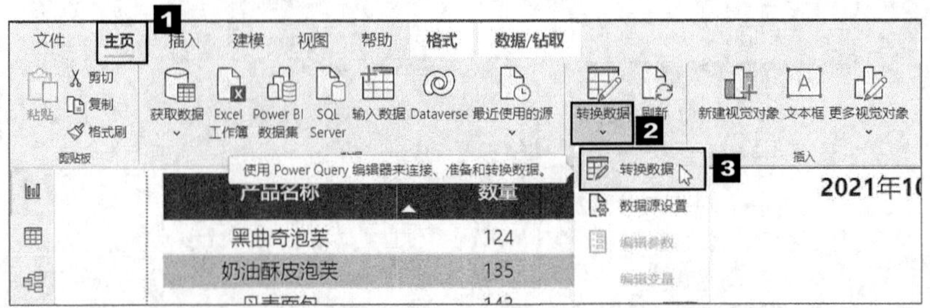

❷ 打开 Power Query 编辑器。为了避免影响前面的分析结果，需要先复制一个数据表。在左侧导航窗格中的原始表名称上单击鼠标右键，在弹出的快捷菜单中选择【复制】选项。在导航窗格的空白区域单击鼠标右键，在弹出的快捷菜单中选择【粘贴】选项。

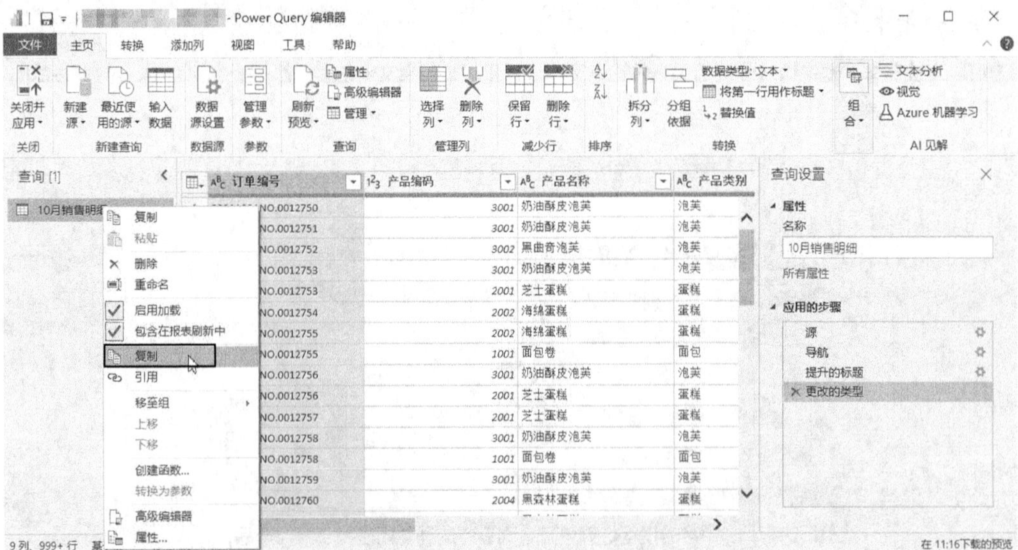

❸ 选中复制的第 2 个数据表，切换到【转换】选项卡，在【表格】组中单击【分组依据】按钮。

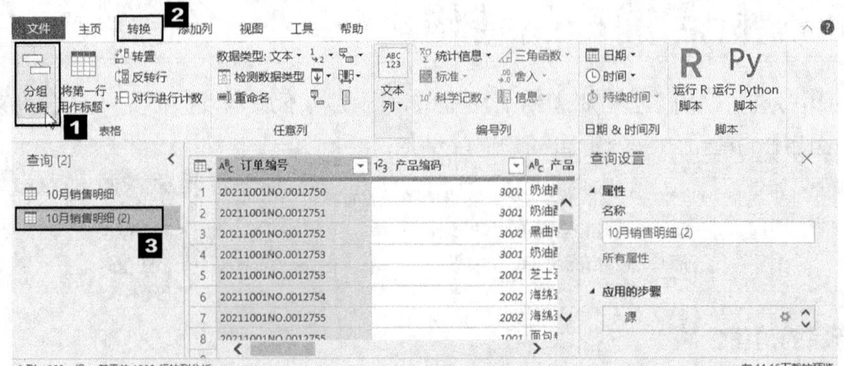

❹ 弹出【分组依据】对话框，在【分组依据】下拉列表中选择【产品名称】选项，在【新列名】文本框中输入新的列名“销售金额”，在【操作】下拉列表中选择【求和】选项，在【柱】下拉列表中选择【金额】选项。

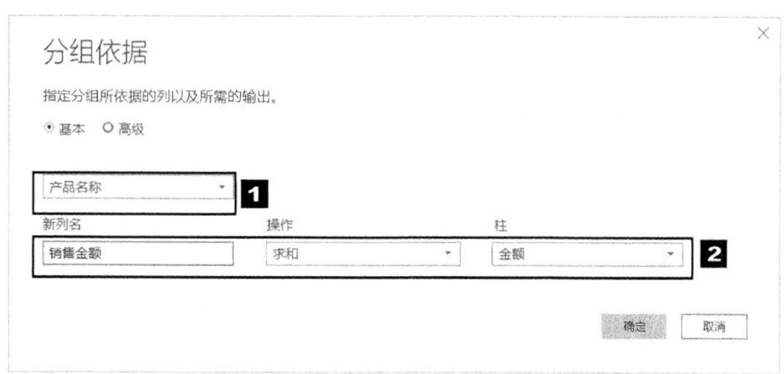

❺ 单击【确定】按钮，返回 Power Query 编辑器，即可看到统计结果。美中不足的是，统计结果底部有一个空行，切换到【主页】选项卡，在【减少行】组中单击【删除行】按钮，在弹出的下拉列表中选择【删除空行】选项，即可将空行删除。

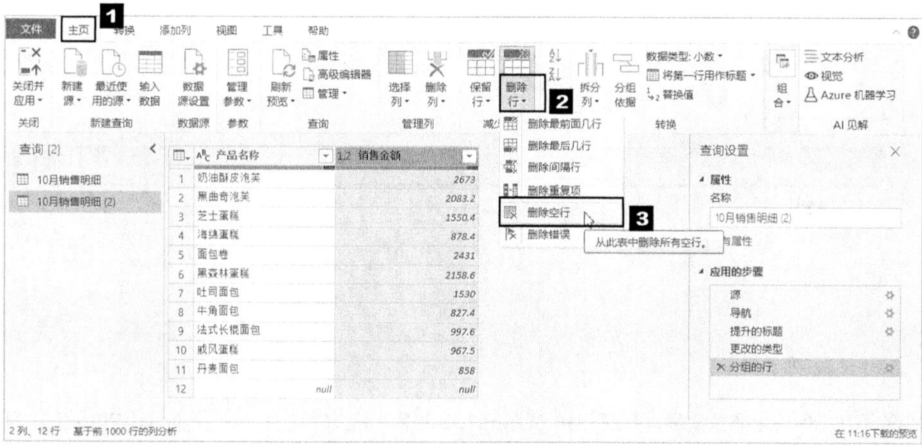

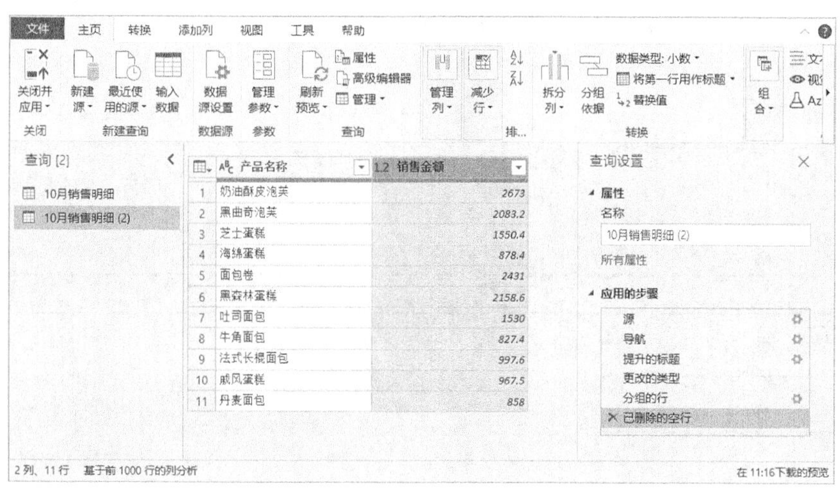

2. 对销售金额进行分组

在 Excel 中对销售金额进行分组一般使用函数或者数据透视表。在 Power BI Desktop 中同样可以实现分组，而且操作起来更简单。

❶ 切换到【添加列】选项卡，在【常规】组中单击【条件列】按钮。

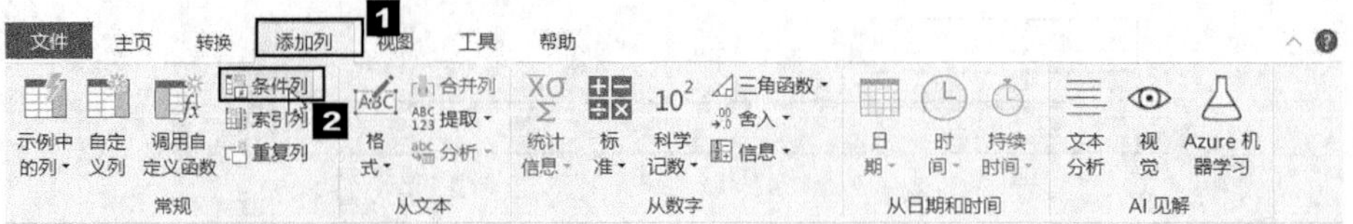

❷ 弹出【添加条件列】对话框，在【新列名】文本框中输入新的列名“金额范围”，然后设置分组的第 1 个条件为销售金额小于 1000 的显示为 1000 以下。在第 1 个 if 条件语句中设置【列名】为【销售金额】，【运算符】为【小于】，【值】为【1000】，【输出】为【1000 以下】，设置完毕，单击【添加子句】按钮。

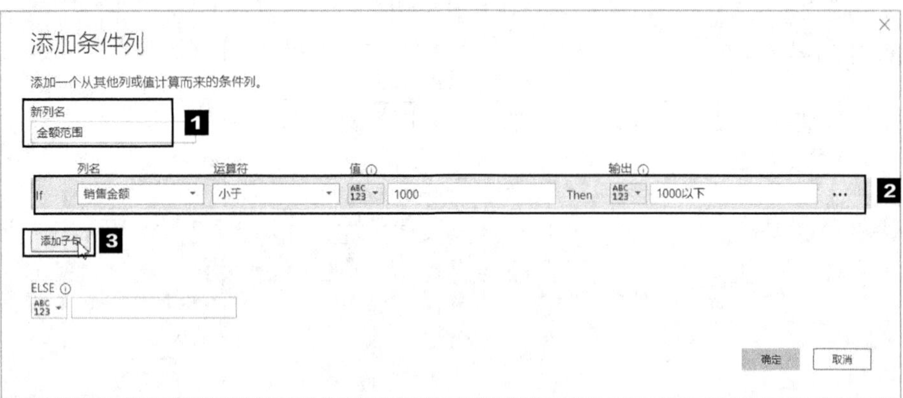

❸ 设置分组的第 2 个条件为销售金额小于 2000 的显示为 1000~2000。在第 2 个 Else if 条件语句中设置【列名】为【销售金额】，【运算符】为【小于】，【值】为【2000】，【输出】为【1000~2000】。如果这两个条件都不满足，那么就返回结果【2000 以上】，即在【ELSE】文本框中输入【2000 以上】。

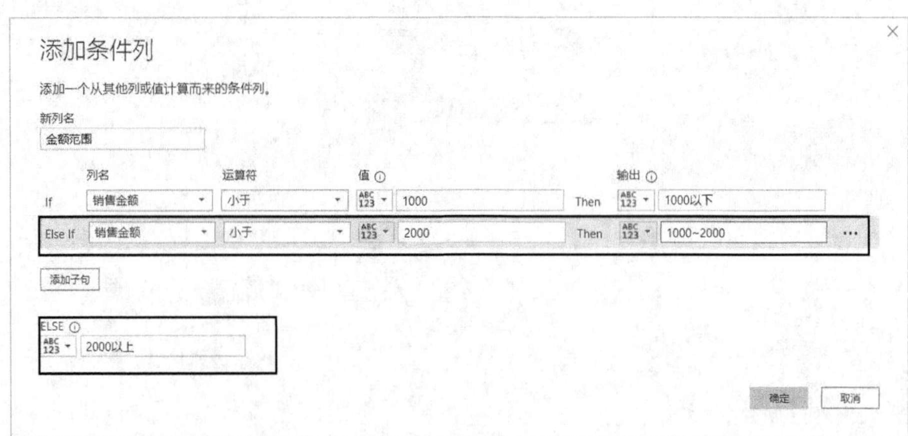

❹ 单击【确定】按钮，即可看到新添加的条件列。切换到【主页】选项卡，在【关闭】组中单击【关闭并应用】按钮的下半部分，在弹出的下拉列表中选择【关闭并应用】选项。

❺ 弹出【加载】提示框，提示用户表“10 月销售明细 (2)”正在模型中创建连接。

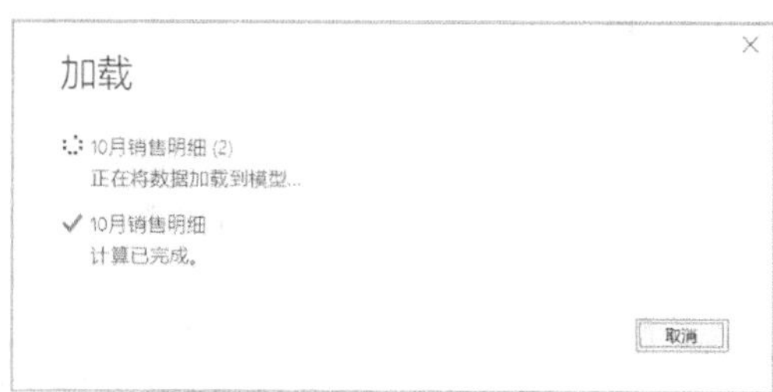

❻ 应用完毕后，系统自动返回 Power BI Desktop 工作界面。切换到数据视图，即可看到新创建的数据表。

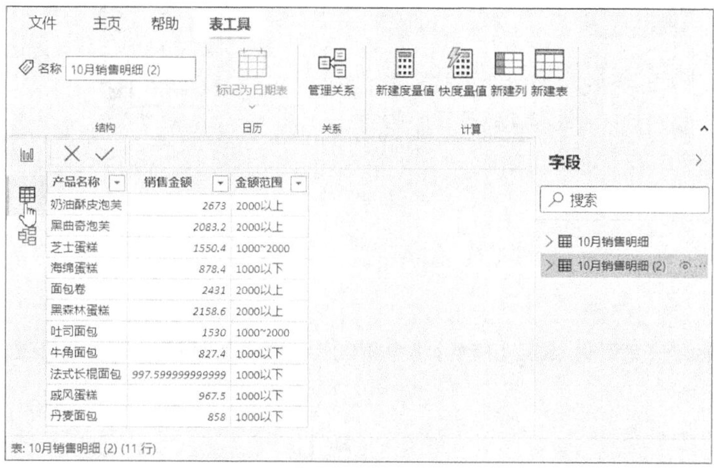

3. 创建表格和图表

分组完成后，就可以根据得到的新的数据表创建表格和图表了。具体操作步骤如下。

- 创建表格

❶ 单击视图导航栏中的【报表】按钮，切换到报表视图，单击 Power BI Desktop 工作界面下方的【新建页】按钮，在【第 1 页】的右侧添加一个新的空白页面。

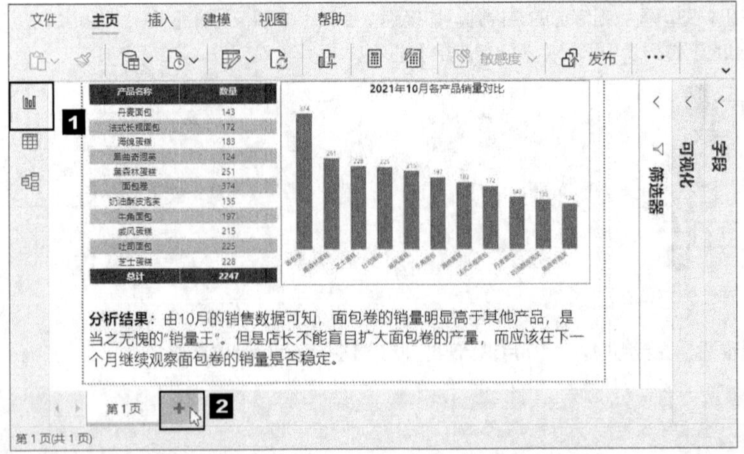

❷ 按照前面的方法，根据"产品名称"和"销售金额"创建一个表，并对表格进行适当的美化。

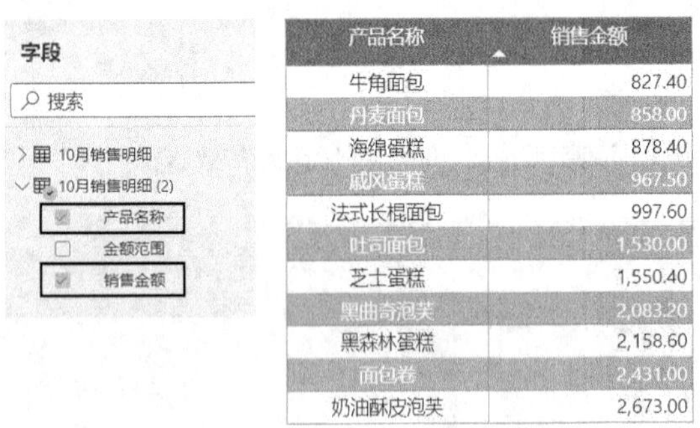

产品名称	销售金额
牛角面包	827.40
丹麦面包	858.00
海绵蛋糕	878.40
戚风蛋糕	967.50
法式长棍面包	997.60
吐司面包	1,530.00
芝士蛋糕	1,550.40
黑曲奇泡芙	2,083.20
黑森林蛋糕	2,158.60
面包卷	2,431.00
奶油酥皮泡芙	2,673.00

❸ 为了更清晰地分辨数据的分组，还可以在表格中根据条件为表格数据添加不同的图标。在 Power BI Desktop 工作界面右侧的【可视化】窗格中单击【格式】按钮，在【条件格式】组中的【字段】下拉列表中选择【销售金额】选项，然后打开【图标】开关。

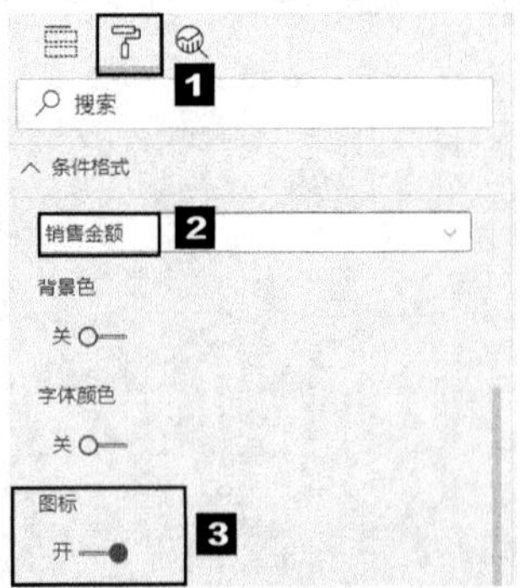

❹ 弹出【图标 – 销售金额】对话框，设置【摘要】为【求和】，然后依次设置 3 个规则，如下图所示。

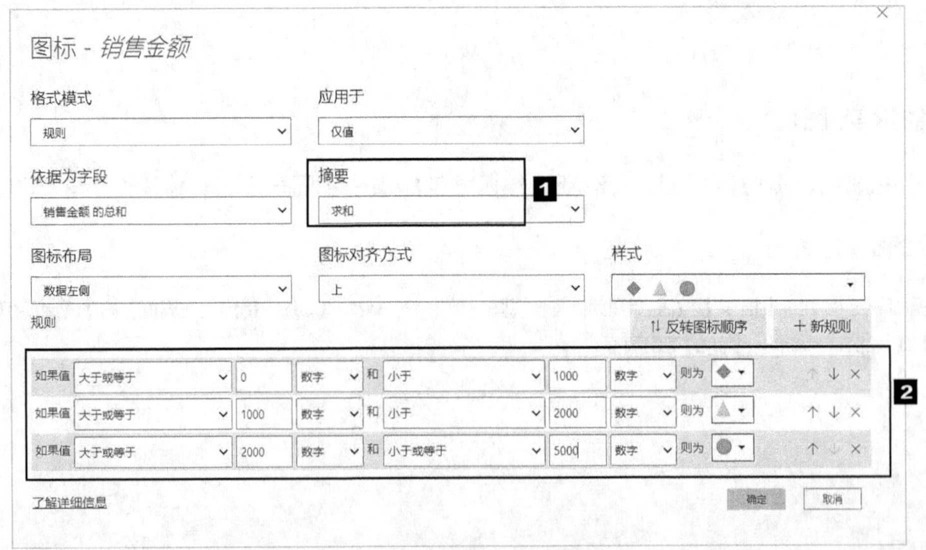

❺ 设置完毕，单击【确定】按钮，返回画布区域，即可看到为表格设置规则后的效果。

产品名称	销售金额
奶油酥皮泡芙	2,673.00
面包卷	2,431.00
黑森林蛋糕	2,158.60
黑曲奇泡芙	2,083.20
芝士蛋糕	1,550.40
吐司面包	1,530.00
法式长棍面包	997.60
戚风蛋糕	967.50
海绵蛋糕	878.40
丹麦面包	858.00
牛角面包	827.40
总计	

● 创建图表

❶ 在画布的空白处单击，然后在【可视化】窗格中单击【饼图】按钮，在画布区域的表格下方创建一个空白饼图。用户可以将图表拖曳到表格的右侧，并适当调整其大小。在 Power BI Desktop 工作界面右侧的【字段】窗格中，依次勾选【金额范围】和【产品名称】复选框。

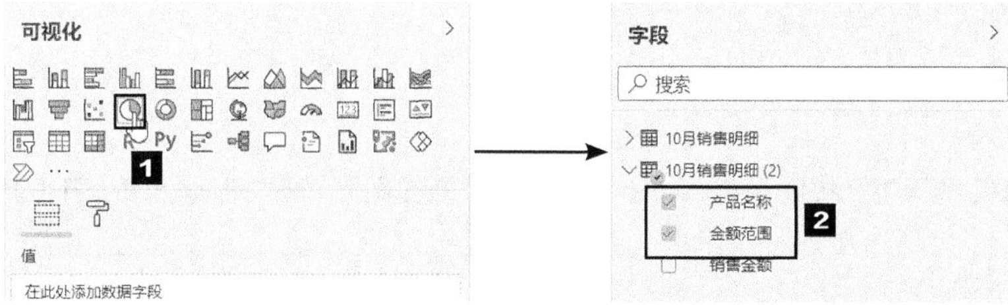

❷ 系统默认将【金额范围】添加到【图例】组中，将【产品名称】添加到【详细信息】组中，而此处需要对【产品名称】进行计数，所以将【产品名称】拖曳到【值】组中，创建一个饼图。

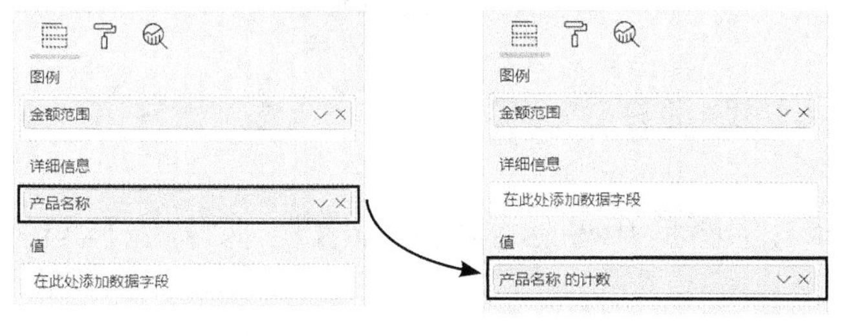

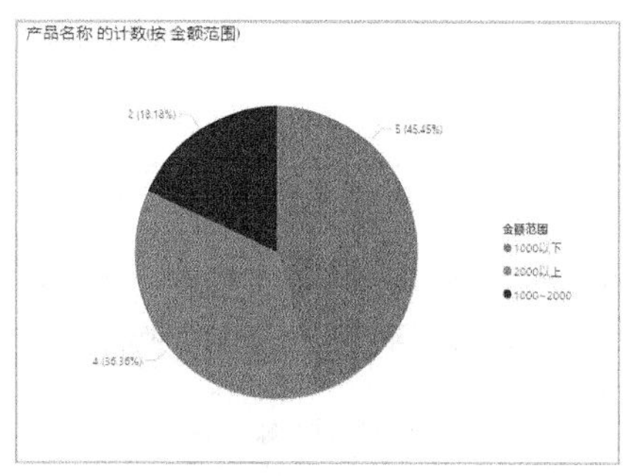

❸ 在 Power BI Desktop 中，饼图需要设置的内容有标题、图例、标签、数据系列。其标题的设置与簇状柱形图中标题的设置一样，这里就不赘述。

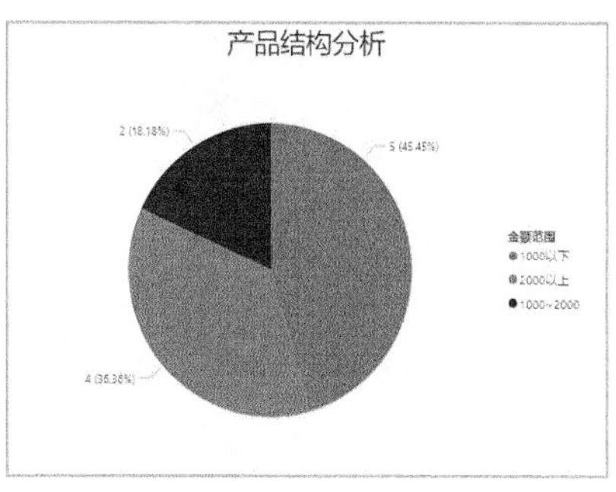

❹ 设置数据标签。将【标签样式】设置为【类别，总百分比】，【文本大小】设置为【12 磅】，【标签位置】设置为【内部】。

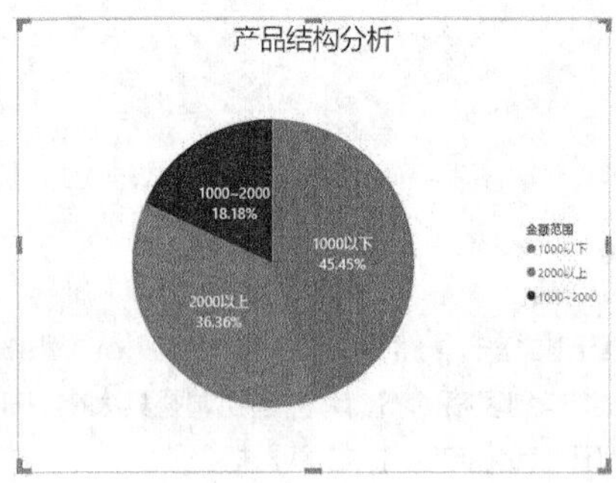

❺ 删除图例。因为数据标签中已经显示了类别名称，所以直接关闭【图例】开关即可，然后打开【边框】开关。

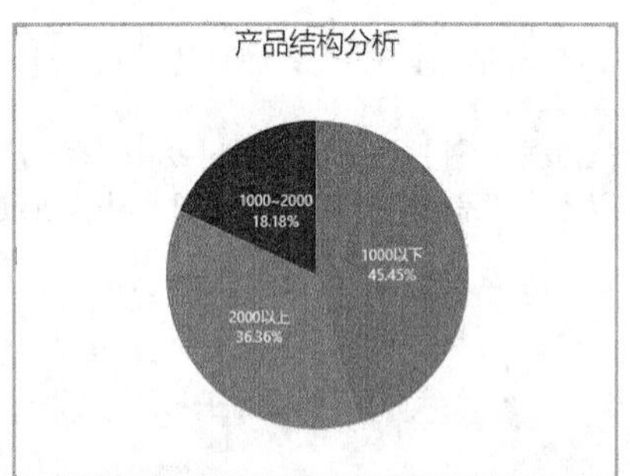

❻ 设置数据系列的颜色。在 Power BI Desktop 中，用户也可以对数据系列的颜色进行设置。在【数据颜色】组中，用户可以分别设置 3 个数据点的颜色。

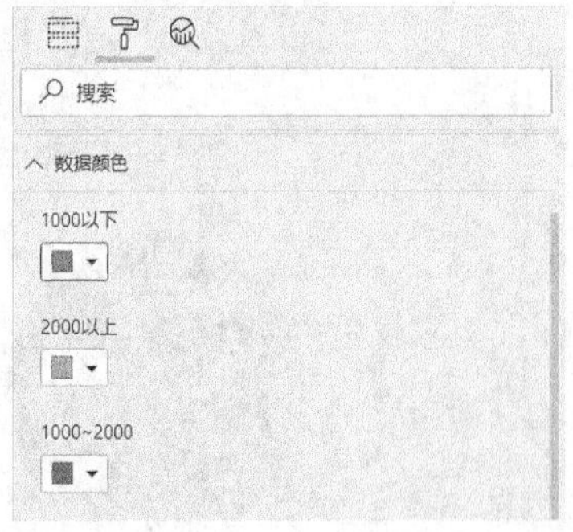

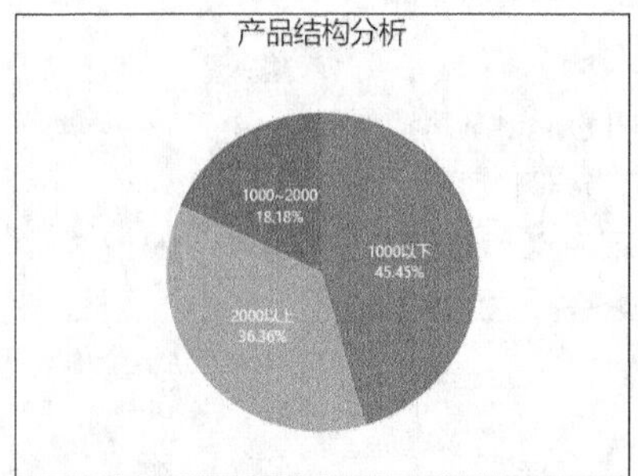

❼ 在 Power BI Desktop 中，用户在同一个页面中创建的可视化表格和图表都是有联动关系的。例如，在饼图中，可以看到销售金额在 1000 元以下的有 5 种产品，如果用户想知道这 5 种产品分别是什么，可以直接在饼图中单击“1000 以下”数据系列，创建的产品名称和销售金额表格中就会自动显示这 5 种产品。

产品名称		销售金额
法式长棍面包		997.60
戚风蛋糕		967.50
海绵蛋糕		878.40
丹麦面包		858.00
牛角面包		827.40
总计		

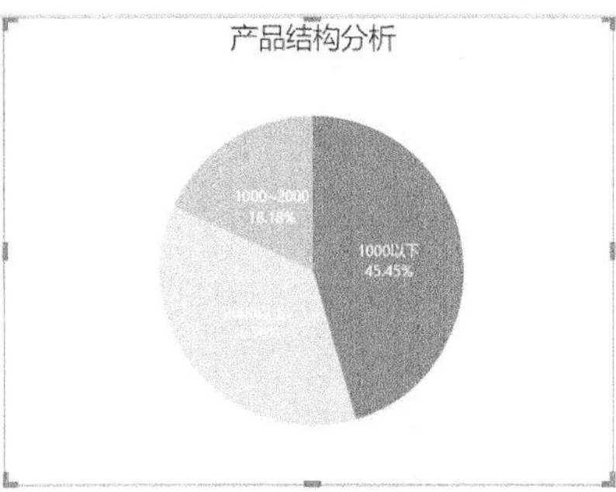

❽ 如果想重新查看所有数据，可以在图表中的空白处单击，图表将显示全部信息。接下来用户可以按照前面的方法写出分析结果，如下图所示。

产品名称		销售金额
奶油酥皮泡芙		2,673.00
面包卷		2,431.00
黑森林蛋糕		2,158.60
黑曲奇泡芙		2,083.20
芝士蛋糕		1,550.40
吐司面包		1,530.00
法式长棍面包		997.60
戚风蛋糕		967.50
海绵蛋糕		878.40
丹麦面包		858.00
牛角面包		827.40
总计		

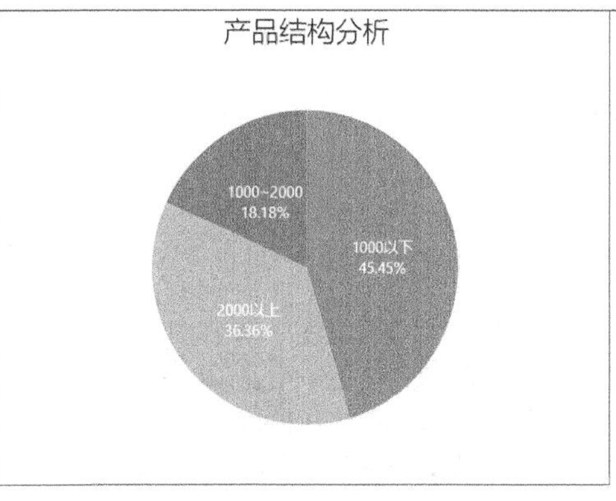

分析结果： 由10月的销售数据可知，有近一半（45.45%）产品的销售额在1000元以下，销售额在1000~2000元的产品仅有18.18%，销售额在2000元以上的产品约占1/3（36.36%）。这说明销售额在1000元以下的产品和在1000~2000元的产品的比例是失衡的，销售额偏低的产品所占比例过大，会影响整个店铺的销售额。因此当前店铺的产品结构是失衡的，需要根据销售情况适当调整店铺的产品结构，减少销售额在1000元以下的产品种类。

10.5 分析门店客流量

使用Power BI Desktop分析门店客流量时，我们可以从3个方面进行分析：每天的客流量、星期一至星期日的客流量、工作日和休息日的客流量。

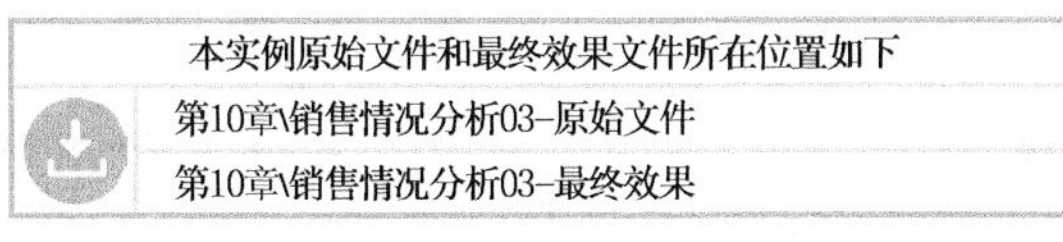

本实例原始文件和最终效果文件所在位置如下

第10章\销售情况分析03-原始文件

第10章\销售情况分析03-最终效果

1. 分析每天的客流量

使用 Power BI Desktop 分析每天的客流量就是计算每天的有效成交笔数，具体操作步骤如下。

❶ 按照前面的方法，在【第 2 页】的右侧添加一个空白页，并在空白页的画布中添加一个空白表格。在【字段】窗格中选中“10 月销售明细”表，在【销售时间】中的【日期层次结构】下勾选【日】复选框，然后勾选【订单编号】复选框，得到一个包含日和订单编号数据的表格。

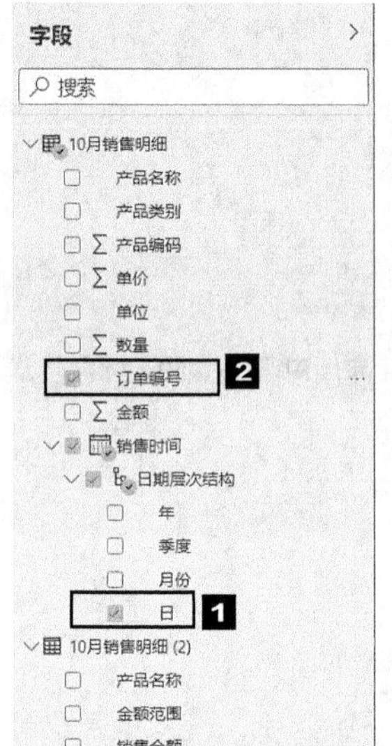

❷ 此处我们要统计的是每天的成交笔数，需要的数据应该是每天的订单数，因此需要对每天的不重复订单编号进行计数。在【可视化】窗格中单击【字段】按钮，在【值】组中单击【订单编号】右侧的下拉按钮，在弹出的下拉列表中选择【计数（非重复）】选项，即可得到不重复订单编号的计数值。

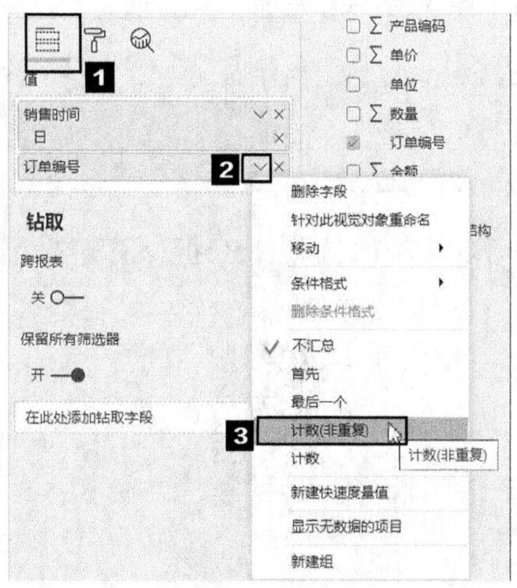

细心的读者可以发现此处创建的可视化表格中“日”列中的第 1 个值为空，这是因为原始表中存在空行。

❸ 在该单元格上单击鼠标右键，在弹出的快捷菜单中选择【排除】选项，即可将有空值的这一行删除。

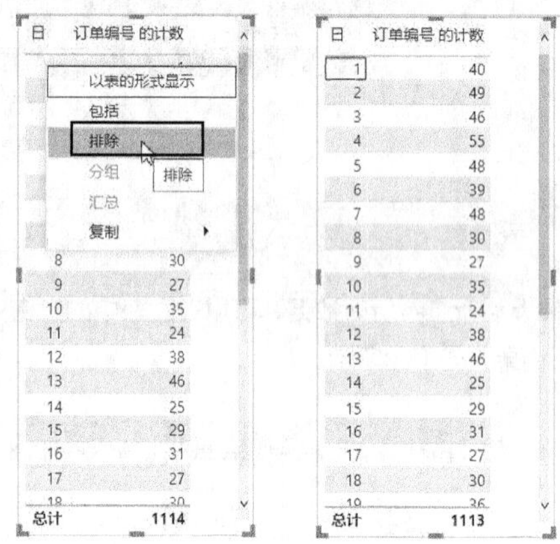

❹ 按照前面的方法对表格进行美化设置，并调整表格的列宽，效果如下图所示。

日	订单编号 的计数
1	40
2	49
3	46
4	55
5	48
6	39
7	48
8	30
9	27
10	35
11	24
12	38
13	46
14	25
15	29
16	31
17	27
18	30
19	36
20	41
21	27
22	36
23	26
24	40
25	35
总计	1113

❺ 在画布的空白处单击，在【可视化】窗格中单击【折线图】按钮，在画布中创建一个折线图框架，然后将【字段】窗格中“10月销售明细”表中的【日】拖曳到【可视化】窗格的【字段】列表中的【轴】组中，将【订单编号】拖曳到【值】组中。在【值】组中的【订单编号】上单击鼠标右键，在弹出的快捷菜单中选择【计数(非重复)】选项。

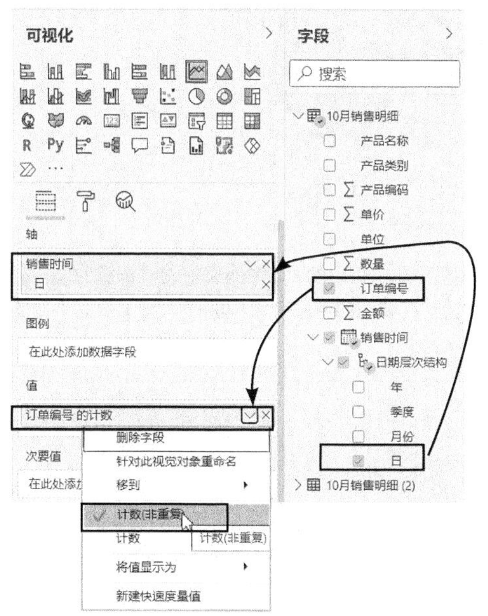

❻ 此时可创建一个对每天不重复订单编号进行计数的折线图，用户可以通过拖曳的方式适当调整其大小和位置。

❼ 将折线图的标题更改为“2021 年 10 月每天成交笔数”，并设置其对齐方式和字体格式。

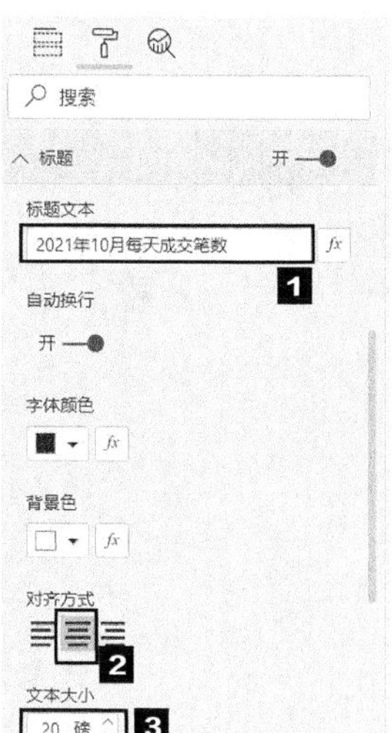

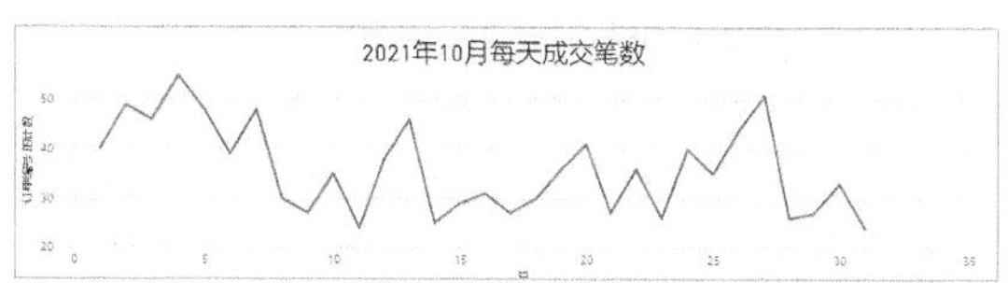

❽ 在【X轴】组中，将【类型】更改为【类别】，并关闭【标题】开关，效果如下图所示。

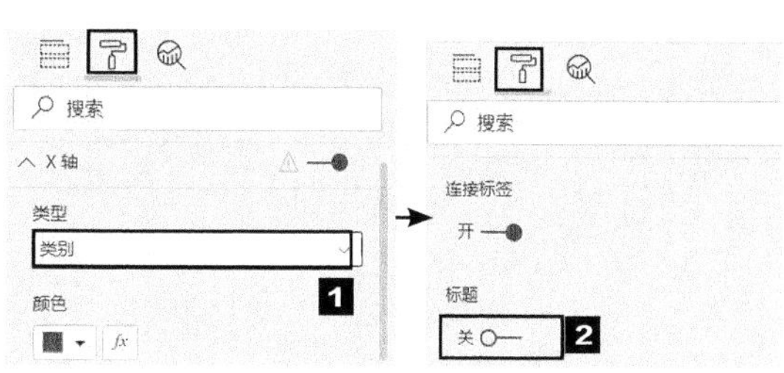

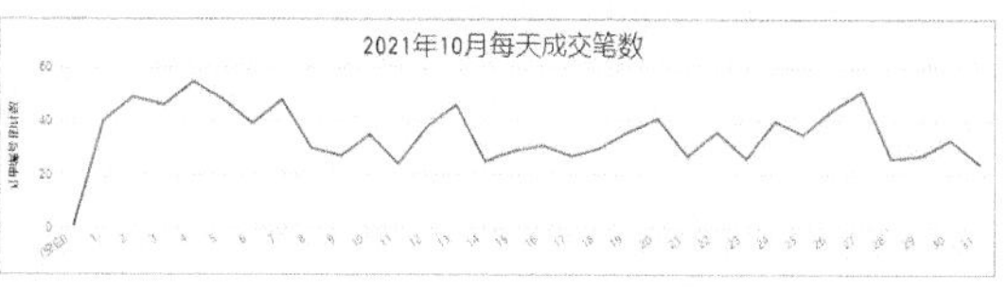

❾ 默认创建的折线图的第一个数据点为空白，可以将其删除。在空白数据点上单击鼠标右键，在弹出的快捷菜单中选择【排除】选项，删除空白数据点。

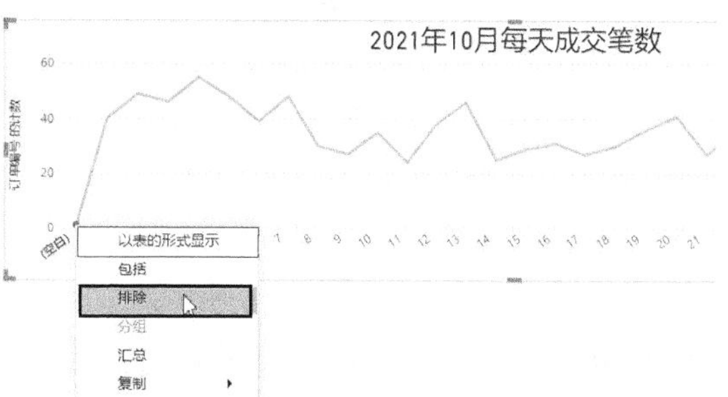

❿ 在【Y轴】组中，将【轴标题】更改为“成交笔数”，折线图的最终效果如下图所示。

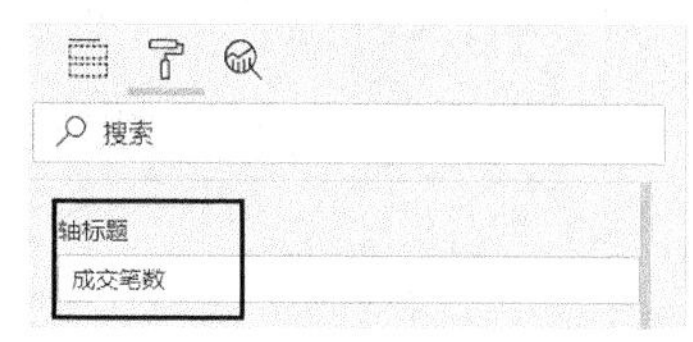

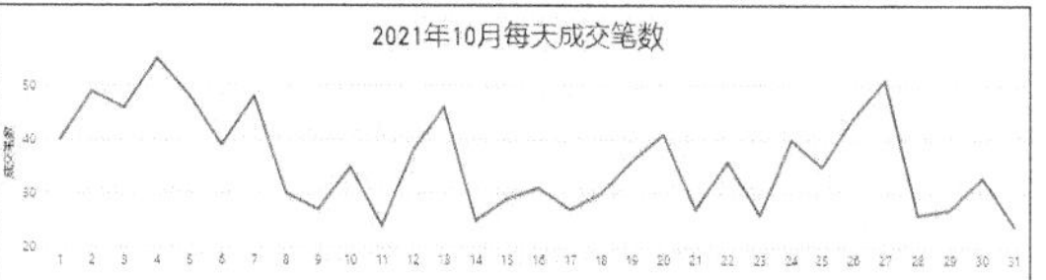

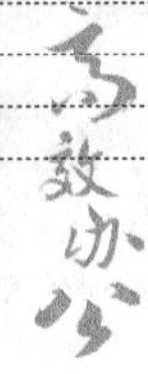

2. 分析星期一至星期日的客流量

要使用 Power BI Desktop 分析星期一至星期日的客流量，需要先从销售时间中提取出星期几，然后再进行计算，具体操作步骤如下。

❶ 切换到【主页】选项卡，在【数据】组中单击【转换数据】按钮的下半部分，在弹出的下拉列表中选择【转换数据】选项。

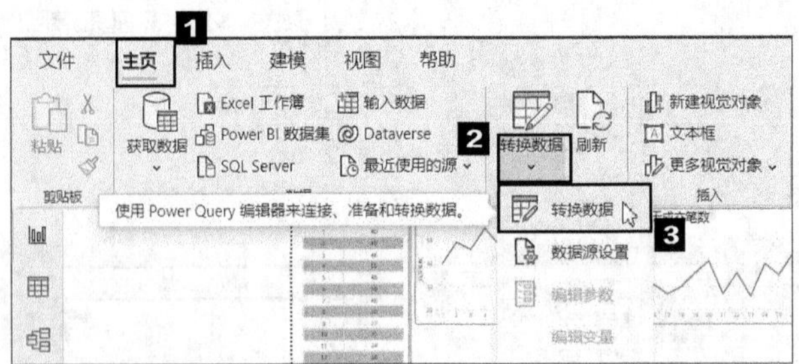

❷ 打开 Power Query 编辑器，在左侧导航窗格中选中“10 月销售明细”表，然后选中该表中的“销售时间”列；切换到【添加列】选项卡，在【从日期和时间】组中单击【日期】按钮，在弹出的下拉列表中选择【天】下的【星期几】选项。

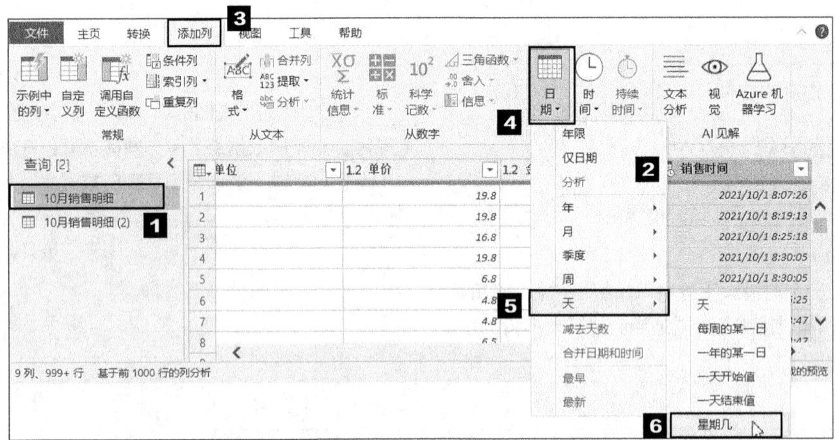

❸ 此时可在“销售时间”列的右侧插入新列“星期几”。因为还要统计一个月中星期一至星期日各有多少天，所以还需要提取出日期。单击【日期】按钮，在弹出的下拉列表中选择【仅日期】选项。

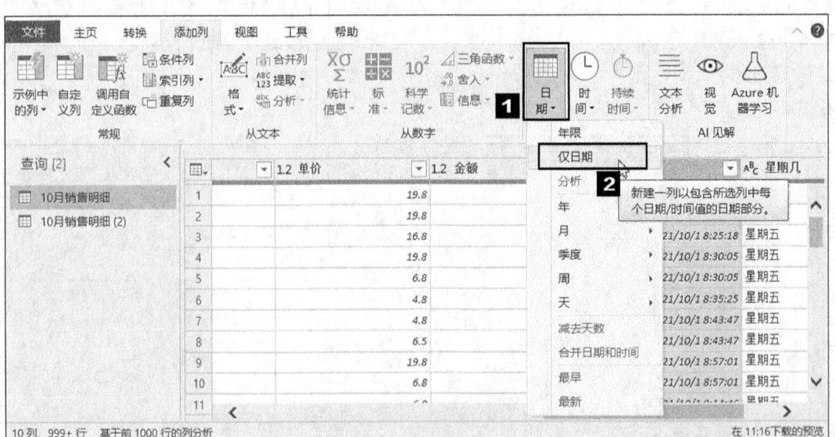

❹ 此时可在“星期几”列的右侧添加一个新列“日期”。接下来就可以计算星期一至星期日的订单数。在左侧导航窗格中的“10 月销售明细”表上单击鼠标右键，在弹出的快捷菜单中选择【复制】选项。在导航窗格的空白区域单击鼠标右键，在弹出的快捷菜单中选择【粘贴】选项。

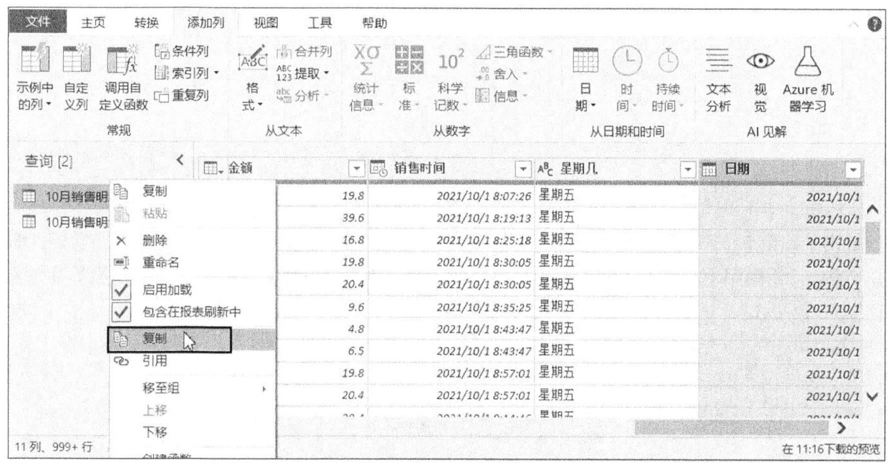

❺ 得到“10 月销售明细 (3)”表，在“订单编号”列上单击鼠标右键，在弹出的快捷菜单中选择【删除重复项】选项。

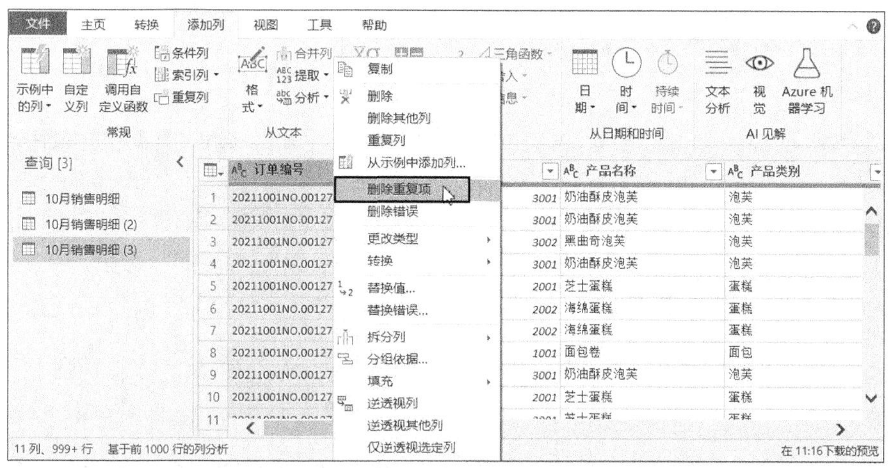

❻ 此时可将重复订单编号所在的行删除，切换到【转换】选项卡，在【表格】组中单击【分组依据】按钮。

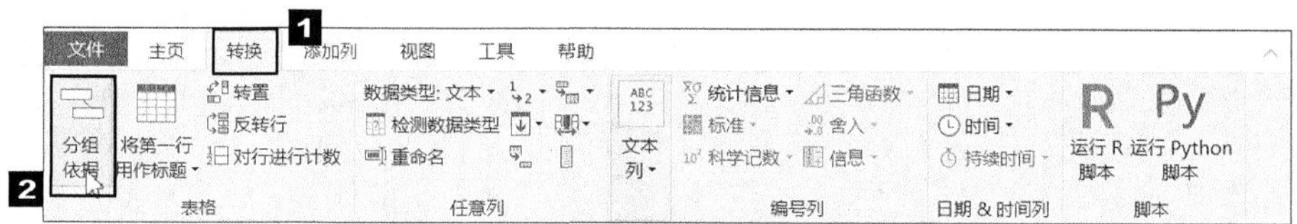

❼ 弹出【分组依据】对话框，设置分组依据为【星期几】。将【新列名】设置为【成交笔数】，【操作】设置为【对行进行计数】。

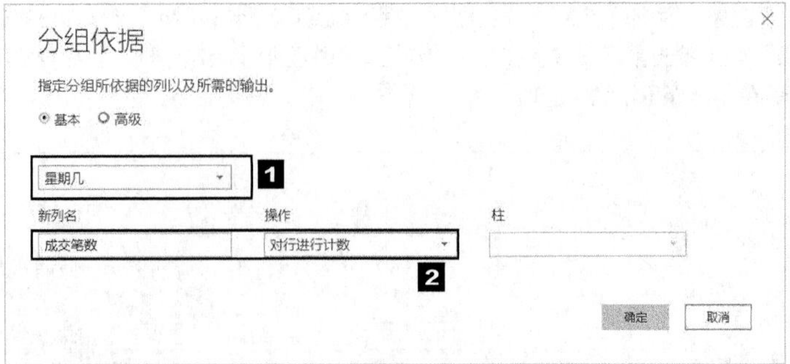

⑧ 设置完毕，单击【确定】按钮，即可得到星期一至星期日的成交笔数。数据表的最后一行为无效数据，应将其删除。选中星期几所在的列，切换到【主页】选项卡，在【减少行】组中单击【删除行】按钮，在弹出的下拉列表中选择【删除最后几行】选项。

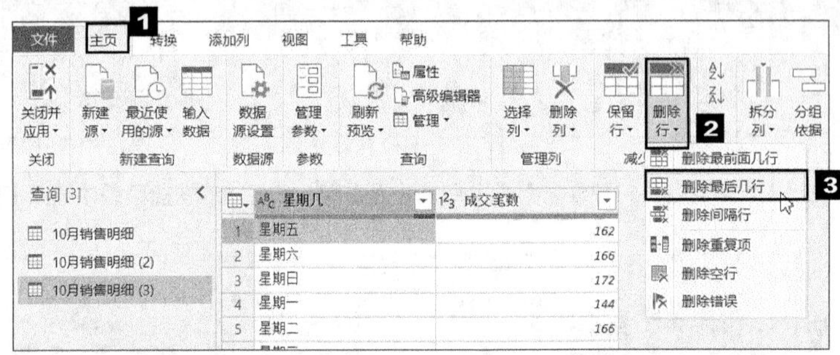

⑨ 弹出【删除最后几行】对话框，在【行数】文本框中输入“1”，单击【确定】按钮，即可将表的最后一行删除。

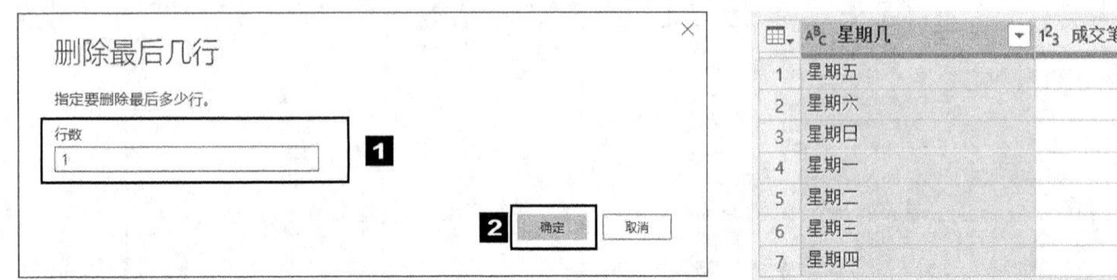

	星期几	成交笔数
1	星期五	162
2	星期六	166
3	星期日	172
4	星期一	144
5	星期二	166
6	星期三	177
7	星期四	126

⑩ 按照相同的方法再复制一个“10 月销售明细 (4)”表，删除“日期”列中的重复值，然后根据星期几进行分组，删除有空白单元格的行，即可算出一个月中星期一至星期日各有多少天。

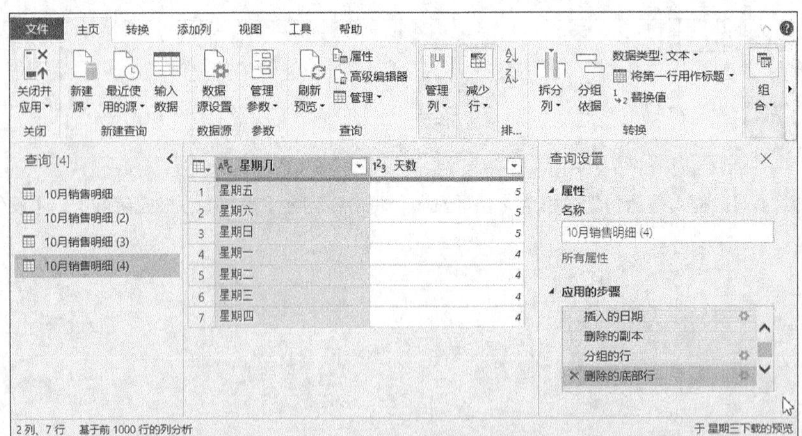

	星期几	天数
1	星期五	5
2	星期六	5
3	星期日	5
4	星期一	4
5	星期二	4
6	星期三	4
7	星期四	4

⑪ 将“10 月销售明细 (3)”表和“10 月销售明细 (4)”表合并，然后计算平均订单笔数。选中“10 月销售明细 (3)”表，切换到【主页】选项卡，在【组合】组中单击【合并查询】按钮右侧的下拉按钮，在弹出的下拉列表中选择【将查询合并为新查询】选项。

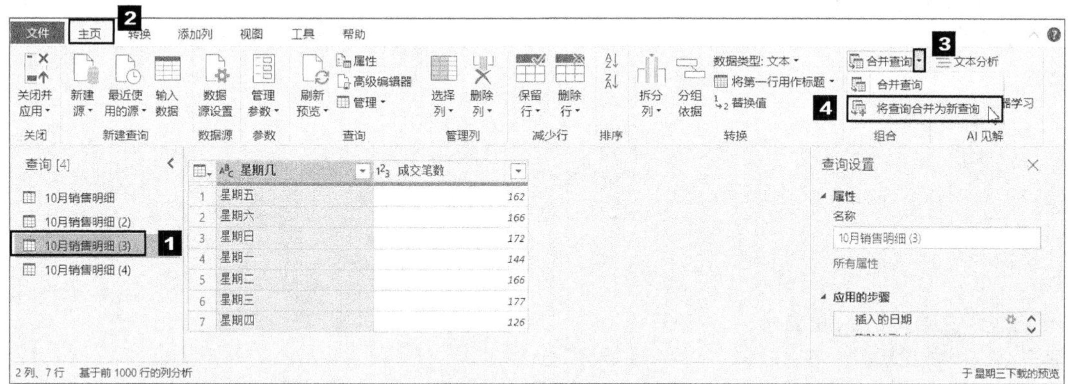

⑫ 弹出【合并】对话框，依次选择要合并的“10 月销售明细 (3)”表和“10 月销售明细 (4)”表，然后选中两个表中的“星期几”列，单击【确定】按钮。

⑬ 得到一个新的查询“合并 1”。但是“10 月销售明细 (4)”列中的内容均为“Table”，单击“10 月销售明细 (4)”列右侧的展开工作表按钮，在弹出的下拉列表中取消勾选【星期几】复选框。

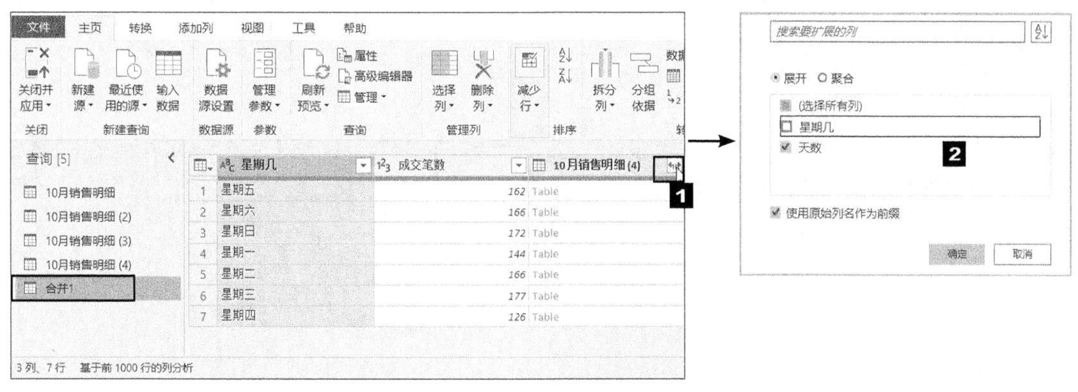

⑭ 单击【确定】按钮，即可显示 10 月中星期一至星期日的天数。接下来计算平均成交笔数。切换到【添加列】选项卡，在【常规】组中单击【自定义列】按钮。

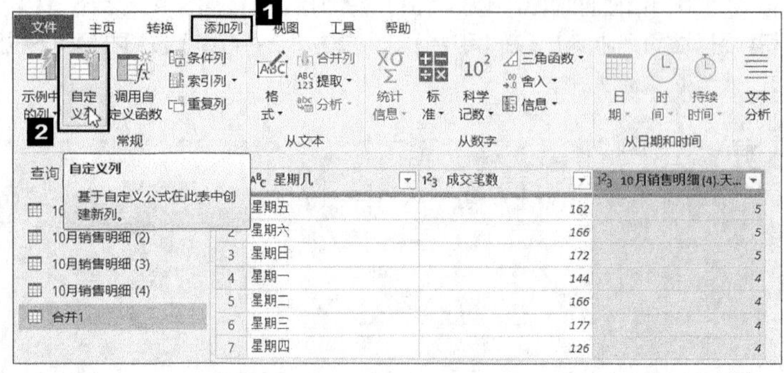

⑮ 弹出【自定义列】对话框，设置【新列名】为“平均成交笔数”，在【可用列】列表框中选择【成交笔数】选项，单击【插入】按钮，将其插入【自定义列公式】列表框中，然后输入“/”，再按照相同的方法将“10 月销售明细 (4). 天数”添加到【自定义列公式】列表框中。

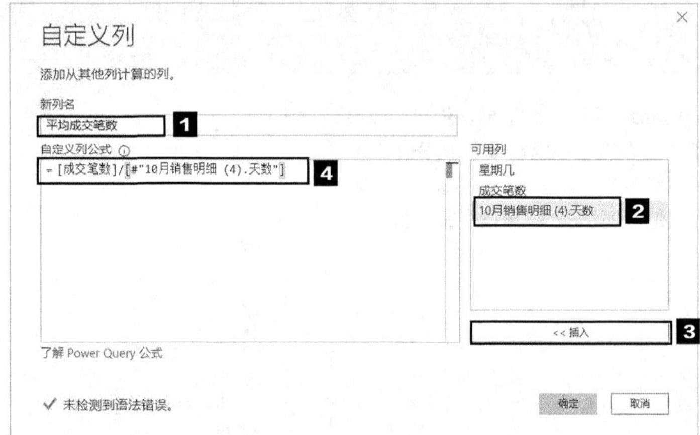

⑯ 单击【确定】按钮，得到星期一至星期日的平均成交笔数。默认的计算结果是文本格式的，为了方便计算，这里将其更改为小数格式。单击列名左侧的数字格式，在弹出的下拉列表中选择【小数】选项。

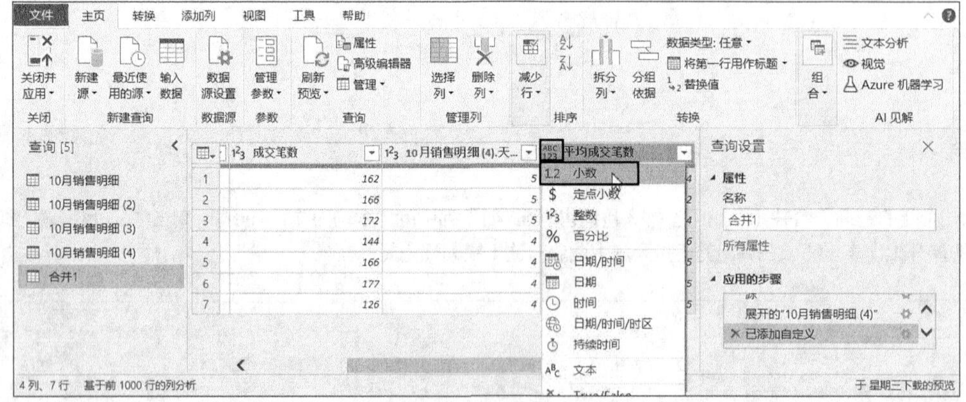

⑰ 将平均成交笔数的数字格式设置为小数后，切换到【主页】选项卡，在【关闭】组中单击【关闭并应用】按钮的下半部分，在弹出的下拉列表中选择【关闭并应用】选项。

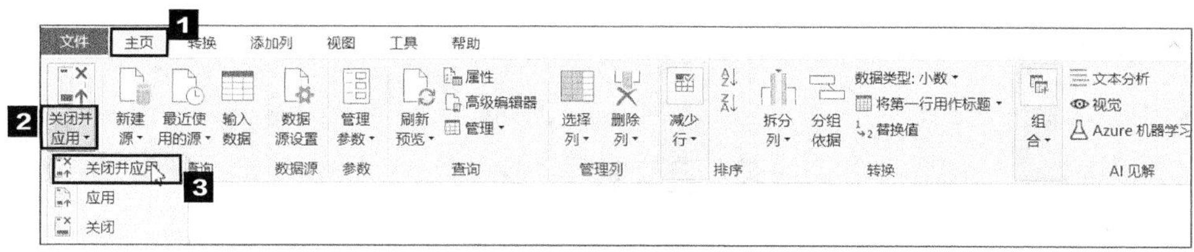

⑱ 应用完毕后，返回画布区域，在【可视化】窗格中单击【表】按钮，然后依次选中字段“星期几”和“平均成交笔数”，即可创建包含星期一至星期日平均成交笔数的表格。按照相同的方法创建簇状柱形图，并对其进行美化，最终效果如下图所示。

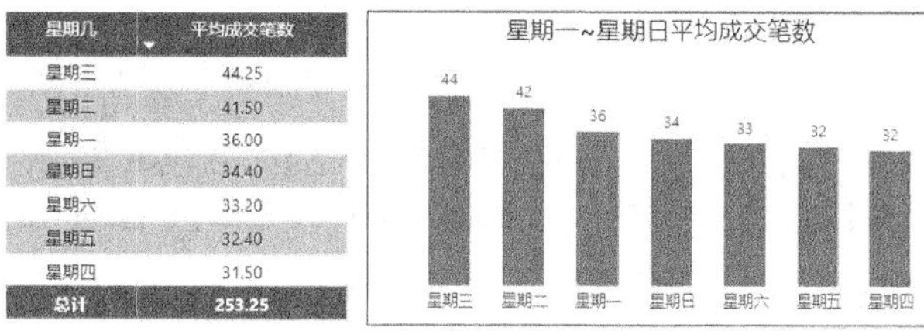

星期几	平均成交笔数
星期三	44.25
星期二	41.50
星期一	36.00
星期日	34.40
星期六	33.20
星期五	32.40
星期四	31.50
总计	253.25

3. 分析工作日和休息日的客流量

使用 Power BI Desktop 分析工作日和休息日的客流量时，需要先创建一个有关 10 月法定节假日和调休日的表格，然后将原始数据表与法定节假日和调休日表格合并，再通过添加条件列判断出工作日和休息日，最后进行计算。

❶ 创建新表格。切换到【主页】选项卡，在【数据】组中单击【输入数据】按钮。

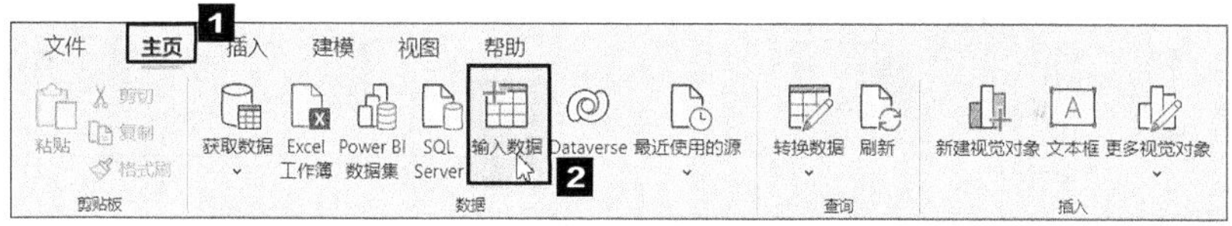

❷ 弹出【创建表】对话框，在表中输入法定节假日和调休工作日，并将表名更改为“法定节假日和调休日”，更改完毕，单击【加载】按钮。

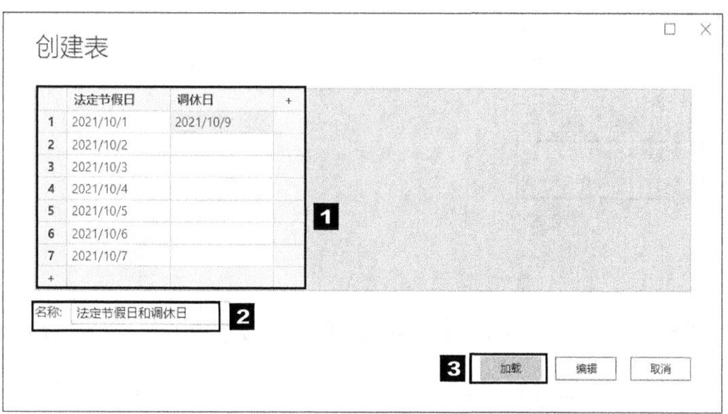

❸ 加载完毕，返回 Power BI Desktop 工作界面，切换到数据视图，即可看到新创建的数据表。切换到【主页】选项卡，在【数据】组中单击【转换数据】按钮的下半部分，在弹出的下拉列表中选择【转换数据】选项，打开 Power Query 编辑器。

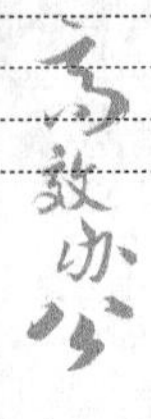

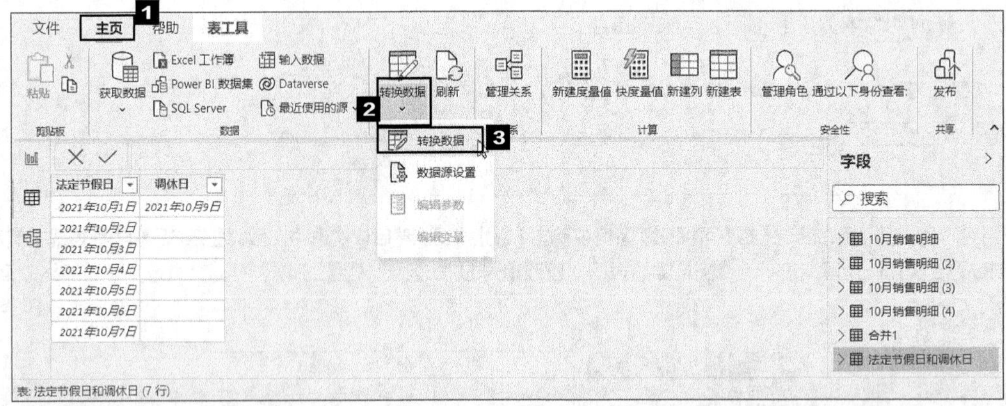

❹ 将原始数据表与法定节假日和调休日表格合并。在左侧导航窗格中选中“10 月销售明细”表，切换到【主页】选项卡，在【组合】组中单击【追加查询】右侧的下拉按钮，在弹出的下拉列表中选择【将查询追加为新查询】选项。

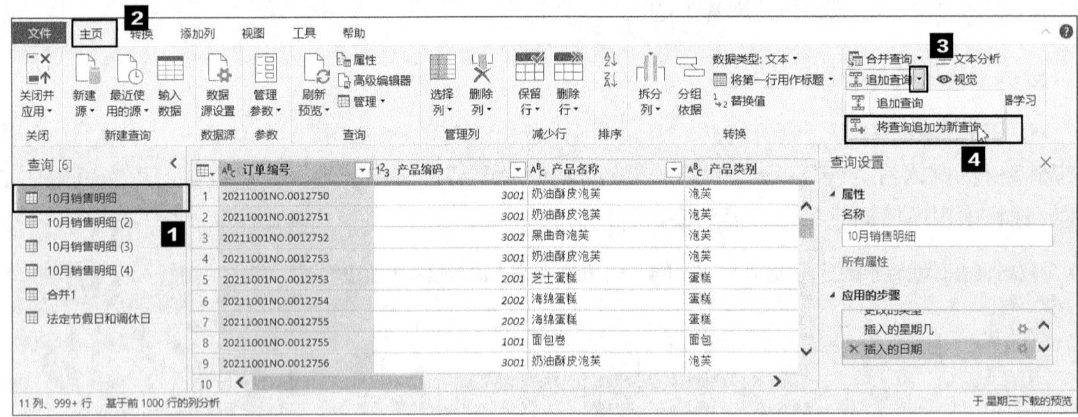

❺ 弹出【追加】对话框，设置【第二张表】为【法定节假日和调休日】，单击【确定】按钮。

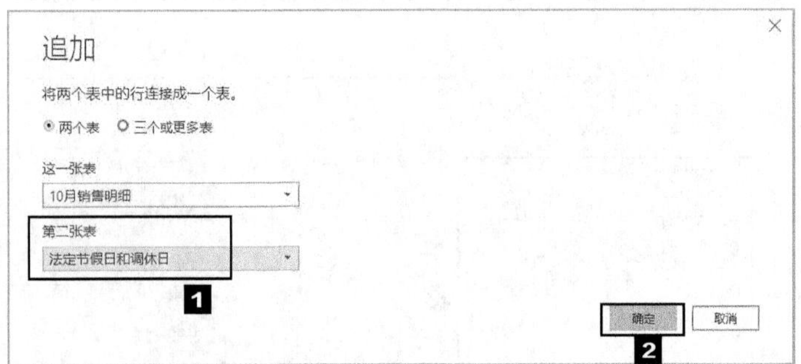

❻ 返回 Power Query 编辑器，切换到【添加列】选项卡，在【常规】组中单击【条件列】按钮。

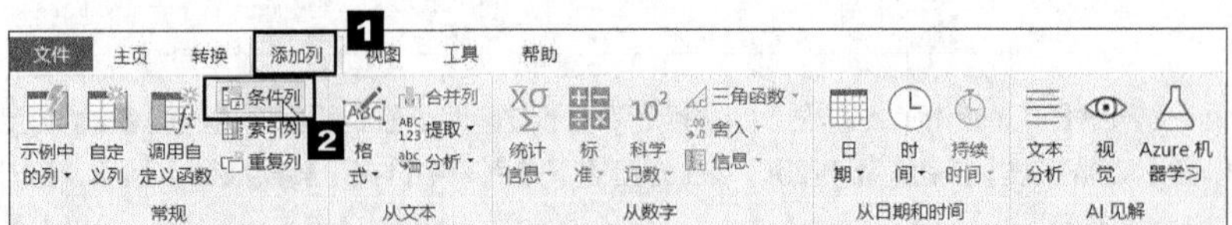

❼ 弹出【添加条件列】对话框，将【新列名】设置为【是否工作日】，然后依次设置条件，如下图所示。

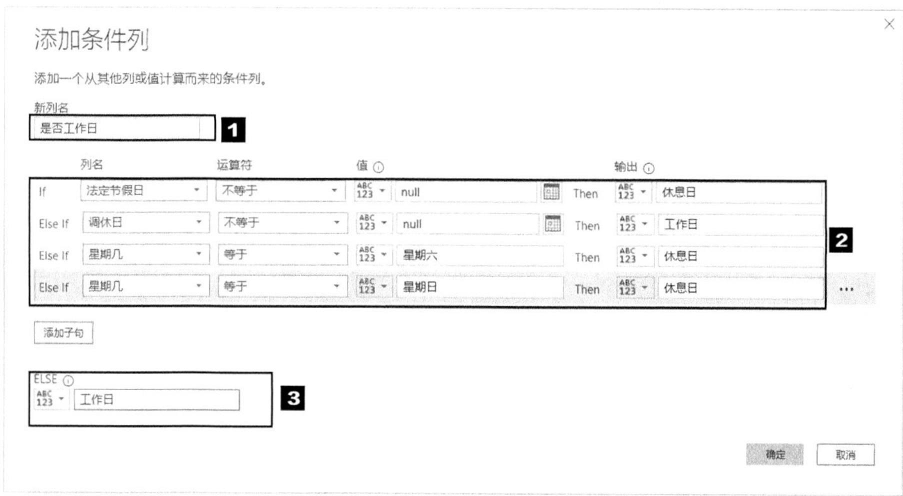

❽ 设置完毕，单击【确定】按钮，即可为数据表添加条件列。因为需要计算工作日和休息日的天数与成交笔数，所以需要先将此表复制。在左侧导航窗格中的“追加 1”上单击鼠标右键，在弹出的快捷菜单中选择【复制】选项，在导航窗格的空白区域单击鼠标右键，在弹出的快捷菜单中选择【粘贴】选项。

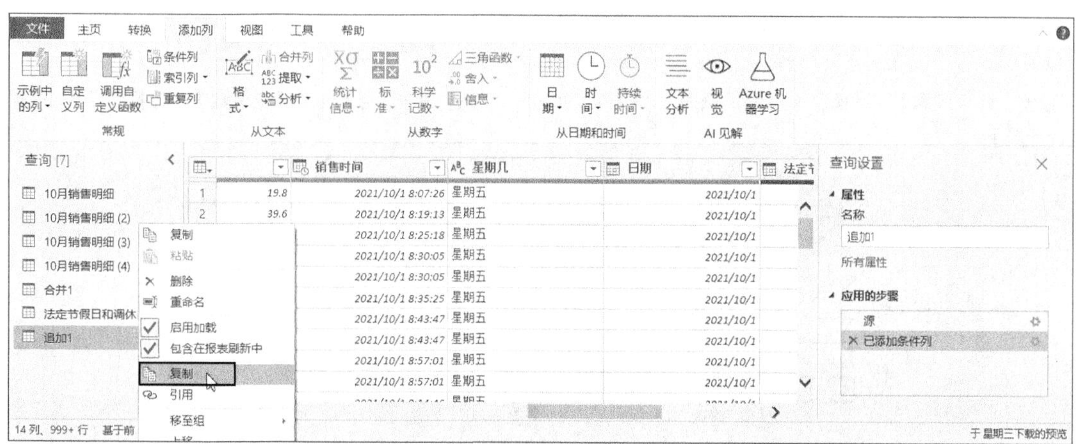

❾ 要计算成交笔数，需要先删除重复的订单编号。在左侧导航窗格中选中“追加 1”，再选中“订单编号”列，单击鼠标右键，在弹出的快捷菜单中选择【删除重复项】选项。

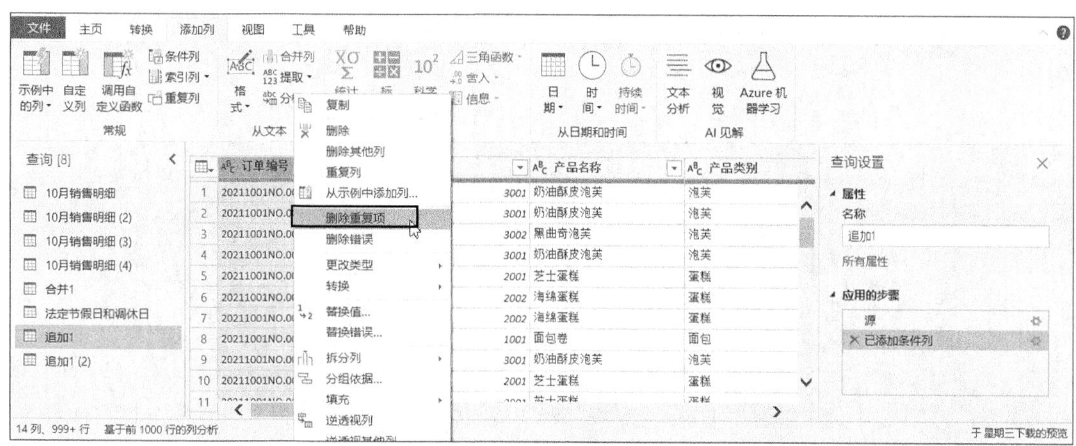

⑩ 为了确保统计结果的准确性，删除重复项之后，还应检查“订单编号”列中是否有空行，若有则将空行删除。单击“订单编号”右侧的下拉按钮，在弹出的下拉列表中选择【删除空】选项。

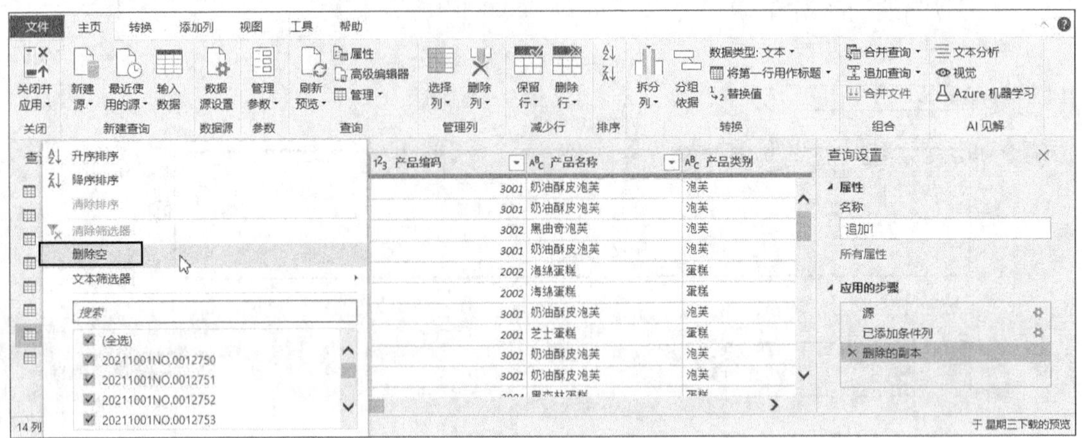

⑪ 对数据进行分组。切换到【转换】选项卡，在【表格】组中单击【分组依据】按钮。

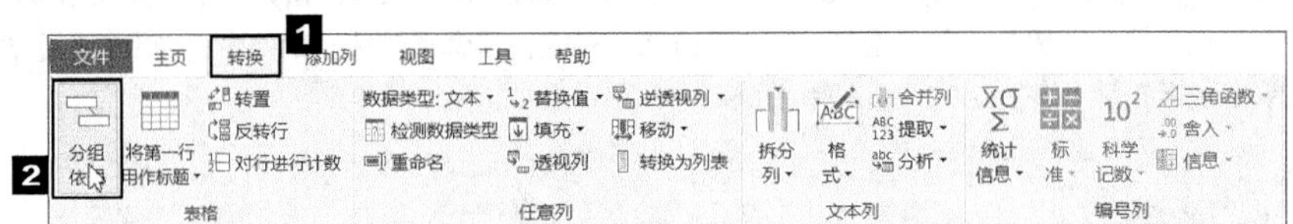

⑫ 弹出【分组依据】对话框，设置分组依据为“是否工作日”，设置【新列名】为【成交笔数】，【操作】为【对行进行计数】。

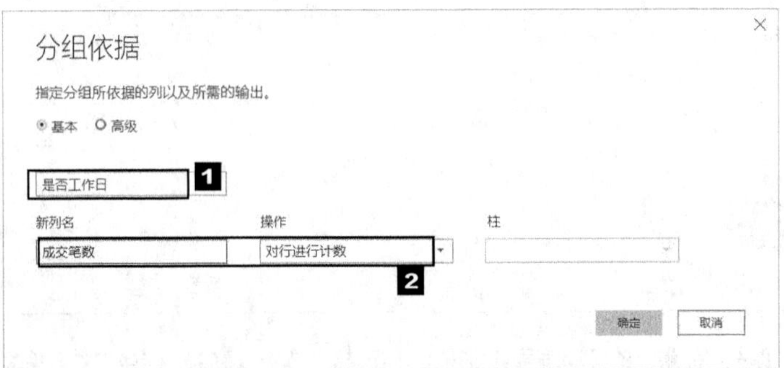

⑬ 单击【确定】按钮，得到工作日与休息日的成交笔数。

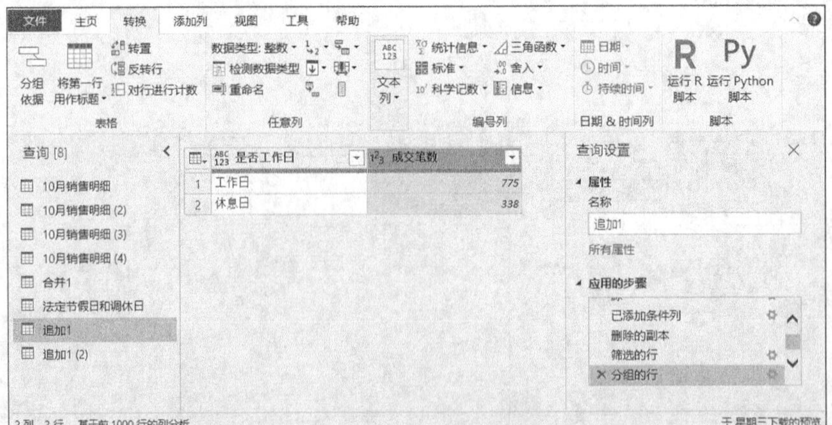

⑭ 按照相同的方法，删除"追加1(2)"表的"日期"列中的重复项和空行。

⑮ 对"是否工作日"列进行分组，得到一个月内工作日和休息日的天数。

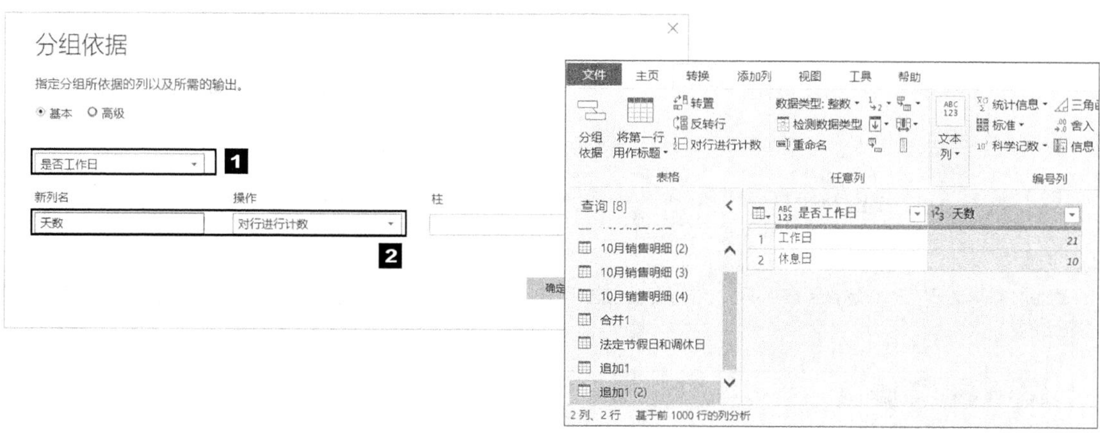

⑯ 将"追加1"和"追加1(2)"两个表按照"是否工作日"列合并为一个表。

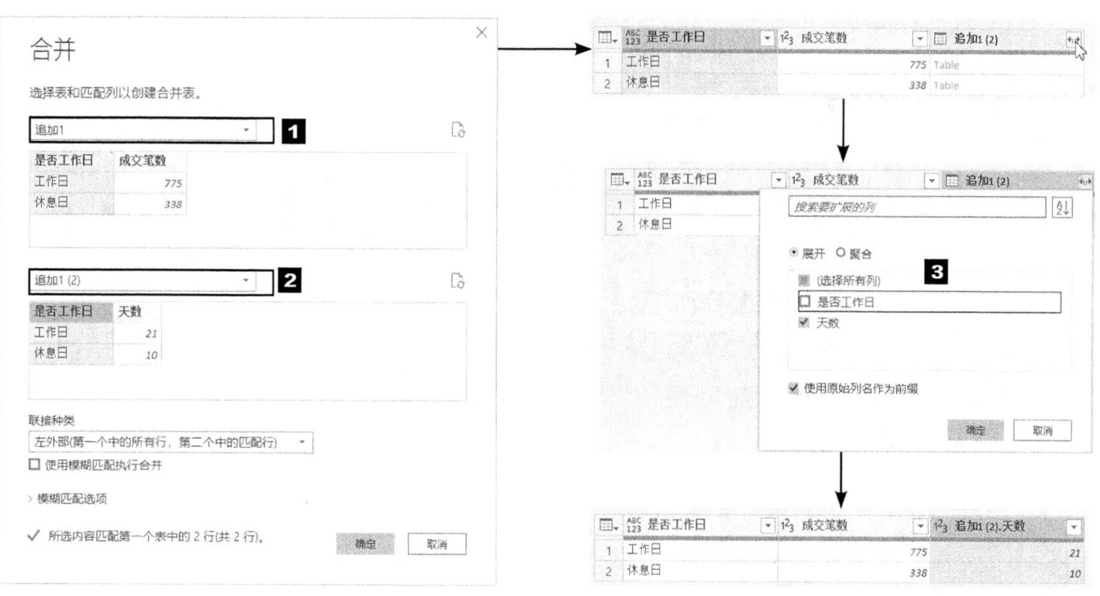

⑰ 添加自定义列来计算平均成交笔数，然后将平均成交笔数的数字格式更改为整数，设置完成后，关闭并应用查询。

⑱ 返回 Power BI Desktop 工作界面后，按照前面的方法，创建可视化表格和图表，然后给出分析结果，最终效果如下图所示。

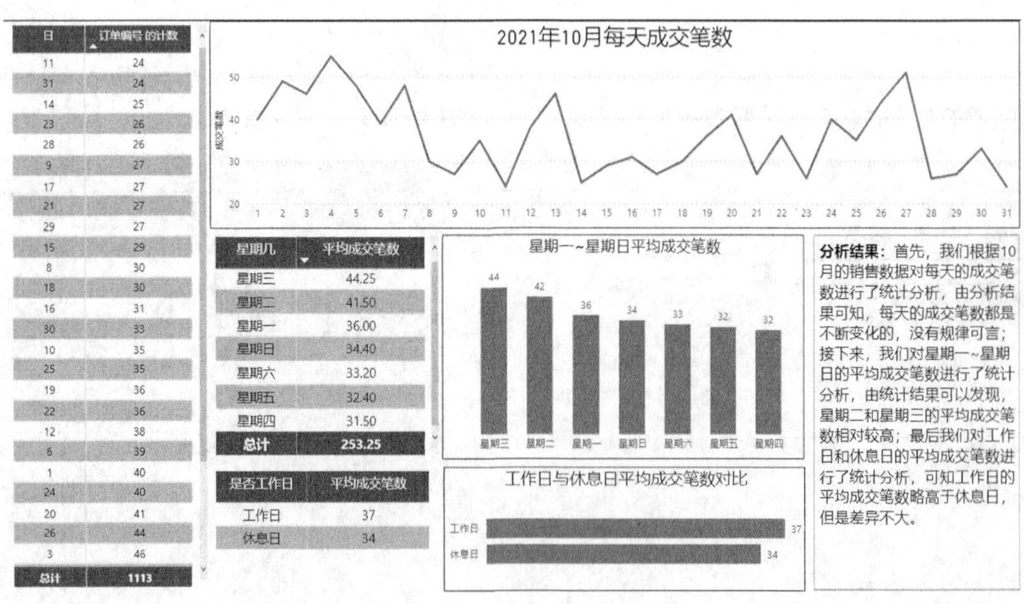

日	订单编号 的计数
11	24
31	24
14	25
23	26
28	26
9	27
17	27
21	27
29	27
15	29
8	30
18	30
16	31
30	33
10	35
25	35
19	36
22	36
12	38
6	39
1	40
24	40
20	41
26	44
3	46
总计	1113

星期几	平均成交笔数
星期三	44.25
星期二	41.50
星期一	36.00
星期日	34.40
星期六	33.20
星期五	32.40
星期四	31.50
总计	253.25

是否工作日	平均成交笔数
工作日	37
休息日	34